Analoge Schaltungstechniken der Elektronik

von
Dr. Wilfried Tenten

Oldenbourg Verlag München

Dr. Wilfried Tenten ist Privatdozent für Elektronik an der Dualen Hochschule Baden-Württemberg in Stuttgart.

Bibliografische Information der Deutschen Nationalbibliothek

Die Deutsche Nationalbibliothek verzeichnet diese Publikation in der Deutschen Nationalbibliografie; detaillierte bibliografische Daten sind im Internet über http://dnb.d-nb.de abrufbar.

© 2012 Oldenbourg Wissenschaftsverlag GmbH
Rosenheimer Straße 145, D-81671 München
Telefon: (089) 45051-0
www.oldenbourg-verlag.de

Das Werk einschließlich aller Abbildungen ist urheberrechtlich geschützt. Jede Verwertung außerhalb der Grenzen des Urheberrechtsgesetzes ist ohne Zustimmung des Verlages unzulässig und strafbar. Das gilt insbesondere für Vervielfältigungen, Übersetzungen, Mikroverfilmungen und die Einspeicherung und Bearbeitung in elektronischen Systemen.

Lektorat: Dr. Gerhard Pappert
Herstellung: Constanze Müller
Titelbild: thinkstockphotos.de
Einbandgestaltung: hauser lacour
Gesamtherstellung: Grafik & Druck GmbH, München

Dieses Papier ist alterungsbeständig nach DIN/ISO 9706.

ISBN   978-3-486-70682-6

Vorwort

> *Die Wissenschafft heißt Wissenschaft,*
> *da sie mit Wissen schafft, was Wissen schafft*
> *(eigene Feder)*

Dieses Buch wurde begleitend zu den Vorlesungen Elektronik, Elektronische Schaltungstechnik sowie Test von elektronischen Schaltungen an der Dualen Hochschule in Stuttgart, Lehrstuhl Elektronik sowie dem Robert Bosch Zentrum für Leistungselektronik der Hochschule Reutlingen (Masterstudiengang Leistungs- und Mikroelektronik) verfasst. Es soll den Studierenden ein ständiger Begleiter und Ratgeber sein.

Dieses Buch nutzt neben den in den einzelnen Kapiteln angegebenen Schriften und Büchern sowie Referenzen viele Informationen aus der WIKIPEDIA [1] und dem allseits bekannten Tietze-Schenk [2]. Ebenso eingeflossen sind Ratschläge, Vorschläge und Anmerkungen der Kollegenschaft der Fakultät Technik an der Dualen Hochschule in Stuttgart als auch von meinen Studenten der Jahrgänge 2009–2012, die mit ihren Diskussionen während und nach den Vorlesungen viel zum Stil des Buchs und dessen Schwerpunkten beigetragen haben.

Das Buch stellt die theoretischen Ansprüche stets in den Kontext der ingenieurmäßigen Anwendung und zeigt, wie sich Schaltungsideen entwickeln hin zu Modellen für die Simulation auf höherer Abstraktionsebene als auch für die entwurfsnahe Simulation auf Netzwerkebene. Es werden vielfältige simulatorische Auswerteverfahren im DC-, Transienten- und Frequenzbereich gezeigt. Auf Kurzzeit-Fourier-Analysen verzichtet das Buch, obgleich diese gerade für Oszillatorschaltungen und PLLs zum Studium einer eventuell vorhandenen zeitlichen Frequenzdrift sehr interessant sind. Das Thema Kurzzeitspektren ist sehr theorielastig, da es über den klassischen Ansatz der Fourier Transformation weit hinausgeht und das Verständnis über Kreuz- und Interferenzterme erst aufgebaut werden muss. Diese Thematik wird in einer eventuell folgenden Auflage berücksichtigt, wenn die Leser daran Interesse haben sollten.

Die Auswahl der Beispielschaltungen richtete sich nach modernen Prozessen und Anforderungen, so dass nahezu alle Schaltungen sowohl auf traditionellen Leiterkarten mit Standard- und auch Mikrobauelementen als auch in integrierten Schaltungstechniken mit bipolarer oder MOS- bzw. CMOS-Technologien aufgebaut werden können. Die vorgestellten Beispiele sind zwar nicht direkt für den Einsatz in Anwendungen geeignet, da sie stets als isolierte Baugruppe behandelt werden und auch die Technologie der Bauelemente vereinfacht wurde, jedoch ist eine Umsetzung in eine Anwendungsumgebung leicht durch geringfügige Modifikationen erreichbar. Damit ist das Buch praxisnah und erfüllt die Anforderungen, die Ingenieure an moderne Entwurfsmethoden stellen. Dabei werden die Bauelemente mit ihren Eigenschaften und Schaltungstechniken besprochen, und es wird eine möglichst allgemein anwendbare Schaltungsentwicklungs- und Analysemethodik angewandt. Diese Methodik bedient sich einerseits der Bauelementkennlinien, in denen die elektrischen Lasten berücksichtigt und somit der gewünschte Arbeitspunkt bzw. -bereich ermittelt wird und andererseits der Kirchhoffgesetze verknüpft mit graphentheoretischen Grundlagen (Signalflussgraphen).

Für LTspice und MATLAB sind Bibliothekselemente für viele der hier vorgestellten Baugruppen erstellt worden, und diese stehen mit allen im Buch verwendeten Simulationsfiles auf dem Server des Verlages zur Verfügung.

Die Simulationsumgebung kann auf dem eigenen Rechner so aufgebaut werden, dass die Bibliothekselemente seitens LTspice und MATLAB automatisch eingebunden werden. Daher sind diese Bibliotheken unabhängig vom Betriebssystem und können an einem sinnvollen Ort, möglichst in einem eigenen Ordner (directory), dem Simulatorprogramm zugeordnet werden. In MATLAB wird dazu entweder beim Aufruf jeder Simulation über den MATLAB-Befehle „addpath" die MATLAB-Bibliothek hinzugebunden oder diese wird global eingebunden. Dazu muss MATLAB mit Administratorrechten geöffnet werden. Danach wird in der Steuerzeile auf „file" geklickt, und darin befindet sich das Kommando „Set Path". Das jetzt geöffnete Fenster enthält bereits MATLAB-Pfade, und ein neuer Pfad kann über „Add Folder ..." der Pfad zur MATLAB-Bibliothek hinzugefügt werden. Globale Steuerung von in Projekten angewandten Standardparametern, wie Takte, Spannungsversorgungen, Referenzspannungen usw. werden in den MATLAB-/SIMULINK-Modellen oft mit einem „Startknopf" verwirklicht. Entweder ruft dieser Startknopf ein Initialisierungsfile auf oder die Initialisierung wird in MATLAB selber durchgeführt. Die Initialisierung steht stets an derselben Stelle: Klick mit rechter Maustaste auf den Initialisierungsknopf im SIMULINK-Modell, dann öffnet sich ein Fenster. Darin Klick auf „Block Properties". In dem jetzt geöffneten Fenster: Klick auf „Callbacks" und darin auf „OpenFcn*". Darin stehen entweder der Aufruf für das zur Initialisierung notwendige „m-file" bzw. die Kommandos für die Initialisierung. Stets ist vor Beginn der Simulation dieser Startknopf (wenn vorhanden) mit der rechten Maustaste anzuklicken.

Für LTspice erfolgt die Bibliothekseinbindung vorzugsweise mit Hilfe eines symbolischen Links, der aus der Standardbibliothek LTspice (sym- und sub-Ordner in der LTspice Umgebung) eigene Bibliotheksordner benutzerbezogen einbindet („verlinken"). Empfehlenswert ist das frei verfügbare WINDOWS-Programm „mklink".

Vorgehensweise: Im Benutzerbereich (vorzugsweise dort, wo mit LTspice gearbeitet wird) werden zwei Ordner angelegt: „LTspice_Buch_sym" und „LTspice_Buch_sub". Danach werden die dynamischen Pfade (link) auf diese beiden Ordner angelegt. Die beiden Befehle für diese dynamische Pfadeinbindung müssen mit Administratorrechten im WINDOWS-Fenster „Eingabeaufforderung" eingegeben werden (WINDOWS 7 mit Standardordner der Programme MATLAB und LTspice):

    mklink /d "C:\ProgramFiles(86)\LTspiceIV\lib\sym\BUCH_LIB"
    "D:\User\Unterordner...\LTspice_Buch_sym"
    mklink /d "C:\Programme\LTspiceIV\lib\sub\BUCH_LIB"
    "D:\User\Unterordner...\LTspice_Buch_sym"

Der „Unterordner ..." entspricht dem Pfad des Benutzers.

Damit steht die Buch-Bibliothek zur Verfügung und zeigt sich mit dem Namen „Buch_Lib" in der LTspice Bibliothek.

Das Kapitel 1 stellt die Schaltungsentwicklung mit bipolaren Bauelementen in den Mittelpunkt. Der Rahmen spannt sich von den traditionellen Grundschaltungen bis hin zu den Kriterien für hochgenauen Schaltungsentwurf und den dazu notwendigen Modifikationen. Dabei werden z.B. Stromspiegel mit deren Fehlern und den Konsequenzen daraus im Detail dargelegt. Bei den Verstärkertechniken werden die Grundschaltungen vorgestellt und daraus moderne Schaltungen für Operations- und Niederfrequenzverstärker bis hin zu einem hochwertigen HiFi Verstärkerkonzept mit „bootstraping" und Klangregelstufe abgeleitet. Jede dieser Schaltungsteile wird im Detail berechnet, simuliert und besprochen. Es wird u.a. auch auf die Berechnung des Eingangs- und Ausgangswiderstands sowie der Lautsprecheranpassung eingegangen.

Das Kapitel 2 widmet sich den (C)MOS-Technologien. Moderne MOS-Transistoren mit deren Berechnungen und Eigenschaften werden in vielen Details behandelt, so dass Schritt für Schritt das Verständnis für heutige Schaltungsanforderungen, insbesondere ist hier die Sensorik zu nennen, aufgebaut wird. Wie im Kapitel 1 werden auch hier ein- und zweistufige Operationsverstärker als auch hochgenaue Schaltungstechniken damit Zug um Zug entwickelt und deren Kriterien vorgestellt. In diesem Kapitel wird auf das Rauschen und die für eine Rauschanalyse anwendbaren Simulationstechniken eingegangen. Die Rauschgrenze stellt die Grenze der erreichbaren Genauigkeit dar, so dass es von Vorteil ist, die Rauschursachen zu kennen, um die Genauigkeit über diese Grenze hinaus zu ermöglichen. Kapitel 3 und 4 werden Schaltungsmassnahmen vorgestellt, welche die natürliche Rauschbegrenzung überschreiten.

Im Kapitel 3 geht es um Schaltungstechniken mit Operationsverstärkern. Es wird eine spezielle und einfach anzuwendende Methodik der Berechnung von OP-Schaltungen vorgestellt, die universell anwendbar ist. Diese Berechnungsmethodik ermöglicht es, die zwar sehr große, jedoch endlich endliche OP-Verstärkung als auch den Offset im Kontext des Übertragungsverhaltens zu berücksichtigen. Die Grundschaltungstechniken werden mit deren Berechnungsmethodik und Simulationen aufgezeigt. Im Anschluss daran werden die traditionellen Schaltungstechniken in SC-Schaltungen (SC = switched capacitor) überführt. Die SC-Schaltungstechnik verlangt die Kenntnis über das Quantisierverhalten, und damit verbunden ist eine Unterscheidung zwischen dem Signal-Quantisier-Rauschverhalten „SQR" und dem Signal-Rausch-Verhalten „SNR" erforderlich. Ebenso wird das Abtastverhalten inklusive dem Überabtasten, das angewandt wird um die natürliche Rauschgrenze zu überschreiten, besprochen, so dass damit die SC-Schaltungstechnik mit ihren Einsatzkriterien am Ende dieses Kapitels bekannt sein sollte.

Kapitel 4 beschäftigt sich mit klassischen und nicht klassischen Wandlern und Messtechniken. Im Vordergrund der nicht klassischen Wandler stehen die Sigma-Delta-Verfahren (SD). SD-Verfahren vermindern nochmals signifikant die bereits vom Überabtasten verminderte Rauschgrenze im Signalband und steigern die Genauigkeit der Wandler so, dass hochgenaue Anwendungen mit einfachen Schaltungskomponenten erreichbar werden. Die SD-Schaltungstechniken werden von zeitkontinuierlichen bis zeitdiskreten Entwürfen mit ihren Kriterien vorgestellt. Die Schaltungstechniken von 1-stufigen, 2-stufigen und MASH-SD-Wandlern werden schrittweise entwickelt und deren Simulationsmöglichkeiten erläutert. Die heutige Technologie verbindet Mikromechanik mit sehr leistungsstarker mikroelektronischer Schaltungstechnik, welche die empfindlichen Sensoren so gut als gar nicht elektrisch belastet. So sind Sensoren mit sehr hohen Messgenauigkeiten mit Hilfe integrierter Messtechnik auf einem Chip möglich und von höchstem Interesse für viele technische Anwendungen im Maschinenbau, der Medizin-Luftfahrt, Automobiltechnik usw. Zu nennen sind beispielsweise Wegmessungen bis hin in den unteren nm-Bereich (Anwendungsbeispiel: Waferstepper), Abstandsmessungen und Zeitmessungen (Anwendungsbeispiel: Fahrzeugelektronik). Zunehmend werden solche Schaltungstechniken mit Verzögerungsleitungen oder Ringoszillatoren als Messhilfen betrieben, daher sind diese Verfahren ebenfalls Bestandteil dieses Kapitels.

Kapitel 5 stellt analoge Filter im zeitkontinuierlichen und zeitdiskreten Bereich vor. Auch dies ist ein Anwendungsgebiet der in den vorangegangenen Kapiteln vorgestellten Schaltungen. Einige Grundlagen der Filtertheorie werden angerissen, damit die Begriffe der Filtertheorie aufbereitet werden. Der Filterentwurf ist ein sehr umfangreiches Thema, daher beschränkt sich dieses Kapitel auf die grundlegende methodische Vorgehensweise für den im vorliegenden Buch dargestellten Schaltungsentwurf. Auch hier wird auf zeitkontinuierliche und zeitdiskrete (SC) Schaltungstechniken der aktiven Filter eingegangen.

Die verwendeten Quellen sind im Literaturanhang kapitelorientiert aufgelistet. Sollte ein Zitat, Modell oder eine Schaltungstechnik nicht als Quelle ausgewiesen sein, so bitte ich um nachträgliche Quelleninformation, denn vieles in diesem Buch stammt aus meinem langjährigen Wissen als Ingenieurwissenschaftler und Entwickler und es mag natürlich leicht einmal passieren, dass Quellenangaben „im Zug der Zeit untergegangen" sind.

Danksagungen

Solch ein Buch wird nicht einfach geschrieben, es entwickelt sich. An dieser Entwicklung waren maßgeblich all meine Studenten der Semester 2 bis 6 der Elektronik Kurse an der Dualen Hochschule (DHS) ab 2008 in Stuttgart beteiligt. Diese Studenten haben das Buch mitgeprägt durch ihre Mitarbeit in den Vorlesungen, ihre Fragen und auch auf Grund ihrer Antworten in den Klausuren, dem Auffinden mancher kleiner Tippfehler in den Skripten sowie in den studentischen Projekten. Dazu meinen herzlichen Dank an diese Damen und Herren.

Ferner sei auch mein Dank der Kollegenschaft der DHS in Stuttgart (Jägerstrasse, Fakultät Elektrotechnik), namentlich den Herren Prof. Weiss, Prof. Dr. Zimmermann, Dipl. Ing. Huning und Dipl. Ing. Weigel gesagt. Viele Gespräche über Methodik in der Vorlesung, Anwendung von Hilfsmitteln sowie Koordination mit laufenden bzw. zukünftigen Studentenprojekten (Labor- und Rechnerarbeit) haben stets die Vorlesungen geprägt und werden auch in Zukunft starken Einfluss auf die Vorlesungen haben. Die Kollegenschaft hat immer wieder betont, wie wichtig eine einfache und auch durchgängige Methodik für den Verständnisaufbau bei den Studenten ist. So wurde und wird die Vorlesungsserie kontinuierlich verbessert, und auch das vorliegende Buch partizipiert davon. Mein Dank auch all den anderen, nicht namentlich genannten Kollegen, welche mir auf diesem Weg durch ihre Kommentare und Hilfestellungen stets zu Rate waren.

Mr. Mike Engelhardt, Entwickler von LTspice, hat mich in vielen simulatorischen Fragen stets unterstützt und gab auch sein Einverständnis, LTspice in diesem Buch zu benutzen.

Ebenso sei der Fa. Mathworks Inc. für Ihre Bereitschaft gedankt, MATLAB/SIMULINK in diesem Buch als Simulator zu verwenden und die zugehörigen Simulationsfiles bei Bedarf auf ihrem Server zur Verfügung zu halten.

Meinem ältesten Sohn Dipl. Ing. Christoph sei mein Dank gesagt. Er hat jedes Kapitel gelesen, so manchen kleinen Fehler noch gefunden und hat an einigen Stellen darauf hingewiesen, dass eine etwas besser formulierte Erklärung, eine schärfere Simulation oder Darstellung die Sachlage noch deutlicher hervorhebt. Das war viel Arbeit und soll an dieser Stelle auch besonders gewürdigt werden.

Meiner lieben Frau sei ebenfalls mein Dank gewiss, denn das Erstellen des Buches fand daheim statt und ich verbrachte Stunden mit Schreiben, Rechnen, Simulieren und Nachdenken. Meine Frau hat mich stets unterstützt, hat so einiges durchgelesen, und Ihre Verbesserungen oder Meinungen zu den Inhalten trugen entscheidend dazu bei, das vorliegende Werk lesbar zu gestalten.

Zum Schluss ein großes Danke dem Oldenbourg-Verlag für die Verlegung des Buchs. Insbesondere möchte ich mich bedanken bei der Fachlektorin Frau Mönch, Herrn Dr. Pappert und Herrn Meinhardt für die stets zuvorkommende, freundliche und fachlich versierte Kommunikation und alle Hilfestellungen während der Erstellung und Fertigstellung des Buchs. Ohne deren Hilfe wäre das Ergebnis nicht so gut geworden.

Widmung

Ich widme dieses Buch meiner lieben kleinen Enkelin Tabea Tenten.

Inhaltsverzeichnis

Vorwort   V

Einleitung   XV

1   Grundlagen der bipolaren Bauelemente   1

1.1   Technologie Grundlagen Bipolar 1
1.1.1   Der PN-Übergang 1
1.1.2   Das Bändermodell des Bipolartransistors 2
1.1.3   Thermischer Widerstand 4
1.1.4   Kühlung 6

1.2   Bipolare Bauelemente 7
1.2.1   Die Diode 7
1.2.2   Ermittlung der Kenngrößen von Dioden 7
1.2.3   Die Diodengleichung 8
1.2.4   Die Diodenkennlinie 11

1.3   Die Diode als Gleichrichter 14
1.3.1   Die Einweg-Gleichrichtung 14
1.3.2   Die Zweiweg-Gleichrichtung 16
1.3.3   Die Brücken-Gleichrichtung 18
1.3.4   Die Zener-Diode 20
1.3.5   LED 21
1.3.6   LRD 21
1.3.7   Laser-Dioden 23
1.3.8   DIAC und TRIAC 24
1.3.9   Der Thyristor 25
1.3.10   Beispiel eines Windmessers, der mit Dioden arbeitet 27

1.4   Arbeitspunktbestimmung einer Diodenschaltung 27

1.5   Der Bipolartransistor 32
1.5.1   Bezeichnung der Spannungen und Ströme des Bipolartransistors 32
1.5.2   Bipolartransistor-Modelle 33
1.5.3   Die Kennlinien des Bipolartransistors 36
1.5.4   Die Arbeit mit dem Kennlinienfeld 40
1.5.5   Spannungsgegenkopplung und Stromgegenkopplung 55
1.5.6   Der Bipolartransistor als Schalter 56

1.6   Transistor-Grundschaltungen 64
1.6.1   Die Basisschaltung 64

1.6.2	Die Kollektorschaltung	71
1.6.3	Die Emitterschaltung	72
1.7	Stromspiegel mit Bipolartransistoren	74
1.8	Verstärkertechniken	80
1.8.1	Klasse-A-Verstärker	80
1.8.2	Klasse-B-Verstärker	83
1.8.3	Klasse-AB-Verstärker	92
1.9	Der bipolare Operationsverstärker	104
1.9.1	Der Differenzverstärker	104
1.9.2	Die differentielle Treiberstufe	107
1.9.3	Wesentliche Charakteristika des Operationsverstärkers (OP)	110
1.10	Der Endstufen-Entwurf	112
1.10.1	Endstufentreiber	112
1.10.2	Die Endstufe	114
1.10.3	Anpassung der Ausgangsimpedanz des Verstärkers zur Eingangsimpedanz der Lautsprecher	116
1.11	Verständnisfragen	117
2	**Grundlagen der MOS-Bauelemente**	**121**
2.1	Technologiegrundlagen MOS	121
2.1.1	Parasitäre Bipolartransistoren in CMOS-Prozessen und deren Effekte	123
2.2	Der MOS-Transistor	125
2.2.1	Transistor-Strukturaufbau	126
2.2.2	Die elektrischen Felder des Transistors	128
2.2.3	Die Geometrien des Transistors	129
2.2.4	Die Schwellspannung V_T	130
2.2.5	Der Backbias-Effekt	131
2.2.6	Der Varaktor	133
2.2.7	MOS-Transistor-Arbeitsgebiete	136
2.2.8	Kleinsignalverhalten	142
2.2.9	Transistorkapazitäten	144
2.2.10	Rauschen	145
2.2.11	Spezifische Rauschquellen	146
2.2.12	Rauschanalyse in der Praxis	149
2.3	Analyse- und Auswertverfahren	153
2.3.1	Die Zeitkonstante und der RC-Tiefpass	153
2.3.2	Analysearten	157
2.4	CMOS-Analogschaltungstechniken	160
2.4.1	Der hierarchische Aufbau von elektronischen Schaltungen	160
2.4.2	Der Signalschalter (Transfergate)	161
2.5	Der CMOS-Stromspiegel – Grundschaltungstechnik	168

2.6	Der CMOS-Inverter	174
2.6.1	CMOS-Grundinverter	174
2.6.2	Kleinsignalverhalten	176
2.6.3	CMOS-Inverter mit Diodenlast	178
2.6.4	Inverter mit Diodenlast – Kleinsignalverhalten	182
2.6.5	Kaskode-Inverter	182
2.7	Analoge Verstärkerschaltungen	186
2.7.1	Source-Schaltung	186
2.7.2	Drainschaltung	195
2.7.3	Gate-Schaltung	196
2.8	Der CMOS-Operationsverstärker	197
2.8.1	Die Differenzeingangsstufe eines zweistufigen OP	197
2.8.2	Die Endstufe des zweistufigen Operationsverstärker	204
2.8.3	Der einstufige Operationsverstärker oder OTA	211
2.8.4	PSRR und CMRR	215
2.8.5	Einschwingverhalten	218
2.9	Rauschen von Verstärkern	220
2.10	Verständnisfragen	222
3	**Schaltungstechniken mit Operationsverstärkern**	**227**
3.1	Operationsverstärker-Grundschaltungstechniken	227
3.1.1	Der invertierende Operationsverstärker	227
3.1.2	Der nicht invertierende Operationsverstärker	231
3.1.3	Addierer und Subtrahierer	232
3.1.4	Der vollsymmetrische Operationsverstärker	237
3.1.5	Die Halteschaltung: Sample & Hold – Signalabtaster	239
3.1.6	Das invertierende aktive Tiefpassfilter	247
3.1.7	Das aktive Filter als MATLAB-/SIMULINK-Modell	248
3.1.8	Der Integrator	252
3.1.9	Der Differenzierer	256
3.1.10	Der Komparator	260
3.1.11	Der CU-Wandler	263
3.1.12	Die Bandgap	265
3.1.13	Die Bandgap-gesteuerte Stromquelle und Spannungsquelle	272
3.1.14	Präzisionsstromspiegel	276
3.2	SC-Schaltungstechnik	278
3.2.1	Der SC-Verstärker oder SC-AMP	282
3.2.2	Der SC-Differenzverstärker	289
3.2.3	Der SC-Integrator	291
3.2.4	Der Komparator in SC-Technik	293
3.2.5	Rauschen von Operationsverstärkern	303
3.2.6	Der Diskretisierungsfehler	305
3.3	Verständnisfragen	311

4	**Signalwandler**	313
4.1	Klassische Signalwandler	313
4.1.1	Verständnis-Aufbau des Signalwandlungsprozesses	314
4.1.2	Zählverfahren: Das 2-Rampen-Verfahren	314
4.1.3	Sukzessiver Approximationswandler – SAR ADC	317
4.1.4	Der Digital-Analog-Wandler – DAC	326
4.2	Nichtklassische Wandler	329
4.2.1	Der Sigma-Delta-Wandler – einführende Bemerkungen	329
4.2.2	Das Sigma-Delta-Verfahren	330
4.2.3	Der zeitkontinuierliche Sigma-Delta-Wandler	336
4.2.4	Der zeitdiskrete Sigma-Delta-Wandler	340
4.2.5	MASH-Sigma-Delta-Wandler	346
4.2.6	Schaltungsbeispiele von Sigma-Delta-Wandlern	353
4.2.7	Das Dezimierfilter	362
4.3	Zeit-Digital-Wandler (Time to Digital Converter)	365
4.3.1	Die Digitale Verzögerungskette – Digital Delay Line	365
4.3.2	Spannung/Strom – Frequenz-Wandler (Voltage to Frequency Converter VFC)	378
4.4	Verständnisfragen	381

5	**Analoge Filter**	385
5.1	Grundüberlegungen, Filterschablonen, mathematische Besonderheiten	385
5.1.1	Klasseneinteilung und Typenzuordnung von Filtern	386
5.1.2	Filterschablonen	387
5.1.3	Analyse eines Filters – Systemtheoretische Grundlagen und Begriffe	388
5.1.4	Methodik der Knotenspannungsanalyse	404
5.2	Die wichtigsten Filter, ihre Dimensionierung und Simulation	409
5.2.1	Das Allpassfilter (APF)	409
5.2.2	Das aktive Allpassfilter	415
5.2.3	Das aktive Filter 1. Ordnung	418
5.2.4	Das Audio-Klangfilter	419
5.2.5	Das Doppel-T-Filter	426
5.2.6	Das Sallen-Key-Filter	428
5.2.7	Das Biquad-Filter	434
5.3	SC-Filter	441
5.3.1	Schlusswort zur Filtersimulation	446
5.4	Verständnisfragen	446

Literatur	451
Index	461

Einleitung

Dies Buch richtet sich vorrangig an

- Studierende an Dualen Hochschulen, Fachhochschulen sowie Studierende in Masterkursen der Elektronik-, analogen und mixed-signal-, Audiotechnik sowie Sensorauswerte-Schaltungstechnik
- Ingenieure in Industrie und Forschung, welche elektronische Schaltungen entwickeln, einsetzen und testen
- An alle Elektronik-Interessierte

und möchte einerseits für die Studierenden eine Stütze zur Vorlesung und zur Prüfungsvorbereitung sein und andererseits auch ein Nachschlagewerk für den Entwurf moderner analoger und mixed-signal Schaltungstechniken. Dazu hilft eine methodische Vorgehensweise, die es erlaubt, die Schaltungsdarstellung und Schaltungsberechnung einheitlich zu gestalten. Das Buch kann und soll die Vorlesungen nicht ersetzen, sondern soll diese ergänzen. In der Vorlesung werden die Themen individuell je nach Lehrgang, Interesse und Lehrgangsvorbildung erläutert und das ist meist keine „Lesung eines Kapitels" sondern eine individuell gestaltete Darstellung verschiedenartiger Schaltungstechniken. Während der Vorlesung kann aus Zeitgründen nicht jedes Detail dargelegt und in der Tiefe erklärt werden. Die endliche Zeit der Vorlesung und die individuelle Vorbildung eines jeden Studenten bedingen, welche Individualschwerpunkte in der Vorlesung gesetzt werden. Für die Prüfungsvorbereitung bedeutet das, dass die Themenkreise mit Hilfe des vorliegenden Buches daheim nachgelesen und studiert sowie an Hand der kapitelmäßig zugeordneten Fragestellungen selber nachgeprüft werden können.

Das Buch strukturiert sich in seiner Kapitelreihenfolge nach den Lehrinhalten der Semester 2 bis 6 an den Dualen Hochschulen Baden-Württembergs und berücksichtigt darüber hinaus vertiefend auch die neuen Master Studiengänge an den Hochschulen, welche das Wissen des Bachelor-Lehrgangs vertiefen und weiter ausbauen sollen. Das Buch soll die Lehre der analogen und mixed-signal Schaltungstechnik begleiten, einen Einstieg in die integrierten Schaltungstechniken bieten und sowohl für den arbeitenden Ingenieur als auch den interessierten Hobby-Elektroniker als informatives Nachschlagewerk sowie als Grundlagenwerk zur Verfügung stehen.

Den einzelnen Kapiteln sind zahlreiche Fragen zugeordnet, welche eine Selbstkontrolle ermöglichen sollen. Die Fragen sind so aufgebaut, dass deren Beantwortung leicht in den Kapiteln gefunden werden kann. Damit ein Lernerfolg erreicht wird, sollten diese Fragen jedoch ohne Nachschlagen beantwortet werden, auch wenn das manchmal ein wenig schwierig sein mag. Als Anleitung zur Lösung sei gesagt, dass auch Nachschlagen in anderen Büchern, sowie die Suche im Internet den Lernerfolg stützt, sofern mit Verstand nach sinnvollen Suchbegriffen gefragt und die gefundenen Stellen selbstständig bearbeitet werden.

Für die Simulationsunterstützung sind die meisten Bauelemente und Schaltungen als Bibliothekselemente sowohl für LTspice als auch für MATLAB/SIMULINK vorbereitet.

1 Grundlagen der bipolaren Bauelemente

1.1 Technologie Grundlagen Bipolar

1.1.1 Der PN-Übergang

Halbleiter [1.1] verlangen stets einen Übergang von einer in eine andere Leitfähigkeitszone. Erst dadurch wird die Leitfähigkeit in einer Richtung – daher der Name Halbleiter – erreicht. Eine Diode [1.2] verlangt in der Regel zwei Diffusionszonen, bei Sonderdioden können sogar bis zu vier Diffusionszonen bestehen, ein bipolarer Transistor wird mit drei verschiedenen Diffusionszonen aufgebaut und ein MOS Transistor kommst sogar mit nur zwei Diffusionszonen aus.

Der Bipolartransistor [1.2, 1.3, 1.4] baut sich auf drei Diffusionszonen auf:

PNP Typ

Emitter	Positive Ladungsträger in der Diffusionszone
Basis	Negative Ladungsträger in der Diffusionszone
Kollektor	Positive Ladungsträger in der Diffusionszone

NPN Typ

Emitter	Negative Ladungsträger in der Diffusionszone
Basis	Positive Ladungsträger in der Diffusionszone
Kollektor	Negative Ladungsträger in der Diffusionszone

Die Technologie hat auch diverse Untergruppen hervorgebracht. Die Details sind der einschlägigen, weiterführenden Literatur zu entnehmen.

Die Namen der Diffusionzonen drücken deren elektrisches Verhalten aus:

Emitter	der Aussendende	Ladungsträger werden von hier ausgesandt
Basis	der Mitten stehende	Von hier wird die Menge des Ladungstransport gesteuert
Kollektor	der Empfangende	Die Summe der Ladungsträger von Emitter und Basis wird hier empfangen.

Die Diffusionszonen werden unterschiedlich dotiert:

Der Emitter besitzt die stärkste Dotierung, die Basis hat umgekehrte Dotierung bezogen auf Emitter und Kollektor und sie hat eine möglichst kurze Länge und eine große Weite. Je weiter die Basiszone ist, desto höher der Basisstrom, desto langsamer der Transistor, aber desto höher die nutzbare Leistung. Die Länge der Basisdiffusion bewirkt einen Steuerungseffekt: Je länger, desto geringer der Durchgriff. Die Weite der Basisdiffusion hat Einfluss auf die Stromdichte: Je weiter, desto höher die Stromdichte. Der Kollektor hat in aller Regel eine schwächere Dotierung als der Emitter. Die Diffusionsschichten wirken in ihrer Folge als

Dioden. Das folgende Bild zeigt einen NPN Typ links und einen PNP Typ rechts im Bild. Die Kennzeichnung NPN bzw. PNP zeigt sich als Pfeilrichtung des Emitters und wird in Abb. 1.1.1 für einen PNP Transistor gezeigt:

| Pfeil weg von Basis | NPN | auch genannt | N-Typ |
| Pfeil hin zur Basis | PNP | auch genannt | P-Typ |

Bipolar Transistor, Schaltbild Erläuterung

Abb. 1.1.1 Bipolartransistor: Schaltbild Erläuterung

Der Strom durch den Bipolartransistor setzt sich aus den Diodenelementen zusammen, wobei gilt:

$$I_E = I_C + I_B$$

$$I_C = I_E - I_B$$

Der Unterschied beider Typen zeigt sich erst in der Polarität der zugehörigen Spannungen.

1.1.2 Das Bändermodell des Bipolartransistors

Zum besseren Verständnis, warum zwei gegenphasig gepolte Dioden als Transistor wirksam werden, dient das hier gezeigte Bändermodell Abb. 1.1.2 [1.3] des bipolaren Transistors. Es zeigt einen NPN Typ.

Oben   Schichtreihenfolge NPN
Mitte   Minoritäten Dichte
Unten   Bandstruktur (ohne Ferminiveau)

Die Arbeitsweise des Transistors lässt sich so verstehen:
Nachdem die Basis-Emitter-Diode leitfähig geworden ist (Diodenfluss-Spannung) wird die Kollektor-Emitter-Strecke auf Grund des Feldeffekts (Beschleunigung der Ladungsträger) leitfähig. Diese Strecke wirkt im strengeren Sinne nicht mehr wie eine Diode, da die charakteristische Diodenleitfähigkeit durch die unterschiedliche Bandhöhe (Emitter höher und Kollektor niedriger dotiert) stark abgenommen hat. Die Potentialdarstellung des Bändermodells verdeutlicht auch, warum der Transistor nicht mehr, oder allenfalls sehr unzureichend funktioniert, wenn man ihn umpolt, obgleich die Schichtreihenfolge (Diodenstruktur und

Diodenrichtungen) dabei gleich sind. Wenn der Transistor umgepolt wird, haben die Ladungsträger „den Weg nach oben anstelle nach unten" zu nehmen, was nahezu unmöglich ist, da hierfür die Energien in aller Regel nicht ausreichen.

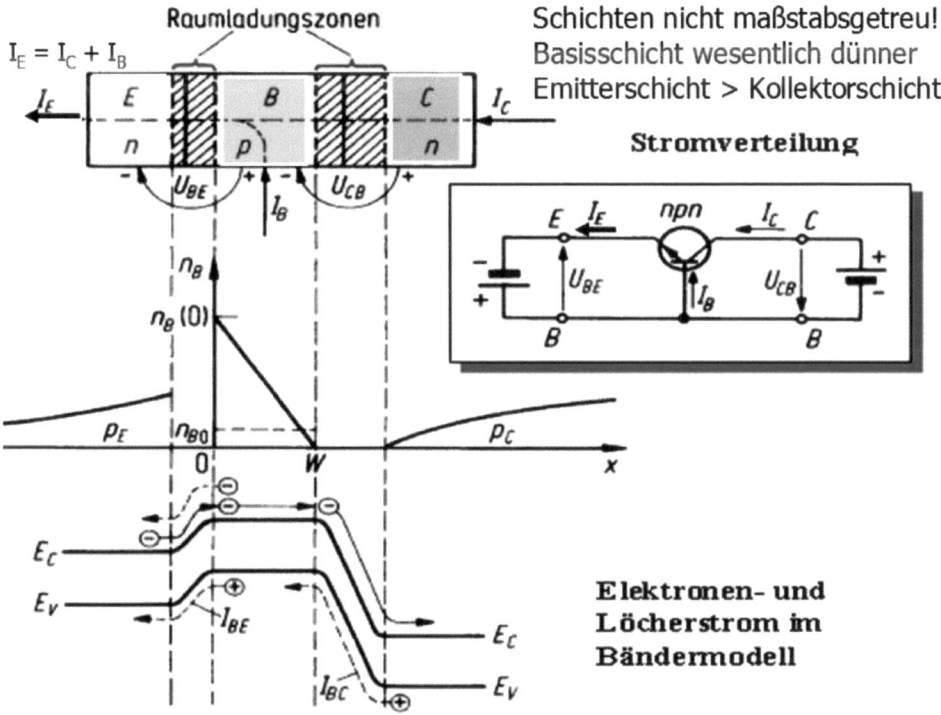

Abb. 1.1.2 Bipolartransistor – Schichtreihenfolge, Stromverteilung, Bändermodell

Vom Emitter aus gesehen, muss eine geringe Energiemenge aufgenommen werden, um die Potentialschwelle in Richtung Kollektor zu überwinden. Diese Energie wird von der Basisansteuerung in Form des Basisstroms zur Verfügung gestellt. Der Kollektor ist deutlich geringer dotiert und somit kann die Energie ohne weitere Barrieren zum Kollektor fließen. Das Bändermodell erklärt den Bipolartransistor im physikalischen Sinne. Vorsicht: die technische Richtung des „Stroms" ist umgekehrt. Deshalb ist das Bändermodell mit Hilfe der technischen Stromrichtung recht ungeschickt zu erklären.

Der bessere Name für den Bipolartransistor ist „Sperrschichttransistor".

Zusammenfassung
- Ein Bipolartransistor arbeitet, weil die sehr dünne und großflächige Basis mit geringem Basisstromanteil einen großen „Stromanteil" vom Emitter zum Kollektor steuert.
- Bipolare Transistoren könnten auch umgekehrt arbeiten, in der Praxis wird dies nicht möglich sein, da die Schichten unterschiedlich stark aufgebaut sind. Deshalb der Diodeneffekt.

1.1.3 Thermischer Widerstand

„Designs" – so nennt man in der modernen Welt Schaltungsentwürfe – müssen in aller Regel temperaturstabil ausgelegt werden. Demzufolge muss die Ursache der Temperaturabhängigkeit bekannt sein. Diese finden wir in der sogenannten Temperaturspannung [1.5]. Die wissenschaftliche Herleitung der Temperaturspannung u_T wurde von Einstein 1905 [1.6] veröffentlicht und ist unter dem Namen „Einstein–Smoluchowski-Beziehung" oder „Einstein-Gleichung" bekannt.

$$u_T = \frac{k_B T}{e} \qquad k_B = \frac{R}{N_A} = 1.380605 \cdot 10^{23} \frac{J}{K}$$

Formel 1.1.1

Darin ist k_B die Boltzmann-Konstante, R die ideale Gaskonstante und N_A die Avogadro-Zahl. Der Dioden-Sättigungssperrstrom I_{DS} wird in aller Regel als eine von der Technologie bestimmte Diodenkonstante betrachtet. Die genaueren Formulierungen des Sättigungssperrstroms und der Diodengleichung I_D werden im Kapitel Dioden näher betrachtet. Shockley hat die Diodengleichung formuliert [1.7]:

$$I_D = I_S \cdot \left(e^{\frac{V_D}{u_T}} - 1 \right) = I_S \cdot \left(e^{\frac{V_F}{u_T}} - 1 \right)$$

Formel 1.1.2

V_D ist die Diffusionsspannung, sie wird auch häufig als Flussspannung V_F oder Schwellspannung bezeichnet. Leitet man die Flussspannung unter Berücksichtigung der am Dioden-Sperrsättigungsstrom beteiligten Bandabstands-Spannung (Bandgap voltage) U_{BG} nach der Temperatur [1.8] ab, erhält man einen leicht zu vereinfachenden Term des Temperaturgradienten.

$$I_D(V_D,T) = I_S(T) \cdot \left(e^{\frac{V_D}{u_T(T)}} - 1 \right)$$

$$I_S(T) = I_S(T_0) \cdot e^{\left(\frac{T}{T_0}-1\right)\left(\frac{V_{BG}(T)}{nu_T}-1\right)} \cdot \left(\frac{T}{T_0}\right)^{\frac{\kappa T, I}{n}}$$

$$\kappa T, I \approx 3$$

Formel 1.1.3

Für verschiedene Technologien ist die Diffusionsspannung sehr unterschiedlich. Eine MATLAB Simulation, Abb. 1.1.3, zeigt für unterschiedliche Technologien und unterschiedliche Dotierdichten die zugehörigen Kurven der Diffusionsspannung. Im Gegensatz zu vielen Fachbüchern [1.2, 1.4, 1.10], die als Flussspannung diejenige Spannung erklären, welche sich durch den Schnittpunkt der an der Diodenkennlinie angelegten Tangente bei Durchgang des Punktes $I_D = 0$ A (x-Achse) darstellt, wird in diesem MATLAB Modell diese Spannung aus den Diffusionspotentialen und den Austrittsarbeitsdifferenzen berechnet. Der Nachteil der Diffusionsspannungen ist, dass in Schaltungen durch diesen Spannungsabfall ein Spannungsverlust auftritt. Daher sind Technologien wie Ge und Si bevorzugt, welche diesen Spannungsverlust moderat halten.

1.1 Technologie Grundlagen Bipolar

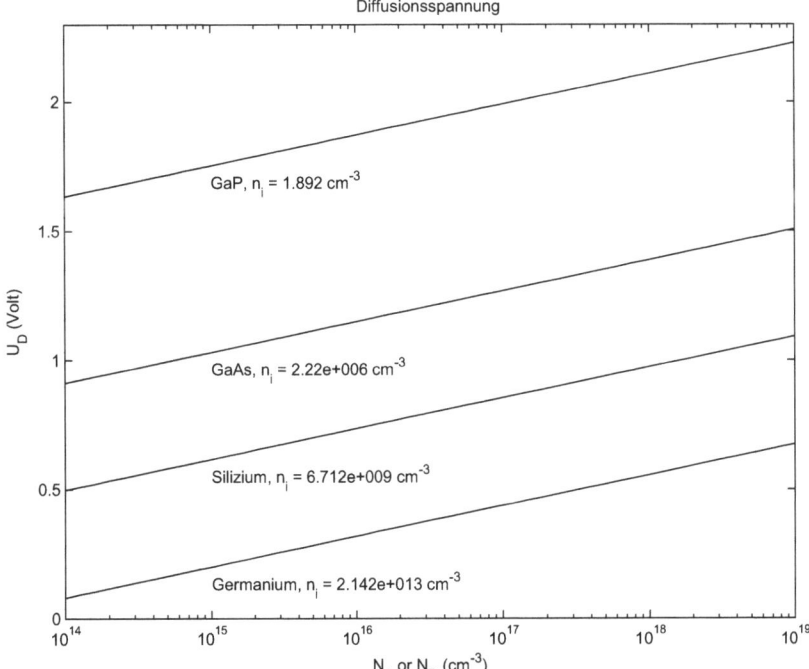

Abb. 1.1.3   Diffusionsspannung unterschiedlicher Technologien

Si wird gegenüber dem Ge bevorzugt, da dieses Halbleitermaterial bessere elektrische Stabilitäten aufzeigt, obgleich Ge eine deutlich geringere Diffusionsspannung besitzt. GaAs wird im Wesentlichen für Leuchtdioden angewandt. GaP wird für grüne LEDs, GaN für blaue, grüne LEDs und in der HF-Technologie für Feldeffekttransistoren findet dieses Material Anwendung. Von Interesse in der Schaltungstechnik ist das Temperaturverhalten des PN (Halbleiter)-Übergangs. Die Temperaturabhängigkeit der Flussspannung für T = 300 K, W_{BG} = 1.12 eV und U_D = 0.7 V beträgt:

$$\frac{\partial V_D}{\partial T} \approx \frac{V_D - V_{BG} \cdot 3 \cdot u_T}{T} \approx -1.7 \frac{mV}{K} = -2 \frac{mV}{K}$$

Formel 1.1.4

Dieser Temperaturgang spielt eine wesentliche Rolle in Temperaturmessgeräten und stabilen Referenzquellen. In allen Datenblättern von Bauelementen wird auf den Temperaturgang explizit eingegangen. Hierbei muss unterschieden werden zwischen dem „normalen" und dem Halbleiter-Temperaturgang. Der „normale" Temperaturgang entspricht der Kelvin'schen Temperaturdefinition. Der Temperaturgang eines Bauteils wird entweder mit Kennlinien oder mit einfachen Gleichungen aufgezeigt. Die Bandabstandsspannung zeigt einen sehr geringen Temperaturgang auf. Abb. 1.1.4 zeigt das Ergebnis einer MATLAB Simulation über den Temperaturbereich für drei verschiedene Technologien: GaAs, Si, Ge.

Dieser Zusammenhang wird in einem späteren Kapitel nochmals interessant, da die Bandabstandsspannung mit ihrem Temperaturgang und ihrer Konstanz für sehr gute und temperaturstabile Referenzquellen dienlich ist.

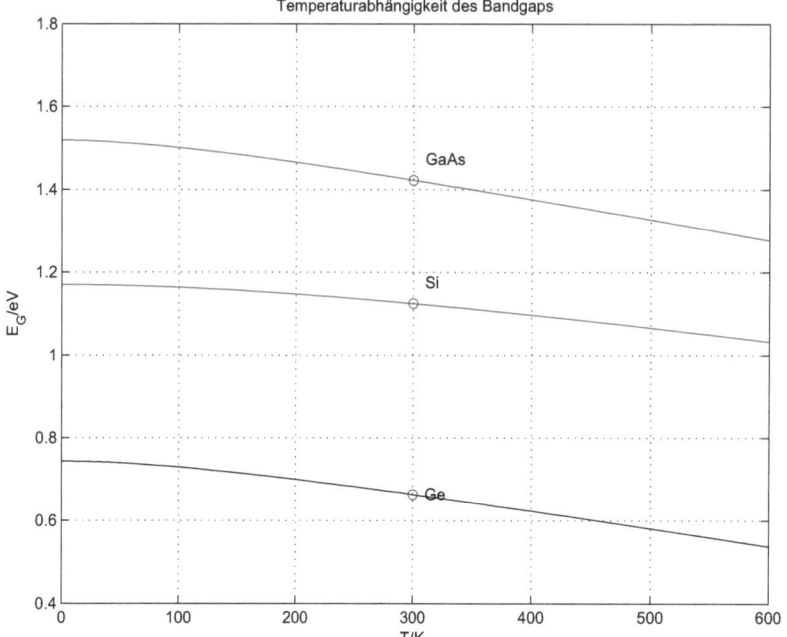

Abb. 1.1.4 Bandabstandsspannung über der Temperatur von GaAs, Si und Ge

1.1.4 Kühlung

Da „Strom" nicht transportiert wird, sondern das Feld die Energie transportiert, lässt sich feststellen:

1. Die Geschwindigkeit der Ladungsträgerbewegung (freie Elektronen) beträgt nur einige cm pro Sekunde und ist nahezu ungerichtet. Die Ladungsträgerbewegung spielt für den Energietransport nur eine untergeordnete Rolle, jedoch bestimmt sie dominant das Rauschen der Bauelemente. Dazu mehr im Kapitel „Rauschen".
2. Der Energietransport wird als zeitlich gemittelte Leistung pro Flächeneinheit durch die Wirkung des elektrischen und magnetischen Feldes gewährleistet:

$$|S| \cdot 2\pi \cdot a = \frac{1}{2} \cdot \hat{E} \cdot \hat{H} \cdot 2 \cdot \pi \cdot a = 2 \cdot \pi \cdot \hat{E} \cdot \hat{H}$$

Formel 1.1.5

S ist der Poynting-Vektor, a die Querschnittfläche des Leiterbahnstücks, E das elektrische Feld und I der resultierende Strom. Der Poynting-Vektor beschreibt die Richtung des Energietransports des elektromagnetischen Feldes [1.9]. Die rechte Seite der Poynting-Gleichung beschreibt die Wärmeentwicklung pro Längeneinheit des Drahtes.

Dort, wo die Energie verbraucht wird, fließt sie nicht durch Transport von Elektronen, sondern aus dem Feld in den Draht, wo sie als Ladung festgestellt werden kann. Deshalb spricht man auch von Ladungstransport. Die Stromstärke ergibt sich aus der Ladung und damit aus der Menge der transportierten Ladungsträger.

1.2 Bipolare Bauelemente

Vereinbarung für das Verbraucherpfeilsystem:

Strom- und Spannungspfeil zeigen in die gleiche Richtung, haben bei Spannung U und Strom I gleiches Vorzeichen und die gleiche Verlustleistung. Positives Vorzeichen heißt, die Schaltung entzieht dem Erzeuger Energie.

Problematik der Temperaturüberhöhung von Bauelementen:

Leistungsbauelemente erhalten durch Polieren der rückwärtigen Siliziumschicht eine geringere Dicke und der Wärmetransport bis hin zu einer wärmeleitenden Platte wird verbessert. Bei Verguss des Bauelements wird diese Rückseite zur besseren Wärmeabgabe wärmetechnisch sehr gut mit einer Kühlfläche verbunden. Bei sehr hoher Wärmeabgabe wird sogar Wasser oder spezielles Kühlmittel verwendet. Bauelemente können bis zu einer maximalen Temperatur der Sperrschicht (junction) betrieben werden, welche im Datenblatt des Bauelements angegeben ist. Darüber hinaus müssen sie gekühlt werden, so dass die angegebene maximale Temperatur niemals überschritten wird. Dazu werden Kühlbleche oder aktive Kühleinrichtungen mit Peltier-Elementen verwendet. Die Wärmeabgabe dieser Kühlmittel ist den jeweiligen Datenblättern zu entnehmen. Wärme beeinflusst direkt die Lebensdauer eines Bauteils. Durch Wärmeeinfluss gehen Bauteile meist schneller kaputt.

1.2 Bipolare Bauelemente

1.2.1 Die Diode

Die Diode [1.1, 1.2, 1.4, 1.7] ist ein Halbleiterbauelement, welches den Energiefluss im Wesentlichen nur in eine Richtung erlaubt. Für elektrische Schaltungen sind folgende Kenngrößen wesentlich:

1. Durchlassspannung
2. Schwellspannung, Schleusenspannung oder Durchlassspannung
3. Durchlassstrom
4. Sperrspannung (bei Z-Dioden zusätzlich: Durchbruchspannung)
5. Sperrstrom

1.2.2 Ermittlung der Kenngrößen von Dioden

Diodenkennlinie Messung Flussrichtung

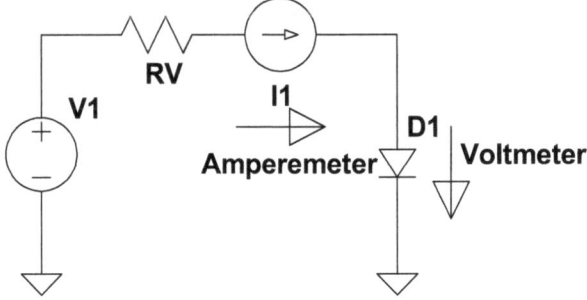

Abb. 1.2.1   Messschaltung Diodenkennlinie Durchlassbereich

RV ist der Vorwiderstand für diese Messschaltung. Die erste Mess-Schaltung (Abb. 1.2.1) zeigt die Parametererfassung im Durchlassbereich. Das Voltmeter muss hier über der Diode angebracht werden, um spannungsrichtig zu messen.

Gemessen werden:

V_{ges} Spannung der Spannungsquelle V_{th} Schwellspannung
V_F Durchlaßspannung I_F Durchlaßstrom

Diodenkennlinie Messung Sperrbereich

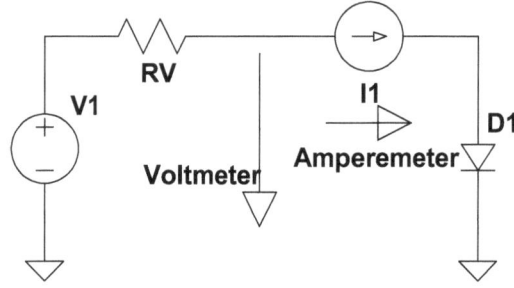

Abb. 1.2.2   Messschaltung Diodenkennlinie Sperrbereich

Abb. 1.2.2 zeigt die Parametererfassung im Sperrbereich. Das Voltmeter muss hier zwischen dem Vorwiderstand RV und dem Strommessgerät I1 gegen Masse verschaltet werden, um spannungsrichtig zu messen.

Gemessen werden:

V_{ges} Spannung der Spannungsquelle I_R Sperrstrom
V_R Sperrspannung

Erläuterung der Indizes:

Index	meaning	Bedeutung
th	threshold	Schwellspannung
R	reverse	Sperrspannung

Bei sehr guten Messgeräten (Voltmeter-Innenwiderstand > 10 GW) kann auch die obere Messtechnik für die Sperrspannungsmessung verwendet werden.

1.2.3   Die Diodengleichung

Die Abb. 1.2.3 zeigt den strukturellen Aufbau einer bipolar Diode.
A kennzeichnet die „Anode".
K kennzeichnet die „Kathode".
Die beiden Bezeichnungen Anode und Kathode entstammen noch der Röhrenzeit. Die Anode ist der potential höhere Anschluss im Gegensatz zur Kathode, die potentialmäßig unterhalb der Anode zu liegen hat, um leitfähig zu arbeiten. Das Bild (1) der Abb. 1.2.3 zeigt den Aufbau der Halbleiterschichten. Die Anode ist eine Metallplatte, welche die P-leitende Diffusionsschicht kontaktiert. Am Übergang der P Schicht zur N Schicht entwickelt sich die Raumladungszone, diese wird im Bild (2) per Name gekennzeichnet. Die N-Schicht ist an der Unterseite mit einer Metallplatte kontaktiert. Schaut man näher hin, so entdeckt man, dass es eine „+" und eine

1.2 Bipolare Bauelemente

„–"-Diffusion gibt. Die Indizierung mit „+" und „–" bedeutet, dass die mit „+" indizierte Schicht stärker dotiert ist als die mit „–" indizierte Schicht. Diese Art der Dotierungsschichtung wird in den modernen Technologien sehr häufig angewandt, da dies einerseits eine bessere Kontaktierung (+ Index) und andererseits den Halbleiterübergang optimiert (– Index).

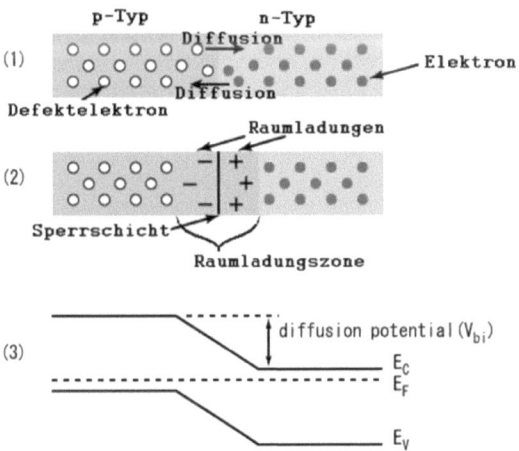

Abb. 1.2.3 Diode Bändermodell

Das untere Bild der Abb. 1.2.3 zeigt den Halbleiterübergang im Bändermodell. Die linke Seite zeigt die P-Dotierung und die rechte Seite zeigt die N-Dotierung. Das Dotiermodell (1) zeigt den Zustand des Durchlassverhaltens, während das Dotiermodell (2) den Zustand im Sperrverhalten zeigt. Das Bändermodell (3) zeigt den Zustand des Sperrverhaltens mit deutlich ausgeprägter Raumladungszone. Je höher die Sperrspannung, desto weiter spannt sich die Raumladungszone [1.23].

Die Diode im Durchlassbereich wird durch die folgende Gleichung beschrieben:

$$I_S = I_{S0} \cdot e^{\frac{W_{BG}}{k_B T}} \quad I_D = q_e \cdot \left(n_0 \cdot \left(\frac{D_e}{L_e} \right) + p_0 \cdot \left(\frac{D_h}{L_h} \right) \right) \cdot \left(e^{\frac{q_e \cdot V_{BE}}{n \cdot k_B T}} - 1 \right) = I_S \cdot \left(e^{\frac{q_e \cdot V_{BE}}{n \cdot k_B T}} - 1 \right)$$

$$u_T = \frac{k \cdot T}{q_e} \approx 26 mV$$

Formel 1.2.1

I_D	Diodenstrom	q_e	Ladung Elektron
I_S	Sperrsättigungsstrom	n0, p0	Minoritätsladungsträger-Dichten n-Schicht, p-Schicht
$D_{e(h)}$	Beweglichkeit der Elektronen (e) / Löcher (h)		
$L_{e(h)}$	Diffusionslängen (Debye-Länge) Elektronen (e) / Löcher (h) (h: eng. holes)		
u_T	Temperaturspannung	T	thermodynamische Temperatur
K	Boltzmann-Konstante	n	Emissionskoeffizient n ~ 1 ... 2

Der Rand der Raumladungszone zeigt bereits bei schwacher Sperrrspannung eine deutliche Verarmung der Minoritätsladungen. Diese Verarmung schreitet bei steigender Sperrspannung rapide an bis keine Minoritätsladungen mehr vorhanden sind. Dabei ist die Sperrspannung kaum angestiegen! Daher zeigt der Sperrstrom ein Sättigungsverhalten. Bei Silizium beträgt der Sperrsättigungsstrom pro Flächeneinheit je nach Prozess zwischen 1 nA/mm² und etwa 1 pA/mm². Die Minoritätsladungen sind die Ladungen der Diffusionsinsel. Die Majoritätsladung ist die Ladung des Grundkristalls (bulk silicon). Für die Schaltungsentwicklung ist die zusammengefasste Gleichung (Shockley-Gleichung) relevant. Der Sperrsättigungsstrom wird durch den Diodenhersteller im Datenblatt stets angegeben. Das Ergebnis Abb. 1.2.4 zeigt die berechnete I-U Kennlinie einer Diode im Durchlassbereich:

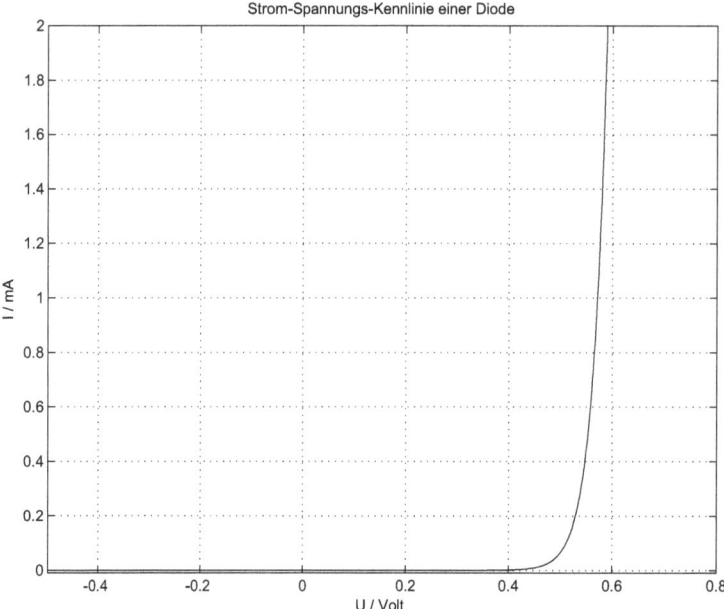

Abb. 1.2.4   Dioden I-U

Der Temperaturgang wurde im Kapitel thermischer Widerstand bereits vorgestellt und beträgt ca. −2 mV/K. Eine weitere Kenngröße ist der Diffusionsstrom, welcher im mittleren Durchlassbereich die dominante Rolle spielt.

$$I_{D,D} = I_S \cdot \left(e^{\frac{V_D}{n \cdot u_T}} - 1 \right)$$

Formel 1.2.2

Die Angabe eines Widerstandes kann bei einer nichtlinearen Kennlinie nur als differentieller Widerstand r_D angeschrieben werden:

$$r_D = \left. \frac{\partial V_D}{\partial I_D} \right|_{AP} = \frac{n \cdot u_T}{I_{D,AP} + I_S}$$

Formel 1.2.3

$I_{D,AP}$: Diodenstrom im Arbeitspunkt AP

1.2 Bipolare Bauelemente   11

Der Leckstrom oder auch Rekombinationsstrom ist in den Datenblättern ebenso wie alle anderen bereits vorgestellten Diodengrößen zu finden. Der Arbeitspunkt ist derjenige Punkt auf einer Kennlinie, der sich auf Grund der angelegten elektrischen Last einstellt. Die Berechnung des Arbeitspunktes ist eine der wichtigsten Aufgaben der Schaltungsentwicklung und wird daher in nahezu jedem Kapitel ausführlich besprochen.

1.2.4   Die Diodenkennlinie

Es werden im Wesentlichen zwei Technologien unterschieden: Germanium und Silizium. Beide sind im Bild Abb. 1.2.5 ersichtlich. Die Quadranten zählen linksläufig, beginnend oben rechts. Im ersten Quadrant ist die Durchlassrichtung, im Dritten das Sperrgebiet zu sehen. Der Beginn des Knickpunktes bzw. die vom Durchlassbereich durchgezogene Tangente mit ihrem Achsenschnittpunkt bestimmt die so vereinfachte Durchlassspannung. Das Gleiche gilt für die Durchbruchspannung.

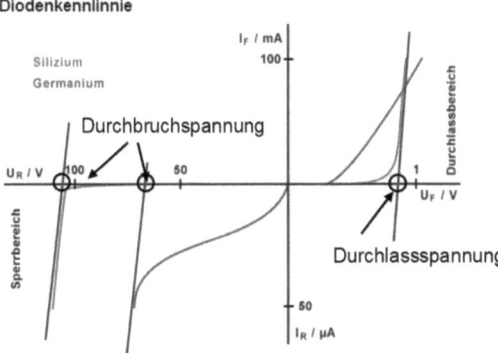

Abb. 1.2.5   Diodenkennlinie

Bei Germaniumdioden ist dies weit weniger ausgeprägt und damit ist die Bestimmung dieser beiden Parameter nicht besonders genau. Die Kennlinie der Diode kann aus Datenblättern geholt, bzw. mit Hilfe eines Simulators dargestellt werden. Dazu wird eine Transienten-Analyse mit genügend langer Zeitvorgabe und einer dabei steigenden Ansteuerspannung durchgeführt. Die beiden Bilder zeigen die Schaltung in LTspice Abb. 1.2.6 und das zugehörige Simulationsergebnis Abb. 1.2.7.

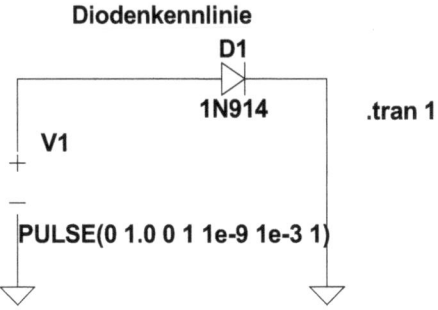

Abb. 1.2.6   Simulationsschaltung zur Aufnahme der Diodenkennlinie

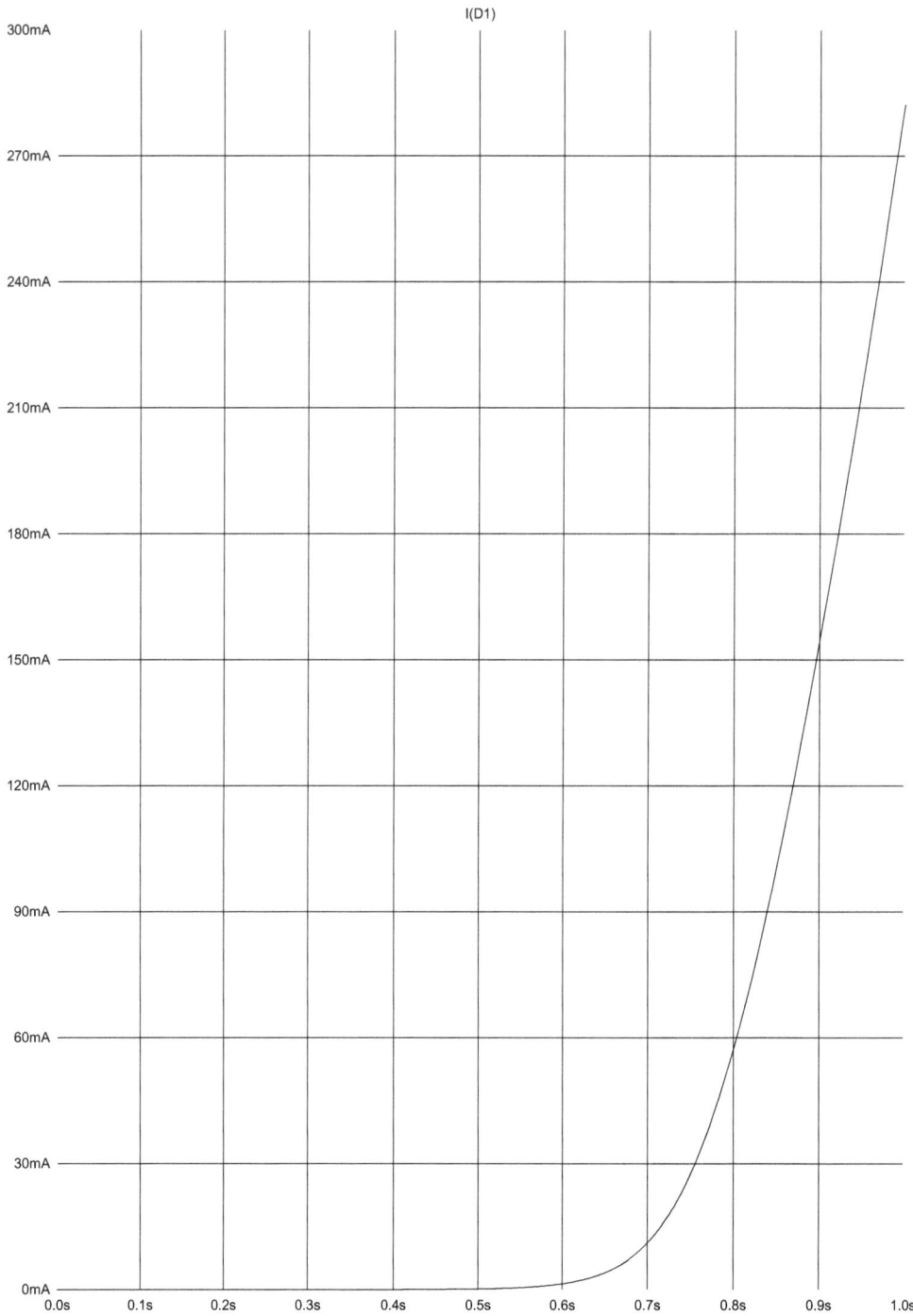

Abb. 1.2.7 Ergebnis der Simulation Diodenkennlinie

Typische Werte

Schwellspannung

Si   0.7 V
Ge   0.3 V
Se   0.6 V

Besondere Eigenschaften

Dioden können breitbandig eingesetzt werden: von sehr kleinen bis hin zu sehr großen Sperrspannungen. Vorzugsweise werden Si Dioden verwendet. Ge Dioden sind mit ihren Wertebereichen deutlich eingeschränkt, finden aber wegen ihrer geringen Flussspannung trotzdem wieder Anwendung. Eine besondere Bedeutung besitzt auch die Durchbruchspannung. Befindet sich die Diode im Sperrbereich, so steigt der Sperrstrom $I_R = -I_D$ an. Dieser Anstieg beginnt langsam, beschleunigt sich dann ab einem gewissen Punkt, der sogenannten Durchbruchspannung, enorm bis hin zu dem Punkt, an welchem die Diode ihren Wärmetod stirbt. Dioden besitzen auch eine parasitäre oder intrinsische Kapazität. Diese Kapazität ist spannungsabhängig und wird durch die am Halbleiterübergang befindliche Raumladungszone gebildet. Beim MOS Transistor wird dieser Effekt noch einmal besondere Erwähnung finden mit der CV-Charakteristik [1.29]. Die benannten Dioden-Effekte sind für spezielle Anforderungsprofile technologisch herausgearbeitet worden. Die nachgestellte Auflistung zeigt die wichtigsten Dioden-Typen auf.

Schottky-Dioden	diese Dioden haben einen direkten HL-Metall-Übergang. Diese Dioden sind auf Grund der geringen Raumladungszone und damit auch geringen parasitären Kapazität sehr schnell.
Zener-Dioden	Diese Dioden werden in Sperrrichtung betrieben und sind speziell darauf ausgelegt, hohen Sperrströmen zu widerstehen bei sehr steiler Kennlinie im Sperrbereich.
Foto-Dioden	Diese Dioden sind besonders lichtempfindlich und zeigen sogar lichtabhängige Diodenströme.
Kapazitäts-Dioden (Varaktor)	Diese Dioden sind auf eine von ihrer Vorspannung abhängige Kapazität getrimmt. Hier übernimmt die Raumladungszone mit ihrer spannungsabhängigen Dicke die Funktion des variablen Abstands zweier Kapazitätsplatten.
Leucht-Dioden	Bei diesen Dioden wurde der in jedem Halbleiter vorhandene Fotoluminiszenz-Effekt besonders gezüchtet, so dass diese Dioden Licht in verschiedenen Farben aussenden.

Die Einsatzgebiete dieser Dioden sind häufig:

Schottky-Dioden	Schnelle Schaltdioden, HF Gleichrichter
Zener-Dioden	Spannungsstabilisatoren
Foto-Dioden	Lichtstärke abhängige Regler (Dimmer), Regensensorik, Kameras
Kapazitäts-Dioden	Trimmbare Schwingkreise, trimmbare Zeitglieder
Leucht-Dioden	Leuchtanzeigen, Autolampen (Tageslicht Beleuchtung), Navigationslichter bei Schiffen

1.3 Die Diode als Gleichrichter

Auf Grund der einseitigen Leitfähigkeit eignen sich die Dioden besonders gut für Gleichrichter.

Vorsicht!   Gleichrichtung heißt: in einer Richtung bevorzugt leitfähig
            heißt nicht: stabiler Ausgangswert oder DC Signal

1.3.1 Die Einweg-Gleichrichtung

Hier wird ein Vorzugsweg, je nach Durchgangsrichtung der Diode, zur Verfügung gestellt. Der Bezugswert für das Sperren bzw. Durchlassen der Diode entspricht dem Schaltungsbezugswert. In diesem Fall ist das Masse (0 V). Die Schaltung Abb. 1.3.1 gibt den Weg für die positive Halbwelle frei. Wird die Diode umgedreht, würde dieser Gleichrichter die negative Halbwelle durchlassen.

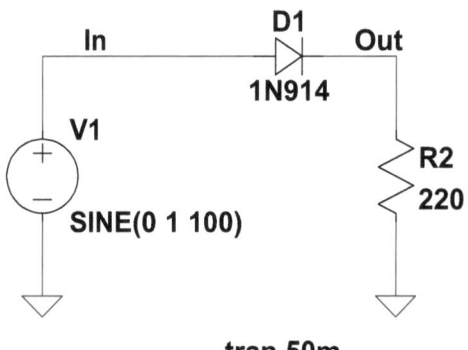

Abb. 1.3.1   Einweg-Gleichrichter

Abb. 1.3.2 zeigt das Simulationsergebnis der Einweg-Gleichrichtung. Man erkennt, dass einerseits die negative Halbwelle nicht mehr vorhanden ist und andererseits durch die Abschwächung der positiven Halbwelle (Signal an OUT) bezogen auf das Eingangssignal V1 deutlich wird, dass der Spannungsabfall über der Diode einen Einfluss besitzt. Die Ursache des Spannungsabfalls über der Diode ist natürlich der Diodendurchlasswiderstand.

Diese Halbwellenschwingung wird in der Schaltungstechnik häufig als „quasi Gleichspannungswert" oder Effektivwert interpretiert. Der Hintergrund dieser Betrachtungsweise ist der Leistungsumsatz während einer Schwingung. Berechnet wird dies über die Standardabweichung des Signals. Die Varianz (Standardabweichung) einer Funktion bzw. einer sinusförmigen Schwingung ist:

$$s_{eff}^2 = \frac{1}{T} \int_{t=0}^{T} A^2 f(t)^2 dt$$

Formel 1.3.1

1.3 Die Diode als Gleichrichter

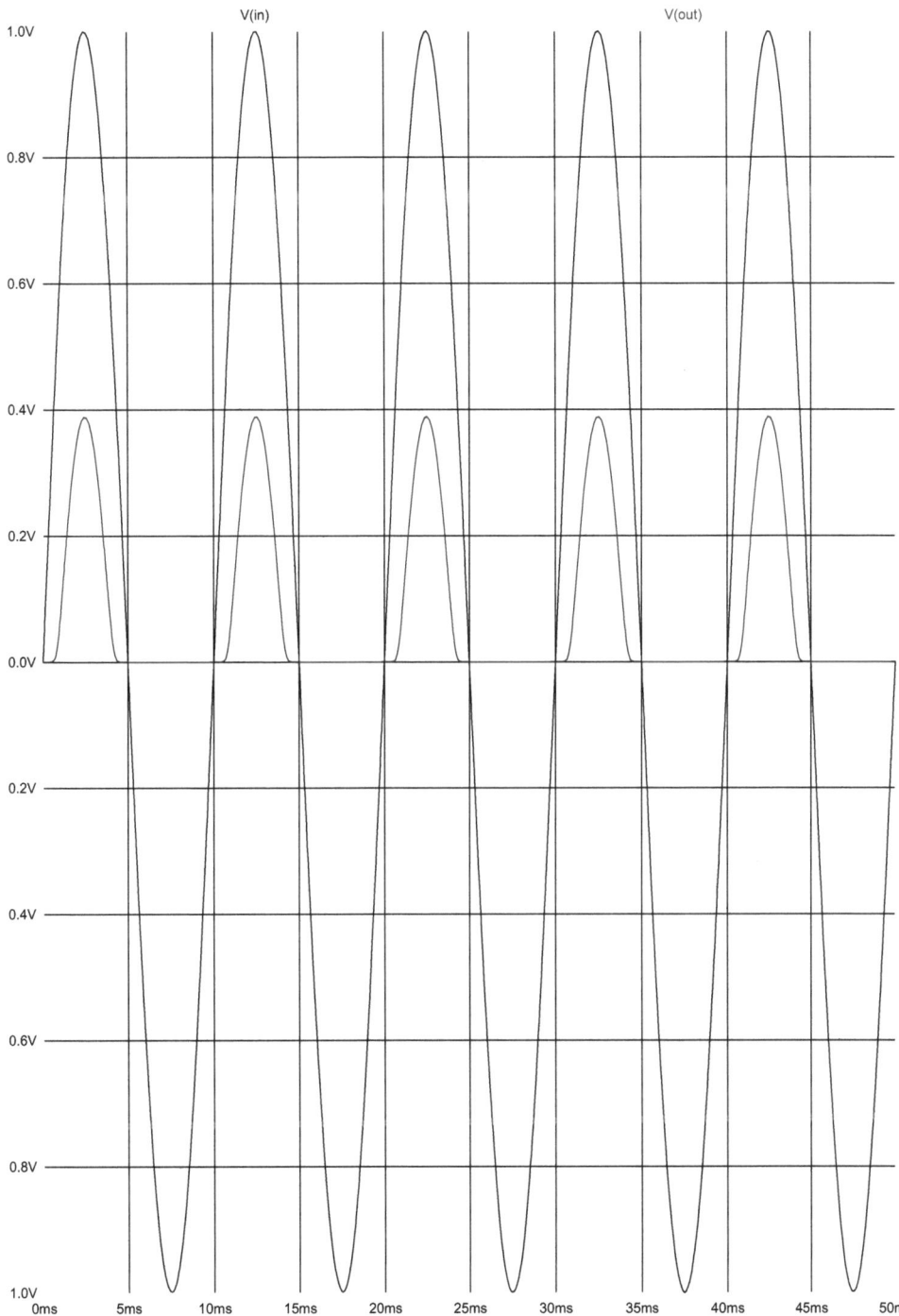

Abb. 1.3.2 Simulationsergebnis Einweggleichrichter

Der Effektivwert ist die Wurzel aus der Varianz. Im Falle einer Sinuswelle mit Amplitude A ergibt sich dann:

$$s_{\mathit{eff}} = \frac{A}{\sqrt{2}}$$

Formel 1.3.2

1.3.2 Die Zweiweg-Gleichrichtung

Die Gleichrichtung kann auch mit Hilfe von zwei Halbwellen erfolgen. Durch Mittensymmetrie wird dies ermöglicht. Diese Technik wird angewandt bei Demodulatoren von amplitudenmodulierten Systemen und natürlich bei Netzgleichrichtern. Abb. 1.3.3 zeigt das Schaltprinzip. Für die Zweiweg-Gleichrichtung ist eine symmetrische Ansteuerung zwingend erforderlich. Das kann entweder, wie in diesem Schaltungsbeispiel gezeigt, über einen Transformator geschehen oder über eine Signalteilerschaltung dargestellt werden, bei welcher das Signal beispielsweise über einem Widerstand abfällt und so symmetrisch an den beiden Anschlüssen dieses Bauteils zur Verfügung steht. Abb. 1.3.4 zeigt das Simulationsergebnis für das genannte Transformator-Beispiel. Diese Simulation verdeutlicht, dass einerseits das Ausgangssignal sowohl von der positiven Halbwelle, als auch von der negativen Halbwelle in die Signalebene (Diodenrichtung) geklappt wurde. Es zeigt aber auch, dass der Diodenverlust durch den Diodenarbeitspunkt vorhanden ist.

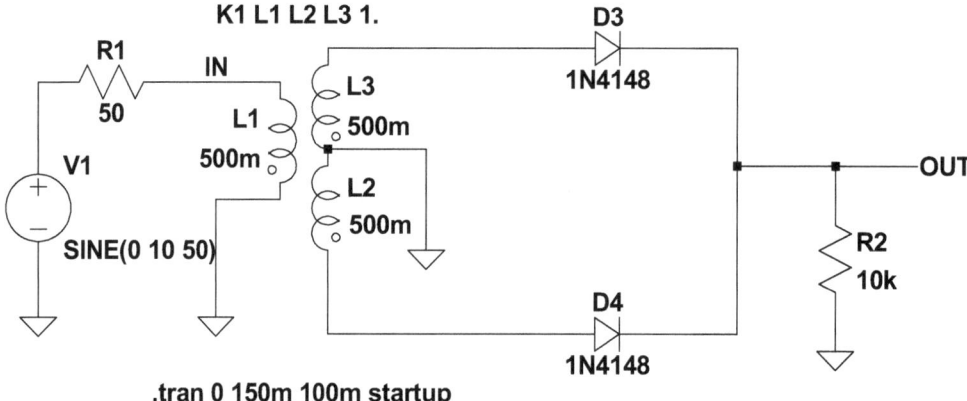

Abb. 1.3.3 Zweiwege-Gleichrichter

1.3 Die Diode als Gleichrichter

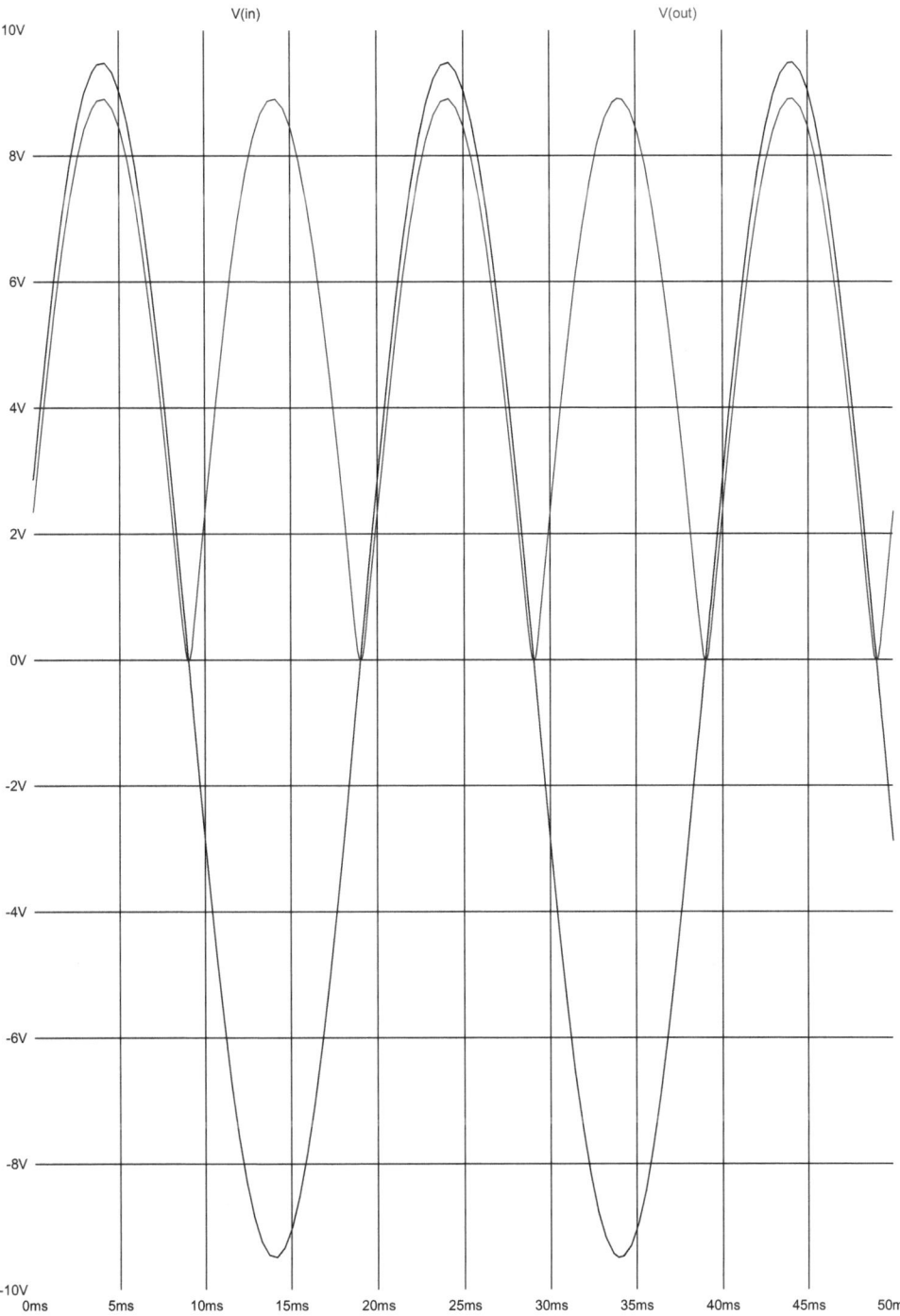

Abb. 1.3.4 Zweiwege Gleichrichter Simulationsergebnis

1.3.3 Die Brücken-Gleichrichtung

Abb. 1.3.5 zeigt die Brücken-Gleichrichtung, deren Originalname Graetz-Gleichrichtung heißt, zu Ehren des Physikers Leo Graetz (26.9.1856–12.11.1941). Brücken-Gleichrichter spielen in der Elektronik bei Netzteilen eine entscheidende Rolle, da hier die eingangsseitig anliegende Wechselspannung mit ihrer positiven als auch negativen Halbwelle gleichgerichtet wird. Eine andere Anwendung sind Demodulatoren. Ein Demodulator dient dazu, eine hochfrequente Schwingung mit einer daraus niederfrequent überlagerten Schwingung gleichzurichten. Dabei wirken diese Dioden als „Direktoren = Richtungsweiser", indem nur eine Wegrichtung so freigegeben wird, dass nach der Gleichrichtung das Gesamtsignal entweder nach oben oder nach unten „geklappt" erscheint. Diese Demodulatoren werden Hüllkurven-Demodulatoren genannt, da das NF-Signal der „Hülle um die Trägerfrequenz" entspricht. Abb. 1.3.6 zeigt das Simulationsergebnis für den Gleichrichtungsteil eines Netzteils. Deutlich ist zu sehen, dass die Diodenverluste minimiert wurden. Diese Art der Gleichrichtung hat sich aus diesem Grund in der Technik durchgesetzt. Auf Grund der nach der Gleichrichtung verbleibenden Restrauhigkeit des Signals ist eine anschließende Glättung (Filter) notwendig. Diese Glättung hat die Aufgabe, aus dem gleichgerichteten Signal eine konstante Spannung (frei von Restwelligkeit) zu erzeugen. Diese Spannung, auch manchmal DC-Wert (DC: directed current) genannt, entspricht exakt dem oben erklärten Effektivwert. Für unser Hausnetz beträgt die Amplitude 325 V, damit ergibt sich ein Effektivwert von 230 V.

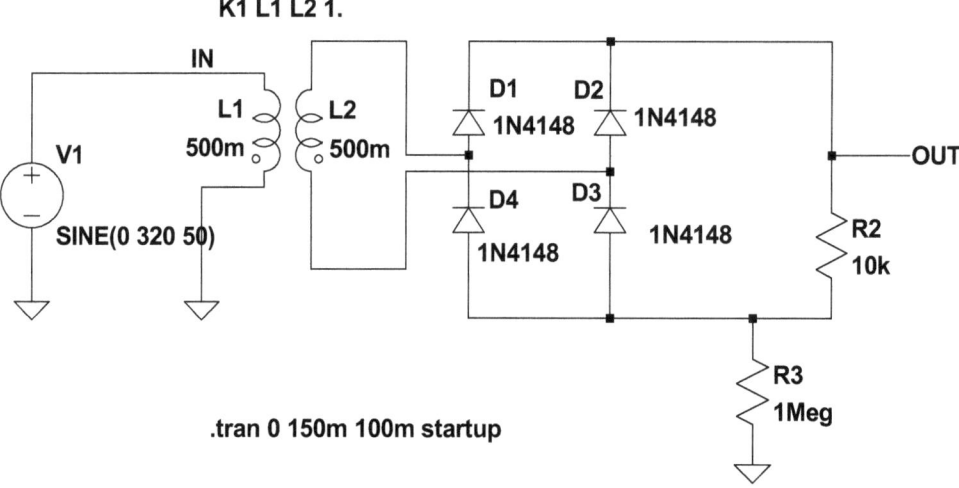

Abb. 1.3.5 Brücken-Gleichrichtung nach Leo Graetz

1.3 Die Diode als Gleichrichter

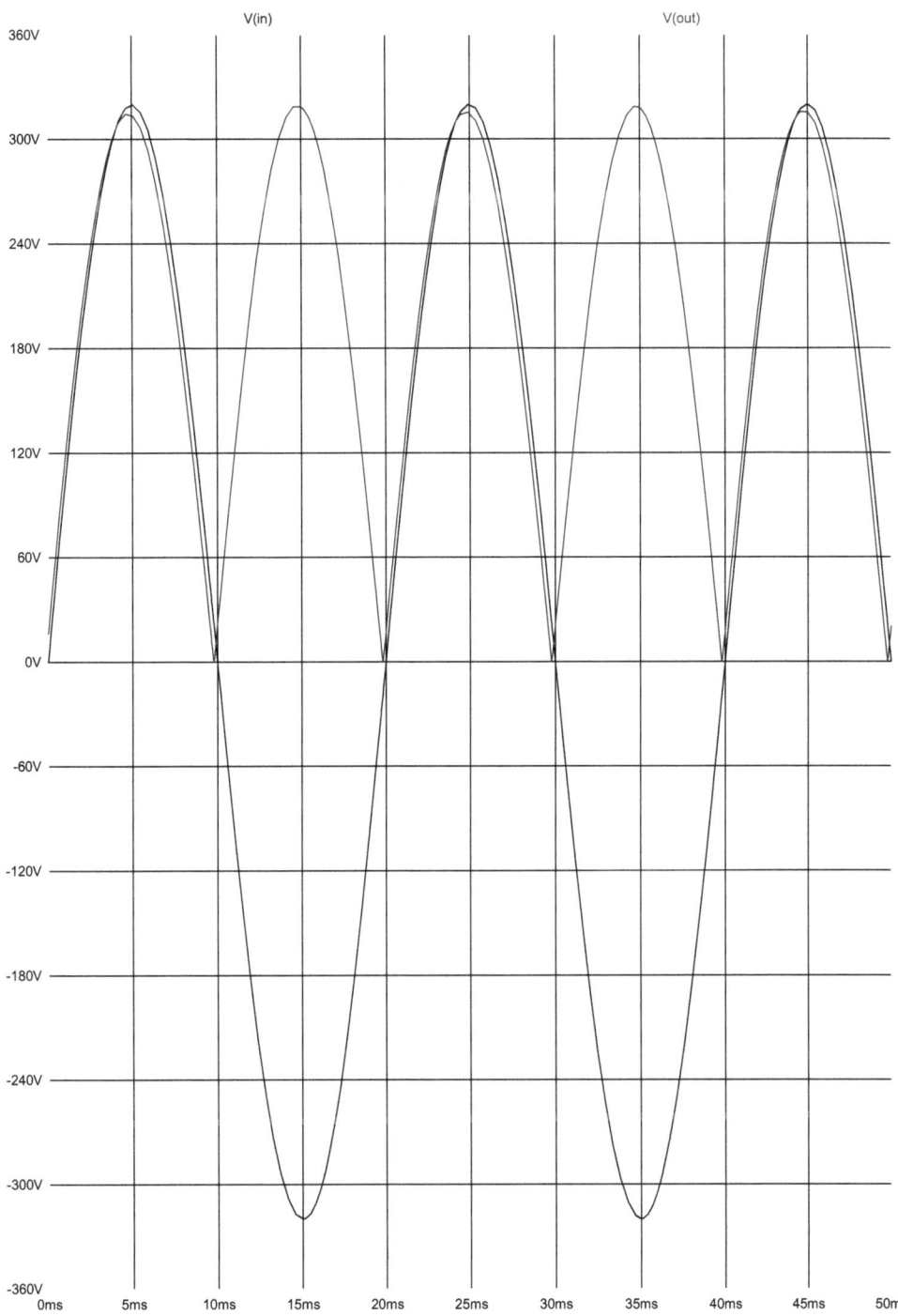

Abb. 1.3.6 Brücken-Gleichrichtung Simulationsergebnis

1.3.4 Die Zener-Diode

Die Zener-Diode ist eine normale Si Diode mit besonders gezüchtetem Sperreffekt. Ausgelöst durch das elektrische Feld im Sperrbereich, werden ab einer bestimmten, durch Dotierung bedingten Spannung, deutlich mehr Ladungsträger aus dem Kristallverbund „befreit", als es bei normalen Dioden der Fall wäre. Damit erklärt sich die Kennlinie in Abb. 1.3.7. Da der Strom im Sperrbereich recht hoch ist – normale Dioden wären bereits durchgebrochen, sprich kaputt – lassen sich diese Dioden als Spannungsstabilisatoren einsetzen. Die normalerweise über die Sperrspannung dieser Dioden hinausgehenden Spannungen werden durch „Diodenkurzschluss" abgebaut. Dies kann damit als spannungsstabilisierender Effekt ausgenutzt werden. Elegant ist das nicht, aber wirksam! Zener-Dioden weisen deshalb im Sperrgebiet eine deutlich höhere Leistungsaufnahme auf als normale Dioden.

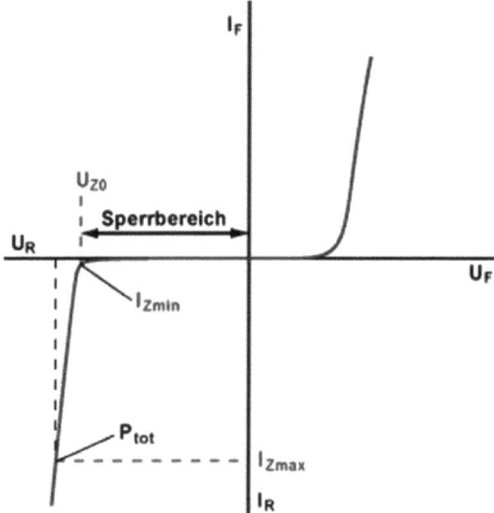

Abb. 1.3.7   Kennlinie einer Zener-Diode

Besondere Dioden

Neben den bereits erwähnten Dioden gibt es auch besondere Dioden [1.4]. Diese sind in Tabelle 1.1 zusammengefasst und werden in der anschließenden Sektion erläutert.

Tabelle 1.1   Besondere Dioden Arten

LED	Licht aussendende Diode	Light Emitting Diode
LRD	Licht empfangende Diode	Light Receiving Diode
Laser-Diode	LASER: Light Amplifier by Stimulated Emission of Radiation	
DIAC	Zweirichtungsdioden	**Diode Alternating Current Switch**
TRIAC	Zweirichtungs-Thyristor Dioden	**Triode Alternating Current Switch**
Thyristor	Vierschichtdiode	

Der Begriff *besondere Dioden* kennzeichnet besondere Aufgaben dieser Dioden.

1.3.5 LED

Alle Photodioden sind nur mit Hilfe der Quantenmechanik zu verstehen. Aus Abb. 1.3.8 lässt sich jedoch eine wesentliche Eigenschaft ablesen, die mit MATLAB herausgearbeitet wurde: die *spontane (Photo-)Emission*.

Als Technologie wird meist GaAs gewählt, da hier die beste Lichtausbeute vorhanden ist. Der Plot zeigt, dass die spontane Emission sehr energiescharf auftritt. Damit ist auch verständlich, dass LEDs, genauso wie LRDs nur in gewissen, eingeschränkten Frequenzbereichen arbeiten.

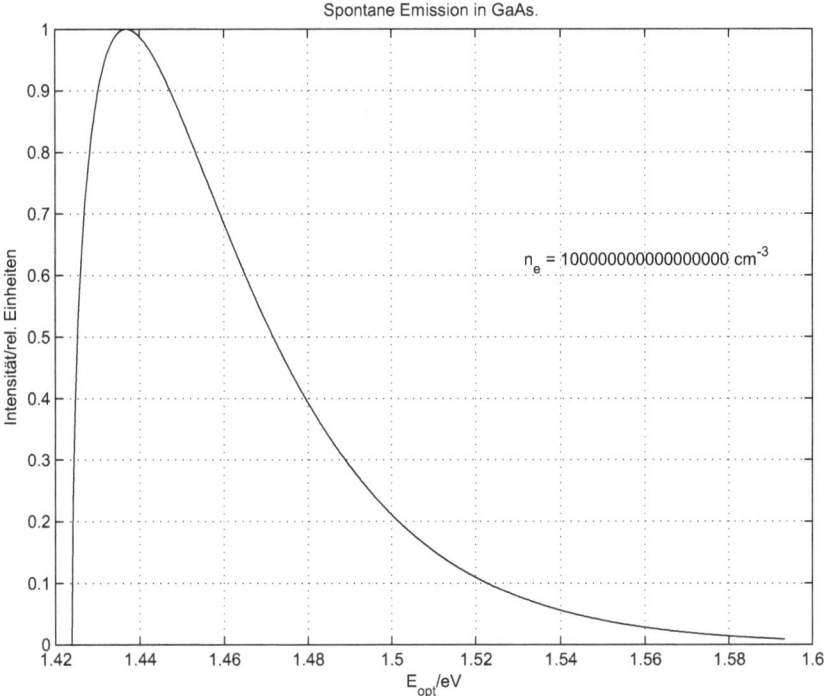

Abb. 1.3.8   LED: spontane Fotoemission

1.3.6 LRD

Als Beispiel einer LRD (Licht empfangende Diode, englisch: Light Receiving Diode) wurde eine Standardsolarzelle mit MATLAB modelliert und berechnet. Der Leistungseintrag wird über der Zellenspannung aufgetragen, wie in Abb. 1.3.9 gezeigt. Hier ist eine ganz harte Kante oberhalb ca. 0.5 V zu erkennen, an der der Energieeintrag abrupt abfällt. Das ist ein wichtiger Hinweis, dass diese Zellen sehr empfindlich bezüglich ihres Arbeitspunktes sind. Das erfordert eine sorgfältige Einstellung und Einhaltung des Arbeitspunktes, dieser wird jedoch von der Sonne (und natürlich auch vom Wetter) bestimmt. Daher ist der Solarenergieeintrag groß, wenn die Sonne hoch am Himmel steht und nimmt mit abnehmendem Sonnenstand ab.

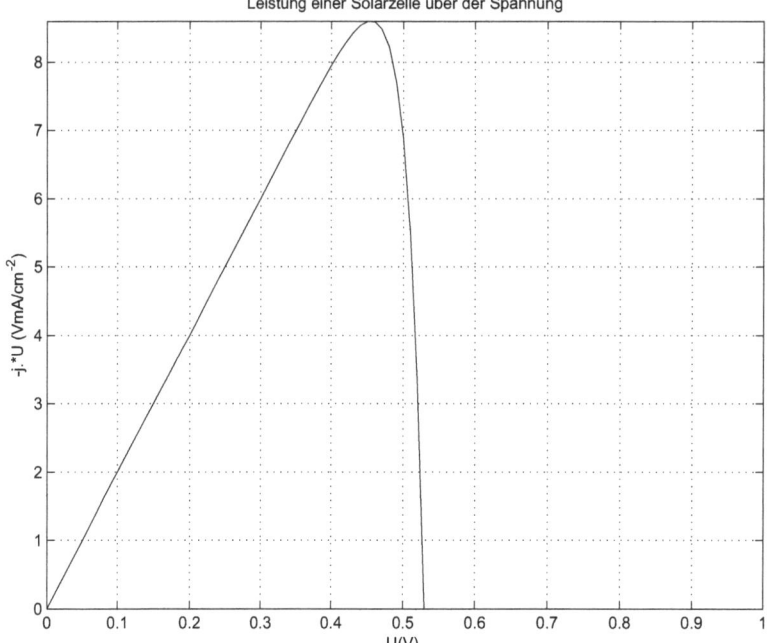

Abb. 1.3.9   Leistung einer Solarzelle LRD über Spannung

Die Leerlaufspannung einer Fotodiode zeigt Abb. 1.3.10:

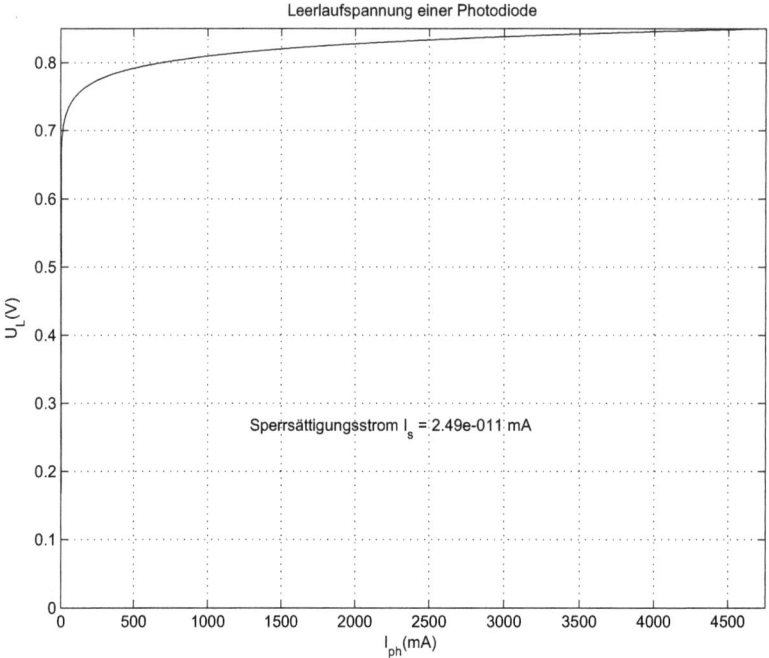

Abb. 1.3.10   Leerlaufspannung einer Fotodiode

1.3 Die Diode als Gleichrichter

Zu beachten ist der Eintrag des Photostroms. Zum Vergleich wird in diesem Bild der Sperrstrom als Referenzwert vermerkt. Im Fotostrom fließen Ampére! Deswegen funktionieren Solarzellen so gut! Das letzte Bild, Abb. 1.3.11, dieser Simulationsserie, zeigt den Vergleich des Ruhestroms zur Leuchtintensität.

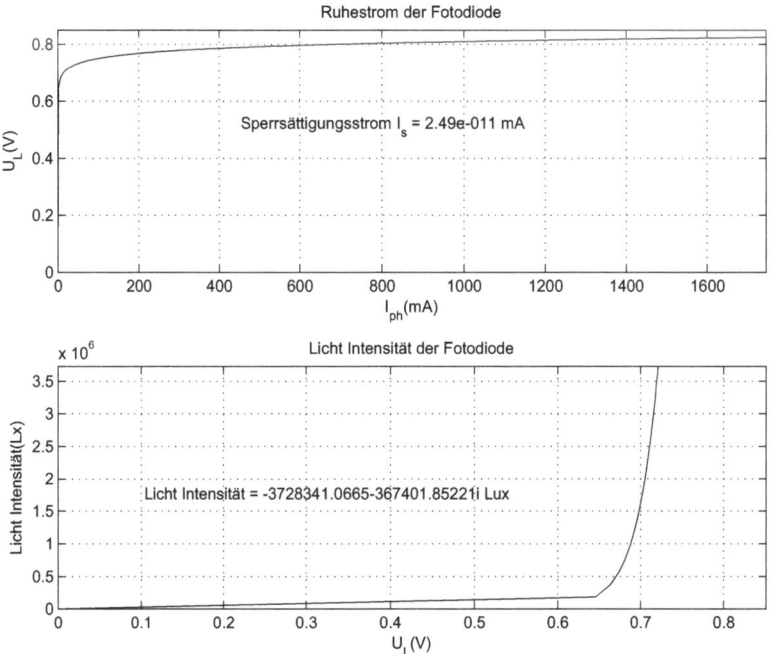

Abb. 1.3.11   Fotodiode: Ruhestrom und Lichtintensität

Abschließende Bemerkungen

Das LRD Beispiel „Solarzelle" wurde auf Grund seiner sehr hohen Lichtausbeute gewählt. Es gibt auch deutlich kleinere Dioden, die aber exakt gleich arbeiten. Diese können beispielsweise bei Türöffnern eingesetzt werden oder in optisch arbeitenden Autoschlüsseln.

1.3.7   Laser-Dioden

Diese Dioden setzen dem Anspruch auf Verständnis eine weitere Hürde in den Weg, da hier die Kenntnis der Resonatoren, besser der Quantenresonatoren gefragt ist. Hermann Haken [1.10, 1.11] ist einer der Pioniere der Lasertheorie. Ihm verdanken wir den Einstieg und auch die Vervollkommnung der Lasertechnologie.

Was passiert im Laser? (stark vereinfachte Darstellung)

Energieträger (Ladungen) werden auf ein bestimmtes Leitungsniveau angehoben. Dieses bedingt eine andere statistische Aufenthaltswahrscheinlichkeit als das Grundniveau. Werden diese Schichten in einen Resonator – dieser kann als ein mit Hilfe eines Oszillators angesteuerter Schwingkreis mit sehr hoher Güte verstanden werden – eingebunden, wird erreicht, dass sich eine Quantenresonanz einstellt, die eine Kohärenz (gleichphasige Wellen) erzwingt.

Das ist das Arbeitsprinzip einer Laser-Diode. Die exakte Theorie hierzu findet sich in der Quantenresonator-Theorie.

Einsatzgebiete von Lasern:
- Maschinenbau Längenmesstechnik
- Präzisionsmesstechnik
- Teilchenphysik.

Mit Lasern wird, z.B. seit der Apollo 11 Mission, der Mondabstand zur Erde immer wieder vermessen. Der LHC (Large Hydron Collider) in Genf, DAISY in Hamburg und andere Hochenergie-Speicherringe der physikalischen Grundlagenforschung wären ohne Lasertechnologie nicht arbeitsfähig. Die Automobilindustrie wäre ohne Laser nicht in der Lage gewesen, die Fertigungsqualität so hoch zu entwickeln. Flugzeuge landen mit Hilfe von Lasern, welche den Bodenabstand bei nur noch geringer Flughöhe messen. Mit LIDAR (Light Detection And Ranging) Geräten werden Landschaften vermessen.

1.3.8 DIAC und TRIAC

Das sind Drei- bzw. Vierschichtdioden. Die Ziffernangabe bezieht sich auf die Anzahl der beteiligten Diffusionsschichten.

Dreischichtdiode oder DIAC (Diode Alternating Current Switch)

Unabhängig davon, wie die äußere Spannung polmäßig angelegt ist, wird diese Diode stets bei geringen Spannungen in Sperrrichtung betrieben. Ab einer bestimmten, angelegten Spannung, namentlich der Durchbruchspannung, bricht diese Diode durch. Das ist vergleichbar mit dem Zener-Effekt. Der Unterschied zur Zener-Diode ist, dass sich die Durchbruchkennlinie „zurück bewegt", das soll heißen: die Sperrspannungswerte werden bei steigendem Diodenstrom geringer. Eine Zweischichtdiode wird beim Unterschreiten der Haltespannung niederohmig. Ein Diac ist im Grunde ein richtungsunabgängiger Schalter.

Einsatzgebiete:
- Phasenanschnittssteuerungen in der Leistungselektronik
- Zündschaltungen für Leuchtstoffröhren
- Ansteuerung für Triac

DIAC-Kennlinie

Die Kennlinie in Abb. 1.3.12 zeigt dieses Verhalten. Neben der Kennlinie [1.4] ist rechts das Schaltsymbol des Triacs aufgeführt.

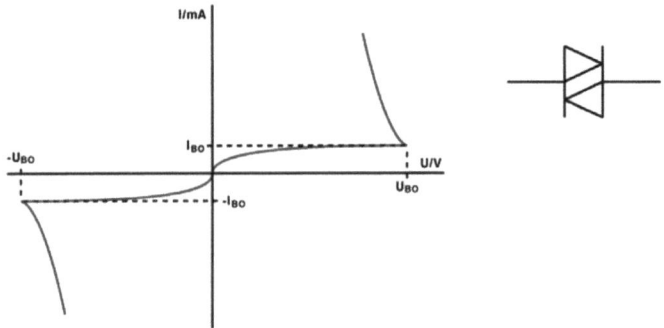

Abb. 1.3.12   DIAC-Kennlinie und Schaltbild

1.3 Die Diode als Gleichrichter

Vierschichtdiode oder TRIAC (Triode Alternating Current Switch)

In der Leistungselektronik, hier darf man sogar sagen: in der Hochleistungselektronik, sind hohe Leistungen zu schalten. Hier werden die Triac-Dioden eingesetzt. Triac-Dioden sind Hochleistungsdioden mit einem Steuergate, so dass die angelegte Wechselspannung beidphasig durchgeschaltet werden kann. Der interne Aufbau ist ein gegengeschaltetes 4-Schicht Diodenpaar. Abb. 1.3.13 zeigt die Steuerarten und das zugehörige Schaltsymbol [1.4].

Einsatzgebiete:
- Lichtsteuerungen
- Motorsteuerungen (Drehzahl)
- nahezu leistungslose Leistungssteuerung für Wechselstromanwendungen geringer Leistung
- Dimmer für Lampen
- Elektrowärmegeräte-Steuerung

Vierschichtdiode **TRIAC Kennlinie**

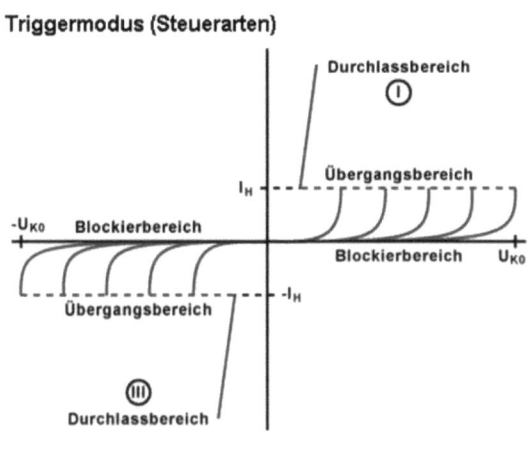
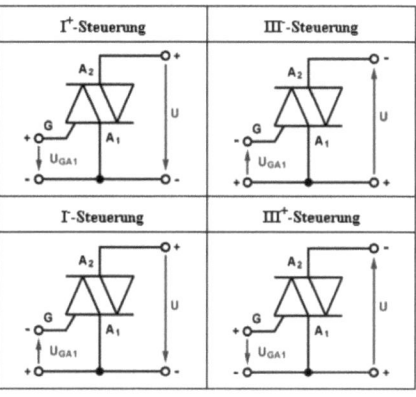
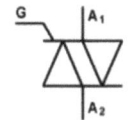
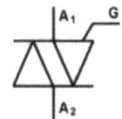

Abb. 1.3.13   TRIAC Kennlinie, Steuerungen, Schaltsymbol

1.3.9 Der Thyristor

Der Thyristor ist eine Vierschichtdiode. Abb. 1.3.14 zeigt den strukturellen Aufbau sowie seine Schaltsymbole. Die Anordnung wirkt wie ein bipolares Transistor-Pärchen das, einmal angesteuert, seinen Basisstrom dem Partner wiederum zuführt um somit den durchgeschalteten Zustand dauerhaft zu halten. Ist der Strom in der steuernden P-Schicht (Basis) groß genug, so dass der obere Transistor gut leitfähig wird, gibt dieser seinen Basisstrom an den unteren PNP Transistor weiter. Damit hält sich dieses System selbstständig auf dauernd „EIN". Solch eine Anordnung kann in DC-betriebenen Schaltungen nicht mehr gelöscht werden, es sei denn, dass die Versorgungsspannung ausgeschaltet wird. Negativ bekannt ist solch ein Thyristor als parasitärer Thyristor in CMOS-Technologien, wo dieser Effekt durch einen zu großen Eingangsstrom in die Schutzstruktur eine permanente Schädigung bis hin zum Totalausfall (Tod durch Wärme) bewirken kann (latch up). Technologisch entsprechend optimiert, vermögen Thyristoren enorm hohe Ströme zu schalten, weshalb diese Dioden oft in elektrischen Leistungs-Motoransteuerungen (Bahn) zu finden sind. Da hier eine Wechselstromanwendung vorliegt, wird der beteiligte Thyristor bei jeder Welle im Nulldurchgang gelöscht und muss beim folgenden Durchgang wieder neu angesteuert werden. Das ist nicht aufwendig und ist Stand der Technik. In Schaltungen, welche keinen Nulldurchgang besitzen, in denen aber trotzdem Thyristoren eingesetzt werden, ist diese Löschung nur durch eine Zusatzschaltung zu erzwingen. Abb. 1.3.15 zeigt das Kennlinienfeld eines Thyristors.

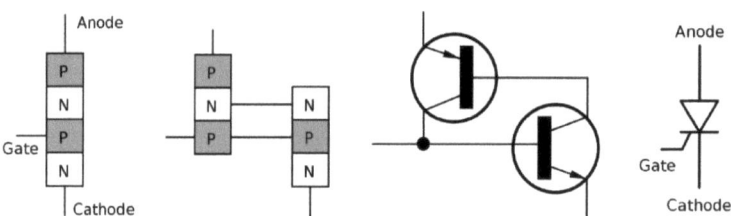

Abb. 1.3.14   Der Thyristor- Struktur und Schaltsymbol

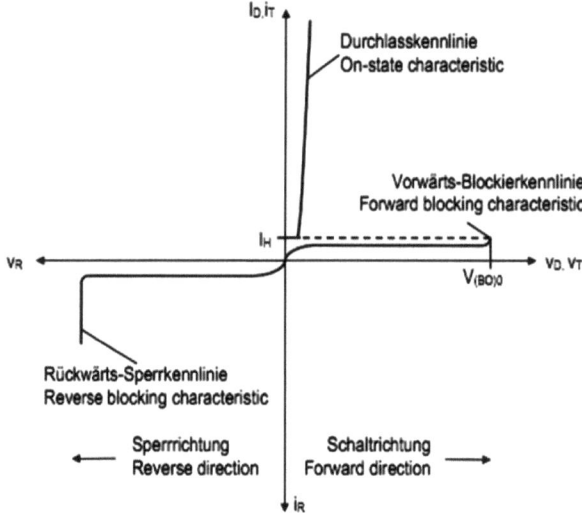

Abb. 1.3.15   Thyristor Kennlinienfeld

Einsatzgebiete:
- Impulssteuerungen mittlerer Leistung (1–10 kW)
- Regelung von Hochstrom Gleichrichtung für Galvanotechnik
- nahezu leistungslose Leistungssteuerung für Wechselstromanwendungen mittlerer Leistung
- Wechselrichter mittlerer Leistung für Drehzahlsteuerungen von Elektromotoren
- Leistungsschalter im kA Bereich für Hochleistungsimpulstechnik

1.3.10 Beispiel eines Windmessers, der mit Dioden arbeitet

Abb. 1.3.16 zeigt eine Schaltungstechnik, bei welcher der Temperatureffekt von Dioden ausgenützt wird. Dabei sind die beiden Dioden D1 und D2 zu betrachten. D1 liegt im Windstrom und D2 dient als Referenzdiode und wird windgeschützt aufgebaut [1.20]. Der Unterschied des gemessenen Arbeitspunktes wird mit Hilfe der Differenzverstärkerschaltung festgestellt und einer Auswerteeinheit zugeführt. Solche Aufbauten messen sowohl die Windstärke als auch die Windrichtung ohne bewegliche Teile, wenn diese Anordnung durch viele solcher Baueinheiten kreisförmig aufgebaut wird. Ein Rechner übernimmt die Auswertung. Natürlich müssen solche Systeme skalenmässig geeicht werden. In Windrichtung werden die Messdioden proportional zur Windstärke gekühlt.

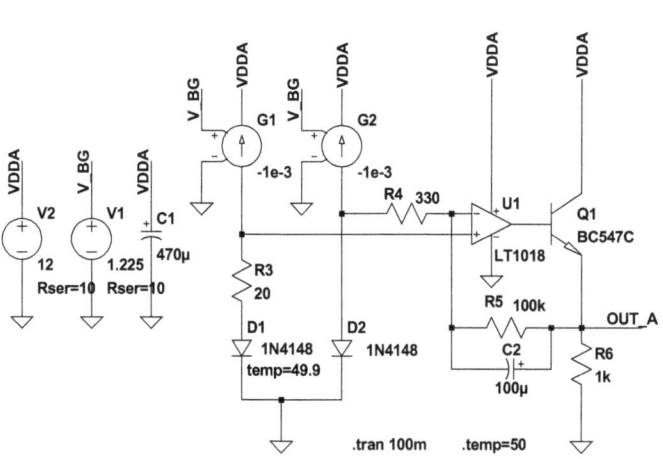

Abb. 1.3.16 Diodenbrücke zur Windstärke Messung

1.4 Arbeitspunktbestimmung einer Diodenschaltung

Die folgende Schaltung, Abb. 1.4.1, zeigt ein kleines Netzwerk mit einer Diodentrennung und einem Ausschnitt der Diodenkennlinie. Der Arbeitspunkt dieser Diode ist zu bestimmen, dazu dient die Ausschnittvergrößerung der Diodenkennlinie aus Abb. 1.4.2.

Arbeitspunkt einer Diode innerhalb einer Schaltung

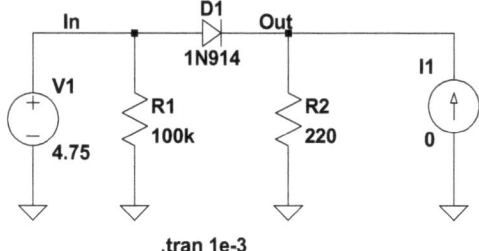

Abb. 1.4.1 Diode: Simulationsschaltung zur Bestimmung des Diodenarbeitspunktes

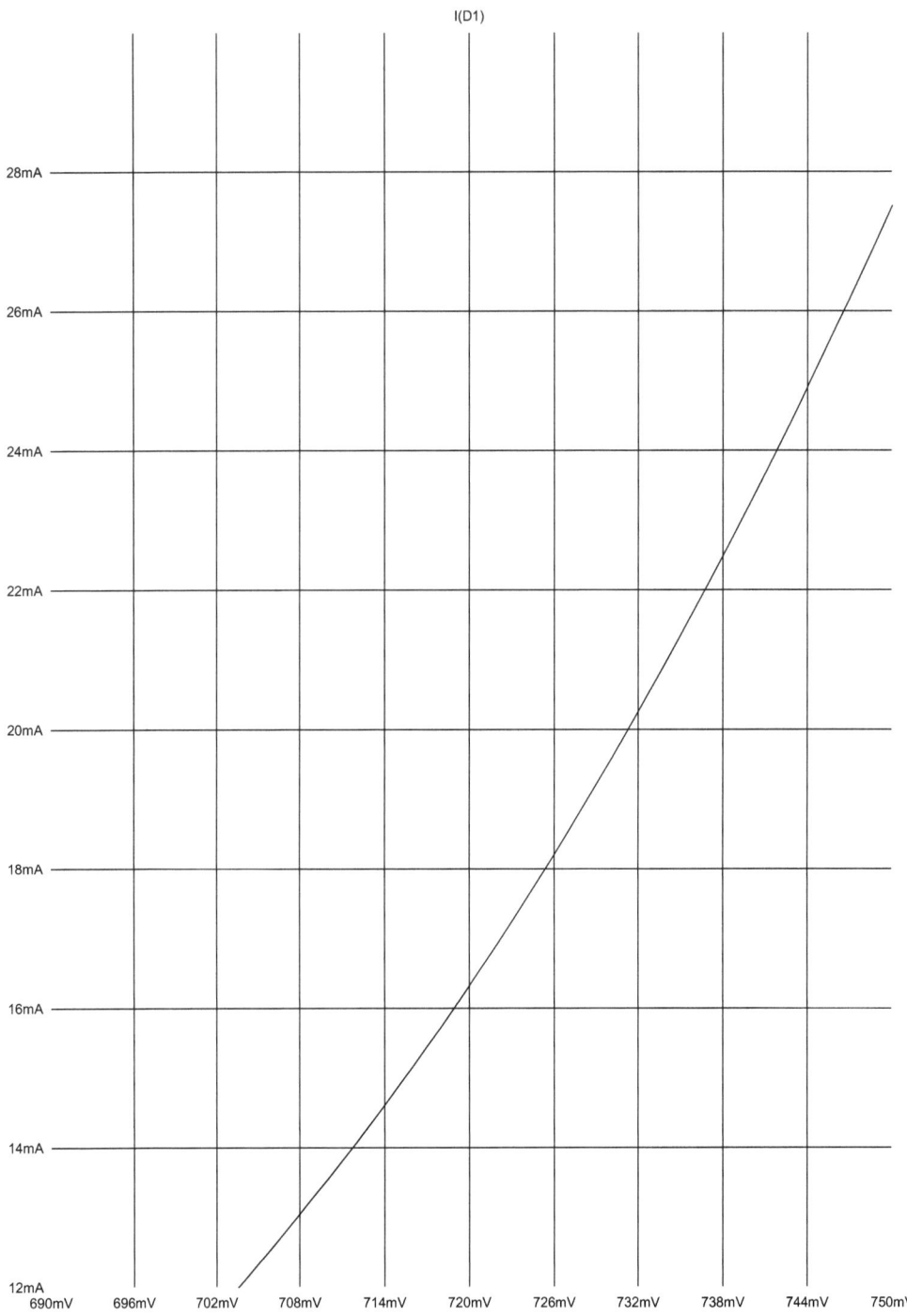

Abb. 1.4.2 Diode: Kennlinie, Ausschnittvergrößerung

1.4 Arbeitspunktbestimmung einer Diodenschaltung

Achtung: Bei DC sweep Simulationen sind die Achsen in LTspice korrekt bezeichnet. Simuliert man diese Kennlinien jedoch mit einer transient Simulation, dann ist Einheit der x-Achse mV statt ms (LTspice belegt bei transient Simulationen die x-Achse stets im Zeitmassstab und das kann nicht geändert werden, daher muss diese „gedanklich" umbenannt werden).

Die Ermittlung und damit der Eintrag der elektrischen Last in Kennlinien zur Arbeitspunktermittlung werden durch folgende Überlegungen gestützt:

Was passiert, wenn das Bauteil (im vorliegenden Fall die Diode)

a) einen Kurzschluss besitzt (was gleichbedeutend ist mit Widerstand 0 Ω bzw. dem maximalem Strom durch das Bauteil)?

und

b) wenn das Bauteil extrem hochohmig ist (was gleichbedeutend ist mit Strom = 0 A durch das Bauteil)?

So können lineare als auch nichtlineare elektrische Lasten mit ihren Strom- und Spannungsextremwerten bestimmt und diese in das Kennlinienfeld übertragen werden. Die jeweiligen Kennlinien werden dann so eingetragen, dass diese Extrempunkte die korrekte Lage der jeweiligen Kennlinie spezifizieren.

Diese Punkte sind notwendig:

P1   Strompunkt   y-Achse
P2   Spannungspunkt   x-Achse
P1 $R_{Diode} = 0$
P1 = Vin / R2 = 4.75 V / 220Ω = 21.59 mA
P2   max. Spannung über Diode $R_{Diode} = \infty$
P2 = Vin = 4.75 V

Liegt die Kennlinie in vergrößerter Form (zoom-plot) vor, so sind die Referenzpunkte der Lastgeraden an den Kanten dieser vergrößerten Kennlinie (zoom) zu bestimmen. Die Berechnung des zooms ist mit Hilfe des Strahlensatzes einfach durchzuführen:

$$\tan(\alpha) = \frac{P1}{P2} = 21.59 mA / 4.75 V = 4.545 \frac{mA}{V}$$

$$P1^* = (P2 - \text{linke x-Achsengrenze}) \cdot \tan(\alpha) = (4.75 - 0.71) V \cdot 4.545 \frac{mA}{V} \approx 18.36 mA$$

$$P2^* = (P2 - \text{rechte x-Achsengrenze}) \cdot \tan(\alpha) = (4.75 - 0.75) V \cdot 4.545 \frac{mA}{V} \approx 18.18 mA$$

Formel 1.4 1

Der Formalismus ist so durchzuführen, dass die Diodenkennlinie als Erstes vorliegen muss. Danach erfolgt die Berechnung der Lastkurve. Bei einem Ohmschen Widerstand (hierbei ist der Widerstand eine Konstante) ist das eine Lastgerade. Der Schnittpunkt mit der Diodenkennlinie ist der Gleichspannungsarbeitspunkt oder DCOP (directed current operating point). Der Eintrag der Lastkurve wird unabhängig davon, ob dies eine nichtlineare oder lineare Kennlinie ist, stets nach dem oben angegebenen Formalismus durchgeführt. Der Eintrag der Konstruktionspunkte P1* und P2* ist in die Kennlinie der Abb. 1.4.3 eingezeichnet. Die nach oben ansteigende Linie ist die Widerstandskennlinie, die Linie zwischen den Punkten P1* und P2* ist die Konstruktionslinie zur Bestimmung des Arbeitspunktes. Der Schnittpunkt der Konstruktionslinie mit der Widerstandskennlinie ist der gesuchte Arbeitspunkt.

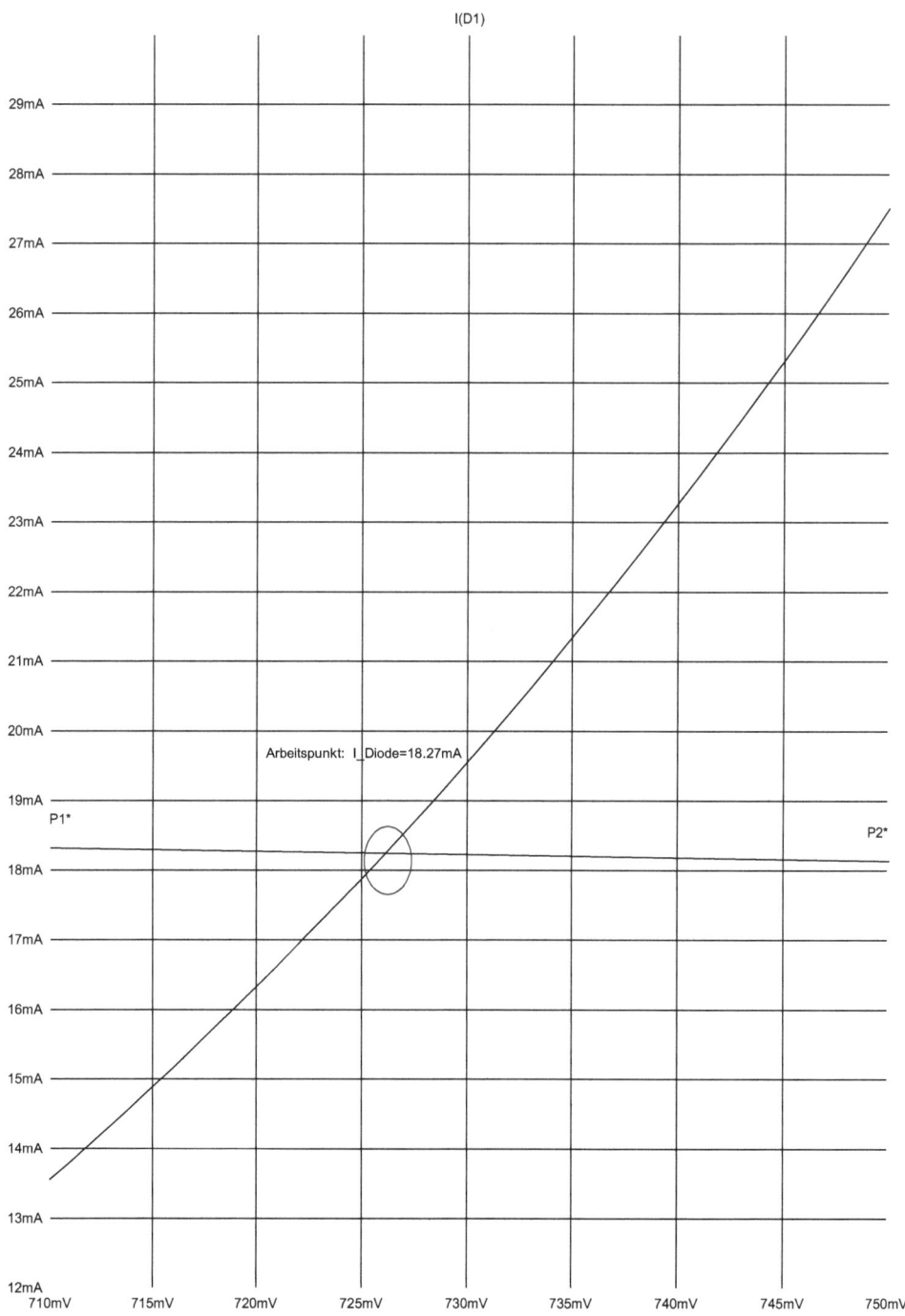

Abb. 1.4.3 Dioden-Arbeitspunkt-Eintrag in Diodenkennlinie

Wird die Schaltung mit einer Stromlast beaufschlagt, so wie Abb. 1.4.4 zeigt, muss diese Last natürlich ebenfalls berücksichtigt werden.

1.4 Arbeitspunktbestimmung einer Diodenschaltung

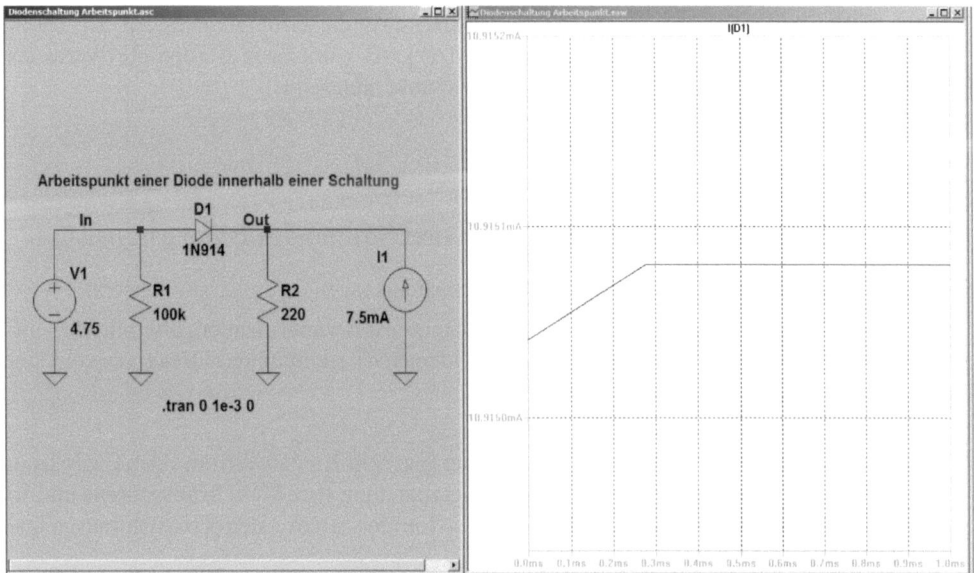

Abb. 1.4.4 Schaltung einer mit Last behafteten Diode mit Ausschnittvergrößerung der Diodenkennlinie

Der Arbeitspunkt P2 (Spannungsabfall über Diode) ändert sich, denn die Spannung beträgt bei unendlichem Diodenwiderstand nicht mehr 4.75 V, sondern P2** = I1*R2 = 4.75 V – 1.65 V = 3.1 V.

Sind weitere Netzwerke an der Diodenschaltung beteiligt, ist das Verfahren nach wie vor dasselbe: Die Diode wird ersetzt durch einen Kurzschluss zur Bestimmung von P1 sowie einen sehr großen Widerstand zur Bestimmung von P2. Auch mit MATLAB lässt sich der Arbeitspunkt berechnen. Die Abb. 1.4.5 zeigt das Ergebnis des MATLAB Skripts „*arbeits-*

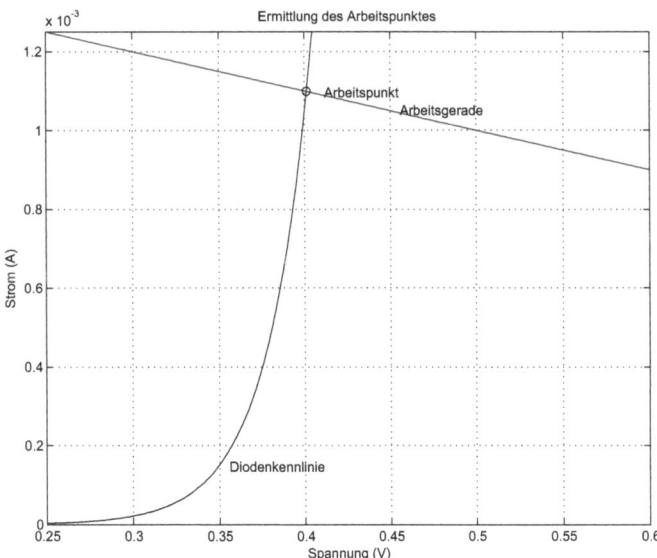

Abb. 1.4.5 Diode: Arbeitspunkt mit Matlab berechnet

punkt.m". Die Vorgehensweise in MATLAB ist die, dass die Stromgleichungen der Diode und des Widerstands gleichgesetzt werden. Im MATLAB workspace werden die Werte der Diodenspannung und des Diodenstroms im Arbeitspunkt angezeigt.

1.5 Der Bipolartransistor

1.5.1 Bezeichnung der Spannungen und Ströme des Bipolartransistors

Der Begriff Transistor ist ein Kunstwort, welches sich aus zwei Teilen zusammensetzt:

„trans" und „sistor". Der erste Wortteil ist dem Namen *transmitter* (senden, übermitteln) entnommen, der zweite ist dem Namen *resistor* (Widerstand) entnommen. Damit verweist der Name Transistor auf zwei wesentliche Eigenschaften:

1. Übermitteln einer Information
2. Ausnutzung, dass der Ausgangsstrom gesteuert ist vom Eingangsstrom oder Basisstrom (bei bipolaren Transistoren) bzw. der Eingangsspannung (bei MOS Transistoren) und so mit dem Spannungsabfall über die Kollektor-Emitter-Strecke den Transistorausgangswiderstand bildet

Der zweite Namensanteil verweist auf die Eigenschaft, dass dieses Bauteil eine gesteuerte Stromquelle ist, denn ein Transistor kann modellhaft als ein stromgesteuerter – (Bipolartransistor) oder spannungsgesteuerter – (MOS-Transistor) Widerstand angesehen werden. Die Wissenschaftler John Bardeen, William Shockley und Walter Brattain waren bei Bell Telephone Laboratories in Murray Hill in New Jersey USA beschäftigt und haben mit Germanium-Kristallen experimentiert. Der Nobel Preis für ihre Arbeiten wurde diesem Team 1956 verliehen. Bereits 1952 wurde der erste Transistor kommerziell genutzt und das in einem Hörhilfe-Gerät, 1954 erklang das erste Mal Musik aus einem Transistorradio. Die Erfolgsgeschichte dieses Bauteils ist selbst heute noch lange nicht beendet.

Der Bipolartransistor [1.3, 1.4, 1.16, 1.19] zeigt eine Stromsteuerung. Diese Stromsteuerung ist auf die gegenseitig geschalteten Dioden und die spezielle Dotierung zurückzuführen, so dass der Emitter eine deutlich höhere Dotierdichte aufweist als der Kollektor [1.3, 1.16]. Daher ist der Strom in die Basis das für diesen Transistortyp charakteristische Merkmal. Die in Abb. 1.5.1 dargestellte Pfeilung des Emitters ist eine Vereinbarung, die internationaler Standard geworden ist. Dabei kennzeichnet der Pfeil aus dem Transistor hinaus einen NPN

Bipolartransistor mit Strom- und Spannungspfeilung

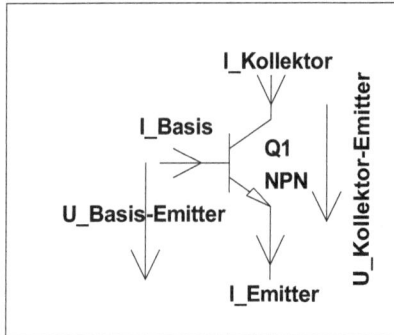
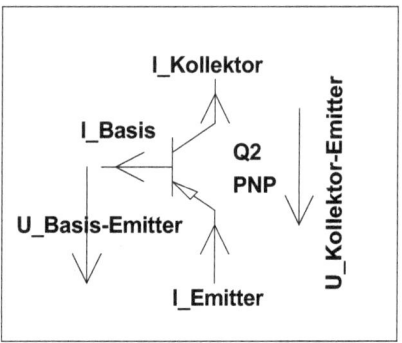

Abb. 1.5.1 Bipolartransistor: Strompfeilung und Spannungspfeilung

Typ, der Pfeil in den Transistor hinein kennzeichnet einen PNP Typ. Die Spannungspfeile werden stets zum Emitter hin gezeichnet, wobei der PNP Typ seine negativen Vorzeichen an den Pfeilbezeichnungen eingetragen bekommt.

1.5.2 Bipolartransistor-Modelle

Die Entwicklung der Modellgleichungen ist natürlich für Bauteile mit mehreren Schichten schwieriger als für eine Diode, welche nur zwei Schichten besitzt. So ist es einsehbar, dass viele Modelle nebeneinander existieren. Das führt bei Studenten immer wieder zu Verwirrung und zum Teil Ratlosigkeit. Denn welches Modell ist wozu geeignet? Der Hintergrund ist, dass diese Modelle in Simulatoren ihren Platz finden sollen und dort möglichst präzise rechnen müssen. Die Problematik ist, dass die vielen Technologien ihre speziellen Eigenarten besitzen, welche in den Modellen zu berücksichtigen sind. In diesem Buch wird auf diese Vielfalt nicht eingegangen. Die hier vorgestellten Modelle sind die Standard-Bipolarmodelle nach Gummel-Poon [1.12] und Ebers-Moll [1.13]: Das Gummel-Poon ist das exaktere Modell, das von der Beschreibung des Ladungstransports mit den damit verbundenen statischen und dynamischen Effekten ausgeht [1.15].

Das Gummel-Poon Modell wurde für dieses Buch ein klein wenig vereinfacht. Es geht darum, die Vorwärts- als auch die Rückwärtskomponenten des Transistorvierpols darzustellen.

$$\alpha_V I_E = -\alpha_V I_{ES} \cdot \left(e^{\frac{V_{BE}}{u_T}} - 1 \right) + \alpha_V \alpha_R \cdot I_{CS} \cdot \left(e^{\frac{V_{BC}}{u_T}} - 1 \right)$$

$$I_C = \alpha_V \cdot I_{ES} \cdot \left(e^{\frac{V_{BE}}{u_T}} - 1 \right) - I_{CS} \cdot \left(e^{\frac{V_{BC}}{u_T}} - 1 \right)$$

$$\alpha_V I_E + I_C = (\alpha_V \alpha_R - 1) \cdot I_{CS} \cdot \left(e^{\frac{V_{BC}}{u_T}} - 1 \right)$$

$$I_E = -I_{ES} \cdot \left(e^{\frac{V_{BE}}{u_T}} - 1 \right) + \alpha_R \cdot I_{CS} \cdot \left(e^{\frac{V_{BC}}{u_T}} - 1 \right)$$

$$\alpha_R I_C = \alpha_R \alpha_V \cdot I_{ES} \cdot \left(e^{\frac{V_{BE}}{u_T}} - 1 \right) - \alpha_R \cdot I_{CS} \cdot \left(e^{\frac{V_{BC}}{u_T}} - 1 \right)$$

$$\alpha_R I_C + I_E = (\alpha_V \alpha_R - 1) \cdot I_{ES} \cdot \left(e^{\frac{V_{BE}}{u_T}} - 1 \right)$$

Formel 1.5.1

Darin sind:

I_B, I_E, I_C	Basis-, Emitter-, Kollektorstrom
I_{ES}, I_{CS}	Emitter- Kollektor Sättigungsstrom
α_V, α_R	Vorwärts- Rückwärts- Verstärkungsfaktor
V_{BE}	Basis-Emitterspannung
u_T	Temperaturspannung

Die weitere Berechnung hat zum Ziel, den Kollektorstrom zu isolieren. Auf Grund des komplexeren Rechenweges wird diese Berechnung detailliert dargestellt:

$$\alpha_V I_E + I_C = (\alpha_V \alpha_R - 1) \cdot I_{CS} \cdot \left(e^{\frac{V_{BC}}{u_T}} - 1 \right)$$

$$\alpha_R I_C + I_E = (\alpha_V \alpha_R - 1) \cdot I_{ES} \cdot \left(e^{\frac{V_{BE}}{u_T}} - 1 \right)$$

$$e^{\frac{V_{BC}}{u_T}} = 1 + \frac{\alpha_V I_E + I_C}{(\alpha_V \alpha_R - 1) \cdot I_{CS}} = 1 + \frac{(1-\alpha_V) \cdot I_C - \alpha_V \cdot I_B}{(\alpha_V \alpha_R - 1) \cdot I_{CS}} \qquad I_B + I_C + I_E = 0$$

$$e^{\frac{V_{BE}}{u_T}} = 1 + \frac{\alpha_R I_C + I_E}{(\alpha_V \alpha_R - 1) \cdot I_{ES}} = 1 + \frac{(\alpha_R - 1) \cdot I_C - I_B}{(\alpha_V \alpha_R - 1) \cdot I_{ES}} \qquad V_{CE} = V_{BE} - V_{BC}$$

$$V_{CE} = V_{BE} - V_{BC}$$

$$V_{CE} = u_T \cdot \ln \frac{I_{CS}}{I_{ES}} \cdot \frac{(\alpha_R - 1) \cdot I_C - I_B + (\alpha_V \alpha_R - 1) \cdot I_{ES}}{(1-\alpha_V) \cdot I_C - \alpha_V \cdot I_B + (\alpha_V \alpha_R - 1) \cdot I_{CS}}$$

$$\alpha_V \cdot I_{ES} = \alpha_R \cdot I_{CS}$$

$$\frac{\alpha_V}{\alpha_R}\left((\alpha_R - 1) \cdot I_C - I_B\right) + (\alpha_V \alpha_R - 1) \cdot I_{ES} = e^{\frac{V_{CE}}{u_T}} \cdot \left((1-\alpha_V) \cdot I_C - \alpha_V \cdot I_B + (\alpha_V \alpha_R - 1) \cdot I_{CS}\right)$$

$$I_C = \frac{1}{\frac{\alpha_V}{\alpha_R}(\alpha_R - 1) - (\alpha_R - 1)e^{\frac{V_{CE}}{u_T}}} \cdot \left(I_B \cdot \alpha_V \left(1 - \alpha_R e^{\frac{V_{CE}}{u_T}}\right) + I_{CS} \cdot (1 - \alpha_V \alpha_R) \cdot \alpha_R \cdot \left(e^{\frac{V_{CE}}{u_T}} + 1 \right) \right)$$

Formel 1.5.2

Das Ergebnis der Formel 1.5.2 zeigt, dass diese Komplexität für eine erste Dimensionierung mit einem Taschenrechner wenig Bedeutung haben wird. Derartige Gleichungen sind Bestandteil von Simulatoren. In den Simulatormodellen werden diese als Modellgleichungen oder Bauelementmodelle, bezeichnet. Auf Grund der Komplexität solcher Modelle einerseits und den in diesen Modellen notwendigen Parametern andererseits, werden solche Modelle häufig als Verschlusssache (Firmenvertraulichkeit) behandelt und dürfen nicht veröffentlicht werden. In allen frei verfügbaren Simulatoren, wie LTspice etc. sind die Modelle frei von Rechten Dritter.

Wie der Kollektorstrom kann ebenso der Emitterstrom bzw. Basisstrom berechnet werden. Für die erste Dimensionierung sind diese Gleichungen unhandlich, jedoch für Rechner gestützte Modelle sind diese sehr präzise und finden Anwendung. Ebers und Moll entwickelten das einfachste Modell eines Bipolartransistors und dieses lässt sich nochmals vereinfacht als Entwurfseinstieg hervorragend für die erste Dimensionierung (auch mit einem Taschenrechner) anwenden, wie Abb. 1.5.2 das anschaulich zeigt. Das vereinfachte oder Ebers-Moll Bipolartransistor-Modell findet immer noch in vielen Simulatoren seine Anwendung. Im Wesentlichen entsprechen die hier gezeigten Gleichungen dem Standardmodell, jedoch sind

1.5 Der Bipolartransistor

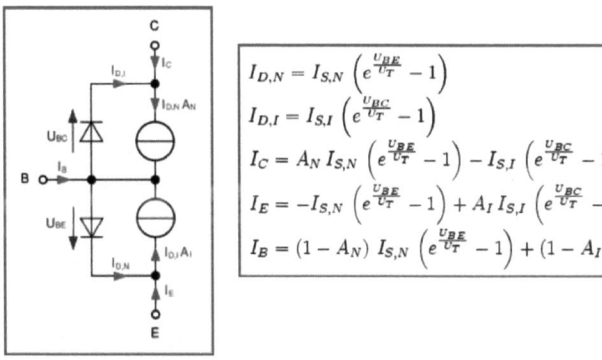

$$I_{D,N} = I_{S,N}\left(e^{\frac{U_{BE}}{U_T}} - 1\right)$$
$$I_{D,I} = I_{S,I}\left(e^{\frac{U_{BC}}{U_T}} - 1\right)$$
$$I_C = A_N I_{S,N}\left(e^{\frac{U_{BE}}{U_T}} - 1\right) - I_{S,I}\left(e^{\frac{U_{BC}}{U_T}} - 1\right)$$
$$I_E = -I_{S,N}\left(e^{\frac{U_{BE}}{U_T}} - 1\right) + A_I I_{S,I}\left(e^{\frac{U_{BC}}{U_T}} - 1\right)$$
$$I_B = (1 - A_N) I_{S,N}\left(e^{\frac{U_{BE}}{U_T}} - 1\right) + (1 - A_I) I_{S,I}\left(e^{\frac{U_{BC}}{U_T}} - 1\right)$$

Abb. 1.5.2   Ebers-Moll-Grundmodell des Bipolartransistors

einige (geringfügige) Abweichungen vorhanden, welche sich durch die numerische Implementation des Original-Modells ergeben.

Das sind die Grundgleichungen. Diese werden unmittelbar durch das Ersatzschaltbild eines Bipolartransistors ermittelt. Das obere linke Bild der Abb. 1.5.2 zeigt den Aufbau des Modells eines Bipolartransistors vom NPN-Typ und die rechte Seite die daraus abgeleiteten Gleichungen, welche auf Diodenmodellen beruhen. Die Diodenspannung wird in diesen Fällen einmal durch den Basis-Emitter-Spannungsabfall und bei der anderen Diode durch den Basis-Kollektor-Spannungsabfall dargestellt.

Das reduzierte Ebers-Moll-Transistormodell, gezeigt in Abb. 1.5.3, wird angewandt für eine erste Dimensionierung, wenn Bipolartransistoren in integrierten Schaltungen mit ihren geo-

Reduzierte Ebers-Moll-Modelle für den npn-Transistor

Normalbetrieb	Inversbetrieb
$I_C = I_S e^{\frac{U_{BE}}{U_T}}$	$I_C = I_S e^{\frac{U_{BC}}{U_T}}$
$I_E = -\frac{1}{A_N} I_S e^{\frac{U_{BE}}{U_T}}$	$I_E = -\frac{1}{A_I} I_S e^{\frac{U_{BC}}{U_T}}$
$I_B = -\frac{1-A_N}{A_N} I_S e^{\frac{U_{BE}}{U_T}} = \frac{1}{B_N} I_S e^{\frac{U_{BE}}{U_T}}$	$I_B = -\frac{1-A_I}{A_I} I_S e^{\frac{U_{BC}}{U_T}} = \frac{1}{B_I} I_S e^{\frac{U_{BC}}{U_T}}$
mit	mit
$A_N = -\frac{I_C}{I_E} \approx 0{,}98 \ldots 0{,}998$	$A_I = -\frac{I_E}{I_C} \approx 0{,}5 \ldots 0{,}9$
$B_N = \frac{A_N}{1-A_N} = -\frac{I_C}{I_B} \approx 50 \ldots 500$	$B_I = \frac{A_I}{1-A_I} = -\frac{I_E}{I_B} \approx 1 \ldots 10$

Abb. 1.5.3   Reduziertes Ebers-Moll-Bipolartransistor-Modell

metrischen Daten verändert werden können. Diese Geometrieänderung wird Dimensionierung genannt und zielt auf die Stromergiebigkeit des Transistors. Verändert wird die Emitterfläche oder die Anzahl der Emitter (Duplizieren der Emitterfläche). Der Kollektor wird in aller Regel flächengleich zum Emitter gestaltet, während die Basisfläche deutlich kleiner ist. Dieses reduzierte Modell wird für die „Handrechnung" verwendet und ist erstaunlich genau. Bei Platinenaufbau werden die Transistoren aus dem Anforderungsprofil der Schaltung durch Vergleich mit käuflichen Typen mit Hilfe deren Datenblättern durchgeführt.

1.5.3 Die Kennlinien des Bipolartransistors

Die Bilder der Kennliniencharakteristika sind dem in diesem Buch beigelegten MATLAB-Modell des Bipolartransistors NPN-junction-Typ entnommen und in eine MATLAB Simulationsumgebung für einen NPN-Bipolartransistor eingebaut worden. Die Kennlinien zeigen das Verhalten der einzelnen Arbeitsbereiche inklusive des Early-Effekts und der Stoß-Ionisation.

Ausgangs Kennlinien: 1. Quadrant

$$I_{CE} = f(U_{CE}) \mid I_{BE} \qquad r_{CE} = \frac{\Delta U_{CE}}{\Delta I_{CE}}$$

Formel 1.5 3

r_{CE}: differentieller Ausgangswiderstand

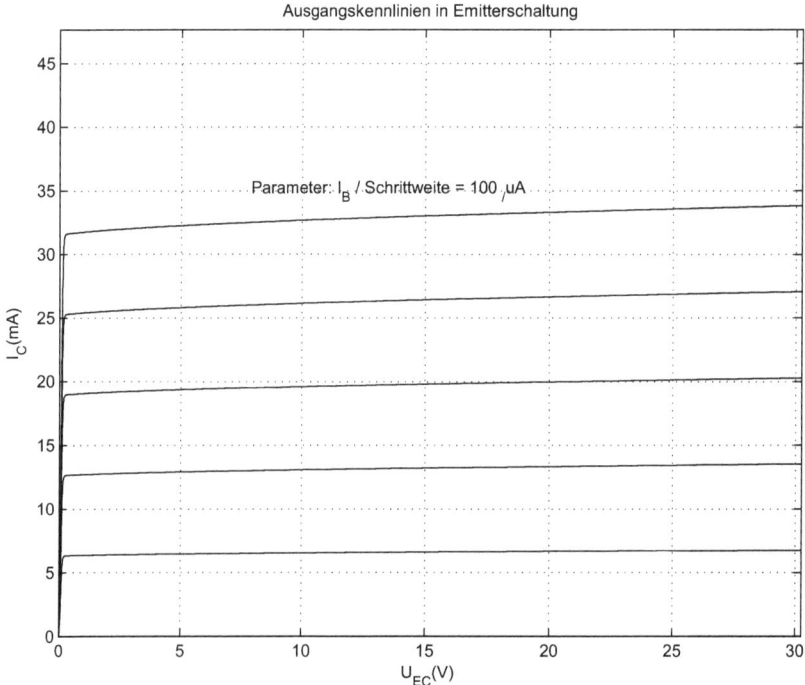

Abb. 1.5.4 Bipolartransistor: Ausgangs-Kennlinienfeld

1.5 Der Bipolartransistor

Eingangskennlinien: 3. Quadrant

$$I_{BE} = f(V_{BE}) \quad | V_{CE} \qquad r_{BE} = \frac{\Delta V_{BE}}{\Delta I_{BE}}$$

Formel 1.5.4

r_{BE} differentieller Eingangswiderstand

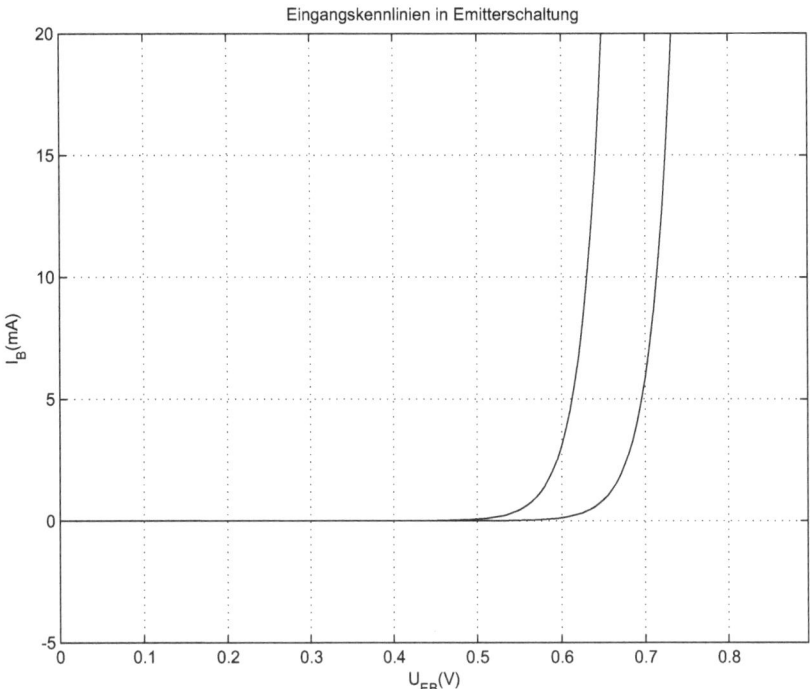

Abb. 1.5.5   Bipolartransistor: Eingangs-Kennlinienfeld

Stromsteuerkennlinien: 2. Quadrant

$$I_{CE} = f(I_B) \quad | V_{CE}$$
$$B = \frac{I_{CE}}{I_{BE}} \qquad \beta = \frac{\Delta I_{CE}}{\Delta I_{BE}}$$

Formel 1.5.5

B   DC Stromverstärkung
β   AC Stromverstärkung

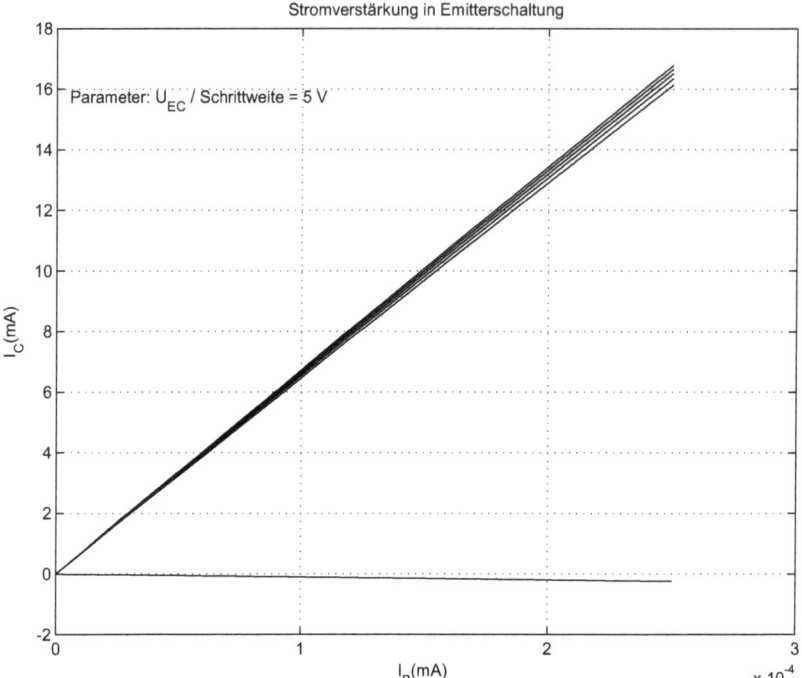

Abb. 1.5.6 Bipolartransistor: Stromsteuer-Kennlinienfeld

Rückwirkungskennlinien: 4. Quadrant

$$V_{BE} = f(V_{CE}) \bigg|_{I_{BE}} \qquad D = \frac{\Delta V_{BE}}{\Delta V_{CE}}$$

Formel 1.5.6

D Rückwirkungsfaktor

Das 4-Quadranten-Kennlinienfeld

Werden alle Kennlinienfelder Abb. 1.5.4 bis Abb. 1.5.7 zu einem gemeinschaftlichen Kennlinienfeld Abb. 1.5.8 zusammengefügt, so lassen sich die Übertragungscharakteristika sehr schön sehen und damit kann der Ingenieur die korrekten Arbeitspunkte bestimmen. Abb. 1.5.8 zeigt dieses Kennlinienfeld in einer Beispielanwendung. Dabei dient als Ansteuersignal ein Sinussignal der Spannung U_{BE}. Die Aussteuerungen dieses Signals und dessen Stromsteuerungen sind in allen vier Quadranten ersichtlich, so dass der verwendete Transistor für diese Anwendung vollständig definiert ist. Der Entwickler kann nun seine Entscheidung fällen, ob der ausgewählte Transistor den Ansprüchen genügt oder ob noch eine Nacharbeit notwendig ist.

1.5 Der Bipolartransistor

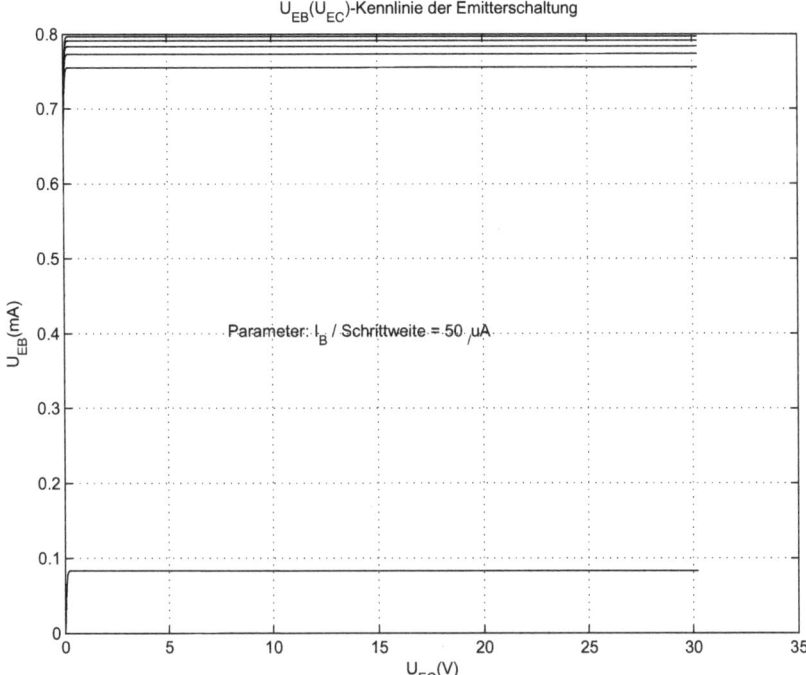

Abb. 1.5.7   Bipolartransistor: Rückwirkungs-Kennlinienfeld

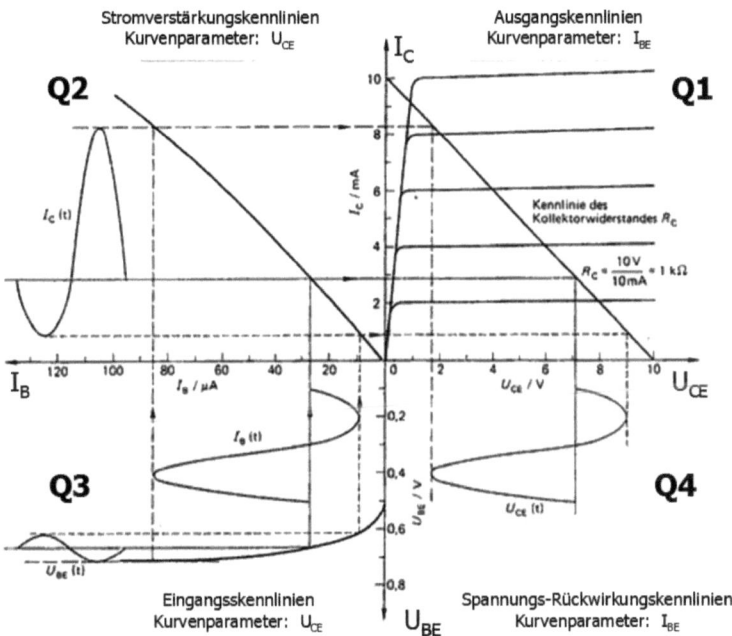

Abb. 1.5.8   Bipolartransistor – Das Vier-Quadranten-Kennlinienfeld

1.5.4 Die Arbeit mit dem Kennlinienfeld

A: Aufbau einer Simulation zur Erfassung der Kennlinien

Für jede Arbeitskennlinie ist ein Basisstromwert verantwortlich, der über den Spannungsbereich des Transistors den Ausgangsstromwert bestimmt. In der Simulationsschaltung Abb. 1.5.9 als auch im Laborexperiment wird dieser Stromwert für jede Kennlinie sequentiell (DC-sweep) geändert und die Kollektor-Emitter Spannung pro Kennlinie über ihren vollen Bereich kontinuierlich von 0 V bis zum Maximalspannungswert verändert. Der Kollektorstrom wird dabei gemessen und in das Kennlinienfeld übernommen.

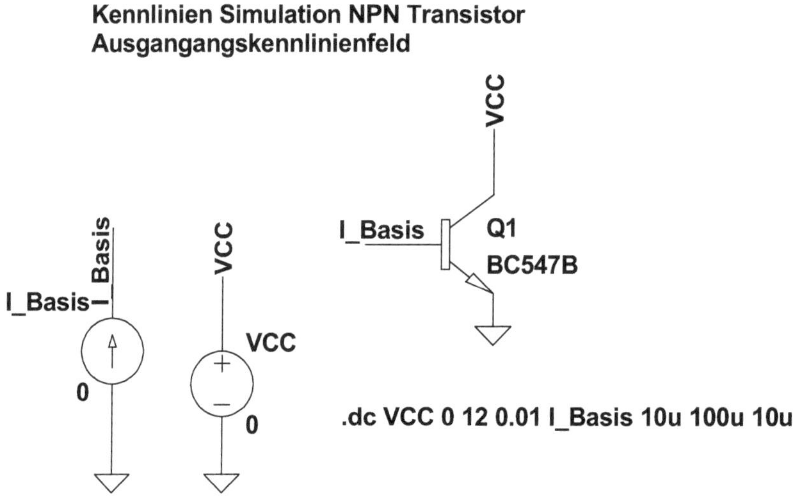

Kennlinien Simulation NPN Transistor
Ausgangangskennlinienfeld

.dc VCC 0 12 0.01 I_Basis 10u 100u 10u

Abb. 1.5.9   Bipolartransistor: Schaltung zur Simulation des Ausgangs-Kennlinienfelds

Natürlich kann anstelle der Simulation auch das Datenblatt oder eine Messung des Transistors herangezogen werden. Jedoch muss dabei eines bedacht werden: Die Einstellung des Arbeitspunktes sollte so erfolgen, dass der gewählte Arbeitspunkt über die Streuungen aller Bauteillose innerhalb des gewünschten Arbeitsbereich bleibt. Unter Bauttelilos wird die Fertigungscharge verstanden, welche sich mit der dazugehörigen Diffusionsofen-Einstellung (Diffusionen) und sonstigen maschinellen Einstellungen in der Fertigung befindet. Diese Daten werden von den Halbleiterherstellern in aller Regel zur Verfügung gestellt.

B: Die Earlyspannung

Schaut man genauer auf das Ausgangs-Kennlinienfeld, dann entdeckt man, dass in der Stromsättigung eine (geringe) Steigung vorhanden ist. Bildet man Tangenten an die Kennlinien im Sättigungsbereich, so erkennt man einen gemeinsamen Schnittpunkt auf der negativen V_{CE} Achse. Dieser Punkt heißt Early-Punkt oder Earlyspannung V_{EA} [1.16, 1.17, 1.18], nach seinem Entdecker James Early. Dieser Effekt begründet sich auf der Basis-Weiten-Modulation oder anders gesagt: auf die Änderung der effektiven Basisweite auf Grund von Feldeffekten. Die Konstruktion der Earlyspannung ist in Abb. 1.5.12 gezeigt. Die Kennlinien werden dabei in negativer U_{CE} über den 0 mA Punkt hinaus verlängert. Der gemeinsame Schnittpunkt liegt bei $I_C = 0$ A und das ist der gesuchte Earlyspannungswert.

1.5 Der Bipolartransistor

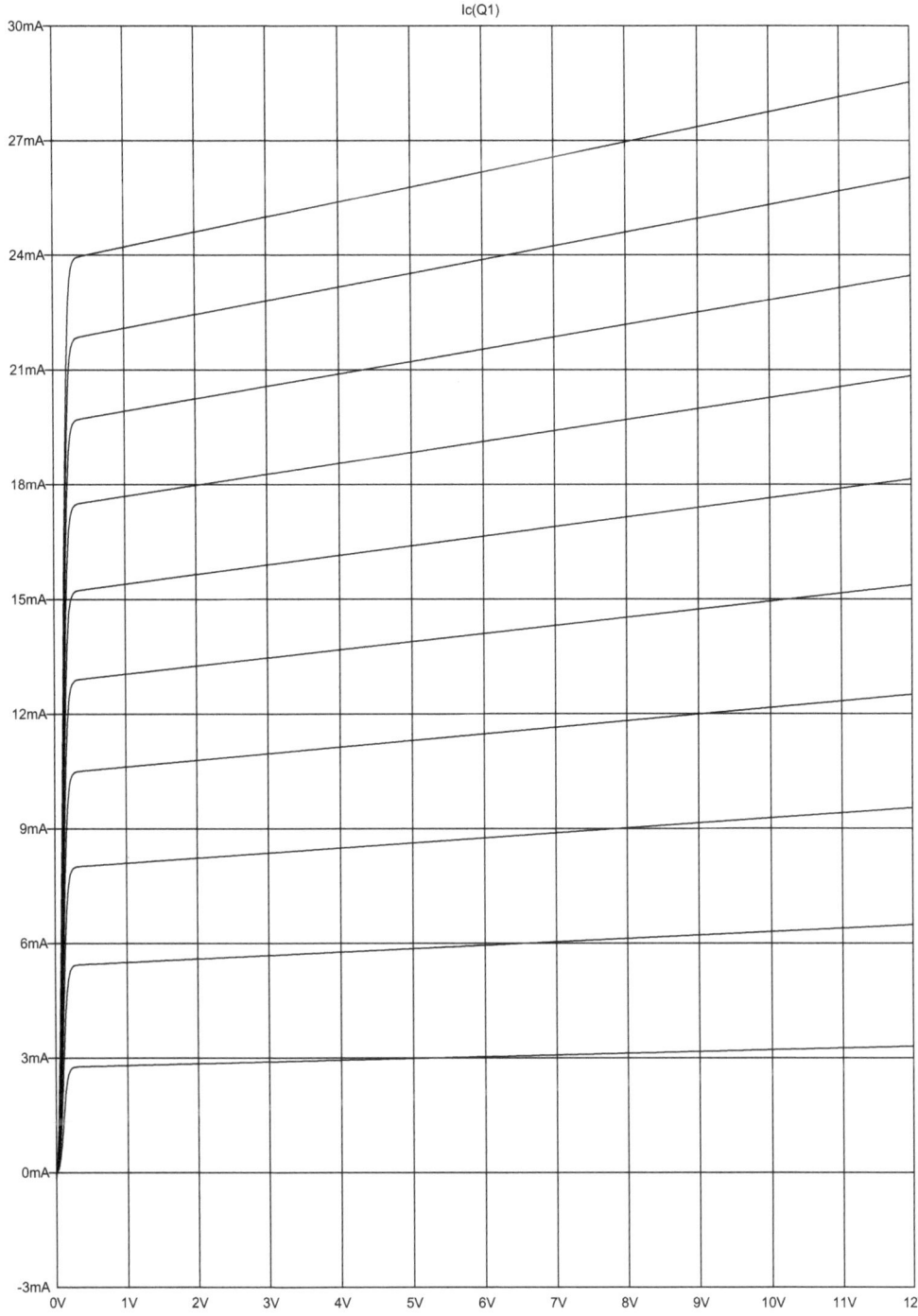

Abb. 1.5.10 Bipolartransistor: Simulationsergebnis Ausgangs-Kennlinienfeld

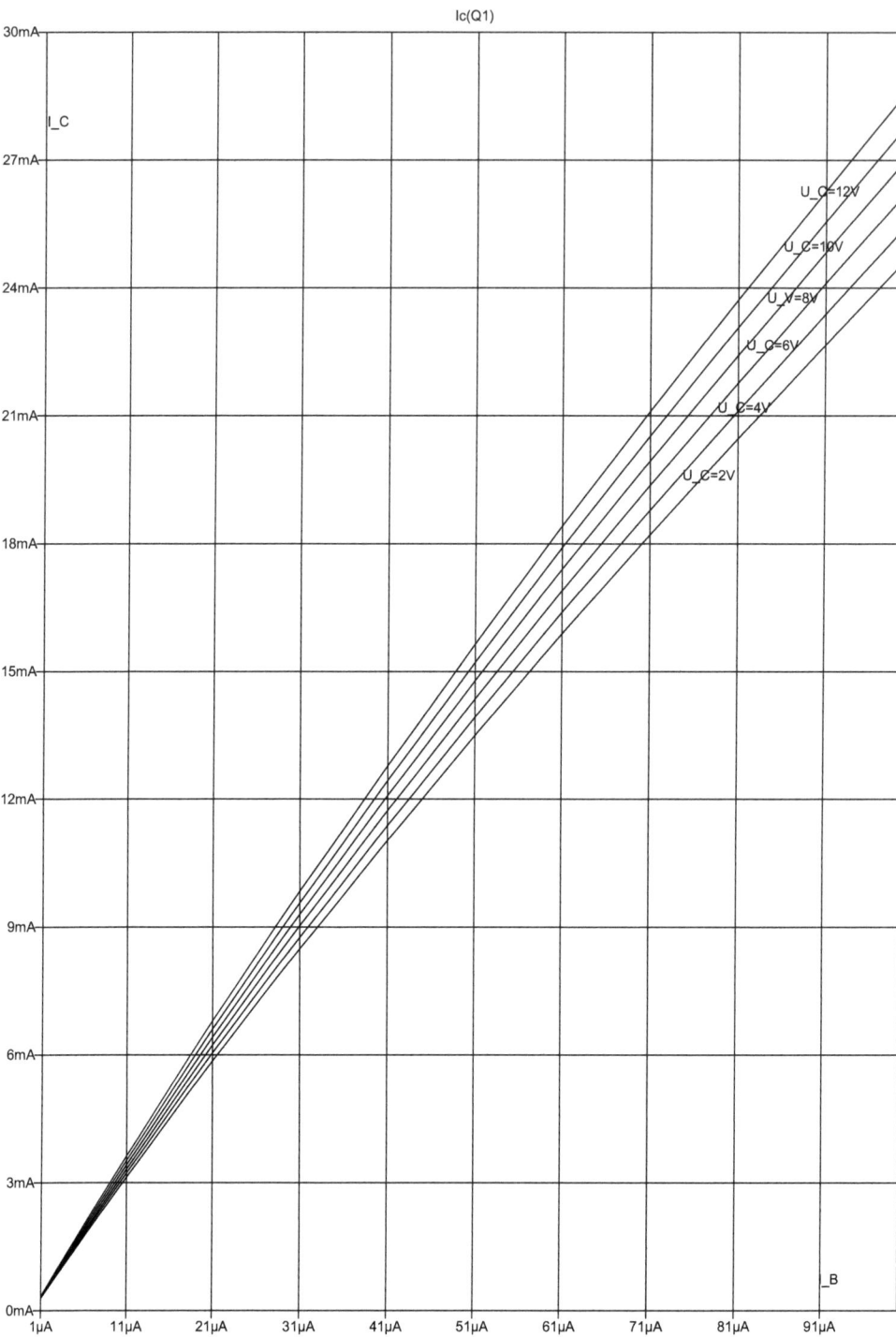

Abb. 1.5.11 Bipolartransistor: Simulationsergebnis Stromsteuer-Kennlinienfeld

1.5 Der Bipolartransistor

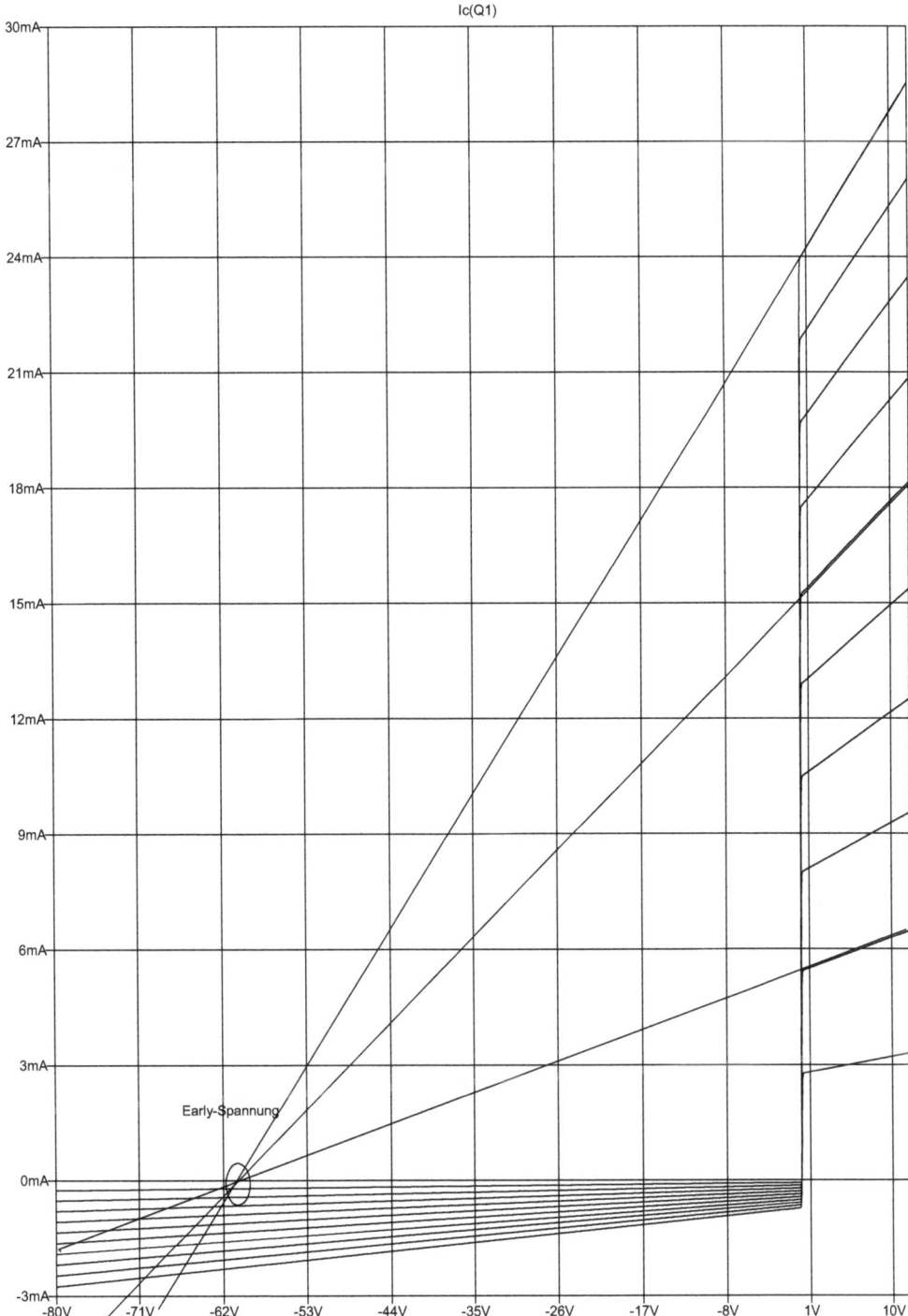

Abb. 1.5.12 Bipolar NPN Transistor: Konstruktion der Earlyspannung

Die Details der Theorie des Early-Effekts können in der einschlägigen Literatur nachgelesen werden. In diesem Buch wird der Early-Effekt rein phänomenologisch behandelt. Eine vereinfachte Darstellung zeigt Abb. 1.5.13. Daraus wird die Earlyspannung berechnet.

$$\tan(\alpha) = \frac{I_{CE1}}{-V_{EA} + V_{CE1}} = \frac{I_{CE1} - I_{CE2}}{V_{CE1} - V_{CE2}}$$

$$V_{EA} = V_{CE1} + \frac{I_{CE1} \cdot (V_{CE1} - V_{CE2})}{I_{CE2} - I_{CE1}}$$

Formel 1.5.7

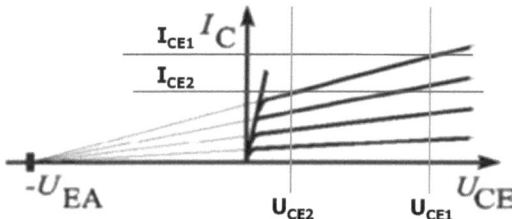

Abb. 1.5.13 Bipolartransistor – vereinfachte Konstruktion Earlyspannung

C: Die Stoß-Ionisation

Bei höheren Kollektor-Emitterspannungen nehmen die freien Ladungsträger soviel Energie auf, dass sie dadurch aus den Gitterverbänden eine Elektronenpaar-Bindung aufbrechen (und ein Elektron aus diesem Verband herausstoßen können. Das Gitter wird durch diesen Stoffeffekt ionisiert. Dadurch steigt die Anzahl der Ladungsträger rapide an. In der Fachwelt heißt dieser Effekt: Lawineneffekt (Avalanche effect). Aus einem Elektron werden zwei Elektronen, aus diesen vier usw. Dieser Prozess schreitet solange fort, wie genügend Energie für die Vervielfachung der Elektronen vorhanden ist. Deshalb zeigen die Ausgangskennlinienfelder auch, dass bei Vorhandensein von Stoß-Ionisation ein fast exponentieller Anstieg des Kollektorstroms bei linearem Anwachsen der Kollektor-Emitterspannung erfolgt.

D: Einstellen des Transistorarbeitspunktes

Der Arbeitspunkt eines Transistors ist als konstanter (DC) Arbeitspunkt zu verstehen. Er kennzeichnet den Punkt, der als Mittelpunkt für die Signalverarbeitung mit diesem Transistor dient. Dabei sind die maximalen Größen des Ausgangsstrom I_{CE} sowie der Kollektor-Emitterspannung U_{CE} auf den Achsen zu kennzeichnen. Diese Werte erhält man entweder aus dem Datenblatt, per Simulation oder durch Messung des Transistors. Die geradlinige Verbindung dieser beiden extremen Achsenpunkte schneidet die Kennlinien der verschiedenen Basisströme. Jeder Schnittpunkt mit den Basisstrom-I_B-Kennlinien entspricht dem zugehörigen Arbeitspunkt. Da die beiden Achsen den Strom und die Spannung als Domänengrößen besitzen, wird diese Linie „*Leistungsgerade*" genannt.

1.5 Der Bipolartransistor

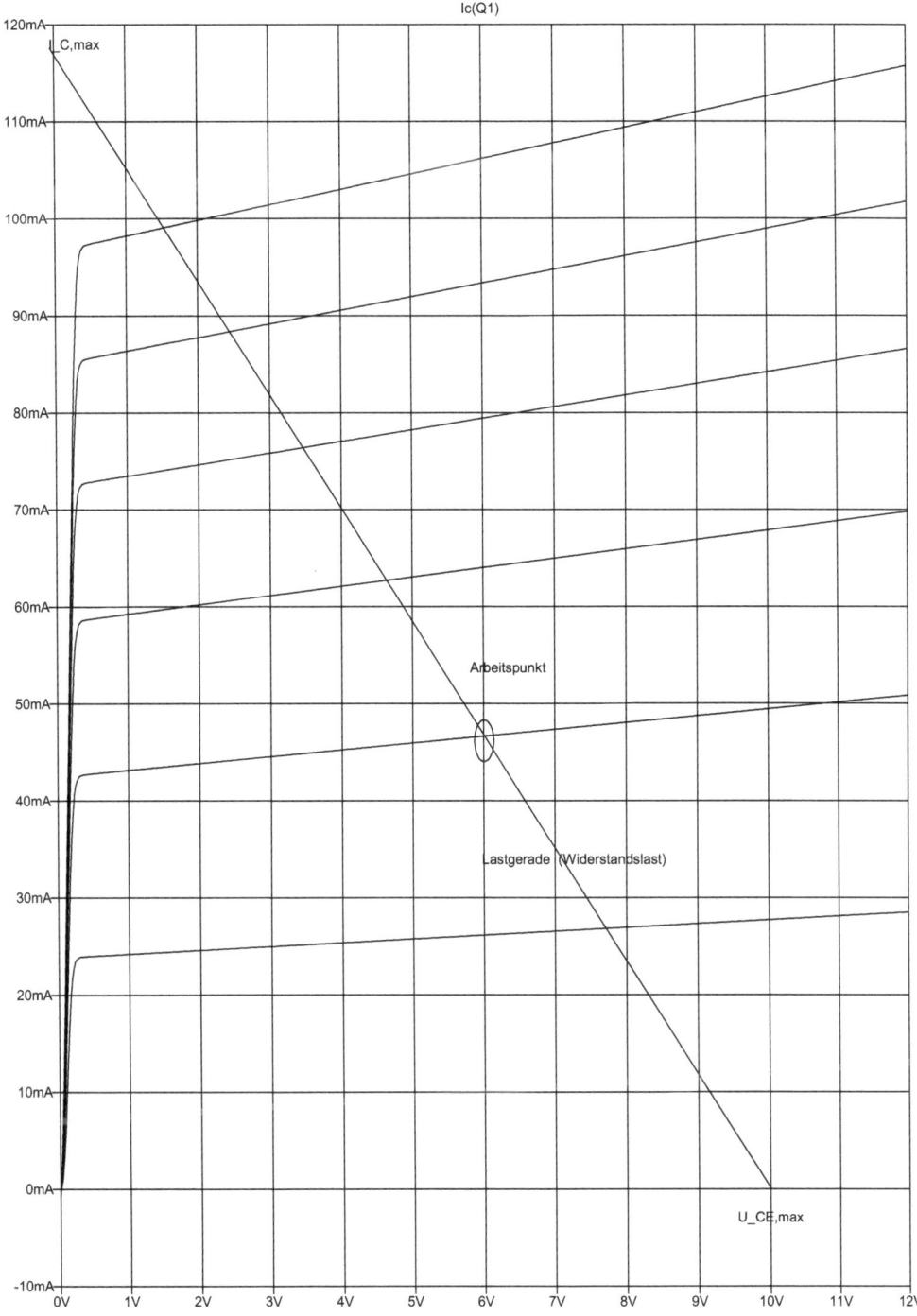

Abb. 1.5.14 Einstellen des Transistorarbeitspunktes

Vorgehensweise Arbeitspunktermittlung

Zuerst wird der Ausgangsspannungs-Nullpunkt im Ausgangskennlinienfeld für die Bestimmung des Basisstroms I_B festgelegt (Arbeitspunkt). Das ist der mittlere Signalarbeitspunkt. Hier ist ein wenig die Erfahrung des Designers gefragt, rein optisch durchgeführt („Mitte" finden) ist das Ergebnis nicht immer zufriedenstellend. Ziel ist, dass der Signalbereich in Strom als auch Spannung keine nichtlinearen Effekte aufweist. Nichtlineare Effekte treten immer dann auf, wenn das Signal nicht mehr durch eine lineare Funktion abbildbar wird. Die Ursache findet man, wenn die Arbeitsgerade bis in das Triodengebiet hinein oder ans Ende des Kennlinienfelds reicht (Lawinen-Effekt, dadurch rapider Kennlinienanstieg). Jedoch ist der Übergangsbereich von der Sättigung zum Triodenbereich auch nicht linear! Weiterhin ist darauf zu achten, dass diese Einschränkungen nochmals verschärft werden, wenn die Bauteil-Streuungen hinzugenommen werden. Auf Grund dessen hängt die Genauigkeit der Findung dieses Arbeitspunktes ab von der Spezifikation des Signalbereichs als auch der charakteristischen Bauteil-Streuung.

Einzeichnen der Leistungsgerade mit:

$$I_{C,max} = \frac{V_{Batt}}{R_C} \qquad V_{CE,max} = V_{Batt}$$

Formel 1.5.8

Bei zusätzlichen Elementen im Kollektorzweig muss eventuell statt U_{Batt} $U_{CE,max}$ eingesetzt werden! Die DC-Stromverstärkung im Arbeitspunkt AP beträgt:

$$B = \frac{I_{C,0}}{I_{B,0}}$$

Formel 1.5.9

AP indiziert den Arbeitspunkt oder Nullpunkt.

Gesamtleistung:

$$P = I_C V_{CE} + I_B V_{BE} \text{ mit } I_B \ll I_C \Rightarrow \text{Vereinfachung: } P = I_C V_{CE}$$

Maximale Verstärkung: $P_{max} = I_{C,max} V_{CE,max}$

Vorgehensweise Ruhestromeinstellung

Der Ruhestrom der Schaltung wird verstanden als der Strom im Arbeitspunkt. Dazu muss die Schaltungstechnik festgelegt werden und mit Hilfe der beteiligten externen Bauelemente wird der Ruhestrom so festgelegt, dass er einerseits sehr gering (Ruhestromkriterium) ist und andererseits gerade so groß ist, dass er den maximal geforderten Kollektorstrom auf Grund des Signalaussteuerbereichs bedienen kann (Aussteuerkriterium).

1.5 Der Bipolartransistor

Es gibt 2 Möglichkeiten:

Möglichkeit 1. Mit Basisvorwiderstand R_B

Die Schaltung Abb. 1.5.15 zeigt die einfachste Verstärkerschaltung. Dazu wird nur ein Basisvorwiderstand R_B und der Kollektorwiderstand R_C verwendet.

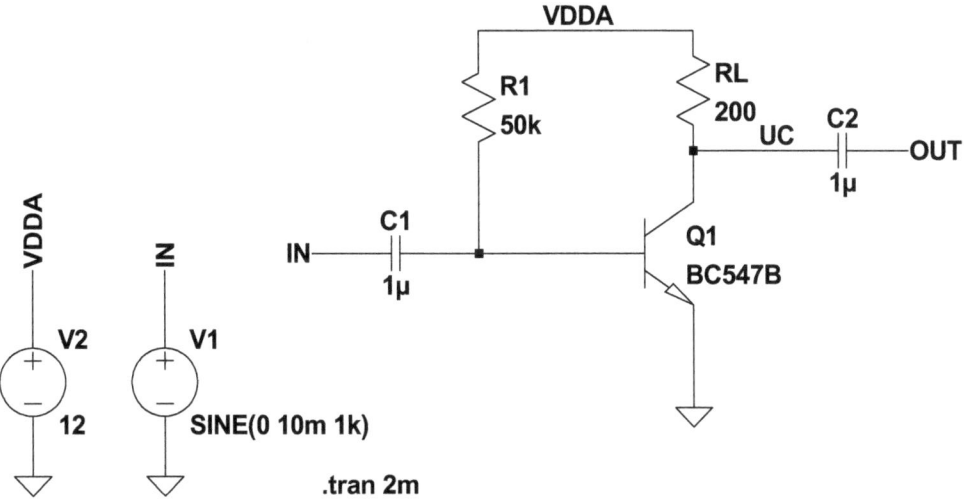

Abb. 1.5.15   Einfacher Bipolartransistor-Verstärker

Das ist eine ungeschickte Vorgehensweise, da keine saubere Basisvorspannung einstellbar ist! Diese Schaltung ist nicht besonders stabil einstellbar. Jede geringste Veränderung des Basis-Vorwiderstands R_B, entweder durch Temperatureinstellung oder durch Chargenstreuung, verändert den Arbeitspunkt. So lässt sich eine stabile Verstärkung so gut wie gar nicht gewährleisten.

Möglichkeit 2. Mit Spannungsteiler

In „richtiger" Schaltungstechnik wird dies in Abb. 1.5.17 veranschaulicht. Diese Schaltungstechnik wird auch A-Betrieb genannt. Die Widerstände R_1 und R_2 dienen der Ruhestromeinstellung des Basisstroms. Da ein Widerstandsspannungsteiler durch den Quotienten der beteiligten Widerstände bestimmt ist, wird sich hier die Genauigkeit natürlich deutlich vergrößern. Im Fachjargon heißt es: R_1 und R_2 „matchen" (Englisch: to match = zusammenpassen, einander ähnlich sein). Die Streuung als auch der Temperaturgang der Widerstände kürzen sich nahezu vollständig, so dass nur noch ein sehr geringer Fehler übrig bleibt. Das ist eine geschickte Vorgehensweise, da die Basisvorspannung so stabil einstellbar ist und die Widerstände R_1, R_2 in das Gleichungssystem ratiometrisch (Widerstandsteiler) eingehen!

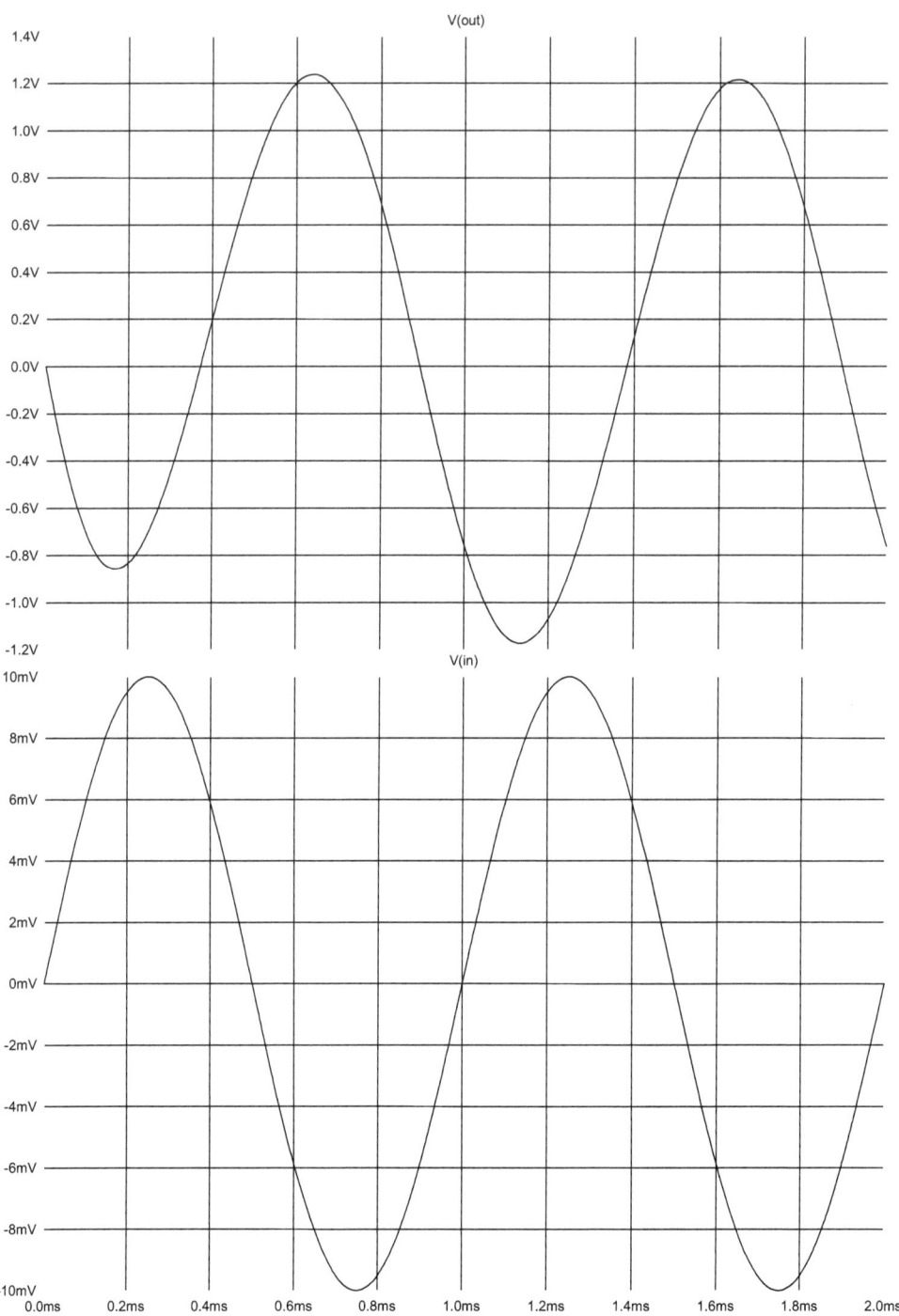

Abb. 1.5.16   Einfacher Bipolartransistor-Verstärker, Simulationsergebnis

1.5 Der Bipolartransistor

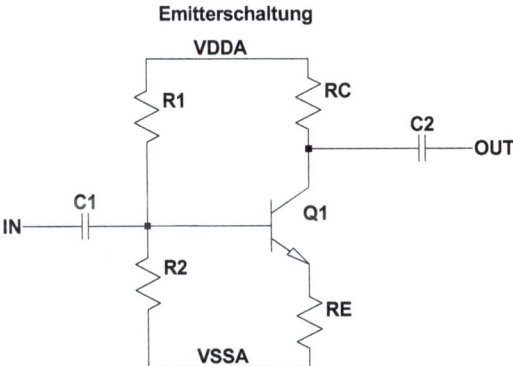

Abb. 1.5.17 Bipolartransistor-Verstärker mit richtiger Arbeitspunkt-Verschaltung

Dimensionierung der Bauelemente aus der Kennlinie

Aus dem Datenblatt des Transitortyps erhält man die Werte für die Aussteuerfähigkeit (Toleranzen beachten!) bezüglich der Werte V_{BE}, I_B und der Versorgungsspannung (Betriebsspannung) $U_{Batt} = 12$ V.

$$R_1 = \frac{V_{Batt} - V_{BE}}{n \cdot I_B} = \frac{V_{Batt} - V_{BE}}{n \cdot \frac{I_C}{B}} \qquad I_C = B \cdot I_B$$

Formel 1.5.10

Bei einer Kollektor-Emitterspannung von 6 V sollen 15 mA Kollektorstrom dimensioniert werden.

Kennlinie des Lastwiderstands in das Transistorkennlinienfeld eintragen

In Abb. 1.5.18 wird dargestellt, wie der Arbeitspunkt im Ausgangs-Kennlinienfeld ermittelt wird. Zunächst wird die Lastgerade eingezeichnet. Diese wird so festgelegt, dass bei DC Mittenspannung der Kollektorstrom dem gewünschten Arbeitsstrom entspricht. Der Arbeitsstrom ist verantwortlich für die Größe der linearen Aussteuerung und sollte maximal in der Mitte des Kennlinienfelds liegen. Würde der Stromwert im Arbeitspunkt so hoch angesiedelt sein, würde der Arbeitsbereich zu geringeren Kollektor-Emitterspannungen hin stark eingeschränkt sein. Würde der Stromwert zu gering sein, so wäre die obere Aussteuerung stark eingeschränkt. Es erweist sich als sinnvoll, bei Kollektor-Emitter-Mittenspannung den maximal möglichen Arbeitsstromwert ca. 10% unterhalb des Strom Mittelwerts zu wählen. Im vorliegenden Fall beträgt der Wahlwert $I_{CE,AP} = 15$ mA. Der rechtsseitige Punkt bestimmt sich durch den vollen Spannungsabfall der Kollektor-Emitterspannung U_{CE} und damit verbunden $I_{CE} = 0$ mA. Dieser Punkt entspricht dem voll gesperrten Transistor. Die Lastgerade wird vom rechtsseitigen Spannungswert über den gewählten mittleren DC-Arbeitspunkt-Wert hinaus bis zum linksseitigen Rand verlängert. Der Arbeitspunkt am linksseitigen Rand entspricht dem Kurzschlussstrom des Transistors. Damit liegt der Wert des Widerstands fest.

$$R_L = \frac{V_{CE,max}}{I_{C,max}} = \frac{12V}{30mA} = 400\Omega$$

Formel 1.5.11

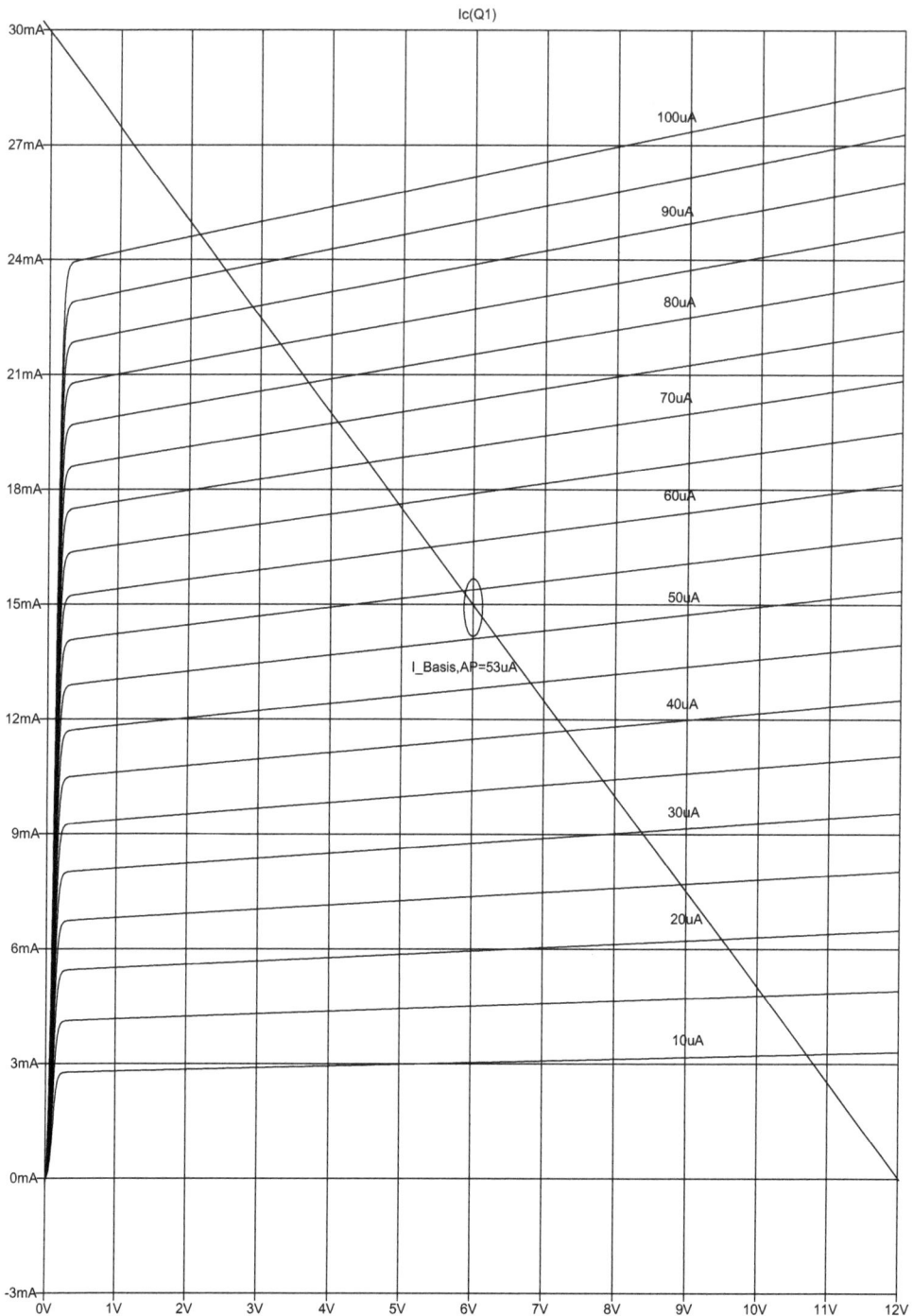

Abb. 1.5.18 Eintrag der Widerstands-Lastgeraden ins Ausgangs-Kennlinienfeld

1.5 Der Bipolartransistor

Bestimmung des Basisstroms

Von Interesse ist der für den Arbeitspunkt bei $V_{CE,AP} = 6$ V notwendige Basisstrom. Dazu wird das Steuer-Kennlinienfeld angeschaut. Die Ermittlung des Arbeitspunkts aus dem Steuer-Kennlinienfeld zeigt die Abb. 1.5.19. Im Schnittpunkt der gewählten $V_{CE,AP}$ mit der Steuer-Kennlinie lässt sich der zugehörige Basisstrom ablesen.

Der Stromverstärkungsfaktor B beträgt somit:

$$B = \frac{I_{CE}}{I_{BE}} = \frac{15.0 mA}{53.46 \mu A} = 280.58 \approx 281$$

Formel 1.5.12

Ein Blick ins Datenblatt sagt uns, dass dieser Stromverstärkungswert in guter Übereinstimmung mit dem Datenblatt ist. Damit kann der Widerstandsteiler am Eingang dimensioniert werden. Durch R_1 fließen sowohl der Basisstrom als auch der Strom durch R_2. Zur Berechnung der beiden Widerstandswerte muss der Anteil des Stroms durch den Widerstand R_2 festgelegt werden. Eine sparsame und gute Wahl ist: der Strom durch R_2 entspricht dem Basisstrom. Der Spannungsabfall über Basis und Emitter wird ebenfalls simulatorisch oder über das Datenblatt ermittelt. Für die simulatorische Ermittlung wird der soeben berechnete Basisstrom eingeprägt und der Kollektorwiderstand auf den berechneten Wert 400 Ω festgelegt. Geprüft wird zur Sicherheit zuerst die Kollektor-Emitterspannung, diese beträgt erwartungsgemäß 6 V. Dann kann die Basisspannung ermittelt werden und diese beträgt 716.6 mV.

Berechnung des Basisstromteilers

Jetzt sind alle Daten vorhanden, um den Basisstromteiler zu berechnen:

$$R_1 = \frac{V_{Batt} - V_{BE}}{I_B + I_{R2}} = \frac{V_{Batt} - V_{BE}}{I_B + I_B} = \frac{12V - 0.7166V}{2 \cdot 53.46 uA} = 105.34\, k\Omega \approx 105\, k\Omega$$

$$R_2 = \frac{V_{BE}}{I_{R2}} = \frac{V_{BE}}{I_B} = \frac{0.7166V}{53.46 uA} = 13.40\, k\Omega \approx 13\, k\Omega$$

Formel 1.5.13

Diese Widerstandswerte werden in die Schaltung Abb. 1.5.17 übernommen. Das dimensionierte Schaltbild zeigt Abb. 1.5.20. Danach wird die Schaltung simuliert und Abb. 1.5.21 zeigt das DC-Ergebnis.

Was wurde erreicht?

$V_{OUT} = 6.105$ V
$I_{CE} = 14.74$ mA
$I_{BE} = 52.4\, \mu A$

Diese Werte weichen geringfügig von den Vorgaben ab. Der Grund ist, dass die Genauigkeit der Berechnung von der Ablesung in den Kennlinienfeldern abhängt und bei der Wahl der Bauelemente Rundungen gemacht wurden. Diese Fehler führen zu geringen Abweichungen. Das ist aber typisch und völlig normal bei der Dimensionierung, denn die Bauteile sind auch nur mit vorgegebenen Toleranzen zu beziehen.

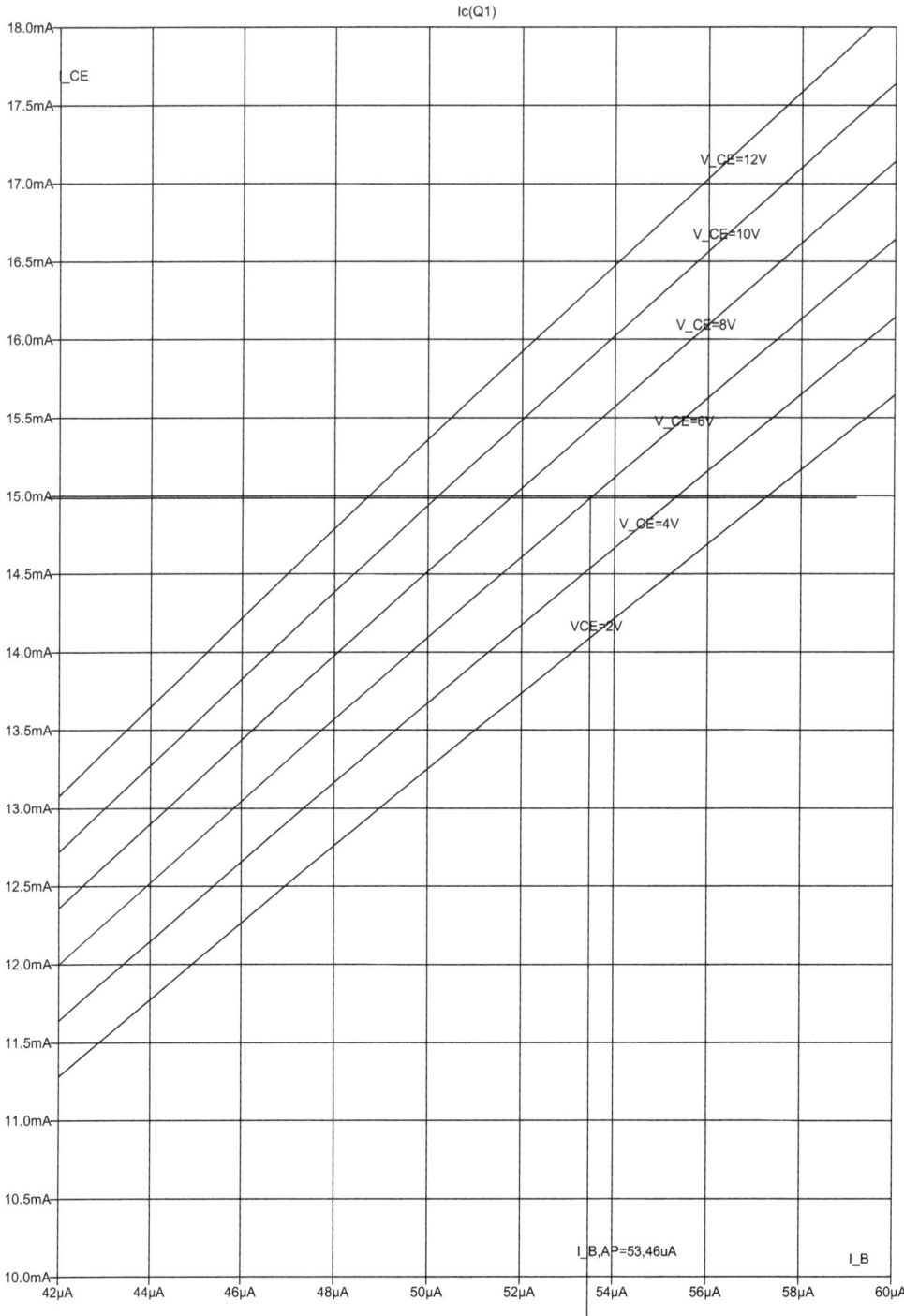

Abb. 1.5.19   Ermittlung des Basisstroms

1.5 Der Bipolartransistor

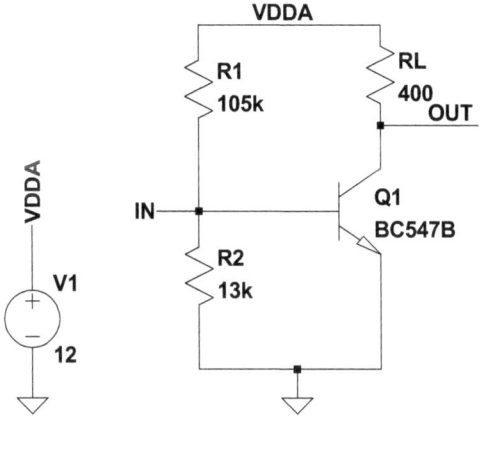

Abb. 1.5.20   Dimensionierter Bipolartransistor-Verstärker

Simulation und Nachbesserung

Die Aufgabe des Schaltungsentwicklers ist nun, die berechneten und simulierten Arbeitswerte zu vergleichen, die Bauteile mit den vereinbarten Toleranzen einzusetzen und die Schaltung nochmals zu simulieren und eventuell ist dann eine Nachjustierung der Einzelwerte notwendig. Damit ist eine Schaltung für den DC-Fall dimensioniert. Dieses Verfahren gilt für alle Schaltungen. Mit Hilfe einer kurzen Simulationsrunde mit Variation des Basisvorwiderstands R_2 konnte der Arbeitspunkt geprüft und festgelegt werden. Die Werte der Bauteile ergaben sich so zu:

$R_1 = 105$ kΩ $R_2 = 13.3$ kΩ $R_C = 400$ Ω $V_{OUT} = 5.993$ V
$I_C = 15.02$ mA $I_B = 53.6$ µA

Die Signalverstärkung A_{Sig} gibt an, um wie viel Spannung sich das Signal bezüglich des oben eingestellten Arbeitspunkts bei Aussteuerung auslenkt. Da der dynamische Arbeitspunkt (Signalaussteuerung) auf der Lastkurve „wandert", ist bei einer resistiven Last die Steigung der Widerstandsgeraden für die Signalverstärkung (Spannungsverstärkung) verantwortlich. Vereinfacht darf daher für die Signalverstärkung angeschrieben werden:

$$A_{Sig} = -S \cdot R_C = \frac{U_{RC}}{u_T} = \frac{R_C \cdot I_C}{u_T} = \frac{400\Omega \cdot 15mA}{26mV} \approx 231$$

$$S = \frac{dI_C}{dU_{BE}} = \frac{I_S}{u_T} \cdot e^{\frac{U_{BE}}{u_T}} = \frac{I_C}{u_T} = \frac{15mA}{26mV} \approx 0.58$$

Formel 1.5.14

In Formel 1.5.14 bezeichnet S die Steilheit des Transistors. Simuliert man diese Schaltung und misst dann die Signalverstärkung, so wird diese deutlich geringer ausfallen. Der Grund ist, dass die für die Signalverstärkung benutzte Formel 1.5.14 den Kollektor- und Emitter-Innenwiderstand vom Transistor vernachlässigt. Die Simulation mit einer Sinuswelle zeigt eine Signalverstärkung von ca. 140.

54 1 Grundlagen der bipolaren Bauelemente

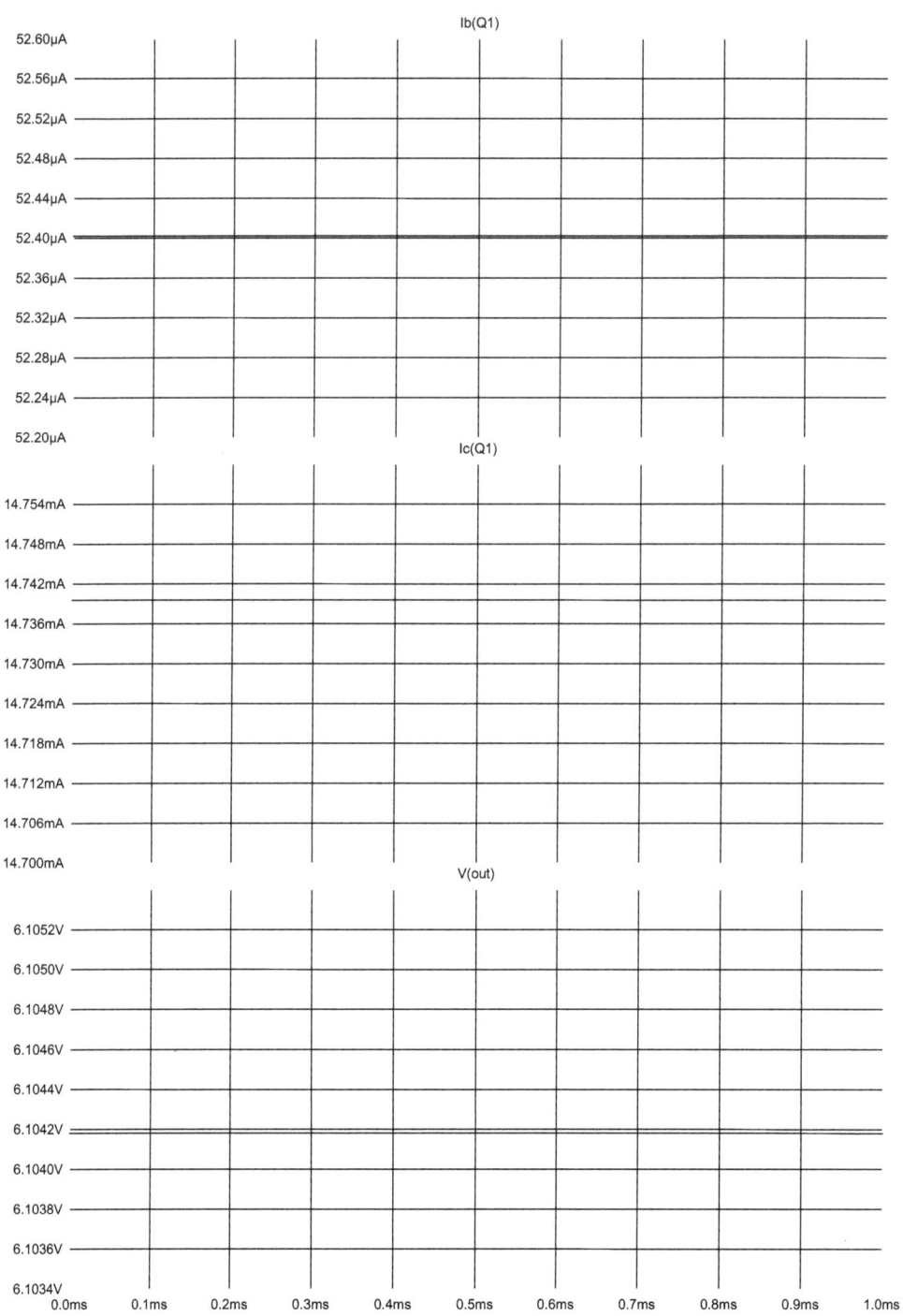

Abb. 1.5.21 Simulationsergebnis des bipolaren Verstärkers

1.5.5 Spannungsgegenkopplung und Stromgegenkopplung

Einflüsse wie Temperaturdriften verändern den Arbeitspunkt eines Bauteils, insbesondere eines Transistors. Damit die Schaltung weiterhin stabil, zumindest in der Nähe des idealen Arbeitspunkts bleibt, wird eine Gegenkopplung benötigt. Der Begriff Gegenkopplung verweist auf einen gegensätzlichen Zusammenhang: Steigt der Strom im Ausgangszweig, erzwingt dies ein Sinken des Stroms im Eingangszweig. Ein Absinken des Stroms im Eingangszweig erzwingt ein Absinken des Stroms im Ausgangszweig. Das ist das wesentliche Element der Stabilisierung. Abb. 1.5.22 zeigt die angewandten Schaltungstechniken dieser Gegenkopplungen.

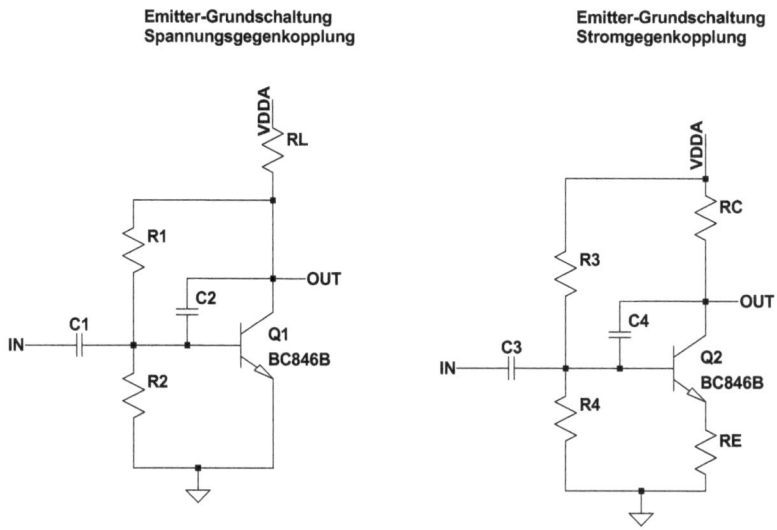

Abb. 1.5.22   Spannungsgegenkopplung und Stromgegenkopplung

Die Spannungsgegenkopplung linkes Bild der Abb. 1.5.22

Die bestimmenden Widerstände für die Basisvorspannung werden am Kollektor und nicht mehr an der Versorgungsspannung angeschlossen. Der Kollektorwiderstand bestimmt somit den Summenstrom für den Basis-, als auch den Kollektorzweig. Steigt der Strom im Kollektorzweig, steigt demzufolge die Spannung am Kollektor über R_1 und R_2. Grund: Der Kollektorwiderstand wurde größer (Temperatur). Damit steigt auch die Spannung über R_2, und damit auch die Basisvorspannung. Steigt die Basisvorspannung, steuert der Transistor weiter durch (mehr Basisstrom), heißt: der Spannungsabfall über dem Kollektor sinkt. Diese Stabilisierung ist nur DC gültig!

Für diesen Basiswiderstandsteiler gilt:

$$v \approx -\frac{R_1 + R_2}{R_1} \qquad \frac{1}{r_e} = \frac{1}{R_1} + \frac{1}{r_{BE}} + \frac{v_u}{R_2}$$

$$\Rightarrow \quad r_e \ll r_{BE} \qquad r_a = \left(R_L \| r_{CE}\right) \cdot \frac{v}{v_u}$$

$$\Delta V_{CE} = v_D \Delta V_{BE} \quad \Rightarrow \quad v_D = 1 + \frac{R_2}{R_1}$$

Formel 1.5.15

Dieses Verhalten wird uns wieder begegnen im Kapitel 3.1.2 beim nicht invertierenden Operationsverstärker.

Die Stromgegenkopplung rechtes Bild der Abb. 1.5.22

Wenn die klassische Emitterschaltung durch einen zusätzlich eingebrachten Emitterwiderstand erweitert wird, erhalten wir auch dann einen rückwirkenden Effekt auf die Eingangsspannung. Der Kollektorstrom wird als Spannungsabfall über dem Emitterwiderstand „sichtbar". Erinnerung: $I_C = B * I_B$. Der Basisvorwiderstandsteiler sorgt jedoch für einen konstanten Spannungsabfall über R_4. Demzufolge muss eine Verringerung von I_C einen Anstieg von I_B nach sich ziehen. Damit verändert sich der Zweigstrom im Basiszweig, was wiederum eine Erhöhung des Basisspannungsteilers bewirkt. Der Kollektorstrom steigt und beeinflusst damit den Basisstrom, so dass dieser sinkt. Dies ist ein Regelverhalten mit stabilisierendem Charakter.

Ausgang: $\quad V_B = V_{RC} + V_a = V_{RC} + V_{CE} + V_{RE}$

Eingang: $\quad V_B = V_{R1} + V_{R2} \quad$ mit: $\quad V_{R2} = V_{BE} + V_{RE}$

$$V_{BE} = \frac{R_4}{R_3 + R_4} V_B - i_E R_E \quad \text{vereinfachend mit:} \quad i_E = i_B + i_C \approx i_C$$

$$\Delta V_{BE} \approx -R_E \Delta i_C \quad \text{oder:} \quad \Delta V_{BE} \approx \frac{R_E}{R_C} \Delta V_A$$

$$v_D = \left|\frac{\Delta V_A}{\Delta V_E}\right| = \left|\frac{\Delta V_A}{\Delta V_{BE}}\right| = \frac{\Delta i_C R_C}{\Delta i_C R_E} = \frac{R_C}{R_E}$$

$$v_D = \left|\frac{\Delta V_{CE}}{\Delta V_{BE}}\right| = \frac{V_{R1} + V_{R2}}{V_{R2}} = \frac{R_3 + R_{24}}{R_4} = 1 + \frac{R_3}{R_4}$$

Formel 1.5.16

1.5.6 Der Bipolartransistor als Schalter

Der Transistor als Schalter verlangt andere Randbedingungen im Vergleich zu einem signalverarbeitenden Transistor. Diese Randbedingungen sind:
- Schnelles Schalten
- Die Spannung am Transistor muss begrenzt werden
- Der zulässige Strom darf nicht überschritten werden

Diese Bedingungen werden für resistive, kapazitive und induktive Lasten betrachtet. Gesucht ist ein Bipolartransistor mit guter Stromverstärkung, der bei einer vorgegebenen Eingangsspannung möglichst schnell durchschaltet. Dazu ist eine Stromverstärkung von minimal B = 50 anzustreben.

Schnelles Schalten

Für eine resistive Last ändert sich nichts bezüglich der Bestimmung des Arbeitspunktes, wie in Kapitel 1.5.4 beschrieben. Für TTL Logik ist die Eingangsspannung, die ein volles Durchschalten erzwingen soll, zu $V_{IN} = 1.4$ V festzulegen. Eine Beschleunigung des Schaltverhal-

1.5 Der Bipolartransistor

tens kann erreicht werden mit Hilfe einer Diode, die sozusagen einen Umweg für die Kollektor-Emitterspannung bewirkt.

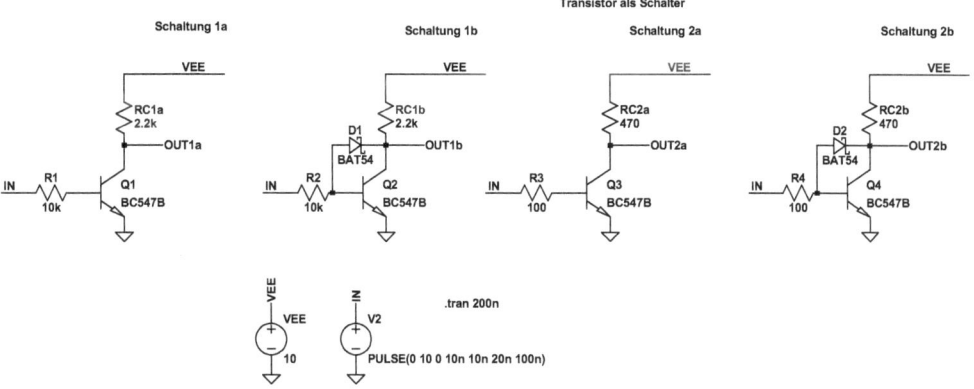

Abb. 1.5.23   Bipolartransistor als Schalter

Abb. 1.5.23 zeigt zwei verschiedene Schaltungen (Schaltung 1 und Schaltung 2) bezüglich der Arbeitspunkt-Einstellung und darin wird unterschieden durch den Einbau einer schnellen Schottky-Diode in a- und b-Typen der Schaltung.

Was passiert?

Die Schaltung 1 arbeitet am Rand der (Signal-)Sättigung, die Schaltung 2 arbeitet in der vollen (Signal-)Sättigung.

Anmerkung: Der in diesem Zusammenhang benutze Begriff „Sättigung" bezeichnet den Transistor als vollständig durchgesteuert. Vollständig durchgesteuert bedeutet, dass die geringste V_{CE} bei maximalem I_C erreicht wird. Der Transistor befindet sich in seinem niederohmigsten Arbeitszustand. In diesem Arbeitszustand ist sogar die Basis-Kollektordiode leitend, so dass ein Teil des Basisstroms den Weg zum Emitter über den Kollektor nimmt. Ein Stromzuwachs kann in diesem Betriebsbereich nur durch weitere Erhöhung des Basisstroms passieren, was schnell zum Wärmetod eines Bipolartransistors führen kann. Daher ist eine zu hohe Basisvorspannung unbedingt zu vermeiden. Jedoch soll ein bipolarer Transistor auch schnell schalten können. In diesem Buch wird der Begriff der Sättigung stets als Stromsättigung im Sinne des Kennlinienfelds verwendet. Bei Verwendung des Begriffs hinsichtlich der Signal-Sättigung empfiehlt es sich das Wort „Signal" in Klammer gesetzt vor dem Begriff Sättigung anzuwenden.

Abb. 1.5.24 zeigt in der oberen Spalte die Kollektorströme $R_{C1a,b}$ und $R_{C2a,b}$. Wenn der Schalter in der vollen Sättigung arbeitet, dann ist er auch schnell. Der untere Teilbereich der Abb. 1.5.24 zeigt, dass die Schaltung 2a bereits das schnelle Signal verarbeiten kann, wobei die Schaltung 1a bei dieser Eingangsfrequenz überfordert ist und nicht sauber schaltet, da sie für diese Schaltzeit zu langsam ist. Mit Hilfe einer schnellen Schottky-Diode kann der Schaltvorgang nur beschleunigt werden, wenn die Schaltung in der vollen Sättigung arbeitet. Dies zeigt das zweite Bild von unten gesehen. Hier wird deutlich, dass Schaltung 1b sogar ein schlechteres Schaltverhalten aufweist. Aber Schaltung 2b ist deutlich schneller, hier ist ein echter Gewinn an Schaltgeschwindigkeit zu erkennen. Der Grund des langsamen Schaltens der Schaltung 1 ist, dass nur ein geringer Anteil des Basisstroms zum Durchschalten benötigt wird und der Restanteil des Basisstroms fließt über die Basis-Emitter-Diode ab.

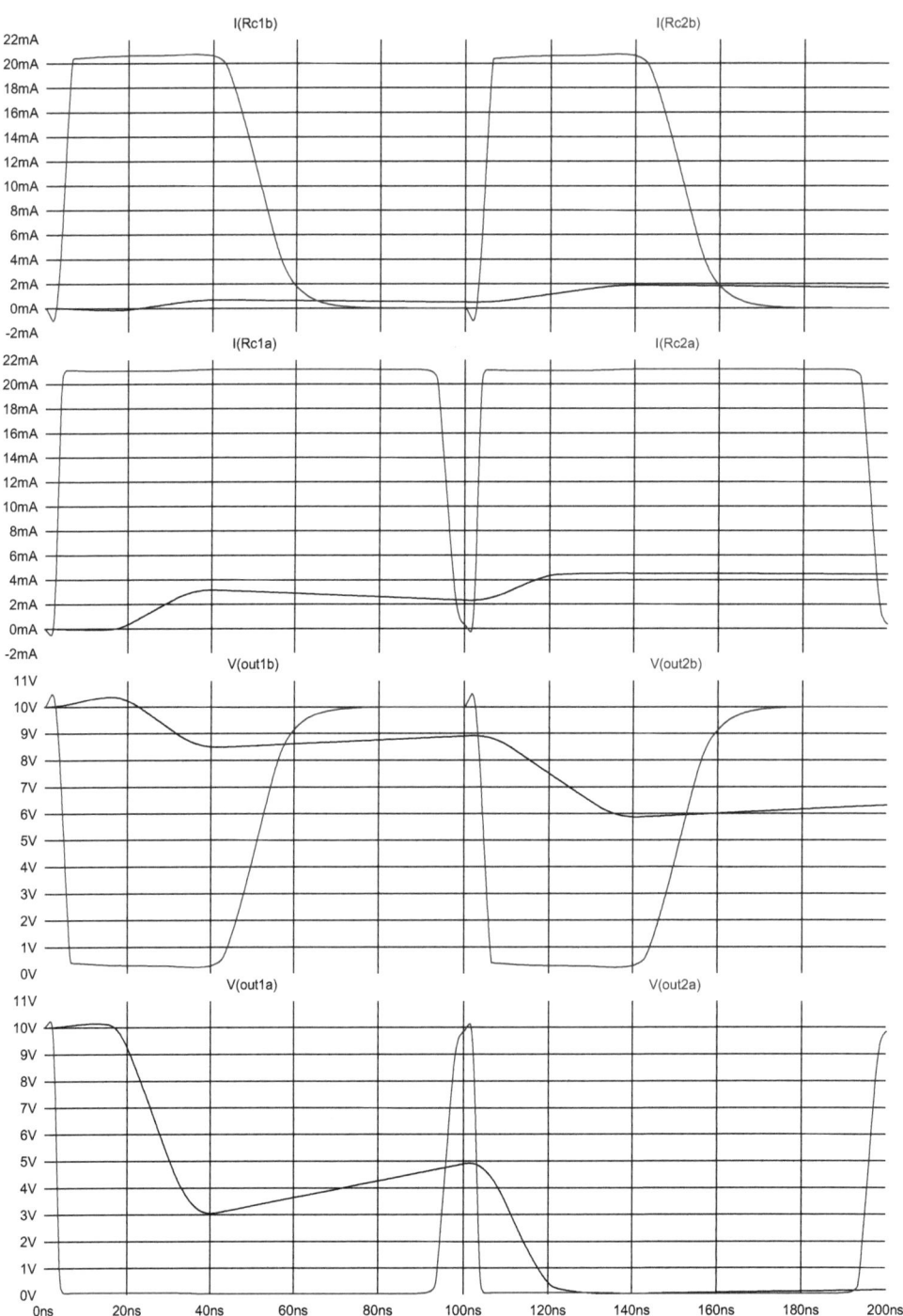

Abb. 1.5.24 Bipolartransistor als Schalter: Simulationsergebnis

1.5 Der Bipolartransistor

Dadurch wird die sich bildende Raumladungszone mit Ladungsträgern überhäuft (Einschalten) und diese müssen erst wieder ausgeräumt werden (Ausschalten), was Zeit kostet. Die Schottky Diode (Schaltung 1b) hilft hier nicht, sie bewirkt mit ihrer Diodenkapazität sogar eine weitere Verlangsamung, da die Ladung auch aus dieser Kapazität erst entfernt werden muss. In Schaltung 2b hilft die Schottky-Diode, da sie eine geringere Durchlassspannung hat als die Basis-Emitter-Diode und sie hat auch eine wesentliche kürzere Erholzeit (relaxation time). Der Transistor leitet immer stärker, die U_{CE} sinkt, kurz vor der (Signal)-Sättigung (bei $U_{CE} < 0.3 - 0.2$ V) greift die Schottky-Diode ein und senkt die Spannung an der Basis ab. Die beiden oberen Bilder zeigen das zugehörige Stromverhalten und zeigen deutlich den Vorteil der Schaltungstechnik 2b auf.

Nochmalige Verbesserung:

Der im leitenden Transistorzustand fließende Dauerstrom I_{CE} kann ebenfalls zu Null werden, wenn anstatt des Kollektorwiderstands ein weiterer, aber komplementärer Transistor eingesetzt wird. Dann wird aus der Eintransistor-Schalterzelle ein Schaltinverter. Das geht aber nur dann, wenn ein Signal als digitales Signal (EIN / Aus = LOW/HIGH) weiterverarbeitet wird.

Schalten kapazitiver und induktiver Lasten

Zunächst ist es wichtig zu erkennen, dass kapazitive Lasten ebenso wie induktive Lasten nicht alleine vorkommen, sondern gemeinschaftlich mit den Arbeitspunkt bestimmenden Widerständen. Die Abb. 1.5.25 zeigt eine Emitterschaltung mit kapazitiver Last.

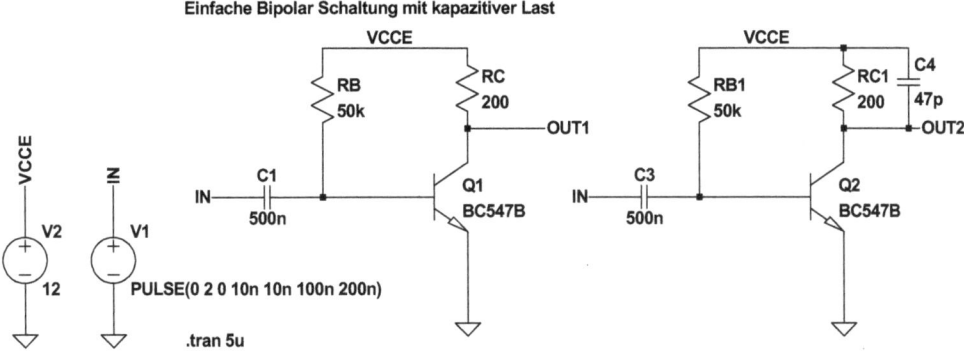

Abb. 1.5.25 Emitter Schaltung mit kapazitiver Last

Diese Schaltung wird zur Überprüfung der Wirkungsweise des kapazitiven Lastanteils mit einer schnellen Pulsfolge angesteuert. Die Kapazität parallel zum Widerstand geschaltet ergibt die Last:

$$X_{R,C} = \frac{R}{1+j\cdot\omega\cdot R\cdot C}$$

Formel 1.5.17

Damit reagiert die Schaltung frequenzabhängig. Die „Wanderung" des Arbeitspunkts in der Transistorkennlinie ist nicht simulierfähig, da ein komplexer Widerstand beteiligt ist und demzufolge allenfalls eine Transienten-Analyse durchführbar ist. Aber auf Grund des kapazitiven Widerstands als auch der Lade- und Entladecharakteristik kann der Arbeitspunktverlauf auf der Kennlinie überlegt werden:

- Die Kapazität sei zunächst entladen. Der Puls beginnt jetzt und hat eine sehr steile Anstiegsflanke. Daraus lässt sich ableiten, dass die Kapazität sehr niederohmig ist.
- Der Puls verharrt eine gewisse Zeit auf seinem Pulswert. Die Kapazität wird in dieser Zeit aufgeladen und ihre Kennlinie folgt der Exponentialfunktion.

$$V_{RC}(t)_{EIN} = R \cdot I \cdot \left(1 - e^{-\frac{t}{\tau}}\right)$$

Formel 1.5.18

Das bedeutet: der Kennlinienverlauf wird vom Arbeitspunkt vor dem Puls auf einen Arbeitspunkt am Ende des Pulses mit einer exponentialförmigen, steigenden Kurve in Richtung geringerer U_{CE} bewegt werden. Dabei wird die Arbeitspunkt-Kurve das Gebiet der Überlast überstreichen. Ziel ist ein größerer Kollektorstrom (Laden der Kapazität). Normalerweise führt das ungekühlt zu einer Wärmezerstörung des Transistors, jedoch ist der Übergang bei pulsförmigem Schalten so schnell, dass keine Zerstörung des Transistors zu erwarten ist. Am Ende fällt der Puls wieder sehr schnell auf seinen Ausgangswert ab und die Kapazität wird wieder geladen. Das beschreibt die folgende Gleichung:

$$V_{RC}(t)_{AUS} = R \cdot I \cdot e^{-\frac{t}{\tau}}$$

Formel 1.5.19

Die Ladekurve, oder in diesem Fall besser die „Ausschaltekurve", nimmt diesen Exponentialverlauf von niedriger V_{CE} zu höherer V_{CE} mit Ziel: Kollektorstrom wieder zurück auf DC Ausgangswert.

Niklaus Burren [1.30] veröffentlichte auf einer Internetseite 2002 in seinem Artikel „Elektronik Formelsammlung" diesen Verlauf in Abb. 1.5.26. Dabei stehen die Linien 1, 2, 3 für aufsteigend immer kleiner werdende Kapazitäten-Einschaltkurven (Laden) und 3, 4, 5 ebenso aufsteigend für immer kleiner werdende Kapazitäten (Entladen).

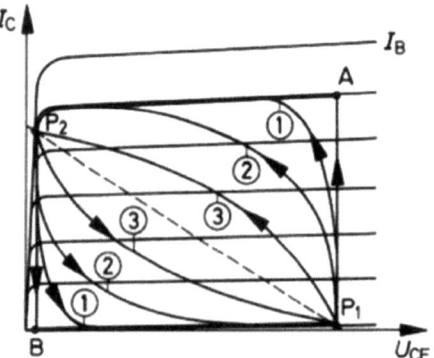

Abb. 1.5.26 Aus „Niklaus Burren Formelsammlung Elektronik": Lade- und Entlade-Kennlinienverlauf am Bipolartransistor Ausgangskennlinienfeld – Schalten mit kapazitiver Last

1.5 Der Bipolartransistor

Wird die Kapazität durch eine Induktivität ersetzt, so ist zu beachten, dass die Induktivität bei sehr niedrigen Frequenzen nahezu einen Kurzschluss und bei sehr hohen Frequenzen einen sehr hohen Widerstand besitzt. Der Ersatzwiderstand (R parallel L) berechnet sich zu:

$$V(t) = L \cdot \frac{di(t)}{dt}$$

$$X_{R,L} = \frac{j \cdot \omega \cdot R \cdot L}{R + j \cdot \omega \cdot L}$$

$$V(t)_{EIN} = R \cdot I \cdot e^{-\frac{t}{\tau}}$$

$$V(t)_{AUS} = -R \cdot I \cdot e^{-\frac{t}{\tau}}$$

Formel 1.5.20

Darüberhinaus ist zu berücksichtigen, dass die Induktivität zunächst eine sehr hohe Spannungsspitze erzeugt und diese mit der oben gezeigten Zeitkonstante τ = RL abgebaut wird. Damit wird der Transistor sehr deutlich überlastet und ziemlich sicher kaputt gehen. Abb. 1.5.27 zeigt die Emitterschaltung mit resistiver Last als Vergleichsnormal, mit induktiver Last und auch mit induktiver Last mit Löschdiode. Die Abb. 1.5.28 zeigt die zugehörige Simulation, in der sehr gut zu erkennen ist, dass die mittlere Schaltung ein Induktions-Problem hat. Die Spule treibt die Spannung weit nach oben, der Transistor würde schnell kaputt gehen. Was kann gegen diese Induktion unternommen werden? Abb. 1.5.29 zeigt den Kennlinienverlauf des Beispiels. Dabei ist auch zu beachten, was Herr Burren in seiner Formelsammlung schreibt: (Zitat:) „Der Arbeitspunkt kann sich auch weit außerhalb von Kurve 1 bewegen!". Das bedeutet: unmittelbare Zerstörung des Transistors. Von Kurve 1 nach 3 nimmt der Wert der Induktivität ab.

Daher ist es wichtig, eine Schaltung mit einer Induktivität – diese kann beispielsweise über ein Relais eingebaut sein – zu schützen. Dieser Schutz kann z.B. mit einer Diode in Rückwärtsrichtung vorgesehen werden. Diese Diode muss über die Serienschaltung Kollektor mit Induktivität geschaltet sein. Solch eine Schaltung wird auch Funkenlöschstrecke und die Diode Löschdiode genannt. Diese Schaltung zeigt das rechte Schaltbild in Abb. 1.5.27 und das Simulationsergebnis Abb. 1.5.28 zeigt die Wirkungsweise dieser Diode.

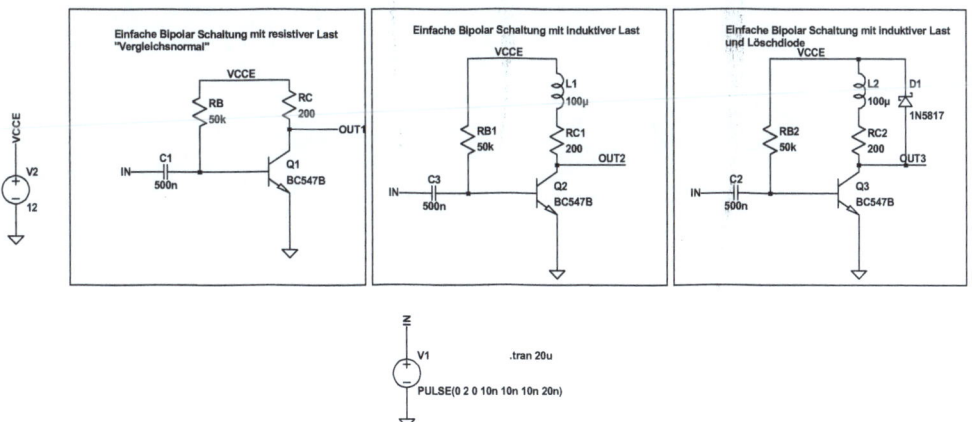

Abb. 1.5.27   Emitter Schaltung mit induktiver Last

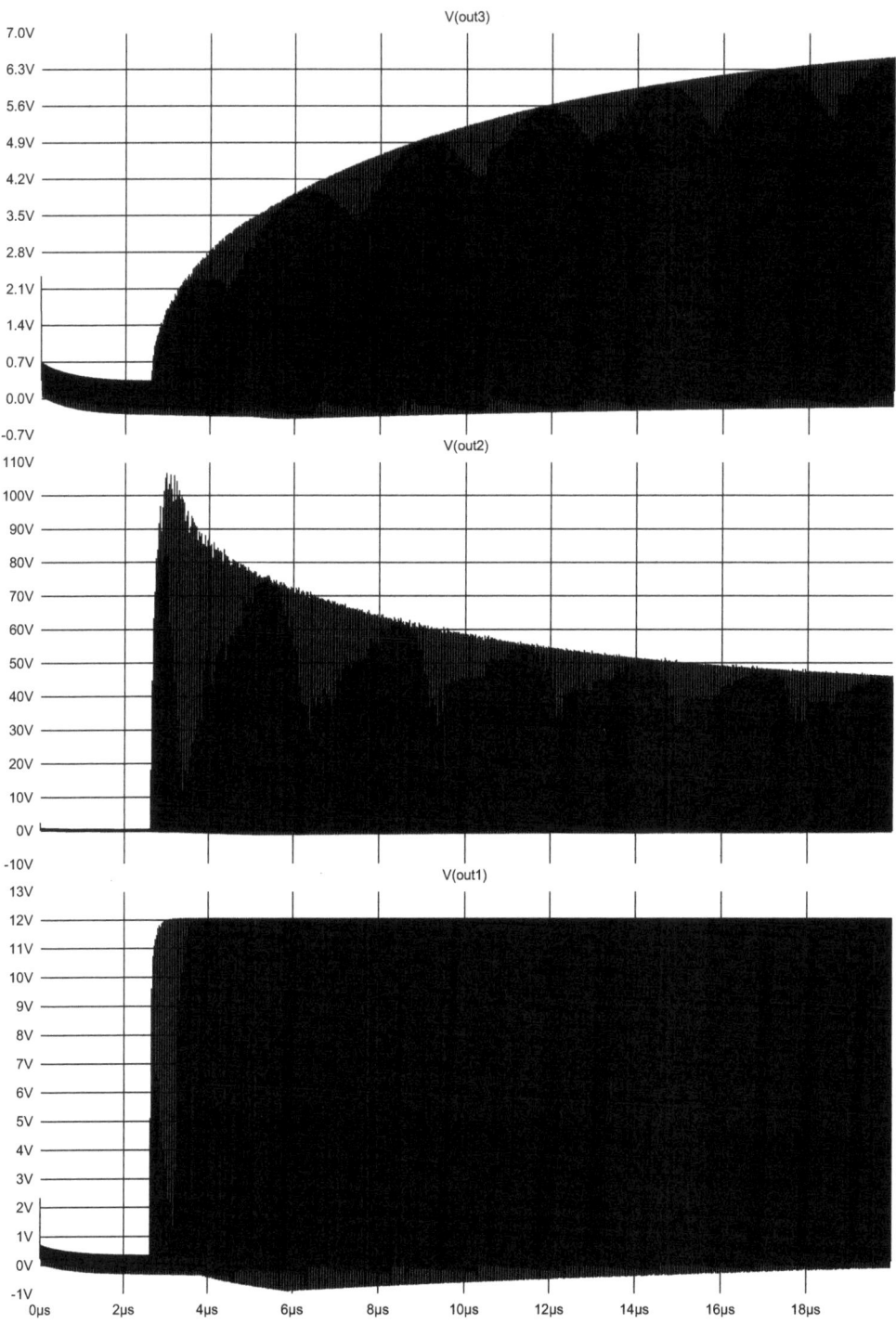

Abb. 1.5.28 Emitter Schaltung mit induktiver Last: Simulationsergebnis

1.5 Der Bipolartransistor

Die Ansteuerung der drei Schaltstufen erfolgt mit einem Rechtecksignal. Die Induktionsspitzen, welche im mittleren Bild deutlich durch die hohen Spannungswerte erkennbar sind, sind bei der Schaltungstechnik im rechten Bild alle gelöscht und der Arbeitspunkt „bewegt" sich langsam mit seiner Zeitkonstante τ=RL in den korrekten Arbeitspunkt. Diese Schaltungstechnik wird auch Zenerclamping genannt. Mit solch einem Zenerclamping kommt es zu akzeptablen (Bauteil wir nicht zerstört) Spannungsüberhöhungen. An dieser Stelle muss deutlich darauf hingewiesen werden, dass bei der hier gezeigten Schaltungstechnik nur Induktionsströme mit niedrigem Leistungsinhalt abgebaut werden können. Leistungsinduktivitäten (wie beispielsweise aus der Fahrzeugelektronik bekannt) können nur mit Hilfe von Leistungstransistoren, deren Schaltpunkte durch schwach durchströmte Zener-Dioden spannungsmäßig hochgelegt werden, vor Induktionsspannungen geschützt werden. Diese Schaltungstechniken sind häufig speziell angepasste Schaltungen und sind in aller Regel patentgeschützt. Bei all diesen Clamping-Schaltungen wird der Transistor kurzzeitig sehr hohe Sperrschichttemperaturen erreichen, was den Einsatz von schnellen und gut gekühlten Leistungstransistoren erfordert.

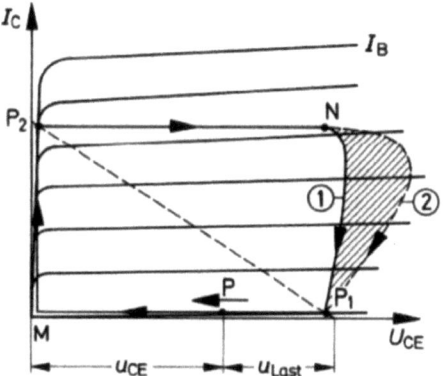

Abb. 1.5.29 Aus „Niklaus Burren Formelsammlung Elektronik": Lade- und Entlade-Kennlinienverlauf am Bipolartransistor-Ausgangskennlinienfeld – Schalten mit induktiver Last

Erkenntnisgewinn für Schaltvorgänge mit Bipolartransistoren:

Die Schaltvorgänge können Kennlinienbereiche überstreichen, die oberhalb der Verlustleistungsparabel liegen. Schaltvorgänge stellen damit eine latente Zerstörungsgefahr für bipolare Transistoren dar. Abhilfe schaffen:

- schnelle Schaltvorgänge, da hierbei die Zeit des Verweilens in diesem Überlastbereich zu kurz bemessen ist, um einen spürbaren Wärmeeintrag zu erhalten
- niedrige Schaltfrequenzen, aber mit genügend steilen Schaltflanken (oberer Punkt)
- geringe Kapazitäts- bzw. Induktivitätswerte
- Wärmeabfuhr durch Kühlbleche oder aktive Kühlung (Peltier)
- Einbau einer Löschdiode bei Schalten von Induktivitäten
- Eine weitere Verbesserung ist es, für das Löschen von Induktionsspannungen das sogenannte „Zener clamping" über einen Leistungstransistor mit einer durch Zener-Dioden, die nicht im Leistungspfad sind, gebildeten Clamp-Spannung durchzuführen. Weiterführende Details hierzu sind der Fachliteratur zu entnehmen.

1.6 Transistor-Grundschaltungen

Alle Transistor-Grundschaltungen [1.4, 1.14, 1.16, 1.19, 1.25, 1.26] besitzen einen Namen, der sich traditionell auf den Bezugspunkt der jeweiligen Schaltungstechnik bezieht. Deswegen kennen wir bei Transistoren drei Grundschaltungen:

a) bipolare Transistoren
   1. Basisschaltung
   2. Emitterschaltung
   3. Kollektorschaltung
b) MOS Transistoren
   1. Gateschaltung
   2. Sourceschaltung
   3. Drainschaltung

Dieses Kapitel beschäftigt sich mit den bipolaren Transistor-Grundschaltungen, die MOS-Grundschaltungen werden im Kapitel 2.7 vorgestellt.

1.6.1 Die Basisschaltung

Der Eingang wird durch den Emitter bestimmt, der Ausgang ist am Kollektor angeschlossen. Die Basis stellt den notwenigen Arbeitspunkt für den Basisstrom her, der über den Emitter Widerstand R_E (Stromgegenkopplung) durch das Eingangssignal beeinflusst wird. Diese Beeinflussung verändert damit den Kollektorstrom und so den Spannungsabfall über R_C. Der Transistor in der Basisschaltung, wie in Abb. 1.6.1 gezeigt, wirkt wie ein Trennverstärker, der Ausgang wird vom Eingang nahezu unabhängig. (Ausgangsstromkreis entkoppelt von Eingangsstromkreis). Der Eingangsspannungsteiler ergibt die Spannung an der Basis bezogen auf VEE, die Basis-Emitter-Spannung jedoch wird durch den Emitterwiderstand bestimmt. Dadurch reduziert sich der Basisstrom. Man sagt auch, diese Schaltung hat eine 100% Stromgegenkopplung.

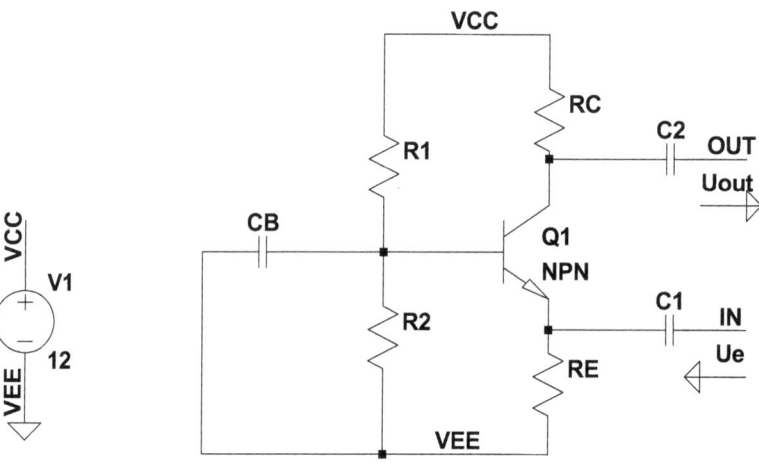

Abb. 1.6.1 Basisschaltung

1.6 Transistor-Grundschaltungen

Die Basis ist der Bezugspunkt dieser Schaltungstechnik. Die Transistorbasis liegt über dem Kondensator C_B und dem Basiswiderstand R_2 an Masse. Die beiden Kondensatoren C_1 und C_2 trennen das Signal von der Gleichspannung. Die Basisschaltung kann mit der Emitterschaltung mit Stromgegenkopplung sowie Arbeitspunkteinstellung bezüglich des Rechenwegs verglichen werden.

In der Basisschaltung ist

- der Eingangswiderstand r_e sehr klein
- der Ausgangswiderstand r_a sehr hoch und entspricht bei niedrigen Frequenzen ca. R_C
- die Spannungsverstärkung A_V ist der Emitterschaltung vergleichbar groß
- die Gleichstromverstärkung B beträgt ca. 1

Die folgenden Beziehungen zeigen das:

$$r_e \approx \frac{r_{BE}}{\beta} \qquad r_a \approx R_C$$

$$A_V \approx 100 \cdots 1000 \qquad B \approx 1$$

Formel 1.6.1

Spannungsverstärkung

Schalten wir in den Kollektorkreis einen Widerstand, so fällt über diesen Widerstand bei Ansteuerung durch den Emitterstrom eine Spannung ab, die Stromverstärkung beträgt ca. 1. Die Spannungsdifferenz zwischen Emitter und Basis ist auf Grund des geringen Eingangswiderstands sehr gering. Daher entspricht die Spannungsverstärkung bei einer Stromverstärkung $A_V \sim 1$ in etwa dem Verhältnis Ausgangswiderstand Kollektor zu Eingangswiderstand Emitter–Basis und ist daher hoch.

Leistungsverstärkung

Sie ist das Produkt aus Spannungsverstärkung und Stromverstärkung. Da die Stromverstärkung etwas geringer als 1 ist, ist die Leistungsverstärkung etwas geringer als der Wert der Spannungsverstärkung.

Basisschaltung Berechnungen

Eingangswiderstand

$$r_e = \frac{v_e}{i_e} \quad \text{mit:} \quad r_{CE} \gg R_L \quad r_{CE} \gg r_{BE} \quad r_{CE} \gg R_E$$

$$u_e = i_{RE} R_E$$

$$i_{RE} = i_B(1+\beta) + i_1 \qquad i_B = -\frac{v_e}{r_{BE}}$$

$$\Rightarrow \quad r_e = \frac{u_e}{i_e} = \frac{R_E \cdot r_{BE}}{r_{BE} + R_E \cdot (1+\beta)} \cdot \frac{\frac{1}{1+\beta}}{\frac{1}{1+\beta}} \quad \Rightarrow \quad R_E \parallel \frac{r_{BE}}{1+\beta}$$

$$\text{mit:} \quad \beta \gg 1 \quad \Rightarrow \quad r_e \parallel \frac{1}{S} \quad \text{heißt:} \quad \frac{r_{BE}}{\beta} \gg 1$$

Formel 1.6.2

Beispiel einer Anwendung in Basisschaltung

Der Colpitts-Oszillator

Diese Schaltungstechnik [1.19, 1.21, 1.25, 1.26] war in „alten Tagen" die Standardoszillatorschaltung in Radios und Fernsehern. Heute findet sie nur noch vereinzelt Anwendung, da die meisten Schaltungen integriert sind und völlig andere Oszillatortechniken benutzen.

Schwingbedingung

Oszillatoren sind rückgekoppelte Verstärkerschaltungen. Dabei werden zwei Übertragungsfunktionen (ÜTF) in Reihe geschaltet:

$G(j\omega)$ = ÜTF1: *Phasenschieber oder Schwingkreis*
$H(j\omega)$ = ÜTF2: *Verstärker*

Dabei fällt der ÜTF2 die Aufgabe zu, die Spannung phasenrichtig (im Falle des Oszillators spricht man hier von einer Mitkopplung) auf den Eingang zurückzukoppeln. Das entspricht einem Regelkreis, wie in Abb. 1.6.2 gezeigt ist.

Oszillator-Regelkreis

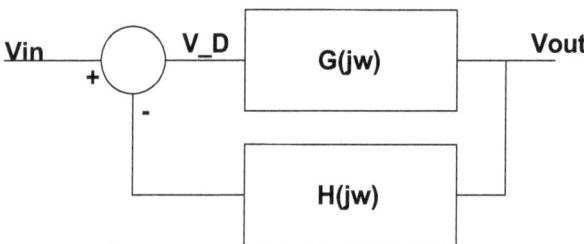

Abb. 1.6.2   Oszillator-Regelkreis

Die Übertragungsfunktion (ÜTF) dieses Regelkreises ist:

$$U(j\omega) = \frac{V_{OUT}}{V_{IN}} = H = \frac{G(j\omega)}{1 + G(j\omega) \cdot H(j\omega)}$$

Formel 1.6.3

Aus Formel 1.6.3 kann die Bedingung für die Schwingfähigkeit des Systems hergeleitet werden. Damit das System schwingt, muss das Nyquist-Kriterium [3.7] gelten:

$$1 + G(j\omega) \cdot H(j\omega) = 0$$
$$\Rightarrow \quad G(j\omega) \cdot H(j\omega) = K(j\omega) = -1$$

Eine Schwingung konstanter Amplitude ergibt sich aus der Betragsfunktion:

$$|K(j\omega)| = 1$$

Die Phasenverschiebung ergibt sich aus dem Argument:

$$\arg(K(j\omega)) = 180°$$

Formel 1.6.4

1.6 Transistor-Grundschaltungen

Die Formel 1.6.4 zeigt, dass eine Schwingung nur möglich ist, wenn eine positive Rückkopplung vorliegt. Im Grunde sind alle Oszillatoren Phasenschieber, welche ihr Ausgangssignal mit gleichsinniger Phase bezogen auf das Eingangssignal rückkoppeln. Diese positive Rückkopplung (phasenmäßig gesehen) wird *Mitkopplung* genannt. Damit wird auch klar, dass der einfachste Oszillator ein mitgekoppeltes RC- bzw. LC-Glied sein muss. Die Forderung des Schiebens der Phase leitet sich aus dem Quotienten des Real- und Imaginärteils vom Nennerterm der Übertragungsfunktion eines rückgekoppelten Systems her. Bei aktiven Schaltungen ist hier meist eine Signalinvertierung vorhanden. Würde das invertierte Signal direkt rückgekoppelt, so erfolgt eine Regelung des Eingangssignals hin zum Mitten- bzw. Bezugspotential. Dieses Thema wird schwerpunktmäßig im Kapitel 3 behandelt und bedingt die Systemstabilität. Bei Oszillatoren möchte man erreichen, dass sich eine starke Mitkopplung oder besser eine Resonanz einstellt. Eine Resonanz stellt sich nur ein, wenn ein System zur Eigenschwingung gezwungen wird. Dazu muss die anregende Schwingung möglichst exakt in Phase zum Eingangssignal sein. Wird bei einem Transistorverstärker das invertierte Signal rückgekoppelt, so ist daher eine weitere Phasenverschiebung von 180° erforderlich.

Beim Colpitts-Oszillator wird die 180° Phasenforderung dadurch erreicht, dass der Masseanschluss der Rückkopplung in die Mitte des kapazitiven Spannungsteilers, gebildet aus C_1 und C_2, gelegt wird. Der Rückkoppelfaktor entspricht damit dem (negativen) Verhältnis der beiden Kondensatoren. Die Schwingfrequenz dieses Oszillators regelt sich erwartungsgemäß auf die Resonanzfrequenz ein. Auf Grund schaltungstechnisch bedingter Abweichungen der Phase von exakt 180° dauert es eine Zeit, bis das System sich auf Resonanzfrequenz eingeregelt hat. Der Basisspannungsteiler legt den DC Arbeitspunkt fest. R_1 stellt den Strom für den Oszillator ein und R_2 ist die Stromgegenkopplung. Der Oszillator berechnet sich zu:

$$f = \frac{1}{2 \cdot \pi \cdot \sqrt{L \cdot \left(\frac{C_1 \cdot C_2}{C_1 + C_2}\right)}} = \frac{1}{2 \cdot \pi \cdot \sqrt{10^{-6} \frac{Vs}{A} \cdot (2.35 \cdot 10^{-9}) \frac{As}{V}}} = 3.28 \, MHz$$

$$V_{OUT} = -S \cdot R_{P0} \cdot V_{IN}$$

$$A = \left.\frac{V_{OUT}}{V_{IN}}\right|_{f_0} = -S \cdot R_{P0}$$

Formel 1.6.5

In Formel 1.6.5 bezeichnet S die Steilheit (Eingangsleitwert = Änderung des Kollektorstroms bezüglich der Änderung der Emitter-Basisspannung) des Systems, R_{P0} den parallel Ersatzausgangwiderstand (parallel zur Spule) und A den Systemverstärkungsfaktor. Parallel zu C_1 und C_2 kann auch noch ein Trimmkondensator zum Abgleich (wird wegen der Bauelementestreuungen benötigt) eingebaut werden. Details zu Oszillatoren sind der weiterführenden Fachliteratur zu entnehmen.

Oszillatoren sind häufig nicht leicht zu simulieren. Der Grund für die Simulationsschwierigkeit ist das Anlaufverhalten einer Schaltung. Unter Anlaufverhalten versteht man das zeitliche Erreichen des Arbeitspunktes. Der Arbeitspunkt wird auf Grund von vorhandenen oder parasitären Kapazitäten (gebildet durch Diffusionsflächen, Leiterbahnen etc.) zeitlich verzögert. Auf Grund dieser zeitlich verschiedenen Pfade innerhalb von Schaltungen mit sehr steilem Filterverhalten (wie es gerade Oszillatoren aufweisen) kann es zu nicht gewollten, aber stabilen Arbeitspunkten kommen. Dieses Problem tritt häufig bei Simulationen auf und wird durch die simulatorbedingten Integrationsverfahren beeinflusst (numerische Stabilität). Wenn dieses Verhalten in Wirklichkeit auftritt, dann sind diese Schaltungen in mehreren Arbeitspunkten stabil. Der Grund für dieses Verhalten findet sich meist darin, dass beteiligte Transistoren schwellspannungsbedingt nicht aktiviert werden können. Abhilfe schaffen hier sogenannte Anlaufschaltungen. Diese Anlaufschaltungen legen kurzfristig die kritischen Knoten auf ein Potential oberhalb der Schwellspannung und ermöglichen damit dem Transistor seinen Arbeitspunkt zu erreichen. Anlaufschaltungen sind meist RC-Hochpässe, die im zeitlichen Fortschritt zunehmend sperren, so dass die Schaltung nach einer kurzen Zeit wie geplant ihren Arbeitspunkt erreicht und auch behält. Abb. 1.6.4 zeigt das Einschwingverhalten des Oszillators. Das Simulationsergebnis zeigt recht eindrucksvoll, dass in den ersten 30 μsec die Schaltung keinerlei Schwingung aufweist. In dieser Zeit werden die internen Knoten auf ihren Arbeitspunkt gebracht. Ist dieser erreicht, dann erst ist die Schleifenverstärkung des Oszillators groß genug, so dass die Mitkopplung zunehmend wirksam wird und die Schwingung wird exponentiell zunehmen. Die stabile Schwingung erreicht in diesem Fall nach etwa 0.6 msec ihre maximal mögliche Amplitude (volle Signalsättigung). Der Oszillator ist damit betriebsbereit. In der Realität wird jedoch noch ein Sicherheitszuschlag zu dieser Einschwingzeit hinzugegeben, da Bauteileschwankungen diese signifikant beeinflussen. Damit die Freigabe der Schwingung sicher erfolgt ist eine Untersuchung des Einschwingverhaltens für Extremwerte unter Temperatureinfluss und parametrische Randlagen dringend erforderlich.

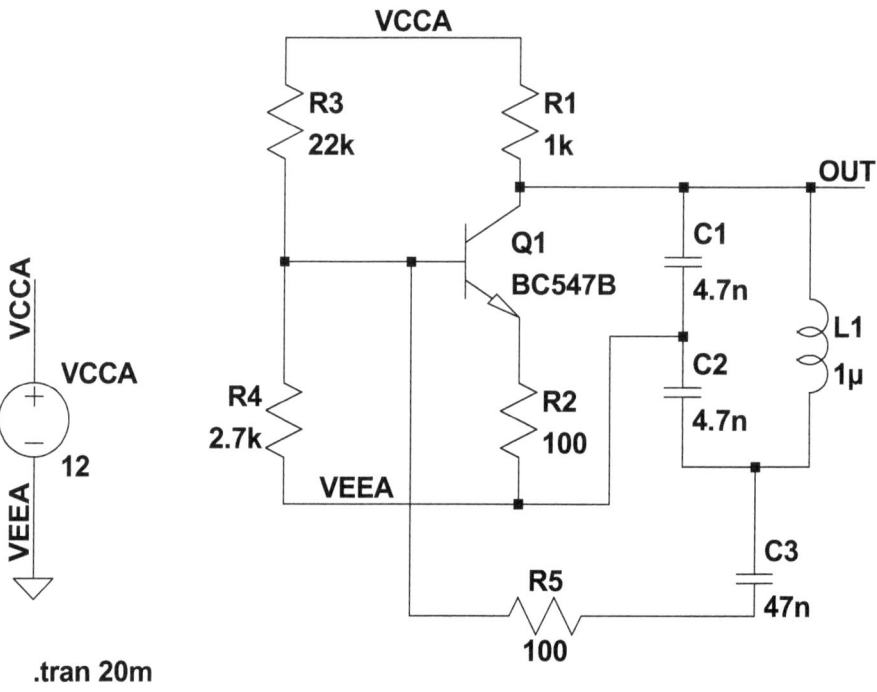

Abb. 1.6.3   Colpitts-Oszillator in Basisschaltung

1.6 Transistor-Grundschaltungen

Abb. 1.6.4   Colpitts-Oszillator: Simulation Einschwingzeit

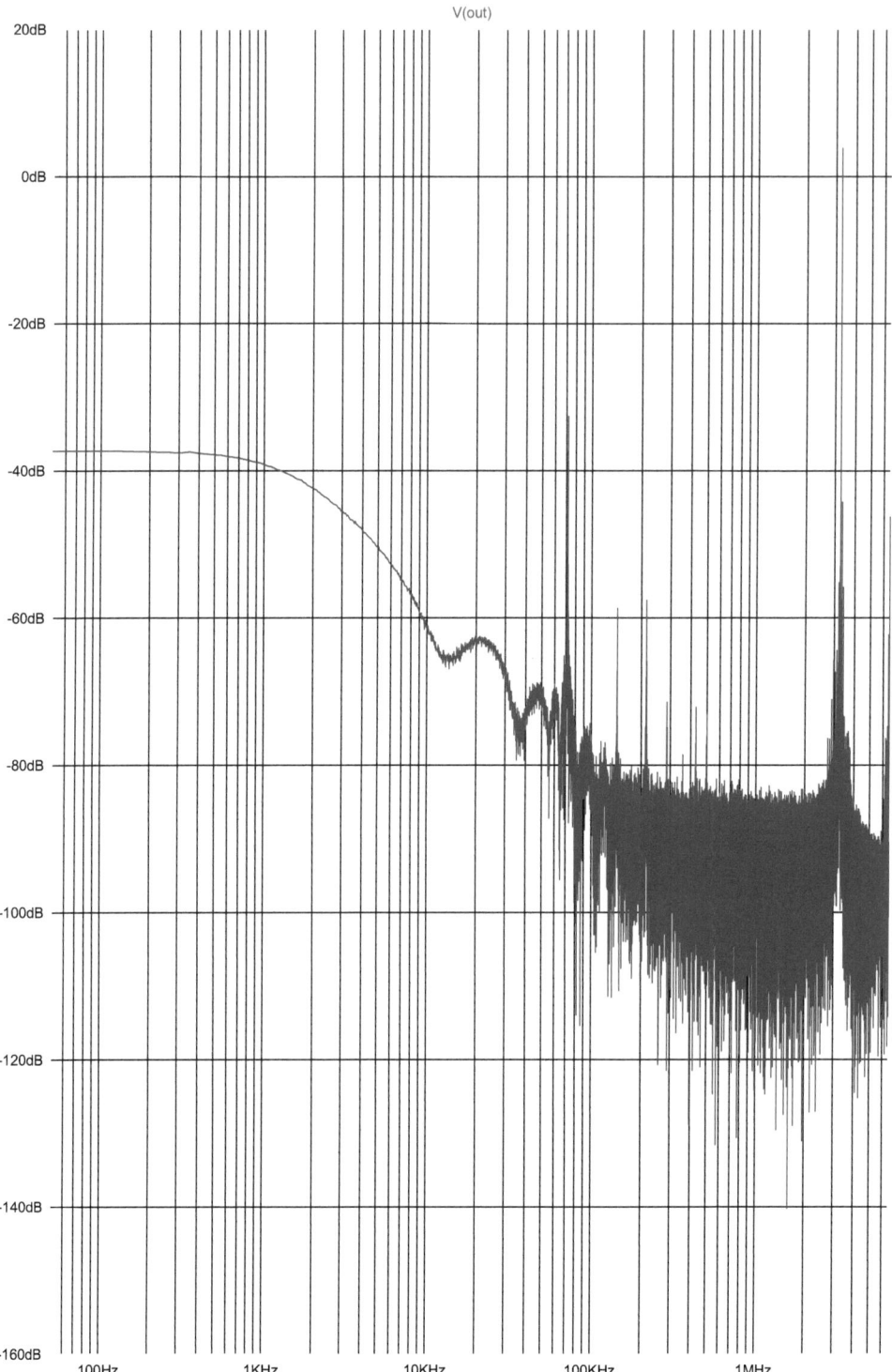

Abb. 1.6.5 Colpitts-Oszillator: Frequenzanalyse

1.6 Transistor-Grundschaltungen

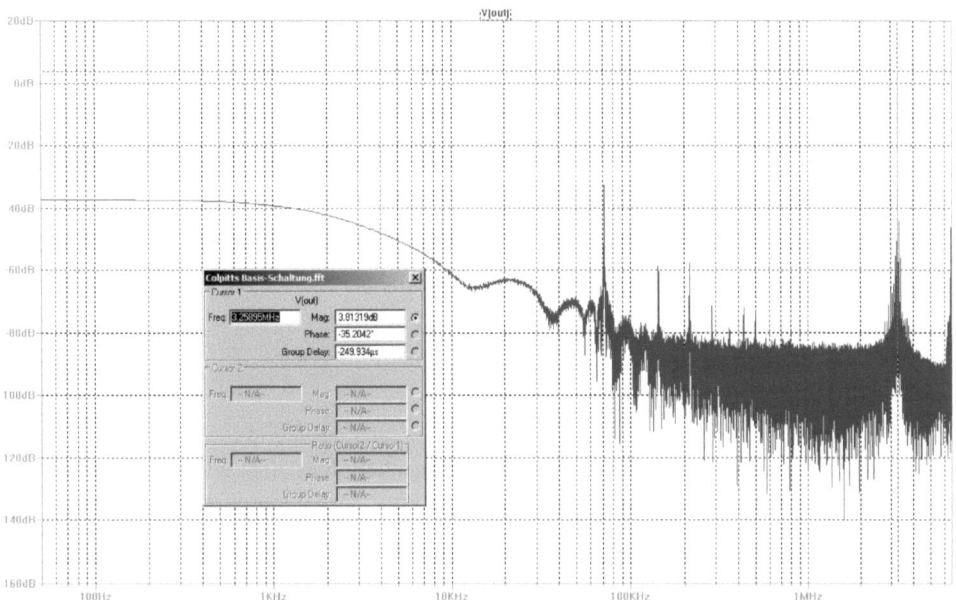

Abb. 1.6.6 Colpitts-Oszillator: Frequenzanalyse und Wertdarstellung

Das Frequenzverhalten gibt Aufschluss ob sich die Schwingung auch außerhalb der Oszillatorfrequenz (harmonische Vielfache) bemerkbar macht. Das wird mit Hilfe einer Fourier Analyse durchgeführt. Dazu ist eine längere Simulationszeit erforderlich. Grund der längeren Simulationszeit ist die Genauigkeit im Frequenzverhalten. Je mehr Daten in der Fourier-Analyse enthalten sind, desto niedriger die geringste Frequenz in der Analyse. Die höchste Frequenz wird durch den zeitlichen Datenabstand in der Simulation vorgegeben. Für eine korrekt durchgeführte Fourier-Analyse muss der Datenabstand stets zeitlich konstant sein. Das wird durch die Schrittweitensteuerung für die Datenausgabe gesteuert. (Anmerkung: es gibt auch Fourier-Analyseverfahren, die mit nicht zeitlich variablen Datenabständen arbeiten können.)

Der simulierte Wert weicht nur geringfügig vom simulierten Wert der Schwingung ab. Die Ursache dafür findet sich in parasitären Effekten wieder, welche vom Simulator berücksichtigt und von der Gleichung natürlich nicht wiedergegeben werden. Solche Unterschiede sind allerdings der Erwähnung wert, da diese erklärbar und einsehbar sein müssen. Weicht ein Rechenergebnis von einem Simulationsergebnis ab, kann es sein, dass entweder die Berechnung falsch oder die Simulation falsch aufgesetzt wurde. Es ist demzufolge der Sorgfalt des arbeitenden Ingenieurs anheim gestellt seine Ergebnisse stets sorgfältig bei jedem Schritt der Tätigkeit auf Plausibilität zu prüfen.

1.6.2 Die Kollektorschaltung

Die Schaltung in Abb. 1.6.7 zeigt eine typische Anwendung der Kollektorschaltung: den Impedanzwandler. Der gemeinschaftliche Bezugsknoten ist der Kollektor. Der Emitter ist der Signalausgang. Deshalb heißt diese Schaltung auch *Emitterfolger*.

Die beiden Kondensatoren C_1 und C_2 trennen das Signal von der Gleichspannung. Zwischen Eingangsspannung und Ausgangsspannung tritt keine Phasenverschiebung auf. Der Wider-

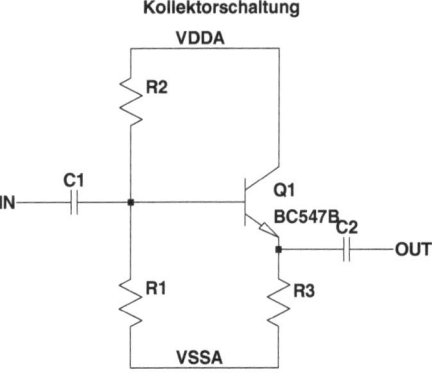

Abb. 1.6.7 Kollektorschaltung

stand R_3 stellt die Stromgegenkopplung dar. Eine Gegenkopplung liegt vor, wenn ein Teil der Ausgangsgröße so auf den Eingang zurückgeführt wird, dass dadurch einer Änderung der Ausgangsgröße entgegen gewirkt wird.

Für eine Kollektorschaltung gilt:
- der Eingangswiderstand r_e ist sehr groß
- der Ausgangswiderstand r_a ist sehr klein, bei niedrigen Frequenzen ca. R_C
- die Spannungsverstärkung A_V beträgt in etwa 1

$$r_e = \frac{\Delta V_{IN}}{\Delta I_B} \qquad r_a = \frac{\Delta V_{OUT}}{\Delta I_C}$$

$$A_V = \frac{\Delta V_{OUT}}{\Delta V_{IN}}$$

Formel 1.6.6

1.6.3 Die Emitterschaltung

Abb. 1.6.8 zeigt diese Schaltungstechnik. Der gemeinschaftliche Bezugsknoten ist der Emitter. Die Emitterschaltung wird in Audioverstärkern gerne mit der Kollektorschaltung zusam-

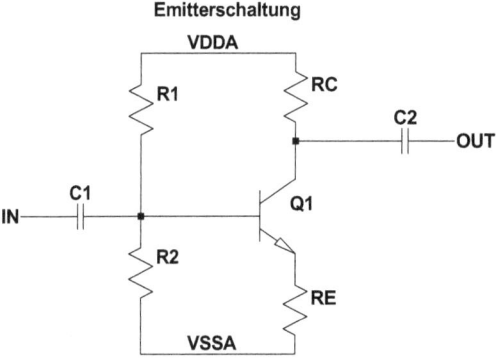

Abb. 1.6.8 Emitterschaltung

1.6 Transistor-Grundschaltungen

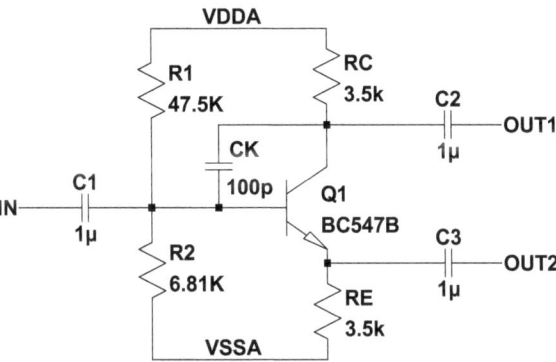

Abb. 1.6.9 Vollsymmetrische Emitterschaltung

men verwendet, um vollsymmetrische Ausgangssignale zu erzeugen. Obwohl hier beide Schaltungstechniken vereint sind, hat sich auch für diese Schaltungstechnik der Name Emitterschaltung etabliert. Abb. 1.6.9 zeigt die vollsymmetrische Emitterschaltung.

Die Spannungsverstärkung einer Transistorschaltung lässt sich aus dem Verhältnis der Steilheit (Eingangsleitwert) und dem Ausgangsleitwert des Transistors ermitteln.

$$S = g_m = \frac{\partial I_C}{\partial V_{BE}} \qquad g_{CE} = \frac{\partial I_C}{\partial V_{CE}}$$

$$A_V = \frac{g_m}{g_{CE}} = \frac{V_{CE}}{V_{IN}}$$

Ist $R_C \ll \dfrac{1}{g_{CE}}$ dann gilt vereinfacht:

$$A_V \approx S \cdot R_C \qquad \left| \quad \frac{1}{g_{CE}} \approx R_C \right.$$

Formel 1.6.7

In Formel 1.6.7 bezeichnet g_m den Übertragungsleitwert. Weitere Details der Kleinsignalparameter sind dem Kapitel 2.2.8 zu entnehmen. Die Kleinsignalparameter beschreiben das Verhalten im Frequenzbereich. Gerade für Audio-Anwendungen sind diese Parameter meist interessanter als die Stromverstärkung. Der damit ebenfalls verbundene Eingangswiderstand beträgt:

$$r_{IN} = \frac{\partial V_{BE}}{\partial I_B}$$

Formel 1.6.8

Die Emitterschaltung ist universal für Verstärker einsetzbar. Im niederfrequenten Bereich (Sprach- & Musikband) besitzen diese Schaltungen eine sehr hohe Spannungsverstärkung. Bei höheren Frequenzen macht sich zunehmend der Wechselstrom-Verstärkungskoeffizient β als auch der Basis-Emitterwiderstand r_{BE} bemerkbar. Wird die Schaltung mit dem Emitterwiderstand R_E betrieben, dann nennt man dies Stromgegenkopplung. Der Emitter kann dann

Tabelle 1.2 Zusammenfassung Emitterschaltung

Kollektorwiderstand R_C	Basisstrom I_B	Gleichstromverstärkung B
$R_C = \dfrac{V_{BE} - V_{CE}}{I_C}$	$I_B = \dfrac{I_C}{B}$	$B = \dfrac{I_C}{I_B}$
Die Werte I_C für den Strom und V_{CE} für die Spannung werden durch die Anwendung festgelegt.	Der Basisstrom I_B kann aus dem Ausgangskennlinienfeld von $I_C = f(V_{CE})$ ermittelt werden. Er kann auch über die Gleichstromverstärkung B (Datenblatt) berechnet werden.	Aus Datenblatt: B = 10–500

als zusätzlicher Ausgang genutzt werden. Die Ausgangsspannungen U_{a1} und U_{a2} sind gleich groß. Ist $R_C = R_E$, sind die Ausgangsspannungen um π phasenverschoben, was zur vollsymmetrischen Anwendung ausgenutzt wird. Der Widerstand R_E wird sowohl zur thermischen Stabilisierung als auch zur Arbeitspunkteinstellung eingesetzt. Der Arbeitspunkt berechnet sich nur aus dem Verhältnis der beiden Widerstände R_1 und R_2. Damit erhält der Transistor seine Basis-Emitterspannung von etwa 0.7 V. Der Koppelkondensator C_K trennt den Eingang galvanisch von der Schaltung, so dass der Arbeitspunkt nicht vom Eingang beeinflusst ist.

1.7 Stromspiegel mit Bipolartransistoren

In der Zerlegung von Schaltungen wird unterschieden in
- *Knoten* mit ihren Potentialen bzw. Spannungen als Potentialdifferenz
- *Zweigen* mit ihren Strömen

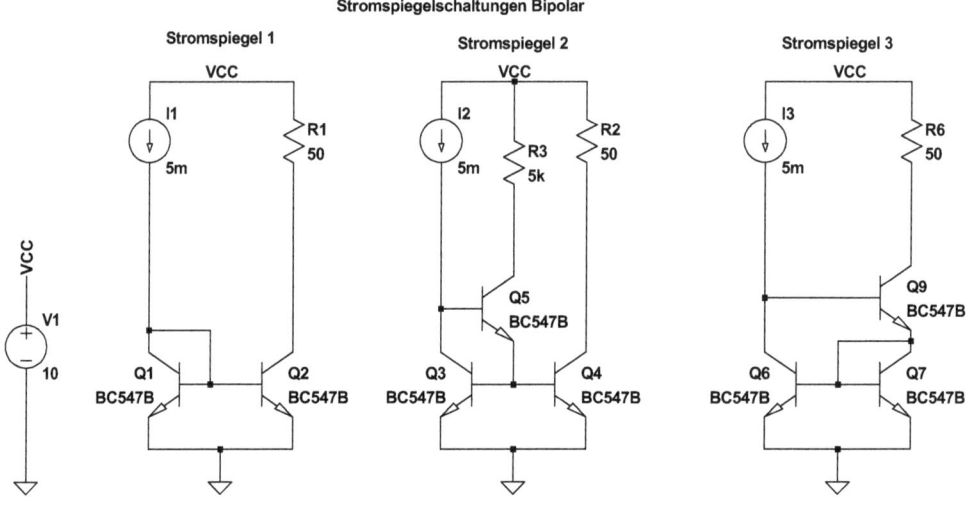

Abb. 1.7.1 Bipolare Stromspiegelschaltungen

1.7 Stromspiegel mit Bipolartransistoren

Soll eine Zweiginformation oder der Zweigstrom in einen anderen Zweig mit vorgegebenem Übersetzungsverhältnis transportiert werden, so spricht man vom Spiegeln des Stroms. Die zugehörige Schaltung wird *Stromspiegel* genannt. Das Spiegeln des Stroms kann in beliebiger Stärke (Übersetzungsverhältnis) vorgenommen werden, ist aber stets auf den Quellen-, Bias- oder Referenzstrom bezogen.

Die Stromübersetzung ist bezüglich ihrer Genauigkeit bzw. ihres Fehlers zu spezifizieren. Stromspiegel [1.4, 1.16, 1.19, 1.25, 1.26] werden daher in aller Regel mit einer geforderten Präzision angegeben. Abb. 1.7.1 zeigt die bipolaren Standardschaltungen. Diese Stromspiegel werden berechnet und die zugehörigen Fehler bestimmt.

Stromspiegel 1

Für Q1 gilt (ohne Early-Effekt):

$$I_{C,Q1} = B \cdot I_{B,Q1}$$
$$I_1 = I_{C,Q1} + I_{B,Q1} + I_{B,Q2}$$
$$I_1 = B \cdot I_{B,Q1} + I_{B,Q1} + I_{B,Q2} = I_{B,Q1} \cdot (1+B) + I_{B,Q2}$$

Formel 1.7.1

Sind beide Transistoren identisch (typgleich und nahe beieinander), kann vereinfacht werden:

$$I_{B,Q1} = I_{B,Q2} \cdot I_{C1} = I_{C2}$$

Formel 1.7.2

Eingesetzt in die obere Beziehung ergibt:

$$I_1 = I_{B,Q1} \cdot (1+B) + I_{B,Q1} = I_{B,Q1} \cdot (2+B)$$
$$I_2 = B \cdot I_{B,Q1}$$

Formel 1.7.3

Das Verhältnis beider Ströme lässt sich dann berechnen:

$$U_{BE,Q1} = u_T \cdot \ln\left(\frac{I_{C,Q1}}{I_{S,Q1}}\right) = U_{BE,Q2} = u_T \cdot \ln\left(\frac{I_{C,Q2}}{I_{S,Q2}}\right) = U_{BE}$$

$$I_{ref} = I_{C,Q1} + \frac{I_{C,Q1}}{B} + \frac{I_{C,Q2}}{B} = \frac{I_{S,Q1}}{I_{S,Q2}} \cdot I_{C1} \cdot \left(1+\frac{1}{B}\right) + \frac{I_{C2}}{B}$$

$$I_{C,Q2} = I_{ref} \cdot \frac{1}{1+\frac{2}{B}} \quad |I_{S1} \equiv I_{S2}| \Rightarrow I_{C,Q1} = I_{C,Q2}$$

Formel 1.7.4

Der zweite Term des Ergebnisses (Quotientenbeziehung) stellt den Fehlerterm dar, der sich auf Grund des Basisstromverhaltens der bipolaren Transistoren einstellt. Ziel ist es, diesen Fehlerterm in seiner Wirkung weiter zu vermindern. Dazu muss erst klar sein, was den Fehler verursacht. Bipolartransistoren verlangen einen Basisstrom. Dieser Basisstrom wird von den beteiligten Zweigen zur Verfügung gestellt und somit ist diese Stromkomponente nicht mehr Bestandteil des Stromspiegels. Zur Verkleinerung des Fehlers ist die folgende Überlegung notwendig:

Kann diese Schaltung so verändert werden, dass die Basisstromkomponenten aus einem am Spiegel unbeteiligten Zweig zur Verfügung gestellt werden?

Natürlich ist die Antwort „ja", denn es muss „eben nur" ein solcher Zweig eingefügt werden.

Stromspiegel 2

Die mittlere Schaltung von Abb. 1.7.1 zeigt diese Möglichkeit. Die Berechnung des modifizierten Spiegels folgt im Grunde der des Stromspiegels 1. Der Transistor Q5 übernimmt diese Funktion.

Was passiert?

Der Basisstrom für den Transistor Q5 wird über den Referenzzweig zur Verfügung gestellt und verringert demzufolge den Kollektorstrom von Transistor Q3 um dessen Betrag. Der Emitterstrom von Transistor Q5 ist die Stromsumme aus dem Basisstrom von Q5 und dem Kollektorstrom von Q5. Q3 und Q4 beziehen aus dem Emitterstrom ihren Basisstrom. Wir berechnen das Szenario und ermitteln den Fehler des Kollektorstroms von Q4:

$$V_{BE,Q3} = u_T \cdot \ln\left(\frac{I_{C,Q3}}{I_{S,Q3}}\right) = V_{BE,Q4} = u_T \cdot \ln\left(\frac{I_{C,Q4}}{I_{S,Q4}}\right) = V_{BE} \quad \text{mit:} \quad \frac{I_{C,Q3}}{I_{C,Q4}} = \frac{I_{S,Q3}}{I_{S,Q4}}$$

$$I_{E,Q5} = I_{B,Q3} + I_{B,Q4} = \frac{I_{C,Q3}}{B} + \frac{I_{C,Q4}}{B} = 2 \cdot \frac{I_{C,Q4}}{B}$$

$$I_{E,Q5} = I_{B,Q5} \cdot (1+B)$$

$$I_{B,Q5} = 2 \cdot \frac{I_{C,Q4}}{B \cdot (1+B)}$$

$$I_{ref} = I_{C,Q3} + I_{B,Q5} = I_{C,Q4} \cdot \left(1 + \frac{2}{B+B^2}\right)$$

$$I_{C,Q4} = I_{ref} \cdot \frac{1}{1 + \frac{2}{B+B^2}}$$

Formel 1.7.5

Im Vergleich zum einfachen Stromspiegel zeigt sich, dass der Fehlerterm in seinem Nenner größer, und damit in seiner Auswirkung geringer geworden ist. Ein Beispiel verdeutlicht die Fehlerauswirkung im Vergleich der beiden Stromspiegel. Bei geringen Early-Spannungen

1.7 Stromspiegel mit Bipolartransistoren

(große Steigung im Sättigungsbereich) kommt es zu einem höheren Strom im Ausgangszweig. Der Fehler des einfachen Stromspiegels (Spiegel 1) bezüglich der Early-Spannung V_{EA} kann mit dem folgenden, zusätzlichen Fehlerterm beschrieben werden:

$$\frac{I_{C,Q2}}{I_{ref}} = \frac{1}{1+\frac{2}{B}} \cdot \left(1 + \frac{V_{CE,Q2}}{V_{EA}}\right)$$

Formel 1.7.6

Die Early-Spannung des BC547B beträgt ca. −70 V. Der DC-Stromverstärkungsfaktor ist laut Datenblatt B = 250. Die Berechnung mit Early-Effekt im Vergleich zum zugehörigen Simulationsergebnis für Stromspiegel 1 ergibt für den eingeprägten Strom I_{ref}:

$$I_{C,Q2} = I_{ref} \cdot \frac{1}{1+\frac{2}{B}} \cdot \left(1 + \left|\frac{V_{CE,Q2}}{V_{EA}}\right|\right) \qquad V_{CE,Q2} = V1 - R1 \cdot I_{ref} = 9.75V$$

Formel 1.7.7

Die Stromeinprägung durch die Stromquellen I_1 und I_2 in der Simulation ist mit $I_1 = I_2 = 5.0$ mA festgelegt worden. Für den Stromspiegel 1 ergibt sich:

$$I_{C,Q2} = 5mA \cdot \frac{1}{1+\frac{2}{250}} \cdot \left(1 + \left|\frac{9.75V}{70V}\right|\right) \approx 5.65 mA$$

Formel 1.7.8

$I_{CE,Q2, simuliert}$ = 5.644 mA

Für den Stromspiegel 2 ergibt sich:

$$I_{C,Q4} = I_{ref} \cdot \left(\frac{1}{1+\frac{2}{B+B^2}}\right) \cdot \left(1 + \left|\frac{V_{CE,Q4}}{V_{EA}}\right|\right)$$

$$I_{C,Q4} = 5mA \cdot \left(\frac{1}{1+\frac{2}{250^2+250}}\right) \cdot \left(1 + \left|\frac{9..75V}{70V}\right|\right) \approx 5.67 mA$$

Formel 1.7.9

$I_{CE,Q4, simuliert}$ = 5.638 mA

Der verbleibende Restfehler zeigt sich als Auswirkung der Early-Spannung. Hier macht die Early-Spannung die bessere Schaltung sogar schlechter! Das begründet auch die Empfindlichkeit dieser Schaltungen gegenüber Schwankungen der Versorgungsspannung.

Ohne den Early-Effekt lauten diese Ergebnisse:
$I_{C,Q2} = 4.96$ mA $I_{C,Q4} = 5$ mA

Stromspiegel 3

Die Aussage dieses Vergleiches mit und ohne Early-Spannung besagt, dass sich für diese Stromspiegel nur Transistoren mit sehr großer Early-Spannung, etwa ab B = 1000 eignen. Solche Transistoren sind kaum käuflich erhältlich und wenn, dann sind diese oft teuer. Wilson [1.22] entwickelte einen weiteren Stromspiegel, der ein deutlich besseres Verhalten aufweist. Abb. 1.7.1 zeigt im rechten Bild diesen Stromspiegel. Die folgende Gleichung geht ebenfalls von paarig abgestimmten Transistoren aus:

$$I_{E,Q9} = I_{C,Q7} + I_{B,Q7} + I_{B,Q6} = I_{C,Q7} + \frac{I_{C,Q7}}{B} + \frac{I_{C,Q6}}{B}$$

$$I_{C,Q6} = I_{C,Q7}$$

$$I_{E,Q9} = I_{C,Q7} \cdot \left(1 + \frac{2}{B}\right)$$

$$I_{C,Q9} = I_{E,Q9} \cdot \left(\frac{B}{1+B}\right) = I_{C,Q7} \cdot \left(1 + \frac{2}{B}\right) \cdot \left(\frac{B}{1+B}\right) \quad \Rightarrow$$

$$I_{C,Q7} = \frac{I_{C,Q9}}{\left(1 + \frac{2}{B}\right) \cdot \left(\frac{B}{1+B}\right)} \qquad I_{C,Q6} = I_{C,Q9}$$

$$I_{C,Q6} = I_{ref} - I_{B,Q9} = I_{ref} - \frac{I_{C,Q9}}{B}$$

$$I_{ref} - \frac{I_{C,Q9}}{B} = I_{C,Q9} \cdot \frac{1+B}{2+B}$$

$$I_{Q9} = I_{ref} \cdot \frac{B^2 + 2B(+2-2)}{B^2 + 2B + 2} = I_{ref} \cdot \left(1 - \frac{2}{B^2 + 2B + 2}\right)$$

Formel 1.7.10

Diese Schaltung hat bezüglich des Verhaltens der Kollektor-Emitterspannung U_{CE} den Vorteil, dass die V_{CE} wegen dem „Wilson Transistor" Q9 nahe bei 0.7 V liegt.

$$I_{C,T3} = I_{ref} \cdot \left(1 - \frac{2}{B^2 + 2B + 2}\right) \cdot \left(1 + \left|\frac{V_{CE,Q7}}{V_{EA}}\right|\right) = 5mA \cdot \left(1 - \frac{2}{250^2 + 500 + 2}\right) \cdot \left(1 - \left|\frac{0.68V}{70V}\right|\right) = 4.951 mA$$

Formel 1.7.11

Der simulierte Spiegelstrom beträgt 4.954 mA. Der Wilson-Stromspiegel liefert mit Hilfe des Transistors Q9 den Basisstrom in den Spiegelzweig. Damit ist der Wilson-Stromspiegel mit Kompensationstransistor ein guter Stromspiegel. Er ist ein geregelter Stromspiegel, da eine Stromgegenkopplung vorliegt: mit steigendem Ausgangsstrom erhöht sich der Strom durch den Lasttransistor Q7 und Q7 verlangt deshalb mehr Basisstrom, der jedoch auf Grund der

1.7 Stromspiegel mit Bipolartransistoren

Voraussetzung eines konstanten Eingangsstroms eine Verringerung des Basisstroms von Q9 nach sich zieht und somit den Kollektorstrom bzw. Zweigstrom des Spiegelkreises wieder reduziert. In Folge dessen wird der gespiegelte Strom in hohem Maße konstant gehalten. Oft werden auch zwischen Emitter und Masse beidseits Widerstände eingebaut. Dieses Verfahren wird Emitterdegradation genannt. Es bewirkt eine Verbesserung der Stromspiegelpräzision, aber nur dann, wenn beide Widerstände identisch sind. Dieser Identität kommt man sehr nahe, wenn „matchende" Widerstände Verwendung finden und diese unmittelbar nebeneinander platziert werden. Auf Grund dieser unmittelbaren Nachbarschaft ist auch das Temperaturverhalten dieser Widerstände identisch. „Matchende" (zueinander toleranzähnlich) Widerstände werden von allen Lieferanten zur Verfügung gestellt, diese kommen aus demselben Fertigungslos und werden je nach Forderung sogar extra ausgemessen. Das folgende Gleichungssystem zeigt die Emitterdegradation für den unkompensierten Stromspiegel:

$$I_{C,Q1} = B \cdot I_{B,Q1}$$
$$\left(I_{C,Q1} + I_{B,Q1}\right) \cdot R_1 + U_{BE1} = \left(I_{C,Q2} + I_{B,Q2}\right) \cdot R_2 + U_{BE2}$$
$$\left(1 + \frac{1}{B}\right) \cdot I_{C,Q1} \cdot R_1 + U_{BE1} = \left(1 + \frac{1}{B}\right) \cdot I_{C,Q2} \cdot R_2 + U_{BE2}$$
$$I_{C,Q1} \cdot R_1 = I_{C,Q2} \cdot R_2$$
$$I_{C,Q2} = \frac{R_1}{R_2 + \frac{R_1 + R_2}{B}} \cdot I_{ref}$$
$$I_{C,Q2} = \frac{R_1}{R_2} \cdot I_{ref} \quad \bigg|_{\frac{R_1 + R_2}{B} \ll R_2}$$

Formel 1.7.12

Die Formel 1.7.12 zeigt, dass für ein angepasstes Widerstandsverhältnis (siehe Bedingung für das Ergebnis) das Stromspiegelverhältnis praktisch dem Widerstandsverhältnis entspricht und der Fehler genügend klein wird.

Der Vollständigkeit halber sei der Widlar-Stromspiegel erwähnt. Dieses Buch geht auf diesen Stromspiegel nicht mehr ein, da der Widlar-Stromspiegel von dem absoluten Fehler eines Widerstands beeinflusst wird und damit, bezogen auf seine Genauigkeit, keine Verbesserung in Bezug auf Stromspiegel 2 darstellt. Ohne Regler können Stromspiegel nicht entscheidend verbessert werden. Kapitel 3.1.14 zeigt einen höchstpräzisen Stromspiegel, der auch mit bipolaren Transistoren aufgebaut werden kann. Dieser Stromspiegel erreicht seine Genauigkeit durch einen eingebauten Regler.

Maßnahmenkatalog gegen den Early-Effekt in Stromspiegeln
1. Verwendung von Transistoren mit sehr großer Early-Spannung (flache Kennlinie in der Sättigung)
2. Verwendung paariger Transistoren (Paarigkeit wird durch Bauteillieferant gewährleistet)
3. Verwendung von Wilson-Spiegel
4. Aufbau eines Stromspiegels mit Hilfe eines Reglers

1.8 Verstärkertechniken

1.8.1 Klasse-A-Verstärker

Die Emitterschaltung wird auch Verstärker Klasse-A oder kurz A-Verstärker [1.4, 1.16, 1.19, 1.25, 1.26] genannt. Klasse-A-Verstärker sind dadurch gekennzeichnet, dass ihr Arbeitspunkt im Ausgangskennlinienfeld in der Mitte der maximalen Kollektor-Emitter-Spannung liegt. Manchmal sieht man diese Schaltung auch mit einem Ausgangstransformator. Abb. 1.8.1 zeigt eine einfache Schaltung dieses Verstärkertyps. Dabei übernimmt der Transformator mit seinem Spulenwiderstand die Aufgabe des Kollektorwiderstands, der aus der Emitterschaltungstechnik bereits bekannt ist. Die Sekundärwicklung des Transformators arbeitet auf einem Lastwiderstandspaar (R_3 und R_4), das mittig an Signalmasse gelegt ist, so dass über die verstärkte Spannung als volldifferentielles Signal abgegriffen werden kann (Abb. 1.8.3). Der Kondensator über dem Emitterwiderstand bewirkt bei zunehmenden Frequenzen eine zunehmende Niederohmigkeit am Emitter. Damit wird die stabilisierende Stromgegenkopplung frequenzabhängig. Bei zunehmenden Frequenzen fällt daher mehr Spannung, bis nahezu 0 V am Kondensator ab, die Stromgegenkopplung nimmt ab. Der Emitterwiderstand R_E wird deshalb als Komplexwiderstand Z_E angeschrieben:

$$Z_E = R_E \| X_C$$
$$Z_E = \frac{R_E}{1 + j\omega R_E C_E}$$

Formel 1.8.1

Die Zeitkonstante $R_E C_E$ ist für die Abnahme der Stromgegenkopplung verantwortlich (Tiefpassfilter).

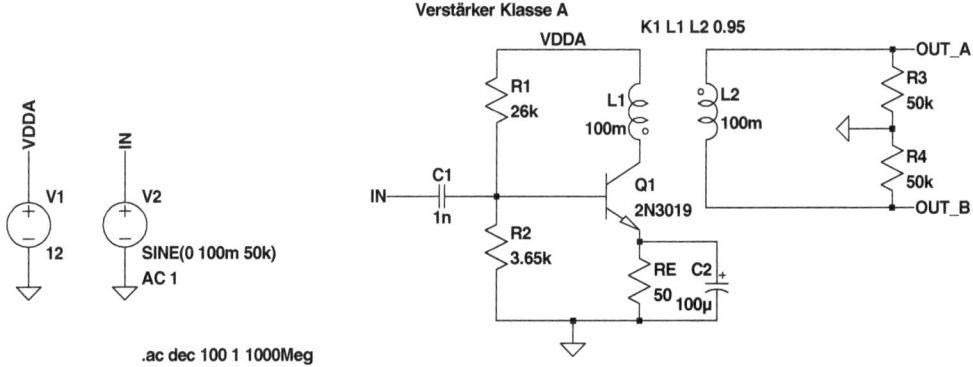

Abb. 1.8.1 Einfacher Klasse-A-Verstärker

Der Arbeitspunkt auf der Transistorkennlinie

Die Abb. 1.8.2 zeigt die Lage des Transistorarbeitspunkts. Deutlich ist zu erkennen, dass dieser zumindest am Rand des kritischen Leistungsbereichs, das ist die Kurve der maximalen Verlustleistung (P_{tot}), liegt. Damit wird stets Wärme umgesetzt, sodass häufig für diese Schal-

1.8 Verstärkertechniken

tungen eine zusätzliche Kühlung vorzusehen ist, um den Wärmeverlust soweit abzuführen, dass die Lebensdauer des Bauteils nicht allzu stark eingeschränkt wird. Der zulässige Arbeitsbereich ist das rechteckige Feld, begrenzt durch den Nullpunkt sowie den Arbeitspunkt A. Der Arbeitspunkt A ist der maximal zulässige Arbeitspunkt (geringster Lastwiderstand), dort wird das Bauteil auf maximal zulässige Sperrschicht-Temperatur erwärmt.

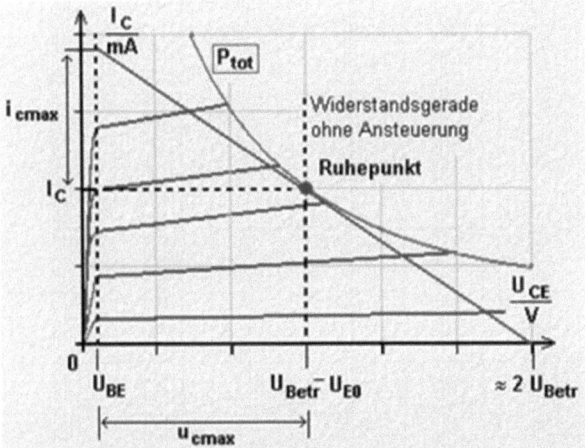

Abb. 1.8.2   Klasse-A-Verstärker: Arbeitspunkt (Ruhepunkt) im Kennlinienfeld

Diese Art der Verstärkerschaltungstechnik ist (gerade einmal) geeignet für Verstärker bzw. Filter mit galvanischer Trennung. Das Beispiel zeigt einen Bandpass. Der Leistungsverbrauch einer solchen Schaltung bestimmt sich aus dem Stromverbrauch im DC-Arbeitspunkt:

$$P_{AP} = \frac{V_{CE,amx}}{2} \cdot \frac{I_{max}}{2} = \frac{V_{CE,max} \cdot I_{max}}{4}$$

Formel 1.8.2

Für die Aussteuerung ist die Leistungsdichte des zeitlich sich ändernden Eingangssignals maßgebend. Die Leistungsdichte eines Sinussignals berechnet sich mit Hilfe der Wurzel aus der Standardabweichung für die beteiligten Terme:

$$P_{sig} = \frac{\Delta V_{CE}}{2 \cdot \sqrt{2}} \cdot \frac{\Delta I_C}{2 \cdot \sqrt{2}} = \frac{\Delta V_{CE} \cdot \Delta I_C}{8}$$

Formel 1.8.3

Bei maximaler Aussteuerung ergibt sich die Signalmaximalleistung zu:

$$P_{sig,max} = P_{tot} = \frac{V_{CE,max} \cdot I_{C,max}}{8} = \frac{P_{AP}}{2}$$

Formel 1.8.4

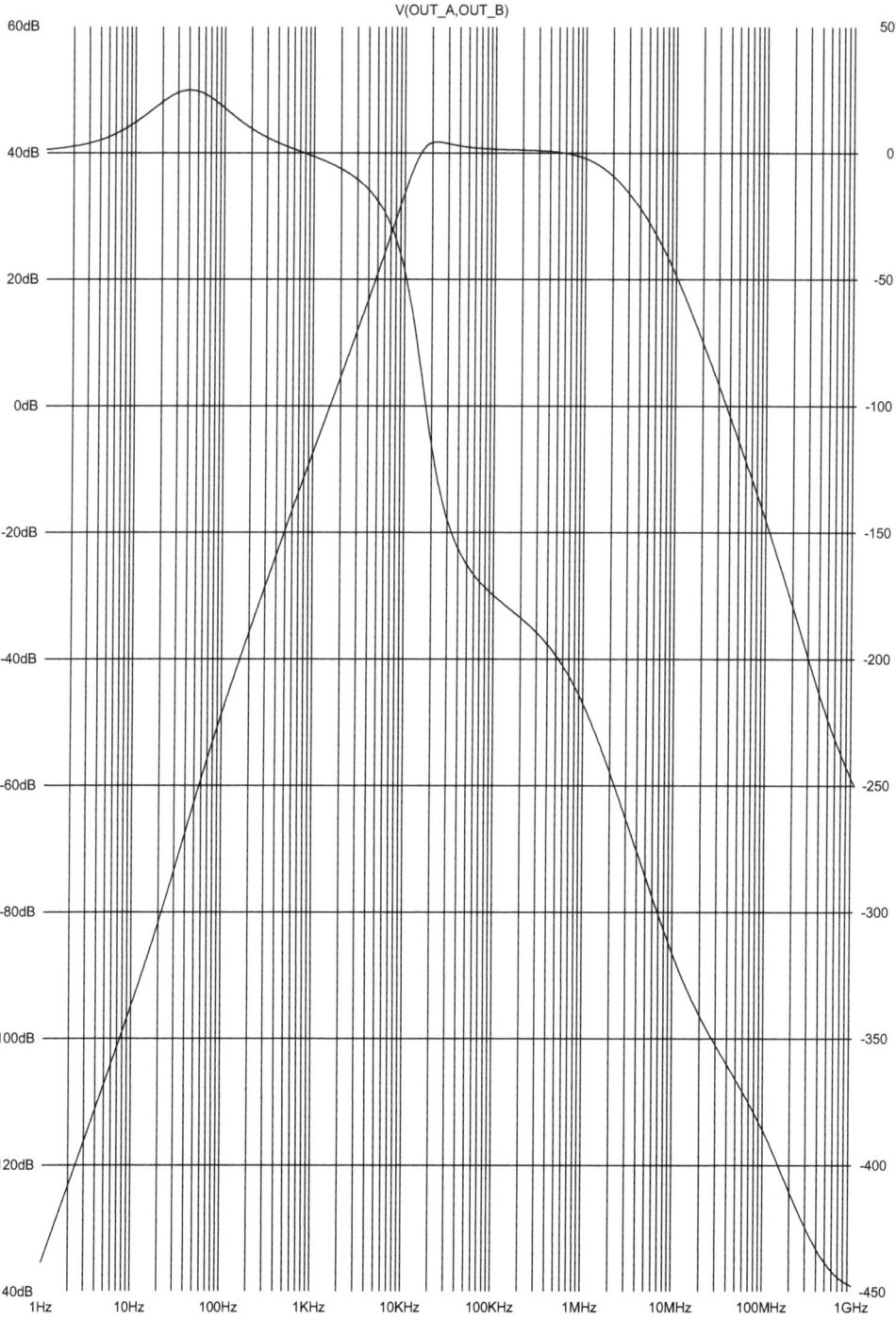

Abb. 1.8.3   Klasse-A Verstärker: Frequenzanalyse (Kleinsignalverhalten)

1.8 Verstärkertechniken

Die Maximalleistung P_{tot} ist diejenige Leistung, bei der die Sperrschicht-Temperatur (Englisch: junction temperature) ihren spezifizierten Maximalwert erreicht (i.d.R. 150°C). Damit ist der zweite Nachteil dieser Schaltungstechnik dargelegt: Die maximale Leistung P_{tot} wird stets im Arbeitspunkt verbraucht (Signalmittelwert) und die Schaltung erhitzt sich dadurch maximal. Das heißt: es wird andauernd Wärmeverlust erzeugt und das verringert die Lebensdauer dieser Schaltung erheblich. Abhilfe schafft hier nur eine Kühlvorrichtung. Daher ist der Wirkungsgrad von Klasse-A Verstärkern schlecht. Die Literatur gibt dafür etwa 6% an. Der Wirkungsgrad kann aus Formel 1.8.4 hergeleitet werden, als Verhältnis der Ausgangsleistung zur Gesamtleistung des Systems. Die Gesamtleistung bestimmt sich aus den Leistungsabfällen über den Widerständen sowie der Temperatur. Die Leistung welche im Transistor in Temperatur umgesetzt wird bestimmt sich aus dem Leistungsintegral über eine Periodendauer. Die Gleichung für den Wirkungsgrad zeigt Formel 1.8.6.

$$\eta = \frac{P_{sig}}{P_{ges}} = \frac{(R_E + R_{ind})}{2 \cdot 8 \cdot (R_E + R_{ind})} = \frac{1}{16} = 6.25\%$$

Formel 1.8.5

1.8.2 Klasse-B-Verstärker

Viele Verstärker werden im B-Betrieb [1.4, 1.16, 1.19, 1.25, 1.26] (Abb. 1.8.5) aufgebaut. Der Ruhestrom der Endstufen wird begrenzt durch den Arbeitspunkt der BE-Diode bei etwa 0.7 V. B-Verstärker sind Inverter, die mit einem PNP- und einem NPN-Transistor aufgebaut sind. Sie werden als einfache Endstufen in geregelten Verstärkern verwendet. In ungeregelten Verstärkern wird fast immer auf Grund der hohen Eingangsspannung die Signalsättigung erreicht. Deshalb sind diese Verstärker als Treiberverstärker für digitale Leistungstreiber sehr gut geeignet. Das Simulationsergebnis (Abb. 1.8.6) zeigt, dass die Ausgangsspannung beim Nulldurchgang einen kleinen Knick hat. Ferner zeigt die Simulation, dass die beiden Transistoren selektiv, je nach Spannungshalbebene (in diesem Fall bezogen auf 0 V) der Eingangsspannung, angesteuert werden. Woher kommt der Knick? Ein Blick auf das Ausgangskennlinienfeld verrät, dass sich in der Nähe von $U_{CE} = 0$ V die Transistorkennlinie im Triodenbereich befindet und kurz dahinter, zu größerer U_{CE} hin, steigt Kennlinie nichtlinear an und geht nicht exakt durch den Stromnullpunkt. Der Stromnullpunkt befindet sich bei positiver U_{CE} in etwa bei 5 mV. Eine Kennlinienvergrößerung in Abb. 1.8.4 des Ausgangskennlinienfelds des Bipolartransistors BC 547B verdeutlicht das. Der „Triodenknick" wird hervorgerufen durch einen negativen Kollektorstrom, der sich links vom U_{CE} Nullpunkt darstellt.

Da in der Schaltung der Abb. 1.8.5 ein PNP- mit einem NPN-Transistor zusammenarbeitet, erfolgt der Übergang von NPN- in das PNP-Kennlinienfeld über die beiden Knickstellen (heißt: beide Transistoren zeigen damit negativen Kollektorstrom) hinweg und verursacht so die Störung der Übertragungskennlinie des Klasse-B-Verstärkers. Für digitale Treiber ist dies völlig unerheblich, da einerseits die Ansteuerung mit sehr steilen Flanken erfolgt und dadurch diese Stoßstelle extrem schnell überwunden wird und andererseits im digitalen Bit diese Stoßstelle in den sogenannten „verbotenen Bereich" fällt. Dieser Bereich wird in der klassischen Digitaltechnik nicht ausgenutzt, daher wird diese Schaltung für digitale Treiber eingesetzt.

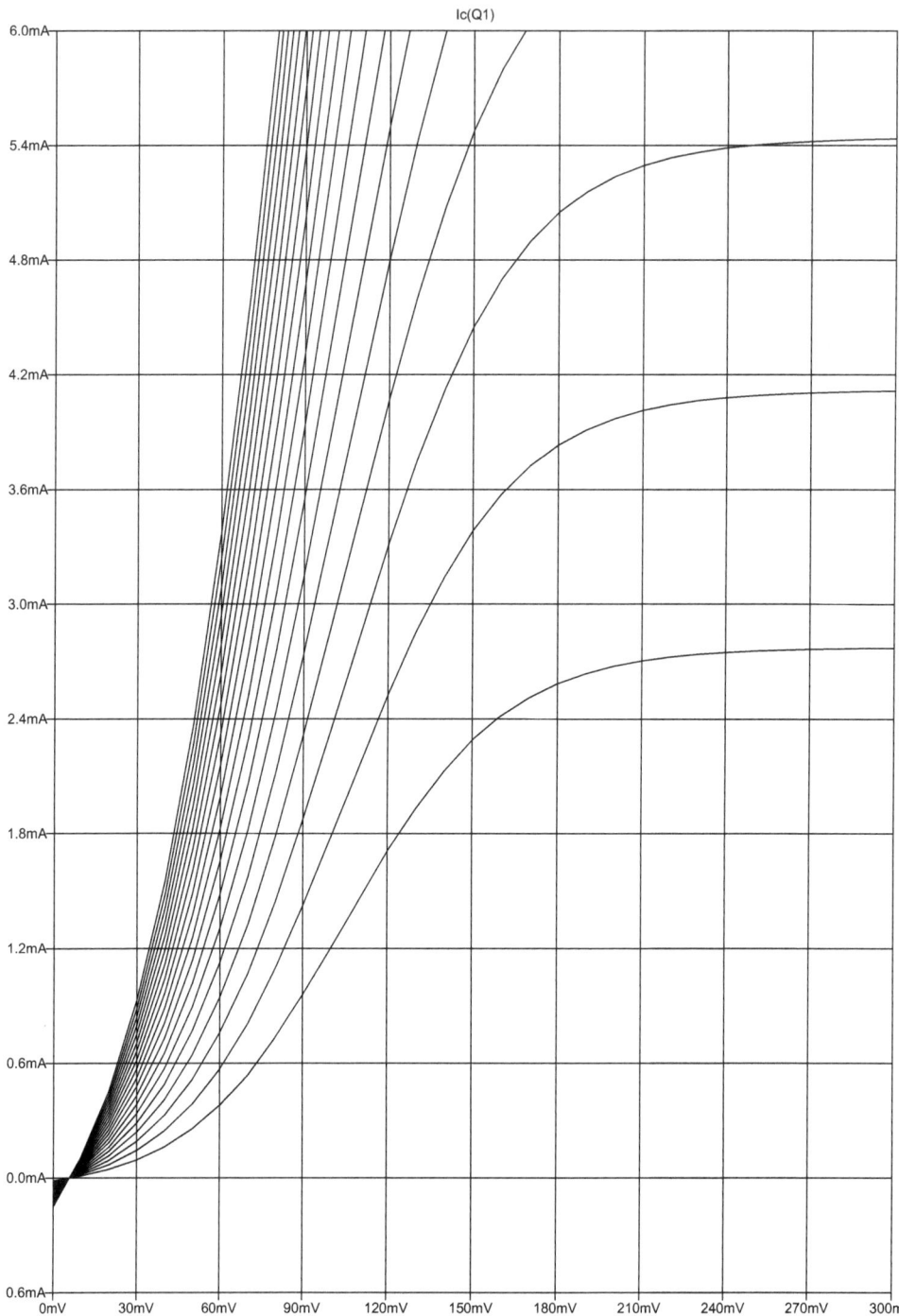

Abb. 1.8.4   BC 547B Transistorkennlinienfeld: Auschnittsvergrösserung im Triodenbereich

1.8 Verstärkertechniken

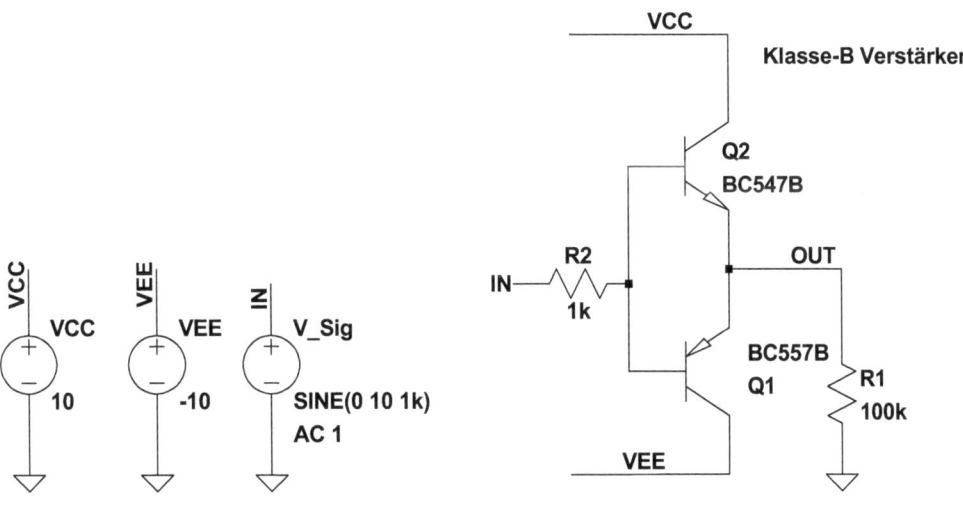

Abb. 1.8.5 Klasse-B-Verstärker

Für Audioverstärker ist dieser Knick nicht ideal, denn er erzeugt ein Spektrum voller ungewollter Störungen, die sich als deutliche Verzerrung des Eingangssignals darstellen. Den Effekt nennt man daher auch Übernahmeverzerrung. Der Vorteil des reinen B-Betriebs ist, dass der Ruhestrom exakt Null wird. Damit diese Störung beseitigt wird muss die Ursache, das ist die identische Ansteuerung der Transistoren, behoben werden. Die folgende Berechnung der Leistungsbilanz zeigt, dass im Verhältnis der aufgenommenen Leistung durch die Quelle P_Q und der abgegebenen Leistung P_L durch den Lastwiderstand ein Wirkungsgrad von 78.5% erzielt wird. Das klingt vielversprechend und daher ist die Weiterentwicklung auch interessant.

$$P_Q = \frac{2 \cdot V_{Batt}^2}{R_1 \cdot \pi}$$

$$P_L = \frac{V_{Batt}^2}{2 \cdot R_1}$$

$$\eta = \frac{P_L}{P_Q} = 0.785$$

Formel 1.8.6

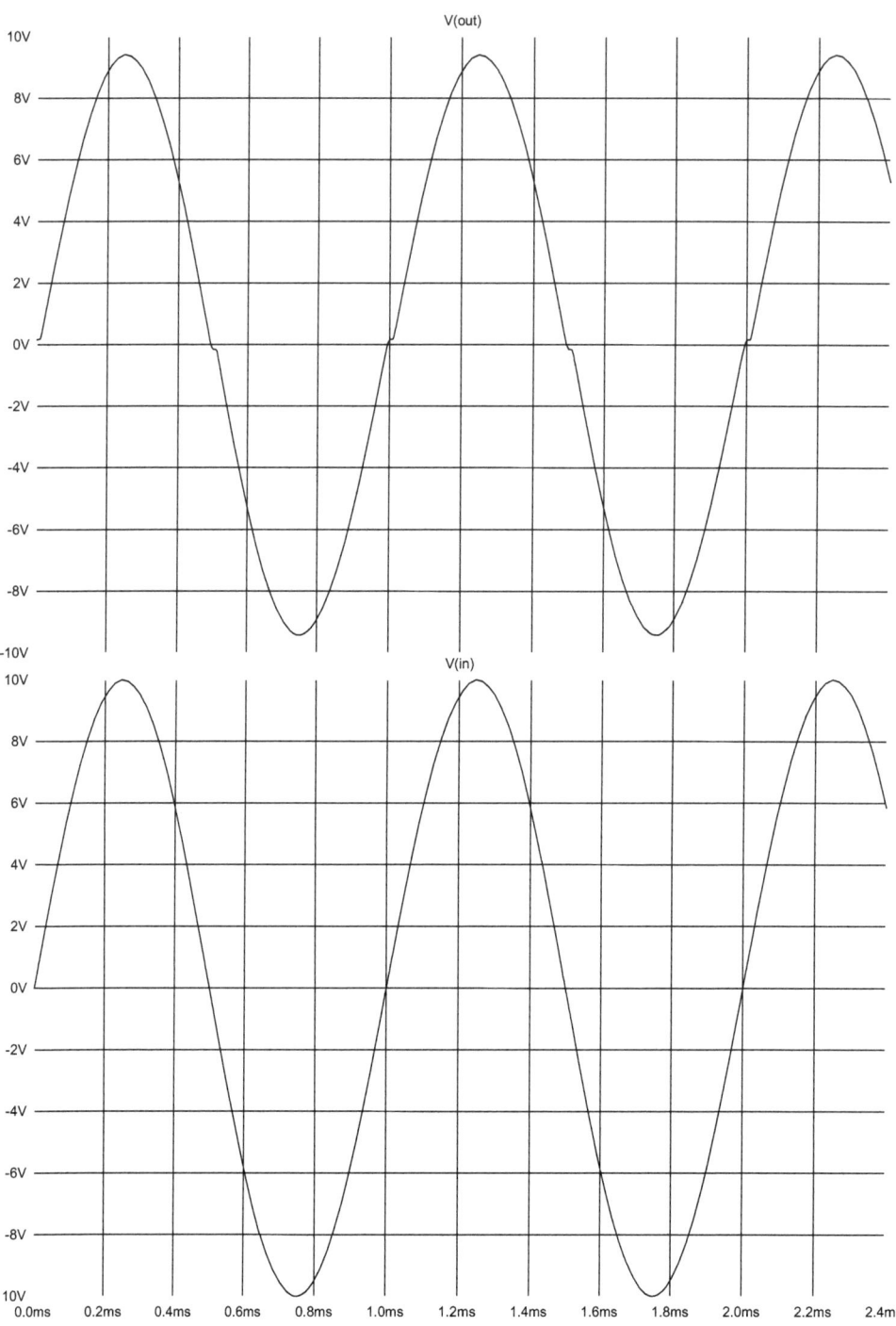

Abb. 1.8.6   Klasse-B-Verstärker Simulationsergebnis

Transistor-Arbeitspunkt des Klasse-B-Verstärkers im Kennlinienfeld

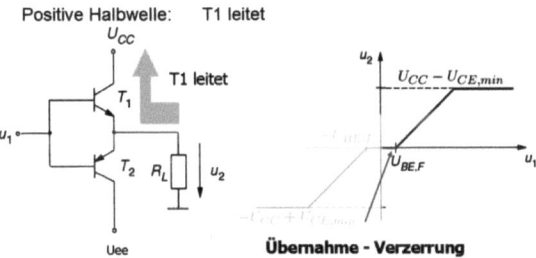

Abb. 1.8.7 Klasse-B-Verstärker: Arbeitspunkt im Kennlinienfeld – Transistor T1

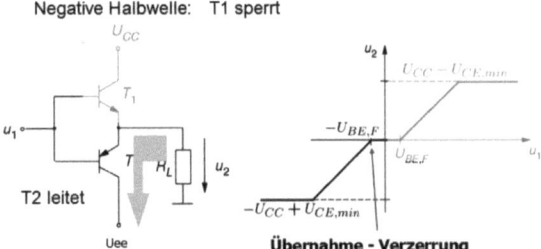

Abb. 1.8.8 Klasse-B-Verstärker: Arbeitspunkt im Kennlinienfeld – Transistor T2

Abb. 1.8.7 und Abb. 1.8.8 zeigen das Arbeitsverhalten dieses Verstärkers im Kennlinienfeld des Übertragungsverhaltens. Zur Verdeutlichung des Effekts der Übernahmeverzerrung wird in diesen Bildern die Kennliniencharakteristik im Vergleich zur Wirklichkeit überzogen dargestellt. Damit ist der bipolartypische Kennlinienverlauf des Klasse-B-Verstärkers um den U_{CE} Nullpunkt und damit die Übernahmeverzerrungen, die in Abb. 1.8.6 zu sehen sind, nochmals visualisiert.

Dimensionierung des Klasse-B Verstärkers in Grundschaltungstechnik

Die Differenz der beiden oben berechneten Leistungen entspricht der Verlustleistung P_{VT} in den Transistoren und ergibt auf diesem Weg die maximale Spitzenspannung sowie die maximale Verlustleistung über beiden Transistoren:

$$P_{V,Q1,Q2} = P_{VT} = \frac{1}{T} \cdot \int_{t=0}^{T} \frac{V_0 \cdot \sin(\omega t)}{R1} (V_{CC} - U_0 \cdot \sin(\omega t)) \, dt = \frac{V_{CC} \cdot V_0}{\pi \cdot R1} - \frac{V_0^2}{4 \cdot R1}$$

$$P_{VT} = \frac{V_0}{R_1} \left(\frac{V_{CC}}{\pi} - \frac{V_0}{4} \right)$$

$$\frac{dP_{VT}}{dU_0} = \frac{V_{CC}}{\pi \cdot R1} - \frac{V_0}{2 \cdot R1} = 0 \quad \Rightarrow$$

$$V_0 = \frac{2 \cdot V_{CC}}{\pi}$$

$$P_{T,\max} = \frac{V_{Batt}^2}{\pi^2 \cdot R_1}$$

Formel 1.8.7

Der Emitterstrom kann mit diesen Erkenntnissen berechnet werden:

$$V_Q - I_Q \cdot R_2 - V_{BE} = R_1 \cdot I_E$$

$$I_Q = \frac{I_E}{1+B}$$

$$I_E = \frac{V_Q - V_{BE}}{R_1 + \frac{R_2}{1+B}}$$

Formel 1.8.8

Die Schaltung der Abb. 1.8.5 zeigt folgende Leistungsdaten:

$$P_T = \frac{10^2 V}{\pi \cdot 100 k\Omega} = 0.32 mW$$

$$I_E = \frac{10V - 0.85V}{100k\Omega + \frac{1k\Omega}{1+250}} = 91\mu A$$

Formel 1.8.9

Verbesserung des Klasse-B-Verstärkers

In der besprochenen Grundschaltungstechnik fällt auf, dass der Arbeitspunkt für beide Verstärker nicht gut definiert ist. Es fehlen die Basisvorwiderstände. Ebenso verlangt die Grundschaltung, dass das Signal DC-mäßig eingekoppelt wird. Damit ist eine Rückwirkung dieser Schaltung auf die treibende Vorstufe vorhanden. Beide Nachteile können durch die bekannte Emitterschaltungstechnik behoben werden. Die Stromgegenkopplung wird ebenfalls berücksichtigt und so kommt man zu der verbesserten Schaltungstechnik, die auch eine zufriedenstellende Signalverstärkung zur Verfügung stellt.

Die Dimensionierung erfolgt nach den Regeln, die in Kapitel 1.5.5 erläutert wurden. Die Abb. 1.8.10 zeigt die AC-Analyse und damit die Verstärkungscharakteristik.

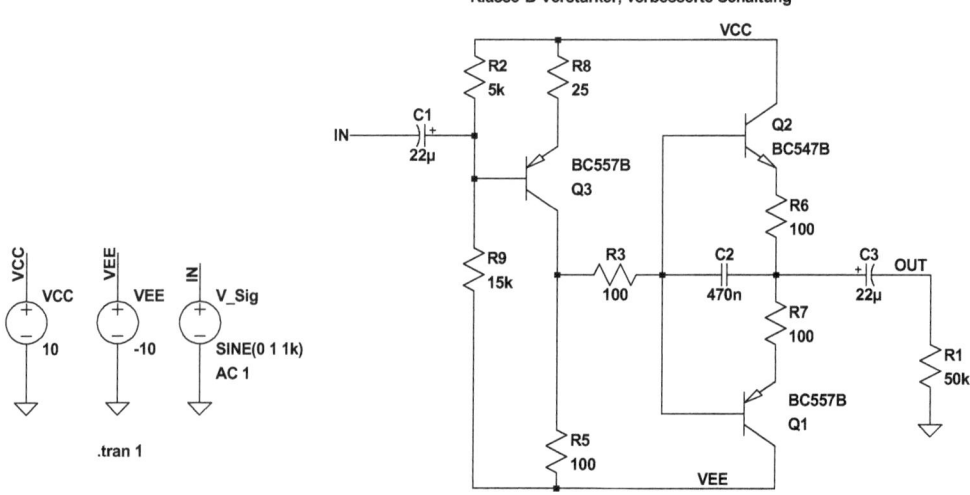

Abb. 1.8.9 Klasse-B-Verstärker, verbesserte Schaltungstechnik

1.8 Verstärkertechniken

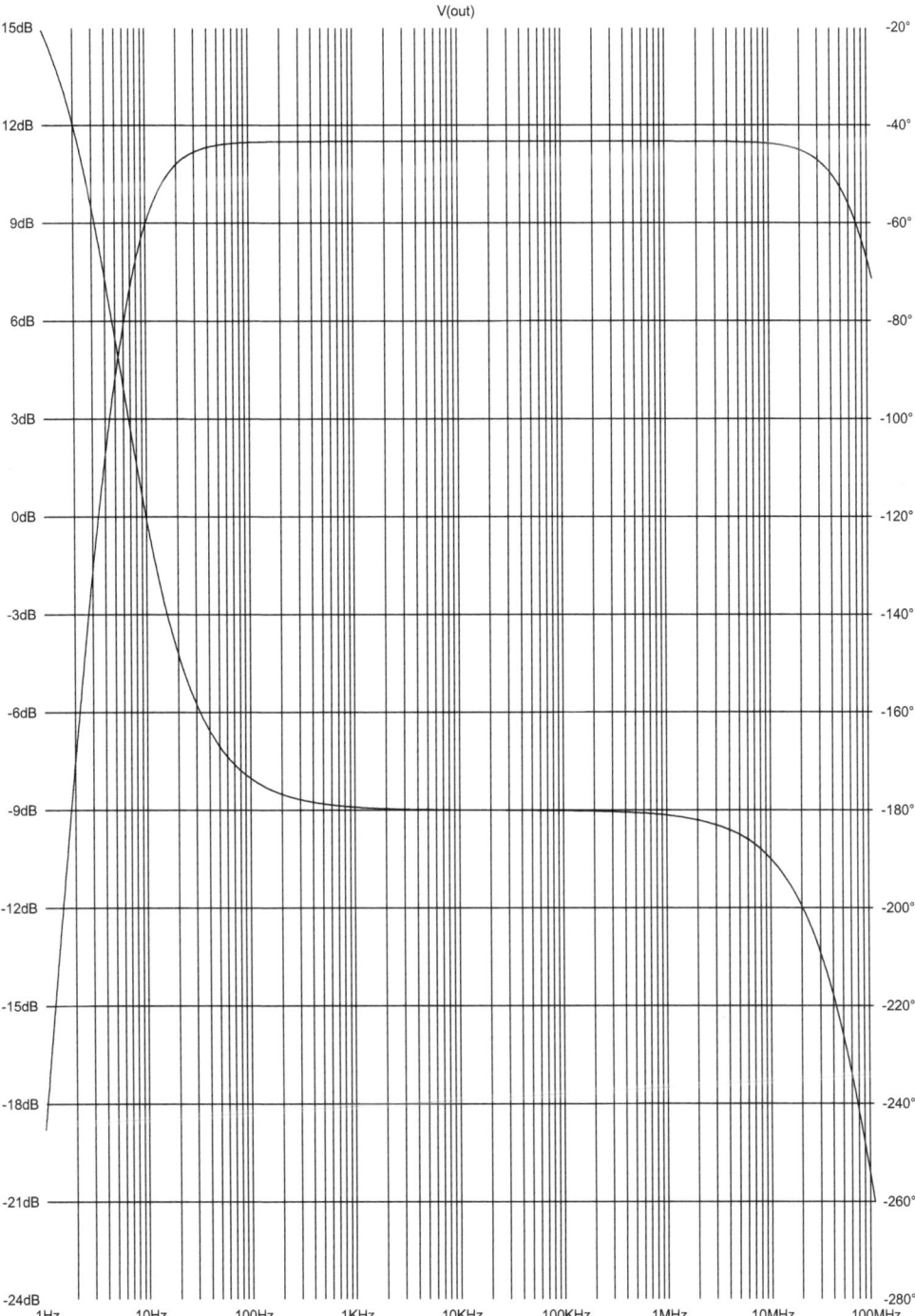

Abb. 1.8.10 Klasse-B-Verstärker, verbesserte Schaltungstechnik: Frequenzanalyse

90　　　　　　　　　　　　　　　　　　1 Grundlagen der bipolaren Bauelemente

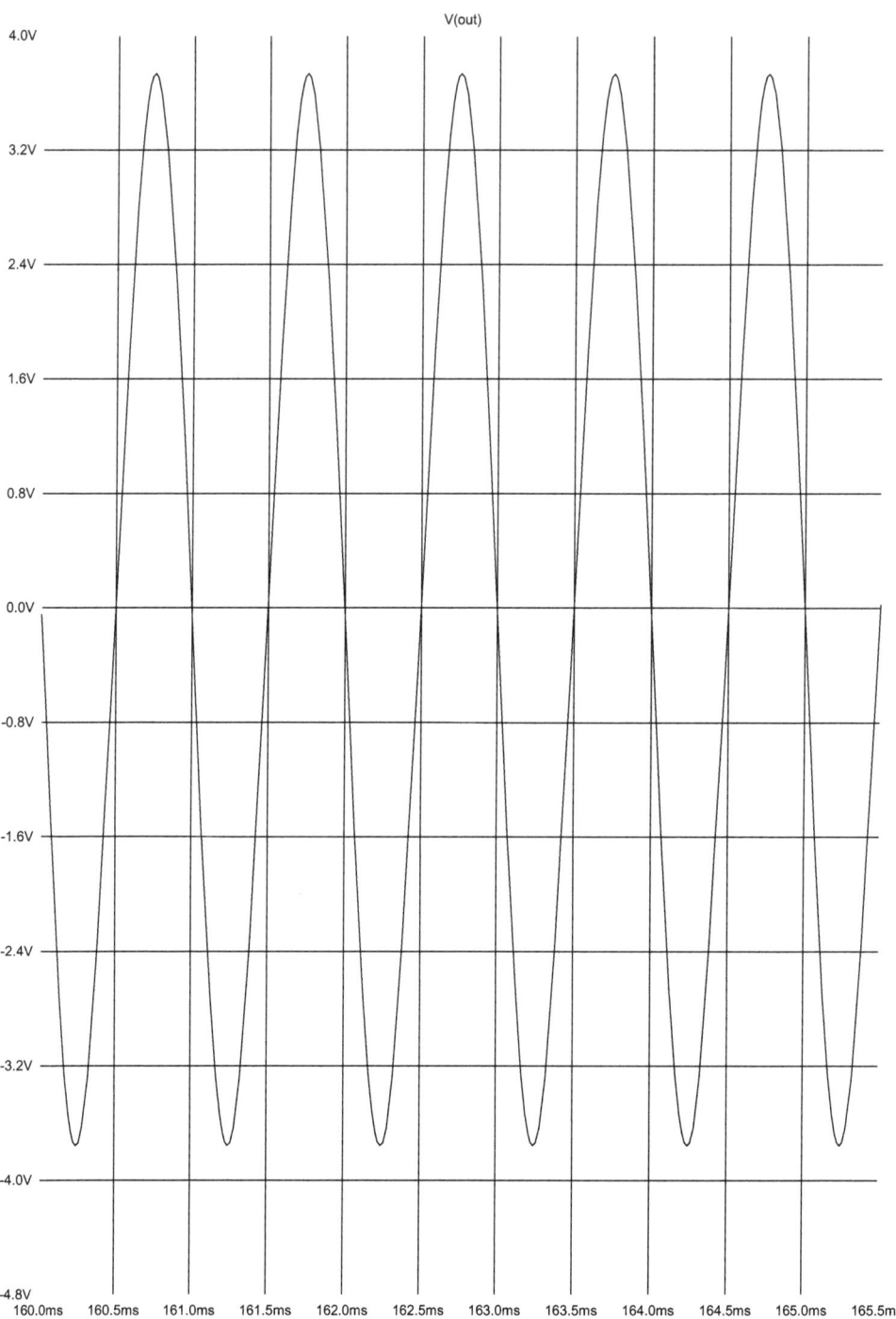

Abb. 1.8.11　　Klasse-B-Verstärker, optimiert: Transientenanalyse

1.8 Verstärkertechniken

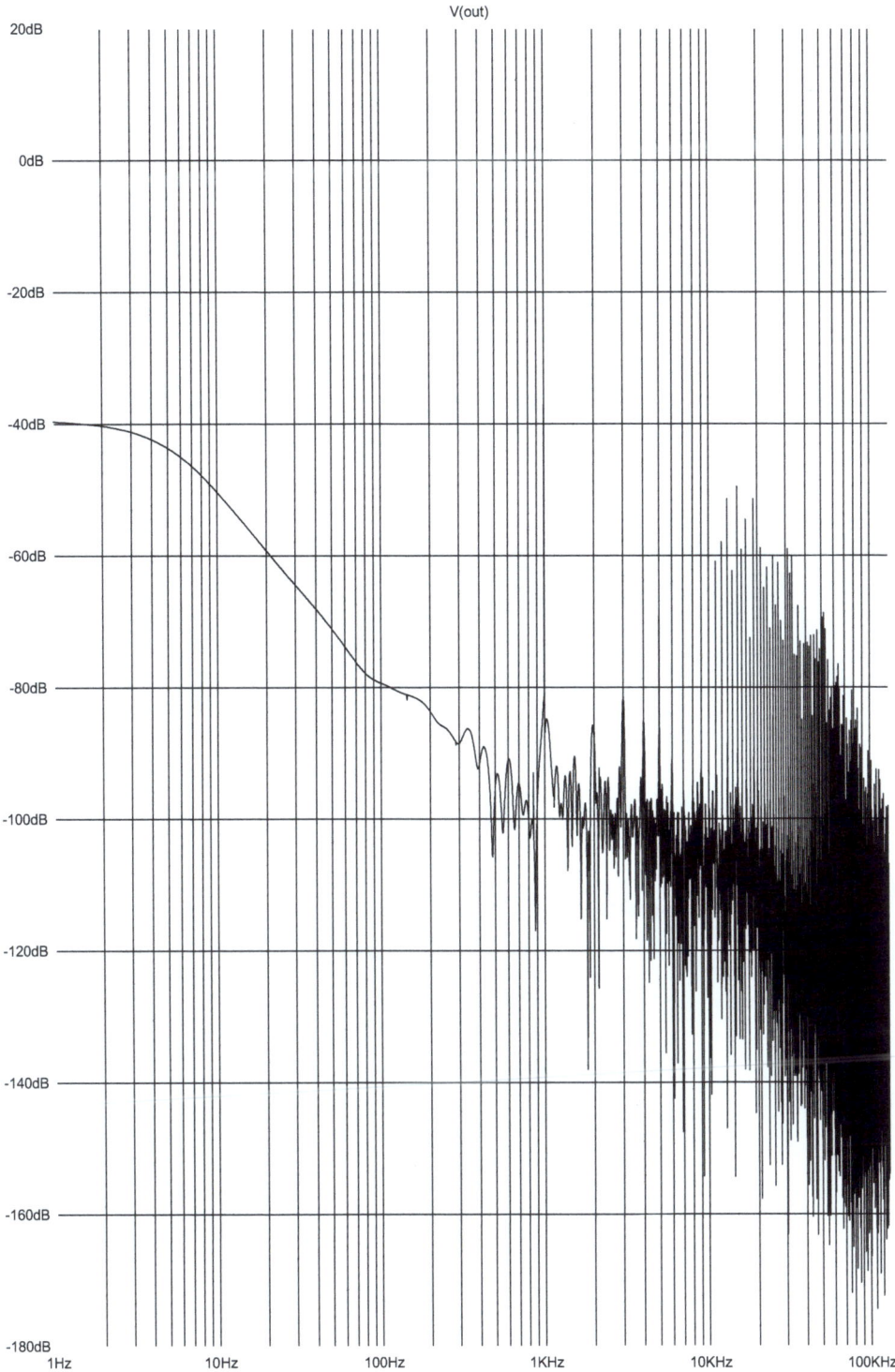

Abb. 1.8.12 Klasse-B-Verstärker, optimiert: Fourier-Analyse

Solch eine Schaltung kann als Audio-Vorverstärkerstufe verwendet werden. Im Zeitbereich (Abb. 1.8.11) erkennt man, dass die Übernahmeverzerrung nicht mehr zu sehen ist. In der Entwicklung muss man aber sehr vorsichtig vorgehen. Deshalb schaut man sich trotz eines augenscheinlich sehr guten Ergebnisses auch eine Spektralanalyse an. Die Spektralanalyse oder Fourier-Analyse zeigt Abb. 1.8.12. Sie gibt Aufschluss über die Oberwellen und kann sogar noch mit einer Klirrfaktoranalyse erweitert werden. Die so sichtbar gemachten Oberwellen sind für sehr gute HiFi-Anlagen nicht ausreichend klein, so dass weitere Optimierungen (Arbeitspunkte der Transistoren Q1 und Q2) bzw. bessere Schaltungstechniken notwendig werden. Für mittelklassige Kopfhörerverstärker eignet sich diese Schaltung.

1.8.3 Klasse-AB-Verstärker

Eine weiterer Klasse von Verstärkern sind die Klasse-AB [1.4, 1.16, 1.19, 1.25, 1.26] Verstärker. Die Endstufe dieser Klasse ist ähnlich aufgebaut wie bei den Klasse-A-Verstärkern. Im Unterschied zu den Klasse-B-Verstärkern wird aber die Endstufe einseitig über den Transistor Q3 angesteuert. Damit die Übernahmeverzerrungen deutlich abgesenkt werden, wird die Endstufenansteuerung über zwei Dioden vorgenommen. Diese Ansteuerung entkoppelt die Basisströme. Klasse-AB-Verstärker findet man bei guten Kopfhörerverstärkern oder als Vorstufenverstärker. Die einschlägige Literatur zeigt mehrere Schaltungsvarianten dieser Verstärkerklasse.

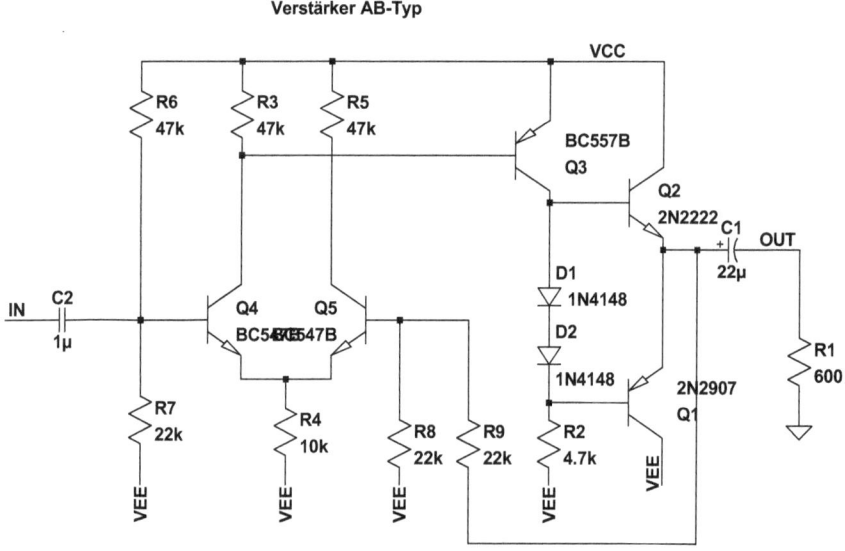

Abb. 1.8.13 Klasse-AB-Verstärker

1.8 Verstärkertechniken

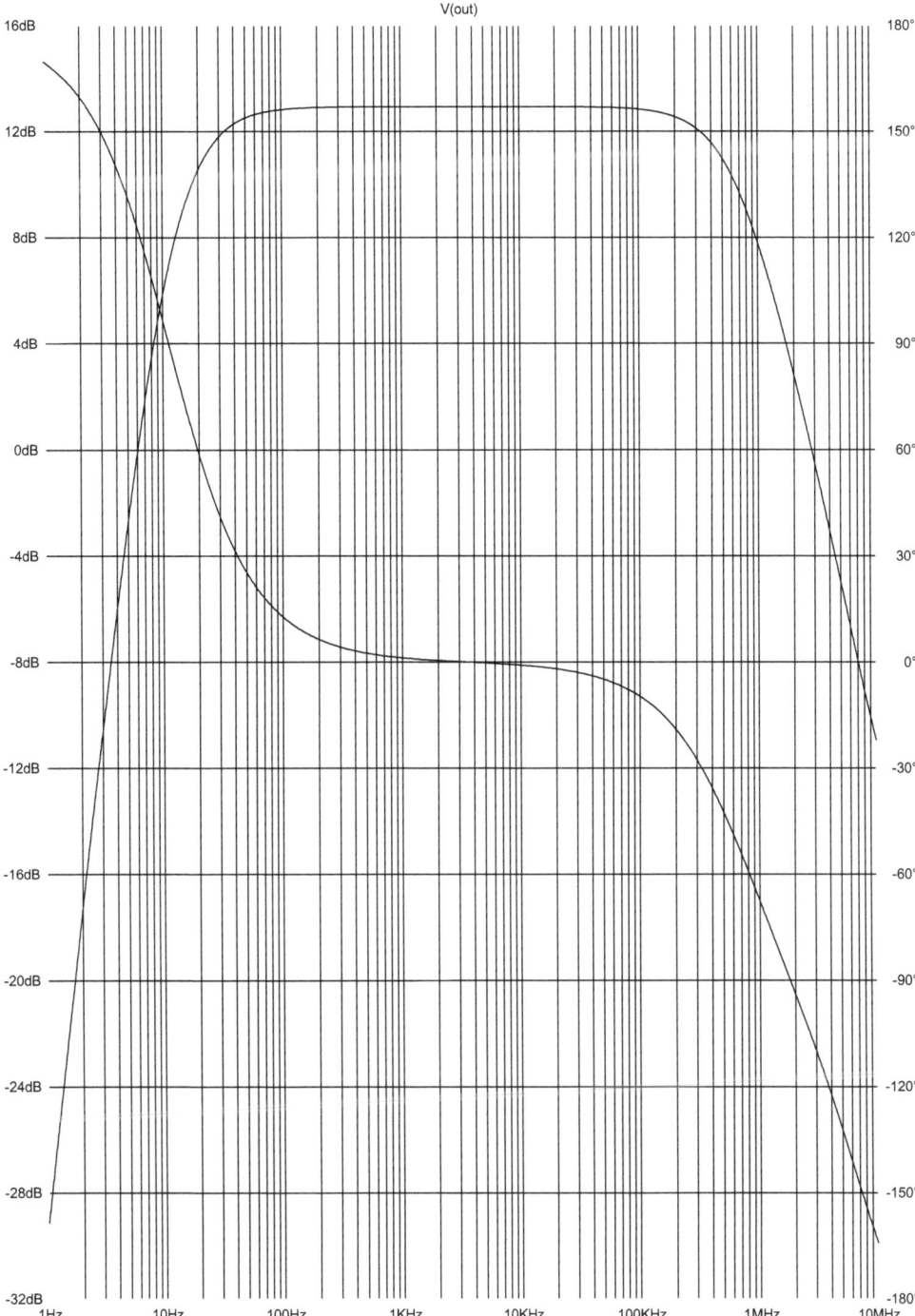

Abb. 1.8.14 Klasse-AB-Verstärker: AC-Analyse

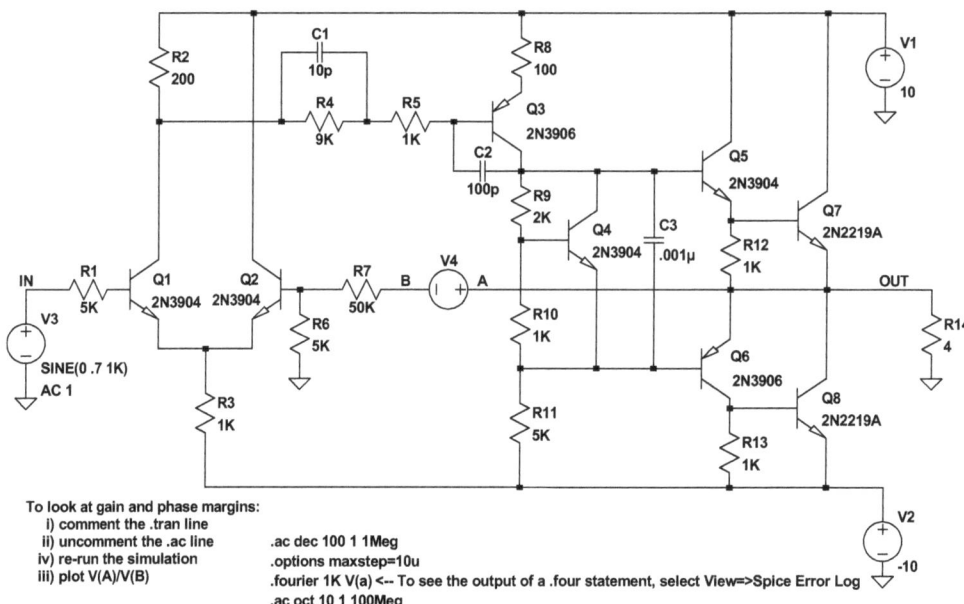

Abb. 1.8.15 Audioverstärker (aus der Educational Bibliothek LTspice)

Abb. 1.8.14 zeigt, dass der Frequenzgang ultralinear im Bereich von 10 Hz bis 1.1 MHz ist. Damit ist auch dieser Entwurf für HiFi-Vorverstärker bestens geeignet. Die Optimierung der Schaltungen ist die Aufgabe des Schaltungsentwicklers und verlangt viele detailreiche Untersuchungen und Analysen. Die hier vorgestellten Schaltungstechniken sollen als Grundbausteine für spätere Entwürfe verstanden werden und erheben nicht den Anspruch optimiert zu sein. Einige weiterführende Aspekte werden in unten aufgeführter Sektion „Feinabstimmung eines Verstärkers mit Hilfe der Spektralanalyse" vorgestellt.

Ein abschließendes Beispiel eines recht gut ausgereiften Audioverstärkers zeigt die Schaltung von Linear Technology in Abb. 1.8.15 (aus Beispiele zu LTspice – Educational).

Diese Schaltungstechnik zeigt die in diesem Kapitel angesprochenen Verstärker-Grundtechniken, zeigt aber auch eine weitere Entwurfsstrategie. Hier wird ein sogenannter U_{BE}-Vervielfacher mit dem Transistor Q4 und den Widerständen R_9 und R_{10} verwendet. Wird diese Schaltung auf einer Platine aufgebaut, empfiehlt es sich, die Widerstände R_9 und R_{10} als Potentiometer mit Mittelanzapfung an die Basis von Q4 zu bauen. Das ermöglicht den Trimm der AB-Stufe mit Q5 und Q6, so dass Streuungen der Transistoren mit diesem Trimm leicht berücksichtigt werden können. In dieser Schaltung wird Wert auf sehr guten konstanten Frequenzgang im extremen Niedrigfrequenzbereich gelegt, die 3dB Frequenz liegt bei diesem Verstärker bereits bei etwa 63 kHz, wie das Bode Diagramm der Abb. 1.8.16 zeigt.

Es gibt noch weitere Verstärkerklassen, diese führen aber über die Zielsetzung dieses Buches hinaus und es wird dazu auf die weiterführende Fachliteratur verwiesen.

Bootstrap-Schaltungen

Verstärker zeigen stets Frequenzeigenschaften wie Amplituden- und Phasenverhalten. Auch ultralineare Techniken sind davon betroffen. Die Phasenkompensation ist ein Thema, bei dem zeitbestimmende Terme als kleine Zusatzschaltungen (meist als RC-Glieder) benutzt werden,

1.8 Verstärkertechniken

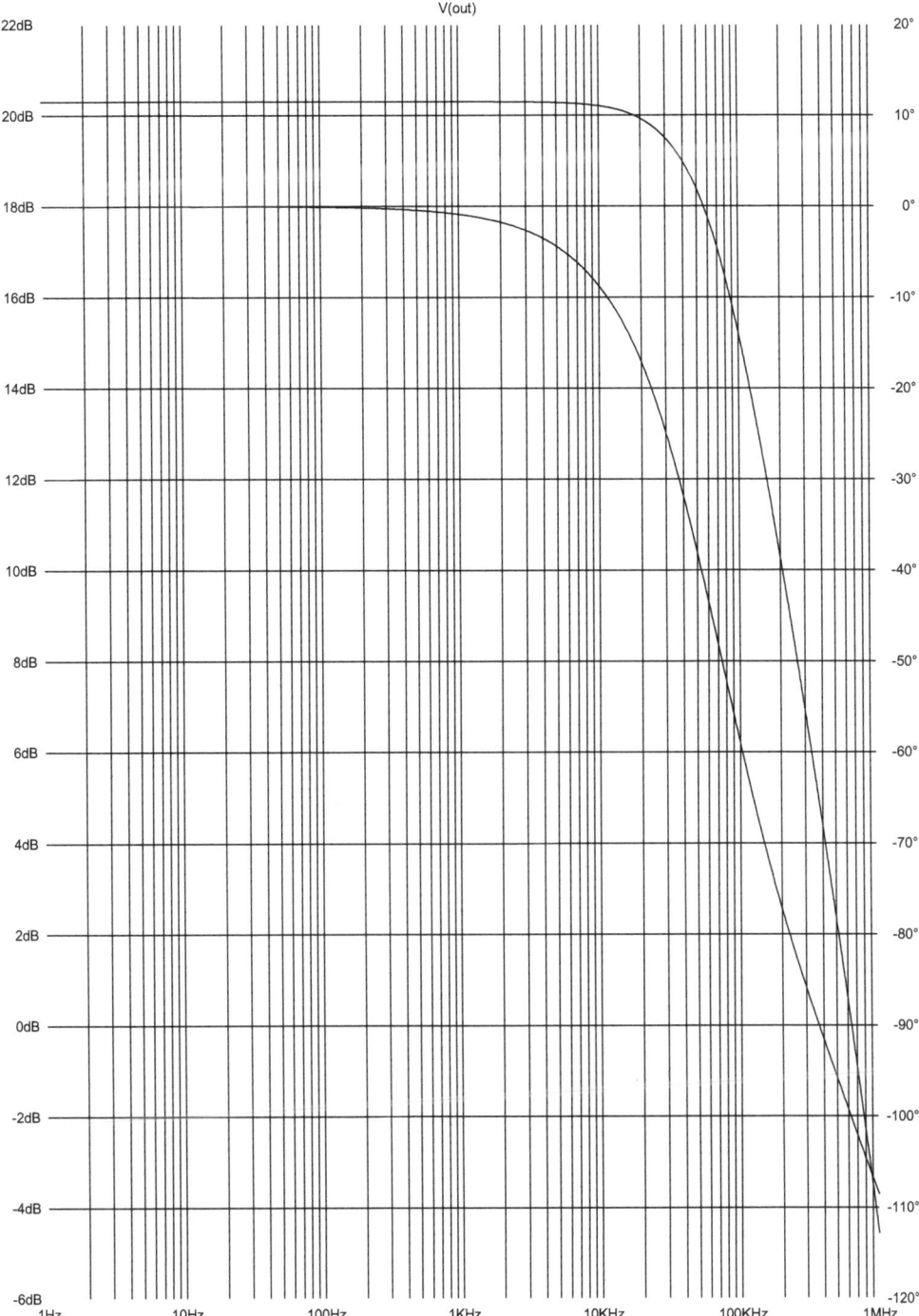

Abb. 1.8.16 Audioverstärker (aus der Educational Bibliothek LTspice), AC-Analyse

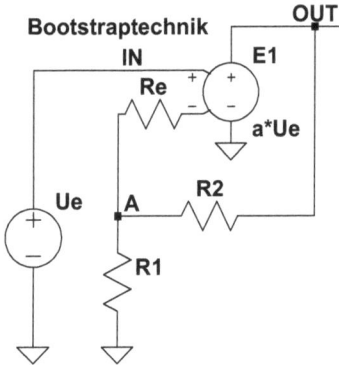

Abb. 1.8.17 Prinzip der Bootstraptechnik

um die Phase so zu korrigieren, dass bei Rückkopplungen keine Schwingungen auftreten können. Bootstrapschaltungen [1.16, 1.24, 1.25, 1.26] haben eine völlig anders geartete Zielsetzung. Sie heben im unteren Frequenzbereich die Amplitude an und bewirken eine Vergrößerung des Eingangswiderstands. Das wird bei Bootstraptechniken über eine Widerstands-Signalrückkopplung (Prinzip Spannungsteiler) ermöglicht.

$$i_{in,E1} = \frac{V_{IN} - V_{A,E1}}{R_e} = \frac{V_{IN} - k \cdot V_{OUT}}{R_e}$$

$$k = \frac{R_1}{R_1 + R_2}$$

$$V_{IN} - V_{A,E1} = \frac{V_{OUT}}{a}$$

$$V_{IN} = \frac{1 + k \cdot a}{a} \cdot V_{OUT}$$

$$R_e = \frac{V_{IN}}{i_{in,E1}} \cdot \frac{1}{1 + k \cdot a}$$

$$R_e^* = R_e \cdot (1 + k \cdot a)$$

Formel 1.8.10

Formel 1.8.10 zeigt für die vereinfachte Bootstrapschaltung (Ersatz des OPA durch eine spannungsgesteuerte Spannungsquelle) mit R_e als Eingangswiderstand (Abb. 1.8.17) eine Vergrößerung dieses Eingangswiderstands bezüglich des Verhältnisses der Eingangsspannung V_{IN} zum Eingangsstrom $i_{in,E1}$. Nutzt man dies aus, so hat man einerseits die Möglichkeit mit Hilfe der Bootstraptechnik den Eingangswiderstand zu vergrößern, was eine belastungsärmere Schaltung als Vorteil hat, aber wesentlich interessanter, den Widerstand R_2 komplex zu gestalten und damit diese Technik sogar noch frequenzabhängig aufzubauen. Dadurch sind entweder Hochpass-Eigenschaften oder, bei Parallelschalten der Widerstandszweige (was im Grunde der original Bootstrap-Idee widerspricht), Tiefpass-Eigenschaften zu erzielen. So kann beispielsweise ein Frequenzgang, welcher ohne diese Schaltungstechnik bei niedrigen oder bei hohen Frequenzen eine zu starke Absenkung zeigt, mit seiner Amplitude-Frequenz selektiv korrigiert werden. Das wird in Audioverstärkern ausgenützt. Aber Vorsicht, manchmal bestehen Bootstrapschaltungen aus mehreren Transistoren und einem komplexen Widerstand,

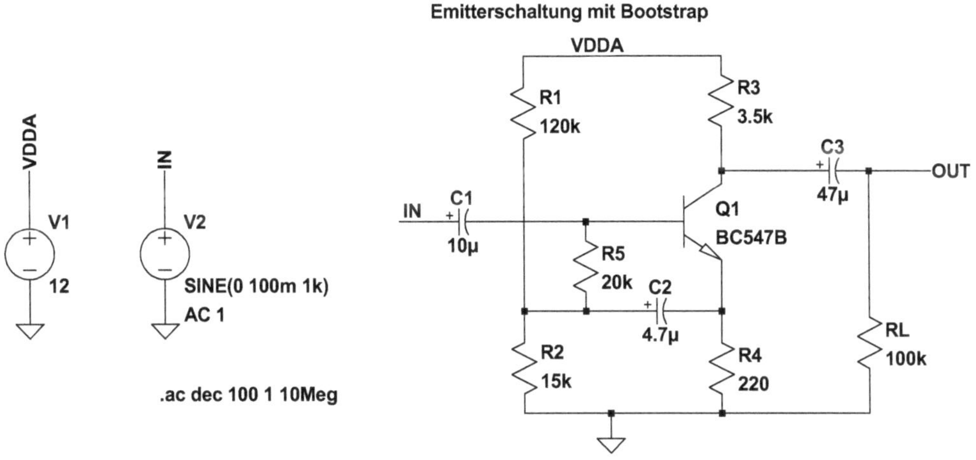

1.8 Verstärkertechniken

Emitterschaltung mit Bootstrap

Abb. 1.8.18 Emitterschaltung mit Bootstrap

wie in [1.31, 1.32] gezeigt und berechnet wird. Die Spannungsverstärkung wird aus dem Verhältnis des Ausgangsleitwerts zum Eingangsleitwert rechnerisch ermittelt.

Die AC-Analyse an diesem Knoten zeigt Abb. 1.8.19 und bestätigt damit den Bootstrap-Effekt, der in diesem Fall die Amplitude zwischen 2 und 20 Hz bis zu ca. 0.3 dB anhebt.

Bei der Schaltung in Abb. 1.8.18 fällt über den Bauteilen R_5 und C_2 die Basis-Emitterspannung des Transistors Q1 ab. Diese Bauteilkombination bewirkt auch, dass die Signalinformation vom Emitter auf den Eingang des Verstärkers zurückgekoppelt wird.

Das Kleinsignalersatzschaltbild (KSEB) der Bootstrapschaltung zeigt Abb. 1.8.20. Mit dem KSEB wird die Berechnung des Eingangswiderstands als auch des Ausgangswiderstands erleichtert.

$$R_5^* = R_5 \cdot \frac{V_{IN}}{V_{BE}} = R_5 \cdot \frac{r_{BC} + (1+\beta) \cdot R_4}{r_{BE}} \approx R_5 \cdot \frac{\beta \cdot R_4}{r_{BE}}$$

$$r_{IN} = R_5^* \parallel (r_{BE} + \beta \cdot R_4)$$

$$r_a = \frac{\partial V_{OUT}}{\partial I_{IN}} = \frac{\partial V_{IN}}{(1+\beta) \cdot \partial I_{IN}} + \frac{\partial V_{BE}}{\partial I_C}$$

$$r_{IN} = \frac{\partial V_{IN}}{\partial I_{IN}} = \frac{R_5^* \cdot (1+\beta) \cdot R_4}{R_5^* + (1+\beta) \cdot R_4}$$

$$r_a = \frac{r_{IN}}{(1+\beta)} + \frac{1}{S} \approx \frac{r_{IN}}{\beta}$$

Formel 1.8.11

Die Frequenzabhängigkeit des Bootstrap wird über den Hochpass R_5 mit C_2 erreicht, dessen Grenzfrequenz durch die folgende Gleichung bestimmt ist:

$$f_g = \frac{1}{2 \cdot \pi \cdot R_5 \cdot C_2}$$

Formel 1.8.12

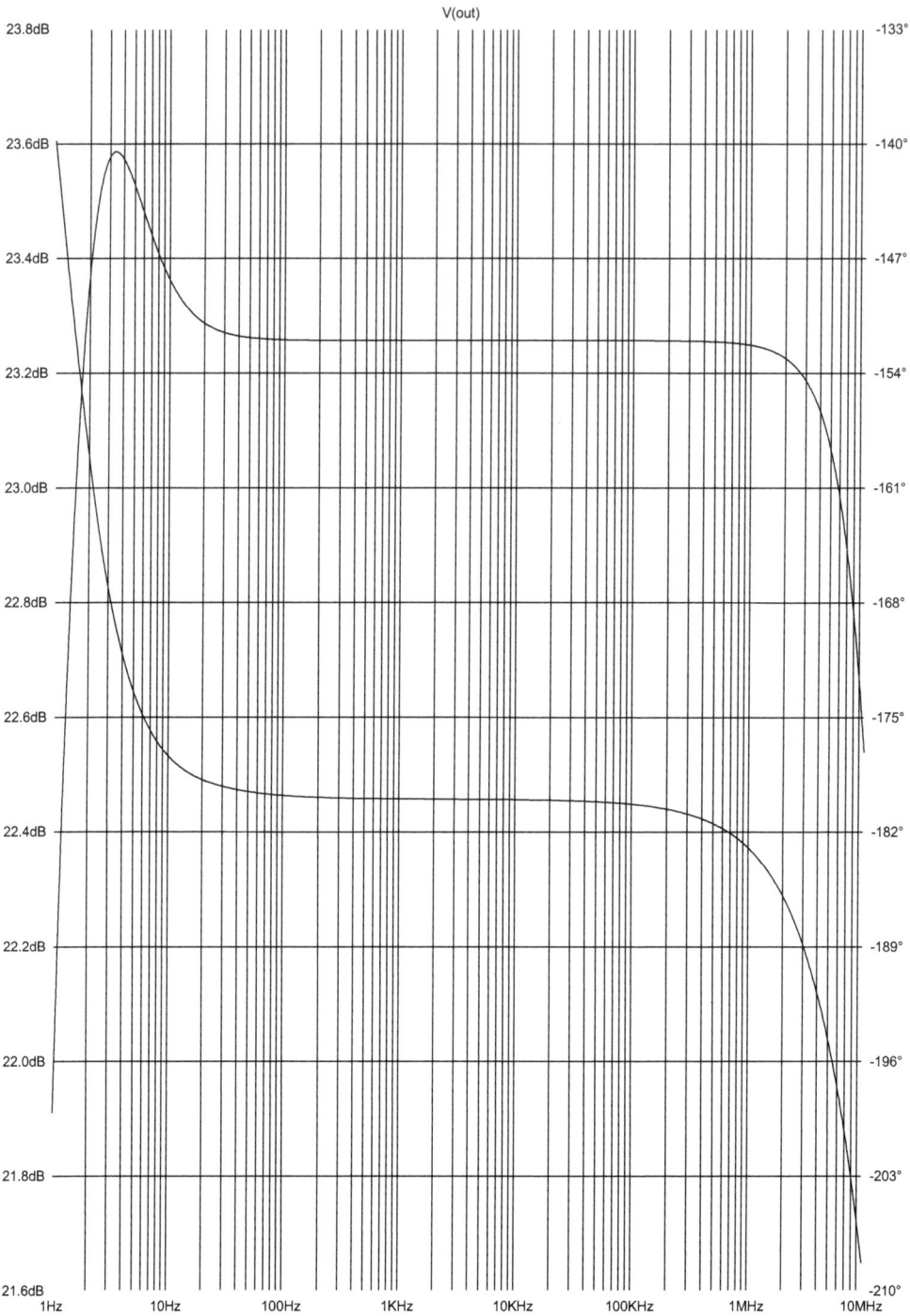

Abb. 1.8.19 Bootstrapschaltung, AC-Analyse

1.8 Verstärkertechniken

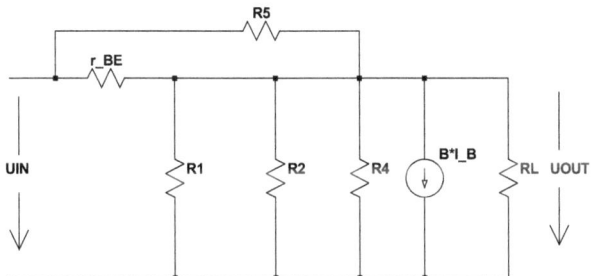

Abb. 1.8.20 Emitterschaltung mit Bootstrap, Kleinsignalersatzschaltbild

Verstärkerausgangswiderstand r_a

Die Bestimmung des Ausgangswiderstands r_a [1.4, 1.16, 1.19] wird in vielen Verstärkerabhandlungen und Büchern, sowie anderen Veröffentlichungen erwähnt, bleibt aber häufig ein gut gehütetes Geheimnis.

Der Ausgangswiderstand r_a

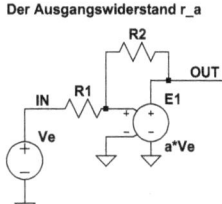

Abb. 1.8.21 Ausgangswiderstand eines Verstärkers

Abb. 1.8.21 hilft, den Ausgangswiderstand zu verstehen und zu berechnen. Der Verstärker ist als spannungsgesteuerte Spannungsquelle vereinfacht dargestellt. Seine Eingangsspannung beträgt V_e, seine Ausgangsspannung V_{OUT}, die intrinsische Verstärkung a und die externe Verstärkung k. Damit lässt sich diese Schaltung mathematisch formulieren:

$$V_{OUT} = -k \cdot V_e + (i_{OUT} - i_e) \cdot r_a$$

$$V_e = -k \cdot V_e + i_{OUT} \cdot r_a \quad \big|_{i_e = 0}$$

$$V_e = V_{IN} \cdot \frac{R_2}{R_1 + R_2} + V_{OUT} \cdot \frac{R_1}{R_1 + R_2}$$

$$V_{OUT} = V_{IN} \cdot \frac{R_2}{R_1 + R_2} \cdot V_e \cdot \frac{-a}{1 + a \cdot \frac{R_1}{R_1 + R_2}} + i_a \cdot r_{a,\text{int}} \cdot \frac{1}{1 + a \cdot \frac{R_1}{R_1 + R_2}}$$

$$V_{OUT} = V_{IN} \cdot V_e \cdot \frac{R_2}{R_1 + R_2} \cdot \frac{-a}{1 + a \cdot \frac{R_1}{R_1 + R_2}} = -V_{IN} \cdot V_e \cdot \frac{a \cdot R_2}{R_1 + R_2 + a \cdot R_1}$$

$$V_{OUT} = -V_{IN} \cdot V_e \cdot \frac{R_2}{R_1 + \frac{R_2 + R_1}{a}}$$

$$V_{OUT} = -V_{IN} \cdot V_e \cdot \frac{R_2}{R_1} \quad \big|_{a \to \infty}$$

Formel 1.8.13

Im obigen Gleichungssystem ist $r_{a,\text{int}}$ der intrinsische- oder Innenwiderstand, der von den beteiligten Bauteilen gebildet wird. Der zweite Term des Ergebnisses vom oberen Gleichungssystem ist von Interesse, denn dieser Term beschreibt das Verhalten des Ausgangswiderstands. Der Gesamtausgangswiderstand kann damit berechnet werden:

$$r_a^* = r_{a,\text{int}} \cdot \frac{1}{1 + a \cdot \frac{R_1}{R_2 + R_1}}$$

$$r_a^* = \frac{r_a}{1 + a \cdot k}$$

$$r_a = r_a^* \cdot (1 + a \cdot k)$$

Formel 1.8.14

Diese Definition des Ausgangswiderstands ist allgemein gültig.

Feinabstimmung eines Verstärkers mit Hilfe der Spektralanalyse

Die Verbesserungen, welche aus der Spektralanalyse abgeleitet werden können, zählen zu den Feinarbeiten innerhalb des Entwicklungsprozesses. Deshalb finden die Spektralanalysen erst nach der ersten Schaltungsoptimierung mit Großsignalen statt. Das ist ein pragmatisches Vorgehen, denn die Feinkorrekturen können ingenieurwissenschaftlich gesehen nur mit einem Kleinsignalersatzschaltbild diskutiert und berechnet werden. Die Arbeit zur analytischen Zerlegung aufwendiger Schaltungen in ein KSEB führt über das Ziel des Buches weit hinaus, da diese dann sehr komplex wird. Meist ist es auch nicht notwendig, denn häufig sind die Erkenntnisse aus der Kleinsignalanalytik auf das Großsignalverhalten und die AC- bzw. Fourier-Analysen zurückführbar. Die rechnergestützte AC-Analyse, wie im Simulator LTspice bereitgestellt, übernimmt diese Aufgabe. Die pragmatisch durchgeführte Schaltungsanalyse bedient sich der im Simulator zur Verfügung stehenden Analysemöglichkeiten. Wenn das Signal mit seiner Amplitude beidseitig und gleichzeitig in die Sättigung der Schaltung kommt und diese Sättigung für die unteren und oberen Signalspannungsbereiche ebenfalls identisch ist, dann wäre der Extremfall eine Rechteckschwingung. Abgeleitet davon lässt sich sagen, dass eine solche symmetrische Sättigung von Beginn an (damit ist der Moment gemeint, indem das Signal „gerade eben" in diese Sättigung eintritt) bereits im Spektrum durch die ungeradzahligen Oberwellen entdeckt wird. Natürlich ist der Dämpfungsfaktor dieser Oberwellen noch sehr groß. Ein „gerade eben" aus dem Rauschuntergrund hervortretendes Oberwellenverhalten ist rein optisch, beispielsweise mit einem Oszilloskop, nicht zu entdecken. Das jedoch zeigt die Fourier-Analyse. Was passiert, wenn die Signalsättigung einseitig auftritt, also ein Offset des Systems auf einer Seite des Signals zuerst in die Sättigung eintauchen lässt? Lassen wir den Offset immer größer werden, dann wird das Signal immer weiter in Richtung zu einer der beiden Versorgungsspannungen hin verschoben und auf Grund des Sättigungsverhaltens des zugehörigen Transistors wird das Signal einseitig zunehmend abgeflacht. Das andere Signal jedoch zeigt das erwartete Verhalten. Das Signal sieht zunehmend aus wie der Ausgang einer Gleichrichterdiode bei sinusförmiger Ansteuerung. Das Signal zerfällt quasi in einen DC-ähnlichen- und einen Signalteil. Je geringer die einseitige Sätti-

1.8 Verstärkertechniken

gung ist, desto geringer ist der Gleichspannungsanteil. Der Gleichspannungsanteil wird in der Fourier-Analyse durch die Kosinus-Anteile der Euler-Zerlegung bestimmt und diese ergeben geradzahlige Oberwellen. Steigt also der Anteil der geradzahligen Oberwellen, so liegt ein Systemoffset vor.

Anwendung von einem Simulator oder einer Messtechnik zur Analyse von Oberwellen

Mit dem oben erarbeiteten Wissen lässt sich sagen:
- Die Signalamplitude darf so groß sein, dass sie sich gerade noch im linearen Arbeitsbereich befindet
- Ist die Schaltung offsetbehaftet (einseitige Übersteuerung), so zeigen sich geradzahlige Oberwellen
- Ist die Schaltung signalmäßig symmetrisch (oben und unten) übersteuert, so zeigen sich ungeradzahlige Oberwellen

Die optimierte Schaltung soll innerhalb der Signalbandbreite alle darin befindlichen Oberwellen möglichst unterhalb der spezifizierten Rauschgrenze zeigen.

Optimierter Klasse-A-Vorverstärker mit Bootstrap-Technik

Mit den gewonnenen Erkenntnissen lässt sich die Schaltung des Klasse-A-Verstärkers deutlich verbessern.

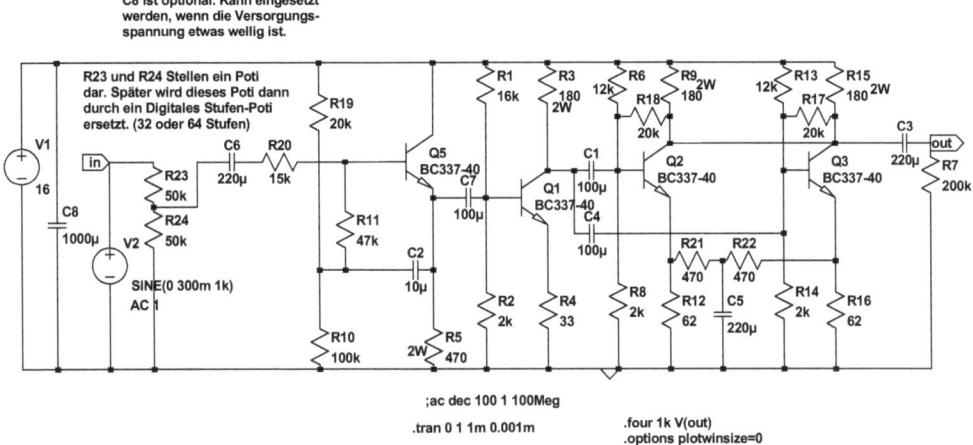

Abb. 1.8.22 Klasse-A-Vorverstärker mit Bootstrap optimiert

Dieser Vorverstärker, aus der Dokumentation [1.32] entnommen, kann durchaus als HIFI-Vorverstärker angesehen werden. An den Ausgang dieses Vorverstärkers wird eine Klangregelstufe und daran der Leistungsverstärker angeschlossen.

Die Analysen (Abb. 1.8.23 und Abb. 1.8.24) zeigen, dass dieser Vorverstärker voll HiFi tauglich ist. Daher wurde diese Schaltung aufgebaut, vermessen [1.32] und es konnte gezeigt werden, dass Simulation und Aufbau exakt übereinstimmen.

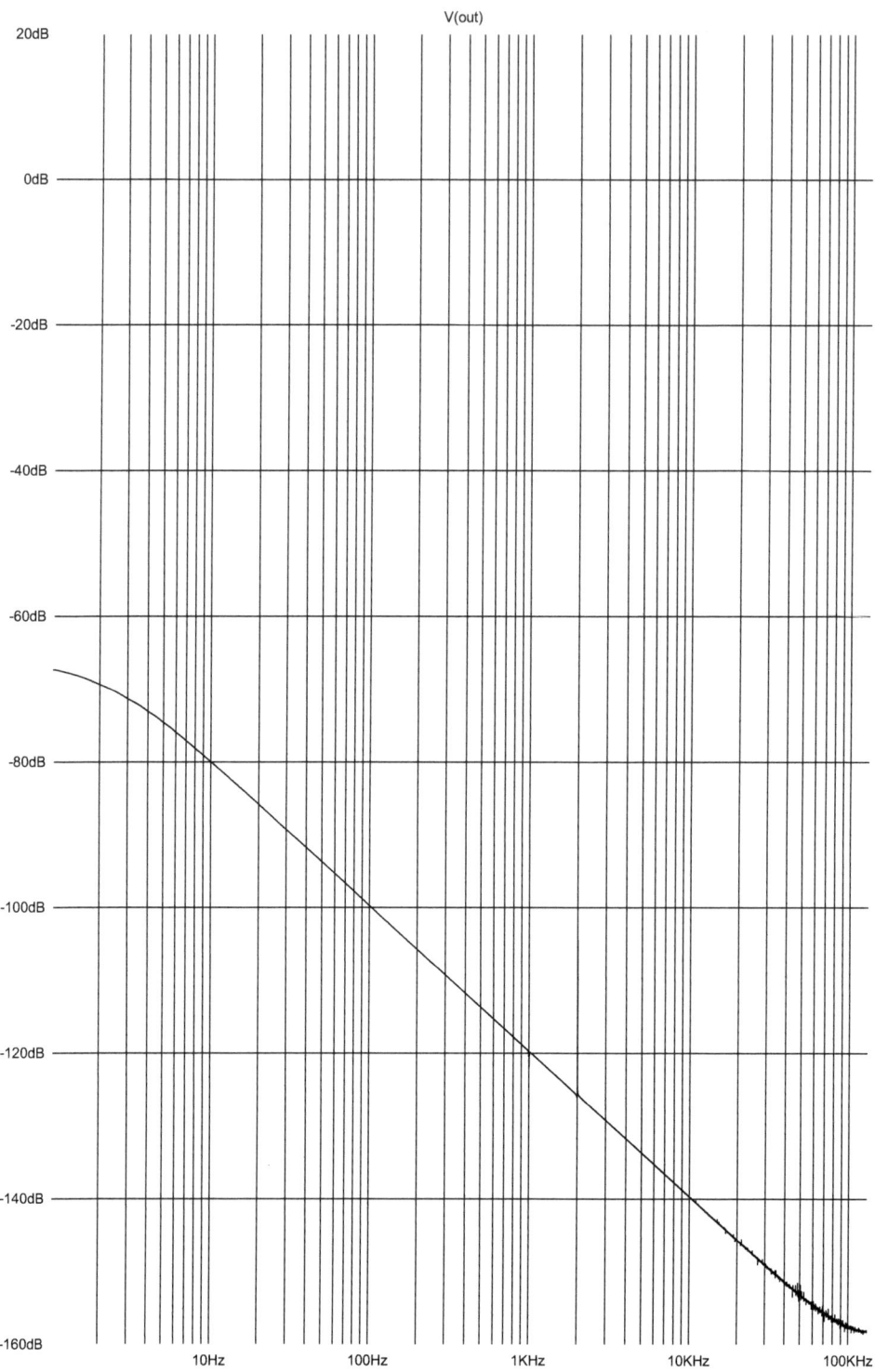

Abb. 1.8.23   Klasse-A-Vorverstärker mit Bootstrap optimiert, Spektrumanalyse

1.8 Verstärkertechniken

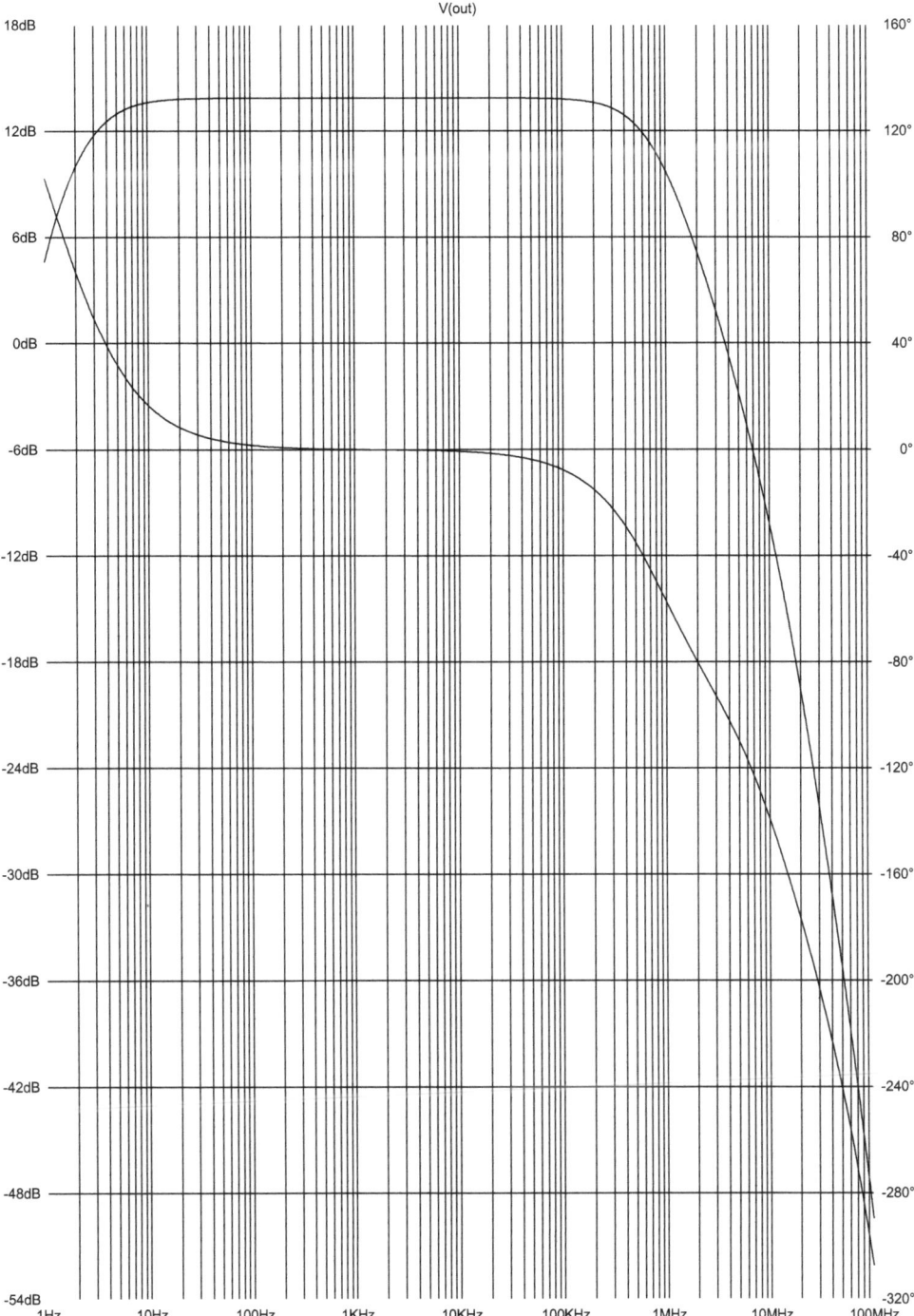

Abb. 1.8.24   Klasse-A-Vorverstärker mit Bootstrap optimiert, Kleinsignalanalyse

1.9 Der bipolare Operationsverstärker

Solch ein Verstärker besteht in aller Regel aus vier Teilen

1. Einem Differenzverstärker
2. Einer bipolaren Treiberstufe, z.B. aus Abb. 1.6.9 oder Abb. 1.9.1
3. Dem Endstufentreiber, z.B. aus Abb. 1.10.1
4. Einem Klasse AB-Endverstärker, z.B. aus Abb. 1.8.13 oder Abb. 1.10.3

Der Name Operationsverstärker (Englisch: Operational Amplifier; Kurzname: OPA) [1.4, 1.16, 1.19, 1.24, 1.25, 1.26] leitet sich davon ab, dass hier eine mathematische oder signaltechnische Verarbeitung (Operation) stattfindet, nämlich die Differenzbildung und die Verstärkung. Das wesentliche Element des Operationsverstärkers ist seine regelnde Eigenschaft. Diese wird durch die Differenzstufe, in welche das Ausgangssignal über einen externen Rückkopplungspfad entsprechend gedämpft und phasenversetzt wieder eingekoppelt wird, ermöglicht.

1.9.1 Der Differenzverstärker

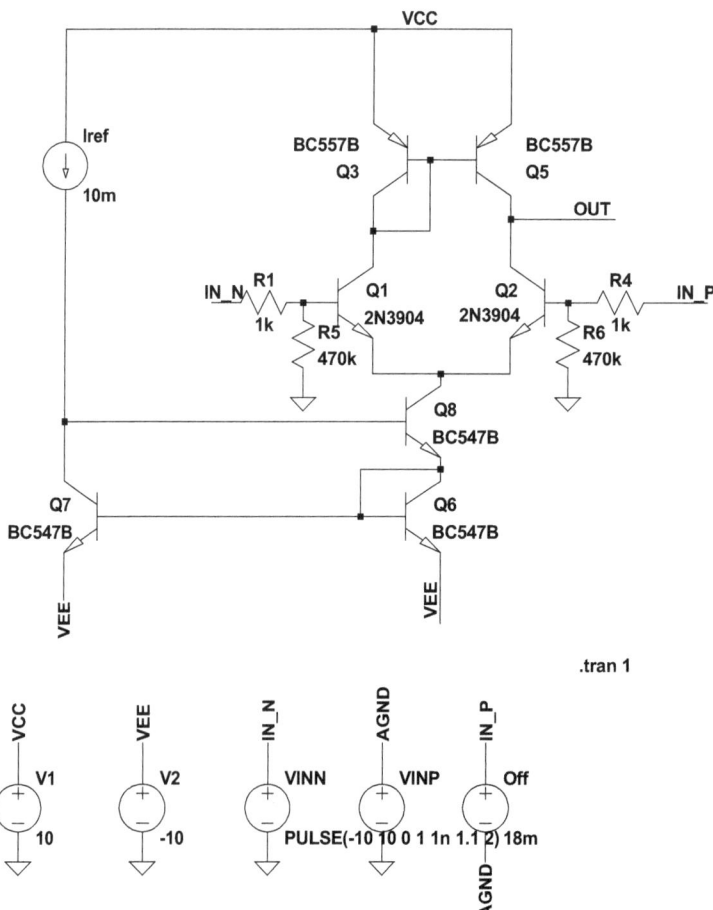

Abb. 1.9.1 Differenzverstärker mit bipolaren Transistoren

1.9 Der bipolare Operationsverstärker

Abb. 1.9.1 zeigt eine Differenzverstärkerstufe in bipolarer Schaltungstechnik. Es fällt auf, dass diese Schaltung einen kompensierten Stromspiegel enthält, der seinen Strom I_{ref} in die Differenzstufe als Strom I_0 spiegelt. Der Strom wird in dieser Differenzstufe aufgeteilt in einen Zweigstrom I_1 und einen Zweigstrom I_2. Damit gilt:

$$I_0 = I_1 + I_2$$
$$I_0 = k \cdot I_{ref}$$

Formel 1.9.1

Im Fall des Beispiels Abb. 1.9.1 ist der Stromkopplungsfaktor = 1. In die Basen der Eingangstransistoren fließt der Strom $I_{in,Q1}$ und $I_{in,Q2}$. Damit ergeben sich die Kollektorströme der beiden Transistoren Q1 und Q2 zu:

$$I_{C,Q1} = I_S \cdot e^{\frac{V_{in,Q1} - V_{E,Q1}}{u_T}}$$

$$I_{C,Q2} = I_S \cdot e^{\frac{V_{in,Q2} - V_{E,Q2}}{u_T}}$$

$$V_{E,Q1} = V_{E,Q2}$$

$$I_E = (I_{C,Q1} - I_{C,Q2}) \cdot \left(1 + \frac{1}{B}\right)$$

$$I_{C,Q1} - I_{C,Q2} = I_S \cdot \left(e^{\frac{V_{in,Q1} - V_{E,Q1}}{u_T}} - e^{\frac{V_{in,Q2} - V_{E,Q2}}{u_T}}\right) = I_S \cdot e^{\frac{-V_E}{u_T}} \cdot \left(e^{\frac{V_{in,Q1}}{u_T}} - e^{\frac{V_{in,Q2}}{u_T}}\right)$$

$$I_E = I_{C,Q1} + I_{C,Q2} = I_S \cdot e^{\frac{-V_E}{u_T}} \cdot \left(e^{\frac{V_{in,Q1}}{u_T}} + e^{\frac{V_{in,Q2}}{u_T}}\right)$$

$$I_{C,Q1} - I_{C,Q2} = I_E \cdot \frac{e^{\frac{V_{in,Q1}}{u_T}} - e^{\frac{V_{in,Q2}}{u_T}}}{e^{\frac{V_{in,Q1}}{u_T}} + e^{\frac{V_{in,Q2}}{u_T}}} = I_E \cdot \tanh\left(\frac{V_{in,Q1} - V_{in,Q2}}{2 \cdot u_T}\right)$$

Formel 1.9.2

Das Ergebnis dieser Berechnung zeigt, dass sich die Differenz der Kollektorströme tanh-mäßig verhält. Diese wird auch als Differenzausgangsstrom I_{diff} verstanden. Damit lässt sich eine Beziehung zwischen dem Emitterstrom I_E und dem Differenzausgangsstrom I_{diff} herleiten:

$$I_{diff} = I_{C,Q1} - I_{C,Q2}$$

$$I_E = I_{C,Q1} + I_{C,Q2}$$

$$I_{C,Q1} = \frac{I_E + I_{diff}}{2} = \frac{I_E}{2} \cdot \left(1 + \tanh\left(\frac{V_{in,diff}}{2 \cdot u_T}\right)\right)$$

$$I_{C,Q2} = \frac{I_E - I_{diff}}{2} = \frac{I_E}{2} \cdot \left(1 - \tanh\left(\frac{V_{in,diff}}{2 \cdot u_T}\right)\right)$$

Formel 1.9.3

Das Ergebnis zeigt auch eine einfache Modellierung für diese Differenzeingangsstufe. Hier wird deutlich, dass die Mathematik die Technik auf einfache und trotzdem richtige Art wiederzugeben vermag. Solche Modelle rechnen sehr schnell und werden daher als Grundlage für MATLAB, insbesondere SIMULINK-Simulationen gerne angewandt. Die Parametrierung der Modelle ist nicht aufwendig und bedarf keinerlei besonderer Kenntnisse der Technologie. Eine sich an der Differenzverstärkerstufe anschließende Endstufe trägt zum Charakter des Operationsverstärkers nichts mehr bei, sondern dient „lediglich" als Signalverstärkung. Der Stromspiegel der Differenzverstärkerstufe arbeitet symmetrisch, da die Stromsumme der beiden Differenzzweige (Formel 1.9.1) dies bestimmt. Grund: wird ein Zweigstrom um einen Strom I_ε verkleinert, so vergrößert sich der Strom des gegenüberliegenden Zweigs um genau diesen Betrag (Fehler auf Grund des Basisstroms der Bipolartransistoren werden bei dieser Betrachtung vernachlässigt). Der Stromspiegel, gebildet von den Transistoren Q3 und Q5 sorgt nochmals dafür, dass die Stromwaage beider Zweige stets symmetrisch bleibt und verbessert durch diese Regelung nochmals die Linearität der Differenzeingangsstufe.

Der Aufbau der Differenzverstärker erfolgt nach folgenden Kriterien:

- Frequenzbereich

Der Frequenzbereich (Breitbandigkeit des Verstärkers) spannt sich von 0 Hz (DC) bis zur „unity gain frequency", der „Einsverstärkung". Das ist der Punkt im Frequenzbereich, auf welchem der lastfrei betriebene Verstärker im offenen Betrieb (open loop) die Verstärkung 1 oder im logarithmischem Maßstab 0 dB erreicht.

- Einschwingverhalten unter Last

Das Einschwingverhalten unter Last „schaut" auf die Treiberfähigkeit der Endstufe. Entscheidend ist, ob die Last kapazitiv oder resistiv oder eine Mischung aus beiden ist. Diese Last darf das Ausgangssignal nur innerhalb der spezifizierten Grenzen verändern. Die Last ist der entscheidende Faktor, welches Stromgewicht die Endstufen treiben können. Bei Audioverstärkern werden in aller Regel ein Lastwiderstand (Lautsprecher) von 4 bzw. 8 Ω und eine Ausgangsleistung angegeben. Bei Sensoranwendungen liegt die resistive Last im MΩ-Bereich und die kapazitive Last ist für das Einschwingverhalten dominant. Bei bipolaren Transistoren gilt:
  - Je größer der Stromanteil der Endstufe sein muss, desto größer muss der Treiberstrom der Vorstufe sein
  - Je größer diese Ströme sind, desto geringer ist die nutzbare Bandbreite

- Offset

Verstärker, welche einen sehr geringen Offset aufweisen müssen, können mit bipolaren Transistoren meist nur dann aufgebaut werden, wenn eine externe Offsetkompensation (meist eine zusätzliche Stromeinspeisung in den Differenzzweig) vorgesehen wird. Eine sehr gute Alternative ist es, bipolare (Operations-)Verstärker mit JFET-Transistoren (zumindest als Eingangstransistoren) aufzubauen, damit die Eingänge strombefreit sind. Die Offsetkompensation wird dadurch stabiler und wird auch feinfühliger einstellbar und das Signalverhalten wird deutlich verbessert.

- Ausgangssignal

Das Ausgangssignal ist nicht auf Signalspannungsmitte zu legen, sondern richtet sich nach den Spannungsabfällen über dem Eingangstransistor (V_{CE}) des positiven Signaleingangs, sowie dem Spannungsabfall über der Strombiasstufe. Damit liegt der Arbeitspunkt des Differenzverstärkers stets deutlich versetzt zur Mittenspannung. Die Signalverstärkung bis zur spezifizierten Klirrgrenze bestimmt damit die maximale Signalspannung am Operationsverstärkereingang und somit auch den erreichbaren Spannungsverstärkungsfaktor.

Anmerkung: Bei beschalteten OPAs (siehe Kapitel 3) wird diese Signalspannung durch die externe Gegenkopplung stets wieder auf die Referenzspannung des Signals V_{AGND} (meist Mittenspannung) hin geregelt. Dabei ist die Zeit, welche das Signal durch den Verstärker und die Rückkopplung benötigt (das ist die Regelzeitkonstante und beträgt i.d.R. 1–2 nsec), in den Transientensimulationen zu beobachten, denn kurzfristig kann der Operationsverstärker übersteuert werden. Die Gefahr der Übersteuerung ist dann gegeben, wenn durch externe Beschaltung die Zeit der Rückkopplung so beeinflusst wird, dass diese in die Nähe des Signalbands rutscht.

Die Verstärkung des unbeschalteten OPAs kann aus diesen Gründen sehr hoch sein. Ein Signal, welches an einen unbeschalteten OPA angelegt wird, wird diesen in aller Regel übersteuern. Daher kann ein unbeschalteter OPA auch als Komparator angewandt werden mit der Einschränkung, dass der OPA intern eine Phasenstabilisation besitzt, welche den Frequenzbereich des Verstärkers einschränkt. Ein Komparator benötigt diese Stabilisation nicht und ist daher meist schneller als ein OPA. Im Kapitel 2.8.2 wird die Phasenkompensation vorgestellt.

Beim Operationsverstärker sind die nachfolgenden Verstärkerstufen ähnlich denen des „normalen" Verstärkers. In aller Regel ist es sinnvoll, eine volldifferentielle Endstufe zu haben und dazu ist ein differentieller Treiber notwendig.

1.9.2 Die differentielle Treiberstufe

Die Abb. 1.9.2 zeigt den Entwurf einer Treiberstufe, die einen Vorverstärkerausgang an eine volldifferentielle Endstufe bindet. Bei dieser Schaltung ersetzt der Transistor Q14 die Vorspannungsdioden. Diese Vorspannung berechnet sich zu:

$$V_{vor} = 2 \cdot V_0 = 0.7V \cdot \frac{R_{21} + R_{20} + R_{22}}{R_{20} + R_{22}}$$

Formel 1.9 4

Darin stehen R_{20} und R_{21} als Potentiometer. An diese Schaltung wird eine AB Endstufe, wie sie Abb. 1.9.1 zeigt, angeschlossen. Bei Operationsverstärkern sind in aller Regel keine Leistungsendstufen notwendig, daher kann diese Endstufe mit nur einem Endstufenzweig Q1 und Q2 bedient ausgeführt werden.

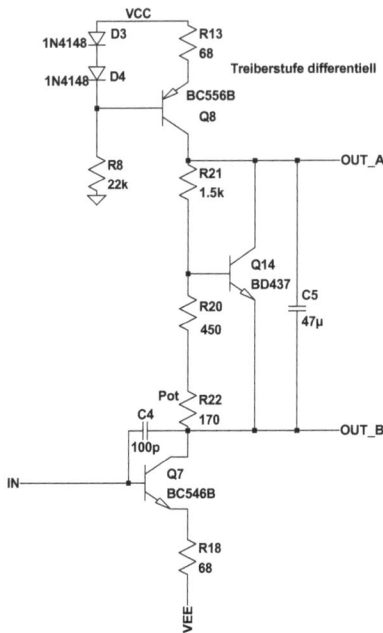

Abb. 1.9.2   Treiberstufe differentiell

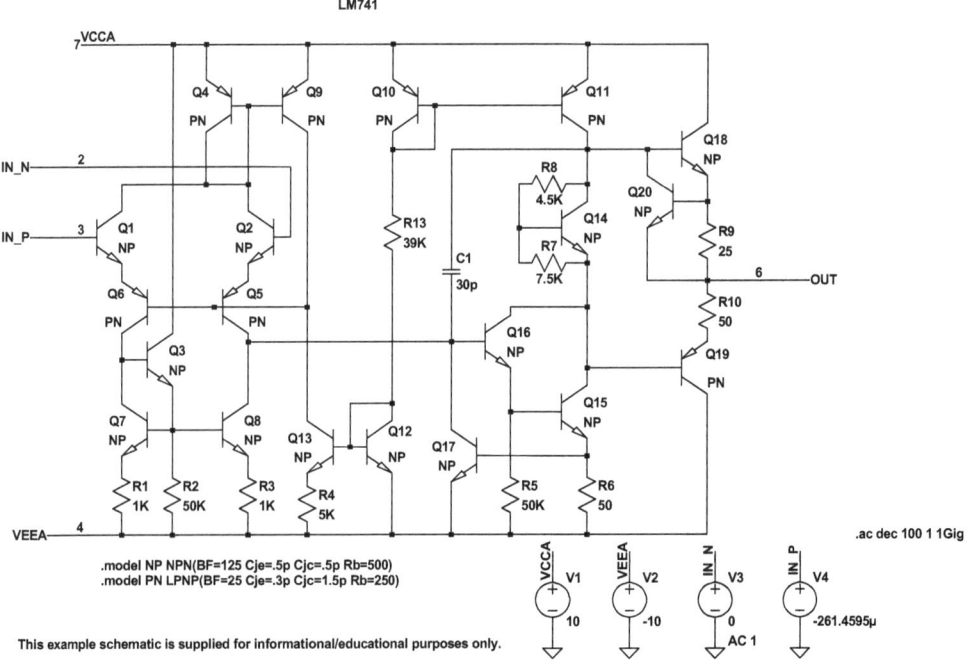

Abb. 1.9.3   Operationsverstärker LM741

Die Abb. 1.9.3 zeigt das vereinfachte Schaltbild eines professionellen Operationsverstärkers LM741. Diese Schaltung zeigt alle besprochenen Baugruppen in leicht modifizierter Form.

1.9 Der bipolare Operationsverstärker

Die AC-Analyse zeigt nach abgeglichenem Offset (Abb. 1.9.4) ein sehr gutes Verhalten.

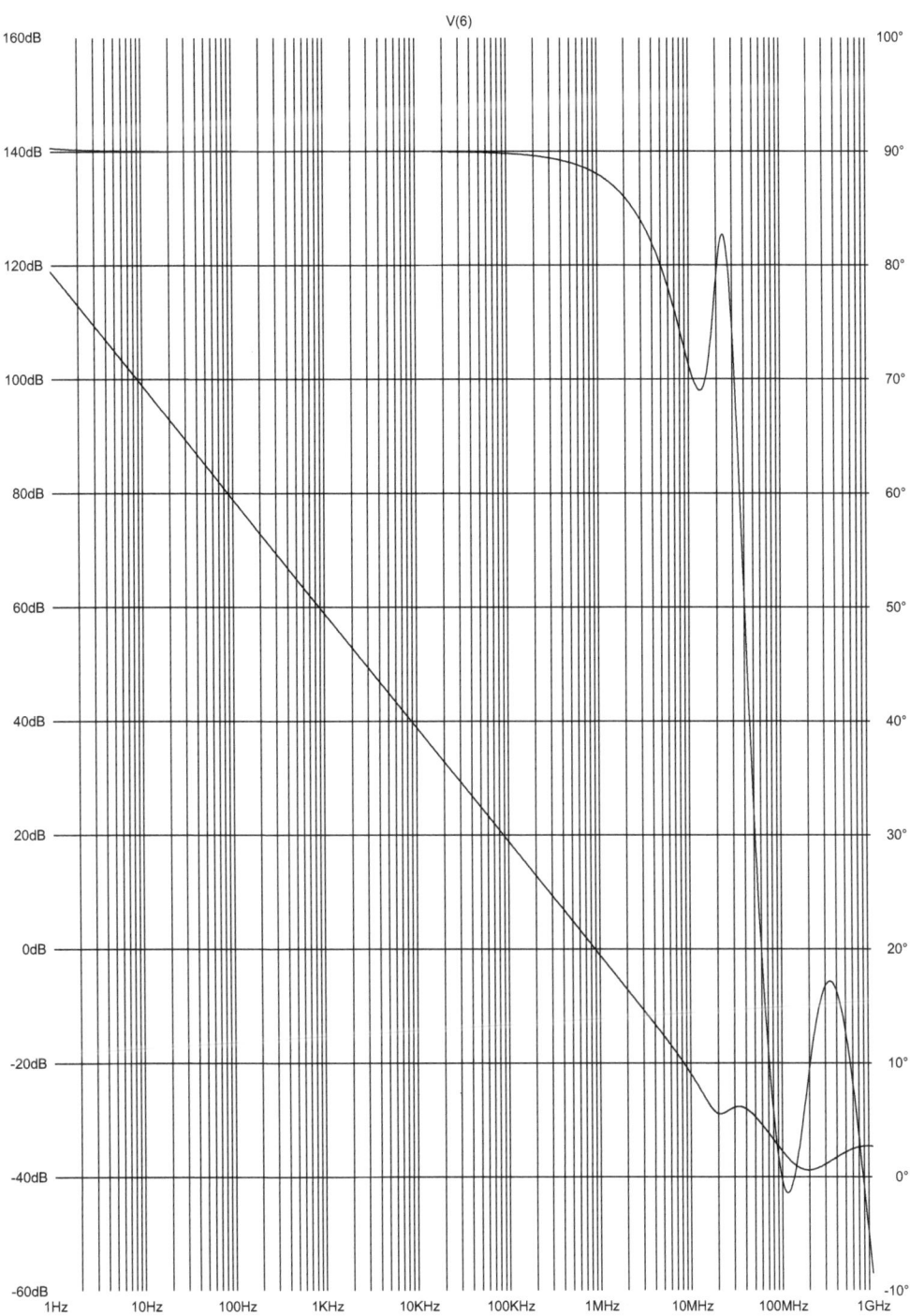

Abb. 1.9.4   Operationsverstärker LM741: AC Analyse

Die wichtigsten Schaltungstechniken mit Operationsverstärkern werden in Kapitel 3 besprochen.

1.9.3 Wesentliche Charakteristika des Operationsverstärkers (OP)

1. Der OPA besitzt einen Differenzspannungsverstärker
2. Der OPA hat eine Endstufe, deren Signal (extern) gedämpft auf den positiven Eingang zurückgeführt wird, so dass der Verstärker auf Grund der so erreichten sehr geringen Aussteuerung sehr linear arbeitet
3. Die Gesamtverstärkung G ist das Produkt aus:
   - Verstärkung Differenzstufe   Gdiff
   - Verstärkung Treiberstufe   GTr
   - Verstärkung Endstufe (booster)   GBoost

$$G = G_{Diff} \cdot G_{Tr} \cdot G_{boost}$$

Formel 1.9.5

4. Operationsverstärker können einen Verstärkungsfaktor G bis hin zu einigen Hunderttausend aufweisen.
5. Der OP stellt einen Regelkreis dar mit Vorwärtsverstärkung (Verstärkung des offenen Kreises (open loop)) und externer Rückwärtsverstärkung (Rückführung Ausgangssignal zum positiven OPA-Eingang)
6. Der Differenzverstärker ist eine Addiereinheit, damit eine rechnende Stufe. Sie addiert das Eingangssignal mit dem gedämpften Ausgangssignal. Die Inversion findet durch die Art der Schaltungstechnik (Stromwaage) statt.
7. Der Operationsverstärker ist damit eine spannungsgesteuerte Spannungsquelle mit einer hohen inneren (intrinsischen) Verstärkung.

Der Regelkreis des Operationsverstärkers kann nun angegeben werden:

$$V_{OP,IN} = V_{Signal} + k \cdot V_{OUT,OP}$$
$$V_{OUT,OP} = -G \cdot V_{OP,IN}$$
$$V_{OUT,OP} = -\frac{V_{Signal} \cdot G}{1 + k \cdot V_{OUT,OP}}$$
$$H = \frac{V_{OUT,OP}}{V_{OP,IN}} = -\frac{G}{1 + k \cdot G} \approx -\frac{1}{k}$$

Formel 1.9.6

Diese vereinfachte Darstellung der Übertragungsfunktion berechnet den eingeschwungenen Zustand. Korrekter ist es, die Überragungsfunktion im Laplace-Bereich anzuschreiben. Der Operationsverstärker hat einerseits eine Signaldurchlaufzeit und zeigt auf Grund seiner internen Transistorleitwerte und Knotenkapazitäten ein Tiefpassverhalten. Somit stellt der OPA im regelungstechnischen Ersatzschaltbild ein T_1 bzw. Zeitglied 1. Ordnung mit Verstärkung

1.9 Der bipolare Operationsverstärker

G dar. Die Rückkopplung ist ein rein passives Dämpfungsglied ohne frequenzbeeinflussende Eigenschaften. Die Übertragungsfunktion entwickelt sich dann wie folgt:

8. Im Frequenzbereich

$$H_{TP}(\omega) = \frac{1}{1 + j\omega RC}$$

$$A(\omega) = 20 \cdot \log_{10} \frac{1}{\sqrt{1 + (\omega RC)^2}}$$

Formel 1.9.7

9. Mit Hilfe des Einheitssprungs am Eingang und damit verbunden der Laplace Transformation

$$H(p) = \frac{1}{1 + pRC}$$

$$H(s) = \frac{1}{1 + s \cdot \tau}$$

Formel 1.9.8

Da dieser Tiefpassfilter im Vorwärtsverstärkungszweig (V) liegt, kann somit die Übertragungsfunktion eines Operationsverstärkers im Laplace-Bereich angeschrieben werden:

$$H_V(s) = -\frac{G}{1 + s \cdot \tau}$$

Formel 1.9.9

Damit erhalten wir für diese vereinfachte Beziehung des Operationsverstärkers seinen Phasengang zu:

$$|A(j\omega)| = \left|\frac{1}{1 + j\omega RC}\right| = \frac{1}{\sqrt{1 + (\omega RC)^2}} = \frac{1}{\sqrt{1 + (\omega \tau)^2}}$$

$$\varphi(\omega) = -a\tan(\omega RC) = -a\tan(\omega \tau)$$

Formel 1.9.10

Für den Sonderfall $|A| = \frac{1}{\sqrt{2}}$ gilt:

$$|A| = \frac{1}{\sqrt{2}} = \frac{1}{\sqrt{1 + (\omega RC)^2}}$$

$$f_g = \frac{\omega_g}{2\pi} = \frac{1}{2\pi RC} \quad \Rightarrow \quad \varphi = 45°$$

Formel 1.9.11

Der Frequenzgang wird mit einem Eingangssignal auf 1 V normiert. Gewöhnlich wird der Frequenzgang dekadisch-logarithmisch in der Einheit dB (dezi-Bel) angegeben:

$$F\,[dB] = -20 \cdot \log_{10}\left(\frac{V_{OUT}}{V_{IN}}\right) = -20 \cdot \log_{10}\left(\frac{V_{OUT}}{V_{DC}}\right)$$

$$[dB] = 10 \cdot \log_{10}\left(\frac{P_{OUT}}{P_{IN}}\right) = 10 \cdot \log_{10}\left(\frac{V_{OUT}^2}{V_{IN}^2}\right) = 20 \cdot \log_{10}\left(\frac{V_{OUT}}{V_{DC}}\right) = 20 \cdot \log_{10}\left(H(j\omega)\right)$$

Formel 1.9.12

Nachteile des bipolaren Operationsverstärkers
- Die Eingangtransistoren sind bipolar. Damit sind diese stets basisstrombehaftet und das kann bei schlechter Paarung zu unterschiedlichem Basisstromeintrag kommen und damit zu einem Offset.
- Die Stromspiegel tragen mit ihrem Fehler ebenfalls zu einem Offset bei.
- Die Last der Treiberstufe an der Differenzeingangsstufe ist zwangsläufig einseitig und basisstrombehaftet (Treiberstufe).

Fazit daraus ist, dass bipolare Operationsverstärker stets einen systembedingten Offset besitzen. In den meisten bipolar-OPAs kann deshalb ein Offsetstrom eingeprägt werden, der in der Differenzeingangsstufe diese Fehler genügend gut ausgleicht.

1.10 Der Endstufen-Entwurf

Unter einer Endstufe wird der leistungstreibende Teil des Verstärkers verstanden, der das Signal zu den weiteren Verbrauchern leitet. Die Ansprüche an Endstufen sind mannigfaltig. Audioverstärker treiben meist Lautsprecher, im HiFi-Bereich mit einigen 10 bis 100 Watt, im Studio- oder Beschallungsanlagen-Bereich (PA – Public Adress – Anlagen) betragen die zu treibenden Leistungen bis zu einigen tausend Watt! Im Bereich der Sensorsignalverarbeitung sind die Treiberforderungen völlig anders geartet. Hier sind es meist kapazitive Lasten, die sehr gering sind, da die Signalverarbeitung schnell vonstatten gehen soll. Allgemein gilt: Jede Endstufe braucht einen angepassten Endstufentreiber.

1.10.1 Endstufentreiber

In den meisten Fällen sind klassische Endstufen als AB-Verstärker ausgelegt. Die Treiber dazu sind meist Klasse-B Verstärker mit U_{BE} Verstärkungstransistor. Abb. 1.10.1 zeigt diese Schaltung, die der Schaltung aus Abb. 1.9.2 entspricht.

Diese Schaltung arbeitet mit zwei parallel geschalteten Zweigen:

Zweig 1

Widerstandszweig aus R2, dem Potentiometer P1a mit P1b und dem Widerstand R3. R2 und R3 dienen nur als bereichsbegrenzende Widerstände für das Potentiometer.

1.10 Der Endstufen-Entwurf

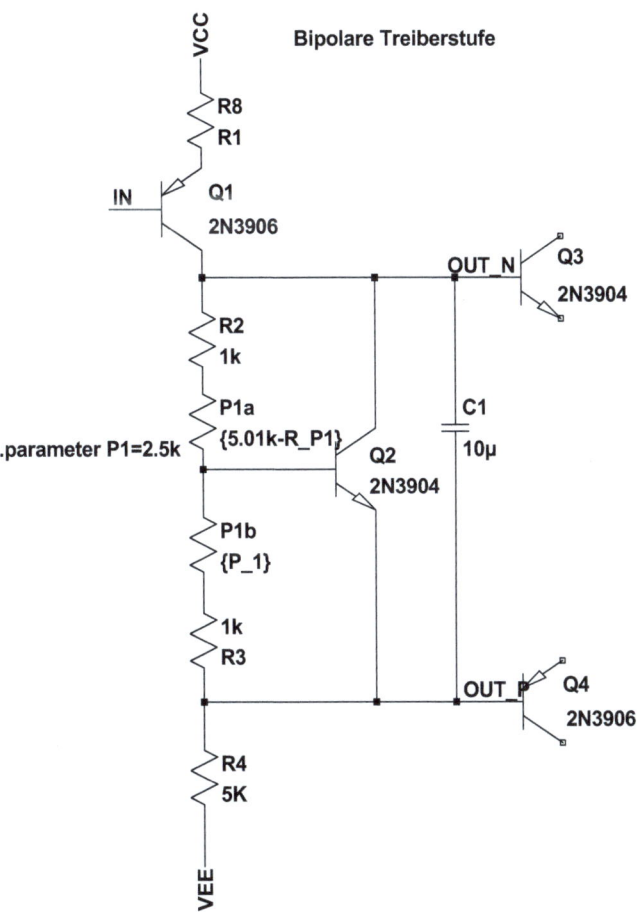

Abb. 1.10.1   Bipolare Treiberstufe

Zweig 2 mit Transistor Q2

Das Potentiometer bietet den Basisstrom für den Transistor Q2, der mit seinem resultierenden Kollektor-Emitterstrom den Parallelzweig „Zweig 2" bildet. Damit ist die Ansteuerung der Endstufentransistoren in Abb. 1.10.1 (angedeutet mit Q3 und Q4) so gewährleistet, dass deren Vorspannung so weit und optimiert auseinander liegt und damit die Übernahmeverzerrungen auf nahezu Null reduziert werden. Im Grunde arbeitet diese Stufe wie eine Emitterschaltung mit Spannungsrückkopplung. Der Kollektorwiderstand für Q2 wird vom Transistor Q1 gebildet, der auch gleichzeitig als Signaltreiber fungiert. Die Basisansteuerung von Q2 kann demzufolge angeschrieben werden mit:

$$V_{BE,Q2} = V_{OUT\_N} \cdot \frac{R_2 + P_{1a}}{R_2 + R_3 + P_{1a} + P_{1b}}$$

$$I_B = \frac{V_{BE,Q2}}{R_3 + P_{1b}}$$

Formel 1.10.1

1.10.2 Die Endstufe

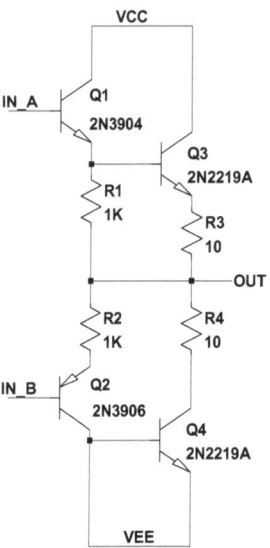

Abb. 1.10.2 Bipolare Klasse-AB-Endstufe

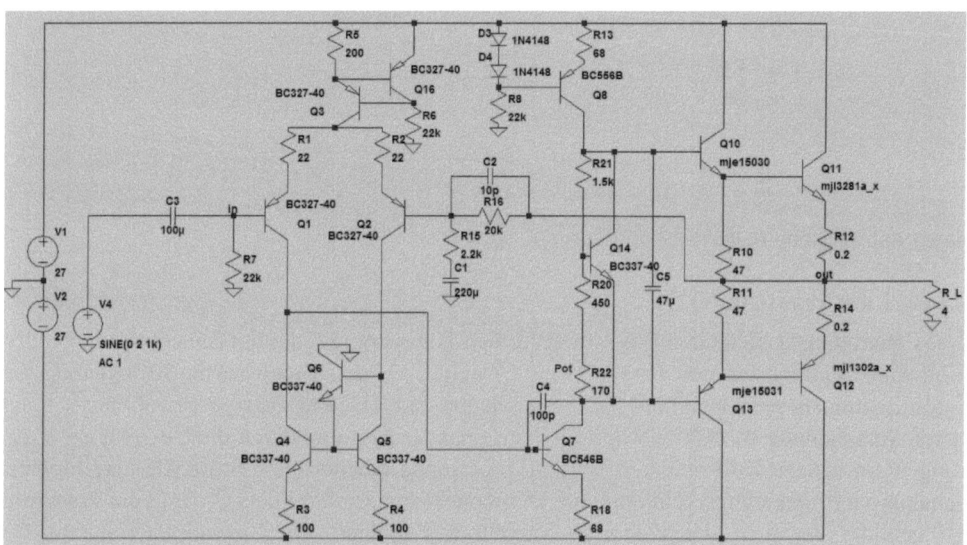

Abb. 1.10.3 HiFi-Endstufe

Abb. 1.10.2 zeigt die Schaltungstechnik einer bipolaren Leistungsendstufe. Zur Leistungssteigerung sind hier 2 Endstufen in Serie geschaltet. Die Endstufen werden von einer geeigneten Treiberstufe (Abb. 1.10.1) an IN_A und IN_B angesteuert. Der Ausgang OUT wird an einen Lautsprecher gehangen. Dazu ist die Impedanzanpassung Lautsprecher zum Ausgangswiderstand r_a zu beachten (1.10.3), damit der Lautsprecher leistungsmäßig optimal angesteuert wird. Eine noch leistungsfähigere Endstufe für HiFi-Anlagen zeigt Abb. 1.10.3.

1.10 Der Endstufen-Entwurf

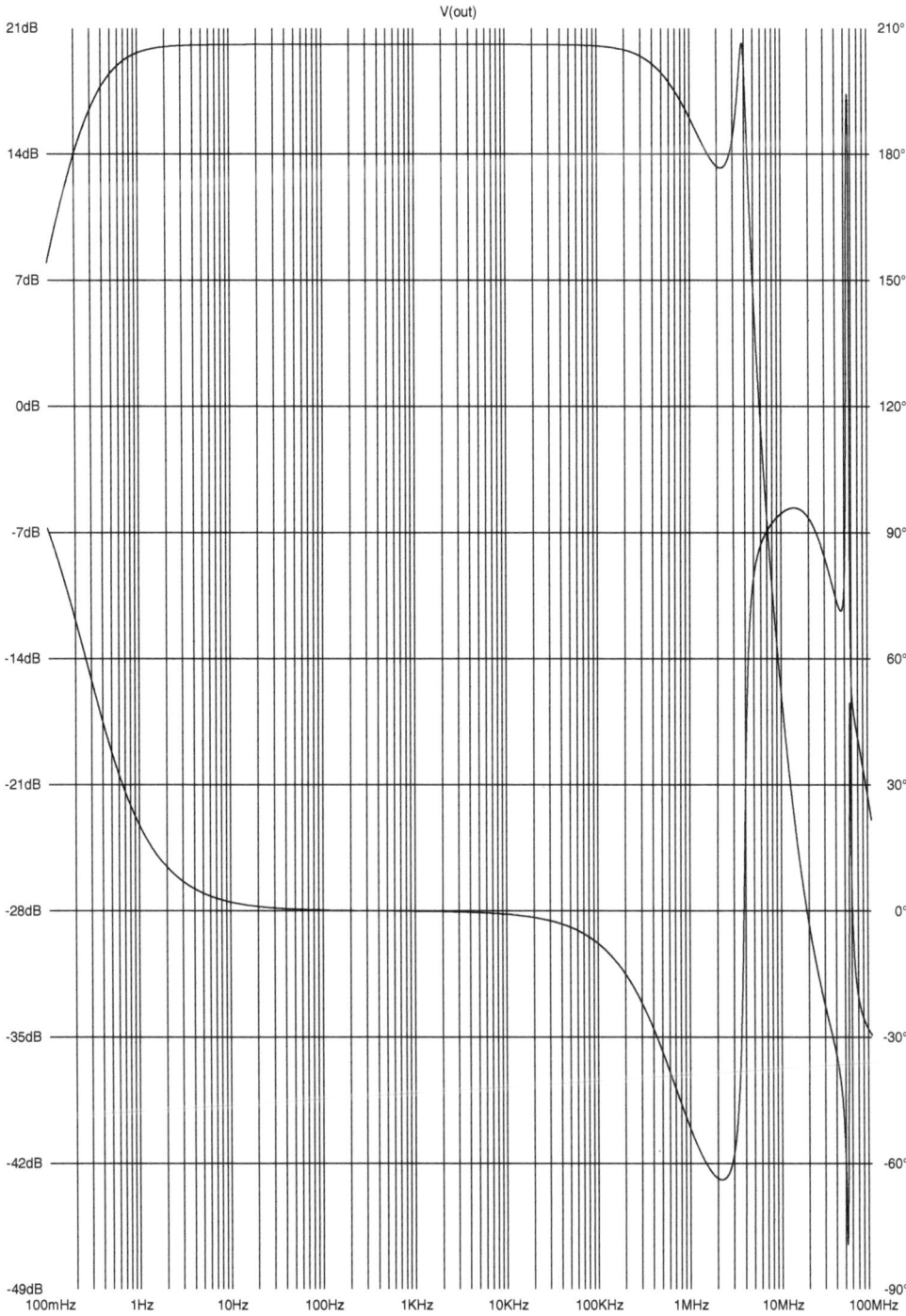

Abb. 1.10.4   HiFi-Endstufe, Frequenzverhalten

Aus Übersichtsgründen wurde die Klangregelstufe weggelassen, die sich zwischen der Differenzeingangsstufe und der Vorstufe befindet. Die wesentlichen Kenndaten dieses Verstärkers sind:

$R_L = 4\ \Omega$
$I_{OUT,SS} = 10\ A$
$V_{OUT,SS} = 40\ V$
$P_{sin} = 200\ W$
$THD = 0.0421\%$
$Gain = 19.6\ dB$

Das Frequenzverhalten zeigt Abb. 1.10.4. Weitere Endstufenentwürfe werden oft mit Darlington-Transistoren oder mit C-Klasse (meist bei HF-Verstärkern angewandt) bzw. D-Klasse (Digital-Endstufen) Verstärkern gezeigt. Es würde den Rahmen und die Zielsetzung des Buches sprengen, wenn hier auf diese Techniken tiefer eingegangen würde. Dazu wird wieder auf die einschlägige Literatur verwiesen.

1.10.3 Anpassung der Ausgangsimpedanz des Verstärkers zur Eingangsimpedanz der Lautsprecher

Wenn eine Impedanz (Lautsprecher) an einem Verstärkerausgang geschaltet wird, dann muss für die Beschreibung der Dämpfungsfaktor D_F eingeführt werden:

$$D_F = \frac{r_a}{r_{Sp}}$$

Formel 1.10.2

r_a ist der Ausgangswiderstand des Verstärkers und r_{Sp} ist der Eingangswiderstand des Lautsprechers (Sp für „speaker"). r_a muss stets deutlich kleiner als r_{Sp} sein, sonst läge eine Parallelschaltung der Impedanzen vor, was zu erheblichen Leistungsverlusten führen würde. Ein Lautsprecher besitzt auch keine gleichbleibende Impedanz, sondern die Lautsprecherimpedanz ist von der Frequenz (stark schwankend) abhängig. Die einschlägige Fachliteratur gibt dazu mehr Auskünfte. Da der Lautsprecher eine Spule hat, wirkt diese mit ihrer Induktivität auf den Verstärkerausgang zurück. Eine richtig durchgeführte Spannungsanpassung des Verstärkerausgangs zum Lautsprecher vermindert die störende Auswirkung der Rückwärtsinduktivität der Lautsprecher. Ein guter Richtwert für einen HiFi-Verstärker ist $D_{F,min} = 100$. Diese Impedanzanpassung wird durch die Anpassungsdämpfung AD beschrieben.

$$AD = 20 \cdot \log_{10} \frac{r_{Sp}}{r_{Sp} + r_a}$$

Formel 1.10.3

Mit der Formel 1.10.3 kann der Ausgangswiderstand des Verstärkers bestimmt und damit die richtige Anpassung durchgeführt werden.

1.11 Verständnisfragen

1. Die Bezeichnung bipolar steht für eine bestimmte Technologie. Welches sind die wesentlichen Merkmale einer bipolaren Technologie?
2. Der Aufbau eines bipolaren Transistors erfordert für den Emitter eine deutlich stärkere Dotierung als für den Kollektor. Warum ist die Emitterdotierung höher als die Kollektordotierung?
3. Was wird unter einem Kennlinienfeld verstanden?
4. Warum sind Schaubilder mit Bändermodellen für das Verständnis einer Technologie interessant?
5. Was ist der Unterschied zwischen einer Diode und einem Transistor?
6. Kann man zwei gegeneinander geschaltete Dioden als Transistor betreiben?
7. Welches sind die wesentlichen charakterisierenden Parameter einer Diode?
8. Welche Parameter bestimmen den Temperaturgang einer Diode?
9. Warum ist Kühlung wichtig und was passiert, wenn ein Bauteil überhitzt?
10. Sie wollen die Kennlinie einer Diode im Durchgangsbereich und im Sperrbereich simulieren. Entwerfen Sie eine Simulationsschaltung dazu.
11. Was ist eine Raumladungszone, wo macht diese sich bemerkbar und welche Bedeutung in der Schaltungstechnik hat sie?
12. Welche Dioden kennen Sie und welche Einsatzgebiete sind für diese Dioden vorgesehen?
13. Gleichrichter sind häufig angewandte Schaltungsteile. Beschreiben Sie die verschiedenen Arten von Gleichrichtern, zeigen Sie die zugehörigen Schaltungen und beschreiben Sie deren Vor- und Nachteile sowie deren Einsatzgebiete.
14. Was ist der wesentliche Unterschied zwischen einer normalen Diode und einer Zenerdiode?
15. Wie werden Zenerdioden charakterisiert?
16. Was ist ein Diac, ein Triac, ein Thyristor und welche Unterschiede dieser Diodentypen können Sie angeben?
17. Wie arbeitet eine LED, wie eine LRD?
18. Laser arbeiten manchmal mit Dioden. Kann eine normale Diode auch als Laser eingesetzt werden? Begründen Sie Ihre Antwort.
19. Wie arbeitet eine Laserdiode?
20. Eine Diode wird in Durchlassrichtung betrieben und Sie kennen deren Kennlinienfeld. Die Ansteuerung der Diode ist eine Spannungsquelle, die Last der Diode ein Widerstand. Wie wird der Arbeitspunkt der Diode berechnet?
21. Wie wird der Arbeitspunkt der Diode berechnet, wenn in Aufgabe 20 der Widerstand durch eine Stromquelle ersetzt wird?
22. Welche Simulations-Modelle für Bipolartransistoren gibt es und worin unterscheiden sich diese Modelle?
23. Beschreiben Sie das Vierquadranten-Kennlinienfeld des bipolaren Transistors.
24. Wozu dient das Eingangskennlinienfeld?
25. Was sagen die Stromsteuer-Kennlinien aus?
26. Das Ausgangskennlinienfeld ist zu beschreiben und zu simulieren. Entwerfen Sie dazu eine Simulationsschaltung.

27. Entwerfen Sie eine Simulationsschaltung für die Stromsteuer Kennlinie.
28. Was ist die Early-Spannung, wie wird sie berechnet und wie wird sie ermittelt?
29. Wie wird der DC-Arbeitspunkt eines bipolaren Transistors berechnet und eingestellt?
30. Wozu dient der Ruhestrom einer bipolaren Schaltung?
31. Welche Schaltungstechnik für den Arbeitspunkt eines bipolaren Transistorverstärkers ist empfehlenswert und warum?
32. Wie wird der Arbeitspunkt für die Lösung der Aufgabe 31 berechnet und wie gehen Sie vor?
33. Was ist eine Spannungs-, was eine Stromgegenkopplung?
34. Berechnen Sie am Beispiel eines Ein-Transistorverstärkers den Arbeitspunkt mit einer Spannungs- und einer Stromrückkopplung. Welche Schaltungstechnik kompensiert den Einfluss der Umgebungstemperatur besser und was ist dabei zu beachten?
35. Der Transistor als Schalter: was muss beachtet werden, wenn ein bipolarer Transistor als schneller Schalter für resistive bzw. kapazitive bzw. induktive Lasten dienen soll?
36. Entwerfen Sie für Aufgabe 35 die zugehörigen Simulationen, führen Sie diese durch und erläutern Sie an Hand dieser Ergebnisse, was passiert ist und welche Erkenntnisse Sie daraus gewinnen.
37. Erklären Sie die Arbeitsweise der Basisschaltung, Kollektorschaltung und Emitterschaltung.
38. Erklären Sie die Begriffe Spannungsverstärkung, Stromverstärkung, Leistungsverstärkung.
39. Was bestimmt den Eingangswiderstand eines Verstärkers mit bipolaren Transistoren?
40. Erklären Sie mit Hilfe einer Schaltungsskizze die Arbeitsweise des Colpitts-Oszillators.
41. Welche Systemvoraussetzungen verlangen Oszillatoren?
42. Modifizieren Sie eine Emitterschaltung so, dass ein vollsymmetrischer Ausgang erreicht wird. Skizzieren und erläutern Sie das Schaltbild.
43. Leiten Sie die Spannungsverstärkung der Emitterschaltung mit Hilfe der Beziehung der Steilheit des Verstärkers her.
44. Was versteht man unter dem Begriff Übertragungsleitwert?
45. Benennen Sie die drei Grundschaltungen für bipolare Stromspiegel.
46. Leiten Sie die Stromspiegelgleichungen der drei Stromspiegel-Grundschaltungen her und zeigen Sie bei jeder Schaltung, wie sich der Systemfehler auswirkt. Sie können den Early-Effekt vernachlässigen.
47. Dimensionieren und simulieren Sie die drei Stromspiegel-Grundschaltungen. Was können Sie über die Abweichungen des Simulationsergebnisses bzgl. der theoretisch hergeleiteten Erwartungsgrössen aussagen? Lässt sich aus Ihren Aussagen ein Maßnahmenkatalog entwickeln, der diese Effekte abmildert?
48. Skizzieren und berechnen Sie einen Klasse-A-Verstärker. Was kann über den Arbeitspunkt ausgesagt werden?
49. Skizzieren und berechnen Sie einen Klasse-B-Verstärker. Was kann über den Arbeitspunkt ausgesagt werden? Wo werden Klasse-B-Verstärker eingesetzt?
50. Skizzieren und berechnen Sie einen Klasse-AB-Verstärker. Was kann über den Arbeitspunkt ausgesagt werden? Wo werden Klasse-AB-Verstärker eingesetzt?
51. Welche Optimiermöglichkeiten für Klasse-AB-Verstärker sind Ihnen bekannt?
52. Was ist eine Bootstrap-Schaltung und wie arbeitet diese?
53. Was wissen Sie über den Ausgangswiderstand eines Audio-Verstärkers?

1.11 Verständnisfragen

54. Wie kann mit einer Spektralanalyse ein Audio-Verstärker feinabgestimmt werden?
55. Was ist der wesentliche Unterschied zwischen einem Klasse-AB-Verstärker und einem Operationsverstärker?
56. Skizzieren und erklären Sie die Differenzeingangsstufe eines bipolaren Operationsverstärkers.
57. Erklären und verbessern Sie die Ungenauigkeiten einer einfach aufgebauten bipolaren Differenzeingangsstufe.
58. Was wird unter dem Einschwingverhalten, dem Offset und der slew rate eines Verstärkers verstanden?
59. Erklären Sie, wie bipolare Verstärkerendstufen entworfen werden und worauf hier besonderer Wert gelegt werden muss.
60. Welches sind die wesentlichen Charakteristika eines Operationsverstärkers?
61. Leiten Sie die Gleichungen für die Verstärkung und den Phasengang eines Übertragungssystems her.

2 Grundlagen der MOS-Bauelemente

2.1 Technologiegrundlagen MOS

Das Buch geht nicht auf die Details der verschiedenen MOS-Technologien [2.1, 2.2] ein, sondern nur auf die technologischen Belange, welche für das Verständnis der analogen Schaltungstechniken mit MOS-Transistoren notwendig sind. Kurzkanaleffekte oder der rapide Drainstromanstieg am Ende des Sättigungsgebiets, der bis zur Transistorzerstörung führt, werden in diesem Buch nicht weiter vorgestellt. Diese Effekte sind der einschlägigen Fachliteratur zu entnehmen. Die hier meist benutzen MOS-Transistordimensionen besitzen genügend lange Transistoren, so dass diese Effekte hier nicht ins Gewicht fallen. Die folgenden Kapitel werden MOS- und CMOS-Grundlagen und -Schaltungstechniken vorstellen und erläutern. Es werden Anreicherungs- (enhancement) sowie Verarmungstypen (depletion) in der Technologie der MOS-Elemente unterschieden. Diese Unterscheidung bezieht sich auf die Dotierung, damit auf die Leitfähigkeit des Trägermaterials (bulk material). Beide Typen kommen sowohl bei N- als auch bei P- leitenden Substraten (Substrat: Grund- oder Trägermaterial) vor.

- P-Leitfähigkeit liegt vor, wenn das Trägermaterial oder auch die Wanne eine Löcherleitung aufweist.
- N-Leitfähigkeit liegt vor, wenn das Trägermaterial oder auch die Wanne eine Elektronenleitung aufweist.

Im Gegensatz zum Bipolartransistor gibt es bei den MOS-Transistoren keinen Unterschied der Dotierstärke zwischen Drain und Source. Deshalb „sucht" der MOS-Transistor sein Bezugsgebiet (Source) stets selber. Bei MOS-Transistoren, die als Einzeltransistoren gekauft werden, ist das Source-Gebiet meist nicht frei verfügbar, denn es wird im Transistor bereits mit dem Bulk elektrisch verbunden. Auch mag es sein, dass bei Einzeltransistoren das Source-Gebiet ein klein wenig größer ausfällt im Vergleich zu Transistoren, welche auf einem IC (IC: Integrated Circuit – integrierte Schaltung) Anwendung finden.

MOS-Schaltungstechniken bauen auf Transistoren eines Leitfähigkeitstyps auf, während die CMOS-Techniken komplementäre (C für complementary) Transistoren verwenden. Das sind Transistoren mit gegensätzlichen Leitfähigkeiten. Die Schaltungstechniken unterscheiden Schaltungen auf Leiterplatten und integrierte Schaltungen. Unter Verwendung von meistens Silizium (silicon) werden in ICs sehr viele Bauteile wie Transistoren, Widerstände, Kondensatoren und Leiterbahnen sowie Kontakte mit Hilfe technologischer Prozesse aufgebracht. CMOS-Schaltungen, ob digital oder analog, sind nur auf solchen ICs machbar. Heutzutage sind CMOS-ICs mit vielen Millionen Transistoren und mit digitalen sowie analogen Schaltungen erhältlich. Nahezu alle Steuergeräte für Kraftfahrzeuge, Mobiltelefone, Fernseher usw. enthalten speziell entwickelte, sogenannte angepasste oder kundenspezifische ICs. Solche ICs werden ASIC (Anwender spezifische IC) genannt. Wenn Schaltungen mit käuflichen P-MOS- und N-MOS-Transistoren auf Leiterplatten aufgebaut werden, sind das vom Verständnis her gesehen keine CMOS-Schaltungen. Viele der im Buch angesprochenen Schaltungen sind als Bibliothekselemente verfügbar und in der Datenbasis für das Buch in der directory *LTspice_Buch_sym* für die Symbole und *LTspice_Buch_sub* für die Schaltungen zusammengefasst. Die größeren Schaltungen in diesem Buch setzen sich aus den Elementen dieser Bibliothek zusammen und werden bei ihrer Besprechung im Buch stets als solche explizit ausgewiesen. Zu den Bibliothekselementen gehört auch das Technologie file für die MOS-Transistoren. In diesem Buch wird ein frei verfügbares MOS-Modell BSIM3 0.35 μ CMOS-Prozess [2.30] verwendet.

Wichtig: Das verwendete Modell ist ein modernes, frei verfügbares BSIM3v3-fähiges Modell. Jedoch wird die Mächtigkeit dieses Modells nicht voll ausgeschöpft, da dies einerseits den Rahmen des Buches sprengen würde und andererseits nicht im Fokus der in diesem Buch angestrebten Tiefe der Lehre steht. Daher werden in diesem Buch alle Simulationen mit MOS-Transistoren durchgeführt, die eine Mindestlänge von 1 μm haben.

Simulator-Aspekt

Die in diesem Buch vorgestellten Schaltungen erfordern für die Simulation moderne Prozesse. Die Transistoren in modernen Halbleiterprozessen können mit den traditionellen BSIM2-Modellen nicht mehr genau genug berechnet werden. Daher hat man in den 90er Jahren des letzten Jahrhunderts das BSMI3-Modell (dritte Modellgeneration von SPICE) eingeführt, das diesen modernen Prozessen angepasst ist. Insbesondere sind die Kurzkanaleffekte und die parasitären Kondensatoren sowie Leitwerte in diesem Modell enthalten. Das BSIM3-Modell ist sehr komplex und eignet sich nicht für eine Dimensionierungsrechung von Hand. Die von Hand durchgeführte Berechnung zur Schaltungsdimensionierung wird daher auch bei modernen Prozessen bevorzugt mit den traditionellen BSIM2-Modellen, eventuell mit Berücksichtigung durch Korrekturkoeffizienten, durchgeführt. Im LTspice-Simulator sind die BSIM3-Modelle in der Modellbibliothek enthalten, sodass der Unterschied zwischen der handberechneten und der simulierten Lösung häufig auffällt. Das ist akzeptabel, da eine Handberechnung stets als Einstieg in die Dimensionierung angesehen wird. Der Simulator dient nach diesem Einstieg als Optimierhilfe, aber es sei auch der alte Spruch angemerkt: „garbage in – garbage out!". Das soll heißen, dass der Simulator nur das als Ergebnis ausgibt, was der Benutzer anfordert. Auch bei Benutzung eines Simulators ist die vorherige Überlegung und damit die Fragestellung „Was möchte ich mit der Simulation erreichen?" ein sehr guter Einstieg. Wird der Simulator ohne Verstand verwendet, wird auch das simulierte Ergebnis nicht das sein, was erwartet wurde. Stets muss der Simulation eine sorgfältige Überlegung vorangehen, welche einerseits das Ziel der Simulation als auch die Hoffungshaltung erarbeiten soll. Unter dem Begriff Erwartungshaltung wird das hoffentlich erreichte Ergebnis verstanden. So wird eine Vorstellung aufgebaut, an welcher sich das Ergebnis messen wird. Stimmen beide nicht überein, so müssen beide noch einmal überdacht werden. Falls die Erwartungshaltung tragfähig geworden ist, kann diese auch als Zielspezifikation angesehen oder umbenannt werden. Das simulierte Ergebnis muss sorgfältig durchdacht werden und die Gründe für eine Abweichung müssen verdeutlicht werden. Erst dann kann die richtige Korrektur erfolgen. Natürlich darf es auch vorkommen, dass diese Erwartungshaltung zunächst unbekannt ist. Gerade bei modernen Anforderungen, welche meist sehr komplexe Zusammenhänge besitzen, mag das vorkommen. Dann sind auch mit Verstand durchgeführte iterative Simulationen sinnvoll, welche helfen ein Gefühl für die Schaltung zu entwickeln und somit Schritt für Schritt diese Erwartungshaltung aufzubauen.

2.1.1 Parasitäre Bipolartransistoren in CMOS-Prozessen und deren Effekte

Nur CMOS-Technologien haben parasitäre Bipolartransistoren [2.3, 2.4] mit PNP- und NPN-Leitfähigkeit. Der Begriff parasitär besagt, dass sich diese Transistoren aus den gegebenen Strukturen sozusagen selber herausbilden. Diese Transistoren sind ungewollte „Beigaben" des Prozesses, welche häufig auch negative Effekte nach sich ziehen.

Die parasitären Bipolartransistoren stören, sie sind der Verursacher des latch-up-Effekts und auch anderer gravierender Probleme moderner CMOS-Technik. Die Vorwärtsverstärkung ist im Vergleich zu „normalen" Bipolartransistoren sehr gering. Sie erreicht bei parasitären, vertikalen Transistoren etwa 6–8 und bei den lateralen oder auch horizontalen Transistoren lediglich etwa 4. Damit ist dieser Transistoreffekt nur bedingt nutzbar, spielt aber bei Bandgaps, das sind hochstabile Spannungsquellen, eine sehr wichtige, ausgeprägte Rolle. Die Ausbildung dieser parasitären Transistoren auf Silizium zeigt Abb. 2.1.1.

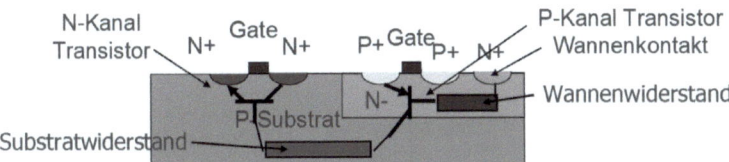

Abb. 2.1.1   CMOS: parasitäre Bipolartransistoren

Aus Abb. 2.1.2 ist erkennbar, dass sich diese bipolaren Transistoren durch die eingebrachten Schichten unterschiedlicher Leitfähigkeit bilden und auch von ihren geometrisch bedingten Abständen her geprägt werden. Der vertikale Transistor wird bestimmt durch die geometrische Ausdehnung der Wanne, welche in diesem Fall für den P-Kanal-MOS-Transistor notwendig ist, in die Tiefe des Siliziums. Ist diese Wanne sehr groß und beherbergt viele P-Kanal-Transistoren, so ist die Zuordnung „eines" vertikalen Bipolartransistors nicht möglich. Der NPN-Transistor ist abhängig vom Abstand der Diffusion des N-Kanal-MOS-Transistors zur nächstliegenden Wanne. Ist dieser Abstand kurz, so ist die Wirkung dieses Transistors im Vergleich zu einem großen Wannenabstand groß.

Latch-up

Latch-up [2.3, 2.4] ist ein Effekt, der durch parasitäre Bipolartransistoren hervorgerufen wird. Diese bilden einen Thyristor. Dieser Effekt ist CMOS-typisch. Nehmen wir eine einfache CMOS-Struktur an: einen Inverter. Es gibt sowohl einen P- als auch einen N-Kanal-Transistor (linkes Bild der Abb. 2.1.2). Beide bilden mit dem Substrat parasitäre Bipolartransistoren und besitzen unterschiedliche Widerstände einerseits zur Versorgungsspannung und andererseits zur Masse (Kollektorwiderstände). Das ist im rechten Bild der Abb. 2.1.2 dargestellt. Diese Struktur bildet einen parasitären Thyristor, wie in Abb. 2.1.3 dargestellt. Die Zündung dieses Thyristors beginnt bei Injektion eines Stroms in den Knoten I/O. Das ist der Emitter des PNP-Transistors. In Folge dessen wird ein Strom in die Basis des NPN-Transistors eingeprägt. Ist dieser Strom groß genug – durch eine Spannungsspitze an I/O kann das leicht passieren – wird der NPN-Transistor leitfähig. Damit wird die Emitter-Basisspannung von T1 weiter vorgespannt, womit T1 immer mehr Strom in die Basis von T2 abgibt. Somit schaukeln sich beide Transistoren bis in ihre Stromsättigung auf. Die beiden Transistoren können aus diesem Zustand nicht mehr befreit werden. Der Strom in I/O wächst sehr stark an, was einerseits zum Nichtfunktionieren des Inverters führt – dieser reagiert dann nicht mehr auf Signalwechsel – und andererseits steigt auf Grund des hohen Stroms die Verlustleistung, was zu stetig steigender Erwärmung und schließlich zum Hitzetod der Transistorstruktur führt. Die einzige Maßnahme, die Zerstörung der Transistoren zu verhindern, ist eine sehr schnelle Abschaltung der Versorgungsspannung, danach ein wenig zu warten – bis die Transistoren abgekühlt sind – und dann die Versorgungsspannung erneut einzuschalten.

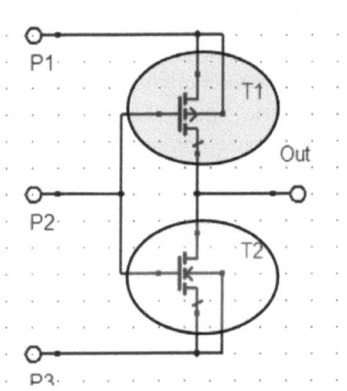
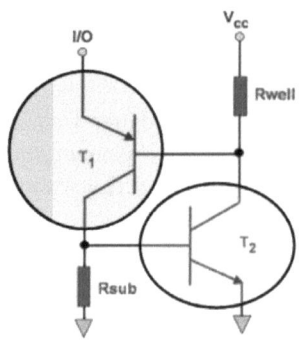

Abb. 2.1.2   Parasitärer Bipolareffekt: Thyristor

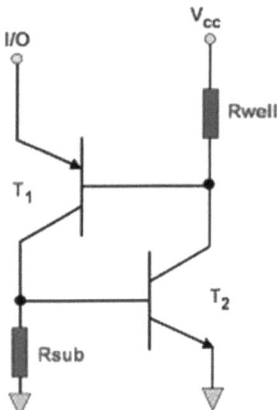

Abb. 2.1.3   Parasitärer Thyristor – Ersatzschaltbild

Electrostatic Discharge – ESD

Jede Diffusion hat einen PN-Übergang und bildet damit eine Diode. In CMOS-Prozessen sind sowohl PN- als auch NP-Übergänge vorhanden, da komplementäre Transistoren verwendet werden. Ein Ladungsstoß, verursacht beispielsweise durch die Berührung des ICs, kann eine CMOS-Struktur schädigen und sogar völlig zerstören. Schauen wir uns in einem CMOS-Prozess an, was passiert, wenn eine lokale Überspannungsspitze auf ein Gate trifft. Diesen Effekt nennt die Fachwelt ESD (Electrostatic Discharge, elektrostatische Entladung) [2.5]. Sehr viele Details zu diesem Thema können vom *Institut für Grundlagen der Elektrotechnik und Elektromagnetische Verträglichkeit IGET* erhalten werden.

Beispiel:

Oxiddicke 10 nm, Ladungseintrag 0.1 µC, Oxid-Kapazität = 10 fF

- Ladungseintrag in die Struktur

$$dQ = C \cdot dU$$

Formel 2.1.1

- Spannungseintrag über die Dioden-Kapazität (Raumladungsbereich)

$$V_{C,diode} = \frac{Q}{C} = \frac{0.01 \cdot 10^{-3} AsV}{10 \cdot 10^{-15} As} = 10^7 V$$

$$E = \frac{V}{t_{ox}} = \frac{10^7 V}{10^{-9} m} = 10^{15} \frac{V}{m}$$

Formel 2.1.2

Hohe elektrische Feldstärken sind äußerst problematisch, denn sie führen schlussendlich zu meist ungewollten Entladungen, welche schnell zu zerstörerischen Schäden führen können. In der MOS-Technik sind derartig hohe Feldstärken bereits durch einen ungewollten Ladungseintrag schnell erreicht. Diese Feldstärken haben jedoch eine sehr geringe Energie, die völlig ausreicht um eine bleibende Zerstörung wie einen Brandkanal, der sogar einen Abbrand-Krater erzeugen kann, zu hinterlassen.

Was kann gegen ESD und Latch-up unternommen werden?

- Vorwiderstände schützen

Jeder Schaltungseingang muss einen Vorwiderstand besitzen

- Schutzdioden an den PADS (PAD werden die Chipeingänge genannt) anbringen

Diese Dioden schließen Spannungsspitzen kurz, bevor diese in die Schaltung gelangen. Sie müssen schnell (hochfrequent) sein.

- Große Abstände von P- und N-Kanal-Strukturen

Das beeinflusst die Vorwärtsverstärkung des lateralen (waagrechten) Bipolartransistors negativ, sie wird kleiner. Damit sinkt die Gefahr des latch-up.

Vorsicht: die Vorwärtsverstärkung ist bereits sehr gering (4–6) und damit ist der Effekt der Abstandsvergößerung nicht besonders deutlich, aber er ist vorhanden! ESD und latch-up treten im Wesentlichen an Eingangsstrukturen auf, äußerst selten mitten in der Schaltung. Zur Vollständigkeit sei angemerkt, dass die Elektromagnetische Verträglichkeit (EMV) kein Effekt ist, sondern eine Eigenschaft jeder Schaltungstechnik. Diese Eigenschaft beinhaltet alles, was in irgendeiner Art Störungen durch geleitete oder gestrahlte elektromagnetische Wellen hervorruft.

2.2 Der MOS-Transistor

Dieses Kapitel wird P- und N-Kanal-Anreichungs- (Enhancement) MOS-Transistoren beschreiben [2.7–2.9]. Diese Technologie wird bevorzugt eingesetzt und zeigt auch sehr gute analoge Eigenschaften. Vielfach ist unbekannt, dass CMOS-Technologien auch für analoge

Schaltungstechniken eingesetzt werden können. Dieses Kapitel wird zeigen, dass die Analogtechnik eine Leittechnik ist und modernste, sprich sehr schnelle Digitalschaltungen, lassen sich nur noch mit Hilfe analoger Modelle berechnen.

Das MOS-Model

Das MOS-Model, welches in diesem Buch für LTspice verwendet wird, ist frei verfügbar, aus dem Internet kopiert [2.30, 2.31] und in die LTspice Umgebung eingebaut worden.

Auszug (Zitat) aus der Modellspezifikation:
MOSIS WAFER ACCEPTANCE TESTS
RUN: T88F (MM_EPI) VENDOR: TSMC
TECHNOLOGY: SCN035 FEATURE SIZE: 0.35 microns
Run type: SKD
INTRODUCTION: This report contains the lot average results obtained by MOSIS from measurements of MOSIS test structures on each wafer of this fabrication lot. SPICE parameters obtained from similar measurements on a selected wafer are also attached.

Tabelle 2.1   MOS-Technologietafel

COMMENTS: TSMC 035

TRANSISTOR PARAMETERS	W/L	N-CHANNEL	P-CHANNEL	UNITS
MINIMUM Vth	0.6 / 0.4	0.55	−0.75	µm
Short	20.0 / 0.4			µA/µm
Idss		346	−244	V
Vth		0.58	−0.72	V
Vpt		9.4	−9.9	V
Wide	20 / 0.4			
Ids0		2.7	< 2.5	pA / µm
Large	50 / 50			
Vth		0.53	−0.74	V
Vjbdk		8.0	−8.5	V
Ijlk		57.0	< 50.0	pA
Gamma		0.60	0.37	$V^{1/2}$
K' (U0*Cox/2)		92.7	−31.8	$µA/V^2$
Low-field Mobility		418.79	143.66	cm^2/Vs

2.2.1   Transistor-Strukturaufbau

Den strukturellen Aufbau eines MOS-Transistors in P-Substrat zeigt Abb. 2.2.1.

Die MOS-Transistoren werden mit Hilfe von Diffusionen oder Implantationstechnologie, ähnlich wie bei den bipolaren Transistoren, hergestellt. Die technologische Entwicklung ist in den letzten 10 Jahren derartig weit vorangeschritten, dass die heute erreichten Strukturtiefen im Nanometerbereich angekommen sind. Modernste Technologien erreichen bereits 10 nm Strukturauflösung. Abb. 2.2.1 zeigt, dass die Diffusionsinseln, welche die Transistoren bilden, stets voneinander isoliert sind. Das ist anders im Vergleich zu den bipolaren Transistoren, bei denen die Diffusionsschichten stets benachbart waren und dadurch der PN-Übergang ermöglicht wurde. Bei den MOS-Transistoren ist kein PN-Übergang für den Transistor vorhanden. Die Diffusionsübergänge sind Dioden, die in Sperrrichtung betrieben werden. Diese

2.2 Der MOS-Transistor

werden durch die Grenzschicht der Diffusionen gegenüber dem Substrat oder der Wanne gebildet. Auch sind beim MOS-Transistoren die Diffusionen für einen Transistor stets aus dem gleichen Implantat. Oberhalb zwischen den Diffusionsinseln wird isoliert von der Siliziumschicht eine leitfähige Platte angebracht, die eine geringe Überlappung über die Diffusionsgebiete aufweist. Die Diffusionsgebiete liegen immer in einem großen Feld umgekehrter Leitfähigkeit und auch geringerer Ladungskonzentration. Dieses Feld wird Substrat genannt, wenn das Feld durch den Si-Kristall selber gebildet wird. Es wird Wanne genannt, wenn in den Si-Kristall eine Wanne mit unterschiedlicher Leitfähigkeit eingebracht wird. In diese Wanne hinein werden mit Hilfe des technologischen Prozesses wiederum Inseln mit gegenseitiger Dotierung angebracht. Das ergibt den prinzipiellen Aufbau der MOS- oder CMOS-Transistoren. Der Aufbau der Transistoren erfordert jeweils zwei nachbarschaftliche Dotierungen für die Anschlüsse Drain und Source sowie einen Feldanschluss, Gate genannt. Das zugehörige Schaltungssymbol zeigt die P- bzw. N- Leitfähigkeit des Kanals durch einen Pfeil entweder in den Drain Anschluss hinein respektive aus dem Drain Anschluss hinaus.

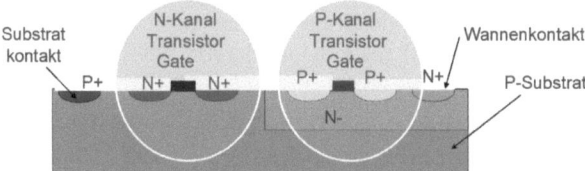

Abb. 2.2.1   MOS-Transistor: Strukturaufbau

Die Abb. 2.2.2 zeigt links das Schaltbild des N-Kanal- und rechts das des P-Kanal-Transistors.

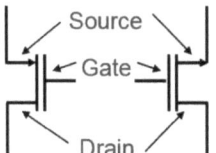

Abb. 2.2.2   P- und N-Kanal-MOS-Transistor

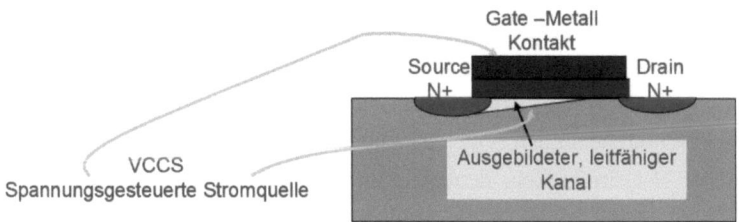

Abb. 2.2.3   MOS-Transistor-Querschnitt

Abb. 2.2.3 zeigt den Querschnitt eines MOS-Transistors. Die Dotierungen der Inseln besitzen im Unterschied zum bipolaren Transistor die gleiche Diffusionsdichte. Die eine Insel wird Source (abfließend bzgl. Strom), die andere Insel Drain (zufließend bzgl. Strom) genannt. Die steuernde und leitfähige Platte, das Gate, befindet sich oberhalb einer nichtleitfähigen Trennschicht, dem Gateoxid. Das Gateoxid ist eine sehr dünne Schicht und dient zur Erzeugung zweier elektrischer Felder.

2.2.2 Die elektrischen Felder des Transistors

- Feld 1: Gate nach Source
- Feld 2: Gate nach Drain
- Feld 3: Source nach Drain
- Feld 4: Kanal nach Bulk

Durch diese Felder, im Wesentlichen durch die beiden ersten Felder Gate nach Source bzw. Drain, bildet sich bei entsprechender Feldspannung und Vorspannung zwischen den Diffusionsinseln der Kanal (Details dazu später) aus. Dieser Kanal bildet sich in der schwach dotierten Zone aus, die umgekehrte Leitfähigkeit im Vergleich zu den Diffusionsinseln aufweist. Die Ladungsträger des Untergrund- (bulk) oder Wannenbereichs, in welchem sich der Kanal bildet, sind aber trotz der geringeren Ladungsträgerdichte in diesem Bereich in der Überzahl und heißen daher Majoritäten. Das kommt daher, dass diese Inseln enorm klein sind. Ein Vergleich mag dies verdeutlichen:

Stellen Sie sich einen Hörsaal vor. Der Raum des Hörsaals entspricht der Stärke der Trägerschicht und die kleinen Ritzen in der Decke sind die dotierten Ladungsinseln. MOS-Technologien werden aus diesem Grund auch manchmal im Umgangsjargon ein wenig frech „Oberflächendreck-Effekt" genannt.

Der sich bildende Kanal besteht aus den Ladungsträgern der Diffusionsinseln und diese Kanalladungen werden auch als Minoritäten angesprochen, da sie, bezogen auf die Menge der Ladungsträger im Untergrundmaterial, eine deutliche Minderheit darstellen. Das Feld, welches die Steuerung übernimmt, ist natürlich ein elektrisches Feld. Damit sich das Feld aufbauen kann, sind die Anschlüsse mit Spannung zu beaufschlagen. Die beiden Transistorbildenden Diffusionsinseln müssen, ähnlich wie beim Bipolartransistor, auch spannungsmäßig versorgt werden. Somit sind die Grundüberlegungen zu einem Transistor vollzogen. Das Feldgebiet Kanal nach bulk spielt eine Rolle bezüglich des sogenannten backbias-Verhaltens oder dem backbias-Effekt (unterschiedliche Begriffe für dasselbe Verhalten). Unter dem Fachbegriff backbias wird die Feldbeeinflussung von der rückwärtigen Transistorseite, dem bulk, gesehen. Diese moduliert genauso, nur nicht so stark, die Bildung des Kanals. Dieses Feld werden wir im Fortschritt dieses Kapitels noch kennenlernen als Sperrspannung (threshold voltage) beeinflussendes Feld. Ähnlich wie beim bipolaren Transistor wird auch beim MOS-Transistor ein Anschluss als Bezugspunkt gewählt. Das ist beim MOS-Transistor stets das Source-Gebiet. Folgende Frage ist zu stellen:

Welches Diffusionsgebiet ist Source, wenn kein Unterschied der Dotierdichte vorhanden ist?

Source ist immer der Anschluss der beiden Diffusionsgebiete, der die geringere Spannung oder auch das negativere Potential bezüglich seiner Ladungsträger besitzt:

Ein N-Kanal-Transistor hat N-Leitfähigkeit, demnach sind es die Elektronen, welche die Kanalleitfähigkeit bestimmen. Daher ist das Source-Gebiet dies, wohin die technische Stromflussrichtung zeigt: zum Anschluss mit geringerem Potential (bezogen auf die Leitfähigkeit dieses Transistortyps; hier N) als der andere Diffusionsanschluss, der in diesem Fall damit zum Drain geworden ist.

Ein P-Kanal-Transistor hat P-Leitfähigkeit, demnach sind es die Löcher, welche die Leitfähigkeit bestimmen. Daher ist das Source-Gebiet dies, wohin die technische Stromflussrichtung zeigt: zum Anschluss mit geringerem Potential (bezogen auf die Leitfähigkeit dieses Transistortyps; hier P) als der andere Diffusionsanschluss, der in diesem Fall damit zum Drain geworden ist.

2.2 Der MOS-Transistor

Tabelle 2.2 MOS-Transistor: Das elektrische Feld

Bezeichnung des Felds	Feldrichtung	Feldeigenschaft
E_{GS}	Feld von Gate nach Source Querfeld	Ist immer gleichgerichtet, sofern $V_{GS} >= V_{Source}$ ist
E_{GD}	Feld von Gate nach Drain Querfeld	Ist positiv, solange $V_{GS} >= V_{Drain}$, wird dann negativ
E_{DS}	Feld von Drain nach Source Längsfeld	Ist immer gleichgerichtet, sofern $V_{DS} >= V_{Source}$ ist
$E_{CB(x)}$	Feld von jedem Punkt x des Kanals hinunter zum Bulk Querfeld Bulk	Ist nichtlinear, wegen der Raumladungszone, die sich nichtlinear vom Source Richtung Drain ausstreckt

Die Feldrichtung wird auch mit Querfeld und Längsfeld angegeben. Die Attribute quer und längs beziehen sich auf die traditionellen Koordinaten des Chips. Die Fläche ist die x-y-Ebene, die Tiefe die z-Ebene. Diese Begriffe beziehen sich auf die x-y-Ebene.

2.2.3 Die Geometrien des Transistors

Da der Transistor ein geometrisch variabler Bestandteil der Technologie ist, kann er den elektrisch notwendigen Bedingungen Leitfähigkeit, Spannung und Kleinsignalparameter angepasst werden. Diesen Anpassungsvorgang nennt die Fachwelt *Dimensionierung*. Diese Dimensionierung wird durchgeführt im Chip-Entwurf und darin im Wesentlichen im analog Entwurf. Digitale Baugruppen werden durch hochsprachegesteuerte Automatismen – VDHL sei hier genannt – entworfen und die Dimensionierung ist nicht notwendig, da Bibliothekselemente, diese werden libraries genannt, verwendet werden. Für käufliche Transistoren ist natürlich auch keine Dimensionierung des Transistors durchführbar. Hier wird – wie im Kapitel 1.5 der bipolaren Schaltungstechnik erläutert – die Dimensionierung durch die schaltungstechnisch notwendigen Parameter und damit durch die Auswahl des Transistors durchgeführt.

Die ASIC-Transistor-Dimensionierung, hier im weiteren Verlauf kurz *Dimensionierung* genannt, bestimmt sich über die elektrischen Eigenschaften, aber deren Ergebnis ist die Transistor-Geometrie in Weite W und Länge L:

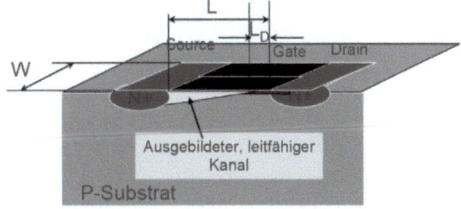

Abb. 2.2.4   MOS-Transistor: Erläuterung der Geometrien

Dimension des Transistors: Weite W und Länge L

Die Ausdehnung der Diffusion entspricht der Weite W des Transistors. Die Dimensionierung wird durch die Layoutregeln vorgegeben. Die Länge des Transistors entspricht dem Abstand der beiden Diffusionsinseln Drain und Source. Die effektive Länge L_{eff} des Transistors wird durch die Abschnürlänge L_D des Kanals bestimmt: $L_{eff} = L - L_D$. Die effektive Länge ist der weiß gezeichnete, dreieckige Kanalbereich unterhalb des Gates in Abb. 2.2.4.

2.2.4 Die Schwellspannung V_T

Darunter wird diejenige Steuerspannung (Gate-Source) verstanden, welche zum Erreichen der Oberflächeninversion notwendig ist. Liegt exakt Schwellspannung an, so ist die Inversions-Ladungsdichte innerhalb des Kanals exakt Null. Soll heißen, wir haben weder positive noch negative Inversions-Ladungen in der Zone unter dem Gate. Die Schwellspannung wird mit Hilfe der Potentialschwellen [2.4, 2.10] berechnet und ergibt sich zu:

$$V_{T0} = \Theta_{MS} - \frac{Q_{SS}}{C_{Ox}} + 2\Theta_F + \frac{\sqrt{2\Theta_F} \cdot \sqrt{2q\varepsilon_0\varepsilon_{Si}N_B}}{C_{Ox}} = \frac{t_{Ox}}{\varepsilon_0\varepsilon_{Ox}} \cdot \left(\sqrt{2qN_B\varepsilon_{Si}\Theta_S} - Q_{SS}\right)$$

$$\Theta_F = \frac{kT}{q} \cdot \ln\left(\frac{N_A}{n_i}\right)$$

Formel 2.2.1

Darin sind:

- Φ_F Fermi-Potential
- Φ_{MS} Metall-Austrittsarbeit Differenz (metal work function)
- N_A Dichte der Acceptor-Ladungen
- N_B Dichte der Substrat-Dotierung
- N_i Konzentration freier negativer Ladungen (Elektronen) im intrinsischen Si
- Q_{ss} Ladungen an der Si-Oberfläche (surface state charges)
- C_{Ox} Oxid-Kapazität
- ε_0 Dielektrische Konstante
- ε_{Si} Relative dielektrische Konstante von Si
- t_{ox} Oxid-Stärke vom Gate

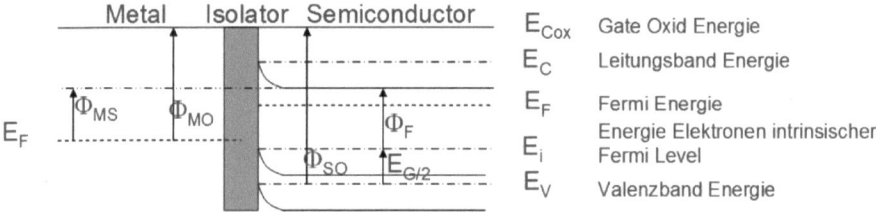

Abb. 2.2.5   MOS Transistor: Bändermodell

Die Formel 2.2.1 zeigt auch die Ursache und die Wirkung des Temperaturverhaltens von MOS-Transistoren. Die Ursache liegt nur in der Gleichung für das Fermi-Potential und dieses bewirkt bei zunehmender Temperatur eine Verringerung der Schwellspannung. Somit zeigt sich, dass MOS-Transistoren bei zunehmender Temperatur einen Rückgang des Drainstroms aufweisen. Das Bändermodell [2.4, 2.10] in Abb. 2.2.5 verdeutlicht das Verhalten der Schwellspannung. Die Schwellspannung hat einen begrenzenden Effekt bezüglich der Stromergiebigkeit eines MOS-Transistors. Insofern ist sie mit dem begrenzenden Effekt der Diodenspannung eines Bipolartransistors vergleichbar.

2.2.5 Der Backbias-Effekt

Unter dem Begriff „backbias" oder Vorspannung des Sourcegebiets wird die Wirkung des elektrischen Feldes verstanden, wenn das Source-Gebiet bezogen auf das Substrat eine Vorspannung besitzt. Dieses Feld ist vom Charakter her auch ein Querfeld und es wechselwirkt mit dem Längs- und Querfeld bezogen auf die Ansteuerung des Gates, sodass der erwartete Drainstrom geringer ausfällt als im Vergleich zum Transistor ohne dieses elektrische Zusatzfeld. Die Potentialdifferenz zwischen Source und Bulk (Substratmaterial) wird „backbias" genannt. Eine Vergrößerung dieses Feldes oder dieser Spannung vergrößert die Schwell- oder Einsatzspannung (threshold voltage) des Transistors. Die folgende Gleichung [2.4, 2.10] beschreibt dieses Verhalten:

$$V_T = V_{T0} + \frac{t_{Ox}}{\varepsilon_{Ox}}\sqrt{2qN_B\varepsilon_0\varepsilon_{Si}} \cdot \left(\sqrt{\Theta_S - V_{SB}} - \sqrt{\Theta_S}\right)$$

Formel 2.2.2

Darin ist Φ_S das Oberflächen-Inversions-Potential (surface inversion potential). Diese Gleichung der Schwellspannung kann nochmals vereinfacht werden durch Einbau einer Konstanten K_1, welche die technologischen Parameter zusammenfasst:

$$V_T = V_{T0} + K_1 \cdot \left(\sqrt{\Theta_S - V_{SB}} - \sqrt{\Theta_S}\right)$$

Formel 2.2.3

Diese Konstante, K_1 [2.4, 2.10] genannt, ist bekannt unter dem Namen backbias oder substrate bias Konstante. Die Abb. 2.2.7 zeigt diesen Effekt. Bei einer gegebenen Drain-Source-Spannung wird die Gate-Source-Spannung variiert von 0 V bis 5 V in Schritten zu 0.5 V. Die Simulationsschaltung mit LTspice zeigt Abb. 2.2.6. Die Wirkung des Backbias-Effekts erkennt man an dem späteren Einsatz des Drainstroms, wie Abb. 2.2.7 dies zeigt.

N-MOS-Steuerkennlinienfeld mit Substratvorspannung

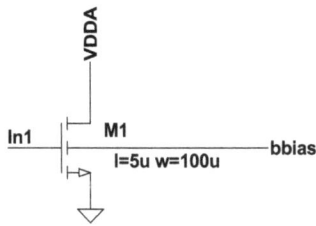

Abb. 2.2.6 MOS-Transistor: Simulationsschaltung Backbias-Verhalten

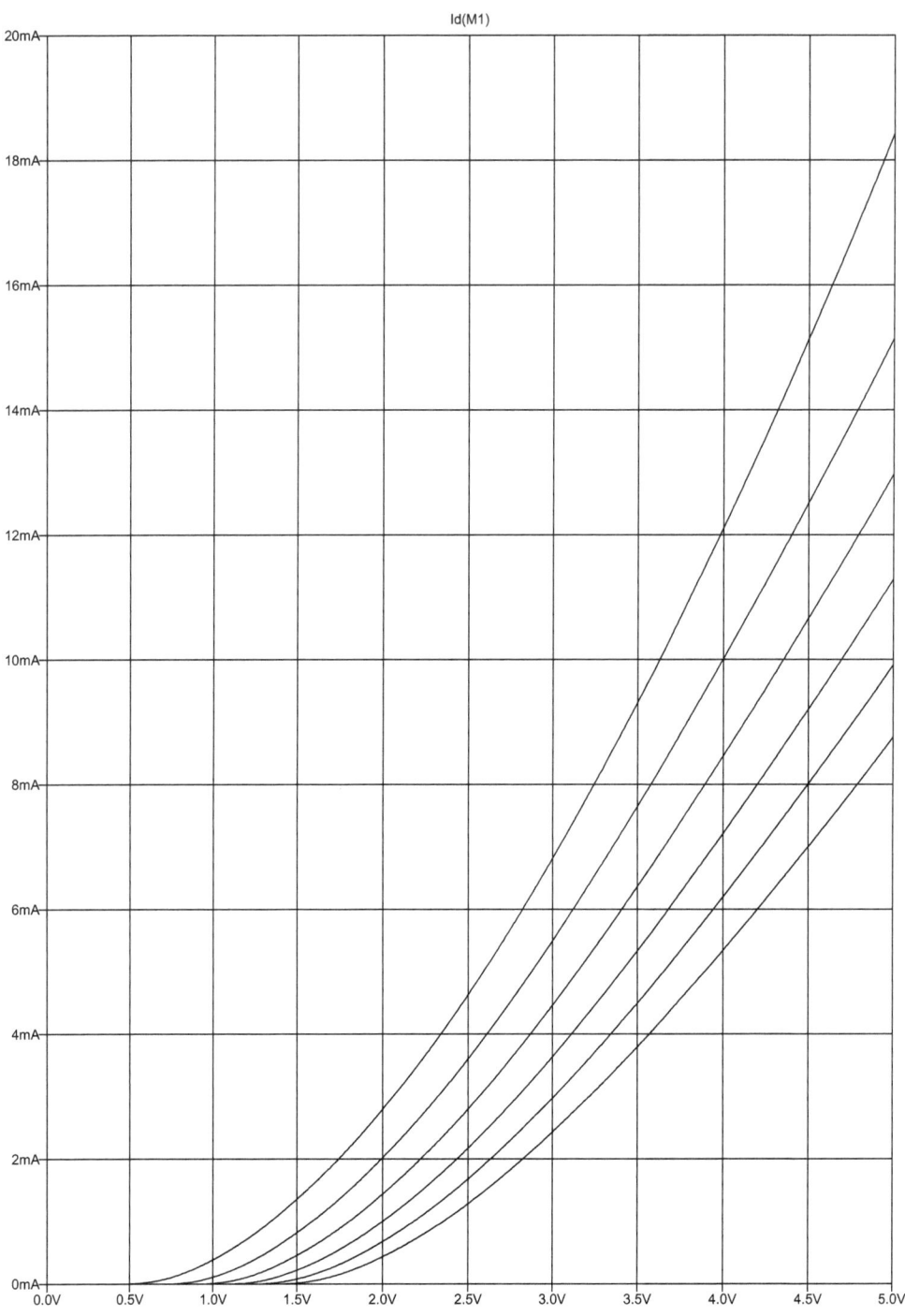

Abb. 2.2.7   MOS-Transistor: Simulationsergebnis mit Backbias-Verhalten

2.2 Der MOS-Transistor

2.2.6 Der Varaktor

Bevor auf die verschiedenen Arbeitsgebiete des MOS-Transistors eingegangen werden kann ist ein MOS-Effekt zu erklären, der sowohl im Verständnis der Arbeitsgebiete als auch schaltungstechnisch eine bedeutende Rolle spielt:

Die spannungsabhängige Kapazität der Raumladungszone [2.14, 2.10], welche durch die Kanalminoritäten gebildet wird. Der DC-Wert der Dioden-Spannung bestimmt die spannungsabhängige Kapazität. Solch eine Diode wird Varaktor genannt. Die Besonderheit der Grenzschichtausbildung, welche in Kapitel 2.2.7 in ihren physikalischen Details vorgestellt wird, beeinflusst die Ausdehnung der Raumladungszone unmittelbar und bewirkt eine deutliche Änderung ihrer Kapazität. Die CV-Charakteristik wird als Bezugswert zu einer Kapazität ohne Raumladungseffekt. Diese Bezugskapazität wird durch das reine SiO_2 gebildet und ist die Oxidkapazität. Die CV-Kurven sind abhängig von der Frequenz. Das begründet sich physikalisch durch das zeitlich bedingte Generations- und Rekombinationsverhalten der Ladungsträger [2.4, 2.10], auf das dieses Buch nicht tiefer eingeht. Die Abbildungen Abb. 2.2.8 und Abb. 2.2.9 zeigen diesen Sachverhalt für einen P-Si-Varaktor. In einem P-Si ist der Transistor ein N-Kanal-Transistor. Bei der NF-Kurve ist die Schwachinversion als deutliche Verringerung der Kapazität zu erkennen, welche aber im Inversionsbereich auf Grund genügend langer Zeit Rekombination eintritt und damit bei Starkinversion nahezu der Wert der Oxidkapazität (normiert auf 1) erreicht wird. Bei Niederfrequenz (NF) geht die CU-Kurve nach ihrem Minimumdurchgang wieder auf die Referenzkapazität (C_{OX}) zurück, während bei Hochfrequenz (HF) – Kurve Abb. 2.2.9 – die Rekombinationszeit nicht mehr ausreicht und daher die Kapazität auf ihrem Minimalwert verharrt. In Abb. 2.2.8 und Abb. 2.2.9 erkennt man jeweils im zweiten Bild, dass die Raumladung nach ihrem tiefsten Punkt, der den Flachbandzustand bestimmt, einen flachen Verlauf erreicht. Bis hin zum Beginn des flachen Verlaufs der Raumladung erstreckt sich das Gebiet der schwachen Inversion, auf der

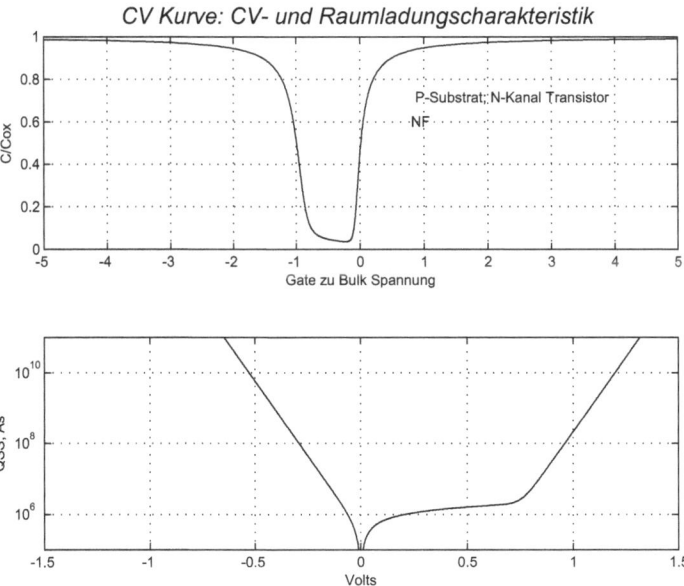

Abb. 2.2.8 CV-Kurve für N-MOS Struktur – NF-Charakteristik

negativen Vorspannungsseite links des Flachbandzustands ist das Akkumulationsgebiet. Der ausgeprägte flache Verlauf rechts des Flachbandzustands ist das Triodengebiet in der starken Inversion und der daran steil ansteigende Ast der Raumladung kennzeichnet die Sättigung der starken Inversion.

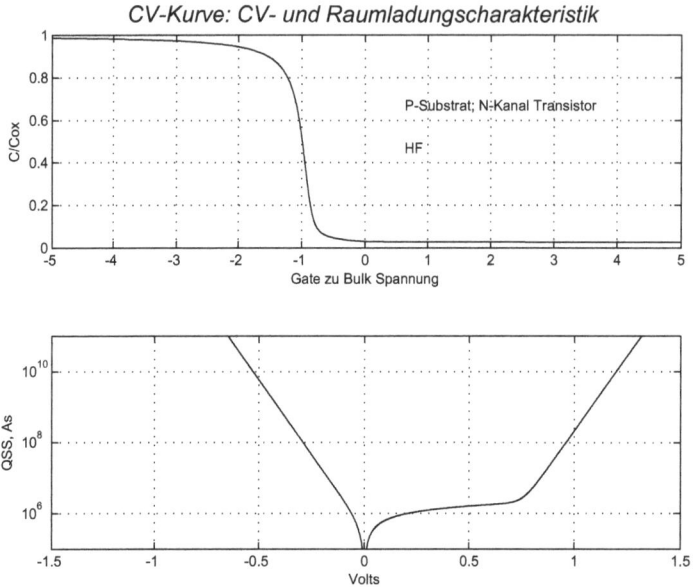

Abb. 2.2.9   CV-Kurve für N-MOS-Struktur – HF-Charakteristik

Der CV-Effekt wird technologisch optimiert in Varaktordioden angewandt. Schaltungstechnisch werden solche Dioden zur Abstimmung von Schwingkreisen verwendet.

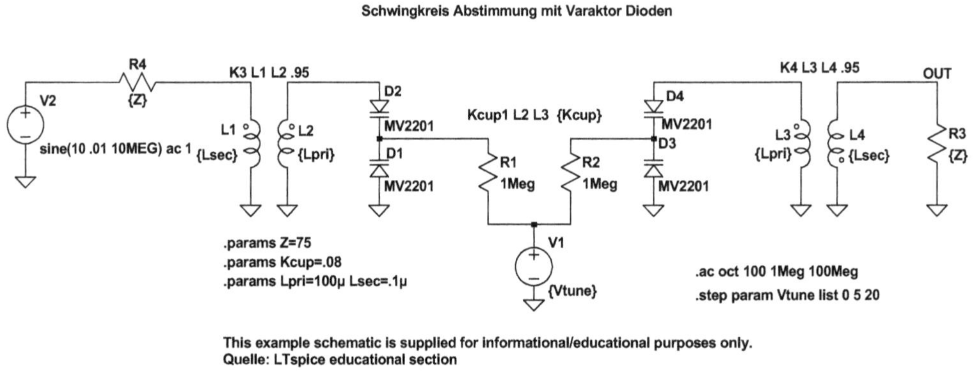

Abb. 2.2.10   Varaktor-Dioden: Schwingkreis-Abstimmung (Beispiel aus der LTspice-Bibliothek)

Die Abb. 2.2.10 zeigt einen Schwingkreis, der durch die Varaktordioden D1, D2, D3 und D4 bedient wird. Die Simulation, Abb. 2.2.11, zeigt für drei verschiedene Vorspannungen der Dioden den zugehörigen Durchlassbereich des Schwingkreises (abgestimmtes Bandpassfilter).

2.2 Der MOS-Transistor

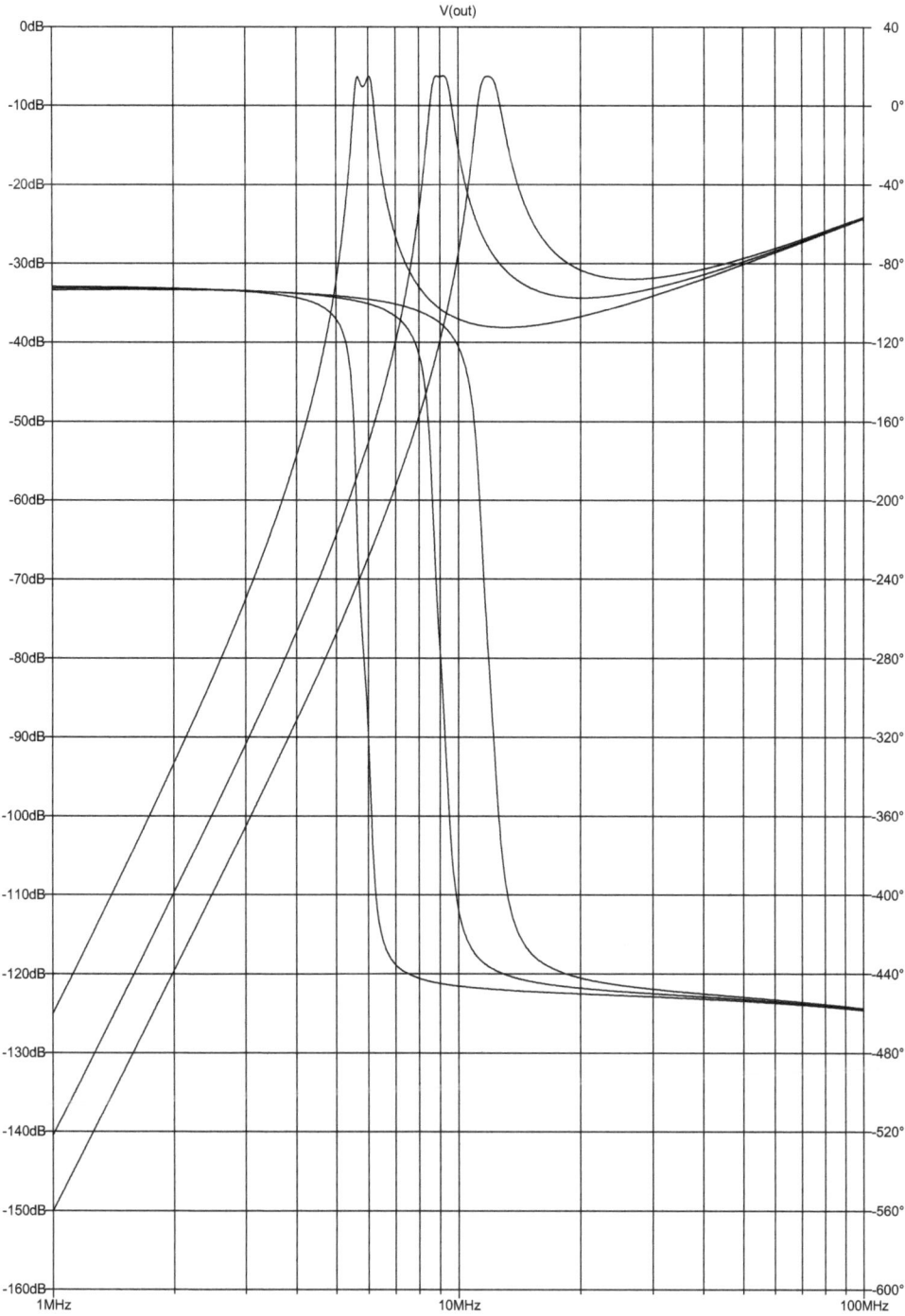

Abb. 2.2.11 Varaktor-Dioden: Schwingkreis-Abstimmung Simulationsergebnis

2.2.7 MOS-Transistor-Arbeitsgebiete

Ähnlich wie beim Bipolartransistor durchfährt auch der MOS-Transistor seine Arbeitsgebiete. Das macht sich, wie Abb. 2.2.12 zeigt, in der Kanalausbildung bemerkbar. Oder anders herum gesagt: die Kanalausbildung, gesteuert von den beteiligten elektrischen Feldern, bestimmt den Charakter des Arbeitsgebiets. Diese Abbildung zeigt, dass der Kanal im linken Bild gar nicht ausgebildet ist. Insbesondere das elektrische Querfeld vom Gate nach Source bewirkt eine starke Verdrängung der Minoritäten:

Je negativer die Gate-Vorspannung, desto stärker der Minoritätenverdrängungseffekt und desto deutlicher die Akkumulation (die Ansammlung) von bulk-Ladungsträgern, also von Majoritäten.

Da sich im Fall der Akkumulation keine oder nur sehr wenige Minoritäten im Kanalbereich befinden, wird sich auch kein oder nur ein äußerst geringer Energiefluss – im technischen Sprachgebrauch auch Strom genannt – im Bereich von fA bis aA einstellen. In diesem Gebiet ist der MOS-Transistor voll gesperrt. Negative Ansteuerung bezieht sich auf das Vorzeichen der Gate-Vorspannung.

Je mehr sich die Gate Vorspannung in Richtung positiven Bereich bewegt, umso mehr Minoritäten werden sich an der Grenzschicht Si zu SiO_2 ansammeln: ein Kanal bildet sich. Geringe Minoritätsdichte ist direkt proportional zu sehr hohem Kanalwiderstand und damit ist der zu erwartende Energiefluss sehr gering, irgendwo im pA Bereich. Der Transistor ist im Gebiet des Flachbandzustands, der schwachen Inversion.

Das mittlere Bild verdeutlicht dieses Arbeitsgebiet.

Steigt die Gate Vorspannung positiv an, so treten vermehrt Minoritäten in den Kanal ein, die Ladungsdichte wächst an, die Fachwelt spricht von Inversion oder starker Inversion.

Diese starke Inversion ist gleichbedeutend mit einem Kanal mit geringem Widerstand. Dadurch kommt es bei einer Gate-Vorspannung, welche einen fest eingestellten Spannungswert der Drain-Spannung übersteigt (der unterhalb der Versorgungsspannung liegt), zu einer Umkehr des Spannungsvektors V_{GD}. Diese Vektorumkehr ist gleichbedeutend mit der Umkehr des zugehörigen Feldvektors, sodass ab dem Feld Nullpunkt – das ist derjenige Wert in V_{DS}, bei welchem das Feld von Gate nach Drain exakt Null ist – bei weiter steigender Gate-Drain-Spannung der Kanal (auf Grund der zunehmenden elektrische Feldstärke) wieder Richtung Source zurückgedrängt wird. Gleichzeitig nimmt aber die Minoritätsträger-Ladungsdichte im verbleibenden Kanal zu und es bildet sich ein neues elektrisches Feld aus: das Feld von der Drain-seitigen Kanalwand zum Draingebiet. Je geringer der Abstand der Kanalwand zum Draingebiet, desto größer die elektrische Feldstärke. Je höher die Minoritätsträger-Ladungsdichte, desto geringer der Ohm'sche Widerstand. Nimmt dieses negative Feld weiter zu, so

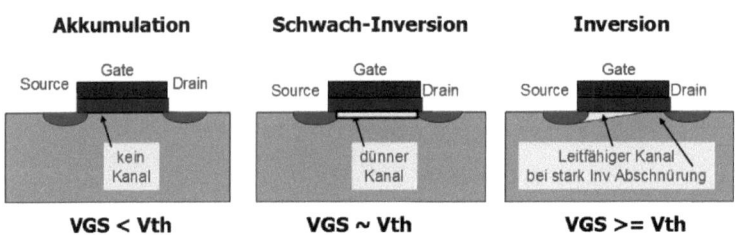

Abb. 2.2.12   Transistor: Arbeitsgebiete und Kanalausprägung

2.2 Der MOS-Transistor

steigt auf Grund des gerade beschriebenen Verhaltens der Source-Drain (Kanal) Strom. Aber er steigt nicht mehr rapide, sondern nur ein wenig. Diesen Effekt nennt man auch Kanallängenmodulation, denn die Kanallänge, welche durch die Ausdehnung der Minoritätsschicht unter dem Gate definiert ist, wird durch diesen Effekt eben wieder kleiner und der Stromzuwachs steigt deutlich geringer. Diese Effekte werden im folgenden Abschnitt in einigen wesentlichen Details erläutert. Im Kennlinienfeld sieht der Effekt der Kanallängenmodulation ähnlich dem Early-Effekt aus, aber es ist kein Early-Effekt!

Die Akkumulation ($V_{GS} < V_{th}$)

Dieses Arbeitsgebiet ist strenggenommen kein *Arbeitsgebiet* des Transistors, da sich kein leitfähiger Kanal zwischen Source und Drain ausbilden kann. Je größer der Abstand zur Schwellspannung ist, desto mehr werden die Minoritätsladungen aus der Region zwischen Source und Drain verdrängt. Es befinden sich bei extremer Akkumulation nur noch Majoritäten in diesem Gebiet. Daher zeigt die CV-Kurve auch hier reine Oxid-Kapazität. In diesem Gebiet kann ein MOS-Transistor als Kapazität betrieben werden. In Prozessen, die kein Kapazitätsoxid besitzen (=isoplanare oder gleichförmig dicke Oxidschicht), kann auch kein Kondensator in die Schaltung eingebaut werden. Jedoch kann man sich dieses Tricks bedienen und zumindest Kondensatoren zur Glättung von Störungen damit aufbauen. Die Kondensatorwerte in Farad sind dabei nicht besonders genau, müssen es auch nicht sein. Solche Kondensatoren werden gerne genutzt, wenn es um nicht hochgenaue Kapazitätswerte geht, denn diese Strukturen sind geometrisch gesehen sehr platzsparend.

Die Akkumulation wird bestimmt durch Diffusionsstrom.

Die schwache Inversion ($V_{GS} \sim V_{th}$)

Dieses Arbeitsgebiet liegt um die Schwellspannung (Flachbandzustand) herum. Es kennzeichnet sich durch einen extrem dünnen, jedoch durchgängigen Kanal, der in Richtung auf das Draingebiet bei zunehmender Gate-Sourcespannung an der Source-Seite bei ansteigender Gate-Vorspannung langsam an Volumen zunimmt, jedoch an der Drain-Seite langsam an Volumen abnimmt, also „konisch" wird. Ausgenutzt wird dieses Arbeitsgebiet mit besonders dafür gezüchteten Prozessen in der analogen Schaltungstechnik für extrem leistungsarme, jedoch auch sehr langsame Schaltungen (sehr geringer Frequenzbereich) [2.12–2.14]. Uhren und ganz langsame Überwachungsprozesse (langsame Regler) sind hier genannt und viele Anwendungsgebiete finden sich in der Weltraumelektronik, Meeresforschung, Arktisforschung, Automobiltechnik etc.

Die schwache Inversion wird bestimmt durch das Grenzgebiet zwischen Diffusionsstrom und einem sehr geringen Driftstrom.

Die starke Inversion ($V_{GS} >= V_{th}$)

Dieses Arbeitsgebiet ist als normales Arbeitsgebiet anzusehen. Der Kanal ist voll ausgebildet und die Geometrie ist der leistungsbestimmende Faktor. Die meisten Analog- sowie Digitalschaltungen nutzen dieses Arbeitsgebiet. Die beiden Teilregionen lineares oder Triodengebiet und Sättigungsgebiet werden im Detail besprochen.

Die starke Inversion wird bestimmt durch reinen Driftstrom.

Das Triodengebiet ($V_{th} < V_{DS} <= V_{GS} - V_{th}$)

Das Triodengebiet ist die Region, die sich nach der Schwachinversion bei positiver Gate-Vorspannung unmittelbar anschließt. Der Transistorkanal wird mehr und mehr mit inversen Ladungen gefüllt. Der Begriff Triode kommt aus der Röhrenzeit. Die Grundröhre bestand aus Anode, Kathode und Gitter. Auch die Röhre ist ein Feldeffektbauteil. Ein Feldeffekttransistor besitzt einen sehr hohen Verwandtschaftsgrad bezüglich seiner elektrischen Eigenschaften im Vergleich zur Elektronenröhre: beide sind Feldstärke gesteuert.

Kanalinversion heißt, dass sich dem Bulk- bzw. Wannenmaterial entgegengesetzte Ladungen an der Oxid-Halbleiter-Trennschicht anreichern. Damit bildet sich an dieser Trennschicht eine markante Raumladungszone aus, die sich von der Schwachinversion her gesehen dünn unter dem Gebiet zwischen Source bis Drain bildet und dann seitens des Source-Gebietes zunehmend stärker wird, soll heißen damit auch leitfähiger wird. Gleichsam weitet sich das Source-Gebiet damit in Richtung Drain aus. Vorsicht: das ist nur ein „Denkmodell". Diese „quasi" Ausdehnung des Sourcegebiets Richtung Drain verursacht eine – mit zunehmender Gate-Spannung sowie bezogen auf die Drain-Source-Spannung – Zunahme des elektrischen Querfelds. Dieses wirkt der weiteren Ausbildung des Kanals entgegen und es kommt am Draingebiet zu einer deutlich zunehmenden Ausdünnung dieser Inversionsschicht, bis sich diese vom Draingebiet ablöst und sich zwischen der nun markant geometrisch nichtlinear ausgebildeten starken Inversion eine Akkumulationszone immer weiter vom Drain in Richtung Source ausprägt. Dieser Effekt wird Kanalabschnürung genannt. Die Ladungsträger können dieses Gebiet nicht mehr ohne weiteres durchfluten, sondern durchtunneln es mit ihrer zum Teil sehr hohen Energie (statistische Energieverteilung). Die Potentialbarriere der Akkumulation am Drainende des Kanals muss überwunden werden. Der Feldvektor V_{GD} wechselt sein Vorzeichen. Ab dem Punkt der Kanalabschnürung redet man von der Stromsättigung oder einfach der Sättigung. Vom Ende der Schwachinversion bis zum Abschnürpunkt verhält sich der Kanal widerstandsmäßig, aber nicht exakt Ohmsch (gekrümmte Kennlinie im Triodenbereich)! Diese Ohm'sche Charakteristik nimmt in Richtung Sättigung immer mehr ab.

Mathematisch-physikalische Beschreibung des Triodengebiets

Die Sättigungsfeldstärke und der Drainstrom (Zielfunktion des Transistors) ergeben sich aus den folgenden Beziehungen:

$$E_G = 2\sqrt{\frac{\Theta_S \cdot q \cdot N_B}{\varepsilon_0 \varepsilon_{Si}}}$$

$$I_D = \beta\left(\left(V_{GS,eff} - \frac{V_{DS}}{2} + K_1\sqrt{\Theta_S + V_{SB}}\right) \cdot V_{DS} - \frac{2}{3}K_1\left((\Theta_S + V_{SB} + V_{DS})^{\frac{3}{2}} - (\Theta_S + V_{SB})^{\frac{3}{2}}\right)\right) \quad [1]$$

$$\beta = \beta_0 \frac{1}{1+\frac{V_{DS}}{L \cdot E_C}} \qquad E_C = 80\frac{C_{Ox}}{K_P} \qquad \beta_0 = K_P \frac{W}{L}\left(\frac{298.15K}{\Delta T + T_0}\right)^{\frac{3}{2}}$$

$$I_D = K_P \frac{W}{L}\left(V_{GS,eff} \cdot V_{DS} - \frac{V_{DS}^2}{2}\right) \qquad V_{GS,eff} = V_{GS} - V_T \quad [2]$$

Formel 2.2.4

2.2 Der MOS-Transistor

In diesen Gleichungen sind die Parameter:

E_G die kritische Feldstärke. Sie beschreibt den Beginn des Kanalabschnürens.
K_P technologisch bedingte Leitfähigkeit (Konstante)
       P-Kanal 20 µA/V² N-Kanal 60 µA/V² (Beispiel)
β von der Transistorgeometrie abhängige Leitfähigkeitskonstante
β_0 von der Transistorgeometrie abhängige Leitfähigkeitskonstante bei T = 273.15 K
K_1 Substrat Bias (backbias) Konstante
Φ_S Oberflächen-Inversions-Potential (surface inversion potential)
W   Transistorweite
L   Transistorlänge

Das Sättigungsgebiet ($V_{DS} > V_{GS} - V_{th}$)

Sättigung, besser Stromsättigung, wird erreicht, wenn der Kanal beginnt sich abzuschnüren. Das ist exakt der Punkt, an welchem der Gate-Source-Vektor bezogen auf den Gate-Drain-Vektor umkehrt (siehe Erklärungen oben). Viele analoge Schaltungen nutzen dieses Arbeitsgebiet aus, da MOS-Transistoren, wenn die Kanallänge lang genug ist, hier eine sehr flache Steigung (Kanallängenmodulation sehr gering bei sehr großer Länge) haben. Dadurch steigt die intrinsische (innere) Verstärkung deutlich.

Vereinfachte mathematisch-physikalische Beschreibung des Sättigungsgebietes (Shichman–Hodges-Modell [2.4–2.10, 2.12–2.17])

In der Sättigung wurde folgende Beziehung als empirische Näherung lange Zeit verwendet. Diese Beziehung beschreibt die quadratische Abhängigkeit des Drainstroms von der effektiven, also der um die Schwellspannung bereinigten Gate-Vorspannung. Dies ist für eine einfache Abschätzung („Handrechnung") durchaus sinnvoll, aber für einen Simulator nicht präzise genug. Die mehrfach erwähnte Abschnürung mit ihrem besonderen Feldeffekt führt hier zu qualitativ besseren Ergebnissen.

$$I_D = \frac{K_P}{2} \frac{W}{L} V_{GS,eff}^2$$

Formel 2.2.5

Diesen Einschnüreffekt kennt man auch in der Literatur unter dem Namen: Kanallängenmodulation. Modulation deshalb, da sich diese Einschnürung als eine Änderung (modulare = verändern) bemerkbar macht. Die zugehörige Zielfunktion des Transistors – der Drainstrom – wird im Sättigungsbereich angeschrieben mit:

$$I_D = \frac{K_P}{2} \frac{W}{L} V_{GS,eff}^2 \left(1 + \frac{L}{L - L_D}\right) = \frac{K_P}{2} \frac{W}{L} V_{GS,eff}^2 \left(1 + \lambda \cdot V_{DS}\right)$$

Formel 2.2.6

Hierin ist λ der Kanallängenmodulations-Faktor. Diese Gleichung, es ist die vereinfachte Form, zeigt den Sättigungsstrom nicht mehr als Konstante, sondern als Gerade der Steigung λ. Natürlich muss bei der Schwellspannung eine eventuell vorhandene Vorspannung des Wannengebiets (backbias) berücksichtigt werden.

Achtung: Der Effekt der Kanallängenmodulation darf nicht verwechselt werden mit dem Early-Effekt!

Kennlinienfeld des MOS-Transistors

Das Ausgangskennlinienfeld – Quadrant 1 – eines MOS-enhancement-N-Kanal-Transistors im Gebiet der starken Inversion lässt sich mit LTspice genauso simulieren, wie das des Bipolartransistors. Die zugehörige Simulationsschaltung zeigt Abb. 2.2.13. Das simulierte Kennlinienfeld zeigt Abb. 2.2.14. Die Abschnürparabel (pinch off parabola) ist die von links nach rechts ansteigende Kurve. Für jeden Spannungswert der Abschnürparabel gilt $V_{GS,eff} = V_{DS}$, daher muss der Transistor M2 mit der Schwellspannung vorgespannt werden. Bei kurzkanaligen Transistoren wird am Ende des Sättigungsgebiets meist ein steiler Anstieg des Drainstroms erfolgen, der schnell bei hohen Strömen zur Zerstörung des Transistors führen kann. Schnelle Digitalschaltungen werden nicht mit hohen Strömen betrieben, sodass hier keine Gefahr auf Zerstörung besteht. Analoge Schaltungen werden meistens mit moderaten Gate-Spannungen angesteuert, so dass hier ebenfalls kaum Zerstörungsgefahr besteht. Auch sind analoge Schaltungen meistens mit genügend langen Transistoren ausgestattet, damit der Strom in der Sättigung nahezu konstant bleibt. Bei langen Transistoren ist der Anstieg des Drainstroms am Sättigungsende nicht vorhanden. Das in Abb. 2.2.14 erkennbare Anstiegsverhalten ist unschädlich.

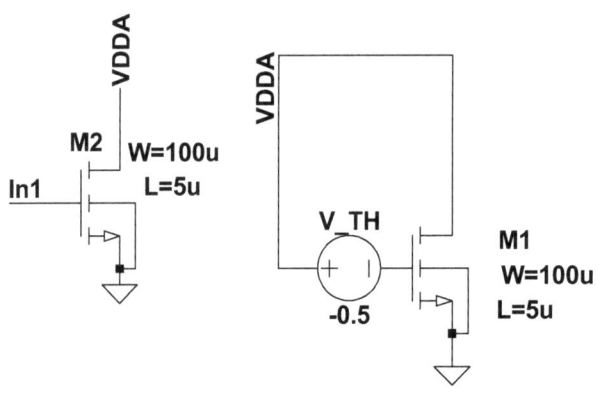

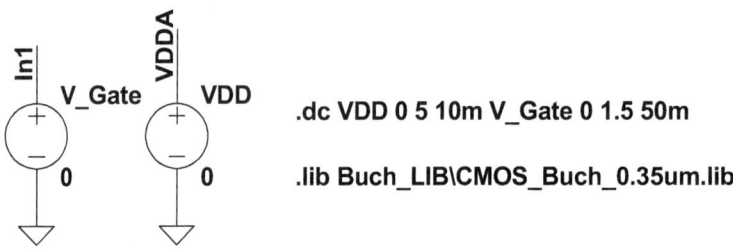

Abb. 2.2.13   MOS-Transistor: Simulationsaufbau für Ausgangskennlinienfeld

2.2 Der MOS-Transistor

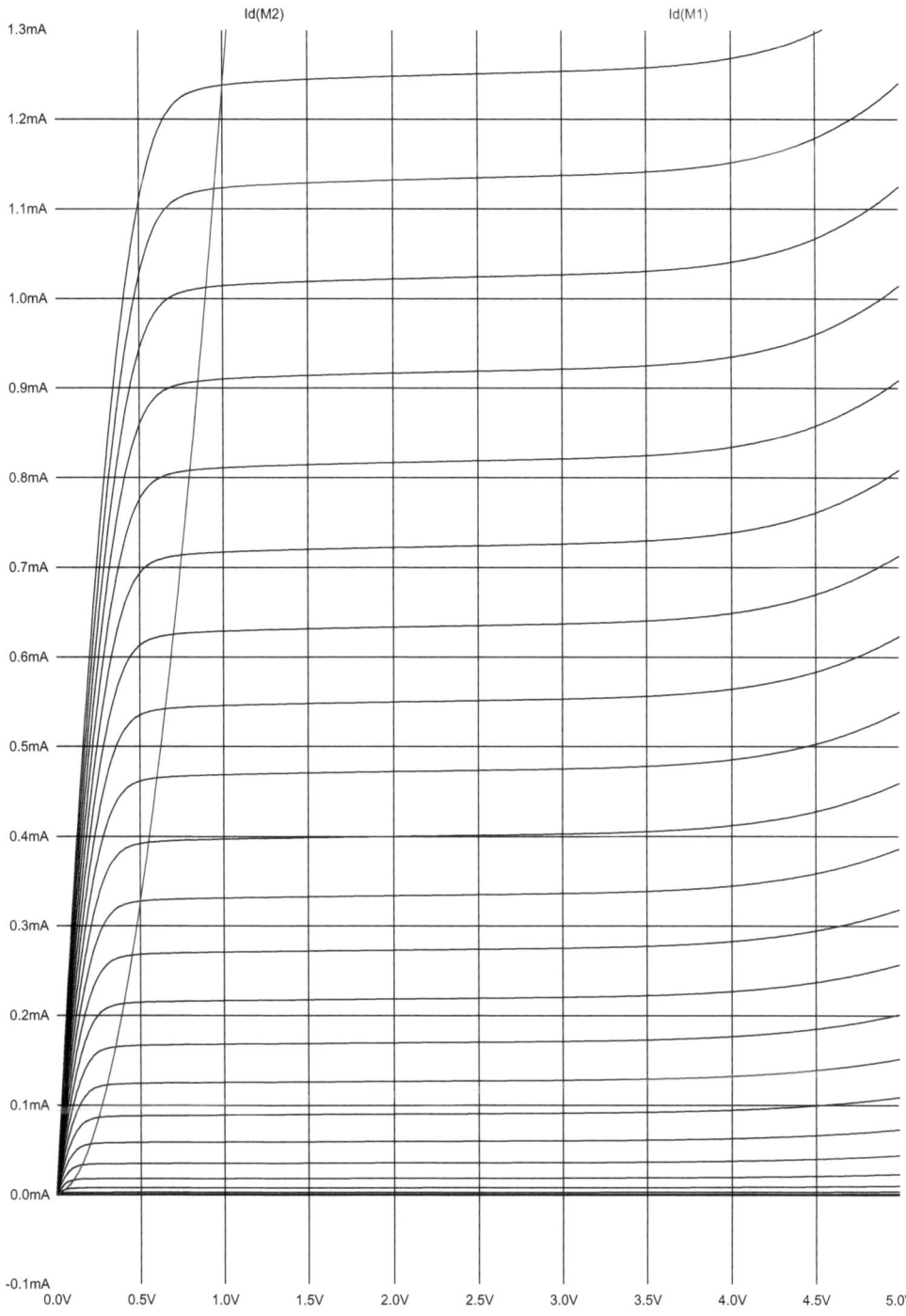

Abb. 2.2.14 MOS-Transistor: Ausgangskennlinienfeld Simulationsergebnis

Das Steuerkennlinienfeld – Quadrant 2 – mit dem Einfluss der Substratvorspannung (backbias) wird vom Simulationsaufbau der Abb. 2.2.6 erhalten. Das Ergebnis ohne Substratvorspannung stellt die linke Kennlinie in Abb. 2.2.7 dar. Der Einfluss der Substratvorspannung (backbias-Effekt) zeigt, dass der Transistor bei zunehmender Substratvorspannung deutlich später anfängt leitfähig zu werden. Der DC-Gate-Strom eines MOS-Transistors ist auf Grund der Feldsteuerung vernachlässigbar klein, für die praktische Anwendung ist er Null. Deshalb hat im Gegensatz zu einem bipolaren Transistor ein MOS-Transistor kein Vierquadranten-Kennlinienfeld.

2.2.8 Kleinsignalverhalten

Das Kleinsignalverhalten beschreibt die Schaltung im Frequenzbereich. Dabei werden alle DC-Spannungen, wie Versorgungsspannungen, Referenzspannung usw. als Kurzschluss verstanden. Der Hintergrund dazu ist, dass DC-Spannungen zur Frequenzanalyse nichts beitragen und das Frequenzverhalten zwar vom DC-Arbeitspunkt abhängt, jedoch das AC-Verhalten selber alle Knoten-DC-Arbeitspunkte als konstante Werte ausklammert und somit aus der Analyse mathematisch entfernt. Die folgende Sektion ist genauso auf bipolare Transistoren und sogar auf Baugruppen anzuwenden. Der Drainstrom I_D ist eine Funktion aller beteiligten Spannungen $I_D = f(V_{GS}, V_{DS}, V_{BS})$. Die Kleinsignalanalyse versteht sich als Linearisierung der Kennlinie im Arbeitspunkt. Dabei wird der Arbeitspunkt wie bekannt berechnet und die Tangente am Arbeitspunkt von der Kennlinie entspricht der Linearisierung. Damit ist diese Analyse nur für kleine Signalaussteuerungen informativ. Diese damit möglichen Variationen unterscheiden sich in den Kleinsignalparametern, die in Tabelle 2.3 aufgezeigt sind.

Tabelle 2.3   Kleinsignalparameter

Übertragungsleitwert	transconductance	$g_m = \dfrac{\partial I_D}{\partial V_{GS}} \bigg|_{V_{DS} = const, \ V_{BS} = const}$
Kanalleitwert	channel conductance	$g_{DS} = \dfrac{\partial I_D}{\partial V_{DS}} \bigg|_{V_{GS} = const, \ V_{BS} = const}$
Substratleitwert	substrate conductance	$g_{BS} = \dfrac{\partial I_D}{\partial V_{BS}} \bigg|_{V_{GS} = const, \ V_{DS} = const}$

Bei den Kleinsignalparametern ist zu beachten, dass diese mit ihrem totalen Differenzial (das bedeutet sie sind von allen Parametern abhängig) angeschrieben werden. Das totale Differenzial wird für jeden Kleinsignalparameter lösbar, wenn alle Variablen, außer der zu differenzierenden Variablen, auf einem konstanten Wert gehalten werden. Die Variation der Zielgröße (gesuchte Variable, z.B. I_D) Drain-Source Strom I_{DS} ist das totale Differenzial der Zielfunktion I_{DS}: $I_{DS} = f(V_{GS}, V_{DS}, V_{BS})$.

$$\partial I_D = g_m \partial V_{GS} + g_{DS} \partial V_{DS} + g_{BS} \partial V_{BS}$$

Formel 2.2.7

Die Verstärkung im Sinne der Kleinsignalanalyse

Die Spannungsverstärkung A_V eines Transistors ist das Verhältnis der Ausgangsspannung zur Eingangsspannung. Vereinfachend darf angenommen werden, der Drainstrom ist im Arbeits-

2.2 Der MOS-Transistor

punkt konstant und es ist keine Substratvorspannung vorhanden. Dann kann angeschrieben werden:

$$\partial I_D = 0$$
$$g_{BS} \partial V_{BS} = 0$$
$$\partial V_{DS} = \frac{\partial I_{DS}}{g_{DS}} \quad \partial V_{GS} = \frac{\partial I_{DS}}{g_m}$$
$$\frac{\partial V_{DS}}{\partial V_{GS}} = A_V = \frac{g_m}{g_{DS}}$$

Formel 2.2.8

Diese Darstellung der Verstärkung gilt, wie bereits oben erwähnt, nur für kleine Signalaussteuerungen. Eine große Signalaussteuerung umfasst einen viel zu großen Kennlinienbereich und wäre linearisiert ein völlig falsches Ergebnis. Nun sind die Fragen dahinter zu beantworten:

Frage 1:
Kann denn eine Kleinsignalanalyse für einen Verstärker dann überhaupt richtig sein?
Die Antwort lautet:
Ja, sie kann richtig sein, wenn die interne Verstärkung groß genug ist und auch die Verstärkungen der einzelnen Funktionsblöcke innerhalb des Verstärkers damit große Verstärkung besitzen.
Für Operationsverstärker trifft das zu, für Audioverstärker trifft das nicht immer zu.

Frage 2:
Wann kann die Verstärkung als groß genug angesehen werden, um die Aussage einer Kleinsignalanalyse für den Anwendungsfall sinnvoll erscheinen zu lassen?
Die Antwort lautet:
Wenn das Signal so klein ist, dass die damit überstrichenen Kennlinien in einem Arbeitsgebiet bleiben (Triodengebiet oder vorzugsweise Sättigungsgebiet).
Mit diesen beiden Fragen ist die Anwendung der Kleinsignalanalyse erklärt.
Mit Hilfe der Kleinsignal-Parameter können die Kleinsignalwiderstände – dies sind die nichtlinearen Widerstände – berechnet werden:

$$r_{DS} = r_{on} = \frac{\partial V_{DS}}{\partial I_{DS}} \quad r_{GS} = \frac{\partial V_{GS}}{\partial I_{DS}} \quad r_{BS} = \frac{\partial V_{BS}}{\partial I_{DS}}$$

Formel 2.2.9

Von besonderer Bedeutung ist der Kanalwiderstand r_{DS}, da er mit der Drainkapazität ein Tiefpassfilter bildet und damit einen Pol in der Übertragungsfunktion erzeugt. Die Tabelle 2.4 zeigt eine Zusammenfassung aller Kleinsignalparameter für einen MOS-Transistor auf, verweist auf das zugehörige Arbeitsgebiet und zeigt die Herkunftsgleichung, auf welcher die Differentiation angewandt wurde.

Tabelle 2.4   Kleinsignalparameter Zusammenfassung

Kleinsignalparameter	Arbeitsgebiet	Herkunftsgleichung
g_m	nsat	$K_P \dfrac{W}{L} V_{DS}$ von Formel 2.2.4, [1]
g_m	nsat	$K_P \dfrac{W}{L} V_{DS}$ von Formel 2.2.4, [2]
g_m	sat	$K_P \dfrac{W}{L} V_{GS,eff}$
g_{DS}	nsat	$K_P \dfrac{W}{L}\left(\left(V_{GS,eff} - V_{DS}\right) - K_1 \sqrt{\left(\Theta_S + V_{SB} + V_{DS}\right)} \right)$ von Formel 2.2.4, [1]
g_{DS}	nsat	$K_P \dfrac{W}{L}\left(V_{GS,eff} - V_{DS}\right)$ von Formel 2.2.4, [2]
g_{DS}	sat	$K_P \dfrac{W}{L} V_{GS,eff}^2 \alpha$
g_{BS}	nsat	$-\dfrac{K_P}{2} \dfrac{W}{L} K_1 V_{DS} \sqrt{\left(\Theta_S + V_{SB}\right)}$
g_{BS}	Sat mit Substratvorspannung	$-\dfrac{K_P}{2} \dfrac{W}{L}\left(K_1 + \dfrac{K_1 \sqrt{\Theta_S}}{\sqrt{\left(\Theta_S + V_{SB}\right)}} \right)$

2.2.9   Transistorkapazitäten

Transistorkapazitäten sind Halbleiterkapazitäten, die auf Grund ihrer Raumladungszone strenggenommen CV-Charakteristik aufweisen. Im Wesentlichen werden folgende Kapazitäten betrachtet und modelliert:

Die Gate-Source-Kapazität C_{GS}

$$C_{GS} = \frac{2}{3} C_{Ox} \cdot \frac{V_{G,eff}\left(3 V_{G,eff} - 2 \dfrac{V_{G,eff} V_{DS}}{V_{DSS}}\right)}{\left(2 V_{G,eff} - \dfrac{V_{G,eff} V_{DS}}{V_{DSS}}\right)^2} - C_{Ox}$$

Formel 2.2.10

2.2 Der MOS-Transistor

Gate-Drain-Kapazität C_{GD}

$$C_{GD} = \frac{2}{3} C_{Ox} \cdot \left(3 V_{G,eff} - \frac{V_{G,eff} V_{DS}}{V_{DSS}}\right) \cdot \frac{V_{G,eff} - \dfrac{V_{G,eff} V_{DS}}{V_{DSS}}}{\left(2 V_{G,eff} - \dfrac{V_{G,eff} V_{DS}}{V_{DSS}}\right)^2} + C_{Ox}$$

Formel 2.2.11

Gate-Bulk-Kapazität C_{GB}

$$C_{GB} = 0$$

Formel 2.2.12

Oxid-Kapazität C_{Ox}

$$C_{Ox} = \frac{\varepsilon_0 \varepsilon_{Ox}}{t_{Ox}} \cdot W \cdot L$$

Formel 2.2.13

2.2.10 Rauschen

Rauschen hat vielfältige Gründe und es sind mehrere Ursachen des Rauschens bekannt. Aber eines gilt immer:

Rauschen ist ein störender Prozess, der nicht zu verhindern ist, aber dessen Einfluss gering gehalten werden kann, wenn die Rauschquelle bekannt ist.

Deshalb heißt eine prominente Designaufgabe:

Ermittle die Rauschquelle und finde Maßnahmen, dieses Rauschen zu minimieren.

Uns wird Rauschen in diesem Buch immer wieder beggnen und Maßnahmen zur Rauschminimierung werden an verschiedenen Schaltungen vorstellt.

Thermisches Rauschen: „thermal noise" oder „white noise"

Ursache des thermischen Rauschens sind Temperaturbewegungen der Moleküle. A. van Leeuwenhoek [2.18] veröffentlichte dies in Delft, Niederlande, 1715 und 1722. Erst 1827 hat Brown, auf dessen Arbeit sich auch A. Einstein beruft, dieses Rauschen veröffentlicht [2.19, 2.20, 2.21]. Es ist unbekannt, ob er von den Arbeiten Leeuwenhoek's wusste. J. B. Johnson hat 1927 in den Bell Labs eine theoretische Abhandlung über dieses Rauschen verfasst [2.22]. Er wurde mit seinen Arbeiten ab 1928 von Nyquist [2.23] unterstützt. Deshalb nennt man das thermische Rauschen auch manchmal Johnson- oder Nyquist-Rauschen. Dieses Rauschen stellt eine Unruhe im Frequenzspektrum über den gesamten Frequenzbereich dar. Es ist ein gleichmäßiges Untergrundrauschen ohne besondere Spitzen.

Schrotrauschen: „shot noise"

Innerhalb von P-N-Übergängen kommt es zu stochastischen Übergängen von Ladungsteilchen. Die Ursache liegt in der Aufenthaltswahrscheinlichkeit, besser in der statistischen Streuung der Teilchenenergien oder in der statistischen Streuung der Teilchenbewegungsgrößen (der Teilchenimpulse) was dasselbe, aber physikalisch besser ausgedrückt ist. Die Potentialbarriere wird aus diesem Grunde von „heißen" Teilchen überwunden. W. Shottky hat dieses Rauschen 1918 veröffentlicht [2.4, 2.24, 2.25].

Generations-Rekombinations-Rauschen

Freie Ladungsträger in Halbleitern werden sich mit ihrem „Gegenspieler" – Elektronen mit Löchern bzw. Löcher mit Elektronen – rekombinieren oder sie werden sich aus dem Molekülverband wieder entfernen und zu freien Ladungsträgern werden; sie werden generiert. Das sind Prozesse, die eine Zeitkonstante, die Rekombinations-Generations-Zeitkonstante [2.4, 2.26, 2.27] aufweisen.

Flickerrauschen: „flicker noise"

Das ist eine bei sehr niedrigen Frequenzen beobachtete Rauschgröße [2.4, 2.26, 2.27], die zu niedrigen Frequenzen hin auch ansteigt. Die Ursache liegt in Fluktuationen der Kanalladung auf Grund von Oberflächenladungsfallen, im Englischen *traps* genannt. Bei Verstärkern wird uns dieses Rauschen noch beschäftigen.

2.2.11 Spezifische Rauschquellen

Widerstandsrauschen

Der Leistungsverbrauch von Widerständen zeigt ein thermisches Verhalten: der Widerstand wird bei Betrieb warm. Der Widerstand erzeugt aus diesem Grund auch thermisches Rauschen auf Grund seiner internen Partikelbewegung. Das thermische Rauschen zeigt sich, wie erwähnt, als Untergrundrauschen. Es kann als eine Folge von Zufallsvariablen angesehen werden. Aus diesem Grunde verwendet man auch gerne Glücksspielergebnisse für Zufallsgeneratoren („Monte-Carlo-Analyse"). Wissenschaftlich-mathematisch kann die Autokorrelation zur Beschreibung verwendet werden. Das ist ein Vergleich der Folge mit sich selber („auto"). Dazu wird die Folge ein kleines Stück verschoben und mit der vorherigen Kurve verglichen. Jede unverschobene Kurve hat die höchste Ähnlichkeit („Korrelation"). Stellt man zwischen den verglichenen Folgen Ähnlichkeiten fest, die mehr als nur zufällig („stochastisch") sind, so hat die autokorrelierte Folge einen Ähnlichkeitswert signifikant größer als Null, jedoch auch kleiner als eins. Die Autokorrelationsfunktion (AKF) eines Widerstands [2.4, 2.26, 2.27] lautet:

$$\rho(\tau) = 2R(\pi kT)^2 \left(\left(\frac{h}{2\pi^2 kT \frac{1}{f}} \right)^2 - \frac{1}{\sinh^2\left(\frac{2\pi^2 kT \frac{1}{f}}{h} \right)} \right)$$

Formel 2.2.14

Es ist der Funktion anzusehen, woher sie kommt: aus der Quantenmechanik. Eines zeigt diese Funktion auch: es ist keine Abhängigkeit einer Spannung zu sehen. Soll heißen: dieses Rauschen ist unabhängig von jeder angelegten Spannung, aber abhängig von der Frequenz.

2.2 Der MOS-Transistor

Auf Grund dieser Frequenzabhängigkeit führen wir eine Fourier-Transformation durch, um das Leistungsspektrum zu erfahren:

$$\omega(f) = 4RkT + \frac{hf}{kT\left(e^{\frac{hf}{kT}} - 1\right)}$$

$$\omega(f)\Delta f = 4RkT\Delta f = \bar{v}^2$$

Formel 2.2.15

h = 6.62 * 10⁻³⁴ Ws²=4.136 * 10⁻¹⁵ eVs   Planck-Konstante
k = 1.38 * 10⁻²³ Ws/K   Boltzmann-Konstante

Die letzte Gleichung stellt das Nyquist-Gesetz dar. Es beschreibt das thermisch verursachte Rauschen über den gesamten Frequenzbereich. Vereinfacht kann dieses angeschrieben werden, wenn die beiden Konstanten ausgerechnet werden und die Spannung als Rauschspannung dargestellt wird:

$$\bar{v}_{20°C} = 40\sqrt{R\Delta f 10^{-23}} \; [V]$$

Formel 2.2.16

Weißes Rauschen im MOS-Transistor

Der Kanal eines MOS Transistors ist prinzipiell nichts anderes als eine Widerstandsschicht. Er zeigt auch ein vergleichbares thermisches Rauschen. Da jedoch dotierte Schichten – Source- und Drain-Gebiet – den Transistorkanal erst ausbilden, so kann dieses Rauschen nur mit der Kapazität des zugehörigen Diffusionsgebiets dargestellt werden. Das Zusammenspiel des Kanals mit der Diffusion entspricht dem Zusammenspiel eines Leitwerts G (Kanal) mit einer Kapazität (Diffusion-Raumladungszone) C. Diese Anordnung stellt einen Tiefpass dar. Mit der Rauschfunktion des Widerstands lässt sich dann folgendes Grundsystem anschreiben:

$$\frac{\bar{v}_{on}^2}{\Delta f} = \frac{\bar{v}^2}{\Delta f} \cdot \left|\frac{G}{G + j\omega C}\right|^2$$

$$\bar{v}_{on}^2 = \int_0^\infty \frac{\bar{v}^2}{\Delta f} \cdot \frac{G^2}{G^2 - (\omega C)^2 + j2G\omega C} \, \frac{d\omega}{2\pi} = \frac{4kTRG^2}{2\pi} \int_0^\infty \frac{1}{G^2 + (j\omega C)^2} d\omega$$

gemäß

$$f'(z) = \frac{1}{1 + z^2}$$

$$f'(z) = \frac{1}{G^2 \cdot \left(1 + \frac{j\omega C}{G}\right)^2}$$

$$f'(z) = \frac{1}{G^2 \cdot \left(1 + \frac{j\omega C}{G^2}\right)^2} = \frac{1}{1 + (j\omega C)^2}$$

folgt

$$f(z) = a\tan(z)$$

$$f(z) = a\tan\left(\frac{j\omega C}{G}\right)$$

$$\varphi = a\tan\left(\frac{\beta}{\alpha}\right)$$

Formel 2.2.17

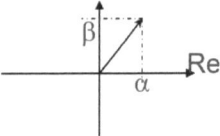

Abb. 2.2.15   Darstellung der komplexen Ebene mit einer komplexen Zahl

Das oben gezeigte Gleichungssystem ist in der komplexen Zahlenebene dargestellt. Der Winkel φ wird Phasenwinkel genannt und ist beispielhaft in Abb. 2.2.15 dargestellt. Als Ergebnis lässt sich formulieren:

$$\overline{v}_{on}^2 == \frac{4kT}{2\pi C} \cdot a\tan\left(\frac{j\omega C}{G}\right)\Bigg|_{\omega=0}^{\omega=\infty} = \frac{kT}{C}$$

Formel 2.2.18

Dies ist die bekannte Funktion des weißen Rauschens.

Das Zusammenspiel zwischen dem Kanalwiderstand R (Leitwert G) und der Diffusionskapazität C ergibt die Rauschcharakteristik eines aktiven Transistorkanals.

Flickerrauschen im MOS-Transistor

Wie bereits erwähnt ist die Ursache des Flickerrauschens die des Einfangens von Ladungsträgern an der Si-SiO$_2$-Grenzschicht mit sogenannten Haftladungen (charge traps). Wir kennen von McCreary folgende Beziehung dazu:

$$\overline{v}_{nF}^2 = \frac{K_F I_D}{C_{Ox} L^2 g_m} \frac{1}{f}$$

$$\frac{\overline{v}_{nF}^2}{\Delta f} = \frac{K_F}{2\mu C_{Ox}^2} \frac{1}{WL} \frac{1}{f}$$

Formel 2.2.19

Der Parameter µ ist der Rauschkoeffizient, der mittels Messungen ermittelt werden muss. In allen modernen Simulatoren ist dieses Rauschen enthalten. Schaut man genau hin, so erkennt man, dass dieses 1/f Rauschen dem Lorentzischen Rauschen [2.28] entspricht:

$$S = \frac{\tau}{1 + 4\pi^2 f^2 \tau^2}$$

Formel 2.2.20

Das τ bezeichnet die Zeitkonstante der durch die Grenzschichtladungen eingefangenen Ladungen. Soll heißen: diese Ladungen sind zeitlich instabil.

2.2.12 Rauschanalyse in der Praxis

Rauschen hat, wie die Theoriesektionen gezeigt haben, statistischen Charakter und ist dazu noch abhängig von der Bandbreite. Rauschen wird ähnlich behandelt, wie eine Frequenzanalyse: meist mit einer AC- oder Fourier-Analyse. Seitens LTspice wird dies im „tutorial 1.51" [2.28] gezeigt.

Beim Rauschen wird oft von Rauschpegel oder kurz Pegel geredet. Darunter wird das logarithmische Maß verstanden, welches meist in dB angegeben wird. Der Vorteil der logarithmischen Behandlung in dB ist, dass anstelle der Rauschmultiplikation eine Rauschaddition notwendig ist, was die Analytik deutlich vereinfacht. Das dB (deziBel) wird entweder als Spannungs-, Strom oder Leistungspegel verwendet und zusätzlich auf einen Innenwiderstand von 1Ω normiert. Kenntlich gemacht wird die Art des Pegels durch einen Nachbuchstaben: z.B. dBm steht für dB milliWatt. Ebenfalls spricht man von Rauschleistungsdichte, da Rauschen über ein vorgegebenes Frequenzband verteilt ist und sich innerhalb dieses Bandes das Rauschen dichteartig verteilt. Nehmen wir an, unsere Rauschanalyse hat an einem Widerstand R einen Bezugswert von:

$$\text{Leistungs-Pegel} = 10 \cdot \log\left(\frac{\text{Leistungswert an R}}{1\text{mW}}\right) \quad [\text{dBm}]$$

Formel 2.2.21

Kennengelernt haben wir das Rauschen eines Widerstands mit (kT) B. kT ist die Rauschleistungsdichte und B steht für die Bandbreite. Die Rauschleistungsdichte erklärt uns die Leistung pro festgelegten Frequenzabstand Df, z.B. pro Hz. Da, wie oben erwähnt, dieses Rauschen als Leistung gemessen wird, uns aber die Rauschspannung interessiert, müssen wir die Rauschspannung angeben:

$$\text{Rauschspannung} = v = 20 \cdot \log\left(\frac{\text{Rauschspannungwert an R}}{1\mu V}\right) \quad [\text{dB}\mu V] \text{ und}$$

$$\text{unter Berücksichtigung der Bandbreite:} \quad P = 10 \cdot \log\left(\frac{kT}{B}\right)$$

$$P = V \cdot I \quad I = \frac{V}{R} \quad \text{mit } R = 1\Omega$$

$$P_{\Delta B} = 10 \cdot \log\left(\frac{P}{Hz} * B\right) = 10 \cdot \log\left(\frac{P}{Hz}\right) + 10 \cdot \log(B) = n[dBm] + k[dBm]$$

$$\Rightarrow \quad P = V^2 \quad V = \sqrt{P}$$

$$v_{ND} = 20 \cdot \log\left(\frac{V_R}{1\mu V}\right) \frac{dB\mu V}{\sqrt{Hz}} \quad v_N = v_{ND} \cdot \sqrt{B}$$

Formel 2.2.22

Der Rauschpegel ist, wie gesagt, auf 1 Ω bezogen. Da bei realen Schaltungen jedoch der Widerstand keine 1 Ω beträgt, muss die Widerstandsanpassung ebenfalls berücksichtigt werden. Hier wird auch von Widerstandsanpassung geredet.

Beispiel: 50 Ω Abschlusswiderstand bei HF-Anwendungen. Damit wird folgende Berechnung durchgeführt:

$$v_{ND,1\Omega} = 20 \cdot \log\left(\frac{V_R}{1\mu V}\right) \frac{dB\mu V}{\sqrt{Hz}} \quad v_N = v_{ND} \cdot \sqrt{B}$$

$$v_{ND,R} = v_N \cdot \sqrt{R}$$

Beispiel: $R = 50\Omega$ $P_N = 4 \cdot 10^{-16} W$

$$v_{ND,R} = \sqrt{50\Omega \cdot 4 \cdot 10^{-16} W} = 141 nV$$

bezogen auf 1μV ergibt sich der Rauschspannungspegel zu:

$$v_{ND,R}[dB] = 20 \cdot \log\left(\frac{141 nV}{1\mu V}\right) = -17.016 \; dB\mu V$$

Formel 2.2.23

Nehmen wir folgende Situation an: Wir hätten eine Schaltung, welche an 50 Ω arbeiten soll und der Lastwiderstand wäre nicht angeschlossen. In diesem Fall wäre die Leerlauf-Rauschspannung doppelt so groß.

Simulationstechnik

Folgende Schaltung (Beispiel LTspice: NoiseFigure.asc) soll bezüglich ihrer Empfindlichkeit auf das Rauschen ihrer Eingangssignalquelle untersucht werden:

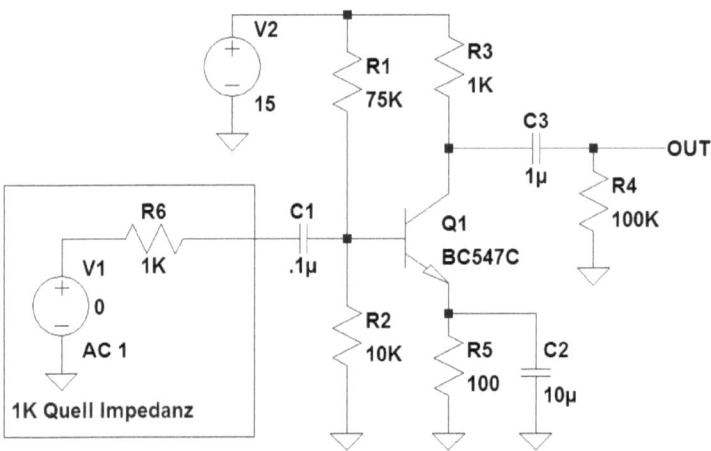

Abb. 2.2.16   Rauschanalyse an einem bipolaren Verstärker

In LTspice kann die Rauschanalyse durchgeführt werden.

Die folgende Sektion ist nahezu wörtlich aus [2.29] entnommen. In diesem Tutorial sind natürlich weitere wichtige und weiterführende Simulationstechniken aufgeführt. Dem zitierten LTspice Tutorial folgend, wurde die Rauschanalyse durchgeführt und das Ergebnis zeigt Abb. 2.2.17.

2.2 Der MOS-Transistor

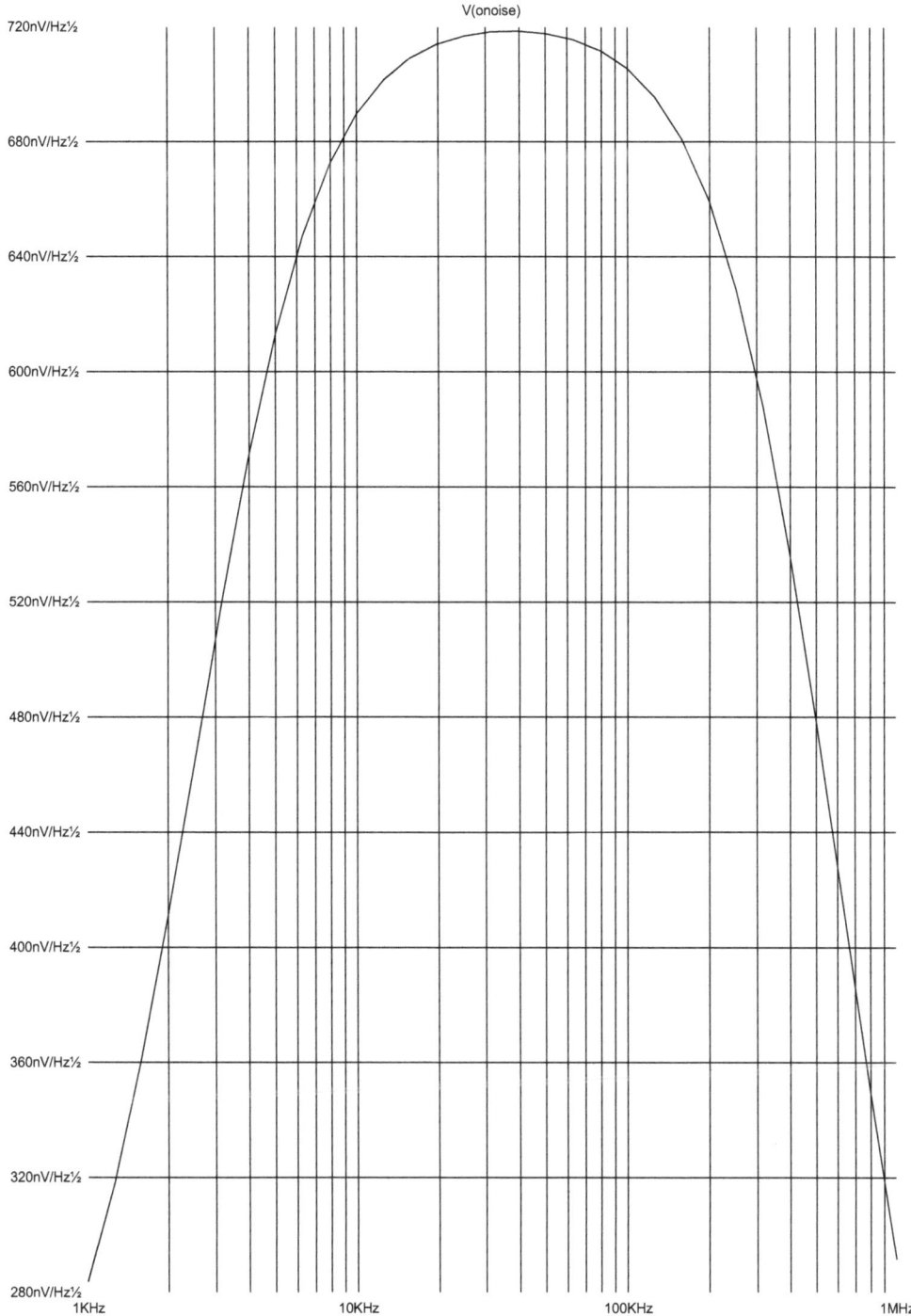

Abb. 2.2.17 Rauschanalyse an einem bipolaren Verstärker: Simulationsergebnis der Rauschspannung

Die Umsetzung dieses Ergebnisses in Pegel in dB-Einheiten zeigt Abb. 2.2.18.

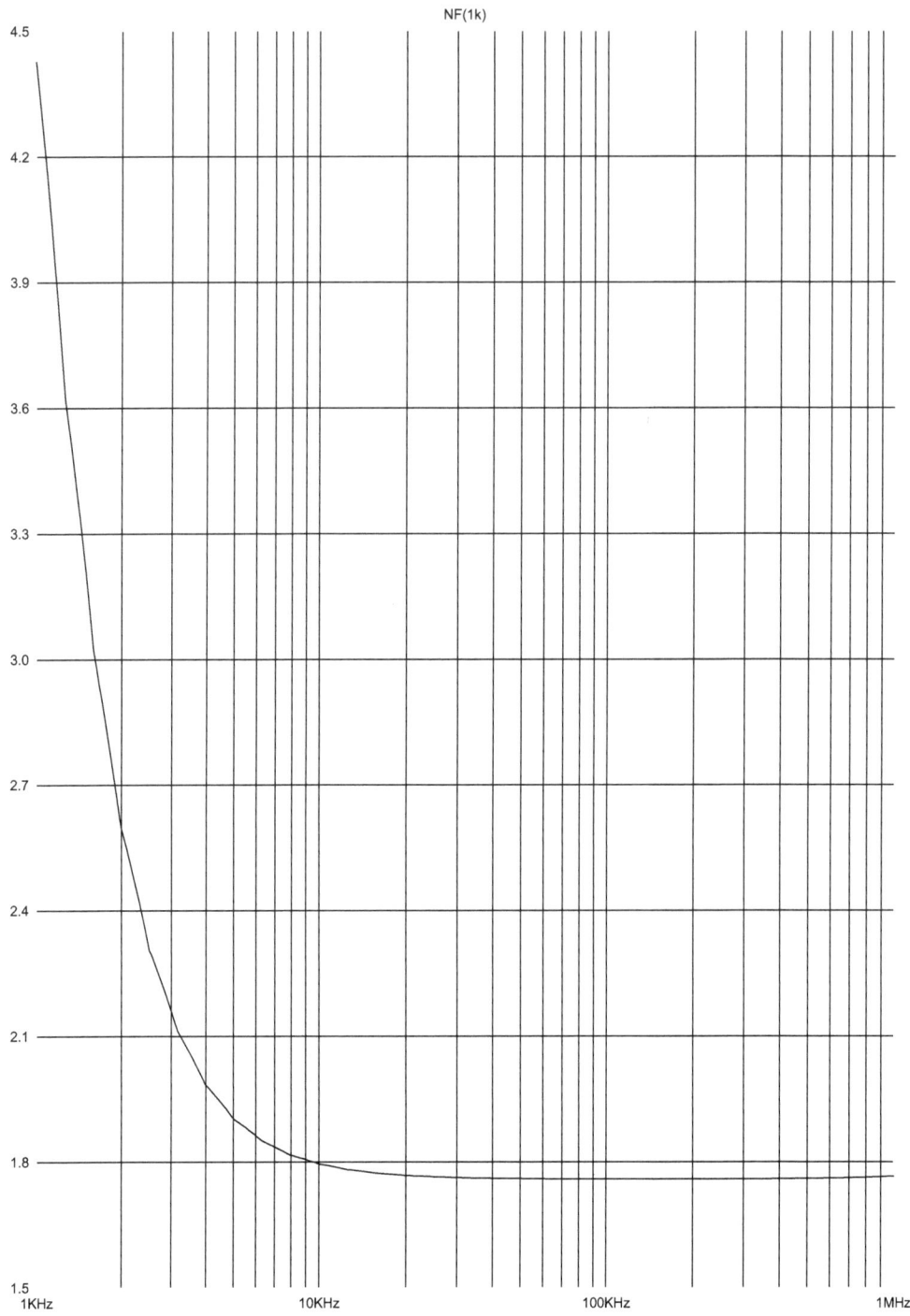

Abb. 2.2.18 Rauschanalyse an einem bipolaren Verstärker: Simulationsergebnis des Rauschfaktors NF

Mit LTspice kann für jede Schaltung in der vorgestellten Art und Weise eine Rauschuntersuchung durchgeführt werden. In der Messtechnik werden dazu Frequenzanalysatoren wie Spektrumanalysatoren (frequency analyzer) oder Netzwerkanalysatoren (network analyzer) verwendet. Das Vorgehen bei diesen Geräten ist exakt so, wie im LTspice Tutorial aufgezeigt. Auch hier ist zu beachten, dass diese Geräte meist einen festen Abschlusswiderstand haben, der ist in aller Regel 50 Ω, 75 Ω oder 1 MΩ. Ist die Widerstandsanpassung an das Netzwerk nicht direkt möglich, so ist der höchste Messbereich zu nehmen und die Umrechnung auf den tatsächlich vorhandenen Abschlusswiderstand folgt entweder den Berechnungen aus dem LTspice Tutorial 1.51 oder ist in den zugehörigen Handbüchern vermerkt.

2.3 Analyse- und Auswertverfahren

Bevor die Schaltungstechniken besprochen werden, erscheint es sinnvoll einige der Analyse- und Auswertverfahren zu erläutern, die als Standardverfahren immer wieder zur Begutachtung von Schaltungstechniken angewandt werden.

2.3.1 Die Zeitkonstante und der RC-Tiefpass

Jeder Knoten einer Schaltung hat eine parasitäre Kapazität. Diese wird je nach Aufbau und Technologie so groß, dass die parasitäre Kapazität auf Grund ihrer Ladezeitkonstanten [2.32] zu einer Signalbeeinflussung führt. Das folgende Gleichungssystem zeigt die Wirkung dieser Kapazität.

$$dQ = C \cdot dV$$
$$dQ = i(t)dt$$
$$i(t) = C \cdot \frac{dV}{dt} \qquad u(t) = \frac{1}{C} \int i(t)dt$$

Formel 2.3.1

Die Zuleitung dieser Kapazität stellt einen Widerstand dar und bildet mit dieser Kapazität einen RC-Filter:

$$V(t)_{OUT} = \frac{1}{RC} \cdot \left(\int_{t=0}^{t_1} V(t)_{IN} \, dt - \int_{t=0}^{t_1} V(t)_{OUT} \, dt \right)$$

Formel 2.3.2

Der Term RC bildet das Zeitglied. Wäre die Integration fehlerfrei, so wäre die Eingangsspannung dem Strom proportional: V = RI. Für den fehlerfreien Tiefpass heißt das:

$$\hat{V}_{OUT} = \frac{1}{RC} \int_{t=0}^{t_1} V(t)_{IN} \, dt$$

Formel 2.3.3

Wird der fehlerfreie Ausdruck mit dem Differenzintegral verglichen, so folgt daraus der Systemfehler:

$$\Delta V(t)_{OUT} = \hat{V}_{OUT} - V(t)_{OUT} = \frac{1}{RC} \cdot \int_{t=0}^{1} V(t)_{IN} \, dt$$

Formel 2.3.4

Es ist an der Zeit die DGL zu lösen, damit dieser Systemfehler beschrieben werden kann.

$$\frac{dx(t)}{dt} + a_0 x(t) = b$$

Mit Anfangsbedingung zur Zeit t = 0: $U(t)_{IN} = const = c$ ergibt sich als Lösung:

$$x(t) = \frac{b}{a_0} + \left(c - \frac{b}{a_0} \right) \cdot e^{-a_0 t}$$

Formel 2.3.5

Für die DGL des Tiefpasses findet man für die Koeffizienten a_0, b und c:

$$a_0 = \frac{1}{RC} \qquad b = \frac{V(t)_{IN}}{RC} \qquad c = 0$$

Formel 2.3.6

Damit schreibt sich das Ergebnis der Differenzialgleichung:

$$V(t)_{OUT} = V(t)_{IN} \cdot \left(1 - e^{-\frac{t}{RC}} \right)$$

$$V(t)_{OUT} = V(t)_{IN} \cdot \left(1 - e^{-\frac{t}{\tau}} \right)$$

Die Übertragungsfunktion wird dann angeschrieben als:

$$H(t) = \frac{V(t)_{OUT}}{V(t)_{IN}} = \left(1 - e^{-\frac{t}{\tau}} \right)$$

Formel 2.3.7

Dieses Ergebnis kann als Reihe entwickelt werden und damit ergibt sich das Polynom:

$$H(t) = \frac{V(t)_{OUT}}{V(t)_{IN}} = \frac{t}{\tau} - \frac{t^2}{2\tau^2} + \frac{t^3}{3\tau^3} - .. + \qquad \text{mit:} \quad \tau = R \cdot C$$

Formel 2.3.8

2.3 Analyse- und Auswertverfahren

Dieses Polynom wird zur Fehlerbetrachtung verwendet, indem an einem festen Term des Polynoms abgebrochen und der Rest als Fehler erklärt wird. Brechen wir hinter dem ersten Term ab, so ist der durch den Abbruch gemachte Fehler der gesamte nichtlineare Rest des Polynoms.

Vorsicht: In mancher Literatur findet man als Fehler nur den 1. Term. Der Grund dafür ist das Abbrechen des Polynoms vor dem 2. Term und Nutzung nur des 1. Terms. Diese vereinfachte Fehlerdefinition ist sehr zweifelhaft, da sie doch einen großen Restfehler hinterlässt.

Das Problem lässt sich aber elegant umgehen, indem die Exponentialfunktion ein wenig umgeschrieben wird.

$$e^{-\frac{t}{\tau}}$$

$$t = n \cdot \tau$$

$$e^{-\frac{n \cdot \tau}{\tau}} = e^{-n}$$

Formel 2.3.9

Mit dieser kleinen Vereinfachung lässt sich der Fehler nun leicht bestimmen, indem er als Fehlervorgabe – das ist eben dieser Exponentialausdruck – das n bestimmt und damit mit Hilfe der RC-Zeitkonstanten direkt die Information liefert, wie lange das System einschwingen muss, um diese Genauigkeit (Unterschreitung der Fehlergrenze e^{-n}) einzuhalten. Oder die RC-Zeitkonstante wird festlegt und damit auch die Anzahl der notwendigen Zeitkonstanten bis zum Unterschreiten der Fehlergrenze.

Ein weiterer, sehr wichtiger Zusammenhang ist noch unkommentiert geblieben und deshalb schauen wir noch einmal folgende Beziehung an:

$$V(t)_{OUT} = \frac{1}{RC} \cdot \left(\int_{t=0}^{t1} V(t)_{IN} \, dt - \int_{t=0}^{t1} V(t)_{OUT} \, dt \right)$$

Formel 2.3.10

Der zweite Term beschreibt eine wichtige Eigenschaft jeder Integration: die Rekursion. Das heißt während der Durchführung einer Integration verbleiben alle innerhalb der Integrationszeit gesammelten Information erhalten! Das einfachste Schaltbild der Ladung der erwähnten parasitären Kapazität zeigt Abb. 2.3.1.

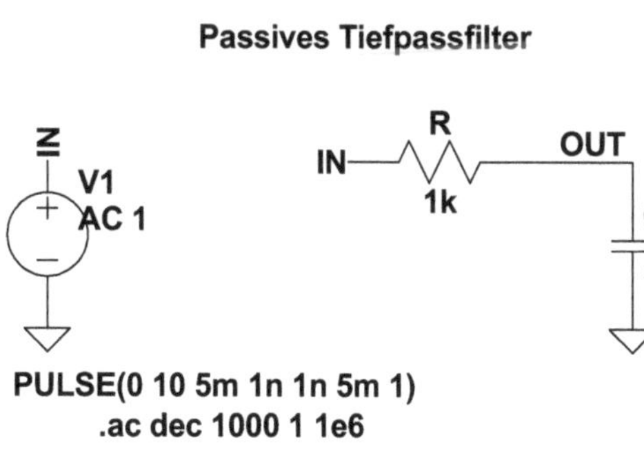

Passives Tiefpassfilter

V1 AC 1
R 1k
C 1µ
PULSE(0 10 5m 1n 1n 5m 1)
.ac dec 1000 1 1e6

Abb. 2.3.1   Passives Tiefpassfilter

Dieses Filter berechnet sich mit Hilfe der Kirchhoff Regeln:

$$A(j\omega) = \frac{V_{in}}{V_{OUT}} = \left|\frac{\frac{1}{j\omega C}}{R + \frac{1}{j\omega C}}\right| = \left|\frac{1}{1 + j\omega RC}\right|$$

$$A(j\omega) = |A_0| \cdot e^{j\varphi} = \frac{1}{\sqrt{1 + (\omega RC)^2}} = \frac{1}{\sqrt{1 + \frac{\omega^2}{\omega_g^2}}}$$

$$\omega_g = \frac{1}{R \cdot C}$$

$$\varphi = -a\tan(\omega RC)$$

Für den Sonderfall $|A| = \frac{1}{\sqrt{2}}$ gilt:

$$|A| = \frac{1}{\sqrt{2}} = \frac{1}{\sqrt{1 + (\omega RC)^2}}$$

$$P = -10 \cdot \log\left(1 + \frac{\omega^2}{\omega_g^2}\right) dB$$

$$f_g = \frac{\omega_g}{2\pi} = \frac{1}{2\pi RC} \quad \Rightarrow \varphi = 45°$$

Formel 2.3.11

Im oben aufgeführten Gleichungssystem ist die Pegelangabe bezogen auf das Verhältnis der quadratischen Kreisfrequenzen. Daher wird der zugehörige Pegel in dB wie ein Leistungspegel mit „10 mal Logarithmus" gebildet.

Der Verstärkungsrückgang auf die Hälfte des Eingangswertes in Spannung entspricht im logarithmischen Maßstab:

$$A_{0.5} = 20 \cdot \log_{10}\frac{V_{OUT}}{1V} = 20 \cdot \log_{10}\frac{0.5V}{1V} = -6.0206 \, dBV \approx -6 \, dBV$$

Formel 2.3.12

Bei einer Bezugsspannung von $V_{ref} = 1$ V spricht man von dBV, sollte diese Referenzspannung 1mV sein, so spricht man von dBmV. Diese Indizierung (m für 1/1000 oder milli) verweist auf die Größe der Referenzspannung. Das Gleiche gilt für Strompegel (auch mit Faktor 20) als auch für Leistungspegel (dabei Faktor 10, da Leistung das Produkt aus Strom und Spannung ist).

2.3 Analyse- und Auswertverfahren

2.3.2 Analysearten

Bisher dargestellt wurden die Grundgleichungen eines MOS-Transistors. Die Analytik unterscheidet folgende Analyseformen [2.29–2.37]:

DC Operating point

Der DC-Arbeitspunkt ist definiert als für diesen Anwendungsfall stabiler Ausgangspunkt aller beteiligten Spannungen. Es gibt keine Variation dieser Spannungen. Ein Signal kann diesem stabilen Arbeitspunkt überlagert werden. Damit wird die Beschreibung des Schaltungsverhaltens bestimmt vom Bereich, der durch den DC-Arbeitspunkt des überlagerten Signals festgelegt wird.

DC Transfer oder DC sweep

Diese Form stellt eine Folge von DC-Arbeitspunkten dar. Es ist der Grenzwert (limes) für t gegen unendlich einer zeitlichen (transienten) Beschreibung. Berechnet wird für jede anliegende Spannung der eingeschwungene Zustand (DC OP). Alle zeitlichen Vorgänge sind somit quasi nicht mehr relevant.

Transient

Diese Form stellt das zeitliche Verhalten der Schaltung dar. Zeitliche Einschwingvorgänge, sogenannte Transienten, können beobachtet und ausgewertet werden.

Small signal

Diese Form stellt das Frequenzverhalten dar. Es wird am DC-Arbeitspunkt der Schaltung eine Linearisierung der Kennlinien vorgenommen. Mit Hilfe der nun linearen Kennlinie kann das Schaltungsdifferenzialgleichungssystem gelöst werden. Die Randwertbedingung wurde linearisiert und ist damit für alle Signalwerte gültig.

Es gibt in modernen Simulatoren wie LTspice Automatismen, welche die Schaltung in den DC-Arbeitspunkt bringen. Das ist nicht immer einfach, deshalb bedient man sich gerade bei CMOS-SC-Schaltungen (SC = Switched Capacitor), in denen der DC-OP-Punkt mit traditioneller Mathematik nur schwer ermittelt werden kann, einer transienten Simulation im gewollten Arbeitspunkt und definiert nach Einschwingen – heißt, wenn eine voreingestellte Fehlergrenze dauerhaft unterschritten ist – diesen Punkt als DC OP.

Rauschmessung

Diese Form stellt das Frequenzverhalten dar. Es wird am DC-Arbeitspunkt der Rauschfaktor simuliert.

Frequenzanalyse

Die Anwendung im Zeit- und Frequenzbereich ist entweder die klassische Fourier-Analyse oder die Kurzzeit-Fourier-Analyse, welche auch nichtperiodische Signale wie Kurzzeitstörungen erfassen kann.

Die Fourier-Analyse ist eines der wichtigsten Hilfsmittel der Analysetechnik. In der Mathematik wurde die Fourier-Transformation, die Berechnung des Frequenzbereichs aus einem zeitabhängigen Signal, bereits besprochen und wird als Voraussetzung des Kenntnisstandes gewertet. Jedoch ist nochmals zu betonen, dass diese mathematische Analysetechnik nur mit periodischen Signalen vereinbar ist. Auf nicht periodische Signale wird in diesem Buch nicht eingegangen.

Die Stabilität eines Systems

Die besprochenen Frequenzabhängigkeiten sind in eine Analytik zu fassen und mit Rechnerhilfe bezüglich ihrer Stabilität (Schwingneigung) auszuwerten. Dazu bedient man sich verschiedener Techniken:

Routh–Hurtwitz-Polynom [2.34, 2.35]

Dieses ist gebräuchlich beim Filterentwurf.

Alle Koeffizienten sind reelle Zahlen und alle Elemente der Pivotzeile der Matrix sind ungleich Null und besitzen das gleiche Vorzeichen

Michailov-Kriterium [2.36]

Wird weniger angewandt.

Eine kontinuierliche Änderung des Arguments der Übertragungsfunktion im Frequenzbereich von f = –oo bis oo ist monoton und stetig.

Wurzelortskurve

Die Wurzelortskurve wird als Verfahren in der Regelungstechnik eingesetzt und beschreibt das Systemverhalten bezogen auf die Variation der Systemverstärkung. Damit lässt sich die Stabilität des geschlossenen Regelkreises bestimmen, Rückschlüsse auf das Dämpfungsverhalten als auch die Resonanzfrequenz ziehen.

Bode-Diagramm [2.33]

Das beste, weil einfachste Stabilitätskriterium für Schaltungsanwendungen.

Innerhalb des angeforderten Frequenzbereichs wird sowohl die Amplitudenfunktion als auch die Phasenfunktion der Übertragungsfunktion im logarithmischen Maßstab dargestellt. Dabei darf die Phasenreserve bei Verstärkung 0 dB (Faktor 1) nicht kleiner als ein Minimalwert von ca. 30° sein. Ist die Phasenreserve geringer, ist die Gefahr eines instabilen Verhaltens sehr groß. Das Bode-Diagramm wird in LTspice als Analyseergebnis der AC-Analyse ausgegeben. Für einen RC-Tiefpass zeigt das zugehörige Bode-Diagramm.

Eine AC-Analyse gibt keinen Spannungspegel an. Hier wird der Leistungspegel angegeben. Der 3dB Punkt in einer AC-Analyse – siehe Abb. 2.3.2 – kennzeichnet den Frequenzpunkt, an welchem die Phasendrehung 45° erreicht.

2.3 Analyse- und Auswertverfahren

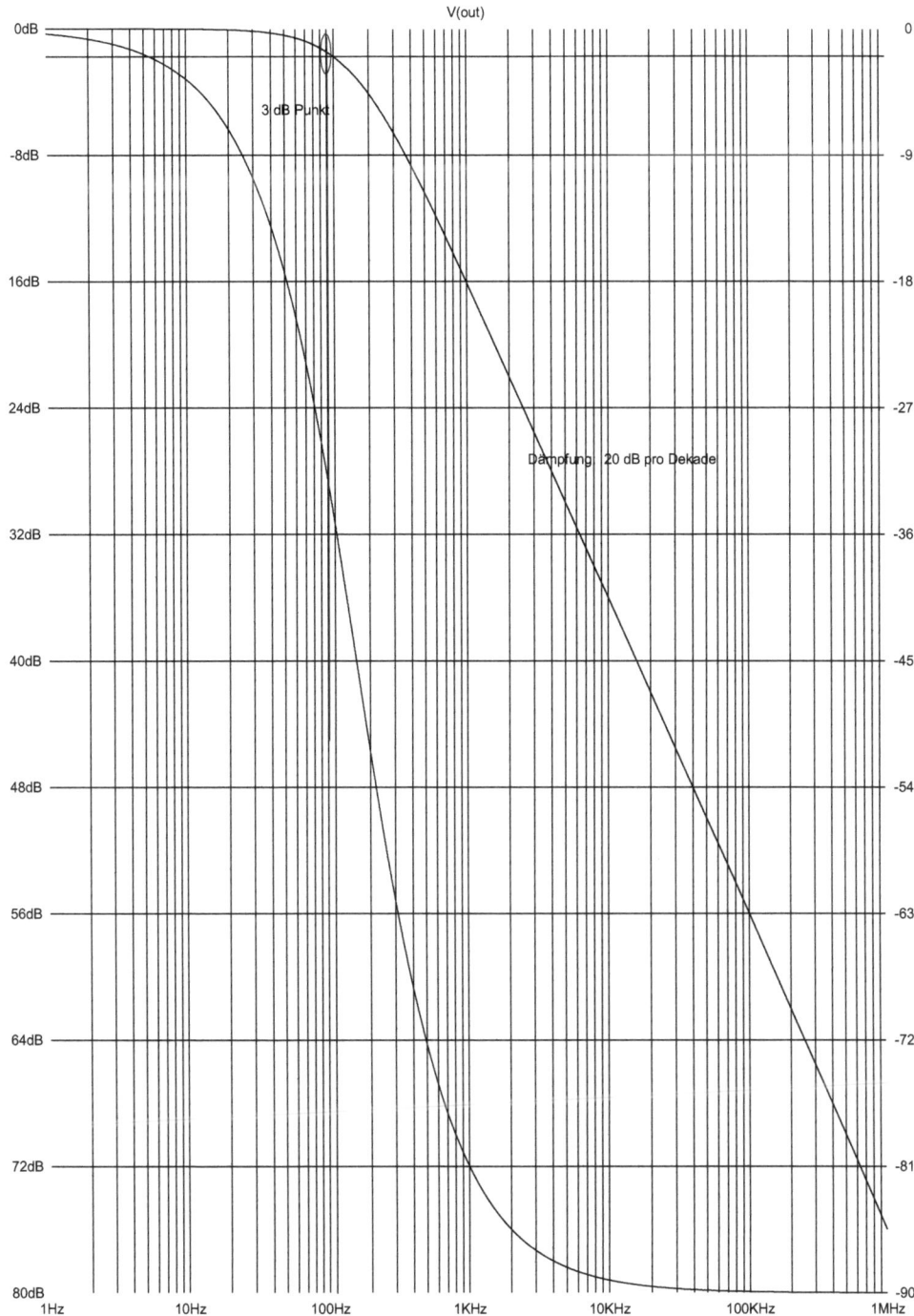

Abb. 2.3.2 Bodediagramm eines RC-Tiefpass

2.4 CMOS-Analogschaltungstechniken

2.4.1 Der hierarchische Aufbau von elektronischen Schaltungen

Die Schaltungen werden im Verlauf der Kapitel umfangreicher. Daher ist es hier wie auch in der elektronischen Schaltungstechnik üblich, Hierarchien einzuführen. Unter der *Hierarchie*, die in der Schaltungstechnik auch Schaltungsebene genannt wird, versteht sich ein Schaltungsaufbau, zu dem ein *Symbol* (Englisch: *Icon*) gehört. Dieses Symbol steht stellvertretend für die „darunter" liegende Schaltung und ermöglicht auf diese Weise einen übersichtlichen Schaltungsaufbau. Die Schaltung selbst kann einerseits unter dem Symbol sichtbar bleiben und andererseits auch „nur" durch ihre Netzliste verfügbar gehalten werden. Wird die Schaltung (English: schematic) grafisch verfügbar gehalten, wird die Simulationszeit spürbar länger, da der Simulator vor jeder Simulation die Netzliste extrahieren muss. Wird die Netzliste unter dem Symbol verfügbar gehalten, geht zwar die grafische Information – der Schaltplan – „verloren", jedoch ist die Simulation deutlich beschleunigt, da die Netzliste bereits vorhanden ist. Hierarchische Schaltungen werden als Baugruppe bzw. Bibliothekselemente verstanden und in aller Regel in einer Schaltungsbibliothek – library – verwaltet. Diese Bibliothek versteht sich als standardisierte Entwurfsbibliothek, da deren Elemente ähnlich wie käufliche Bauteile geprüft und hinsichtlich ihrer Verwendung spezifiziert wurden. Das ist ein wesentliches Qualitätsmerkmal, das der Entwurfssicherheit entgegen kommt.

Namenskonvention im hierarchischen Schaltungsaufbau

Die Namensgebung erfolgt auch hierarchisch: zuerst die Funktion, danach die Klasse und zum Schluss die Unterklasse.

Funktion

Versorgungsspannung: VDD (+) VCC (+) VSS (–) VEE (–)

Dabei steht der Doppelbuchstabe als Kennzeichen für einen globalen Namen. Der angewandte Buchstabe bezeichnet D als Drain, S als Source, C als Kollektor und E als Emitter. Die Kombination beispielsweise VDD bezeichnet damit: globaler Anschluss, Versorgung aller Draingebiete (das indiziert das doppelte D), die hier angeschlossen sind.

Klasse

A steht für analog, D steht für digital

Die Klassen bezeichnen Versorgungsdomänen. Eine Versorgungsdomäne wird stets an einem gemeinsamen positiven sowie negativen Anschluss gelegt. Dies ist auch im Layout zu beachten. Dieser eine, gemeinsame Anschluss wird als Versorgungsknoten der Domäne xy bezeichnet.

Unterklasse

ADC, DAC, AMP etc.

Die Unterklassen sind innerhalb ihrer Hierarchie nach den gleichen Prinzipien zu behandeln, wie die Klassen. So kann es sein, dass eine Baugruppe aus mehreren Unterbaugruppen besteht. Die Baugruppe wird von einer Domain versorgt und die einzelnen Unterbaugruppen besitzen wiederum eigene Versorgungsknoten.

Für alle Versorgungen gilt sowohl im Schaltbild als auch im Layout: Zufluss stets von oben und Abfluss stets von unten im Schaltbild.

2.4 CMOS-Analogschaltungstechniken

Signale

Für Signale gilt sowohl im Schaltbild als auch im Layout: Eingänge stets links und Ausgänge stets rechts im Schaltbild.

Mit dieser Hierarchieregel lassen sich Bibliothekselemente schaltungstechnisch übersichtlich und elektrisch korrekt verdrahten, ohne dass Versorgungs- und Signalschleifen vorkommen.

Zu jeder Beschreibung eines Bibliothekselements gehört:
- Name der Baugruppe
- Funktionsbeschreibung
- Spezifikation der Versorgungsspannung und Spezifikation aller Ein- und Ausgänge (Signale und Steuerungen)
- Umweltparameter (Temperatur)
- Anschlüsse im Layout und Fläche des Layouts

2.4.2 Der Signalschalter (Transfergate)

Eine wichtige Schaltungstechnik sind Schalter für Signale. Schalter sollen ein Signal von einem Ort zu einem anderen Ort entweder sperren oder zulassen. Damit sind für analoge Signale gewisse Forderungen gesetzt [2.4, 2.6, 2.16, 2.33]:

Tabelle 2.5 Signalschalter: Eigenschaften

Signaltreue	Signal muss unverfälscht weitergegeben werden
Rauscharmut	Signal darf keine oder nur zulässige neue Rauschkomponenten enthalten
Sperrfähigkeit	Signal muss exakt gesperrt werden; es dürfen keine Signalanteile auf die „andere Seite" gebracht werden als signalmäßig akzeptabel (Rauschverhalten, Störverhalten: Spezifikationspunkt!)
Frequenzunabhängigkeit	Der Schalter muss eine über den vorgesehenen Frequenzbereich gleichmäßige Charakteristik aufweisen
Störfestigkeit	Der Schalter darf keine Störungen erzeugen, die sich negativ im Signal bemerkbar machen (Rauschverhalten, Störverhalten: Spezifikationspunkt!)

Der CMOS-Schalter

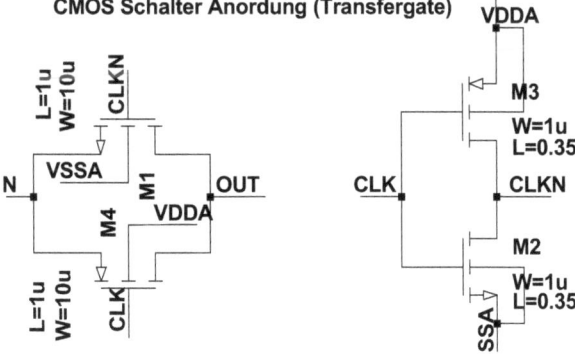

Abb. 2.4.1 CMOS-Schalter (Transfergate)

Die Abb. 2.4.1 zeigt die CMOS-Schaltung eines Transfergates. Das Transfergate ist eine klassische Gate-Schaltungstechnik, denn das Gate liegt stets auf Bezugspotential. Dabei ist der rückwärtige Anschluss des Transistors (bulk oder Wanne) besonders zu beachten, denn dieser ist frei verfügbar. Dieser rückwärtige Anschluss sollte stets auf höchster (P-Kanal) und niedrigster (N-Kanal) Signalspannung liegen. Wenn dies eingehalten wird, dann ist einerseits der einschränkende backbias-Effekt so gering als möglich und andererseits werden die Transistor-Diffusionsdioden zu keinem Zeitpunkt leitend. Dieser rückwärtige Anschluss wird häufig an die Versorgungsschienen (VDDA und VSSA) gelegt. Diese Nomenklatur betitelt mit dem doppelten D die positive Versorgungsspannung bzw. dem doppelten S die negative Versorgungsspannung. Das angehangene A betitelt die Versorgungsdomäne, A steht für analog, D steht für digital. Digitale Versorgung ist nicht vorhanden, daher ist hier nur A adressiert. Als Bibliothekselemente werden zwei Transfergates eingebracht: ein kleines mit W = 10 µm und ein mittelgroßes mit W = 50 µm. Abb. 2.4.1 zeigt auch noch, dass zu diesem Transfergate eine Taktaufbereitung gehört. Diese Taktaufbereitung ist nicht zwingend als Zusatzschaltung zu einem Transfergate-Bibliothekselement erforderlich. In der Regel übernimmt die Taktaufbereitung ein digitaler Steuerteil. Die Simulations-Schaltung des Transfergates zeigt Abb. 2.4.2. Dabei wird das Transfergate mit einer Kapazität belastet. Diese Last ist sinnvoll, denn wäre das Transfergate mit einer resistiven Last versehen, so würde sich ein Spannungsteiler bestehend aus den Leitwerten der Transfergate-Transistoren und dem Lastwiderstand ergeben und das Signal erführe dadurch natürlich einen Signalverlust.

Das Transfergate besteht aus den Transistoren M1 und M4 mit entgegengesetzter Leitfähigkeit: N und P. Damit wird ein symmetrisches Verhalten gewährleistet, denn wenn der N-Kanal-Transistor in die schwache Inversion (weak Inversion) oder gar ins Akkumulationsgebiet kommt,

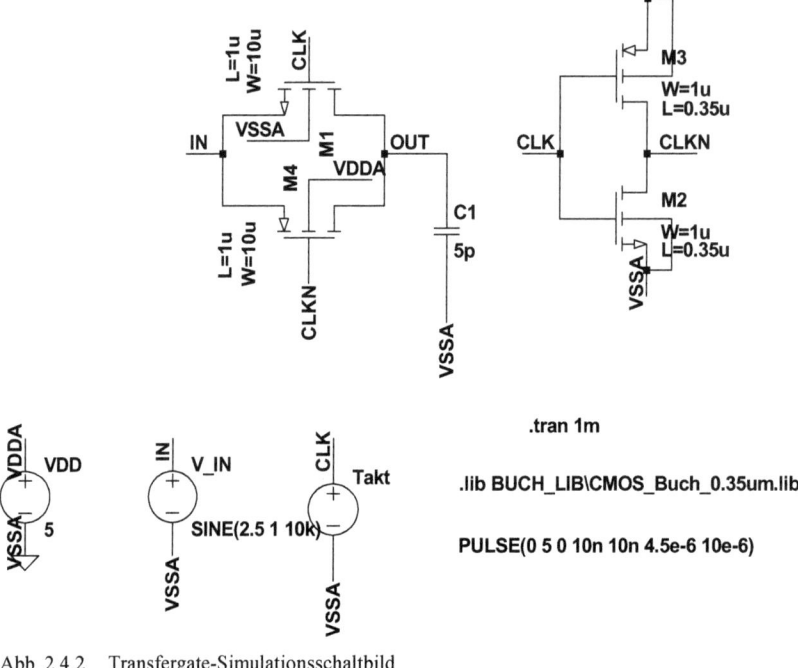

Abb. 2.4.2   Transfergate-Simulationsschaltbild

2.4 CMOS-Analogschaltungstechniken

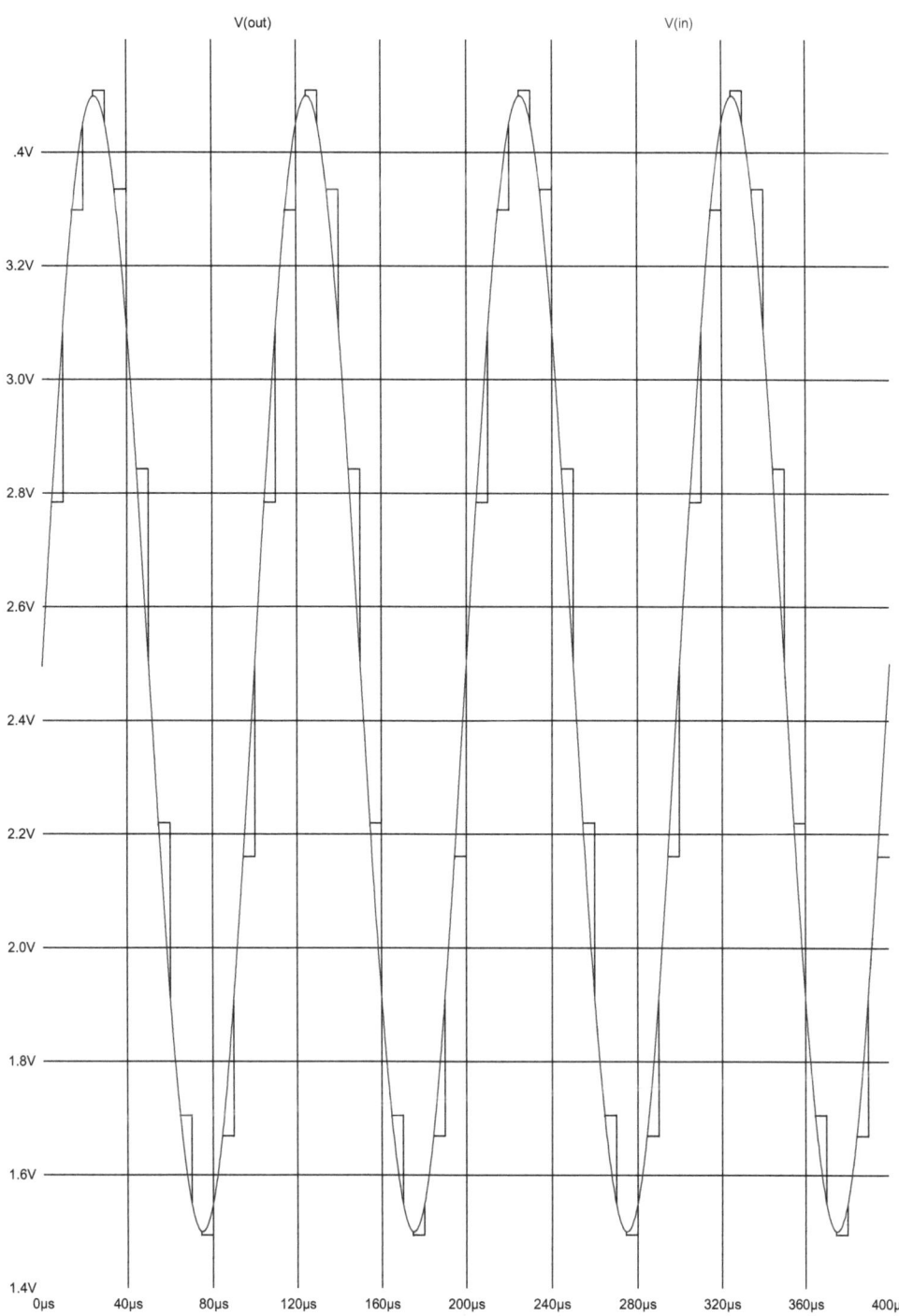

Abb. 2.4.3 Transfergate Simulationsergebnis

ist der P-Kanal-Transistor voll geöffnet und umgekehrt. Ebenso ist das Durchlass- und Sperrverhalten beider durch die zwei Takteingänge CLK und CLKN stets gewährleistet. Die interne Taktversorgung wird mit dem Inverter der Transistoren M3 und M2 gebildet. Dadurch wird gewährleistet, dass zu einem Takt stets ein Gegentakt vorhanden ist.

Das Simulationsergebnis in Abb. 2.4.3 zeigt, dass das Sinussignal am Eingang „IN" nur in einer Taktphase durchgeschaltet wird, in der anderen Taktphase jedoch den Wert „Ende Taktphase" besitzt. Auf diese Besonderheit wird im Buch noch öfter hingewiesen. Das Transfergate tastet das Signal ab. Abb. 2.4.4 zeigt das hierarchisch aufgebaute Schaltbild des Transfergates mit einer Lastkapazität. Da die Taktaufbereitung in dem Transfergate enthalten ist, wird nur ein Takteingang benötigt. Der benötigte Takt ist derjenige, welcher das Transfergate durchschaltet.

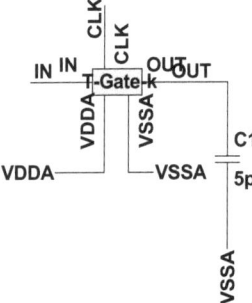

Abb. 2.4.4   Transfergate einer hierarchisch aufgebauten Schaltung

Die Arbeitsweise des Transfergates klein

Das Transfergate oder der analoge Schalter besitzt die Anschlüsse:

Tabelle 2.6   Technische Beschreibung Transfergate klein

VDDA	Analoge positive Versorgungsspannung	5V +/−10%
VSSA	analoge negative Versorgungsspannung	0V
IN	analoger Eingang	0V–5V,
OUT	analoger Ausgang	0V–5V,
CLK	Takt Eingang	max. f(Clk) 2 MHz clk = HIGH: Transfergate durchgeschaltet (transparent)

Taktdurchgriff (clock feed through) [2.4, 2.6, 2.16, 2.34]

Ein Transfergate soll möglichst aus der Parallelschaltung eines P- mit einem N-Kanal-Transistors bestehen, so wie in Abb. 2.4.1 gezeigt. Der Grund ist in den parasitären Kapazitäten Gate nach Drain bzw. Source- als auch der Gate-Kanalkapazität zu finden. Ändert sich die Gateansteuerung abrupt, was bei einem anliegenden Takt zum schnellen Öffnen bzw. Schließen des Transistors (Schalten) notwendig ist, wird in diese Kapazität eine Ladung injiziert. Diese Ladung verteilt sich in diesem Transistor auf die Diffusionsgebiete und auch in den Kanal hinein. Wenn ein Anschluss quellimpedant ist, wird diese Fehlladung dort (lokal) keine Rolle spielen, jedoch wenn der Anschluss höherimpedant ist, dann erzeugt die Fehlladung durch die Serienschaltung mit der Lastkapazität eine Fehlspannung, die damit das Signal verfälscht. Bei paralleler Schaltung geometrisch gleicher Transistoren (W/L gleich), ist diese

2.4 CMOS-Analogschaltungstechniken

Fehlladung deutlich geringer. Die nebenstehende Skizze zeigt dies exemplarisch. Der rote und der grüne Pfeil stellen die parasitären Ladungen dar, die in die Lastkapazität übertragen werden. Sind die anliegenden Takte nicht exakt synchron und nicht exakt antiparallel mit ihren Spannungswerten, bleibt eine Ladung übrig. Das gilt auch für symmetrischen Takt und unsymmetrisches Signal. In aller Regel ist jedoch das Signal im Mittel symmetrisch, so dass sich der mittlere Fehler wieder herauskürzt. Dieser Effekt ist als Taktdurchgriff (Englisch: clock feed through) bekannt.

Die Berechnung des Transfergates und der ON-Widerstand

Die wohl wichtigste Kenngröße ist der Widerstand, wenn das Transfergate geöffnet ist; also wenn der Schalter quasi auf Durchlass steht. Der Widerstand zwischen den Terminals (Anschlüssen) soll möglichst gering sein. Der Widerstand wird als Parallelwiderstand exemplarisch gerechnet für den normalen Fall, nämlich beide Transistoren arbeiten im Triodengebiet. Grund: der Spannungsabfall über einem Transfergate muss gering sein und damit ist die Steuerspannung in aller Regel deutlich höher.

$$I_D = K_P \frac{W}{L}\left(V_{GS,eff} \cdot V_{DS} - \frac{V_{DS}^2}{2}\right) \quad \text{wenn } V_{DS} < V_{GS,eff}$$

Wenn $V_{DS} \ll V_{GS,eff}$: In diesem Gebiet arbeitet der Transistor wie ein Ohm'scher Widerstand

$$I_D = K_P \frac{W}{L} \cdot V_{GS,eff} \cdot V_{DS}$$

$$r_{ON,N} = \left(\frac{dI_{D,N}}{dV_{DS,N}}\right)^{-1} = \left(K_P \frac{W}{L}(V_{GS,eff} - V_{DS})\right)^{-1}$$

$$r_{ON,N} = \left(\frac{dI_{D,N}}{dV_{DS,N}}\right)^{-1} = \left(K_P \frac{W}{L} \cdot V_{GS,eff}\right)^{-1}$$

$$r_{ON,P} = \left(\frac{dI_{D,P}}{dV_{DS,P}}\right)^{-1} = \left(K_P \frac{W}{L}(V_{GS,eff} - V_{DS})\right)^{-1}$$

$$r_{ON,P} = \left(\frac{dI_{D,P}}{dV_{DS,P}}\right)^{-1} = \left(K_P \frac{W}{L} \cdot V_{GS,eff}\right)^{-1}$$

$$r_{ON} = \frac{r_{ON,N} \cdot r_{ON,P}}{r_{ON,N} + r_{ON,P}}$$

Formel 2.4.1

Dimensionierung eines Transfergates

Die Dimensionierung kann einerseits rechnerisch erfolgen, andererseits mit Hilfe von Kennlinien. Die rechnerische Ermittlung bedient sich der oben vorgestellten Gleichungen. Dabei ist zu beachten, dass die Transistoren entsprechend dem Signal als auch den Taktspannungen im Fall „EIN" ihr Arbeitsgebiet selber einnehmen. Der Entwickler hat demzufolge diese Werte zu berücksichtigen in der Wahl des Arbeitspunkts oder anders ausgedrückt: in der Dimensionierung der Weite und Länge, damit der Schalter niederohmig genug ist.

Beispiel:

Ein symmetrisches Transfergate (P- mit N-Kanal-Transistor parallel und gleichem W und L) soll für folgende Bedingungen dimensioniert werden:

Die eine Seite wird mit einer quellimpedanten Spannung U_{Signal} angesteuert, während der Signalausgang (andere Seite) hochimpedant ist. Der Widerstand des Transfergates darf 1/50 des Lastwiderstands betragen, die Signalverfälschung darf 1% der Signaleingangsspannung betragen. Beide Transistoren haben eine Schwellspannung von 0.5 V.

$U_{DD} = 5\ V\ U_{Signal} = 4\ V_{SS}\ U_{AGND} = 2.5\ V\ C_L = 1\ pF\ R_L = 100\ K\Omega\ U_{Takt} = 0\ V\ /\ 5V$

Lösungen:

a) $\Delta U_{G,In} = 4.5\ V$ b) $\Delta_{UG,In} = 0.5\ V$

Untersuchung des Arbeitsgebiets der Transistoren

Zu a): $V_{GS,eff,N} = 4.5\ V - 0.5\ V = 4\ V$

$V_{GS,eff,P} = 0\ V$ => N-Kanal leitet, P-Kanal leitet nicht

Zu b): $V_{GS,eff,N} = 0.5\ V - 0.5\ V = 0\ V$

$V_{GS,eff,P} = -4\ V$ => P-Kanal leitet, N-Kanal leitet nicht

$R_{TG} = 100\ K\Omega\ /50 = 2\ K\Omega$ Widerstand TG

$I_{TG} = V_{Signal}\ /\ R_{ges} = 2\ V\ /\ 102\ K\Omega = 19.6\ mA$ Strom durch Zweig

$V_{Tg} = 2\ K\Omega * 19.6\ mA = 39.2\ mV$ Spannungsabfall über TG

$I_{Transistor\_TG} = I_{TG}\ /\ 2 = 9.8\ mA$ mittlerer Einzelstrom TG-Transistor

Transfergateschaltungsanordnung für hochgenaue Anwendungen

Ein einzelnes Transfergate zeigt auch eine direkte kapazitive Kopplung zwischen den beiden Signalanschlüssen. Im ausgeschalteten (= hochohmigen) Zustand wird eine Änderung der Spannung einen Ladungsimpuls in die Kanalkapazität bewirken. Bekannt ist das unter dem Namen „Miller Effekt" [2.32]. Deutlich vermindert werden kann dies durch sogenannte T-Bone Switches. Das sind Transfergates (TG), die aus 3 einzelnen TGs zusammengesetzt werden. Die Abb. 2.4.5 zeigt das Schaltbild. Dabei sind zwei Transfergates in Serie geschaltet und gleichgetaktet und ein drittes Transfergate ist zwischen diesen beiden Transfergates so geschaltet, dass es im für das Signal sperrenden Zustand diesen Mittenknoten auf eine niederimpedante Spannung legt. Diese ist vorzugsweise die Signalmittenspannung (in der Regel ist das die Mitte der Versorgungsspannung). Sie wird häufig Signal Ground (SGND) oder Analog Ground (AGND) genannt.

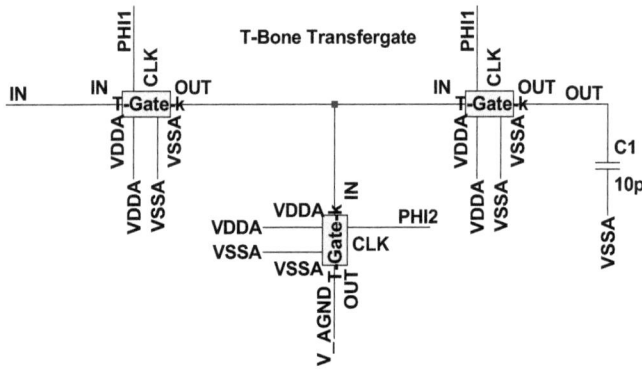

Abb. 2.4.5   T-Bone Transfergate

2.4 CMOS-Analogschaltungstechniken

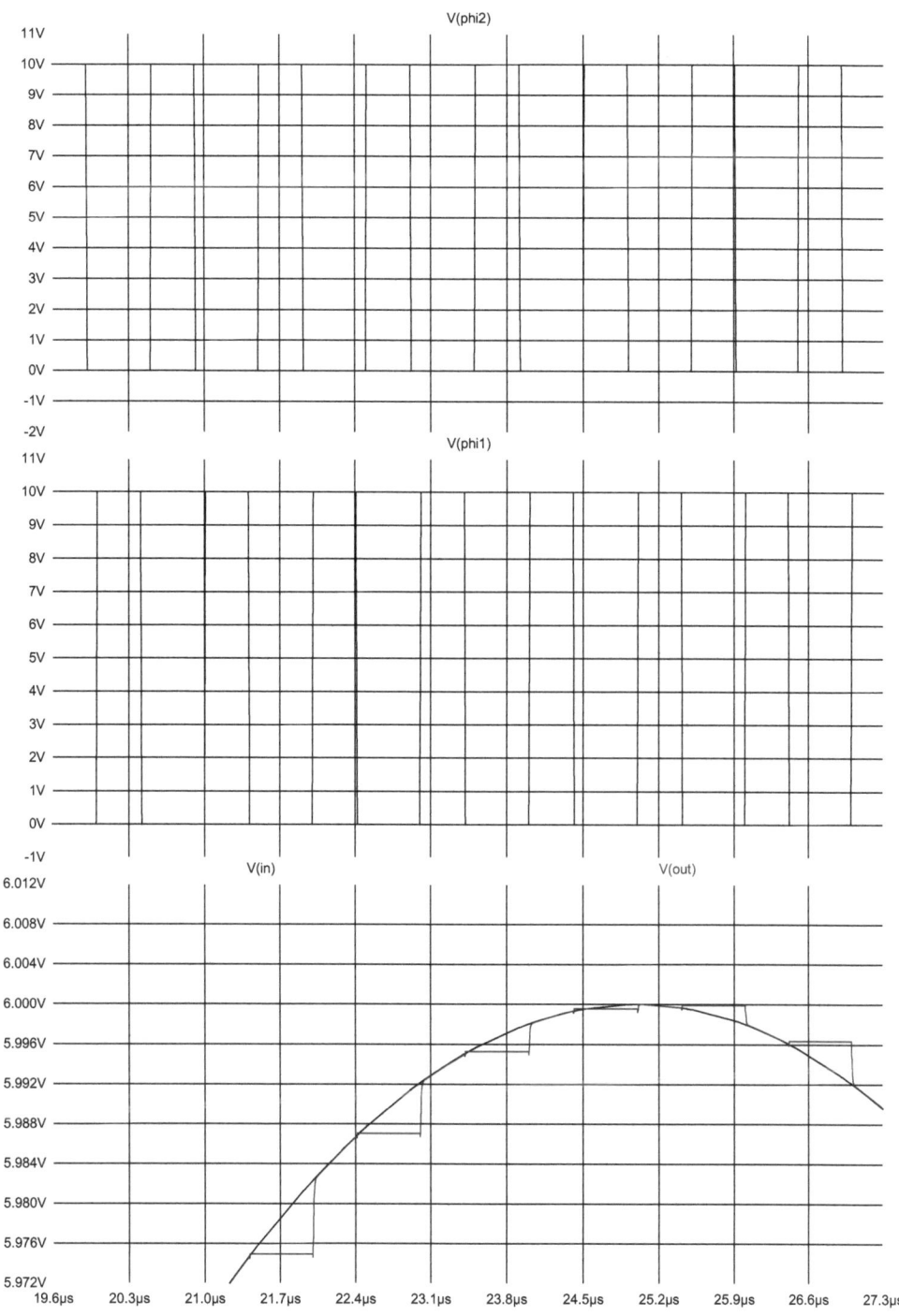

Abb. 2.4.6 T-Bone Transfergate: Simulationsergebnis, Zoom eines Taktes

Abb. 2.4.6 zeigt das Simulationsergebnis in einer Ausschnittsvergrößerung eines Taktes. Darin sind oben die beiden Takte V(phi1) und V(phi2) zu erkennen. Das untere Bild zeigt in blauer Farbe das Ausgangssignal, welches auf der Kapazität während des Taktes phi2 gespeichert wird. Auch erkennt man sehr deutlich die Austastlücke zwischen den beiden Schaltvorgängen. Damit wird verdeutlicht, dass die Schaltvorgänge streng sequentiell sind. Dies erfordert einen speziell aufbereiteten Takt, welcher vorzugsweise mit Hilfe einer state-machine – darunter wird in der digitalen Steuertechnik eine vollsynchronisierte Steuereinheit verstanden – digital über VHDL Hochsprache entwickelt wird. Da aber größere Digitalschaltungen sowieso mit VHDL entworfen werden und synchron arbeiten müssen, ist dies kein Aufwand. Diese Art der Transfergates wird in höchstpräzisen Anwendungen eingebaut.

2.5 Der CMOS-Stromspiegel – Grundschaltungstechnik

Eine der ganz großen Stärken eines CMOS-Prozesses ist neben der Freiheit von einem Gate-Strom auch das nachbarschaftliche Verhalten der Transistoren. Bedingt durch eine sinnvolle Handhabung des Layouts, wie streng symmetrische Anordnungen möglichst mit Punktsymmetrie, kann dieses Nachbarschaftsverhalten (Englisch: matching) optimiert werden. Damit sind Präzisionsschaltungen möglich. Die Zielfunktion eines MOS-Transistors, der Drainstrom, kann auf einen anderen Transistor übertragen werden. Schaut man sich die Gleichung nochmals an, so erkennt man die Voraussetzung dazu: die Steuerspannung V_{GS} muss identisch sein und insbesondere die Schwellspannung sowie die übrigen Technologieparameter sollten so wenig als möglich voneinander abweichen. Das wird durch diese Nachbarschaft gewährleistet.

$$I_D = \frac{K_P}{2}\frac{W}{L}V_{GS,\mathit{eff}}^2 \left(1+\frac{L}{L-L_D}\right) = \frac{K_P}{2}\frac{W}{L}V_{GS,\mathit{eff}}^2 \left(1+\lambda \cdot V_{DS}\right)$$

Formel 2.5.1

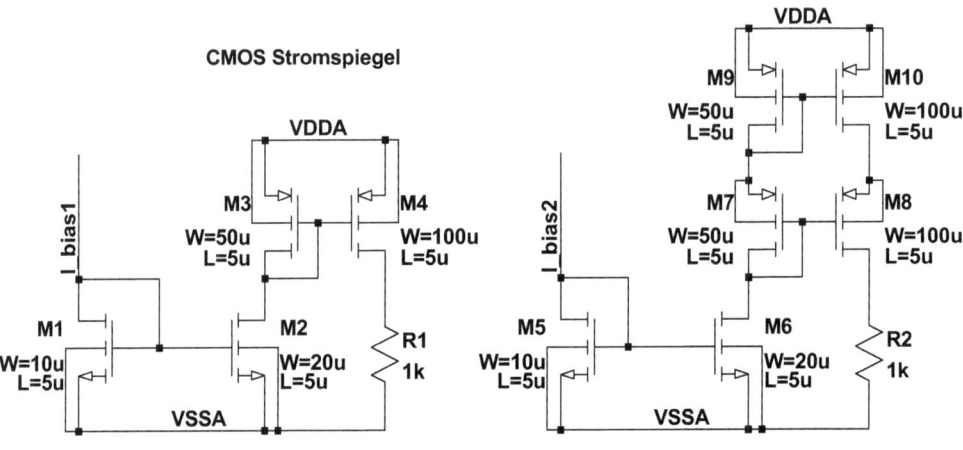

Abb. 2.5.1 CMOS-Stromspiegel

2.5 Der CMOS-Stromspiegel – Grundschaltungstechnik

Die Abb. 2.5.1 zeigt ein Schaltbild zweier Stromspiegelanordnungen. Das linke der beiden Schaltbilder stellt den klassischen CMOS-Stromspiegel [2.4, 2.6, 2.16, 2.35] dar. Der einspeisende Strom ist in diesem Fall eine ideale Stromquelle. Der Strom wird von Transistor M1 auf Transistor M2 übergeben. M1 zeigt, dass Drain und Gate zusammengeschaltet sind, damit ist $V_{DS} = V_{GS}$. Diese Spannung wird auf das Gate von M2 weitergegeben. Beide Ansteuerspannungen sind somit gleich. Für den P-Kanal-Stromspiegel gilt dieselbe Aussage. Das bedeutet:

$$I_{D,M1} = \frac{K_P}{2} \frac{W_{M1}}{L_{M1}} V_{GS,eff,M1f}^2 \left(1 + \frac{L}{L-L_D}\right) = \frac{K_P}{2} \frac{W_{M1}}{L_{M1}} V_{GS,eff,M1}^2 \left(1 + \lambda \cdot V_{DS,M1}\right)$$

$$I_{D,M2} = \frac{K_P}{2} \frac{W}{L} V_{GS,eff,M1}^2 \left(1 + \frac{L}{L-L_D}\right) = \frac{K_P}{2} \frac{W_{M2}}{L_{M2}} V_{GS,eff,M1}^2 \left(1 + \lambda \cdot V_{DS,M2}\right)$$

$$\frac{I_{D,M1}}{I_{D,M2}} = \frac{\frac{K_P}{2} \frac{W_{M1}}{L_{M1}} V_{GS,eff,M1}^2 \left(1 + \lambda \cdot V_{DS,M1}\right)}{\frac{K_P}{2} \frac{W_{M2}}{L_{M2}} V_{GS,eff,M1}^2 \left(1 + \lambda \cdot V_{DS,M2}\right)} = \frac{W_{M1}}{W_{M2}} \cdot \frac{\left(1 + \lambda \cdot V_{DS,M1}\right)}{\left(1 + \lambda \cdot V_{DS,M2}\right)}$$

Formel 2.5.2

Da die Längen der Transistoren gleich sind, bleibt das Verhältnis mit dem Fehler der vom Arbeitspunkt $V_{DS1,2}$ abhängigen Kanallängenmodulationsfaktor λ behaftet. Konsequenzen daraus sind:

- Je länger der Transistor, je kleiner der Fehler => lange Transistoren für Stromspiegel
- Je geringer VDS, je kleiner der Fehler => gestapelte Stromspiegel (stacked mirror) erhöhen die Präzision

Abb. 2.5.2 zeigt für die beiden Ströme die zugehörigen Ströme im gespiegelten Zweig (I_{R1} und I_{R2}). Diese zeigen einen Fehler, der auf die Steigung der Ausgangskennlinie im Sättigungsbereich (Kanallängen-Modulation) zurückzuführen ist. Der rechte Schaltungsteil ist der oben angesprochene gestapelte Stromspiegel (stacked mirror). Die Spiegel-Transistorströme I(M7) nach I(M8) nach I(M9) und I(M10) weisen eine deutlich geringere Stromabweichung auf, da die Drain-Source-Spannungen über den Einzeltransistoren geringer sind im Vergleich zum Einzelspiegel M3 und M4. Präzisiert betragen die Fehler des klassischen sowie des „stacked mirror"-Stromspiegels in ihren Arbeitspunkten:

$$\varepsilon_{klassisch} = \frac{100\mu A}{103\mu A} = 0.971 \quad 2.913\%$$

$$\varepsilon_{stacked} = \frac{100\mu A}{101.6\mu A} = 0.984 \quad 1.575\%$$

Formel 2.5.3

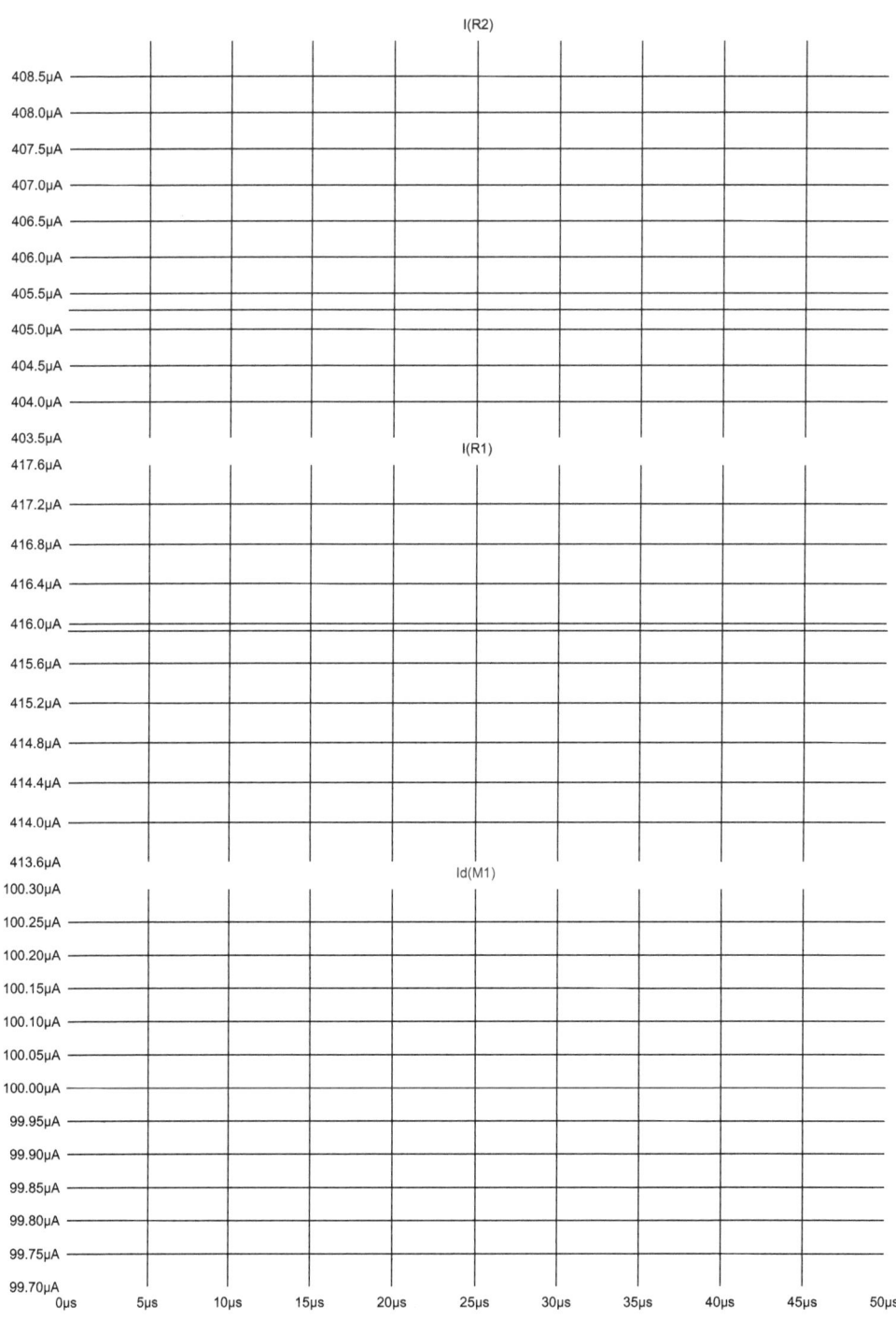

Abb. 2.5.2   CMOS-Stromspiegel: Simulationsergebnis

2.5 Der CMOS-Stromspiegel – Grundschaltungstechnik

Der Stromspiegel im Kennlinienfeld

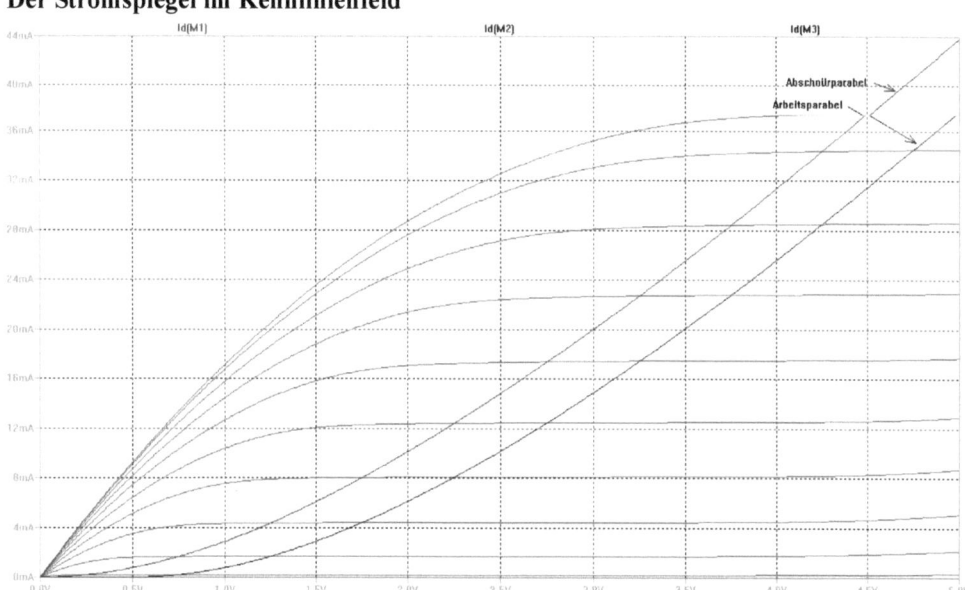

Abb. 2.5.3   Stromspiegel P-MOS-Transistor

Abb. 2.5.3 zeigt die Kennlinie des Transistors mit der Dimensionierung des Transistors M3 aus Abb. 2.5.1. In dieses Kennlinienfeld wurde zur Verdeutlichung die Abschnürparabel mit simuliert und aufgenommen. Es ist sehr deutlich zu erkennen, dass der Stromspiegel stets in der Sättigung, d.h. rechts der Abschnürparabel, arbeitet. Die Arbeitspunkte der Stromspiegeltransistoren M3 und M9 liegen auf der Arbeitsparabel. Damit ist jeder Arbeitspunkt mit seinem Strom und der dazu gehörenden Gate-Source-Spannung, die in diesem Fall identisch mit der Drainspannung (x-Achsenwert) ist, definiert. Die Drainspannung wird in das Kennlinienfeld des gegenüberliegenden Transistors übernommen und daher wird dieser Transistor (das wäre im Fall Abb. 2.5.1 der Transistor M4 bzw. M10) den ihm zugedachten Strom erhalten. Für die meisten Schaltungstechniken ist es empfehlenswert, den Transistor-Arbeitspunkt bei möglichst geringen Drainströmen (im Vergleich zum gesamten Kennlinienfeld) zu wählen. Denn dann arbeitet der Transistor auf Kennlinien mit geringer Stromvariation (kleiner Ausgangsleitwert).

Beispiel für den Arbeitspunkt aus dem Kennlinienfeld Abb. 2.5.3:

$U_{DS} = 3$ V $I_{DS,M3}=1.035$ mA (Genauigkeit aus Simulationsergebnis)

Vorgehensweise: Kennlinie des Transistors simulieren, dann mit „select steps" die Gate-Spannung 3 V auswählen. So bleibt diese eine Kennlinie übrig. Auf dieser Gate-Spannung arbeitet der Spiegeltransistor. Für den gegenüberliegenden Transistor wird die gleiche Simulation mit Auswahl der Gatekennlinie 3 V vorgenommen, diese Kennlinie zeigt Abb. 2.5.4.

Diese Kennlinie verdeutlicht, dass die Stromspiegelung nicht als mathematischer Faktor anzunehmen, sondern behaftet ist mit dem Effekt der Kanallängenmodulation, wie die oben vorgestellte Rechnung dies bereits zeigte. Der zugehörige Arbeitspunkt für diesen Transistor bleibt auf dieser Kennlinie unbestimmt. Der Arbeitspunkt ist abhängig von der Be-

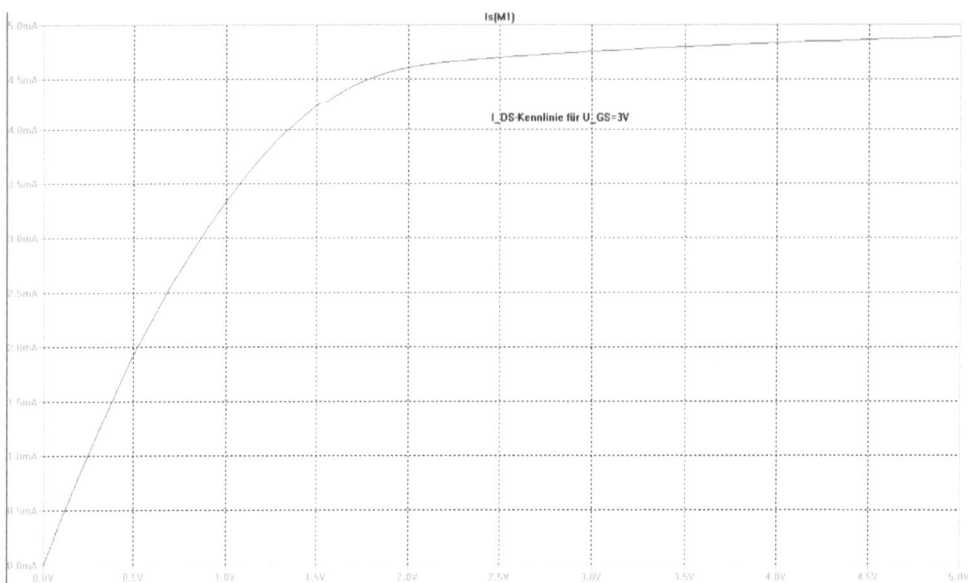

Abb. 2.5.4 U_GS = 3 V des P-MOS Transistor mit W = 100 µm L = 2 µm

schaltung dieses Transistors. Somit kann zusammenfassend für einen Stromspiegel gesagt werden:

Nachteil des CMOS-Stromspiegels

- Die Kanallängenmodulation erweist sich als Präzisionseinschränkung. Wenn der Arbeitspunkt der gespiegelten Seite durch Laständerungen beeinflusst wird, dann ändert sich auf Grund der Kanallängenmodulation der gespiegelte Strom. Das gilt auch für die gestapelten Stromspiegel, obgleich dabei dieser Fehler geringer ausfällt.

Layoutaspekte

Topologische Optimierung

Werden Stromspiegel mit großen Verhältnissen gebaut, oder viele Stromzweige mittels eines Hauptstromzweiges zueinander in Beziehung gebracht, wie beispielsweise bei Strom DACs, so ist die Punktsymmetrie erreichbar, indem die Transistoren aus Einheitstransistoren eines einmal festgelegten Geometrieverhältnisses W/L aufgebaut werden. Große Transistoren sind demnach n*W/L in ihrer Dimension mit n einer ganzen Zahl (integer number). Somit sind diese Transistoren auch in n-Teiltransistoren aufgeteilt. Kommt dazu noch der „glückliche" Umstand eines perfekten geradzahligen Verhältnisses, wie bei Wandlern mit 2^n, so kann diese Aufteilung voll punktsymmetrisch ins Layout gebracht werden. In Abb. 2.5.5 ist diese Symmetrie durch einen Mittenpunkt P dargestellt. Die Schnittpunkte der Quadrate mit den Achsen stellen die Flächen dar, an denen die Transistorteile platziert werden. Mit 1, 2, 3, 4, 5 sind exemplarisch 5 Transistoren mit Einheitsgeometrie G = W/L dargestellt. Verhältnis zum Mittentransistor (Einströmung): 24 = 16. Die TOP-Platten sind geometrisch kleiner als die Bottom-Platten zu gestalten, um die kapazitiven Parasiten (fring effects) gering zu halten.

2.5 Der CMOS-Stromspiegel – Grundschaltungstechnik

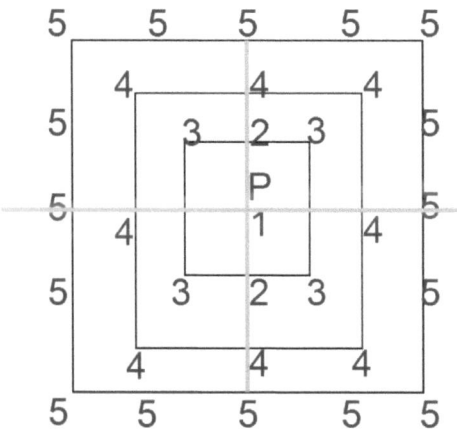

Abb. 2.5.5 Stromspiegel: Layoutskizze

Optimierung Verdrahtung

Die Verdrahtung ist der zweite Optimierprozess. Werden mehr als drei Lagen Metalle in der Technologie zur Verfügung gestellt, kann folgende Verdrahtung durchgeführt werden:

Oberste Metallebene: M1
Unterste Metallebene: M4
VDDA   M1
VSSA   M4
Signale TOP-Platte   M2 (z.B. Von oben bzw. unten)
Signale Bottom-Platte   M3 (z.B. Von links bzw. rechts)

Die Signale sind stets rechtwinklig zu verlegen, um Störungen durch Nachbarleitungen zu vermeiden. Bei Technologien mit zwei Lagen Metall (max. drei Lagen) sind die Verdrahtungen mit Hilfe von Leiterbahnkanälen zu gestalten. Auch hier werden die TOP- (dunklere Fläche) bzw. Bottom-Anschlüsse (hellere Fläche) links- und rechtsseitig angeschlossen. Abb. 2.5.6 zeigt diese Optimierung.

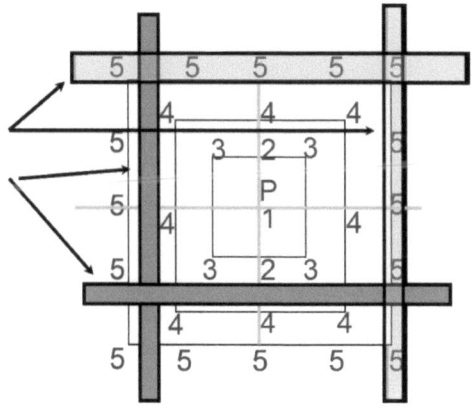

Abb. 2.5.6 Stromspiegel: Layoutskizze, Optimierung Verdrahtung

2.6 Der CMOS-Inverter

Der Inverter [2.4, 2.6, 2.16, 2.35, 2.36] ist die Grundbaugruppe der CMOS-Technologie überhaupt! In diesem Buch werden die drei wichtigsten Invertertypen Grundinverter, Inverter mit Diodenlast und Kaskode-Inverter vorgestellt.

2.6.1 CMOS-Grundinverter

Der Grundinverter besteht aus je einem P-Kanal-Transistor, angeschlossen an positive Versorgung VDDA und einem N-Kanal-Transistor, angeschlossen an negativer Versorgung VSSA. Auf Grund der Leitwerteigenschaften sowie der Übertragungscharakteristik von CMOS-Transistoren ist der Inverter so zu dimensionieren, dass der P-Kanal-Transistor dreifach so weit sein soll, wie der N-Kanal-Transistor. Grund: Leitfähigkeit N-Kanal dreifach besser als P-Kanal. Die Übertragung eines Transistors ist in der Source-Schaltungstechnik stets invertierend. Abb. 2.6.1 zeigt den Schaltplan dieses Inverters.

Anwendungen:
- Takttreiber
- Digitaler Grundinverter
- Analogkomparator für SC-Schaltungen

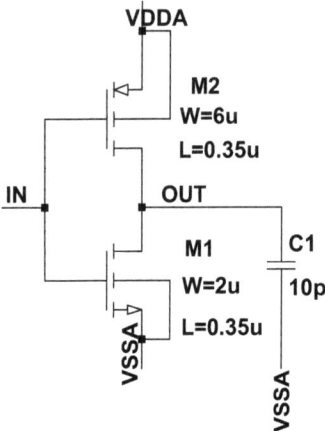

Abb. 2.6.1 Der CMOS-Inverter

Das Simulationsergebnis zeigt Abb. 2.6.2. Die wenig ausgeprägte, aber symmetrische Verstärkungseigenschaft erkennt man anhand dieser Simulation sehr schön. Auffällig ist der Bereich um den Kreuzungspunkt der Eingangsspannung. Hier erkennt man deutlich, wie die beiden Transistoren zusammenarbeiten. Ein wenig oberhalb des Kreuzungspunktes kennzeichnet die leicht abrupte Ecke (Übergang von VDDA (5 V) zu niedrigeren Ausgangsspannungen) in der Kennlinie des Ausgangs das Einschalten des N-Kanal-Transistors. Einigermassen symmetrisch um den Kreuzungspunkt herum ist die Ausgangskennlinie recht linear.

2.6 Der CMOS-Inverter

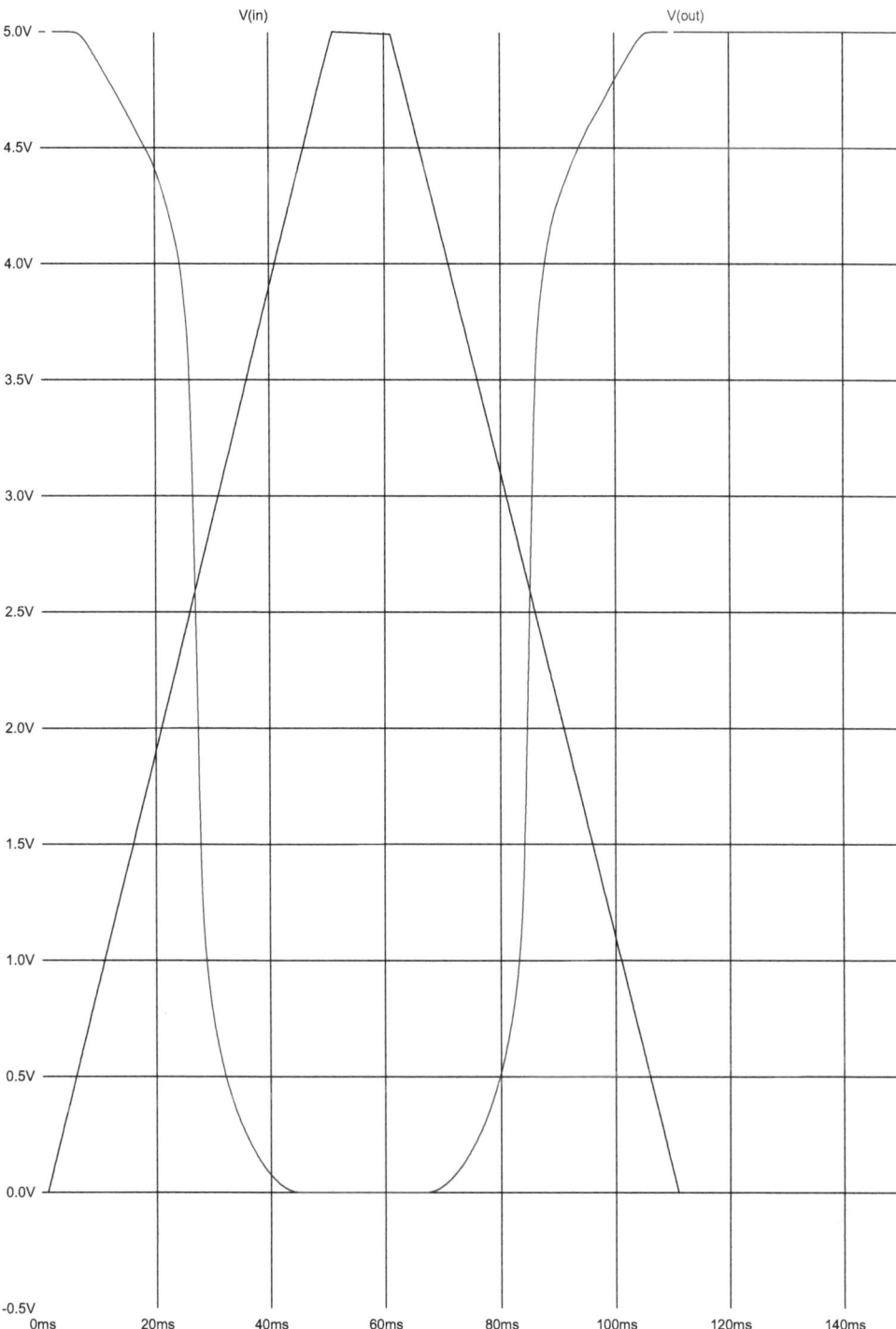

Abb. 2.6.2   Der CMOS-Inverter, Simulationsergebnis

Dies Gebiet überstreicht die Sättigung beider Transistoren. Daran anschließend – schon bei recht niedrigen Spannungen des Ausgangs – geht die Kennlinie des N-Kanal-Transistors bereits ins Triodengebiet und es folgt rasch der Knickpunkt, an welchem die Schwellspannung des P-Kanal-Transistors erreicht ist und dieser dann abschaltet. Der Ausgang liegt jetzt exakt auf VSSA. Der exakte Kreuzungspunkt ist, wenn die Transiente des Eingangssignals langsam genug ist (Einschwingverhalten!) der mittlere Arbeitspunkt $V_{IN} = V_{OUT}$, der sich bei Kurzschluss des Inverters ergeben würde. Dieser Kurzschlusspunkt kennzeichnet den Offset, die DC-Abweichung vom idealen Überkreuzungspunkt in Spannungsmitte. Dieser Signalkurzschluss wird in einem späteren Kapitel noch wichtig werden, da er zum Offsetabgleich herangezogen werden kann.

2.6.2 Kleinsignalverhalten

Das Kleinsignalverhalten wird bestimmt durch das Kleinsignalersatzschaltbild.

Der Weg zum Kleinsignalersatzschaltbild

Es ist bekannt, dass ein Transistor einen Eingangsleitwert gm und auch einen Ausgangsleitwert g_D hat. Die Formel 2.6.1 zeigt die beiden Leitwerte und zeigt auch, dass mit Hilfe dieser Leitwerte die Verstärkung A bestimmt wird.

$$g_m = \frac{\partial I_D}{\partial V_{GS}} \qquad g_D = \frac{\partial I_D}{\partial V_{DS}} \qquad A = \frac{g_m}{g_D} = \frac{\partial V_{DS}}{\partial V_{GS}}$$

Formel 2.6.1

Im Kleinsignalersatzschaltbild sind die Leitwerte beider Transistoren des Inverters als Parallelschaltung zu sehen. Die Spannungsversorgung wird dabei als Kurzschluss verstanden. Das begründet sich durch den unendlich kleinen Widerstand einer (idealen) Spannungsquelle, der kleinsignalmäßig keinen Einfluss besitzt.

Das statische Kleinsignalersatzschaltbild

Die beiden Invertertransistoren sind als spannungsgesteuerte Stromquellen (VCCS) mit ihren Übertragungskenngrößen verwendet. Damit lässt sich auch der Ausgangswiderstand dieser Baugruppe angeben. Die statische Darstellung Abb. 2.6.3, Bild oben, beruht auf der Situation, dass keine zeitlichen Einflüsse kapazitiver Art berücksichtig werden. Die Berechnung der Leitwerte als auch die sich daraus ableitende Verstärkung zeigt das folgende Gleichungssystem:

$$A = -\frac{g_m}{g_D} = -\frac{g_{m,M1} + g_{m,M2}}{g_{D,M1} + g_{D,M2}}$$

$$r_{OUT} = \frac{V_{out}}{I_D} = \frac{1}{g_{D,M1} + g_{D,M2}} = \frac{r_{M1} \cdot r_{M1}}{r_{M2} + r_{M2}}$$

Formel 2.6.2

Die erste Gleichung zeigt die Verstärkung, die zweite Gleichung den Ausgangswiderstand. Im statischen Ersatzschaltbild entfallen die eingezeichneten Kapazitäten in Abb. 2.6.3.

2.6 Der CMOS-Inverter

Kleinsignal statisches Ersatzschaltbild Inverter

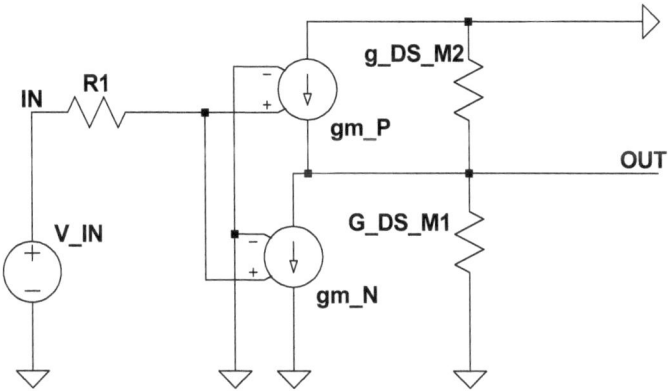

Kleinsignal dynamisches Ersatzschaltbild Inverter

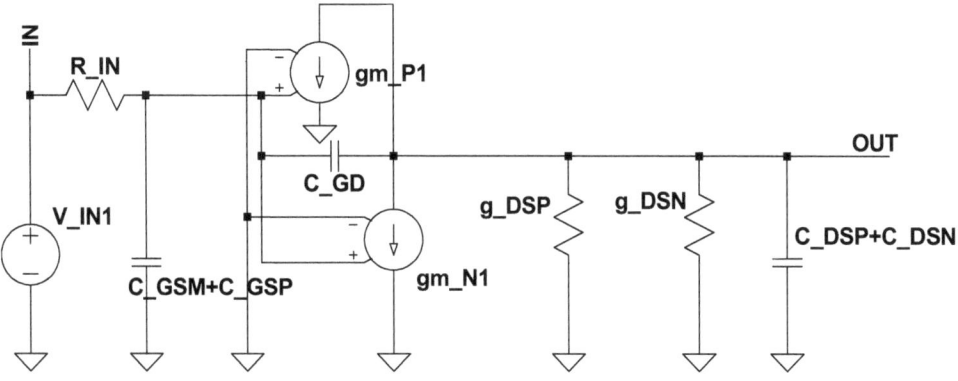

Abb. 2.6.3   CMOS-Inverter: Kleinsignal-Ersatzschaltbild

Das dynamische Kleinsignalersatzschaltbild

Abb. 2.6.3 zeigt das dynamische Kleinsignalersatzschaltbild. Werden kapazitive Einflüsse berücksichtigt und damit Einschwingverhalten und Frequenzverhalten untersuchungsfähig gestaltet, müssen die zu berücksichtigenden Kapazitäten in dieses Schaltbild aufgenommen werden. Die beiden Gate-Drain-Kapazitäten können auch als eine (parallele) Kapazität zusammengefasst sein. Dann nennt sich diese Gate-Drain-Kapazität *Miller Kapazität*.

$$C_{In} = C_{GVSSA,M1} + C_{GVSSA,M2} \quad C_{Miller} = C_{GS,M1} + C_{GS,M2}$$
$$C_{Last} = C_{DS,M1} + C_{DS,M2} \quad g_m = g_{m,M1} + g_{m,M2}$$
$$(V_{IN} - V_{OUT}) \cdot j\omega C_{Miller} = V_{IN} g_m + V_{OUT} \cdot (g_D + j\omega C_L)$$

$$H(j\omega) = \frac{V_{OUT}(j\omega)}{V_{IN}(j\omega)} = -\frac{g_m}{g_D} \frac{1 - j\omega \dfrac{C_{Miller}}{g_m}}{1 + j\omega \dfrac{C_{Miller} + C_L}{g_D}}$$

Formel 2.6.3

178   2 Grundlagen der MOS-Bauelemente

Es sei nochmals darauf hingewiesen, dass Kleinsignalanalysen stets eine Linearisierung der Kennlinien am Arbeitspunkt vornehmen. Damit ist eine Kleinsignalanalyse zwar ein wertvolles Hilfsmittel, um über den Frequenzgang Aussagen zu erhalten, bedarf aber stets der Überprüfung hinsichtlich ihrer Aussagen im realen Arbeitsumfeld. Im realen Arbeitsumfeld können die Signale größer sein und damit wäre eine Linearisierung nicht mehr zielführend.

2.6.3 CMOS-Inverter mit Diodenlast

Ein Inverter muss nicht symmetrisch aufgebaut sein, sodass beide Transistoren das Signal verstärken. In Erinnerung an den Differenzverstärker Abb. 1.9.1 ist ein Stromspiegel vorzusehen, damit der Signalinhalt in der Stromwaage korrekt wiedergegeben wird. Solch ein Stromspiegel, verbunden mit dem Eingangstransistor der Differenzstufe ist nichts anderes, als ein Inverter mit aktiver Diodenlast, denn der Stromspiegeltransistor ist als Diode geschaltet. Abb. 2.6.4 zeigt diese Schaltung.

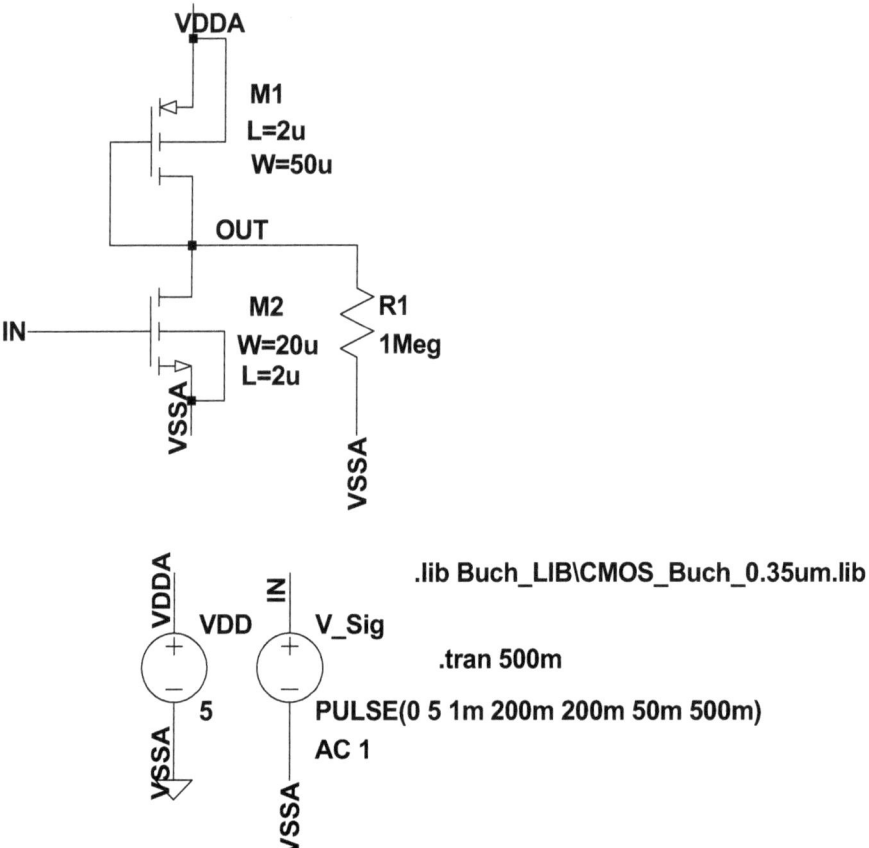

Abb. 2.6.4   CMOS-Inverter mit Diodenlast

2.6 Der CMOS-Inverter

Der Transistor M1 wird Diodenlast genannt. Der steuernde Transistor M2 arbeitet in Source-Schaltungstechnik. Die Diodenlast bestimmt die Arbeitskennlinie dieses Inverters. Die Simulation der Arbeitskennlinie wird in der Simulationsanordnung Abb. 2.6.5 vorgestellt. Das Simulationsergebnis des CMOS-Inverters mit Diodenlast in Abb. 2.6.7 zeigt, dass die Ausgangspannung begrenzt ist. Erst die Kennlinienanalyse verdeutlicht, was hier passiert.

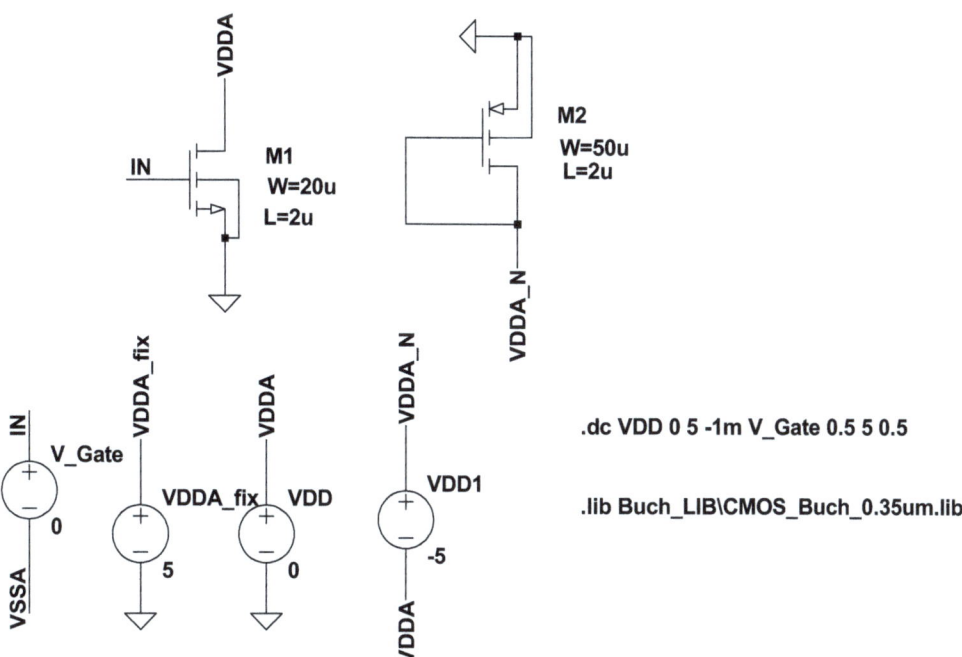

Abb. 2.6.5 CMOS-Inverter mit Diodenlast: Simulationsaufbau für Kennlinien

In Abb. 2.6.5 entspricht Transistor M1 dem steuernden Transistor und M2 ist die Diodenlast. Damit die Diodenlast richtig in die Kennlinie übernommen wird, muss dessen Versorgungsspannungsvektor umgedreht werden. Dies wird mit Hilfe der Spannungsquelle VDD1 (Knoten VDDA_N) gemacht.

Die Abb. 2.6.6 zeigt die Lastkennlinie der Diodenlast M2 im Kennlinienfeld von M1. Es ist deutlich zu erkennen, dass zu niedrigen Spannungen hin eine Restspannung übrig bleibt (maximale U_{Gate} am N-Kanal-Transistor im Schnittpunkt mit der Lastkennlinie) und in Richtung der Versorgungsspannung 5 V der Strom-Nulldurchgang bei vor Erreichen des maximalen Spannungsabfalls über dem Transistor bei ca. 4.3 V stattfindet.

Abb. 2.6.7 kann nun verstanden werden: Hier erkennt man, dass der Ausgang des Diodenlast-Inverters weder die positive Versorgungsspannung erreicht, noch die Masse. Folgend der Kennlinien in Abb. 2.6.6 erkennt man den oberen Schnittpunkt bei $V_{IN} = V_{GATE} = 5$ V (oberste Kennlinie) mit der Diodenkennlinie (schwarz) und es ist ein V_{DS} abzulesen von ca. 1.2 V. Der obere Spannungsabfall entspricht dem Spannungsabfall an der Diode bei $V_{IN} = 0$ V. Das ist nicht sauber ablesbar, der Restspannungswert wird bei ca. 4.3 V zu liegen kommen.

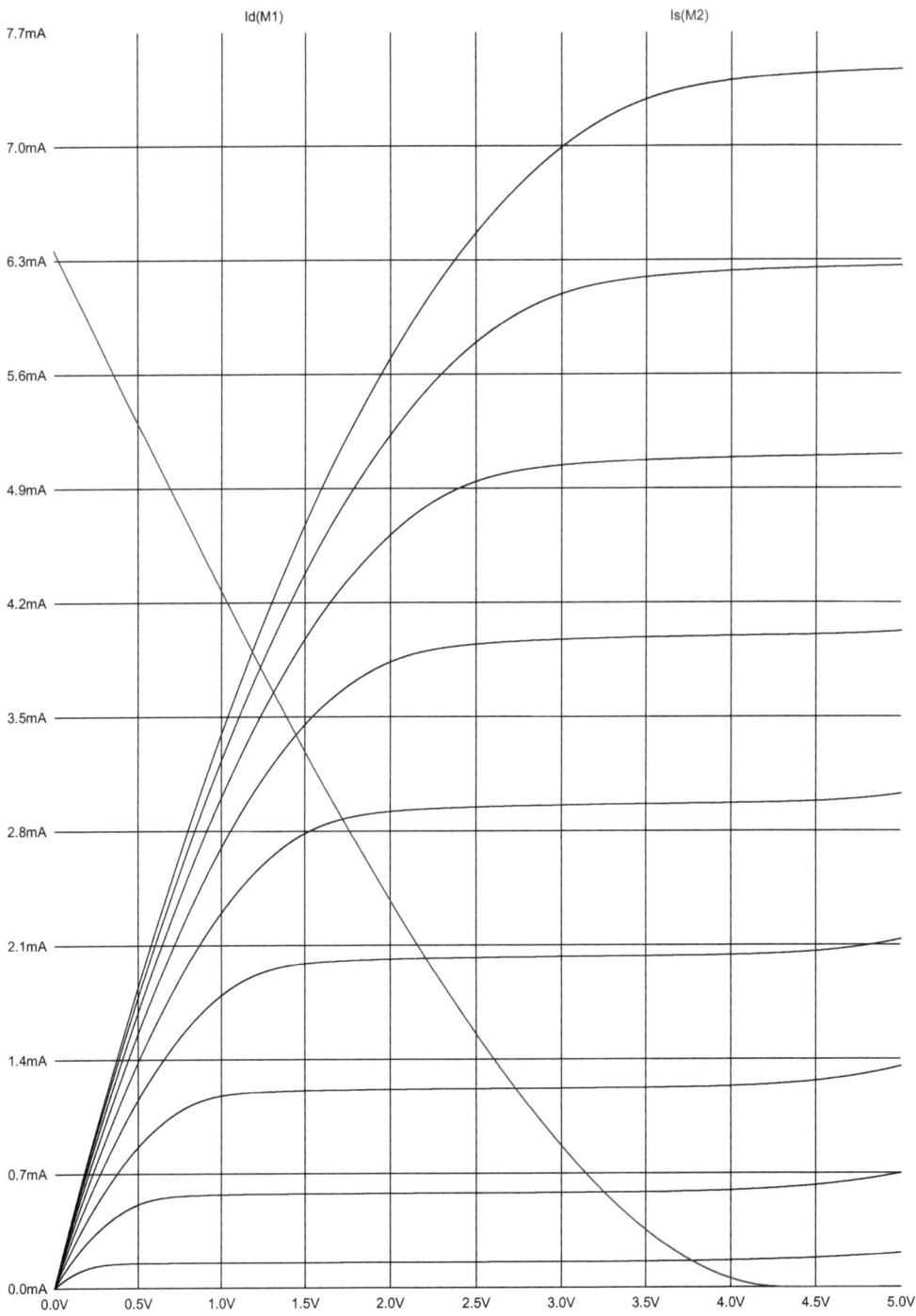

Abb. 2.6.6 Inverter mit Diodenlast: Simulation der Kennlinien

2.6 Der CMOS-Inverter

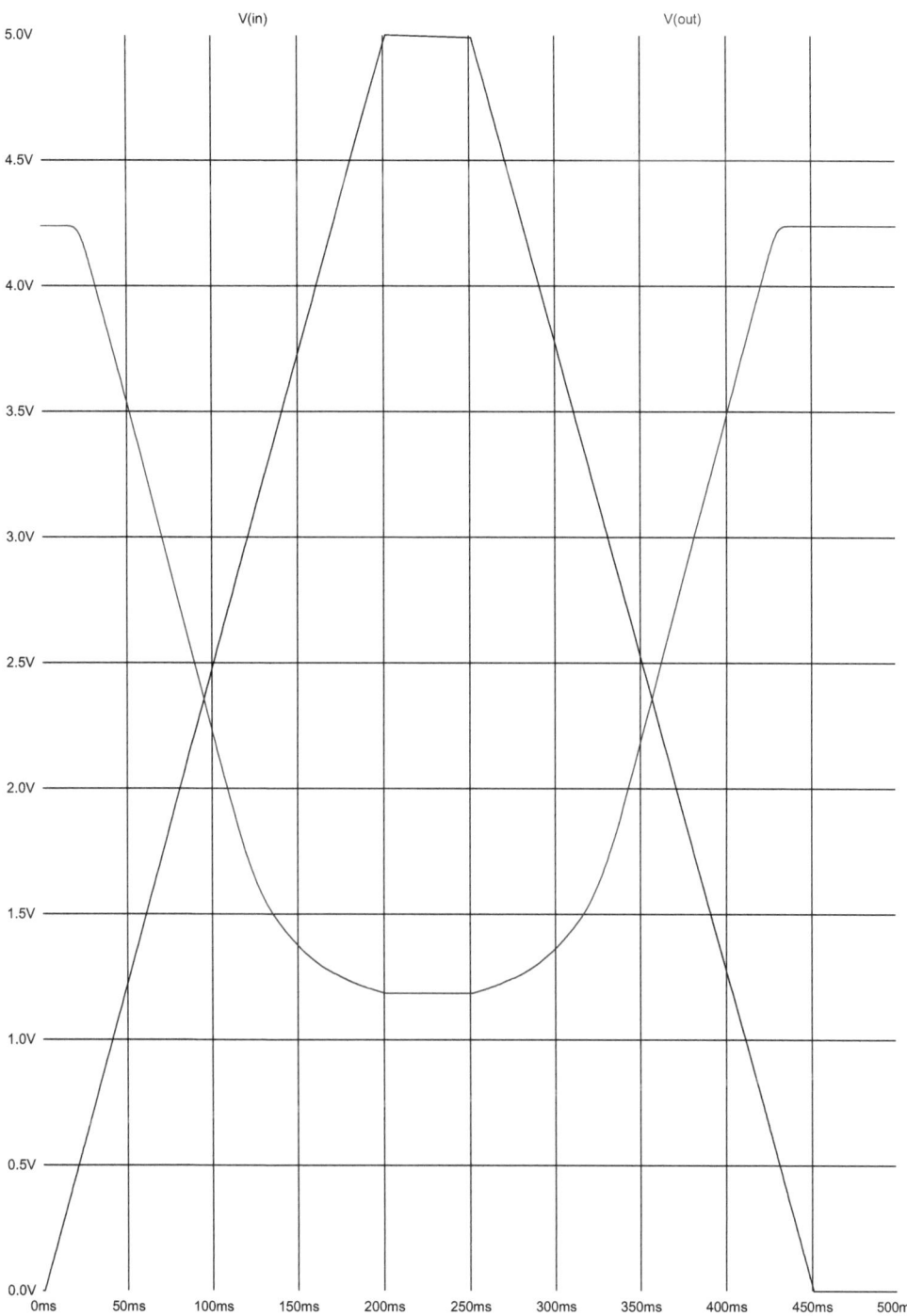

Abb. 2.6.7   CMOS-Inverter mit Diodenlast, Simulationsergebnis

2.6.4 Inverter mit Diodenlast – Kleinsignalverhalten

Das obere Bild der Abb. 2.6.8 zeigt das statische Kleinsignal-Ersatzschaltbilds (KSE) des Inverters mit Diodenlast und das darunter liegende Bild zeigt das dynamische KSE.

$$g_{OUT} = g_{DSP} + g_{DSN}$$

$$H = \frac{U_{OUT}}{U_{IN}} = -\frac{g_{m,MN}}{g_{OUT}} = -g_{m\_M1} R_{OUT}$$

$$X_{IN} = j\omega \left(C_{GS\_M1} + C_{GD\_M1} \cdot (1-H) \right)$$

$$H = \frac{1}{1 + j\omega R_S \left(C_{GS\_M1} + C_{GD\_M1} \cdot (1 + g_{m\_M1} R_{OUT}) \right)}$$

$$i_{OUT} = -g_{m\_M1} U_{IN} = j\omega (U_{OUT} - U_{IN}) + U_{OUT} (g_{OUT} + j\omega C_{OUT})$$

$$i_{OUT} = U_{OUT} \left(j\omega C_{GD\_M1} \left(1 - \frac{U_{IN}}{U_{OUT}} \right) + g_{OUT} + j\omega C_{OUT} \right) \quad \text{gültig für} \quad |H| \gg \frac{H-1}{H} \approx 1$$

Damit gilt vereinfacht:

$$\frac{i_{OUT}}{U_{OUT}} \approx g_{OUT} \left(1 + R_{Leg} j\omega \left(C_{OUT} + C_{GD\_M1} \right) \right)$$

Polstellen

$$f_{P1,OUT} \approx \frac{1}{2\pi R_{OUT} \left(C_{OUT} + C_{GD\_M1} \right)}$$

$$f_{P1,IN} \approx \frac{1}{2\pi R_S \left(C_{GS\_M1} + C_{GD\_M1} (1 + g_{m\_M1} R_{OUT}) \right)}$$

Formel 2.6.4

Die Klammer im Nenner der Polstelle $f_{P1,IN}$ wird Miller-Kapazität genannt. Dieser Pol beschreibt das Koppelverhalten des Eingangssignals auf das Ausgangssignal. Meistens ist der Pol bei $f_{P1,OUT}$ der dominante Pol. Da die am Eingang und auch am Ausgang anhängenden Schaltungen das Polverhalten beeinflussen, ist häufig eine *Polentkopplung* (pole splitting) gefragt. Diese Entkopplung kann mit Hilfe einer *Kaskodeschaltung* vorgenommen werden.

2.6.5 Kaskode-Inverter

Der in Abb. 2.6.9 gezeigte Inverter ist auf Grund des „Trenn-Transistors" M1 ein Kaskode-Inverter. Das Wort Kaskode ist ein Kunstwort, welches sich aus der Röhrenzeit erhalten hat: kaskadierte Kathoden. Das Signalverhalten zeigt das nebenstehende Bild. Auffällig ist, dass das Ausgangssignal hubmäßig eingeschränkt ist. Das ist auch einzusehen, da der Kaskodetransistor einen Spannungsabfall bedingt.

2.6 Der CMOS-Inverter

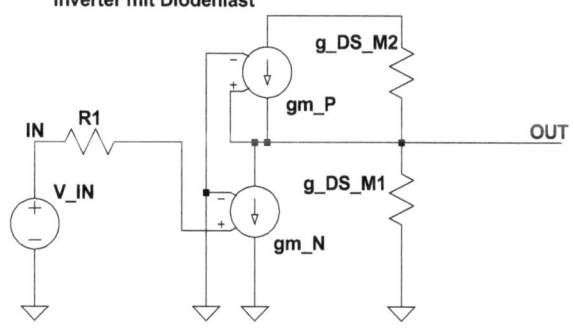

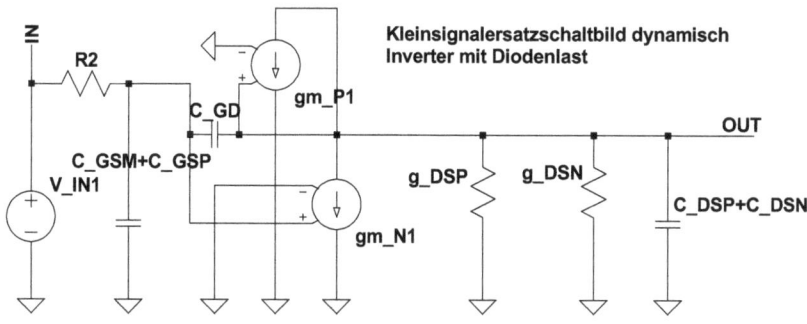

Abb. 2.6.8 Inverter mit Diodenlast: Kleinsignal-Ersatzschaltbild

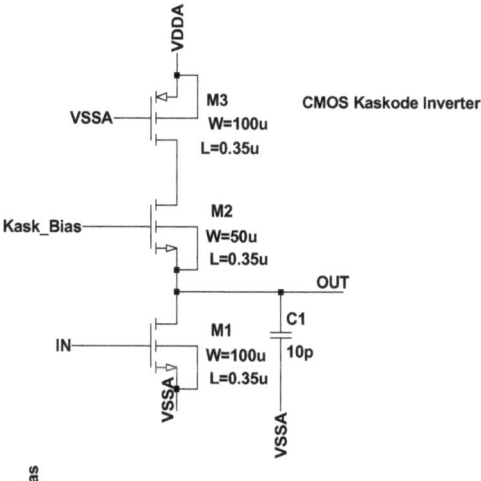

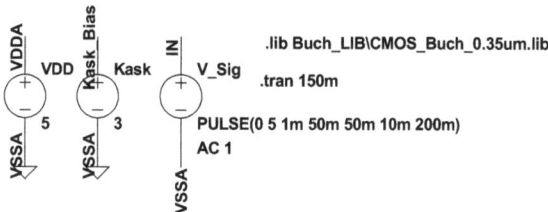

Abb. 2.6.9 CMOS-Kaskode-Inverter

184 2 Grundlagen der MOS-Bauelemente

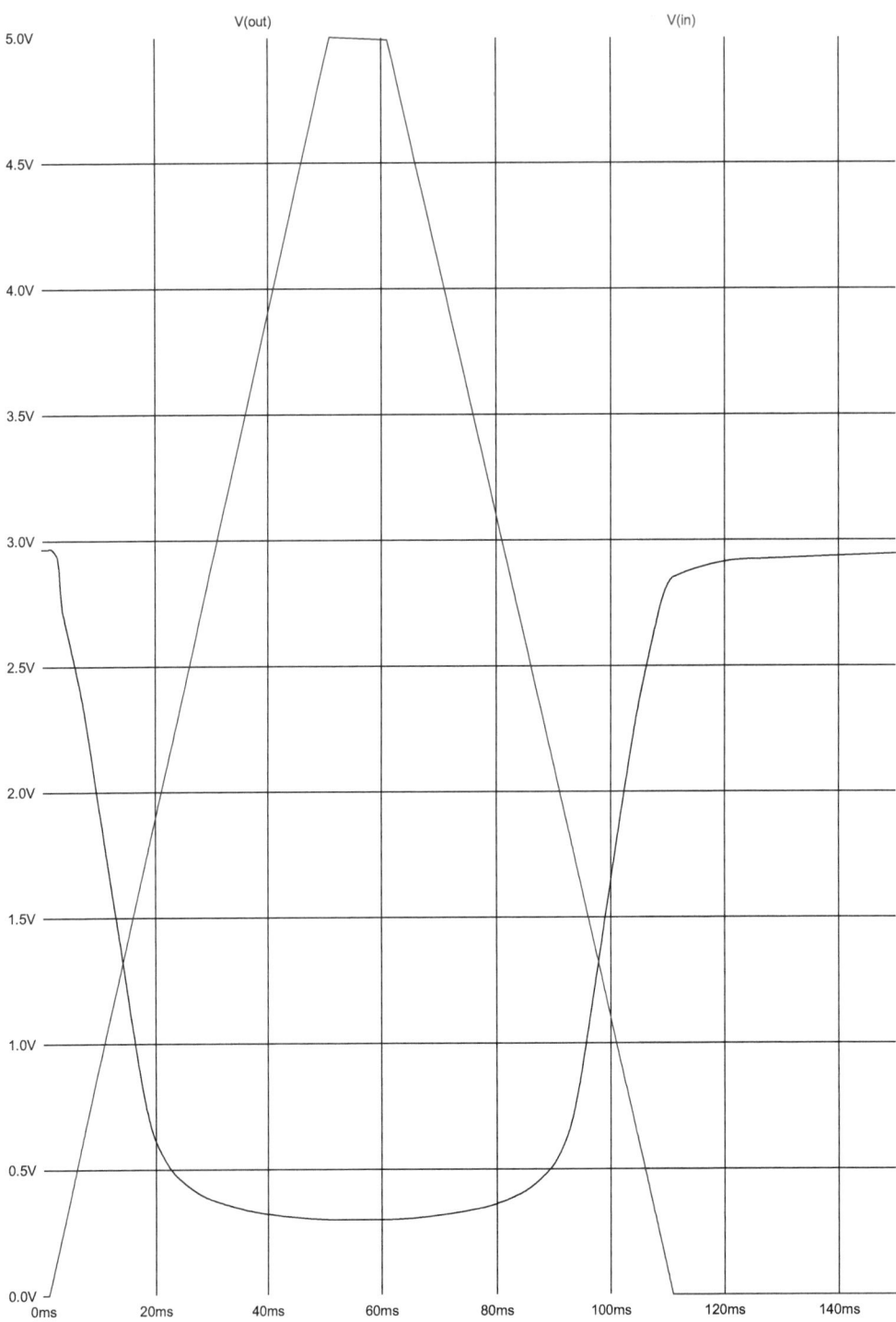

Abb. 2.6.10 CMOS-Kaskode-Inverter, Simulationsergebnis

2.6 Der CMOS-Inverter

Das Simulationsergebnis zeigt, dass der Ausgang (hellerer Signalverlauf, beginnend bei ca. 3.5 V) nicht mehr die Höhe der Versorgungsspannung erreicht. Auch zeigt das Simulationsergebnis ein viel intensiveres Verhalten der Transistorübergänge vom sperrenden Zustand in das Triodengebiet und anschließend in das Sättigungsgebiet im Vergleich zum normalen Inverter, bei dem diese Ausprägung des schrittweisen Übergangs in die Arbeitsgebiete nicht vorhanden ist. Der Schaltpunkt liegt bei dieser Schaltungstechnik nicht mehr ungefähr in der Mitte, er liegt deutlich außerhalb der Mitte. Mit unterschiedlichen Spannungen $V_{kas,Bias}$ wird dieses Verhalten beeinflusst. Eine große Biasspannung am Kaskodetransistor führt zu einem großen Bereich der Ausgangsspannung und umgekehrt. Der Vorteil der Kaskode ist, dass der Ausgang über diesen Kaskodetransistor von der Miller-Kapazität des Eingangs deutlich getrennt ist, denn es „liegt" ein g_{DS} des Transistors M1 dazwischen. Damit ist auch der Miller-Effekt, die kapazitive Beeinflussung des Ausgangssignals durch das Eingangssignal, deutlich abgemildert.

Kaskode-Inverter – Berechnung

$$V_{GS\_M\_Kas} = V_{Kas\_Bias} - V_{DS,M2} \qquad dV_{DS,M2} = 0 \quad dV_{Kas,Bias} = 0$$

$$\Rightarrow \quad V_{Kas\_Bias} = -V_{DS,M2}$$

$$\Rightarrow \quad i_D = g_{m,M2} V_{IN} + g_{DS,M2} V_{DS,M2} = -V_{DS,M2} g_{m,M1} + g_{DS,M1}(V_{OUT} - V_{DS,M2})$$

$$V_{OUT} = -i_d R_L = \frac{i_d - g_{m,M2}}{g_{DS,M2}}$$

$$H = \frac{V_{OUT}}{V_{IN}} = -R_L \frac{g_{m,M2}\, g_{m,M1} + g_{m,2}\, g_{DS,M1}}{g_{DS,M2} + g_{DS,M1} + g_{DS,M2} \cdot g_{DS,M1} \cdot R_L + g_{m,M1}}$$

Formel 2.6.5

Mit einer weiterführenden Rechnung über das Verhältnis Spannungsabfall $U_{DS,M2}$ des Eingangstransistors M2 bezüglich der Eingangsspannung U_{IN} zeigt sich, dass die Übertragungsfunktion (ÜTF) schwach vereinfacht dem Verhältnis der Übertragungsleitwerte beider Transistoren entspricht:

$$H \approx -\frac{g_{m,M2}}{g_{DS,M1}}$$

Formel 2.6.6

Ebenso zeigt sich, dass die Eingangskapazität ebenfalls im Vergleich zum normalen Inverter bei gleicher Verstärkung verringert wird. Kaskoden werden eingesetzt, wenn Vorwärtssignalkopplungen auf Grund der Miller-Kapazität gedämpft werden müssen.

2.7 Analoge Verstärkerschaltungen

2.7.1 Source-Schaltung

Das nebenstehende Bild zeigt einen Verstärker [2.6, 2.42, 2.44] in Source-Schaltungstechnik. Gegenüber den bipolaren Schaltungstechniken, vorgestellt in Kapitel 1.6.3 ist die Source-Schaltung genauso zu behandeln, wie die Emitterschaltung. Dieser Verstärker soll das Signal volldifferentiell mit Faktor 2 weiterleiten. Das Eingangssignal hat eine maximale Amplitude von 1 V und eine Bandbreite von 100 kHz.

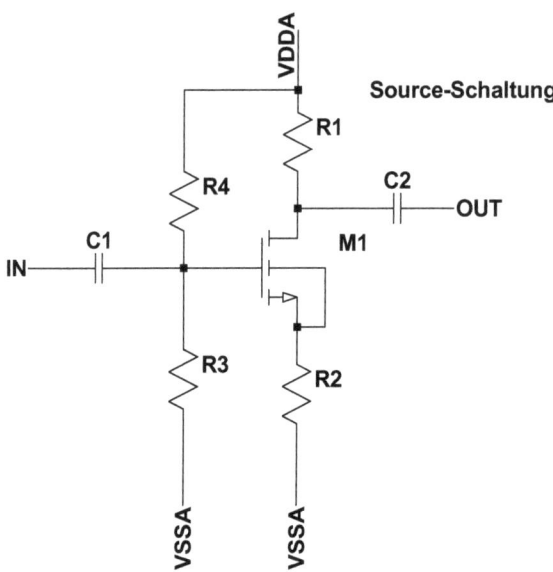

Abb. 2.7.1   CMOS-Verstärker in Source Schaltung

Die DC Kennwerte im Arbeitspunkt des Verstärkers sollen sein:

$V_{DDA} = 5$ V, $I_{IN} = I_{R3,R4} = 10$ µA, $V_{out,AP} = 2.5$ V, $V_{R2} = 0.5$ V.

Der Transistor ist mit seiner Dimension vorgegeben, die Technologie ist die Standardtechnologie im Buch für den verwendeten CMOS-Prozess. Der Arbeitspunkt soll in der Mitte der maximal abfallenden Drain-Source-Spannung liegen.

Source-Schaltung – Berechnung

Als erstes wird die Kennlinie des Transistors simuliert und darin die Lastgerade eingezeichnet. Der Spannungsbereich über dem Transistor beträgt 4.5 V. Die Lastgerade spannt sich von 4.5 V über den mittleren DC-Arbeitspunkt von $V_{DS} = 2.25$ V (siehe Abb. 2.7.2) und der I_DS wird im Arbeitspunkt abgelesen zu ca. 2 mA. Die Gate-Sourcespannung wird im Kennlinienfeld am DCOP-Schnittpunkt abgelesen zu 1.785 V. Mit diesen Daten kann die Dimensionierung durchgeführt werden.

2.7 Analoge Verstärkerschaltungen

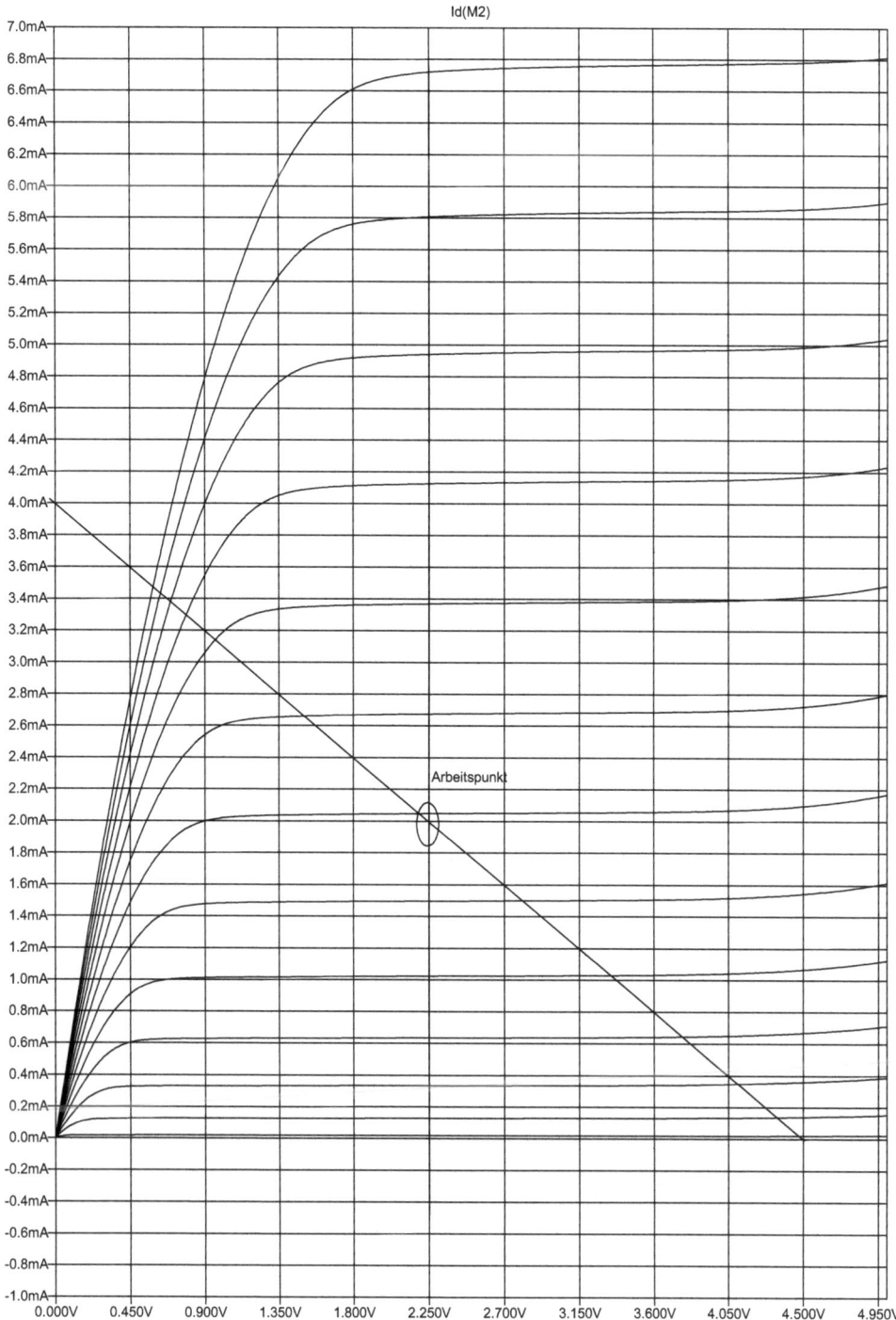

Abb. 2.7.2 Source-Verstärker, Transistor-Kennlinienfeld (Ausschnitt) mit Widerstandslastgerade

$$R1 = \frac{5V - (2.25V + 0.5V)}{2mA} = 1.235 k\Omega$$

$$R2 = \frac{0.5V}{2mA} = 250\Omega$$

$$R3 = \frac{1.785V + 0.5V}{10\mu A} = 228.5 k\Omega$$

$$R4 = \frac{5V - (1.785V + 0.5V)}{10\mu A} = 271.5 k\Omega$$

Diese Werte werden in die Schaltung übernommen, siehe Abb. 2.7.3. Es zeigt sich eine kleine Abweichung der Ausgangsspannung $V_{OUT,DCOP}$ = 2.52846 V bzgl. des erwarteten Idealwerts von 2.5 V bei exakt 2 mA I_{DS}. Das ist akzeptabel, da die Kennlinienwerte nicht ganz exakt abgelesen werden können (oder es wird eine sehr hohe grafische Auflösung erforderlich). Darüber hinaus ist noch zu berücksichtigen, dass die berechneten Widerstände von denen der Wirklichkeit auch wenig unterschiedlich sein werden, denn in der Regel werden Normwiderstände verwendet. Die Signalverstärkung eines MOS-Transistors mit dem in der Verstärkertechnik allgemein üblichen Begriff der Steilheit S zeigt das folgende Gleichungssystem.

$$A_{max} = \frac{dV_{OUT}}{dV_{IN}}$$

$$S = g_m = \left.\frac{\partial I_D}{\partial V_{GS}}\right|_{U_{DS0}} = K_P \frac{W}{L} V_{GS,eff} = \frac{2 \cdot I_{DS0}}{U_{GS,eff}}$$

$$A_{Sig} = S \cdot \frac{R_D}{1 + S \cdot R_S}$$

$$A_{Sig,Beispiel} = S \cdot \frac{R_1}{1 + S \cdot R_2}$$

Formel 2.7.1

Die ermittelte Steilheit wird simulatorisch mit Hilfe des Steuerkennlinienfelds zu einem Wert von ca. 2.79 mS ermittelt und damit wird die Schaltung eine Spannungsverstärkung von etwa 2.03 haben. Das Simulationsergebnis in Abb. 2.7.5 bestätigt dies. Es mag vorkommen, dass diese Werte nicht so gut passen. Dann hat das sicherlich mit der Verzerrung der Steuerkennlinie zu tun. Deshalb noch ein Wort zur Verzerrung der Steuerkennlinie. Die Notifikationen sind der Abb. 2.7.1 entnommen. Die Berechnung der Nichtlinearität verlangt die Berücksichtigung der Quotientenregel.

Damit ist die Nichtlinearität der Spannungsverstärkung A_V der Source-Schaltung aus Abb. 2.7.1 um den Nenner des ersten Terms des Ergebnisses geringer als die Bezugsnichtlinearität der Variation des Übertragungsleitwerts dg_m/g_m (Memo: Separation der Variablen).

2.7 Analoge Verstärkerschaltungen

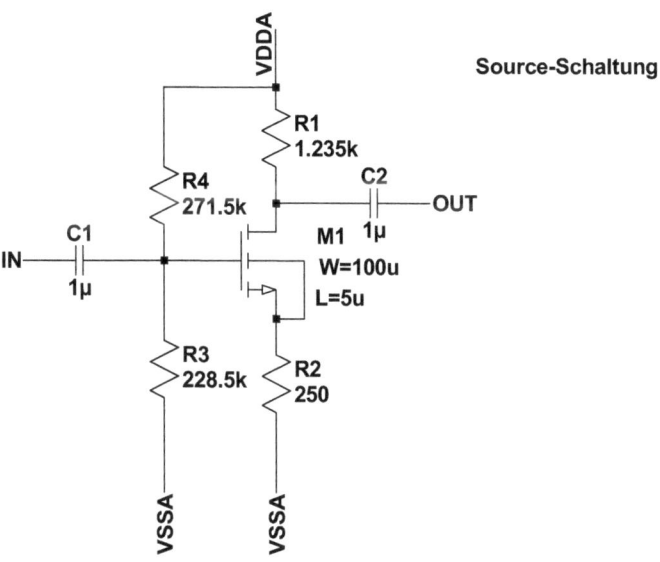

Abb. 2.7.3 Verstärker in Source-Schaltung, dimensioniert

$$A_V = -\frac{g_m \cdot R_1}{1 + g_m \cdot R_2}$$

$$g_m = \frac{\partial I_D}{\partial U_{GS}}$$

$$\frac{dA_V}{dg_m} = \frac{g_m \cdot R_1 \cdot R_2}{(1 + g_m \cdot R_2)^2} - \frac{R_1}{1 + g_m \cdot R_2}$$

$$\frac{dA_V}{dg_m} = -\frac{R1}{(1 + g_m \cdot R_2)^2}$$

$$\frac{dA_V}{A_V} = -\frac{\dfrac{R1}{(1 + g_m \cdot R_2)^2}}{\dfrac{g_m \cdot R_1}{1 + g_m \cdot R_2}} dg_m = \frac{1}{1 + g_m \cdot R_2} \cdot \frac{dg_m}{g_m}$$

Formel 2.7.2

Mit dem Wissen um die Beziehung der Spannungsverstärkung A_V zeigt sich, dass die Einstellung der Verstärkung nur nachvollziehbar wird, wenn ein Sourcewiderstand eingeführt wird. Im Gegensatz zur bipolaren Schaltungstechnik, wo der Emitterwiderstand eine Stromgegenkopplung bewirkt, ist das beim MOS-FET völlig anders. Der MOS-FET kennt keine Stromrückkopplung, da der DC-Gatestrom sehr nahe bei Null ist. Schauen wir auf das Simulationsergebnis und führen, da wir den Sinus natürlich kennen, gleich eine Fourier-Transformation durch.

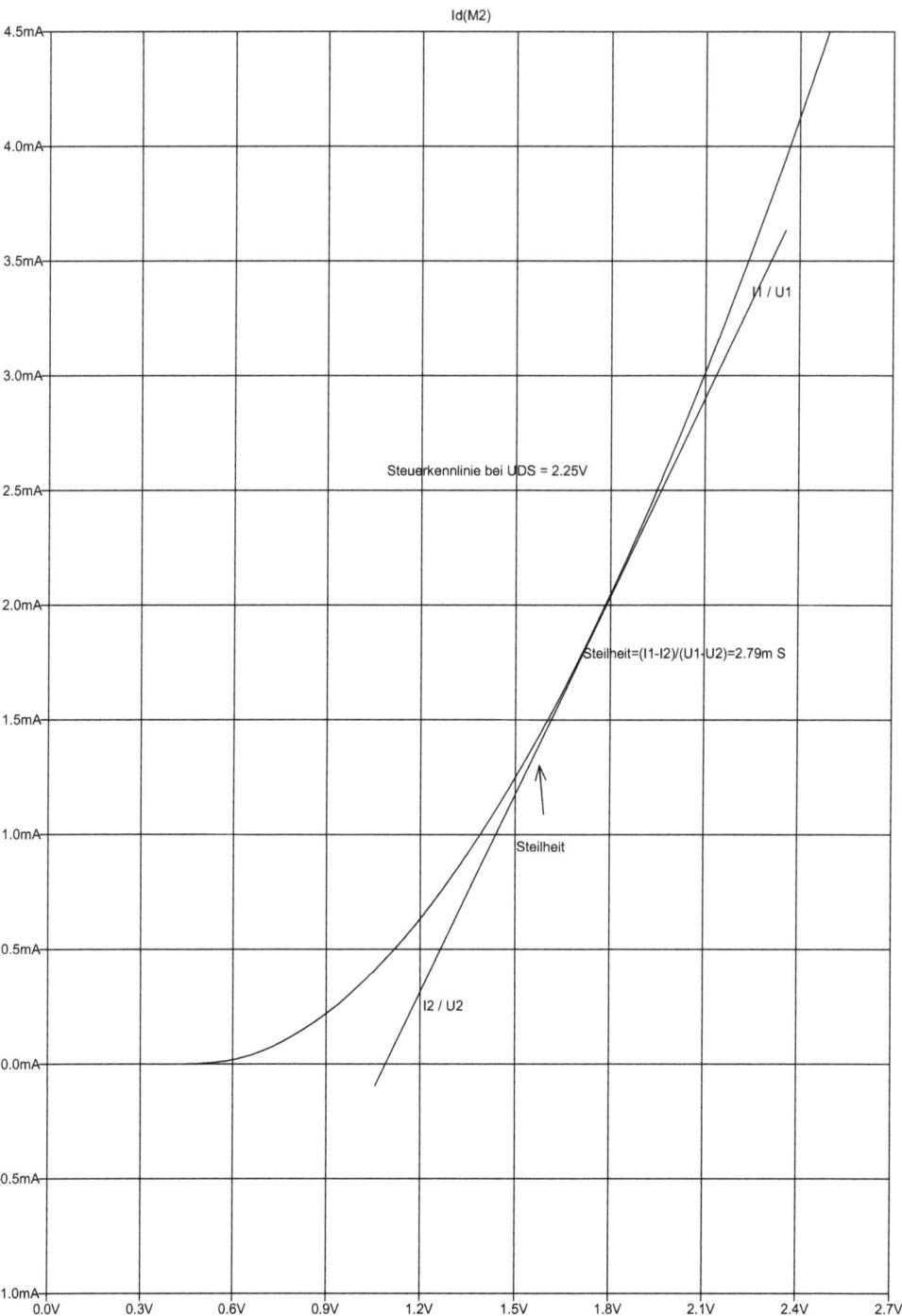

Abb. 2.7.4 Transistor: Steilheit S im Arbeitspunkt (hellere, nahezu geradlinige Kennlinie oberhalb 0.7 V)

2.7 Analoge Verstärkerschaltungen

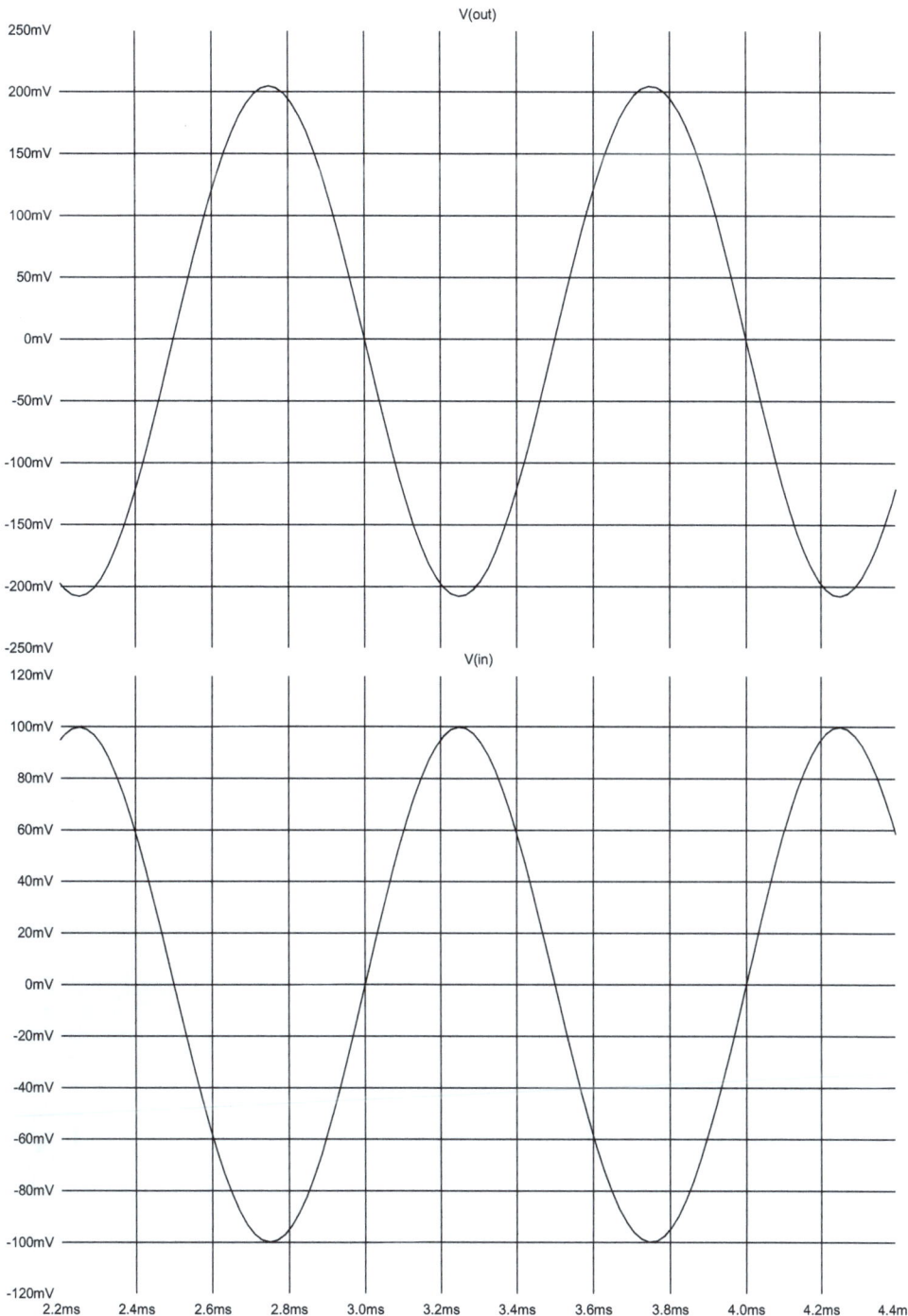

Abb. 2.7.5 Verstärker in Source-Schaltung: Simulationsergebnis

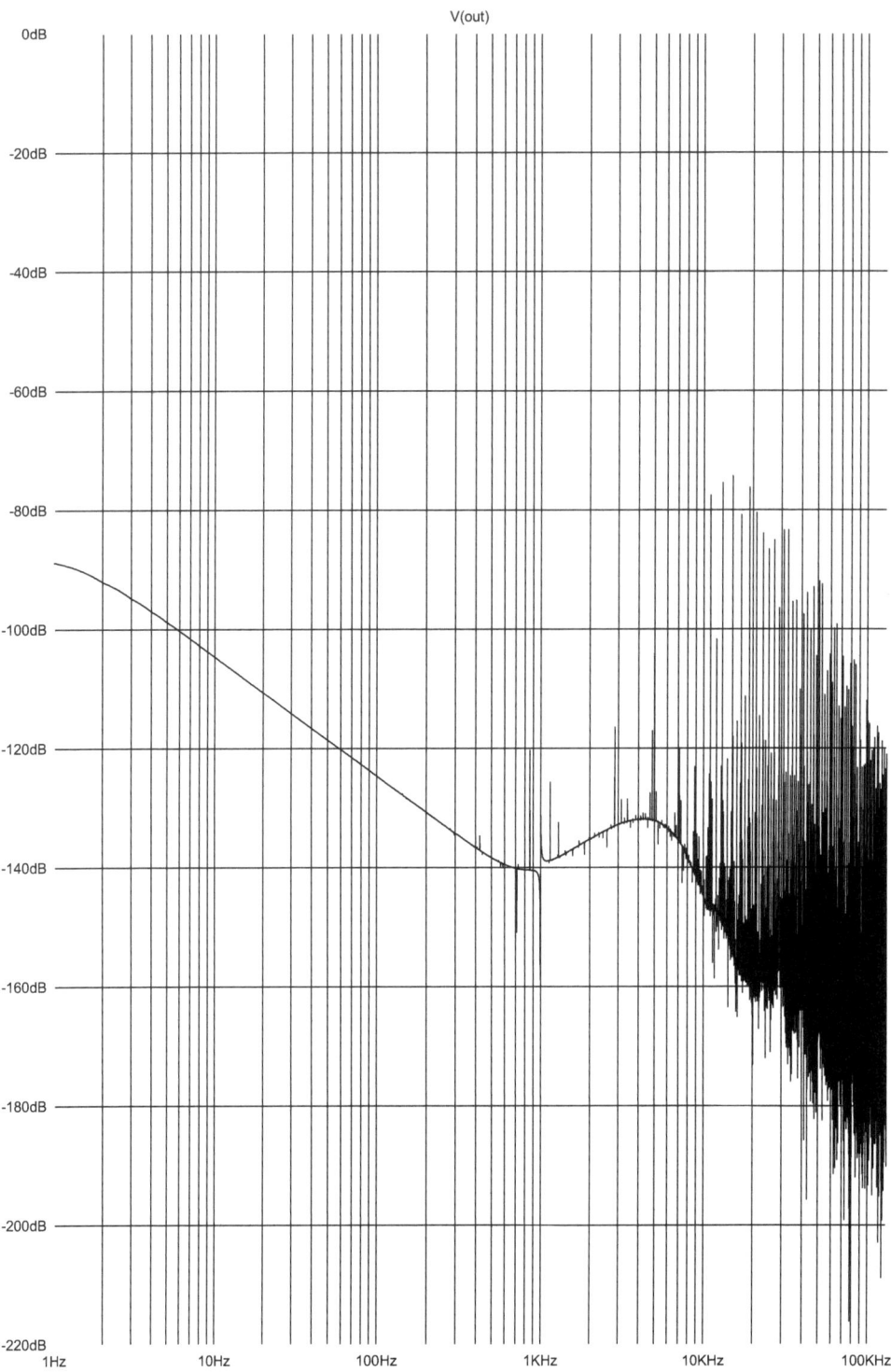

Abb. 2.7.6 Verstärker in Source-Schaltung: Fourier-Analyse

2.7 Analoge Verstärkerschaltungen

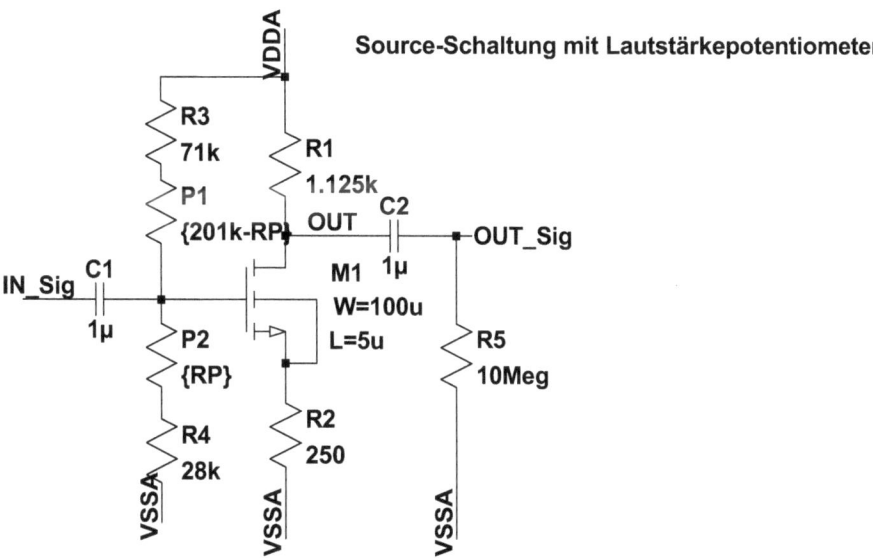

Abb. 2.7.7 Verstärker in Source-Schaltung: Mit Lautstärkepotentiometer P1

Die Fourieranalyse zeigt, dass die Oberwellen von geradzahliger und ungeradzahliger Art vorhanden sind und die dritte Oberwelle bei −50 dB liegt. Das deutet darauf hin, dass wir einerseits einen Offset, der durch den Arbeitspunkt (nichtlineare Steuerkennlinie) produziert wird und auch eine Verzerrung haben. Die Verzerrung wird durch das relativ hohe Eingangssignal verursacht. Reduziert man das Eingangssignal auf 10 mV, dann ist einerseits der Effekt des Offsets deutlich gedämpft, andererseits sind die Oberwellen sehr stark gemindert: die dritte Oberwelle liegt bei −71 dB, alle anderen Oberwellen liegen unterhalb der −90 dB Grenze. Das begründet sich in der Nichtlinearität der Steuerkennlinie, diese ist natürlich bei 10 mV nur sehr gering. Eine weitere Schaltungsmodifikation ist ein Lautstärkepotentiometer, wie in Abb. 2.7.7 gezeigt. Dieses Potentiometer wird in LTspice durch die beiden Widerstände P1a und P1b gebildet. Zur Simulation werden für eine AC-Analyse in diesem Fall 4 Potentiometereinstellungen mit Hilfe des LTspice Befehls „step param list" angefordert. Das Ergebnis dieser Simulation zeigt Abb. 2.7.8. Auf diese Weise kann einerseits der Lautstärkebereich, hier sind es zwischen ca. 10 dB und −5 dB als auch die Charakteristik des Potentiometers nachgeprüft werden. In diesem Fall ist das Potentiometer linear. Das menschliche Ohr hat eine logarithmische Kennlinie und somit ist ein lineares Potentiometer für Audioanwendungen nicht geeignet.

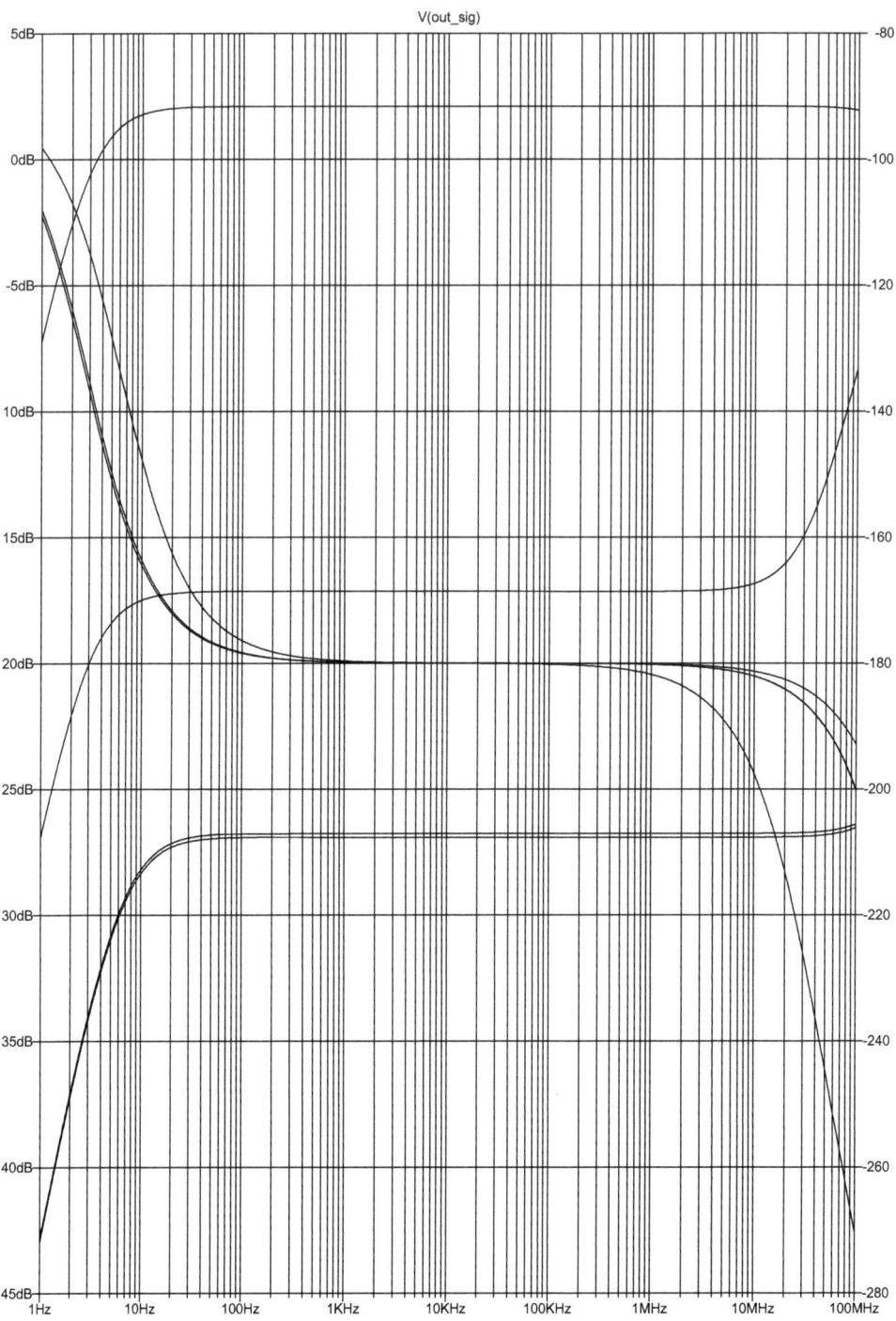

Abb. 2.7.8 Verstärker in Source-Schaltung: AC-Analyse

2.7.2 Drainschaltung

Drain-Schaltung mit Bootstrap Technik und Nachjustierung des Eingangswiderstands

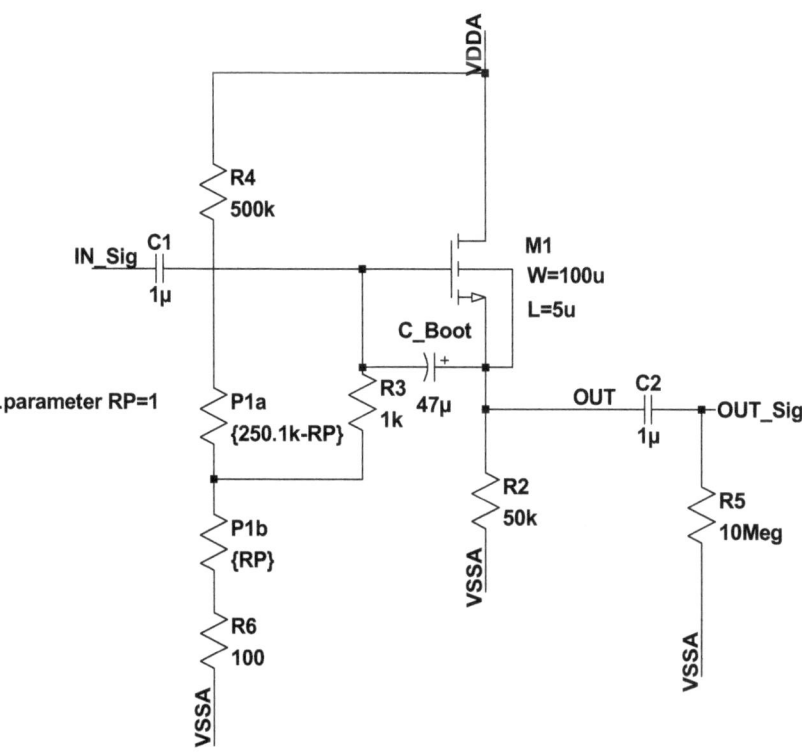

Abb. 2.7.9 Verstärker: Drainschaltung mit Lautstärkepotentiometer und Bootstrap-Kondensator

Abb. 2.7.9 zeigt die Drainschaltung [2.6, 2.43, 2.44]. Sie ist, wie bei der Kollektorschaltung, ein Folgerverstärker. Der Eingangswiderstand R_{IN}, der Ausgangswiderstand r_a und die Spannungsverstärkung der Drainschaltung berechnen sich zu:

$$R_{IN} = \frac{(R_4 + P_{1a}) \cdot (R_6 + P_{1b})}{R_4 + R_6 + P_1}$$

$$R_{S,\text{int}} = \frac{V_{OUT}}{\cdot g_m \cdot V_{GS}} = \frac{-V_{GS}}{\cdot -g_m \cdot U_{GS}} = \frac{1}{g_m}$$

$$r_a = \frac{R_{S,\text{int}} \cdot R3}{R_{S,\text{int}} + R3}$$

$$A_V \frac{V_{OUT}}{V_{IN}} = \frac{V_{GS} \cdot g_m \cdot R3}{V_{GS} \cdot (1 + g_m \cdot R3)} = S \cdot R3$$

Formel 2.7.3

$R_{S,int}$ ist der intrinsische Sourcewiderstand, wenn die Eingangsspannung zu Null wird. Das bedeutet, dass die Sourcespannung $g_m U_{GS}$ „produziert". Der Bootstrap-Effekt wird durch die Rückkopplung des Ausgangssignals auf den Signaleingang der Schaltung (Ausgang des Potentiometers) erzeugt und vermindert die Gate-Source-Kapazität und den Eingangswiderstand R3.

$$Z_{IN} = \frac{R3}{1-A_V}$$

$$C_{GS,Bootstrap} = C_{GS} \cdot (1-A_V)$$

Formel 2.7.4

Mit dem Potentiometer P1 kann der Arbeitspunkt für den Bootstrap-Kondensator-Eingangswiderstand nochmals fein angepasst werden. Diese Anpassung wirkt sich auf die Dämpfung und Phasenanhebung bei sehr niedrigen Frequenzen aus und kann im Audiobereich als Höhenabsenkung eines Eingangsgeräts (z.B. einer Gitarre oder eines Gesangmikrofons) genutzt werden.

2.7.3 Gate-Schaltung

Die Abb. 2.7.10 zeigt die Gate-Schaltung [2.6, 2.43, 2.44]. Diese Schaltung wird bei MOS-Schaltern (Transfergates) angewandt, siehe Kapitel 2.4.2. Auch in der HF-Technik findet die MOS-Variante der Basisschaltung immer mehr Verwendung, da die modernen MOS-Prozesse langsam in den Bereich der unteren GHz Einzug halten.

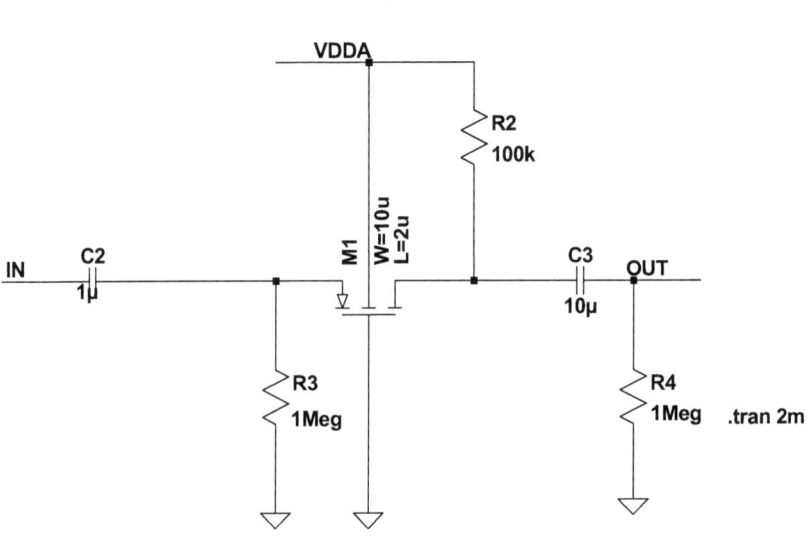

Abb. 2.7.10   MOS-Verstärker: Gate-Schaltung

2.8 Der CMOS-Operationsverstärker

Ein Operationsverstärker, kurz Opamp oder OPA genannt, [2.4, 2.6, 2.14, 2.16, 2.17, 2.43, 2.44, 2.45] stellt ein Rechenwerk dar, welches auf dem Prinzip eines geschlossenen Regelkreises beruht. Einiges über dieses Thema ist bereits in Kapitel 1.9 erläutert worden. Eine Differenzeingangsstufe wurde als zentrale Baueinheit identifiziert. Diese Differenzeingangsstufe bildet aus zwei Eingangssignalen die Differenz der Eingangssignale. Dies so gebildete Differenzsignal wird nochmals verstärkt und quellimpedant weitergegeben. Unter Quellimpedanz wird hier eine genügend geringe Ausgangsimpedanz verstanden, die ohne Signalverluste nachfolgende Schaltungen treiben kann. Darüber hinaus werden bei Operationsverstärkern noch zwei Domänen unterschieden:

Tabelle 2.7 Operationsverstärker-Domänen

Domäne	Operationsverstärkereigenschaft	Verstärkung: Differenzeingangsstufe Ausgangsstufe
Spannungsdomäne VCVS	Zwei-stufiger OP (OPA) Zweipoliger Verstärker	A_{Diff} = 50–200 A_{OUT} = 20–100
Stromdomäne VCCS	Ein-stufiger OP (OTA) Einpoliger Verstärker auch bekannt als Operational Transconductance Amplifier, kurz TOA genannt.	A_{Diff} = 1 Ausgangsstufe A_{OUT} = 20–100

Operationsverstärker sind stets integrierte Bauelemente. Mit diskreten Bauteilen können sie zwar aufgebaut werden, erreichen so aber bei weitem nicht die Qualität eines integrierten Operationsverstärkers. Der Grund dafür liegt in der Paarigkeit benachbarter Strukturen, die auf einem Siliziumchip einerseits deutlich näher beieinander liegen und andererseits darin, dass sie selbst als paarig gekaufte Bauteile noch eine (für diese Anwendung) deutlich zu große Abweichungen zeigen.

2.8.1 Die Differenzeingangsstufe eines zweistufigen OP

Dieses Bild zeigt eine Differenzeingangsstufe, die in der Spannungsdomäne arbeitet.

Der Biasstrom I_{Bias} versorgt die beiden Zweige der Differenzeingangsstufe. Der linke Zweig spiegelt mit Transistor M5 seinen Strom in Transistor M6. Da bei einem MOS-Transistor kein DC-Eingangsstrom ins Gate eingeprägt wird, ist ein CMOS-OPA nicht durch Fehlerströme belastet. Auch die Last der Treiberstufe ist rein kapazitiv. Damit ist der CMOS-OPA von einem stromabhängigem Offset frei. Lediglich Abweichungen der Transistorparameter als auch die Steigung der Kennlinien im Sättigungsbereich führen in der Differenzeingangsstufe zu einem Offset. In integrierten Schaltungen kann dieser durch geschicktes Layout vermieden werden, indem die Transistoren in Einheitstransistoren aufgeteilt und wenn möglich punktsymmetrisch über die zur Verfügung stehende Fläche verteilt werden. Dazu ist die Festlegung der Dimension des Einheitstransistors festzulegen und die Transistorgeometrie wird stets ein ganzzahliges Vielfaches eines Einheitstransistors betragen. Ein weiterer Offseteintrag eines CMOS-OPAs kommt durch die Anpassung der Treiberstufe mit der Ausgangsstufe zustande. Hier sind die Anpassungen der Transistorweiten in aller Regel nicht perfekt durchführbar. Ebenso tragen die weiten Ausgangstransistoren zu einem Offsetfehler bei, da dieser meist nur durch ungeradzahlige Transistorweiten kompensiert werden kann. Ungeradzahlige Transistorweiten widersprechen meistens den Layoutregeln. Der Offset wird wie beim bipolaren OPA als Offseteingangsspannung dem positiven Signaleingang zugeordnet. Auf Grund der hohen Verstärkung der Differenzeingangsstufen-Treiber als auch der Endstufe ist der Einfluss auf den Offset nahezu zu vernachlässigen. Damit sind die Offset reduzierenden Maßnahmen in der Differenzeingangsstufe bereits zielführend und ergeben OPAs sehr geringen Offsets.

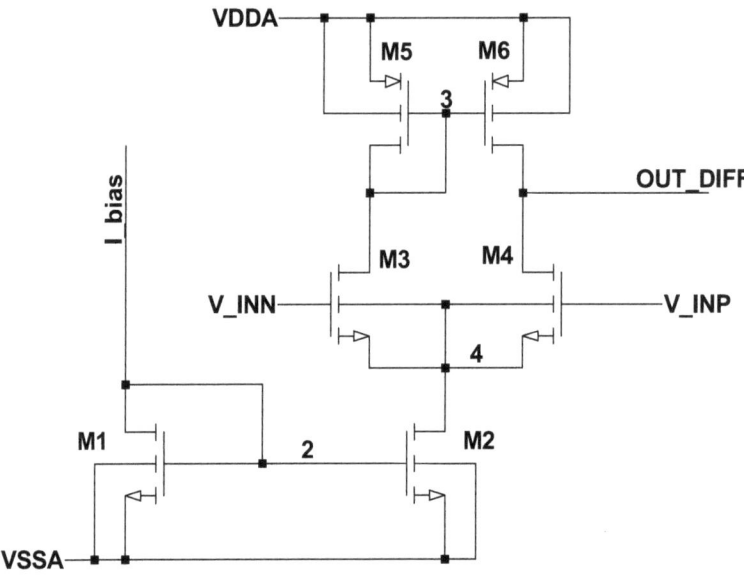

Abb. 2.8.1   CMOS-Operationsverstärker, Differenzeingangsstufe

Vorüberlegungen für die Dimensionierung der Differenzeingangsstufe

Die Stromversorgung I_{Bias}

Der Stromspiegel M1 zu M2 legt den Biasstrom fest. Der Biasstrom ist verantwortlich für die Arbeitspunkte und damit auch für die Bandbreite. Die Biasversorgung kann entweder aus einer eigenen Stromquelle zur Verfügung gestellt werden oder sie ist an die Bedürfnisse anpassbar, dann wird für den OP ein eigener Stromeingang I_{Bias} festgelegt. Der Stromspiegel (Biastransistor M2) für die Stromzufuhr der Differenzeingangsstufe kann erst dimensioniert werden, wenn die Differenzeingangsstufe mit ihren Stromkennwerten festgelegt ist.

Berechnung der Differenzeingangsstufe

Die Summe der Zweigströme ist gleich dem Biasstrom: $I_{D1} + I_{D2} = I_{Bias}$. Damit gilt für die Zweige sowie für die beiden Eingangstransistoren:

2.8 Der CMOS-Operationsverstärker

Detaillierte Durchrechnung des Gleichungssystems:

$$V_{Diff} = V_{IN\_N} - V_{IN\_P} = \sqrt{\frac{2I_{D,M3}}{\beta}} - \sqrt{\frac{2I_{D,M4}}{\beta}}$$

$$I_{Bias} = I_{D,M3} + I_{D,M4}$$

$$V_{Diff} = \sqrt{\frac{2}{\beta}} \cdot \left(\sqrt{I_{D,M3}} - \sqrt{I_{Bias} - I_{D,M4}}\right)$$

Memo: Biasstrom! Ist $I_{D1} = I_{D2}$, dann ist $I_{D1} = I_{Bias} - I_{D1} \Rightarrow V_{Diff} = 0$

$$\frac{V_{Diff}^2 \beta}{2} = I_{D,M3} + I_{Bias} - I_{D,M3} - 2\sqrt{I_{Bias} \cdot I_{D,M3} - I_{DmM3}^2}$$

$$\left(\frac{V_{Diff}^2 \beta}{2} - I_{Bias}\right)^2 = 4\left(I_{Bias} \cdot I_{D,M3} - I_{D,M3}^2\right)$$

$$4I_{D,M3}^2 - 4I_{Bias} I_{D,M3} + \frac{V_{Diff}^4 \beta^2}{4} + I_{Bias}^2 - V_{Diff}^2 \beta I_{Bias} = 0$$

$$I_{D,M3-1,2} = I_{D1,2} = \frac{-b \pm \sqrt{b^2 - 4ac}}{2a}$$

$$I_{D1,2} = \frac{4I_{Bias} \pm \sqrt{16I_{Bias}^2 - 16c}}{8} = \frac{I_{Bias} \pm \sqrt{I_{Bias}^2 - c}}{2}$$

$$I_{D1,2} = \frac{I_{Bias}}{2} \pm \sqrt{I_{Bias}^2 - \frac{V_{Diff}^4 \beta^2}{4} - I_{Bias}^2 + V_{Diff}^2 \beta I_{Bias}}$$

$$I_{D1,2} = \frac{I_{Bias}}{2}\left(1 \pm \sqrt{\frac{V_{Diff}^2 \beta}{I_{Bias}} - \frac{V_{Diff}^4 \beta^2}{4I_{Bias}^2}}\right)$$

$$I_{D,M6} = \frac{B_0}{2}\frac{W}{L} V_{GS,eff,M7}^2 \left(1 + \alpha \cdot V_{DS,M6}\right)$$

$$V_{DS,M6} = \frac{B_0 \cdot W \cdot V_{GS,eff,M5}^2 - 2 \cdot I_{D,M6} \cdot L}{\alpha \cdot B_0 \cdot W \cdot V_{GS,eff,M5}^2}$$

$$\Rightarrow V_{OUT} = V_{DDA} - V_{DS,M6}$$

Formel 2.8.1

Dimensionierung des P-Kanal-Stromspiegels und der Eingangstransistoren

Dies wird am günstigsten mit dem Kennlinienverfahren durchgeführt, wie in Abschnitt 2.5 in allen Details erläutert wurde. Transistor M5 arbeitet, da Gate und Drain verbunden sind, rechts der Abschnürparabel (pinch off parabola), und damit stets im Sättigungsbereich. Transistor M6 wird von der Gate-Source-Spannung des M5 angesteuert. Die Dimensionierung beginnt stets mit dem DC-Arbeitspunkt (DCOP), meist mit Spannungsmittellage der Eingangsspannungen $V_{INP} = V_{INN} = (VDD+VSS)/2$. Der PMOS-Stromspiegel, gebildet durch die Transistoren M5 und M6, arbeitet auf Grund der Bedingung, dass die Summe beider Zweigströme gleich dem Biasstrom stets symmetrisch zum DC-Arbeitspunkt der Differenzverstärkerstufe ist. Eine Stromverringerung durch M5 wird daher eine gleich große Stromvergrößerung durch M6 bedeuten. Mit diesem Stromspiegel wird die symmetrische Arbeitsweise der Differenzeingangstufe ähnlich einer mechanischen Waage gewährleistet und so wird eine äußerst präzise lineare Stromübertragung erreicht, die in Folge eine äußert präzise lineare Spannungsübertragung des Verstärkers ergibt. Dieses Prinzip ermöglicht höchst präzise elektronische Regelungen.

Durchführung der Dimensionierung

Es sind für den zukünftigen OP Vorgaben zu machen. Diese betreffen die Versorgungsspannung, Stromaufnahme, Bandbreite, Treiberfähigkeit und auch das Einschwingverhalten. Hinsichtlich der Kennlinien wird erwartet, dass die Transistoren mit geringen Gate-Vorspannungen arbeiten, so dass ein sehr gutes Sättigungsverhalten vorliegt. Der OP soll mit 5 V versorgt werden und Ohmsche Lasten von mindestens 10 kΩ und kapazitive Lasten von bis zu 50 pF verarbeiten können. Das Einschwingen bei einem großen Spannungssprung am Eingang von 4 V soll im openloop-Betrieb innerhalb von 2µsec über den vollen Bereich 5 V an R_L = 10kΩ und C_L = 50 pF mit einer Genauigkeit auf mindestens 100 µV passiert sein. Der OP soll eine Bandbreite (unity gain) von ca. 10–15 MHz erreichen und eine Stromaufnahme im DCOP von ca. 5–6 mA besitzen. Die Länge aller Transistoren beträgt 2 µm.

Abschätzung des Biasstroms

$$I_{last} = \frac{5V}{10k\Omega} = 0.5 mA$$

Der Biasstrom wird für den Dimensionierungseinstieg auf 500 µA gewählt.

Abschätzung des Stromspiegels Biasversorgung M1 und M2

Ergebnis dieser Simulation:

Stromspiegelverhältnis 1:1

Weite der Transistoren M1 und M2: 50 µm mit Arbeitspunkt bei ca. V_{GS} = 1 V.

Abschätzung des P-Kanal Stromspiegels M5–M6

Weite der Transistoren M5 und M6: 50 µm mit Arbeitspunkt bei ca. V_{GS} = 1.3 V.

Abschätzung der Weite der Eingangstransistoren M3 und M4

Die Transistoren werden für den ersten Entwurf mit 100 µm festgelegt.

Mit diesen Abschätzungen kann die Differenzeingangsstufe aufgebaut (Abb. 2.8.2 zeigt die dimensionierte Schaltung) und simuliert werden.

Ergebnis der ersten Dimensionierung mit einer DCOP-Simulation

I(M1,M2) = 0.5 mA
I(M5,M6) = 0.251 mA
V2 = V_{GS}(M1, M2) = 1.077 V
V3 = 3.633 V => V_{DS}(M5, M6) = 1.366 V; 1.366 V
V4 = 1.722 V => V_{DS}(M3, M4) = V3 – V4 = 1.91 V
$\qquad\qquad\qquad$ V3 – V(out_Diff) = 1.935 V

2.8 Der CMOS-Operationsverstärker

Diese Werte sehen vielversprechend aus, der Signalbereich wird groß genug sein. Aus den Kennlinien des Stromspiegels M5 / M6 ist zu erwarten, dass ein Spannungsbereich des Knotens 2 von ca. 1 V erreicht werden kann bei einer Stromvariation von ca. 3 µA (Spitze-Spitze) in beiden Differenzzweigen. Für die Eingangstransistoren heißt das eine Eingangsspannungsvariation V_{GS} von ca. 0.5 mV.

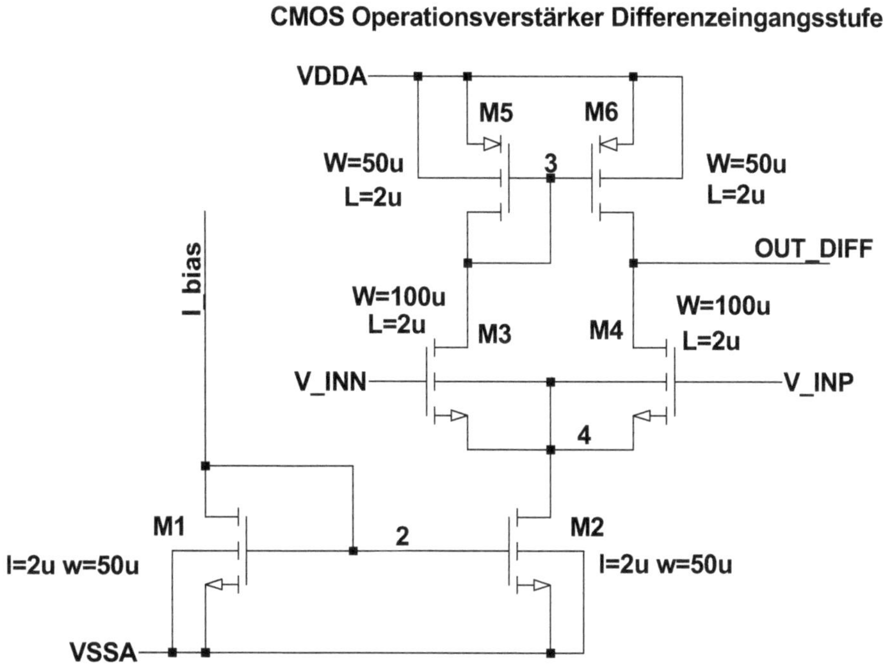

Abb. 2.8.2 CMOS-Operationsverstärker: Differenzeingangsstufe, dimensioniert

Die Transientenanalyse bestätigt die Richtigkeit der Kennliniendimensionierung. Die AC-Analyse zeigt, dass das gewünschte Bandbreitenziel von 10–15 MHz recht gut erreichbar erscheint. Als Last der Folgestufe wird eine resistive Last von 10 MΩ und eine kapazitive Last von 1 pF angenommen. Dieses „recht gut" besagt, dass die Differenzeingangsstufe sowohl von der Ausgangsstufenlast als auch von der noch notwendig werdenden Frequenzkompensation beeinflusst werden wird. Diese Auswirkungen können natürlich nicht in Details vorhergesagt werden, jedoch, wenn die Bandbreite so groß ist, wie Abb. 2.8.4 aufzeigt, dann ist das Entwicklungsziel zumindest in Reichweite. Was sich eventuell positiv auswirkt ist eine Verringerung der Weite der Stromspiegel-Transistoren M5 und M6 auf 50 µm. An den simulierten Ergebnissen ändert sich dabei nichts, aber die kapazitive Beeinflussung der Knoten wird geringer.

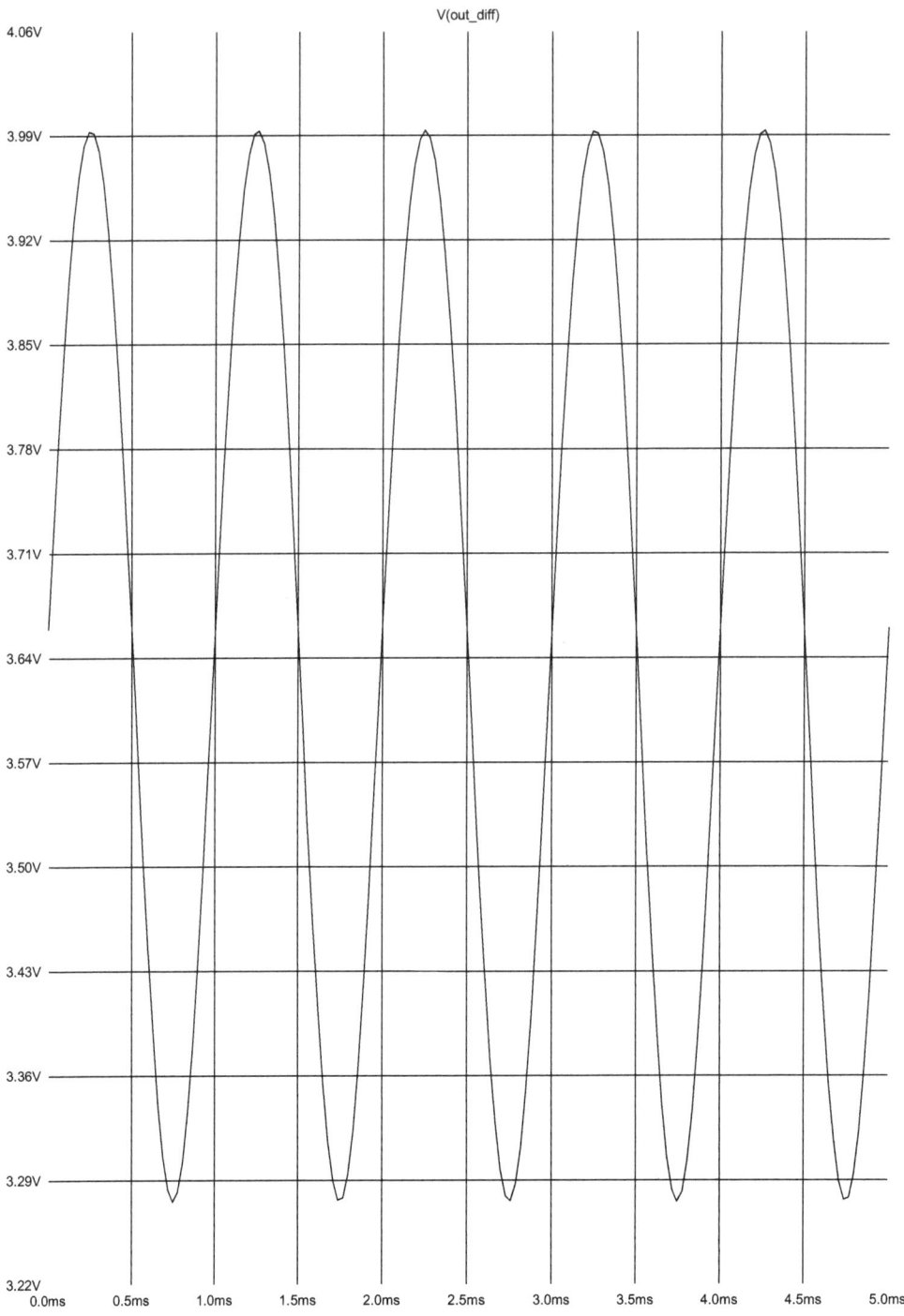

Abb. 2.8.3 CMOS-Operationsverstärker: Differenzeingangsstufe, transient Simulation

2.8 Der CMOS-Operationsverstärker

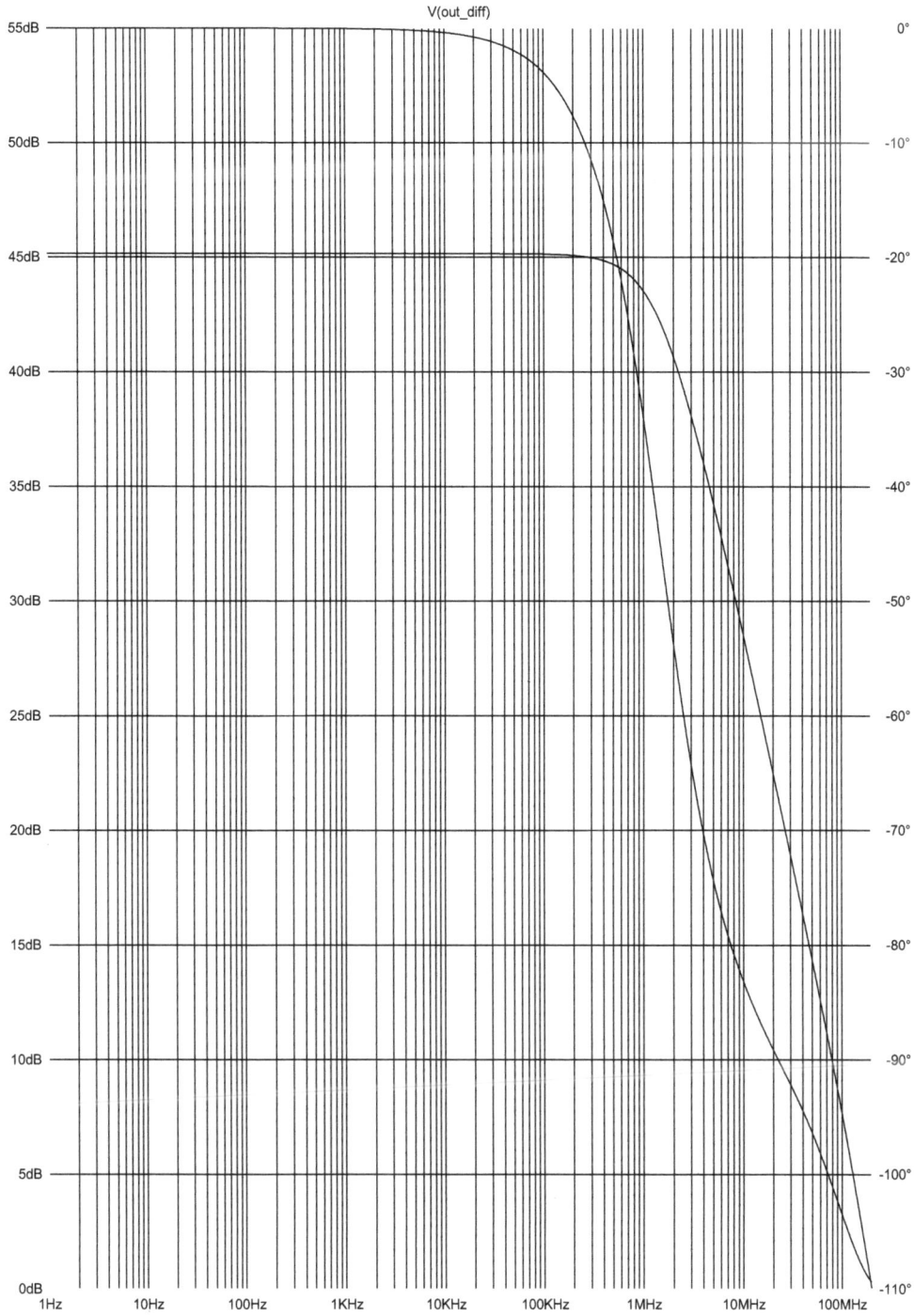

Abb. 2.8.4   CMOS-Operationsverstärker: Differenzeingangsstufe, AC-Analyse

2.8.2 Die Endstufe des zweistufigen Operationsverstärker

Die Phasenumkehrstufe

Der Ausgang der Differenzstufe soll auf eine symmetrische AB-CMOS-Endstufe arbeiten. Dazu ist eine Phasenumkehrstufe (wie in Abb. 2.8.5 gezeigt) notwendig, um eine symmetrische Ansteuerung der Endstufe zu erhalten.

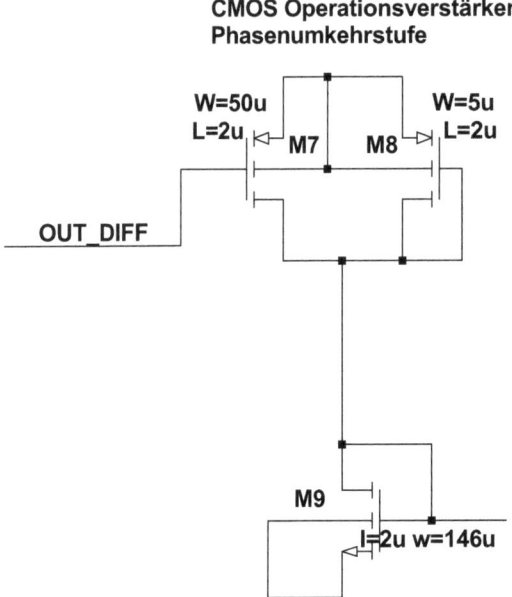

Abb. 2.8.5 CMOS-Phasenumkehrstufe

Diese Stufe zeigt auf ihrer P-Seite den Verstärkertransistoreingang am Gate M7 und dazu parallel eine aktive Last M8. Das Signal wird M7 zugeführt, dort verstärkt und von dem N-Kanal-Transistor M9 zur Endstufe gespiegelt. Die Aufgabe der aktiven Last Transistor M8 ist einen Grundstrom zur Verfügung zu stellen. Damit arbeitet M9 stets auf dieser aktiven Last. Sperrt M7 auf Grund des Eingangssignals, so ist dieser Zweig dennoch aktiv, sodass die Ausgangsstufe stets ihren Arbeitspunkt besitzt. Die Einstellung dieser Stufe ist so vorzunehmen, dass der Zweig für den DCOP-Arbeitsstrom etwa das 1.5 bis 2-fache des Biasstrom aufweist. Auf Grund des Spiegeltransistors soll die Weite so gewählt werden, dass der Spannungsarbeitspunkt U_{GS} zwischen 0.7 und 0.9 V liegt. In diesem Beispiel wurde der U_{GS} Punkt auf den maximalen Wert gelegt. Der Hintergrund dieser Dimensionierung ist die Trimmung der Endstufe auf Mittenspannung, wie nachher deutlich wird.

Die Endstufe

Die Endstufe ist eine AB-Endstufe, aufgebaut aus komplementären CMOS-Transistoren. Die Weiten sind groß, so dass die resistive Last getrieben und die gesamte Last innerhalb der gewünschte Zeit bei maximalem Spannungssprung umgeladen werden kann. Abb. 2.8.6 zeigt diese Endstufe. Die Transistoren M10 und M11 sind deshalb so groß, damit sie die außen liegenden Lasten (resistiv und kapazitiv) gut treiben können.

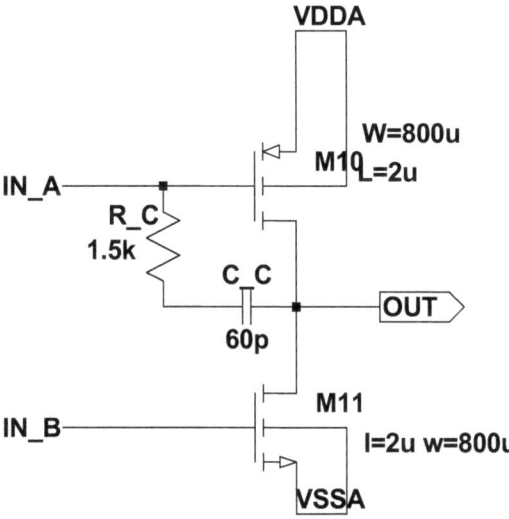

Abb. 2.8.6   CMOS-komplementär AB-Endstufe

Die Abb. 2.8.7 zeigt die Aussteuerung der beiden Endstufentransistoren bei verschiedenen Gate-Vorspannungen. Das Kennlinienfeld, welches seinen Nullpunkt bei VDS = 0 V hat, steht für den P-Kanal-Transistor M10, das andere Kennlinienfeld für den N-Kanal-Transistor M11. Der DC-Arbeitspunkt befindet sich nahezu mittig und wurde mit Hilfe der Weitenanpassung des Transistors M9 (Phasenumkehrstufe) in die Mitte getrimmt. Der OPA-Offset beträgt −148.5 µV. Der Verlauf der Arbeitskennlinie ist ein wenig nichtlinear, da die Leitwerte der Transistoren nichtlinear sind, jedoch wird diese geringe Nichtlinearität durch die große Weite der Transistoren sehr gut kompensiert.

Die Schaltung des zweistufigen Operationsverstärkers

Alle Stufen werden zusammengebaut und die Einstellungen zum Offset-freien System (wie bereits oben bei den Einzelkomponenten beschrieben) werden an dieser Schaltung (Abb. 2.8.8) durchgeführt. Danach wird eine AC-Analyse (Kleinsignalverhalten) simuliert, um die Phasendrehung zu erkennen.

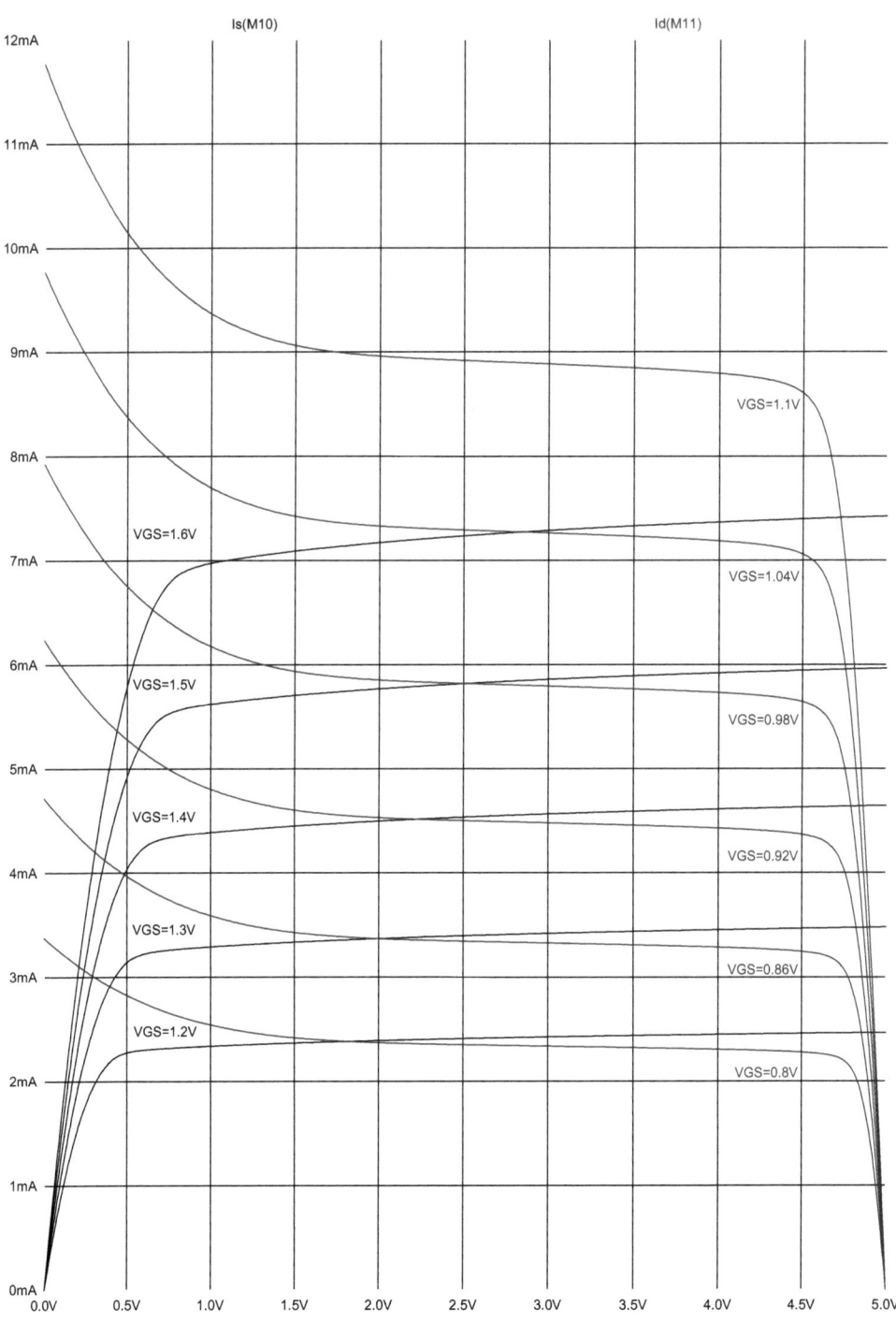

Abb. 2.8.7 CMOS-komplementär AB-Endstufe, Kennlinienfeld

2.8 Der CMOS-Operationsverstärker

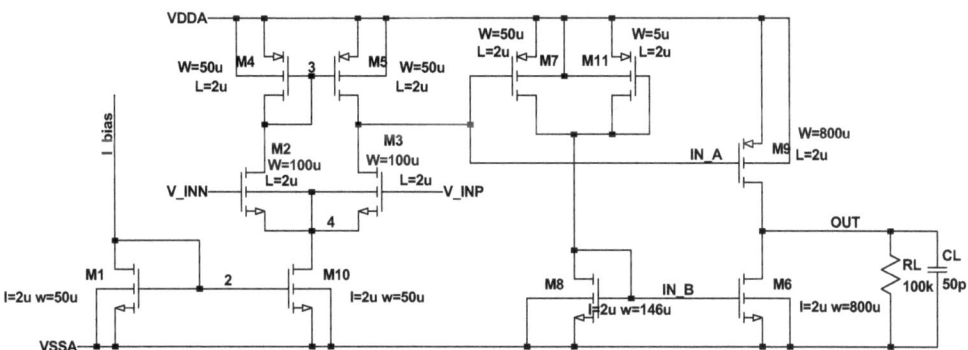

Abb. 2.8.8 CMOS-Operationsverstärker, nicht Phasen kompensiert

Die AC-Analyse in Abb. 2.8.9 wird ausgewertet:

Die Grundverstärkung beträgt 79 dB. Der erste Pol liegt bei 82 kHz, der 0-dB Durchgang bei ca. 35 MHz und hier beträgt die Phase ca. 5.5°. Das bedeutet, die Phase würde den Verstärker im Einsatz zum Schwingen bringen und muss daher kompensiert werden.

Phasenkompensation

Ziel ist es im 0-dB Punkt (unity gain) eine Phasenreserve von minimal 30° zu erhalten, damit auch der Verstärker in seinem gesamten Arbeitsgebiet stabil arbeitet. Für die Differenzeingangsstufe und die Ausgangsstufe können der Ausgangswiderstand und die an diesen Knoten anhängenden kapazitiven Lasten inklusive, in Vorausschau des Kompensations-Hochpasses angegeben werden mit:

$$R_{Diff} = \frac{1}{g_{D,diff}}$$

$$C_{Diff} = C_{IN\_A}$$

$$R_{OUT} = \frac{1}{g_{D,OUT}} + R_L$$

$$C_{OUT} = C_{OUT} + C_L$$

$$\tau_{Comp} = R_{Comp} \cdot C_{Comp}$$

Formel 2.8.2

Damit ergeben sich zwei Pole:

P1: $$f_{P1} = \frac{1}{2 \cdot \pi \cdot R_{Diff} \cdot C_{Diff} \cdot g_{m,OUT} \cdot R_{OUT}}$$

P2: $$f_{P2} = \frac{g_{m,OUT} \cdot C_{Comp}}{2 \cdot \pi \cdot \left(C_{Diff} \cdot \left(C_{OUT} + C_{Comp}\right) + C_{OUT} \cdot C_{Comp}\right)}$$

Formel 2.8.3

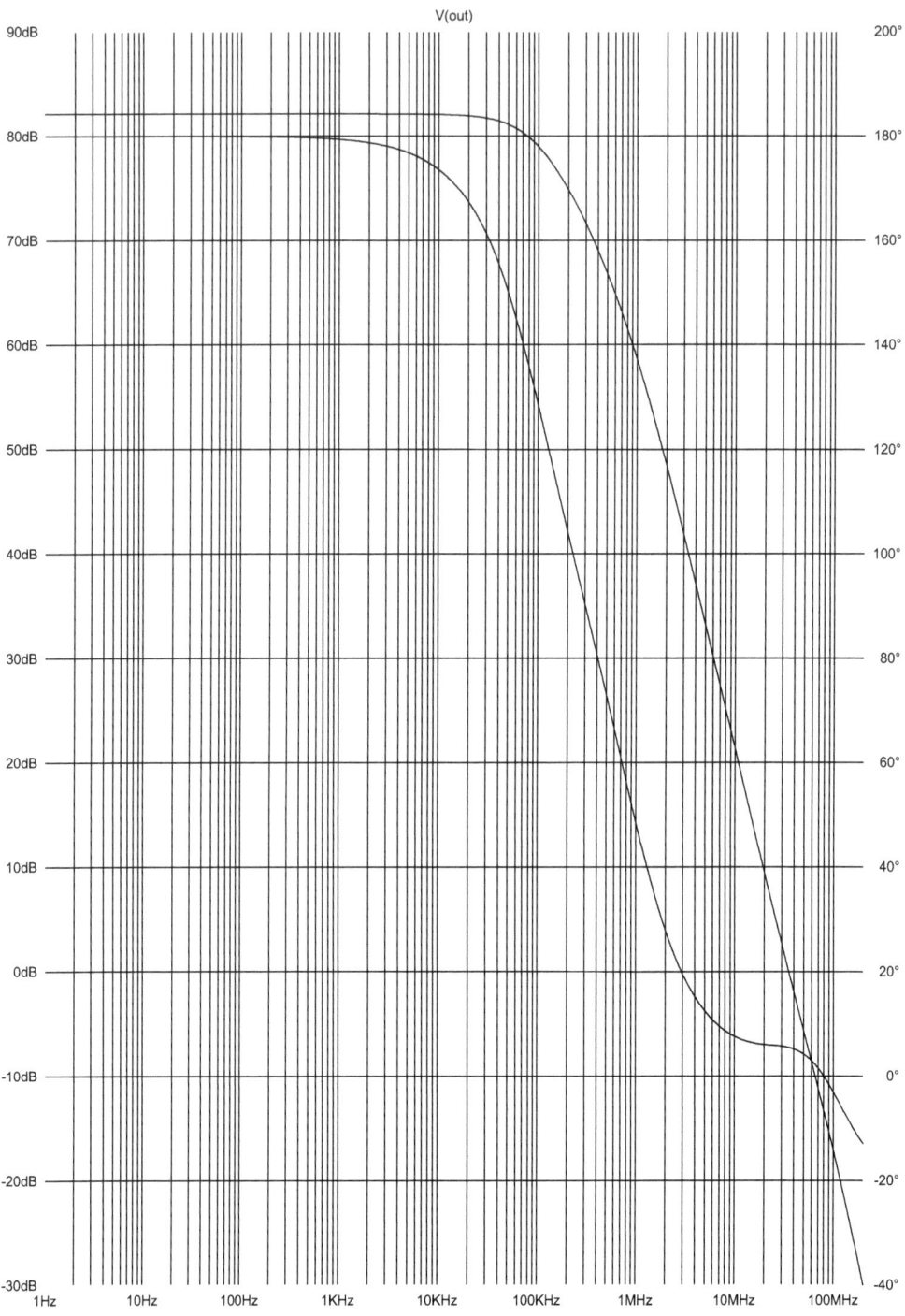

Abb. 2.8.9 CMOS-Operationsverstärker, AC-Analyse des unkompensierten OPs

2.8 Der CMOS-Operationsverstärker

Die Phasendrehung wird durch beide Pole verursacht:

Der erste Pol, der bei 79 kHz liegt, dreht die Phase, sodass bei sehr hohen Frequenzen eine Phasendrehung um 180° erreicht wird. Der zweite Pol liegt frequenzmäßig deutlich höher und kann aus dem Bode-Plot nicht zuverlässig abgelesen werden.

Daher wird ein anderer Weg gewählt: Im 0 dB Durchgang wird der Phasenwinkel bestimmt. Er ist, wie oben bereits vermerkt 5.5°. Diese Phase muss auf mindestens 30° Phasenreserve angehoben werden. Eine Phasenanhebung kann nur mit einem Hochpass mit einem Zeitverhalten von τ_{Comp} erfolgen. Schauen wir die Pollage in der komplexen Ebene an, dann stellen wir fest, dass auf Grund der Phasenverschiebung über 180° hinaus der Pol in der rechten, der positiven, Ebene liegt. Dieser Pol muss in die linke Ebene hinein geschoben werden. Dies wird in der Fachwelt Polsplit (Ablage der Pole in der komplexen Ebene) und Verschiebung der Pole (von einer Polposition auf eine neue Polposition) genannt. Dieser Hochpass muss zwischen den beiden Stufen (Differenzeingang und Ausgang) eingebaut werden. Damit folgt für die Nullstelle des Pols 2, dass diese gegen Unendlich wandert, wenn der Rückkopplungswiderstand Null wäre. Das hieße: der Hochpass mutiert zu einem Rückkoppelkondensator. Schauen wir die Kompensationsrückkopplung an:

$$f_{Comp} = \frac{g_{m,OUT}}{2 \cdot \pi \cdot C_{Comp} \cdot (R_{Comp} \cdot g_{m,OUT} - 1)}$$

Formel 2.8.4

Wir haben freie Wahl für den Rückkopplungswiderstand R_{Comp}. Daher wird gewählt:

$$R_{Comp} = \frac{1}{g_{m,OUT}}$$

$$R_{Comp} = \frac{1 + \dfrac{C_{Diff} + C_{OUT}}{C_{Comp}}}{g_{m,OUT}}$$

Formel 2.8.5

Dieses Ergebnis wird eingesetzt in die Gleichung für f_{Comp} und wir erhalten:

$$f_{Comp} = \frac{g_{m,OUT}}{2 \cdot \pi \cdot C_{Comp} \cdot \left(\dfrac{1 + \dfrac{C_{Diff} + C_{OUT}}{C_{Comp}}}{g_{m,OUT}} \cdot g_{m,OUT} - 1 \right)} =$$

$$f_{Comp} = \frac{g_{m,OUT} \cdot C_{Comp}}{C_{Diff} \cdot C_{Comp} + C_{Diff} \cdot C_{OUT} + C_{OUT} \cdot C_{Comp}}$$

$$f_{Comp} = f_{P2}$$

Formel 2.8.6

Mit dieser Wahl des Rückkoppelwiderstands wurde die Frequenz des Rückkopplungshochpasses auf die des zweiten Pols geschoben. Die Polfrequenz f_{P2} ist im Bode-Plot der Abb. 2.8.9

nicht ganz exakt ablesbar. Der zweite Pol ist gekennzeichnet durch die Dämpfung des Ausgangssignals von 40 dB pro Dekade. Dieser Pol liegt nur unwesentlich höher als der erste Pol, geschätzt bei ca. 1.5 MHz. Mit diesem Wert kann die Kompensation berechnet werden:

$$f_{Comp} = \frac{1}{2 \cdot \pi \cdot R_{Comp} \cdot C_{Comp}}$$

$$R_{Comp} = \frac{1}{2 \cdot \pi \cdot f_{Comp} \cdot C_{Comp}} = \frac{1}{2 \cdot \pi \cdot 1.5\ MHz \cdot 60\ pF} = 1.77\ k\Omega$$

Formel 2.8.7

Der berechnete Wert des Kompensationswiderstands führt auf eine Phasenreserve von ca. 46° bei einer Frequenz von ca. 35 MHz. Der Wert von 0° Phasenablage liegt bei ca. 141 MHz, was ein genügender Sicherheitsabstand zur 0 dB Frequenz von 35 MHz ist.

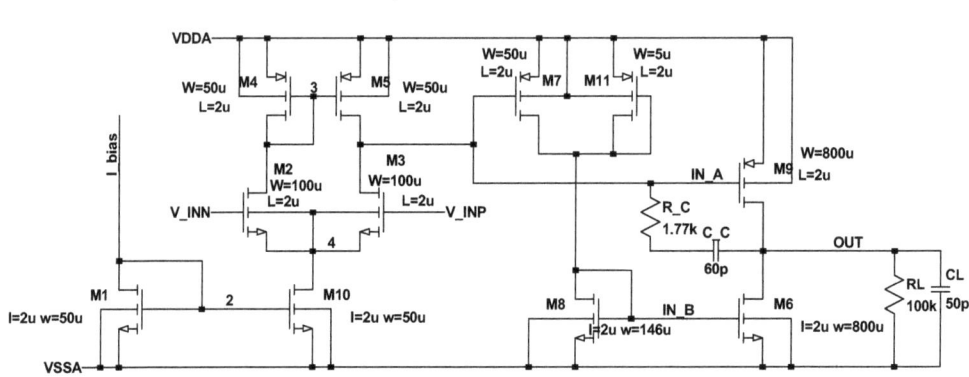

Abb. 2.8.10   CMOS-Operationsverstärker, kompensiert

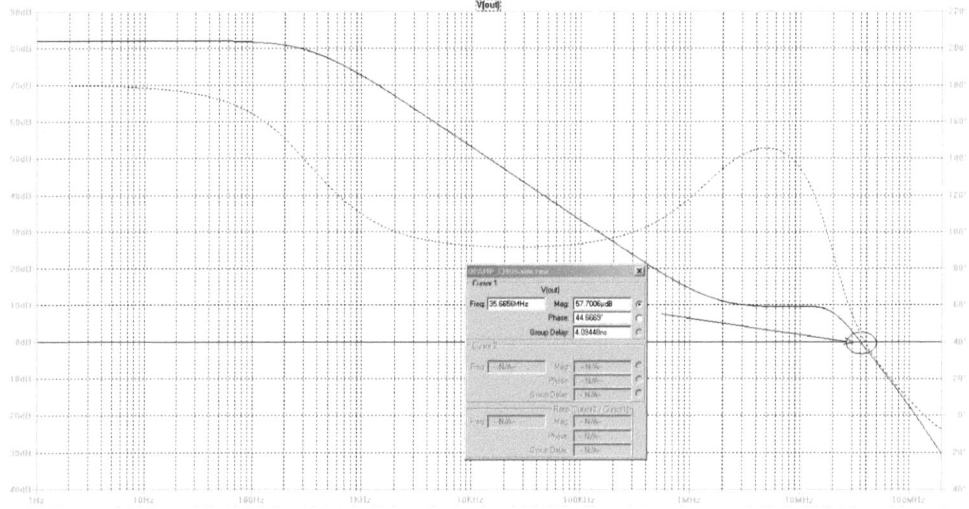

Abb. 2.8.11   CMOS-Operationsverstärker, kompensiert AC-Analyse

2.8 Der CMOS-Operationsverstärker

Die letzte ausstehende Analyse ist das Einschwingverhalten im openloop-Betrieb. Die folgende Simulation zeigt das Ergebnis:

Tabelle 2.8 Auswertung Operationsverstärker

Sprung Eingangsspannung zum Zeitpunkt	Sprung Ausgang Einschwingen auf 100 µV Genauigkeit / Endwert	Zeitdauer für die Sprungantwort
6 ms: 2 V nach −2 V	4.176663 V / 4.17662 V	6.00183 ms => Δt = 1.83 µs
11 ms: −2 V nach 2 V	49.9 mV	11.0019 ms => Δt = 1.9 µs

Die Vorgabe, den Sprungwert innerhalb von 2 µsec zu erreichen, ist erreicht. Damit ist der Operationsverstärker fertig dimensioniert.

2.8.3 Der einstufige Operationsverstärker oder OTA

Ein einstufiger Operationsverstärker ist ein Verstärker, der jeden Zweigstrom der Differenzeingangsstufe in die Ausgangsstufe spiegelt. Dazu ist ebenfalls eine Umkehrstufe notwendig, da der Strom des Zweigs „negativer Signaleingang" in den Ausgangs-N-Kanal-Transistor zu spiegeln ist. Die Abb. 2.8.12 zeigt die Anordnung der Schaltung. Damit die Spiegel möglichst gleichmäßig arbeiten, ist das Übersetzungsverhältnis stets auf die Ausgangsstufe zu beziehen. Damit ist der obere Spiegel des linken Zweigs zunächst mit 1:1 und dann erst auf der N-Seite, Transistoren M9 und M10 mit 1:4 zu spiegeln.

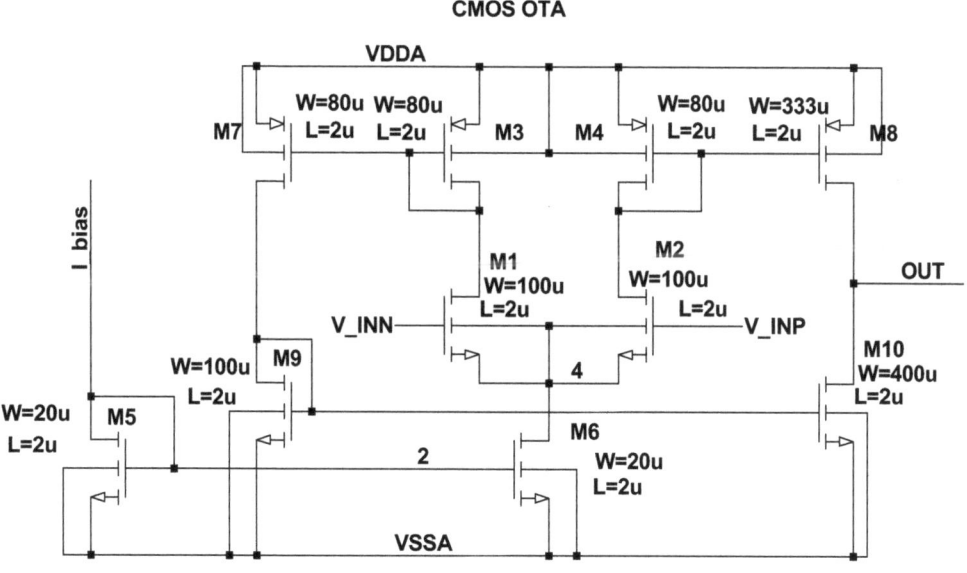

Abb. 2.8.12 Der einstufige Operationsverstärker oder Transkonduktanzverstärker (OTA)

Dimensionierung der Schaltung

Der OTA soll mit 5 V versorgt werden und Ohm'sche Lasten von minimal 10 kΩ und kapazitive Lasten von bis zu 200 pF verarbeiten können. Das Einschwingen des Ausgangs auf einen Spannungssprung von 4 V (von −2 V auf +2 V bzgl. Mittenspannung) am Eingang im open-loop-Betrieb soll innerhalb von 2μsec über den vollen Bereich 5 V an R_L = 10 kΩ und C_L = 50 pF mit einer Genauigkeit auf min. 100 μV passiert sein. Der OTA soll eine Bandbreite (unity gain) von ca. 10–15 MHz erreichen und eine Stromaufnahme im DCOP von ca. 2–3 mA besitzen. Die Länge aller Transistoren beträgt 2 μm.

Differenzstufe

Die Differenzstufe wird wie beim OPA mit Biasstrom versorgt. Die Arbeitspunkte sind genauso, wie beim OPA zu bestimmen. Der Transistor M7 ist auf Grund des 1:1 Stromverhältnisses gleich zu dimensionieren wie Transistor M3.

Umkehrstufe

Die OTA-Umkehrstufe ist ein reiner Stromspiegelzweig, gebildet mit den Transistoren M7 und M9. Der N-Kanal-Transistor M9 wird mit 100 μm Weite vorgegeben, damit ist M10 mit niedrigen Gatevorspannungen sehr gut in der Sättigung.

Endstufe

Eine kapazitive Last von 200 pF soll innerhalb 2 μsec voll umgeladen werden. Der dazu benötigte Strom beträgt:

$$I_{Lade,\max} = \frac{C_L \cdot \Delta V_{OUT,\max}}{\Delta t} = \frac{200\,pF \cdot 5V}{2\,\mu s} = 0.5\,mA$$

Formel 2.8.8

Damit ist die Zielgröße des Stroms für den DC-Arbeitspunkt der Ausgangstransistoren das Doppelte dieses Wertes: 1 mA.

Das Kennlinienfeld (VGS = 0 V – 1 V) Abb. 2.8.13 zeigt, dass bei 1mA DCOP-Strom eine genügend große Signalaussteuerung und auch eine geringe Schwankung des Drainstroms gegeben ist. Damit kann der Verstärker erprobt werden. Der Offset erweist sich zu −55 μV.

Die AC-Analyse weist eine genügend große Phasenreserve auf. OTA-typisch ist jedoch der kapazitive Lastwert bei kleinen Kondensatoren am Ausgang kritisch. Bei einer Phasenreserve von 40° muss ein Kondensator von 40 pF als geringster Wert vorgesehen werden. Die Bandbreite des Verstärkers beträgt bei der vorgegebenen Last von 200 pF ca. 5.85 MHz und ist damit deutlich unterhalb der gewünschten Grenzen. Ist die Bandbreite zu gering, so nutzt die Anhebung des Stroms bei einem OTA wenig, denn Bandbreite wird erreicht durch Vergrößerung der Transistorweite der Eingangstransistoren. Diese werden auf eine Weite von 750 μm vergrößert. Damit ergeben sich folgende neue Werte:

Die Bandbreite beträgt 13.35 MHz mit 75° Phasenreserve bei 200 pF Lastkapazität.

Damit der OTA nicht schwingt, muss eine Kapazität von minimal 40 pF stets am Ausgang anliegen. Bei dieser Lastkapazität beträgt die Bandbreite 50 MHz und die Phasenreserve ca. 40°.

2.8 Der CMOS-Operationsverstärker

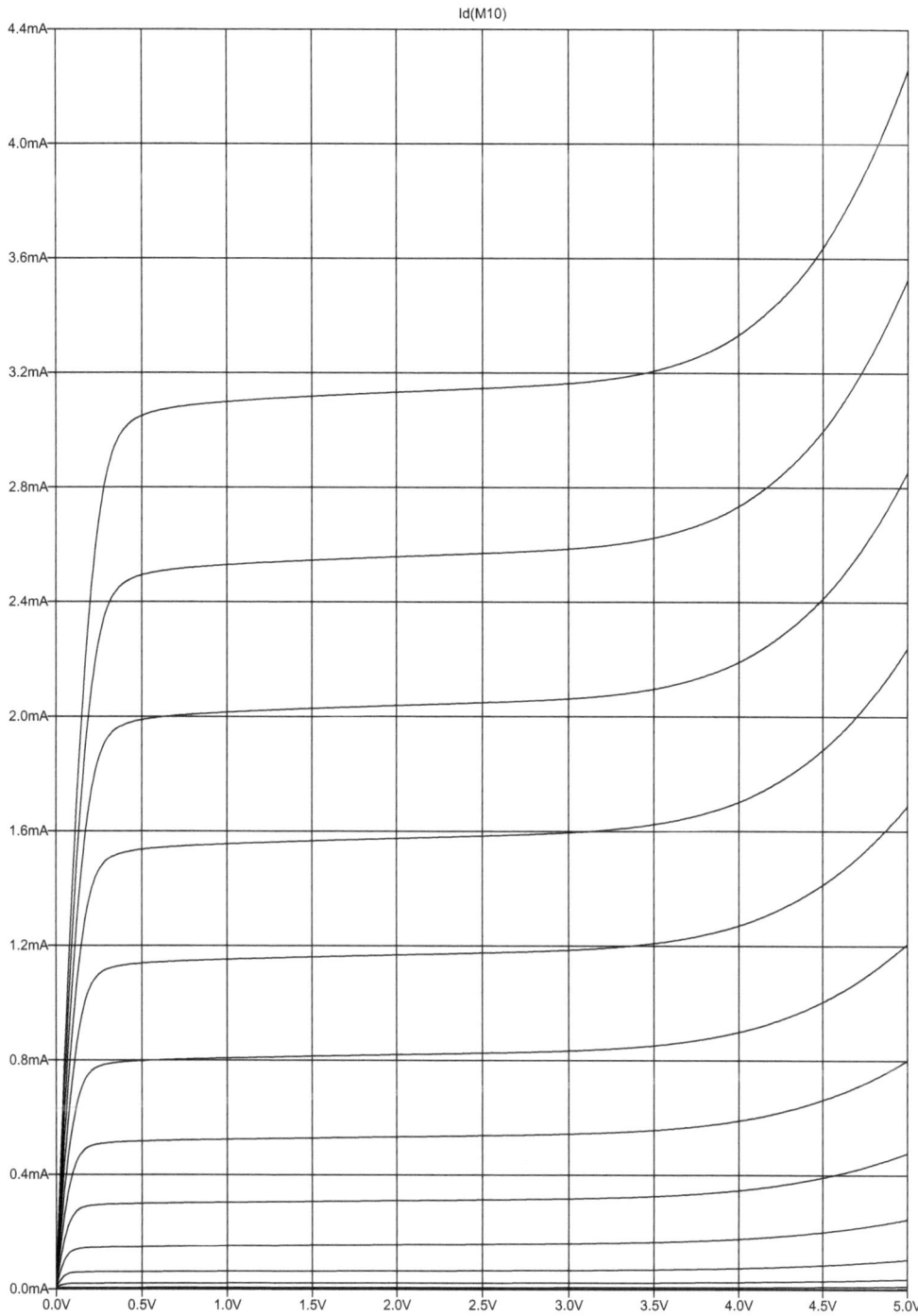

Abb. 2.8.13 N-Kanal-Endstufen-Transistor: Kennlinienfeld

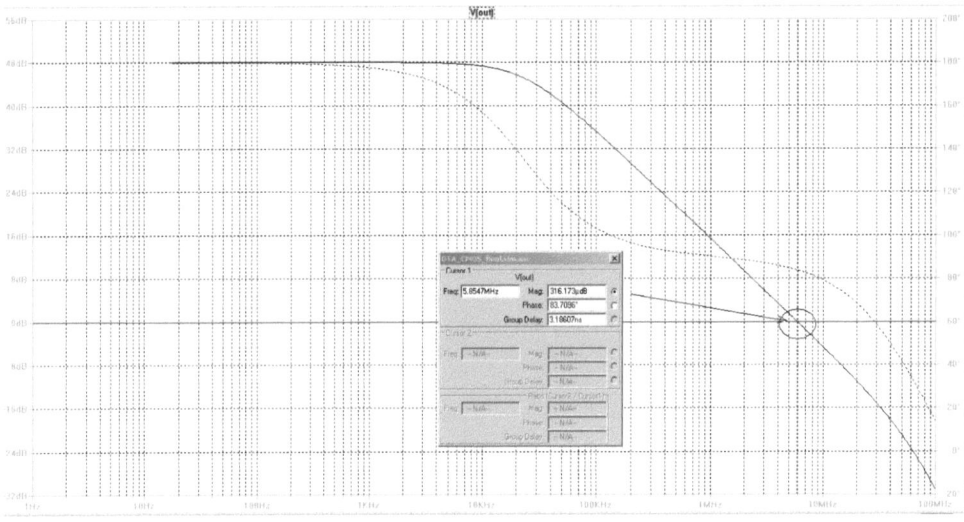

Abb. 2.8.14   OTA, AC-Analyse

Tabelle 2.9   Auswertung Operationsverstärker

Sprung Eingansspannung zum Zeitpunkt	Sprung Ausgang Einschwingen auf 100 µV Genauigkeit / Endwert	Zeitdauer für die Sprungantwort
6 ms: 2 V nach –2 V	4.99991 V / 5.0	6.00125 ms => Δt = 1.25 µs
11 ms: –2 V nach 2 V	484.56 µV / 0 V	11.0006 ms => Δt = 0.6 µs

Damit hat der Verstärker alle Werte erreicht.

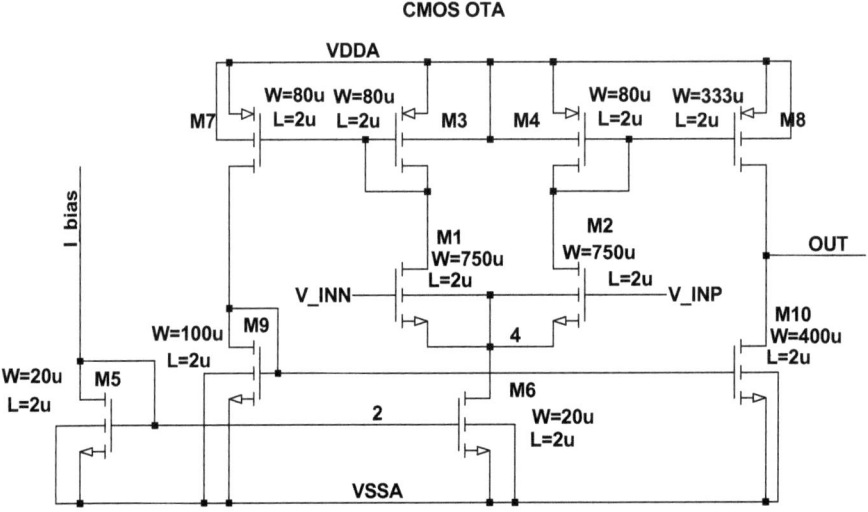

Abb. 2.8.15   CMOS OTA, fertiger Entwurf

2.8 Der CMOS-Operationsverstärker

Der OTA benötigt stets eine genügend große Lastkapazität am Ausgang, da er sonst auf Grund der geringen Phasenreserve schwingen würde. Ein OTA kann intern nicht kompensiert werden, da alle internen Knoten reine Stromspiegel sind (siehe Kapitel 2.5) und diese keinen Pol bilden, denn bis auf die Weitenverhältnisse und den Kanalmodulationseffekt kürzen sich alle anderen Terme. Es verbleibt damit nur der Ausgangsinverter. Der Pol des Ausgangsinverters ist über die Kleinsignalverstärkung definiert:

$$H_{Inverter} = \frac{g_{m,M8/M10}}{g_{D,M8/M10}}$$

$$H_{Inverter} = \frac{1}{1 + \frac{j \cdot \omega \cdot C_{OUT}}{g_{m,Inverter}}}$$

Formel 2.8.9

2.8.4 PSRR und CMRR

Der Begriff PSRR bedeutet Power Supply Rejection Ratio. Darunter wird das Verhältnis der Spannungsverstärkung (power supply gain) bezogen auf die Verstärkung des offenen Kreises (openloop gain) verstanden. Dieses Verhältnis wird ebenfalls in dB angegeben. Die Spannungsverstärkung wird als Einspeisung eines Signals in die Versorgungsspannung VDDA oder VSSA verstanden und ebenso wie die Signalverstärkung Kleinsignal-mäßig ausgewertet. Daher gibt es für diesen Parameter stets zwei Angaben: $PSRR_{VDDA}$ und $PSRR_{VSSA}$. Die folgenden zeigen die beiden Parameter für den OPA. Achtung: Das Verhältnis von Verstärkungen entspricht der Differenz der Verstärkungsangaben in dB!

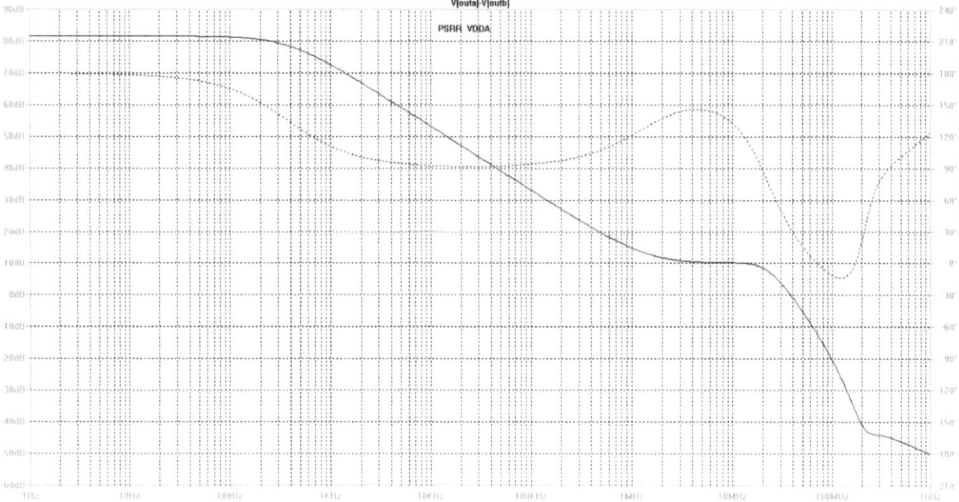

Abb. 2.8.16 CMOS OPA, PSRR_VDDA

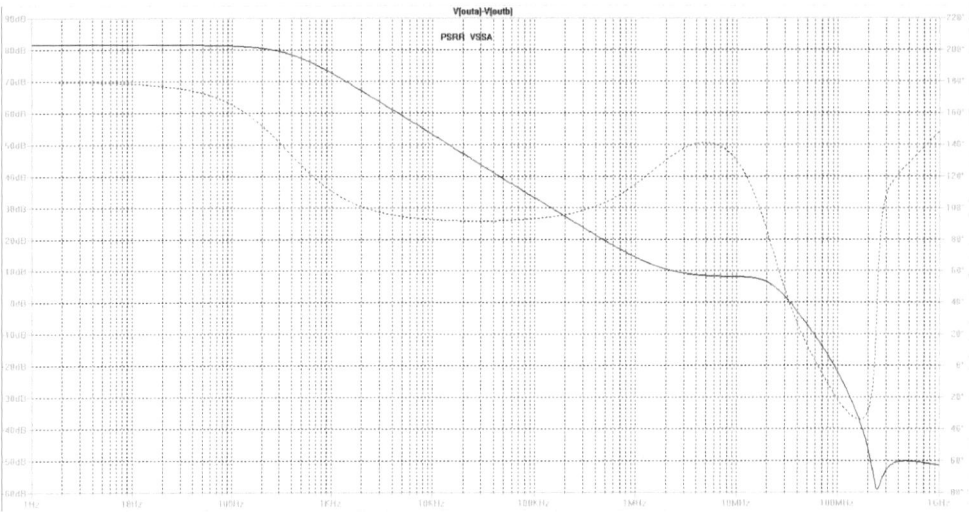

Abb. 2.8.17 CMOS OPA, PSRR_VSSA

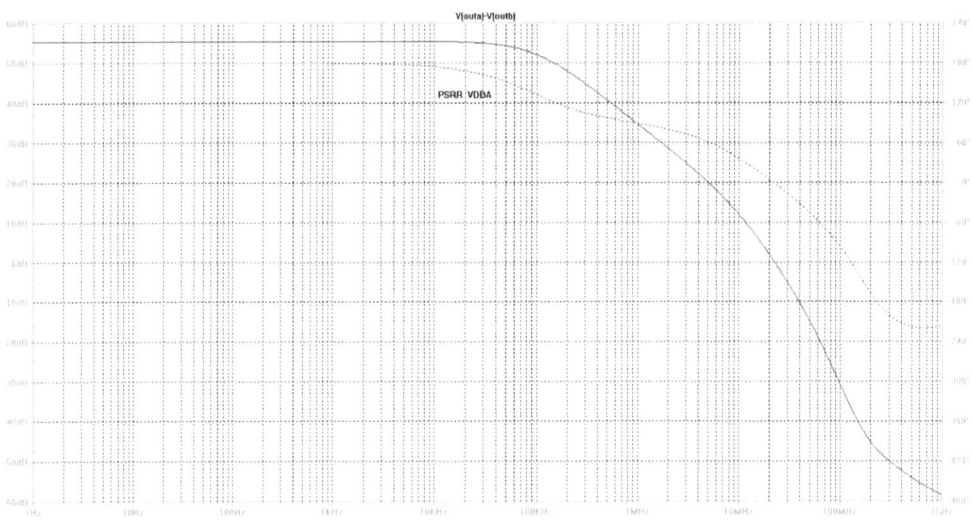

Abb. 2.8.18 CMOS OTA, PSRR_VDDA

Diese Werte sind erwartungsgemäß im Niederfrequenzbereich gut, denn die Transistoren arbeiten in einem Sättigungsgebiet mit sehr geringer Kanallängenmodulation. Bei hohen Frequenzen nimmt natürlich die Wirkung der internen Kapazitäten zu, was die Unterdrückung deutlich verschlechtert.

2.8 Der CMOS-Operationsverstärker

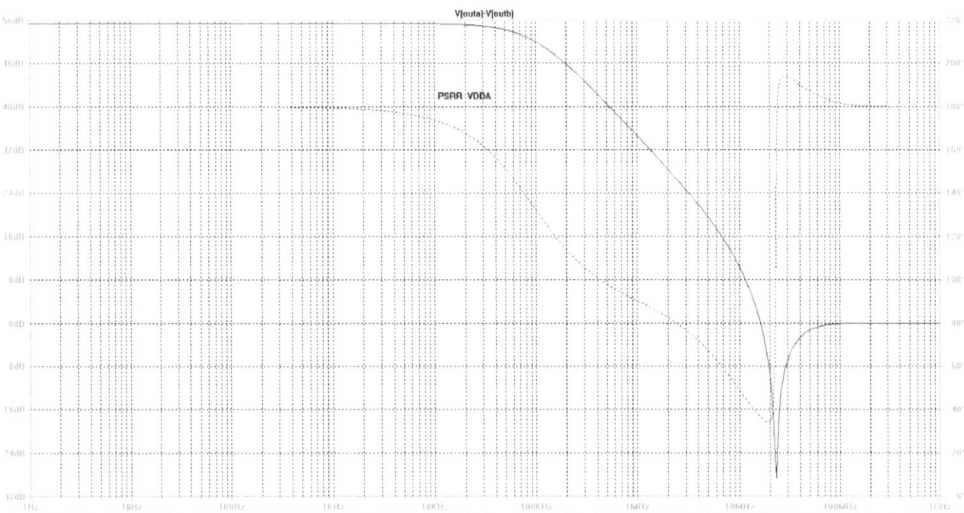

Abb. 2.8.19 CMOS OTA, PSRR_VSSA

Der Begriff CMRR bedeutet Common Mode Rejection Ratio und darunter wird die Gleichtaktunterdrückung verstanden. Dazu wird das Gleichtaktsignal definiert, das als Kurzschluss beide Eingänge gleichtaktmäßig bedient. Die Verstärkung dieses Signals wird mit der Verstärkung des offenen Kreises verglichen.

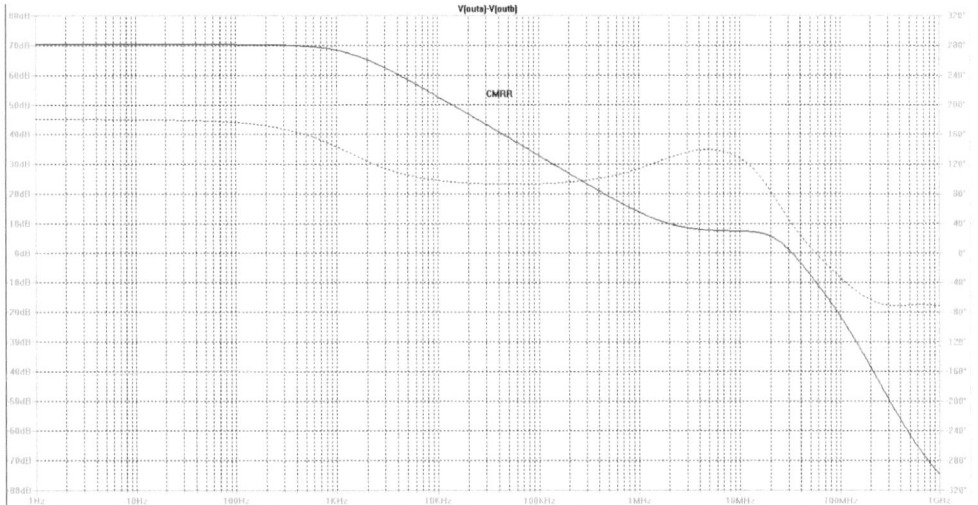

Abb. 2.8.20 OPA, CMRR

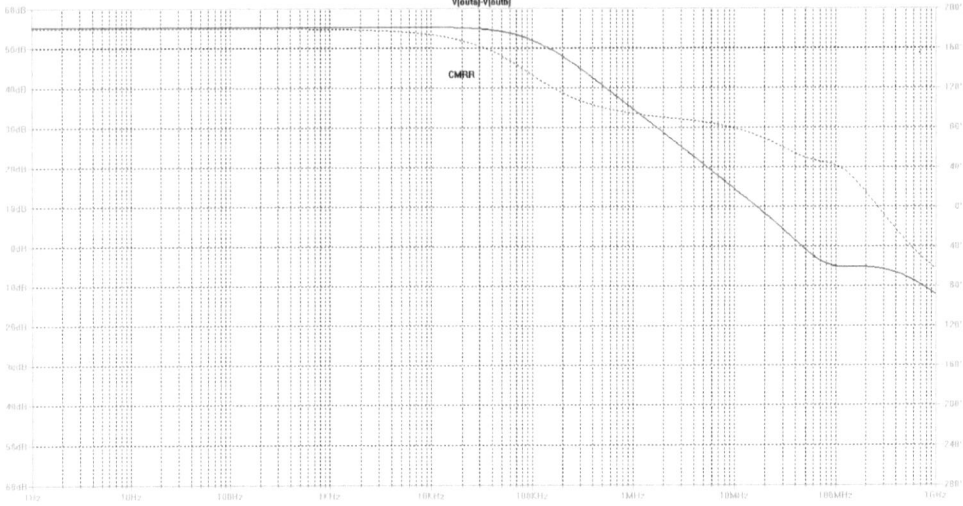

Abb. 2.8.21 OTA, CMRR

Auch hier zeigt sich die gute Gleichtaktunterdrückung im Niederfrequenzbereich und das Problem im höherfrequenten Bereich. Die Ursache der schlechten Gleichtaktunterdrückung im oberen Frequenzbereich liegt in den unterschiedlichen Signalwegen zur Ansteuerung der AB-Endstufe. Dieses Problem kann nicht ohne weiteres verbessert werden. Dazu sind sehr spezielle Operationsverstärker-Schaltungstechniken notwendig, auf die dieses Buch nicht eingehen kann.

2.8.5 Einschwingverhalten

Der Operationsverstärker im Betriebsmodus erhält sein Signal durch einen Widerstand und führt vom Ausgang her das verstärkte Signal an den Eingang zurück. Das ist eine Regleranordnung. Was passiert?

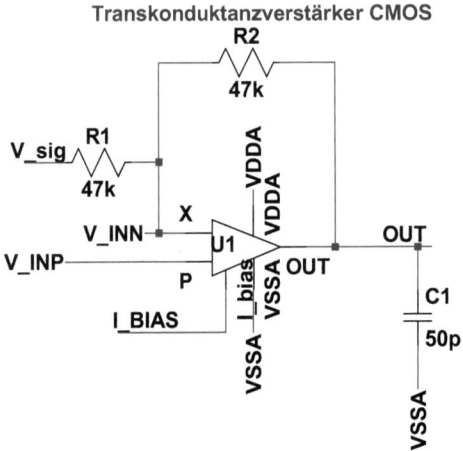

Abb. 2.8.22 CMOS OTA Einschwingverhalten Testschaltung

2.8 Der CMOS-Operationsverstärker

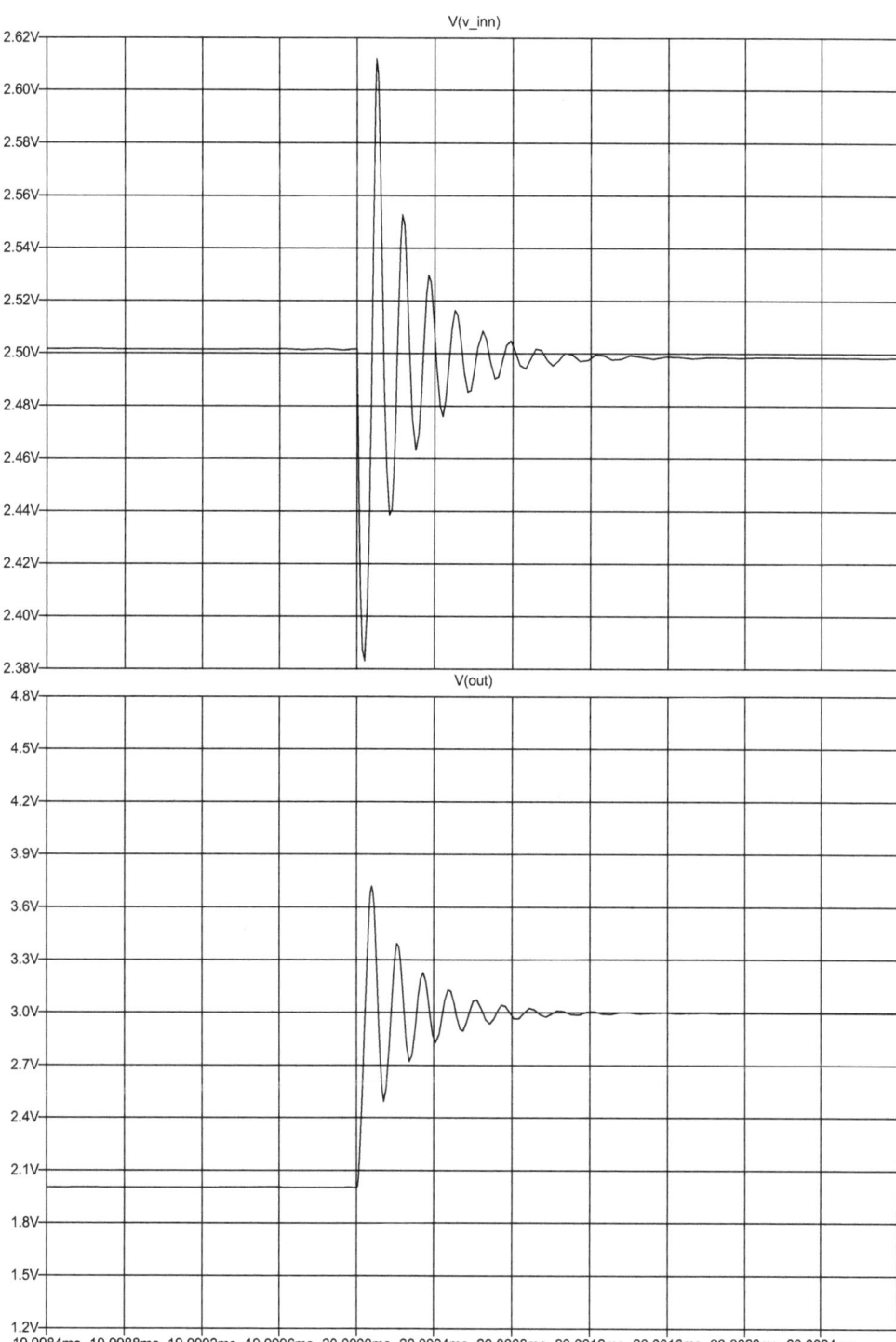

Abb. 2.8.23 CMOS OTA, Einschwingverhalten Simulationsergebnis

Es wurde am OTA mit zwei gleich großen Widerständen von 47 kΩ an V_sig ein Puls mit 1nsec Anstieg- und Abfallzeit mit einem Wertewechsel vom 2 V nach 3 V angelegt (siehe Abb. 2.8.22). Der Ausgang OUT und der negative OP-Eingang V_sig wurden angeschaut. Abb. 2.8.23 zeigt das Einschwingverhalten nach einer Pulsansteuerung. An beiden ist sehr deutlich das Einschwingen zu erkennen. Folgt man einmal sehr langsam dem Signal, so lassen sich 4 Phasen erkennen:

Phase 1

Das Signal liegt am OP-Eingangspin an, Knoten X genannt, und bewirkt einen rapiden Signalanstieg. Das Signal taucht in den Verstärker ein und nach einigen Picosekunden (psec) reagiert der Ausgang, der dieses Signal als Strom über R2 in den OP-Eingang V_X einspeist.

$$I_{OUT,X^-} = \frac{V_X - V_{OUT}}{R2}$$

Formel 2.8.10

Phase 2

Dieses zurückgeführte Signal korrigiert das am OP-Eingang X anliegende Signal V_X in die entgegengesetzte Richtung, Grund ist der Phasenwinkel zwischen Eingang X und Ausgang OUT von 180°. Das so gebildete neue Signal durchläuft wieder den Verstärker und wird am Ausgang nach einigen psec erscheinen. Gleich wird das Signal, wie in Phase 1 strommäßig rückgeführt.

Phase 3

Das zurückgeführte Signal ist ein wenig größer als das Signal an Knoten X. Damit ist das neu gebildete Signal ein wenig kleiner als das erwartete Eingangssignal.

Phase 4

Die Korrektur zeigt ein zu geringes Signal bezogen auf den positiven Eingang. Die Differenzeingangsstufe reagiert und produziert an ihrem Ausgang ein neues Korrektursignal, welches der Ausgangsstufe zugeführt wird.

Diese Phasen werden so lange durchlaufen, bis das Signal am Knoten X wieder den Wert des positiven Eingangs der Differenzeingangsstufe angenommen hat. Die Anzahl der Schwingungen sagt etwas aus über die Anzahl der Pole im Verstärker, die Frequenz entspricht der Eigenfrequenz des Verstärkers, die aber eine sehr schlechte Güte besitzt (besitzen muss!). Dies beschreibt ein wenig grob, aber doch richtig, die Arbeitsweise eines Operationsverstärkers als Regler.

2.9 Rauschen von Verstärkern

Nach den Betrachtungen über Verstärker und deren Eigenschaften fehlt noch die Betrachtung über das Rauschverhalten von Verstärkern. Bezugnehmend auf Kapitel 2.2.10, in dem Rauschen als spektrale Dichtefunktion erklärt wurde, werden alle Rauschbewertungen so durchgeführt. Da Rauschen aber auch eine nicht zuzuordnende Quelle innerhalb eines Schaltungsblocks darstellt, wird Rauschen als äquivalentes Eingangsrauschen behandelt. Das versteht sich so, als wäre eine eigenständige Rauschquelle in Serie mit dem Signal vorhanden. Diese äquivalente Rauschquelle bedient den Verstärker damit wie das Signal. Mit einem wesentlichen Unterschied:

2.9 Rauschen von Verstärkern

Jede Rauschquelle ist stets eine durch deren Varianz (Quadrat der Mittelwerte) dargestellte, aus dem Rauschleistungsverhalten herausgerechnete Spannungsquelle [1.29, 2.10, 2.17, 2.42]

CMOS Inverter mit Diodenlast und Rauschquelle

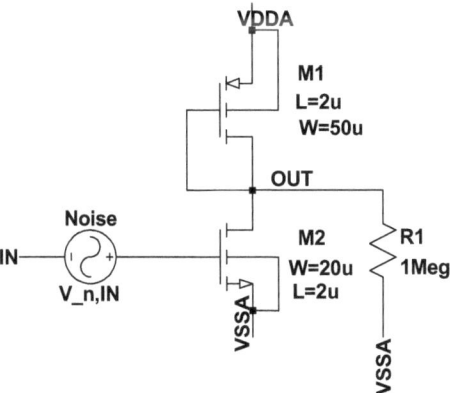

Abb. 2.9.1 Inverter mit Diodenlast und Rauschquelle

Zunächst wird angenommen, dass auch im Gatezweig des Transistors M1 eine Rauschquelle vorhanden ist. Die wird mit $V_{n,M1}$ bezeichnet. Damit lässt sich schreiben:

$$V_{Noise,OUT} = \sqrt{V_{Noise,M1}^2 \cdot \frac{g_{m,M2}}{g_{m,M1}} + V_{Noise,M2}^2}$$

$$V_{Noise,IN} = \sqrt{V_{Noise,M1}^2 \cdot \left(1 + \left(\frac{g_{m,M1}}{g_{m,M2}}\right)^2 \cdot \frac{V_{Noise,M2}^2}{V_{Noise,M1}^2}\right)}$$

Formel 2.9.1

Die Formel 2.9.1 zeigt, dass sich das Rauschen im Verhältnis der Eingangsleitwerte, der Transkonduktanzen, einstellt. Wenn die Rauschquelle mit dem 1/f Rauschen (Lorentzisches Rauschen) behaftet ist, so ändert sich die obige Beziehung in:

$$V_{Noise,1/f} = \sqrt{\frac{KF}{2 \cdot f \cdot C_{Ox} \cdot W \cdot L \cdot K^*}} = \sqrt{\frac{B}{f \cdot W \cdot L}}$$

$$V_{Noise,1/f} = \sqrt{\frac{B_{M2}}{f \cdot W_{M2} \cdot L_{M2}}} \cdot \sqrt{\left(1 + \frac{K_{M1}^* \cdot B_{M1}}{K_{M2}^* \cdot B_{M2}}\right) \cdot \left(\frac{L_{M2}}{L_{M1}}\right)}$$

$$V_{Noise} = \sqrt{\frac{8 \cdot k \cdot T}{3 \cdot g_m}}$$

$$V_{Noise,thermal} = \sqrt{\frac{8 \cdot k \cdot T}{3 \cdot \left(2 \cdot K_{M2}^* \cdot \frac{W_{M2}}{L_{M2}} * I_{M2}\right)}} \cdot \left(1 + \frac{W_{M1} \cdot L_{M2} \cdot K_{M1}^*}{L_{M1} \cdot W_{M2} \cdot K_{M2}^*}\right)$$

Formel 2.9.2

Diese Beziehungen haben folgende Aussagen:
- Verringerung von 1/f Rauschen durch Weitenvergrößerung des signalverstärkenden Transistors.
- Verringerung des thermischen Rauschens durch Vergrößerung des Verstärkungsfaktors.

Diese Regeln lassen sich im Allgemeinen auf alle Verstärker anwenden, entbinden jedoch nicht davon, im Falle einer notwendigen Rauschanalyse diese wie in Kapitel 2.2.12 beschrieben simulatorisch und auch im Laborexperiment durchzuführen!

2.10 Verständnisfragen

1. Was wird unter P- bzw. N-Leitfähigkeit verstanden?
2. CMOS-Prozesse weisen parasitäre Bipolar-Transistoren auf. Skizzieren Sie diese unter Zuhilfenahmen der verschiedenen Diffusionsschichten und erläutern Sie die Besonderheiten dieser Transistoren.
3. Auf Grund der bipolaren parasitären Transistoren kommt es zu ungewollten Effekten in CMOS-Technologien. Welche Effekte sind das, wie wirken diese und was wird getan, um diesen Fällen entgegen zu wirken?
4. Schaltungen in MOS-Technologie sind empfindlich gegenüber Berührungen von Menschen. Warum ist das so, was kann passieren und was wird dagegen unternommen?
5. Erklären Sie anhand einer Skizze die grundsätzliche Arbeitsweise eines MOS-Transistors und den Unterschied des MOS- zum bipolaren Transistor.
6. In MOS-Technologien werden für Transistoren sogenannte Wannen diffundiert. Was wird unter einer Wanne verstanden, auf welche Besonderheiten dieser Wanne muss geachtet werden?
7. Welches einfache Ersatzverhalten beschreibt einen MOS-Transistor sehr gut?
8. Benennen und skizzieren Sie die verschiedenen elektrischen Felder eines MOS-Transistors, erklären Sie deren Wirkungsweise und Besonderheiten bei einem MOS-Transistor.
9. Welche geometrischen Parameter sind für die Dimensionierung von MOS- bzw. CMOS-Transistoren maßgeblich und warum?
10. Was wird unter der Schwellspannung verstanden, wie arbeitet diese und welche Besonderheiten sind zu beachten?
11. Erklären Sie den Begriff „backbias".
12. Erklären Sie den Varaktoreffekt und bringen Sie dafür ein Anwendungsbeispiel.
13. Was ist eine CV-Kurve, wozu dienen CV-Kurven?
14. Welche Arbeitsgebiete eines MOS-Transistors gibt es und welche mathematischen Modelle sind Ihnen dazu bekannt? Skizzieren und erklären Sie die zugehörigen Kennlinienfelder.
15. Beschreiben Sie die Kleinsignalmodelle eines MOS-Transistors.
16. was beschreiben Kleinsignalmodelle und was sind deren Anwendungsgebiete?
17. Welche Kapazitäten sind bei MOS-Transistoren wichtig und welche Auswirkungen haben diese?
18. Was wissen Sie allgemein über das Rauschen von MOS-Transistoren?
19. Was wird unter dem Begriff „Rauschen" verstanden und wie können Modelle für eine Rauschsimulation entwickelt und in LTspice bzw. MATLAB/SIMULINK eingepflegt werden?

2.10 Verständnisfragen

20. Welche Rauschbeschreibungen gibt es und welche Eigenschaften besitzen diese?
21. Welche Rauschquellen werden bei Rauschmodellen benutzt und was beschreiben diese Rauschquellen?
22. Leiten Sie mit Hilfe des Ersatzschaltbildes eines MOS-Transistors im Sättigungsgebiet – Leitwert des Transistors mit Drainkapazität – die wichtige Gleichung für die Beschreibung des weißen Rauschens her. Welche herausragende Eigenschaft zeigt diese Gleichung?
23. Was beschreibt das Lorentzische Rauschmodell?
24. Bauen Sie mit LTspice einen Tiefpass 2. Ordnung für die Simulation auf. Zeigen Sie an Hand dieser Schaltung, wie Sie eine Rauschanalyse durchführen und erläutern Sie Ihre Ergebnisse.
25. Was besagt die Einheit dB, wo wird diese Einheit angewandt?
26. Was wird unter den Begriffen „Rauschspannung, Rauschleistungsdichte, Rauschpegel, Rauschkoeffizient" verstanden?
27. Was besagt die Zeitkonstante? Erstellen und lösen Sie die zugehörige Differentialgleichung eines RC- sowie LC-Zeitglieds. Was können Sie über das Ergebnis sagen, welche Fehlerbetrachtungen sind relevant für die Praxis?
28. Leiten Sie mit Hilfe der Gleichung eines passiven einpoligen Tiefpasses die Gleichungen für die Amplitude und die Phase her. Skizzieren Sie die Frequenzabhängigkeit dieses Tiefpasses.
29. Welche Analysearten werden von Netzwerksimulatoren zur Verfügung gestellt? Erläutern Sie zu jeder Analyseart die wesentlichen Merkmale und die Erwartungshaltung bezüglich der Aussagen dieser Analyse.
30. Die Stabilität eines Systems ist wesentlich für das zuverlässige und korrekte Arbeiten dieses Systems. Welche Stabilitätskriterien sind Ihnen bekannt und welche Besonderheiten können Sie zu diesen Kriterien aufzeigen?
31. Größere Schaltungen sollen hierarchisch strukturiert aufgebaut werden. Was ist unter einer Schaltungshierarchie zu verstehen und welche Gesichtspunkte sind für eine sinnvolle hierarchische Struktur zu beachten?
32. Machen Sie einen Vorschlag für eine sinnvolle Nomenklatur innerhalb Ihrer Schaltungen und erklären sie, warum Ihre Nomenklatur auch bei umfangreichen Schaltungssystemen anwendbar ist.
33. Was wird unter einem Transfergate verstanden und welche Kriterien sind zu beachten?
34. Können Transfergates mit bipolaren und mit MOS-Transistoren aufgebaut werden? Begründen Sie Ihre Antwort.
35. Welche Parameter sind für die Dimensionierung eines Transfergates wichtig? Zeigen Sie, wie Sie mit diesen Parametern ein Transfergate dimensionieren können.
36. Bei hochgenauen Anwendungen werden elektronische Schalter verwendet. Welche Schaltungstechnik wird hier bevorzugt angewandt und warum wird gerade diese Schaltungstechnik angewandt?
37. Mit einer CMOS-Technologie sollen Stromspiegel aufgebaut werden. Skizzieren Sie CMOS-Stromspiegel, leiten Sie für diese Stromspiegel die mathematische Übertragungsfunktion her und zeigen Sie die möglichen Fehler der Schaltungstechnik auf.
38. Entwickeln Sie in LTspice eine Simulationsumgebung für CMOS-Stromspiegel, führen Sie die Simulation durch und erläutern Sie Ihre Ergebnisse.
39. Skizzieren und begründen sie den Arbeitsbereich von CMOS-Stromspiegeln im Kennlinienfeld. Welche Layout-Aspekte sind relevant?

40. Skizzieren Sie den CMOS-Grundinverter und leiten Sie die Übertragungsfunktion dieses Inverters her. Skizzieren und erläutern Sie die erwartete Inverterkennlinie. Bauen Sie eine Schaltung in LTspice dafür auf, simulieren Sie diese und erläutern Ihr Ergebnis und zeigen auch den Zusammenhang mit der von Ihnen berechneten ÜTF auf.
41. Welche Anwendungen sind Ihnen für CMOS-Grundinverter bekannt?
42. Leiten Sie das statische und dynamische Kleinsignal-Ersatzschaltbild des CMOS-Grundinverters her.
43. Ein CMOS-Inverter wird mit einer Diodenlast betrieben. Skizzieren und erläutern Sie für diesen Anwendungsfall das Kennlinienfeld. Wie wird damit der Arbeitspunkt dieser Schaltungsanordnung bestimmt? Simulieren Sie mit LTspice diese Schaltung und erläutern Sie Ihr Ergebnis.
44. Entwickeln und berechnen Sie das Kleinsignal Ersatzschaltbild für einen CMOS-Inverter mit Diodenlast.
45. Was verstehen Sie unter Polentkopplung?
46. Erklären Sie, was eine Kaskodenschaltung ist. Leiten Sie das Kleinsignal-Ersatzschaltbild eines CMOS-Kaskodeinverters her und erläutern Sie Ihr Ergebnis.
47. Ein Verstärker in Sourceschaltungstechnik soll in CMOS-Technologie aufgebaut werden. Skizzieren Sie die zugehörige Schaltungstechnik und zeigen Sie, wie der Arbeitspunkt dieser Schaltung festgelegt werden kann. Überprüfen Sie mit LTspice Ihr Ergebnis. Können Sie die Stromrückkopplung berechnen? Begründen Sie Ihre Antwort.
48. Sie haben einen CMOS-Verstärker in Sourceschaltungstechnik zur Analyse vorliegen. Die Steilheit im Arbeitspunkt ist Ihnen als lineare Näherung bekannt und Sie können daraus den Wert der zu erwartenden Spannungsverstärkung bestimmen. Wie machen Sie das? Die so ermittelte Verstärkung ist geringer als die wirkliche Verstärkung. Warum ist das so? Berechnen Sie das exakte Verhalten und zeigen Sie mathematisch, um welchen Fehler die linearisierte Steilheit im Arbeitspunkt geringer ist als die tatsächliche Verstärkung. Welche Forderung an die Schaltungstechnik können Sie aus diesem Ergebnis für die Verstärkungseinstellung ableiten?
49. In einer Fourier-Analyse eines Verstärkers erkennen Sie deutliche geradzahlige und ungeradzahlige Oberwellen. Was können sie dazu aussagen?
50. Skizzieren einen CMOS-Verstärker in Drainschaltungstechnik und berechnen Sie dessen Arbeitspunkt und Verstärkungsfaktor.
51. Welche Rolle spielen Gateschaltungen in der Technik?
52. Operationsverstärker können mit gesteuerten Quellen dargestellt werden. Zeigen Sie die Korrespondenzen des OPA und des OTA mit gesteuerten Quellen und erklären Sie diese.
53. Skizzieren Sie die Differenzeingangsstufe eines Operationsverstärkers, die in der Spannungsdomäne arbeitet und zeigen Sie mit den zugehörigen Transistormodellen wie diese dimensioniert wird.
54. Nach erfolgter Dimensionierung (siehe Aufgabe 52) der Differenzeingangsstufe soll die Dimensionierung simulatorisch getestet werden. Welche Simulationen führen Sie durch und zeigen Ihre Ergebnisse mit LTspice Simulationen. Nach welchen Kriterien beurteilen Sie, ob sie mit Ihrem Ergebnis zufrieden sind?
55. Ein Operationsverstärker benötigt auch eine Endstufe. Skizzieren Sie eine sinnvolle Endstufe in AB-Schaltungstechnik und zeigen Sie, wie Sie diese dimensionieren. Überführen Sie Ihr Ergebnis in die Simulationsumgebung der Aufgabe 53 und simulieren Sie Ihr Ergebnis. Was können sie zum Offset des Verstärkers sagen und wie können Sie diesen so gering als möglich einstellen?

2.10 Verständnisfragen

56. Was verstehen Sie bei einem Verstärker / Operationsverstärker unter dem Begriff „Phasenkompensation"?
57. Zeigen Sie an Ihrem Operationsverstärker wie die Phasenkompensation arbeitet, simulieren Sie Ihr Ergebnis. Leiten sie dazu die mathematische Beschreibung her und zeigen damit, wie die Phasenkompensation wirksam wird.
58. Was wird unter dem Begriff „OTA" verstanden? Skizzieren Sie die zugehörige Schaltungstechnik, zeigen Sie die Dimensionierung, die Phasenreserve und führen Sie dazu die charakterisierenden Simulationen durch. Erklären Sie Ihre Ergebnisse.
59. Erklären Sie die begriffe „CMRR, PSRR_VDD, PSRR_VSS".
60. Was wird unter dem Begriff „Einschwingverhalten" verstanden und wie wird dieses charakterisiert?
61. Mit welcher Methodik können Sie das Rauschen von Verstärkern simulieren?

3 Schaltungstechniken mit Operationsverstärkern

3.1 Operationsverstärker-Grundschaltungstechniken

3.1.1 Der invertierende Operationsverstärker

Das folgende Schaltbild zeigt eine zeitkontinuierliche, verstärkende und invertierende Operationsverstärkerbeschaltung. Das sind Standardschaltungen [1.14, 1.19, 1.24–1.26, 1.29, 2.4, 2.6, 2.41–2.43], wovon die wichtigsten Schaltungstechniken mit einigen Anwendungen in diesem Kapitel vorgestellt werden.

Operationsverstärker CMOS, invertierend

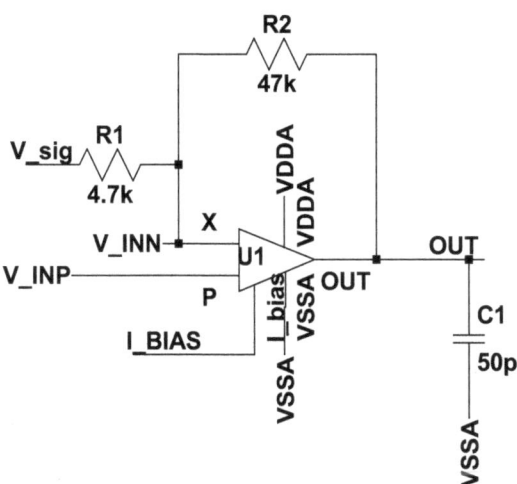

Abb. 3.1.1   Operationsverstärker, invertierend

Wir wollen diese Schaltung inklusive des Einflusses der endlichen Verstärkung berechnen. Danach wird der Einfluss von parasitären Effekten besprochen. Der Eingangsstrom ist bei CMOS-Operationsverstärkern vernachlässigbar gering. Die bevorzugte Vorgehensweise ist: Anschreiben der Kirchhoff-Gleichungen! Berechnung der Verstärkerschaltung unter der Voraussetzung, dass der Verstärker in MOS-Technologie aufgebaut ist, soll heißen: es fließt kein Eingangsstrom. Dann lässt sich folgendermaßen formulieren:

Der Operationsverstärker bildet den inneren Verstärkungszweig. Wie bereits in Kapitel 2.8.5 beschrieben, beruht das Prinzip auf der Nachregelung der Spannung des Knotens X. Damit kann die hier angewandte Methodik zur Berechnung OPA-gestützter Schaltungen zum Prinzip erhoben werden:

Vorschritt

Die Signalspannung und auch die Versorgungsspannungen werden auf Mittenspannung bezogen. Damit kann der Referenzknoten des OPAs mit 0 V angenommen werden.

Schritt 1

Die äußere Beschaltung des OPAs wird zuerst gerechnet. Dabei wird für MOS-Eingangstransistoren der Eingangsstrom zu Null gesetzt. Bei zeitkontinuierlichen Systemen wird am Knoten X die Strombilanz stets zu Null. Bei zeitdiskreten Systemen wird statt der Strombilanz die Ladungsbilanz gerechnet. So kann für zeitkontinuierliche und zeitdiskrete Systeme die gleiche Methodik zur Schaltungsberechnung angewandt werden.

Schritt 2

Der OPA wird als Vierpol mit Hilfe einer spannunggesteuerten Spannungsquelle (VCVS) gerechnet. Die Vierpolparameter – intrinsische Verstärkung und Offset – werden berücksichtigt.

Schritt 3

Die Vierpolgleichung wird nach V_X aufgelöst und in die Beziehungen der äußeren OPA-Beschaltung eingesetzt. Damit wird sowohl das Vorzeichen richtig berechnet als auch der auf Grund der inneren OPA-Verstärkung G vorhandene Fehler bzgl. der unendlichen OPA-Verstärkung berücksichtigt.

Diese drei Schritte können auf alle OPA-gestützten Schaltungen angewandt werden. Der Vorteil dieser Methodik ist, dass sie leicht anwendbar und universell einsetzbar ist, sich Vorzeichen automatisch ergeben, der Einfluss der intrinsischen OPA-Verstärkung berücksichtigt und der Offset korrekt berechnet wird. In den folgenden Kapiteln wird der OPA-Vierpol oft ohne Offsetspannung angeschrieben, damit die Gleichungssysteme übersichtlich bleiben. Dem geneigten Leser ist es frei gestellt, ruhig einmal diese Gleichungen mit Offsetbeeinflussung zu berechnen. Wenn für eine Darstellung der Offseteinfluss aus schaltungstechnischen Gründen wichtig wird, dann wird dieser im Buch auch mit angeschrieben und so berücksichtigt.

Berechnung der Großsignalübertragungsfunktion

Äußere Beschaltung

$$V_{R1} = I_1 \cdot R_1$$
$$V_{R2} = I_2 \cdot R_2$$
$$I_1 = \frac{V_{IN} - V_X}{R_1} \qquad I_2 = \frac{V_X - V_{OUT}}{R_2}$$
$$I_1 = I_2 \quad \Rightarrow \quad \frac{V_{IN} - V_X}{R_1} = \frac{V_X - V_{OUT}}{R_2}$$

Formel 3.1.1

3.1 Operationsverstärker-Grundschaltungstechniken 229

Die Formel 3.1.2 zeigt das Vierpolmodell des Operationsverstärkers. In diesem Fall aufgeteilt in eines mit und ohne Offsetspannung.

ohne Offset $\qquad$ mit Offset

$$\left(V_{AGND} - V_X\right) \cdot G = V_{OUT} - V_{AGND} \qquad \left(V_{AGND} + V_{Off} - V_X\right) \cdot G = V_{OUT} - V_{AGND}$$

$$V_{AGND} = 0$$

$$V_X = -\frac{V_{OUT}}{G} \qquad\qquad V_X = -\frac{V_{OUT}}{G} + V_{Off}$$

Formel 3.1.2

Formel 3.1.2 wird in Formel 3.1.1 eingesetzt und das Gleichungssystem kann gelöst werden.

ohne Offsetspannung

$$V_{OUT} = -V_{IN} \frac{G R_2}{R_2 + R_1 + G R_1}$$

$$H = \frac{V_{OUT}}{V_{IN}} = -\frac{G R_2}{R_2 + R_1 + G R_1} = -\frac{R_2}{R_1 + \frac{R_2 + R_1}{G}}$$

mit Offsetspannung

$$H = \frac{V_{OUT}}{V_{IN}} = -\frac{R_2}{R_1 + \frac{R_2 + R_1}{G}} + \frac{V_{Off}}{V_{IN}} \frac{R_2 + R_1}{R_1 + \frac{R_2 + R_1}{G}}$$

Formel 3.1.3

Dabei wird die OPA-Verstärkung G in einen eigenständigen Term gefasst, der auch bei Bedarf den Frequenzgang beinhalten mag. Dieser Term gibt den Fehler wieder, den die endliche Verstärkung bewirkt. Setzt man G als unendlich groß an, so verbleibt die bekannte Gleichung für den nicht invertierenden, OPA-gestützten Verstärker.

$$H = -\frac{R_2}{R_1}$$

Formel 3.1.4

Das Ergebnis mit Berücksichtigung der Offsetspannung zeigt, dass die Übertragungsfunktion ein wenig ungewöhnlich aussieht. Der Offseteinfluss lässt sich mit einem Zusatzterm darstellen. Das zeigt das Ergebnis der Formel 3.1.3. Dabei muss die Offsetspannung ins Verhältnis zur Eingangsspannung gestellt werden.
Das Simulationsergebnis bestätigt dies.
In Abb. 3.1.2 erkennt man die Inversion des Ausgangssignals und auch die Verstärkung. Der Fehler bzgl. der OPA-Verstärkung G ist nicht ohne Weiteres zu erkennen. In Kapitel 3.1.3 wird die Kenntnis um diesen Fehler als wichtiges Kriterium des Differenzverstärker-Ergebnisses notwendig.

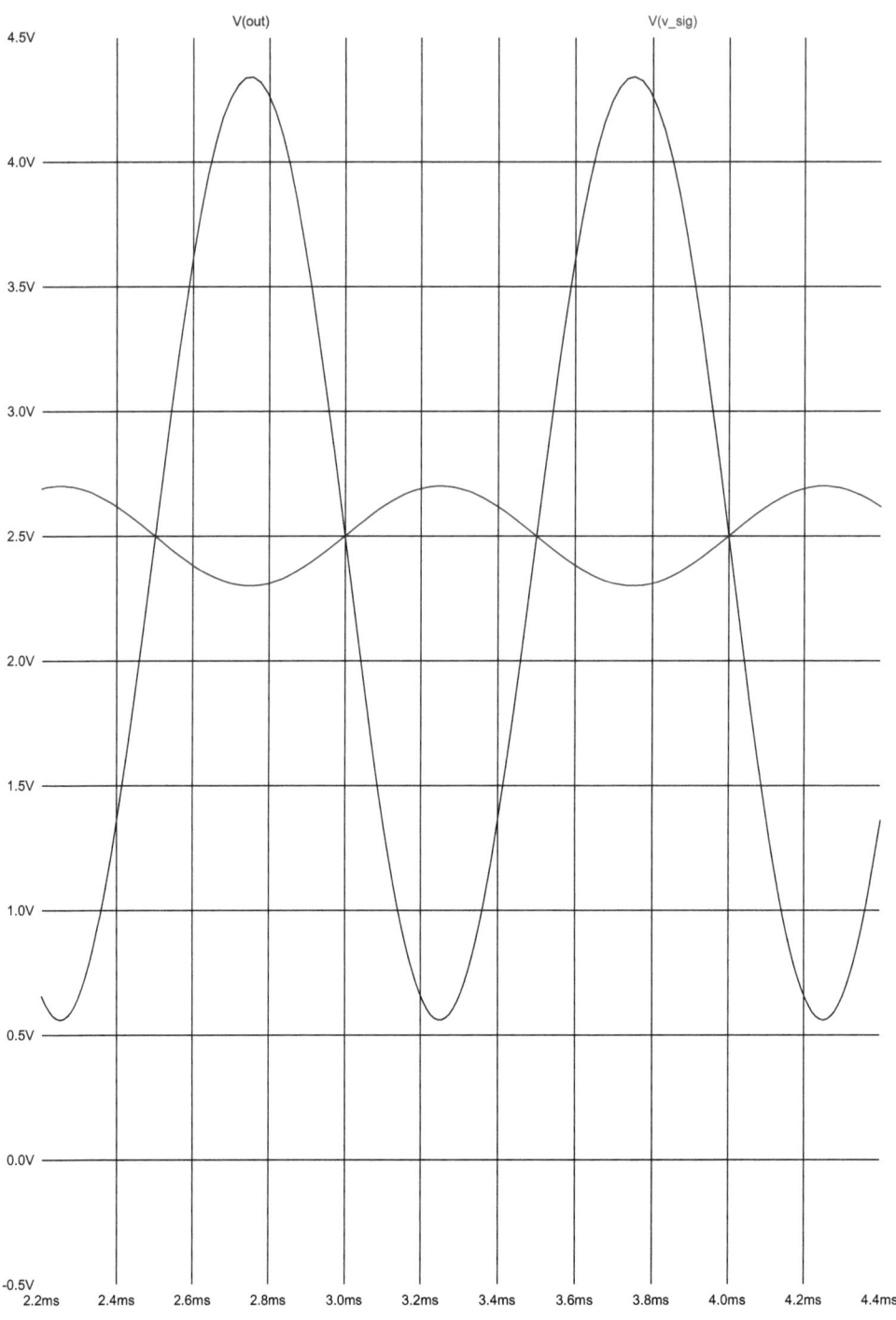

Abb. 3.1.2　Operationsverstärker invertierend: Simulationsergebnis

3.1.2 Der nicht invertierende Operationsverstärker

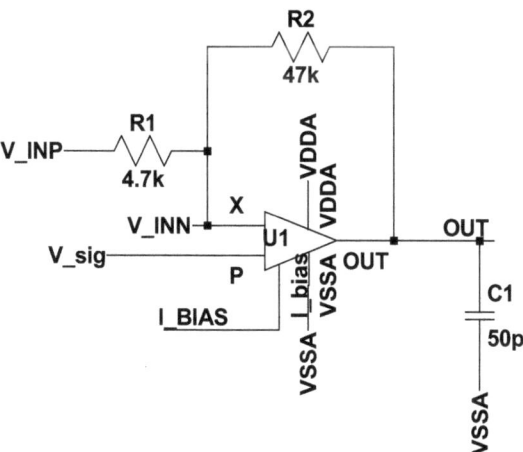

Abb. 3.1.3   Operationsverstärker nicht invertierend

Wird der Verstärker an seinem positiven Eingang vom Signal angesteuert und liegt der negative Signaleingang konsequenterweise auf Mittenspannung, verhält sich das System exakt so, wie in 3.1.1 beschrieben und berechnet. Was ist dann anders? Bedienen wir uns der oben beschriebenen und durchgeführten Methodik der Berechnung.

$$\frac{V_X - V_{OUT}}{R_2}$$

$$V_{INP} - \frac{V_{OUT}}{G}$$

$$\frac{(R_2 + R_1)G}{R_2 + R_1 + GR_1} V_{INP}$$

$$\frac{(R_2 + R_1)}{R_1 + \frac{R_2 + R_1}{G}} V_{INP}$$

Formel 3.1.5

Mit: $G = \infty$ $V_{AGND} = 0$ folgt:

$$V_{OUT} = \frac{R_2 + R_1}{R_1} V_{INP} = V_{INP} \left(1 + \frac{R_2}{R_1}\right)$$

Formel 3.1.6

Damit ist gezeigt, dass sich vom Prinzip her nichts ändert, nur dass das Signal einen anderen Einströmknoten hat. Schauen wir aber einmal genauer hin, dann entdecken wir doch einen kleinen, aber sehr interessanten Unterschied:

Beim nichtinvertierenden Verstärker ist der Signaleingang direkt das positive Eingangsterminal des OPAs. Damit liegt das Signal völlig unbeeinflusst von einem Widerstand äußerst hochohmig, damit völlig verlustfrei am OP. Der OP „behandelt" das Signal und gibt es quell-impedant weiter. Solche Signalanordnungen spielen eine sehr große Rolle in der Auswertung von Sensorsignalen. Sensoren sind meist sehr hochohmige Gebilde und dürfen nicht resistiv belastet werden. Jede resistive Last verändert unmittelbar das Sensorsignal. Daher ist es unumgänglich, solche Signale erst einem Impedanzwandler zukommen zu lassen, bevor diese Signale weiter verarbeitet werden. Diese Impedanzwandler sind stets Schaltungen nach dem vorliegenden Prinzip.

3.1.3 Addierer und Subtrahierer

An den oben gezeigten Grundschaltungen können an jedem Eingang Parallelzweige angebaut werden. Alle diese Zweige haben gemeinsam:
- den gemeinschaftlichen Knoten X
- eine separate Eingangsspannung

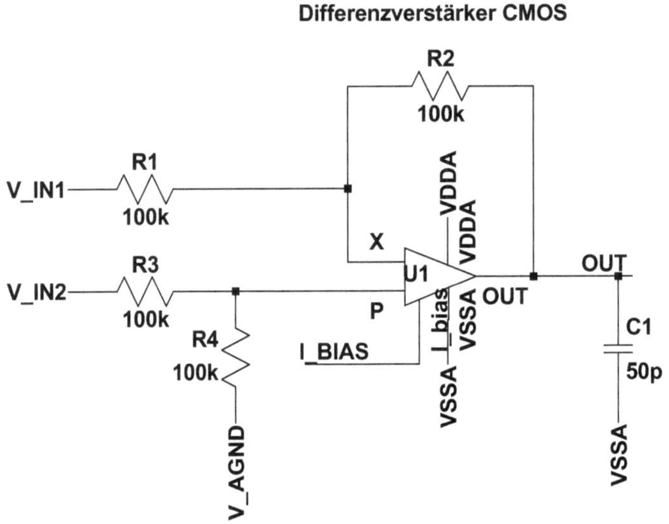

Differenzverstärker CMOS

Abb. 3.1.4 Differenzverstärker

Damit erweitern sich die Überragungsfunktionen, so dass Summenterme entstehen. Daher wird der Knoten X auch Summenknoten genannt. Differenzen können gebildet werden, indem der invertierende und der nicht invertierende Verstärker zu einem Differenzverstärker zusammenwachsen. Das in diesem Fall ein wenig kompliziertere Rechenverfahren zeigt Formel 3.1.7. An dieser Stelle sei ausdrücklich vermerkt, dass die vereinfachte Lösung –

3.1 Operationsverstärker-Grundschaltungstechniken

letzte Zeile der Formel 3.1 7 – nur gilt, wenn die Widerstände symmetrisch sind (siehe die Voraussetzung). Dabei wurde die oben eingeführte Berechnungsmethodik konsequent eingehalten und die Spannungsänderung bezüglich des Signals V_{IN2} berücksichtigt. Die Simulation zeigt, ob diese Überlegungen richtig sind. Dazu wird eine Differenz zweier Rampen verwendet. Beide Rampen sind gleich. Dann sollte die Differenz laut Formel 3.1 7[1.1] nur noch mit dem Fehler der endlichen Verstärkung G behaftet sein, also nahezu Null. Da in der Differenz der zweite Term kleiner als der erste Term ist, verbleibt stets ein geringer positiver Fehler. Das Simulationsergebnis Abb. 3.1.5 zeigt genau dies. Der Fehler folgt der Differenz: ist die Differenz positiv, ist der Fehler positiv und ist die Differenz negativ, ist der Fehler negativ. An diesem Beispiel erkennt man sehr schön den verbleibenden Restfehler, ohne dessen Kenntnis würde dieses Ergebnis nicht diskutiert werden können!

$$\frac{V_{IN1} - V_X}{R_1} = \frac{V_X - V_{OUT}}{R_2}$$

$$V_P = V_{IN2} \cdot \frac{R_4}{R_3 + R_4}$$

$$V_X = V_P - \frac{V_{OUT}}{G}$$

$$V_{OUT} = V_{IN2} \cdot \frac{R_4 \cdot (R_1 + R_2)}{R_1 \cdot (R_3 + R_4) + \frac{(R_1 + R_2) \cdot (R_3 + R_4)}{G}}$$

$$- V_{IN1} \cdot \frac{R_2 \cdot (R_3 + R_4)}{R_1 \cdot (R_3 + R_4) + \frac{(R_1 + R_2) \cdot (R_3 + R_4)}{G}}$$

$$V_{OUT} = V_{IN2} \cdot \frac{R_4 \cdot (R_1 + R_2)}{R_1 \cdot (R_3 + R_4) + \frac{(R_1 + R_2) \cdot (R_3 + R_4)}{G}}$$

$$- V_{IN1} \cdot \frac{R_2}{R_1 + \frac{(R_1 + R_2)}{G}} \quad\quad [1]$$

$$V_{OUT} = V_{IN2} \cdot \frac{R_4 \cdot (R_1 + R_2)}{R_1 \cdot (R_3 + R_4)} - V_{IN1} \cdot \frac{R_2 \cdot (R_3 + R_4)}{R_1 \cdot (R_3 + R_4)} \bigg|_{G \to \infty}$$

$$V_{OUT} = V_{IN2} \cdot \frac{R_4 \cdot (R_1 + R_2)}{R_1 \cdot (R_3 + R_4)} - V_{IN1} \cdot \frac{R_2}{R_1} \bigg|_{G \to \infty} \quad [2]$$

wenn: $R_1 = R_3$ und $R_2 = R_4$ ist:

$$V_{OUT} = V_{IN2} \cdot \frac{R_2}{R_1} - V_{IN1} \cdot \frac{R_2}{R_1} = (V_{IN2} - V_{IN1}) \cdot \frac{R_2}{R_1}$$

Formel 3.1 7

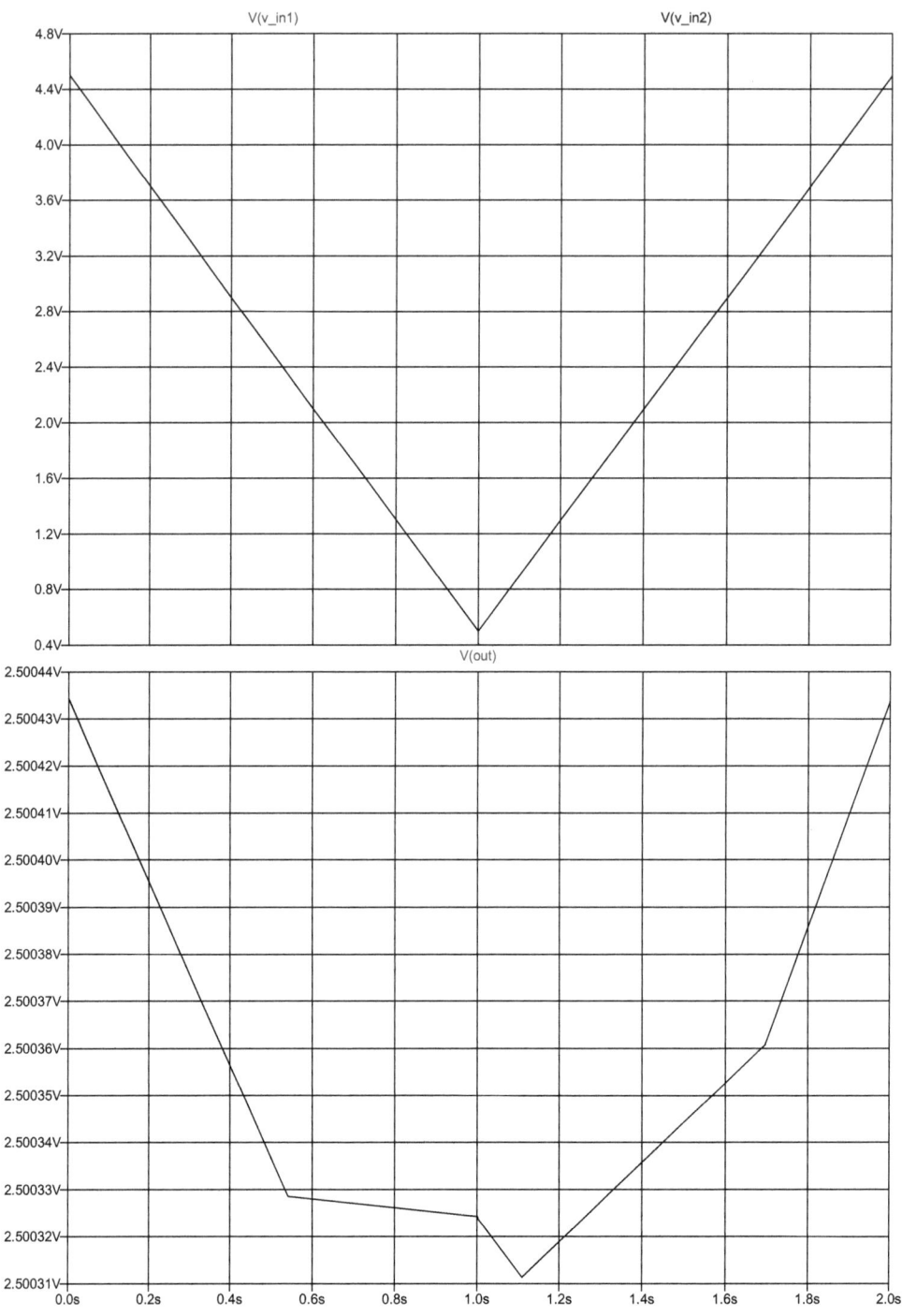

Abb. 3.1.5 Differenzverstärker, Simulationsergebnis

3.1 Operationsverstärker-Grundschaltungstechniken

Die Addierschaltung wird durch Erweiterung eines auf zwei oder mehrere Eingänge erreicht. Diese Schaltungstechnik zeigt Abb. 3.1.6 und das zugehörige Simulationsergebnis, welches eine Addition zweier Sinusschwingungen mit 1 kHz und 2 kHz aufweist, zeigt Abb. 3.1.7. Die Additionsterme können im Prinzip beliebig erweitert werden. Dasselbe gilt auch für den Differenzverstärker. Auch beim Differenzverstärker in Abb. 3.1.4 können die Einzelterme erweitert werden, so dass beispielsweise drei Differenzen aus zwei Addiertermen und einem Differenzterm oder umgekehrt entstehen können. Dieses zeigt die vielfältigen und flexiblen Einsatzmöglichkeiten von Operationsverstärkern.

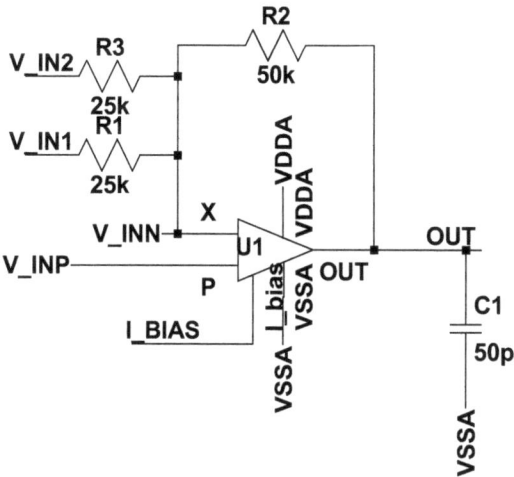

Abb. 3.1.6   CMOS-Addierverstärker

236 3 Schaltungstechniken mit Operationsverstärkern

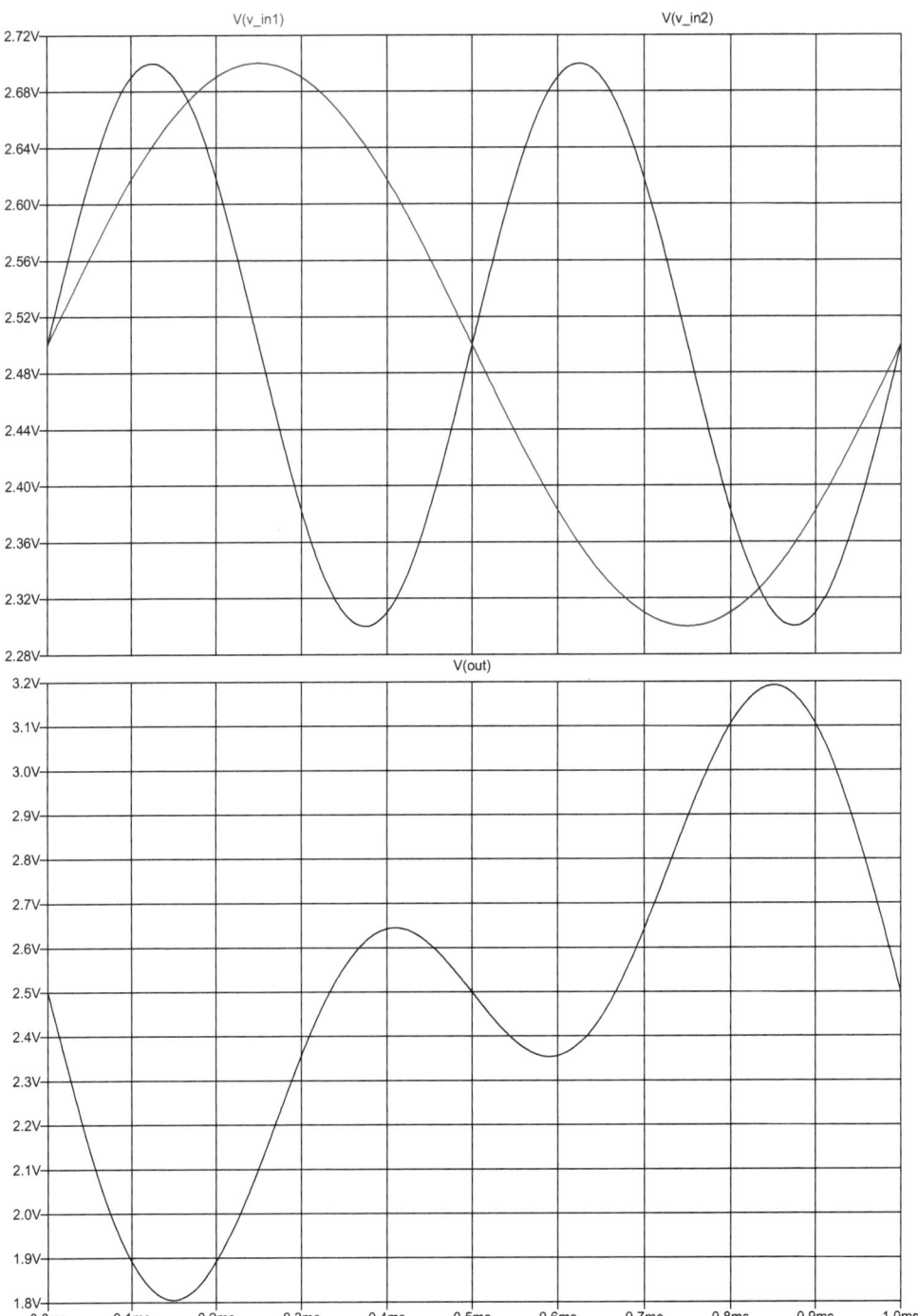

Abb. 3.1.7 CMOS-Addierverstärker, Simulationsergebnis

3.1.4 Der vollsymmetrische Operationsverstärker

Bisher zeigten alle Operationsverstärker zwei Eingänge – positiv und negativ – und einen Ausgang. Wenn jedoch vollsymmetrische Signale bearbeitet werden sollen, wie es bei einigen Sensoren der Fall ist, dann reicht ein solcher OP nicht mehr aus. Unter einem vollsymmetrischen Signal wird ein Signal inklusive seines Spiegelsignals verstanden. In Abb. 3.1.8 wird eine solche Auswertung vorgestellt. Die einzelnen Baugruppen sind zur besseren Identifikation in Aufgabenkästen eingebettet. Der linke Kasten zeigt den Sensor (vereinfacht als Amplitudenmodulator dargestellt), der ein vollsymmetrisches, sehr hochohmiges Signal amplitudenmoduliert sendet. Der zweite Kasten ist der Sensor-Vorverstärker. Das ist eine bekannte Schaltung: ein Impedanzwandler. Der Unterschied zum bisher bekannten Impedanzwandler ist, dass dieser OP intern sozusagen doppelt ausgelegt ist. Die Differenzverstärkerschaltung ist zweimal vorhanden und intern werden beide Differenzeingangssignale wiederum zu einer vollsymmetrischen Phasenumkehr und Ausgangsstufe zugeführt [3.3]. Dadurch erreicht man, dass keine Signalunterschiede zwischen beiden Pfaden auftauchen und auch der Offset des Verstärkers keine Rolle mehr spielt, denn er ist in beiden Pfaden gleichverteilt, jedoch mit unterschiedlichem Vorzeichen. So wird der Offset in der Differenz der Signale automatisch gelöscht.

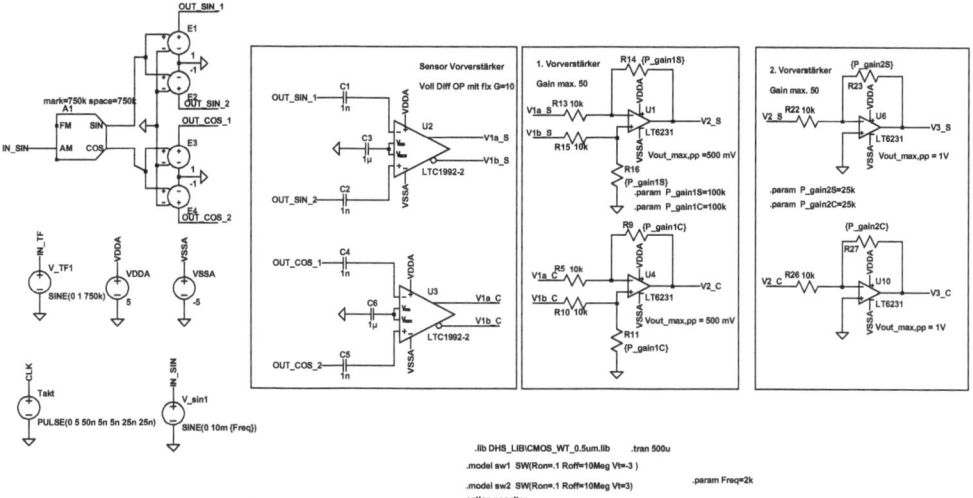

Abb. 3.1.8 Vollsymmetrische Sensorauswertung

Der mittlere Kasten in Abb. 3.1.8 zeigt einen Differenzverstärker. Hier werden positives und negatives Signal addiert und zu einem „einfachen" – single ended – Ausgangssignal formiert. Der letzte Kasten zeigt eine normale Verstärkerstufe. Die Gründe, warum zwei Verstärkerstufen-Anwendungen zu finden sind:

Das Rauschverhalten ist besser, wenn die Verstärkung über zwei oder drei Stufen aufgebaut wird, dabei darf die erste Stufe nur eine moderate Verstärkung machen, während die mittlere Stufe eine etwas höhere Verstärkung haben kann. Für die letzte Stufe ist die Verstärkung bereits unkritisch, da das eingehende Signal bereits groß genug ist. Jedoch soll die Verstärkung einen maximalen Wert von 50 nicht übersteigen.

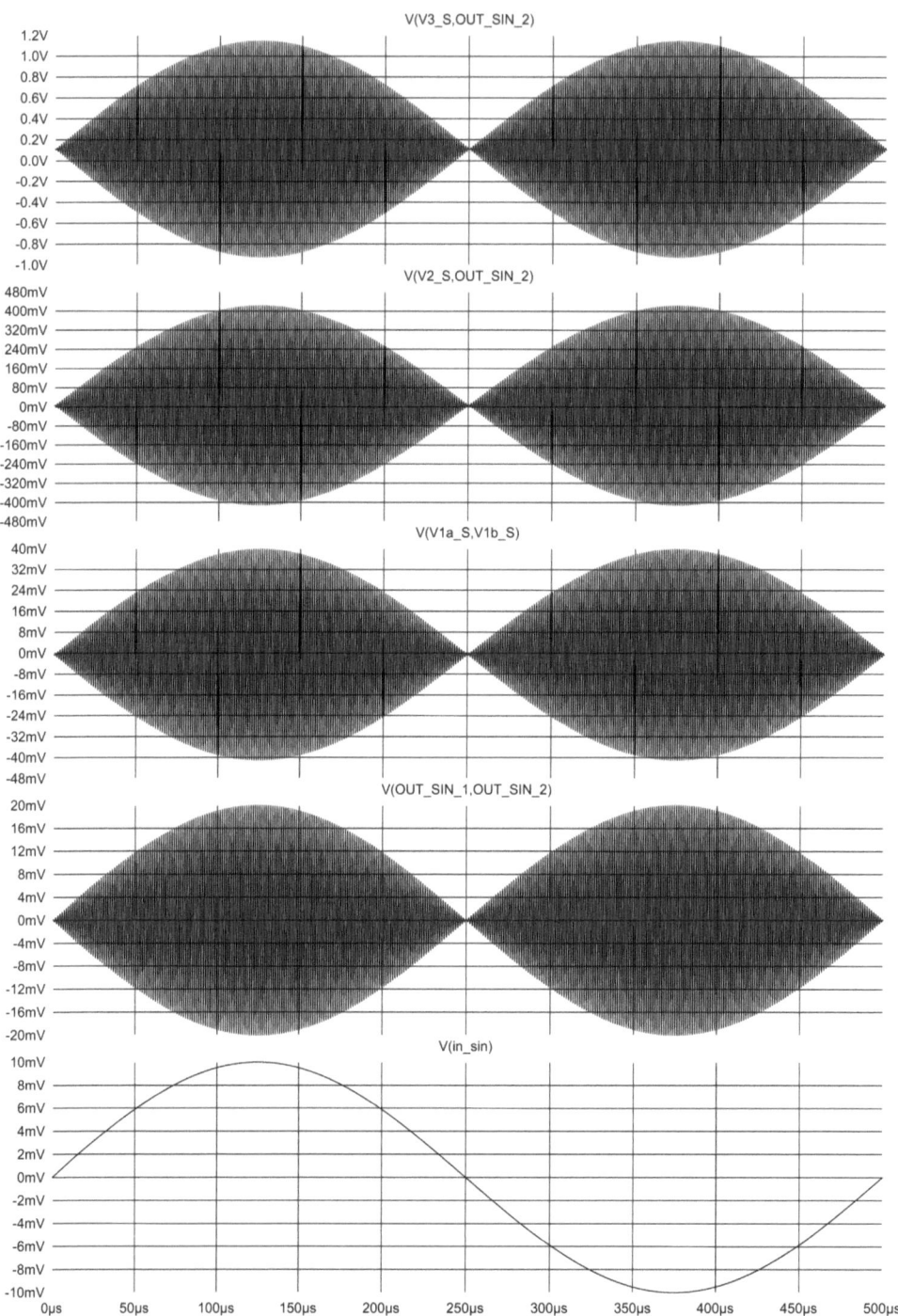

Abb. 3.1.9 Vollsymmetrische Sensorauswertung, Simulationsergebnis

Die Signale in Abb. 3.1.9 zeigen von unten nach oben das Eingangssignal des Sensors, den Ausgang des vollsymmetrischen Verstärkers, des Differenzverstärkers und des normalen Verstärkers. Bei vollsymmetrischen Signalen empfiehlt es sich, diese mit ihrer Differenz (symmetrisch) zu zeigen. Es wird bei vollsymmetrischen Signalen nicht mehr von Amplitude, sondern von Signalhub gesprochen. Der Signalhub des Sensorsignals beträgt 10 mV$_{SS}$. Der Doppel-S-Index hinter der Spannungsangabe referenziert Spitze-Spitze als Wertmaßstab. Deshalb wird bei LTspice die Option „set probe reference" angewandt. Das mittlere Signal ist das Ausgangssignal der volldifferentiellen Impedanzwandlerstufe. Am Ausgang der Impedanzwandlerstufe wird eine Verstärkung von 2 erwartet. Tatsächlich jedoch beträgt die Verstärkung unwesentlich mehr als 2. Das hat mit der Bandbreite des Verstärkers zu tun, ist jedoch für diese Anwendung unerheblich, da die Systemverstärkung durch eine Verstärkerkette aufgebaut wird.

3.1.5 Die Halteschaltung: Sample & Hold – Signalabtaster

Diese Schaltungstechnik, manchmal auch track and hold genannt [3.4], bewirkt, dass das Signal einer SC-Schaltung innerhalb der gültigen Arbeitsperiode in einer analogen Speicherschaltung innerhalb einer festgelegten Zeitperiode konserviert wird. Damit werden folgende Vorteile erreicht:

- Die Störungen durch die Schalter (clock feed through) werden sehr gut unterdrückt
- Das Signal wird von der Signalverarbeitung getrennt und kann beispielsweise mit einem Wandler digitalisiert werden, ohne die analoge Signalverarbeitung zu stören

Sample and Hold mit CMOS Operationsverstärker

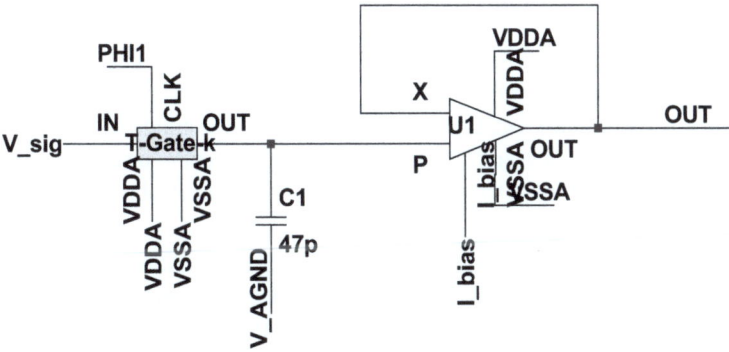

Abb. 3.1.10 Halteschaltung „Standard"

Die Abb. 3.1.10 zeigt die Standardhalteschaltung. Nachteilig bei dieser Schaltung ist, dass der Verstärker in den „unity-gain" Arbeitspunkt durch den Kurzschluss des Ausgangs mit dem negativen Eingang gezwungen wird.

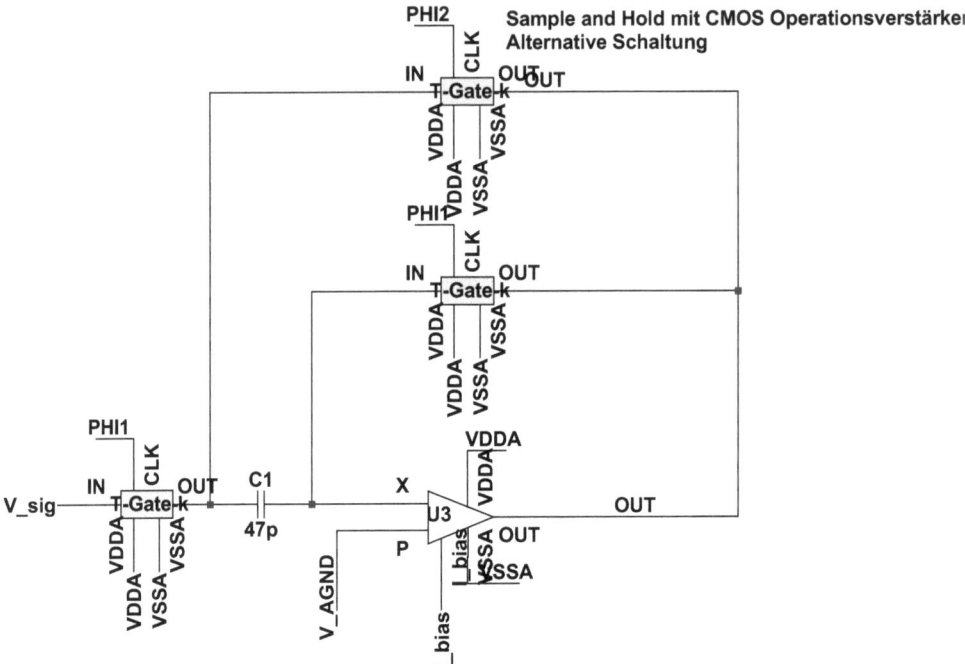

Abb. 3.1.11   Halteschaltung, alternativ

Die Abb. 3.1.11 zeigt eine alternative Halteschaltung, die in der Literatur kaum bekannt ist. Nur bei Prof. Y. Chiu, Advanced Analog IC Design (inverting SHA) [3.4] findet sich diese Schaltungstechnik in ihren Ansätzen. Diese Schaltung nutzt die regelnden Eigenschaften eines Operationsverstärkers, da in der Taktphase PHI1 das Signal V_{sig} gegenüber $V_{AGND} + V_{off}$ gespeichert und in Taktphase PHI2 das Signal inklusive dem Offset des Verstärkers, welcher auf dem Kondensator C_1 gespeichert ist, zwischen Ausgang und Eingang des Verstärkers gelegt wird. Damit verhält sich diese Taktphase wie ein Ladungsspeicher, nur dass kein neues Signal dazukommt, das bedeutet: das Signal wird solange gehalten, wie es die Selbstentladezeit des Kondensators zulässt. Der Vorteil dieser Schaltung ist, dass hier alle guten Eigenschaften des Operationsverstärkers zur Geltung kommen und auch der Offset des Verstärkers kompensiert wird. Der Nachteil dieser Schaltungstechnik ist, dass zwei Takte benötigt werden.

Die Abb. 3.1.13 zeigt eine Welle und man erkennt die Halteeigenschaft, Abb. 3.1.14 zeigt daraus einen Detailausschnitt inklusive der Takte. Die Takte sind nicht überlappend angeordnet, damit Fehler bei der Übergabe von der einen zur nächsten Phase vermieden werden. In diesem Bild erkennt man auch, dass der letzte Wert unmittelbar vor dem Beginn des Takts PH1 übernommen wird und erst nach der zeitlichen Verzögerung mit Beginn des Takts PHI 2 zur Verfügung steht. Dies ist aber kein Nachteil, da in nahezu allen Systemen, wo solche Halteschaltungen angewandt werden, diese Halteschaltungen zusätzlich auch der Signalsynchronisation dienen.

3.1 Operationsverstärker-Grundschaltungstechniken

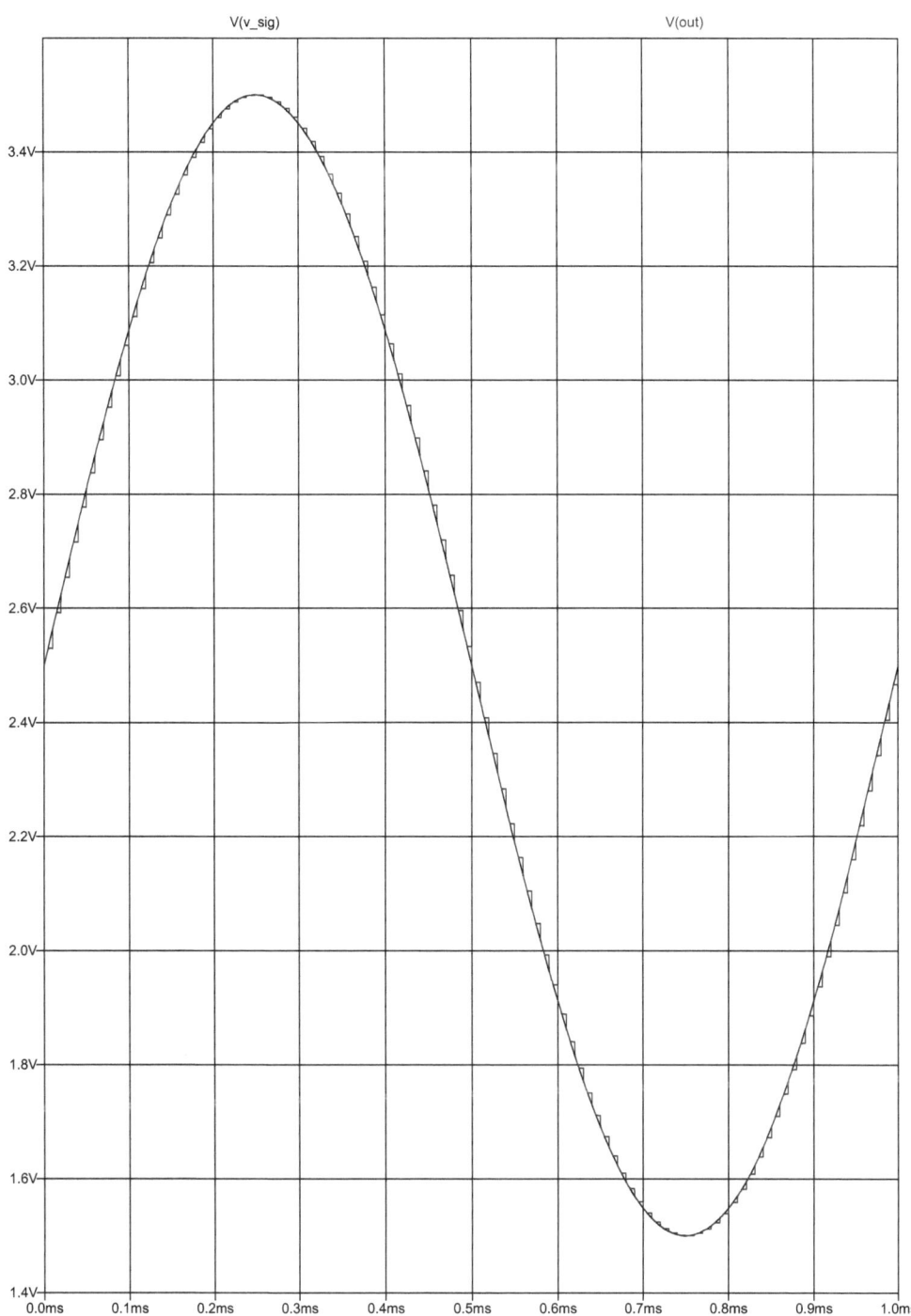

Abb. 3.1.12 Halteschaltung „Standard", Simulationsergebnis

242 3 Schaltungstechniken mit Operationsverstärkern

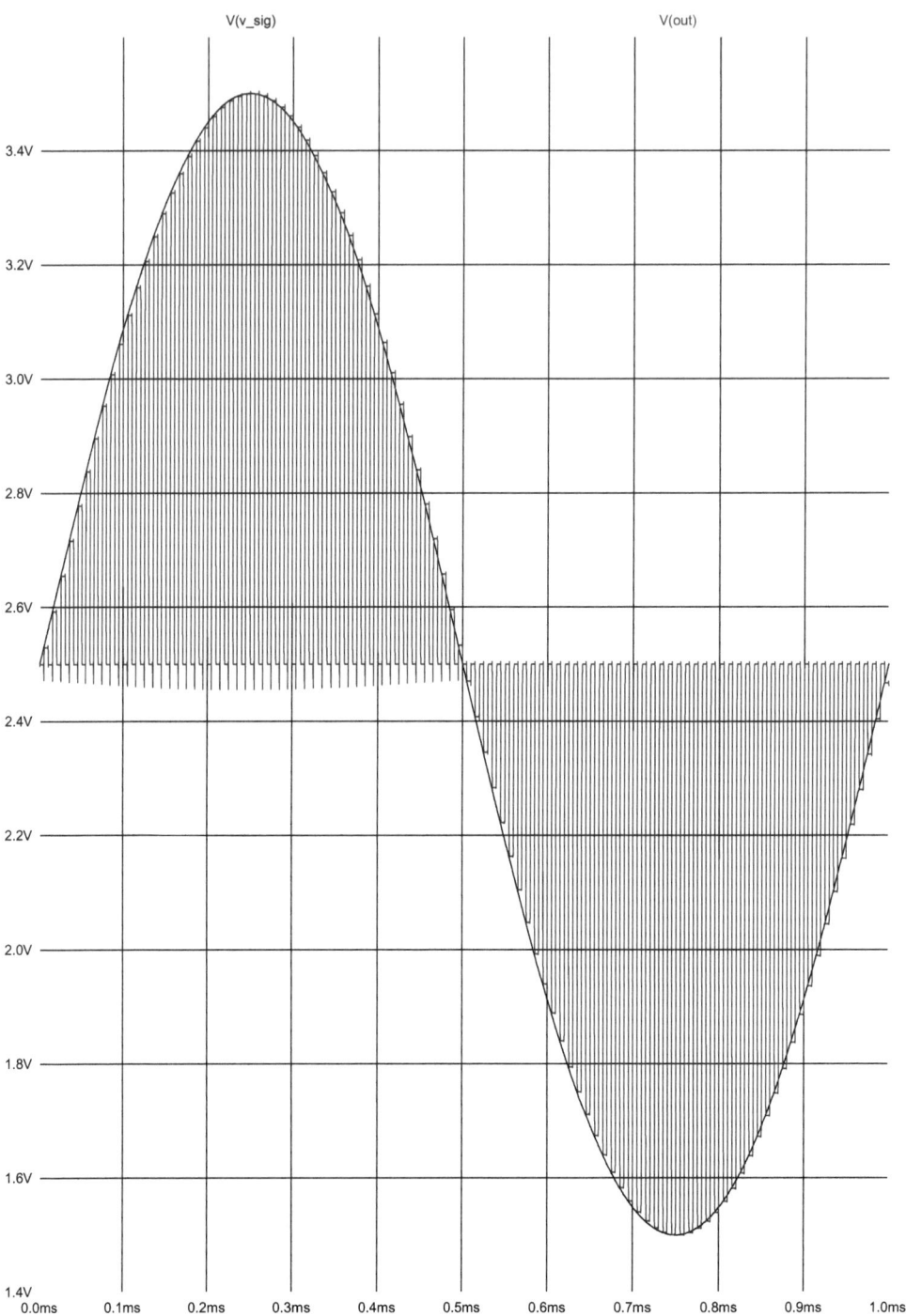

Abb. 3.1.13   Halteschaltung, alternativ, Simulationsergebnis

3.1 Operationsverstärker-Grundschaltungstechniken

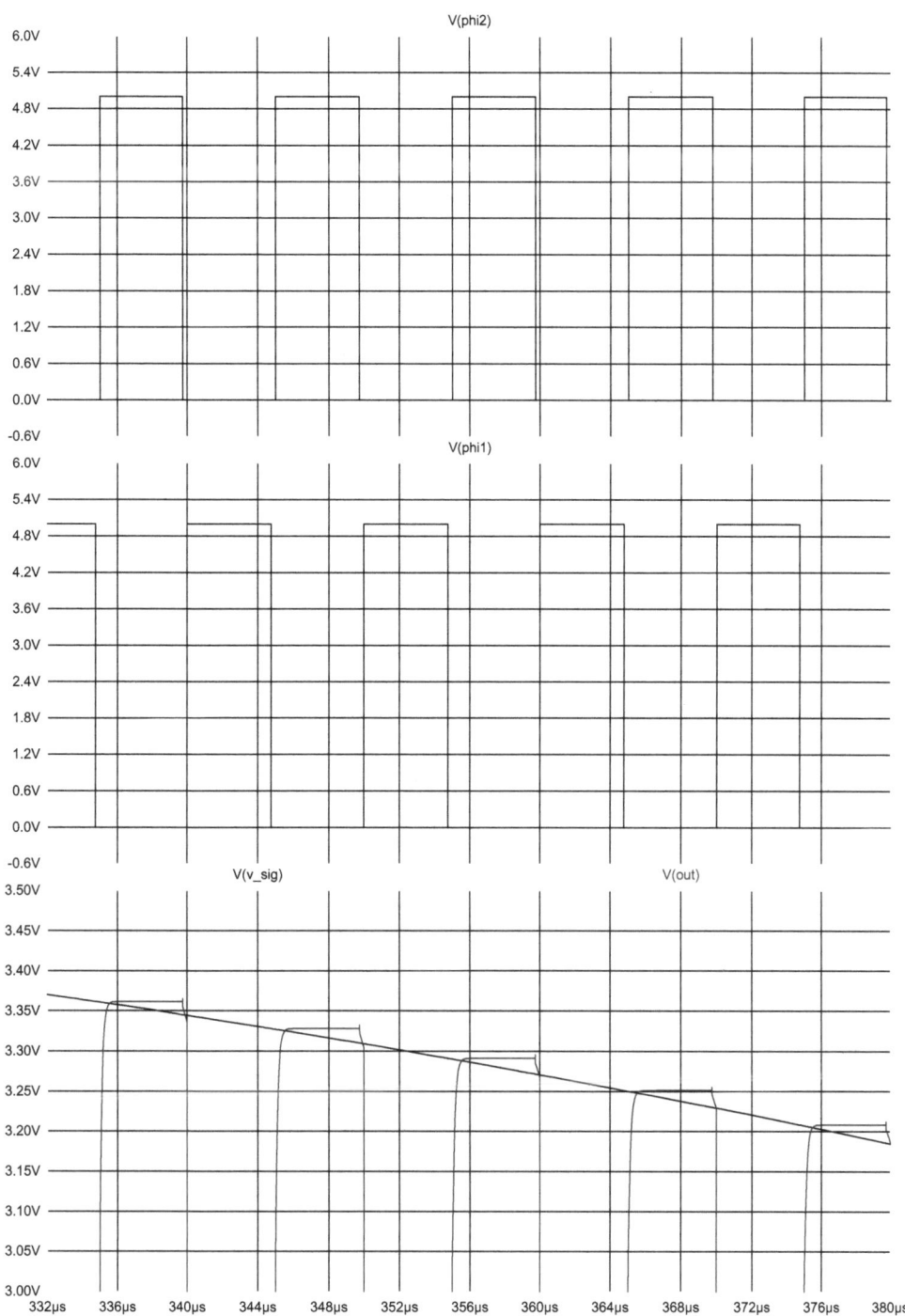

Abb. 3.1.14 Halteschaltung, alternativ, Simulationsergebnis Details

MATLAB-/SIMULINK-Modell für eine Sample and Hold Schaltung

Ausgehend vom SIMULINK-Modell des Zero Oder Hold (ZOH), welches einen Abtaster darstellt, ist festzuhalten, dass sich dies als sogenanntes LTI-(Lossless Time Invariant (verlustfrei und zeitlich unabhängig)) System verhält. Die z-Transformierte dazu lautet P(z). Innerhalb der Abtastzeit t = kT wird das Eingangssignal V_{IN} in zeitgleichen (k) Intervallen T diskretisiert, heißt für die Haltezeit eingefroren. Damit schreibt sich $V_{IN}(t)$ nun $V_{IN}(k)$. Dabei ist:

$$V(t) \Rightarrow V(k) | kT \leq t < kT + T$$

Formel 3.1.8

Die Pulsantwort als auch die Zeitantwort dieses Systems lauten:

$$V(k) = \begin{cases} 1 & k = 0 \\ 0 & kl \neq 0 \end{cases}$$

$$V(t) = \begin{cases} 0 & t < 0 \\ 1 & 0 \leq t < T \\ 0 & t \geq T \end{cases}$$

Formel 3.1.9

Die Aussage der Formel 3.1.9 kann so formuliert werden:

V(t) = Zeitschritt(t) – Zeitschritt(t-T)

Der Begriff Zeitschritt steht für das zeitliche Abtastfenster. Die Laplace-Formulierung dazu und deren z-Transformation (abgetastetes System) lauten:

$$y(s) = \left(1 - e^{-T \cdot s}\right) \cdot \frac{P(s)}{s}$$

$$P(z) = Z\left\{\left(1 - e^{-T \cdot s}\right) \cdot \frac{P(s)}{s}\right\} = Z\left\{\frac{P(s)}{s}\right\} - Z\left\{e^{-T \cdot s} \cdot \frac{P(s)}{s}\right\} = Z\left\{\frac{P(s)}{s}\right\}$$

$$P(z) = \left(1 - z^{-1}\right) \cdot Z\left\{\frac{P(s)}{s}\right\} = \left(1 - z^{-1}\right) \cdot Z\left\{\frac{\alpha}{s \cdot (s + \alpha)}\right\}$$

$$P(z) = \frac{1 - e^{-\alpha T}}{z - e^{-\alpha T}}$$

Formel 3.1.10

3.1 Operationsverstärker-Grundschaltungstechniken

Diese Umsetzung findet innerhalb der MATLAB-Routinen bereits statt. Somit ist die MATLAB/SIMULINK-Funktion z^{-1} als Abtastfunktion gültig. Es ist jedoch in MATLAB/SIMULINK günstig, wenn für eine S&H-Funktion mit Verzögerung die Kombination aus ZOH und z^{-1} angewendet wird. P(z) besitzt einen stabilen Pol bei $z = e^{-\alpha T}$ und keine Nullstellen. Damit wird das ZOH in seiner Benutzung eingeschränkt, denn:

$$z = e^{-\alpha T} - K_p \cdot \left(1 - e^{-\alpha T}\right) \quad \bigg| \quad K_p > \frac{1 + e^{-\alpha T}}{1 - e^{-\alpha T}} \quad \Rightarrow \quad instabil!$$

Formel 3.1.11

Formel 3.1.11 sagt aus, dass ein ZOH in einer Rekursionsschleife stets eine destabilisierende Phasenlage erzwingt. Daher ist bei Anwendung eines Abtasters in einer Rückkopplung stets ein Verzögerungsglied mit ZOH zu benutzen! Man kann zeigen, dass diese Kombination der LTI-Bedingung gehorcht. Der dazu notwendige Beweis führt über die sogenannte Padé-Approximation [3.5] und wird in diesem Buch nicht weiter behandelt.

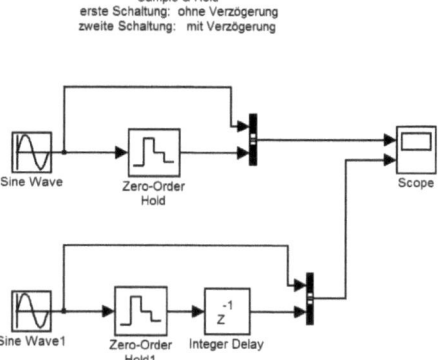

Abb. 3.1.15   MATLAB-/SIMULINK-Modell Sample&Hold

Abb. 3.1.15 zeigt den Modellunterschied zwischen dem ZOH und dem ZOH inklusive Verzögerung, Abb. 3.1.16 zeigt das Simulationsergebnis. Man erkennt deutlich, dass das ZOH „sofort" die Ausgangsinformation in zeitlich diskreten Schritten zur Verfügung stellt, während das mit der Verzögerung behaftete Modell sein Ergebnis erst nach der eingestellten Verzögerung darstellt. Beide Schaltungen entsprechen der schaltungstechnischen Wirklichkeit.

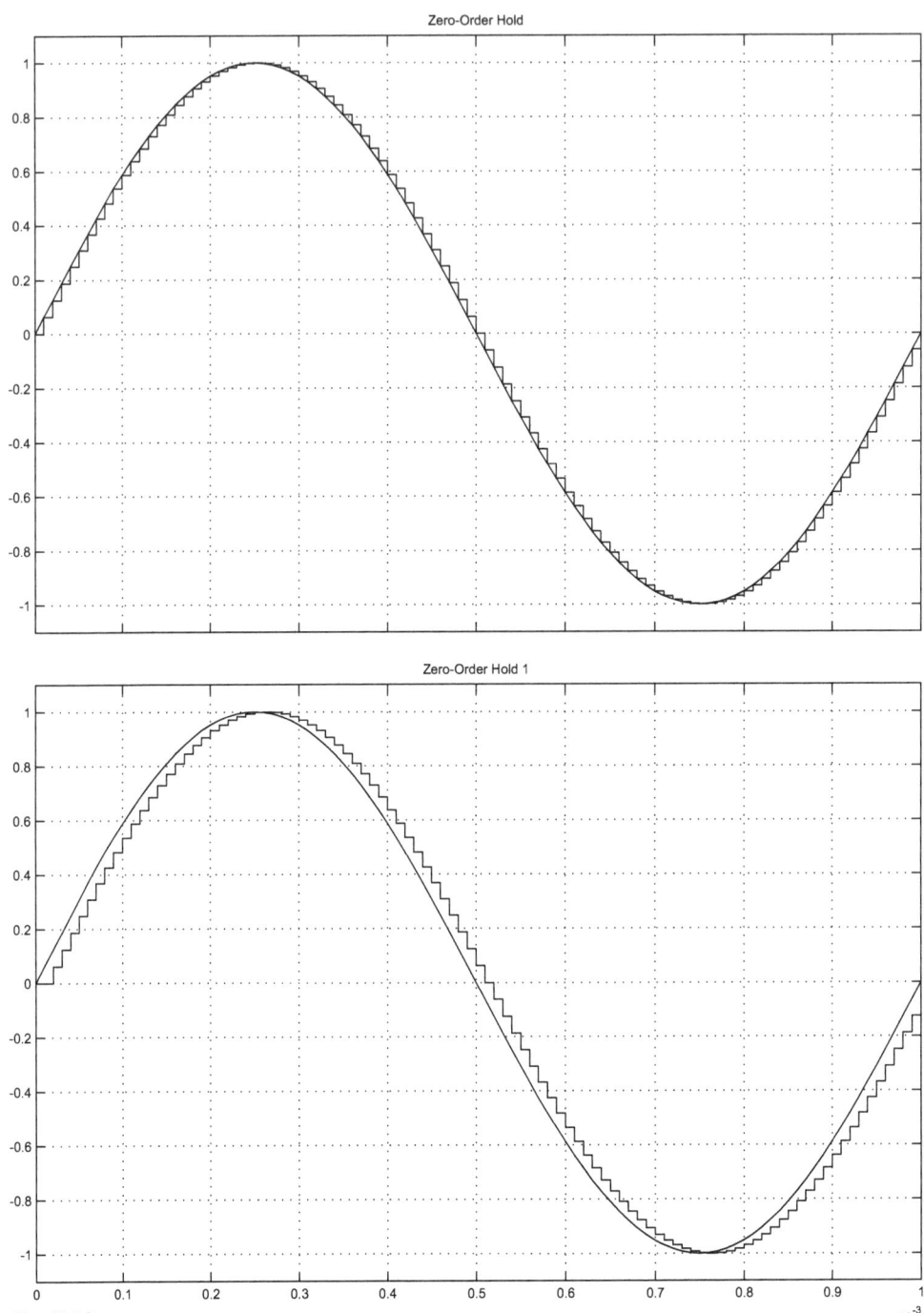

Abb. 3.1.16   MATLAB-/SIMULINK-Modell Sample&Hold, Simulationsergebnis

3.1.6 Das invertierende aktive Tiefpassfilter

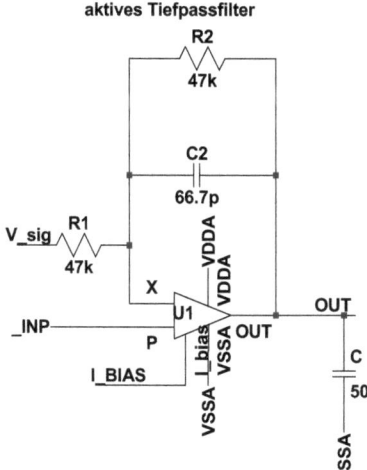

Abb. 3.1.17 Aktives Tiefpassfilter

Die Abb. 3.1.17 zeigt ein aktives Tiefpassfilter. Die Berechnung folgt der Standardmethodik mit der hier sinnvollen Vereinfachung, die intrinsische Verstärkung G mit unendlich anzunehmen:

$$V_{R1} = I_1 \cdot R_1$$
$$V_{R2} = I_2 \cdot R_{ges}$$

$$R_{ges} = \frac{R_2 \cdot X_C}{R_2 + X_C} = \frac{\frac{R_2}{j \cdot \omega \cdot C_1}}{R_2 + \frac{1}{j \cdot \omega \cdot C_1}} = \frac{R_2}{R_2 \cdot j \cdot \omega \cdot C_1 + 1}$$

$$I_1 = \frac{V_{IN} - V_X}{R_1} \qquad I_2 = \frac{V_X - V_{OUT}}{R_{ges}}$$

$$I_1 = I_2 \quad \Rightarrow \quad \frac{V_{IN} - V_X}{R_1} = \frac{V_X - V_{OUT}}{R_{ges}}$$

$$V_{OUT} = -V_{IN} \frac{R_{ges}}{R_1}$$

$$H(\omega) = -\frac{R_2}{R_1 + j \cdot \omega \cdot R_1 \cdot R_2 \cdot C_1} = -\frac{R_2}{R_1} \cdot \frac{1}{1 + j \cdot \omega \cdot R_2 \cdot C_1} \qquad [1]$$

$$H(\omega, G) = -\frac{R_2}{R_1} \cdot \frac{1}{1 + j \cdot \omega \cdot R_2 \cdot C_1 + \frac{R_2 + R_1 \cdot (1 + j \cdot \omega \cdot R_2 \cdot C_1)}{G}}$$

$$s = j\omega + \sigma$$

$$H(s) = -\frac{R_2}{R_1} \cdot \frac{1}{1 + s \cdot R_2 \cdot C_1} \bigg|_{G \to \infty} \qquad [2]$$

Formel 3.1.12

Die Herleitung der Übertragungsfunktion folgt dem oben eingeführten, standardisierten Berechnungsverfahren. Der Vergleich der beiden Übertragungsfunktionen H(ω) und H(ω,G) zeigt den Einfluss der endlichen OPA-Verstärkung G. Ab jetzt wird meist vereinfachend auf die endliche, innere OPA-Verstärkung verzichtet und diese als unendlich groß angenommen. Das erste Teilergebnis (Formel 3.1.12 [1]) zeigt, dass die zeitbestimmende Größe durch zwei Widerstände, namentlich R_1 und R_2, abhängen kann. Da aber R_1 sowohl im ersten als auch im zweiten Nennerterm vorkommt und damit ausgeklammert werden kann, wird deutlich, dass nur durch den Widerstand R_2 die Zeitkonstante bestimmt wird. Damit unterscheidet sich die aktive Filterstruktur deutlich von der passiven, bei welcher der zeitbestimmende Widerstand in Serie zur Kapazität liegt. Bei aktiven Tiefpassfiltern wird das Zeitglied durch die Parallelschaltung von R und C, die im Rückkopplungszweig des Verstärkers liegt, gebildet. Der weitere Vorteil des aktiven Filters ist, dass eine Verstärkung, unbeeinflusst vom Frequenzverhalten, eingebaut werden kann. Mit Hilfe der Laplace-Transformation lässt sich die Übertragungsfunktion sofort in die Laplace-Ebene überführen, siehe Formel 3.1.12 [2]. Der Filter der Abb. 3.1.17 wird für eine Grenzfrequenz von 50 kHz ausgelegt, der dazu notwendige Kondensator beträgt 66.7 pF. Das Simulationsergebnis zeigt Abb. 3.1.18.

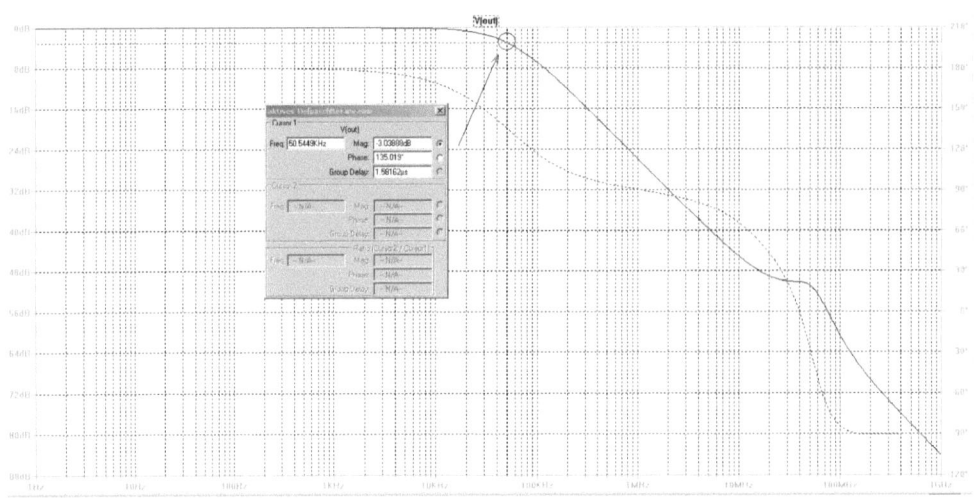

Abb. 3.1.18 Aktives, invertierendes Tiefpassfilter, Simulationsergebnis

Die erwartete Grenzfrequenz wurde eingehalten.

3.1.7 Das aktive Filter als MATLAB-/SIMULINK-Modell

LTspice ist ein Netzwerkanalyseprogramm. Diese Programme lösen die Jacobi-Matrizen eines Netzwerks, was bei großen Schaltungen recht lange dauern kann. Ein Netzwerkanalysewerkzeug ist bei Anwendung verschiedener Domänen (elektrisch, mechanisch, thermisch, optisch etc.) ebenfalls schwer einzusetzen. Werkzeuge wie MATLAB / SIMULINK [3.1] oder das frei verfügbare Scilab mit XCOS [3.2] sind dazu wesentlich besser geeignet.

Es macht Sinn, die Übertragungsfunktionen mit einem anderen Werkzeug zu behandeln, um so auch umfangreiche Schaltungen in kurzer Zeit und auch mit gemischten Domänen berechnen zu können. MATLAB und Scilab bieten dazu zwei Ebenen an: die Ebene auf Scriptniveau

3.1 Operationsverstärker-Grundschaltungstechniken

und die Ebene auf grafischem Niveau. In der Scriptebene ist die Darstellung verwandt zu klassischen Programmiersprachen, während die grafische Ebene den Programmierwunsch durch Funktionsblöcke (Icons) visuell unterstützt. Für Entwicklungsunterstützung eignet sich die grafische Ebene besser, da man mit der grafischen Unterstützung über Bibliothekselemente verfügt und auch eigene Bibliothekselemente erstellen kann. Diese werden dann, ähnlich wie in LTspice, zu einem Verdrahtungsplan (Schaltplan) verbunden und können simuliert werden. Der Unterschied zu LTspice ist der, dass in MATLAB/SIMULINK bzw. Scilab/XCOS keine Versorgungsspannungen oder Biasströme benötigt werden, sondern nur der reine Signalfluss verschaltet wird. Der in Kapitel 3.1.6 besprochene Tiefpassfilter wird in MATLAB/SIMULINK mit Hilfe einer Filter function eingebaut.

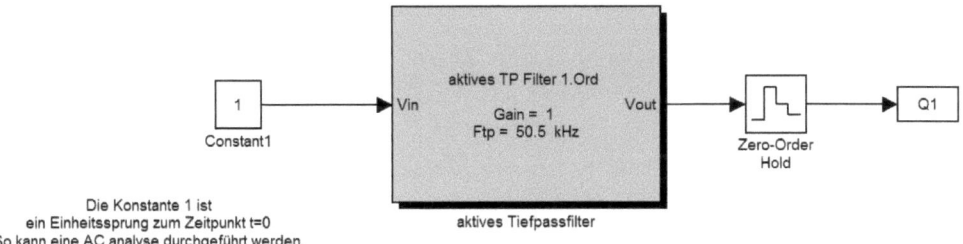

Abb. 3.1.19   MATLAB-/SIMULINK-Modell aktives Tiefpassfilter

Anders als in der Filtertheorie besitzt MATLAB die Eigenschaft, dass eine Konstante wie eine Sprungfunktion zum Zeitpunkt t=0 arbeitet. Damit ist eine Konstante zur Analyse von Filtern geeignet. In dem späteren Kapitel „Filterentwurf" wird auf diesen Punkt genauer eingegangen. Eine andere Möglichkeit, Schaltungen auf Frequenzeigenschaften hin zu prüfen, ist die Nutzung eines Chirpsignals [3.6]. Unter einem Chirpsignal versteht man eine zeitlich kontinuierliche Frequenzänderung bei gleichbleibender Amplitude von f1 bis f2 über den gesamten Simulationszeitraum. Das ist für eine Fourier-Analyse ein kritisches Signalverhalten, da ein Chirp nur quasi periodisch ist. Daher wird für Filter eher die Anregung mit einer „Konstante" vorgesehen. Die in Abb. 3.1.19 enthaltenen Kästen „Plot des Amplitudenspektrums" beinhalten kleine, selbstgeschriebene Skripte für die Berechnung und Darstellung des Spektrums. Der Filter wird mit der in Abb. 3.1.21 gezeigten Filtermaske programmiert. Dabei ist zu beachten, dass MATLAB nur in rad Einheiten rechnet und die gebräuchliche Einheit Hz explizit eingeführt werden muss. Die Baugruppe zero-order hold ist ein Halteglied, damit wird die Zeit für die Fourier-Analyse synchronisiert. Unter dem maskierten Modell „aktives Tiefpassfilter" sieht die SIMULINK-Umgebung so aus:

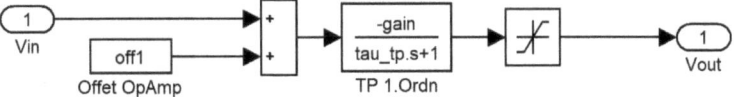

Abb. 3.1.20   SIMULINK, Filterdarstellung Tiefpass 1. Ordnung

Die Abb. 3.1.20 zeigt, wie ein Modell in SIMULINK eingepflegt wird. Die Überragungsfunktion aus Formel 3.1.12 kann sofort in die SIMULINK-Maske „Transfer FCN" eingebaut werden. SIMULINK hat mit einer eigenen Maske eine leichte, sichere Programmierung zur Verfügung gestellt. Auch eigene Masken lassen sich mit einem Maskeneditor erstellen, damit die Daten eigener Bibliothekselemente auf der Oberfläche sichtbar sind. Das erhöht die Übersicht bei größeren SIMULINK-Modellen.

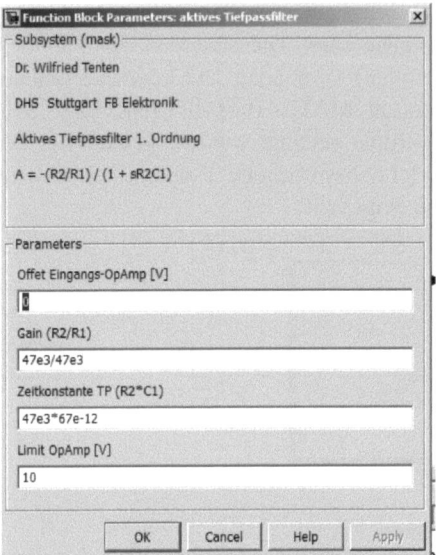

Abb. 3.1.21   Maske des Tiefpassfilter-Modells

Die Programmiergrößen entsprechen R_2 und C_1 aus Abb. 3.1.17.

Die Abb. 3.1.22 soll zeigen, dass SIMULINK andere Signalnotationen verwendet als LTspice. Das Signal kommt mit „1" an und wird rein zahlenmäßig behandelt. Das daraus resultierende Spektrum zeigt der obere Plot, bei dem der Ausgang auf 1 V als 0 dB normiert wurde. Das mittlere Bild zeigt den auf die maximale Amplitude = 0dB renormierten Plot. Das untere Bild zeigt die Phasenbeziehung. Die Phase zeigt ab ca. 100 kHz eine steigende Tendenz. Das ist nur regeltechnisch erklärbar, dazu müssen zwei Grenzfrequenzen vorhanden sein. Faktisch ist das bezüglich des Filters nicht so, denn die Übertragungsfunktion weist nur eine Grenzfrequenz auf, da das implementierte Filter einstufig ist. Jedoch benötigt MATLAB eine Abtastfrequenz. Diese muss mindestens der Nyquist-Frequenz (doppelte der maximalen Signalfrequenz des Filters) [3.7] entsprechen. Im Setup dieser SIMULINK wurde eine Abtastzeit von 1 µsec gewählt. Folglich sind zwei Frequenzen ω_1 und ω_2 und beide größer als Null vorhanden. Hintergrund dieses Problems ist der Abstand des Pols zur Nullstelle eines RC-Spannungsteilers. Damit ändert sich das System hinsichtlich seiner differenzierenden oder integrierenden Wirkung. Die Regeltechnik bezeichnet dies als PDT_1-Verhalten mit *LEAD*-Verhalten (voreilende Phase). Im vorliegenden Fall ist die Zählerzeitkonstante kleiner als die Nennerzeitkonstante: $T_Z < T_N$. Die Phasenbeziehung ergibt sich (ohne Herleitung) damit zu:

$$\tan(\varphi) = \frac{\pi}{2} \cdot \left(1 - \operatorname{sgn}(\omega_1) + \operatorname{sgn}(\omega_2) \cdot \frac{\omega}{|\omega_2|} - \operatorname{sgn}(\omega_1) \cdot \frac{\omega}{|\omega_1|}\right)$$

Formel 3.1.13

3.1 Operationsverstärker-Grundschaltungstechniken

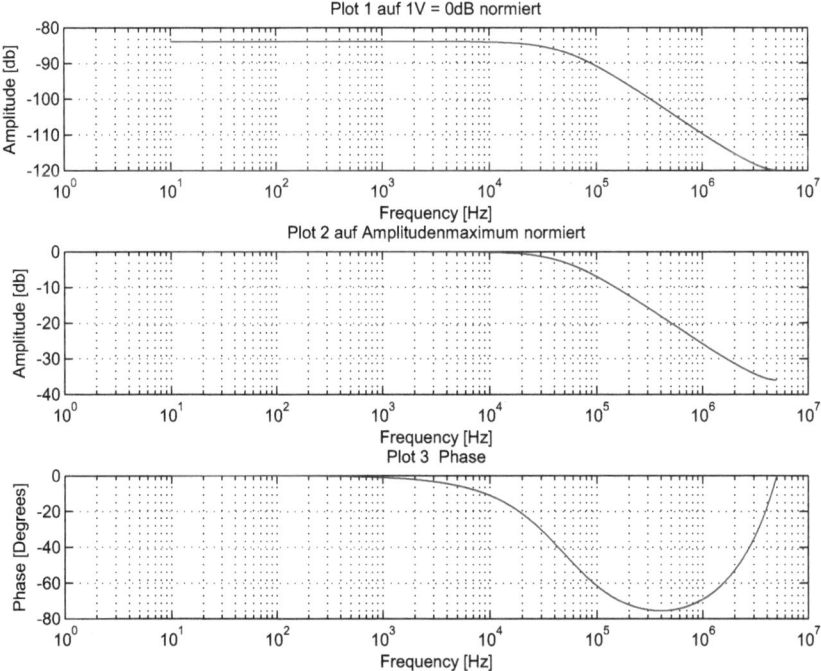

Abb. 3.1.22 SIMULINK-Tiefpass, Simulationsergebnis mit geringem ω2

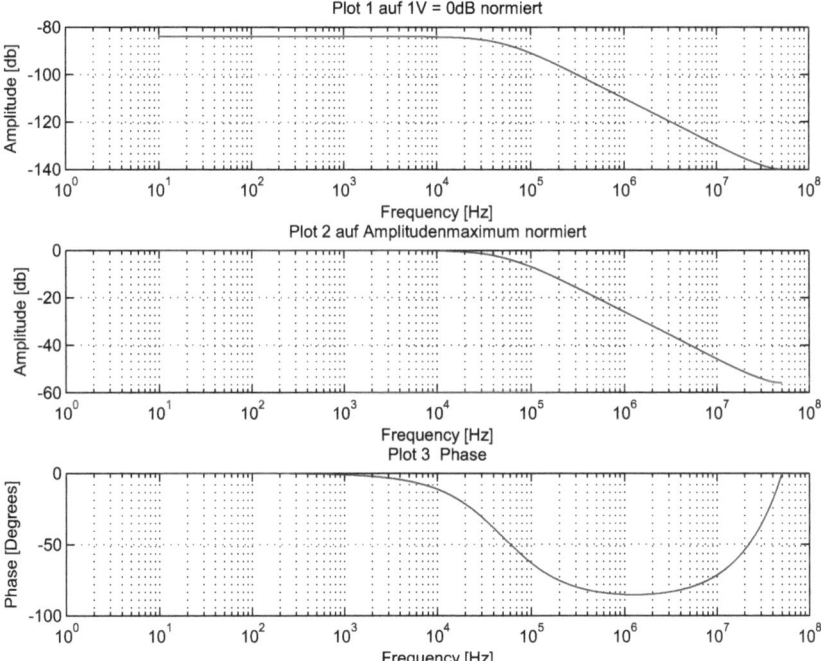

Abb. 3.1.23 SIMULINK-Tiefpass, Simulationsergebnis mit höherem ω2

Der Beweis kann mit SIMULINK angetreten werden, denn wenn die Abtastfrequenz deutlich größer wird, so ist die zu erwartende Tiefpassphase auch entsprechend länger.

Damit ist verdeutlicht, dass die Nutzung von MATLAB/SIMULINK nicht so einfach ist. Da muss über solch ein Ergebnis eventuell nachgedacht werden! Der Hintergrund ist, dass die beiden Werkzeuge LTspice und MATLAB gänzlich verschieden in ihrer Zielsetzung sind. MATLAB ist ein rein mathematisches Werkzeug und rechnet streng nach den einprogrammierten Gesetzen. Dabei wurden die Regelgleichungen zugrunde gelegt, während LTspice keine Abtastung kennt, es sei denn, diese ist im Schaltungskonzept eingebaut.

3.1.8 Der Integrator

Die mathematische Formulierung einer (Riemann-)Integration zeigt Formel 3.1.14. Dabei ist zu beachten, dass bei einem unbestimmten Integral die Stammfunktion von einer Integrationskonstanten begleitet wird. Diese ist zunächst unbekannt, da keine Integrationsgrenzen vorgegeben sind. Für die Schaltungstechnik bedeutet dies, dass ein unendliches Büschel an möglichen Lösungen innerhalb der Lösungsmenge, die durch den Spannungsbereich begrenzt wird, vorliegt. Da ein Integral eine sich (zeitlich) stetig weiterbewegende Summenbildung darstellt, verliert die Integralbildung nichts aus ihrer Vergangenheit. Es ist eine Funktion mit Gedächtnis.

$$\int f(x)\,dx = F(x) + C$$

Formel 3.1.14

Eine Integration im Originalbereich (in der Elektronik meist der Zeitbereich) entspricht im Laplace-Bereich:

$$\int_{t=0}^{t} f(t)\,dt = \frac{1}{s} F(s)$$

Formel 3.1.15

Wird die z-Transformierte gebildet, verbinden wir Elektroniker damit sofort abgetastete Systeme – siehe: Kapitel 3.1.5. Damit ist die Integration in der Lapace-Ebene zu einer Multiplikation geworden.

$$s \;\rightarrow\; z = e^{sT}$$

$$z \;\rightarrow\; y = \frac{1}{1 - z^{-1}}$$

$$z^{-1} = 1 - sT + \frac{(sT)^2}{2}$$

$$\frac{V_{OUT}}{V_{in}} = -\frac{C_1}{C_2} \cdot \frac{1}{sT} = -\frac{C_1}{C_2} \cdot \frac{\frac{1}{T}}{s}$$

Formel 3.1.16

3.1 Operationsverstärker-Grundschaltungstechniken

Was ist hier passiert? Dieses Ergebnis sagt aus, dass die Übertragungsfunktion eines Integrators nur gültig ist für niedrige Frequenzen bezogen auf $1/(2\pi T)$. Auf weitere Eigenschaften wird in Kapitel 3.2 (SC Schaltungen) eingegangen.

Der zeitkontinuierliche Integrator folgt der Beziehung in Formel 3.1.17.

$$\int_{t_1}^{t_2} f(x)\,dx = F(x,t_2) - F(x,t_1)$$

$$V_{OUT} = -\frac{1}{R_1 C_1} \cdot \int_{t_1}^{t_2} V_{IN} \cdot dt$$

Formel 3.1.17

Dabei ist zu beachten, dass damit die Randwertbedingungen eingehalten werden müssen. Folglich ist ein Startwert so vorzuhalten, dass dieser bei jedem Aktivieren des Integrators als einzig gültige Randwertbedingung vorkommt. Vorzugsweise passiert das mit einem Kurzschlussschalter über der Kapazität, so dass diese entladen startet. Es gibt aber auch eine Möglichkeit, die im Kapitel 3.2 aufgezeigt wird, nämlich die der Offsetkompensation. Hierbei wird der Integratorkondensator mit dem Systemoffset vorgeladen. Unter Systemoffset wird in diesem Fall der Offset einer Schaltungsgruppe (System) verstanden. Auch das ist eine sehr sinnvolle Randbedingung. Mit dieser Überlegung kann der Integrator gemäß Abb. 3.1.24 aufgebaut werden. Die erwähnte Randbedingung wird mit Hilfe des Transfergates S2 eingeführt. Während das Transfergate geschlossen ist, wird der Kondensator C_2 entladen.

Die Übertragungsfunktion des Integrators berechnet sich nach:

$$\frac{V_{IN} - V_X}{R_1} = \frac{V_X - V_{OUT}}{\dfrac{1}{j \cdot \omega \cdot C_3}}$$

$$V_X = -\frac{V_{OUT}}{G}$$

$$H = -\frac{1}{j \cdot \omega \cdot R_1 \cdot C_3 + \dfrac{1 + j \cdot \omega \cdot R_1 \cdot C_3}{G}}$$

$$H = -\frac{1}{j \cdot \omega \cdot R_1 \cdot C_3} \bigg|_{G \to \infty}$$

Formel 3.1.18

Der Vergleich der beiden Übertragungsfunktionen Formel 3.1.12 mit Formel 3.1.14 zeigt, dass die Übertragungsfunktion für die Integration unbegrenzt ist. Daher ist das Einsatzgebiet begrenzt (Signalsättigung). Vorzugsweise werden Integratoren für Sinus- und Kosinussignale eingesetzt bzw. werden bei Sigma-Delta-Wandlern (siehe Kapitel 4.2) als Integrator mit rekursiver Korrektur eingesetzt.

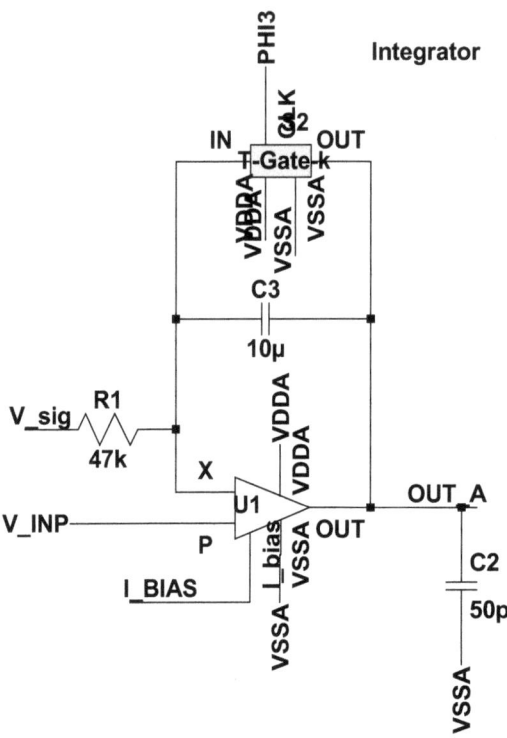

Abb. 3.1.24   Integrator

Die Abb. 3.1.25 zeigt, dass der Ausgang das DC-Eingangssignal integriert. In den ersten 100 msec ist der Integratorkondensator kurzgeschlossen und wird entladen. Danach startet die Integration. Der Integrationsprozess zeigt dabei deutlich, dass das Signal oberhalb 4.8 V nichtlinear wird und in die Sättigung geht. Das ist die OPA-Charakteristik, die im oberen Spannungsteil keine lineare Übertragungsfunktion aufweist.

3.1 Operationsverstärker-Grundschaltungstechniken

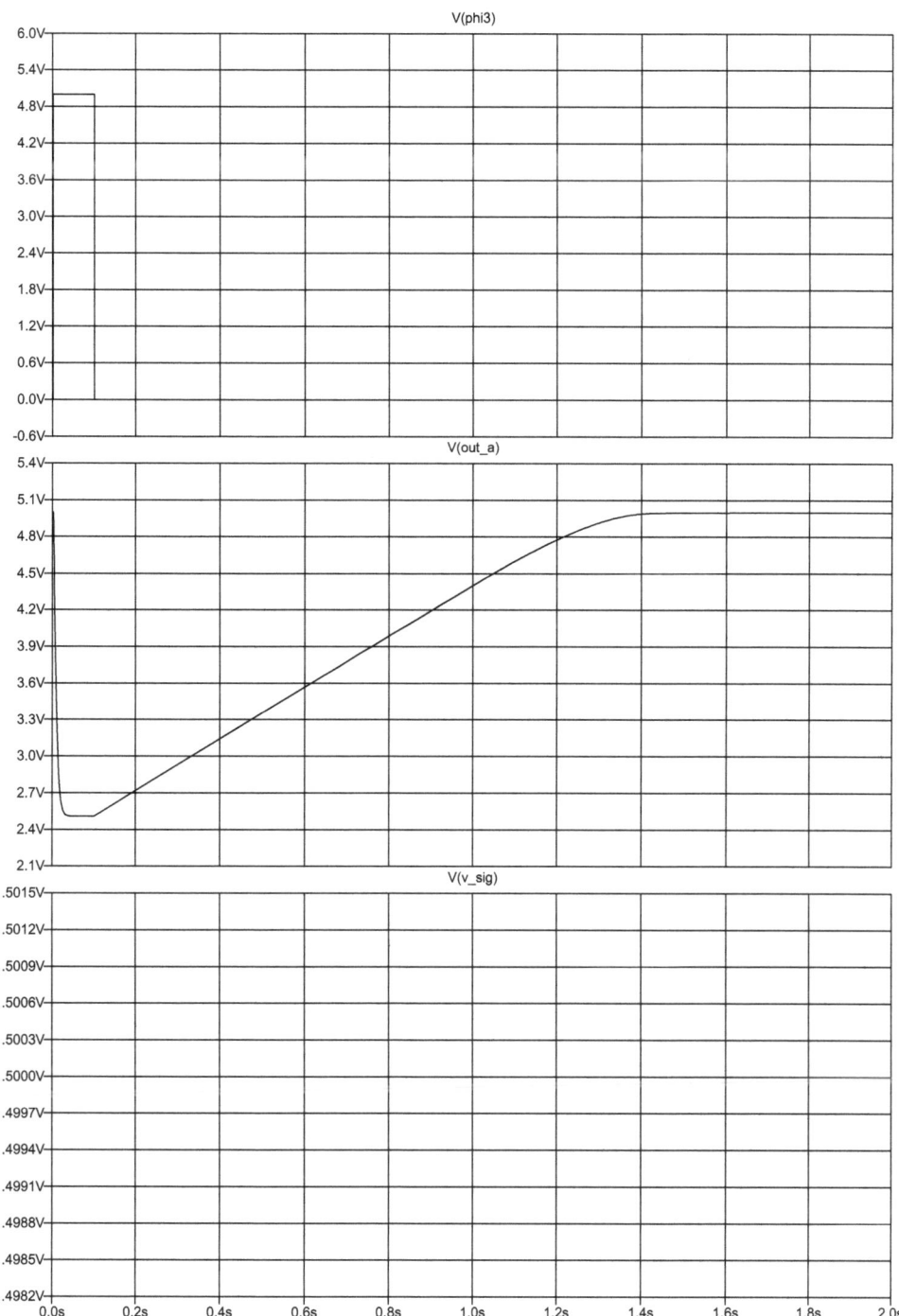

Abb. 3.1.25 Integrator, Simulationsergebnis

3.1.9 Der Differenzierer

Kann man integrieren, kann man auch Differenzieren. Eine Differentiation ist im Grunde eine (zeitlich) äußerst kurze Differenzbildung, mathematisch: infinitesimal kurz. Dies ist in der Schaltungstechnik durch Ausnutzung der Gleichung eines Kondensators möglich:

$$dQ = i(t) \cdot dt = C \cdot dV$$

$$Z_C = \frac{dV}{i(t)} = \frac{V_0 \cdot \cos(\omega \cdot t + \varphi_U) + j \cdot \sin(\omega \cdot t + \varphi_U)}{I_0 \cdot \cos(\omega \cdot t + \varphi_i) + j \cdot \sin(\omega \cdot t + \varphi_i)}$$

$$Z_C = \frac{V_0 \cdot e^{j(\omega \cdot t + \varphi_U)}}{I_0 \cdot e^{j(\omega \cdot t + \varphi_i)}} = \frac{V_0}{I_0} \cdot e^{\varphi_U - \varphi_i} = R + j \cdot X_C$$

$$\varphi_U - \varphi_i = 0 \quad \Rightarrow \quad \frac{dV}{dt} = \frac{i(t)}{C} = V_0 \cdot j \cdot \omega \cdot e^{j(\omega t + \varphi_U)}$$

$$e^{-j\frac{\pi}{2}} = \cos\left(-\frac{\pi}{2}\right) + j \cdot \sin\left(-\frac{\pi}{2}\right) = 0 - j$$

$$\frac{U_0}{I_0} = \frac{1}{j \cdot \omega \cdot C} = -j \cdot \frac{1}{\omega \cdot C} = \frac{1}{\omega \cdot C} \cdot e^{-j\frac{\pi}{2}}$$

$$\Rightarrow \quad \varphi_U - \varphi_i = -\frac{\pi}{2}$$

$$X_C = -\frac{1}{\omega \cdot C}$$

$$Z_C = -j \cdot \frac{1}{\omega \cdot C} = \frac{1}{j \cdot \omega \cdot C}$$

Formel 3.1.19

Das Gleichungssystem Formel 3.1.19 zeigt, dass einerseits eine Kapazität eine Phasendrehung – bezüglich des Verhältnisses Spannung über Strom der Kapazität – bewirkt und andererseits eine komplexe Impedanz Z_C besitzt, die keinen Realanteil enthält und einen komplexen Widerstand, der auch als Blindwiderstand X_C oder Reaktanz bezeichnet wird. Damit kann ein Differenzierer als Hochpass angesehen werden, denn nur eine kurze zeitliche Änderung eines Signals wird wenig gedämpft durchgelassen. Es sind folgende Varianten der Schaltung interessant:

- Variante 1: der reine Differenzierer
- Variante 2: der integrierende Differenzierer

In Abb. 3.1.26 ist die linke Schaltung die Variante 1, die rechte Schaltung die Variante 2.
Berechnung der Übertragungsfunktion der Variante 1:

$$(V_{IN} - V_X) \cdot j \cdot \omega \cdot C_2 = \frac{V_X - V_{OUT}}{R_2}$$

$$V_X = -\frac{V_{OUT}}{G}$$

$$V_{OUT} = -V_{IN} \cdot \frac{j \cdot \omega \cdot C_2 \cdot R_2}{1 + \frac{1 + j \cdot \omega \cdot C_2 \cdot R_2}{G}}$$

Formel 3.1.20 $\quad V_{OUT} = -V_{IN} \cdot j \cdot \omega \cdot C_2 \cdot R_2 \quad \big|_{G \to \infty}$

3.1 Operationsverstärker-Grundschaltungstechniken

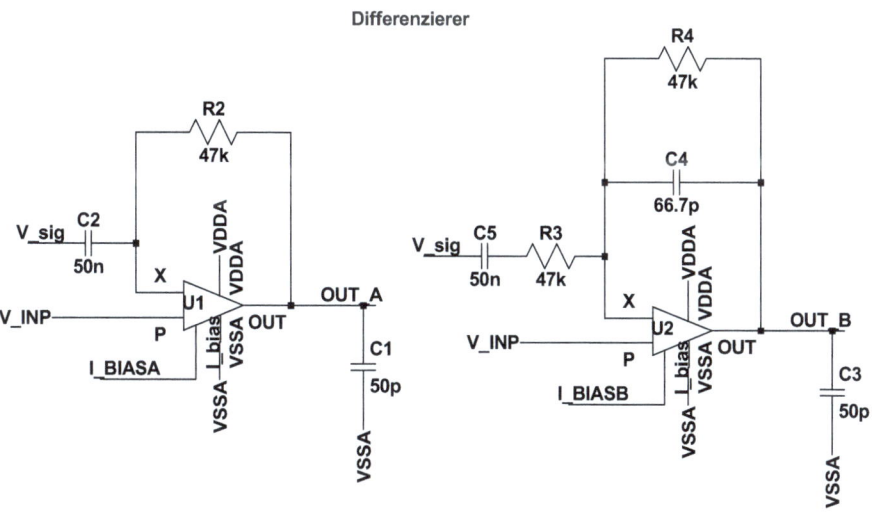

Abb. 3.1.26 Differenzierschaltungen

Berechnung der Übertragungsfunktion der Variante 2:

$$R_P = \frac{R_4 \cdot \frac{1}{j \cdot \omega \cdot C_4}}{R_4 + \frac{1}{j \cdot \omega \cdot C_4}} = \frac{R_4}{j \cdot \omega \cdot C_4 \cdot \left(R_4 + \frac{1}{j \cdot \omega \cdot C_4}\right)}$$

$$\frac{V_{IN} - V_X}{\frac{1}{j \cdot \omega \cdot C_5} + R_3} = \frac{V_X - V_{OUT}}{R_P}$$

$$V_{OUT} = -V_{IN} \cdot \frac{j \cdot \omega \cdot R_4 \cdot C_5}{1 - \omega^2 \cdot R_3 \cdot R_4 \cdot C_4 \cdot C_5 + j \cdot \omega \cdot (R_4 \cdot C_4 + R_3 \cdot C_5)} \cdot$$

$$\frac{1}{\frac{1 - \omega^2 \cdot R_3 \cdot R_4 \cdot C_4 \cdot C_5 + j \cdot \omega \cdot (R_4 \cdot C_4 + R_3 \cdot C_5)}{G}}$$

$$V_X = -\frac{V_{OUT}}{G} \qquad V_X = 0 \;\Big|_{G \to \infty}$$

$$V_{OUT} = -V_{IN} \cdot \frac{j \cdot \omega \cdot R_4 \cdot C_5}{1 - \omega^2 \cdot R_3 \cdot R_4 \cdot C_4 \cdot C_5 + j \cdot \omega \cdot (R_4 \cdot C_4 + R_3 \cdot C_5)}$$

Formel 3.1.21

Der Differenzierer wird auch als Hochpass bezeichnet. Für eine Gleichspannung stellt er eine ideale Sperre dar, die als galvanische Trennung arbeitet. Mit zunehmender Frequenz wird der komplexe Widerstand immer geringer und damit steigt die Leitfähigkeit. Diese Schaltung wird daher auch bei Domänentrennern angewandt. Ein Dömanentrenner ist ein Modul, welches eine Versorgungsspannung von einer nachfolgenden Versorgungsspannung trennt. Derartige Domänentrenner werden eingesetzt, wenn beispielsweise eine Signalaufbereitung mit einer hohen Versorgungsspannung betrieben werden muss und die weitere Signalverarbeitung

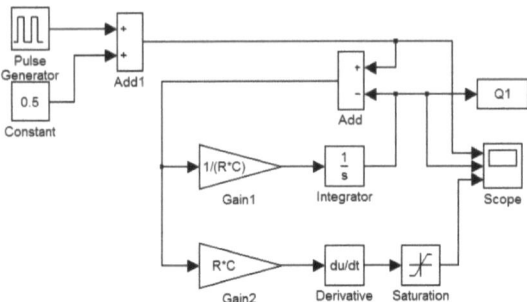

Abb. 3.1.27   MATLAB-/SIMULINK-Modell: Integrator oder Tiefpass und Differentiator

beispielsweise mit einem ASIC (Anwender spezifische integrierte Schaltung) mit einer geringen Versorgungsspannung betrieben wird. Eine andere Anwendung sind Übertragungsstrecken. Wird ein Signal über eine längere Übertragungsstrecke gesandt, so werden häufig dazu höhere Spannungen verwendet, um die Verluste auf dieser Leitung zu kompensieren. Das am Ende der Übertragungsleitung ankommende Signal wird über einen Domänentrenner an ein Schaltungsmodul mit meist niedrigerer Versorgungsspannung angeschlossen. In einem späteren Kapitel wird die Kombination zwischen Tiefpass und Hochpass als Bandpass vorgestellt werden. Ein Bandpass kombiniert die Eigenschaften des Tiefpasses mit denen des Hochpasses, so dass zwischen den Grenzfrequenzen der beiden ein Durchlassbereich gebildet wird.

Abb. 3.1.27 zeigt ein MATLAB-/SIMULINK-Modell eines Integrators bzw. eines Differentiators. Dies Modell bedient sich des oben gezeigten Gleichungssystems Formel 3.1.16 und Formel 3.1.19.

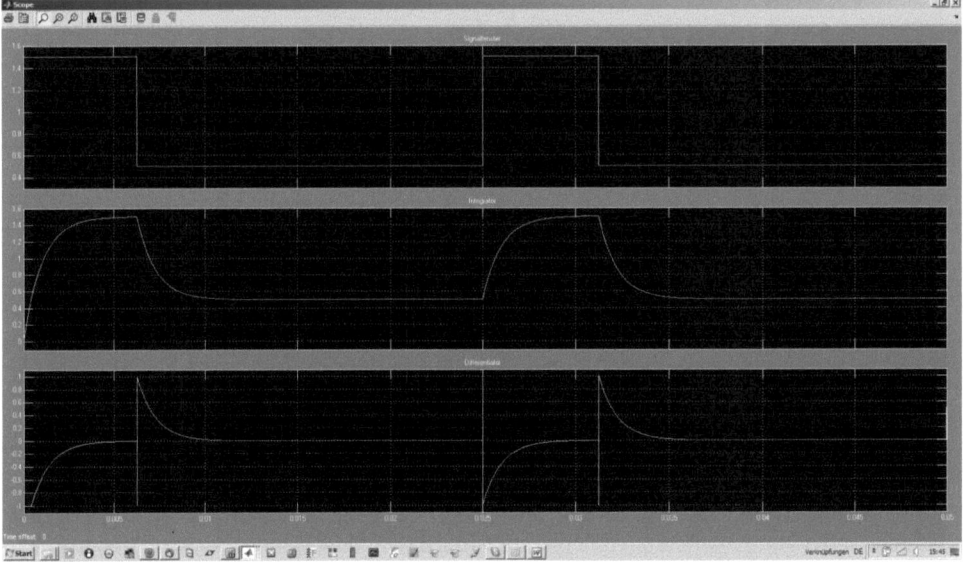

Abb. 3.1.28   MATLAB-/SIMULINK-Modell: Integrator und Differenzierer, Simulationsergebnis

3.1 Operationsverstärker-Grundschaltungstechniken

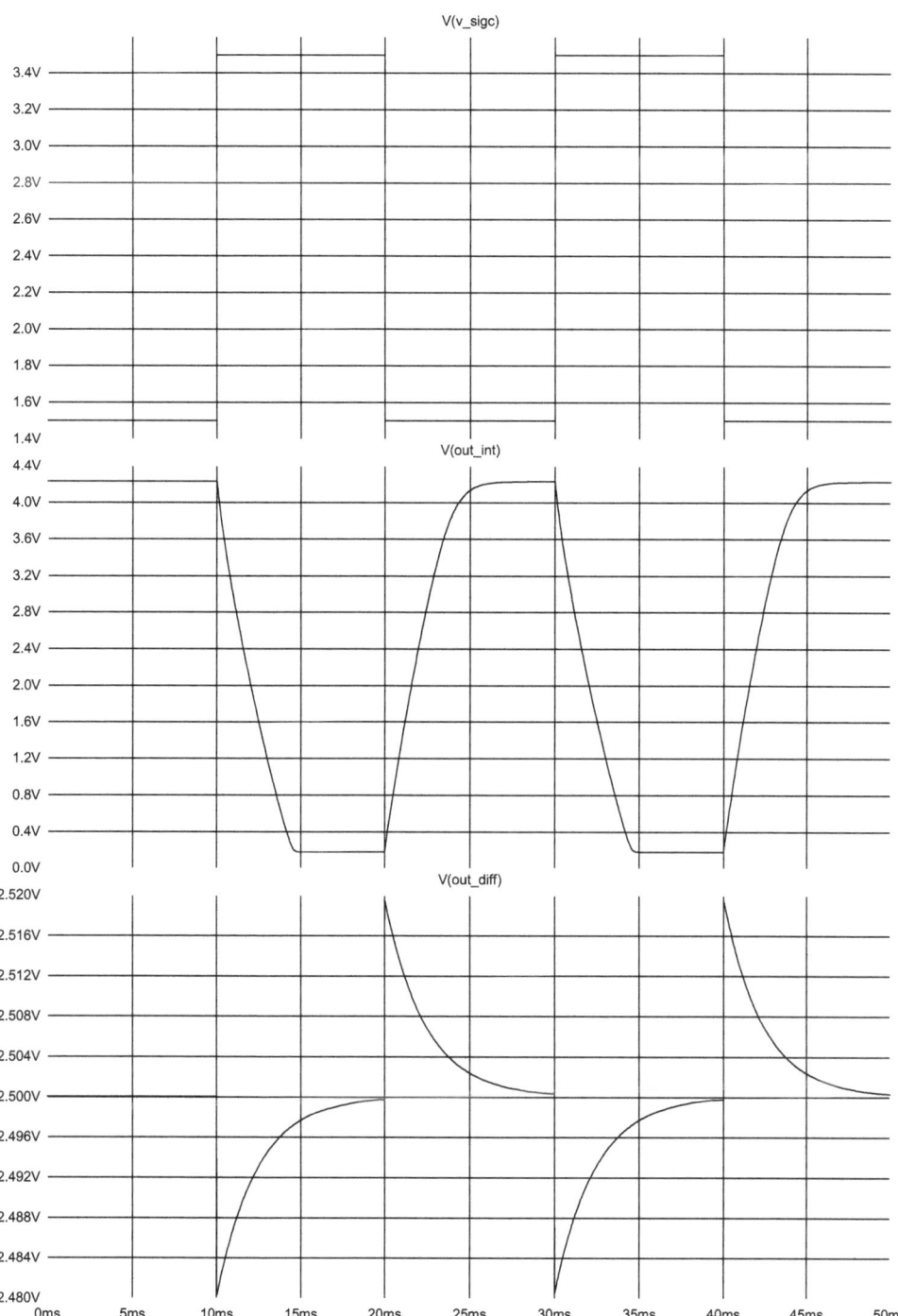

Abb. 3.1.29 LTspice: Integrator und Differenzierer, Simulationsergebnis

Die Abb. 3.1.28 sowie Abb. 3.1.29 zeigen das erwartete Ergebnis. Damit wurde gezeigt, dass das MATLAB-/SIMULINK-Modell und die in LTspice simulierten Schaltungen gleiche Ergebnisse zeigen und somit die Berechtigung besteht, das MATLAB-/SIMULINK-Modell als Standardmodell in eine Bibliothek zu stellen.

3.1.10 Der Komparator

Ein Komparator ist ein Vergleicher, der den Vergleich erstens sehr schnell und zweitens sehr genau ausführen muss. Dazu eignet sich im Grunde zunächst einmal jeder nicht kompensierte Operationsverstärker. Warum nicht kompensiert? Da ein Komparator einen Vergleich ausführen muss, endet seine „Antwort" stets mit „Ergebnis ist größer" oder „Ergebnis ist kleiner" als die Referenz (unter Referenz wird der Vergleichswert verstanden). Das Ergebnis des Komparators ist immer positive oder negative Versorgungsspannung. Sollte das Ergebnis in eine digitale Signalverarbeitung weitergegeben werden, kann dies auch mit LOW oder HIGH interpretiert werden. Damit ist eine Transformation verbunden: Spannung in Pegel. Eine wichtige Anmerkung an dieser Stelle ist, dass sehr häufig bei mathematisch-technischen Beschreibungen von Schaltungen mit Komparatoren eine Nachlässigkeit passiert, indem der Komparatorausgang mit HIGH und LOW oder 1 und 0 beschrieben wird. Das ist deshalb nicht korrekt, weil hier die Signaldomänen analog und digital gemischt werden. Der Komparator kann sowohl als analoge als auch als digitale Baugruppe angesehen werden. Korrekt ist es daher, die Übertragungsfunktion eines Komparators in folgender Form mit Identifikation der Signaldomäne zu schreiben:

$$V_{OUT,komp,ana} = \begin{cases} VDD & V_{IN} < V_{ref} \\ VSS & V_{IN} \geq V_{ref} \end{cases}$$

$$V_{OUT,komp,dig} \rightarrow \begin{cases} H & V_{IN} < V_{ref} \\ L & V_{IN} \geq V_{ref} \end{cases}$$

Formel 3.1.22

Diese Anmerkung erscheint ein wenig überzogen und findet auch in der Literatur kaum Anwendung, jedoch bei Beschreibungen von digital gesteuerten analogen Systemen, wie Sigma-Delta-Wandlern ist das wichtig, da sonst mathematische Beschreibungen unterschiedlicher Domänen auftreten, was mathematisch und physikalisch unkorrekt ist. Wie die Signaldomäne benannt wird ist im Projekt bzw. Entwurf eindeutig festzulegen.

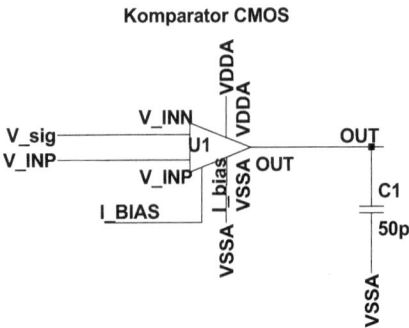

Abb. 3.1.30   Komparator-Testschaltung

3.1 Operationsverstärker-Grundschaltungstechniken

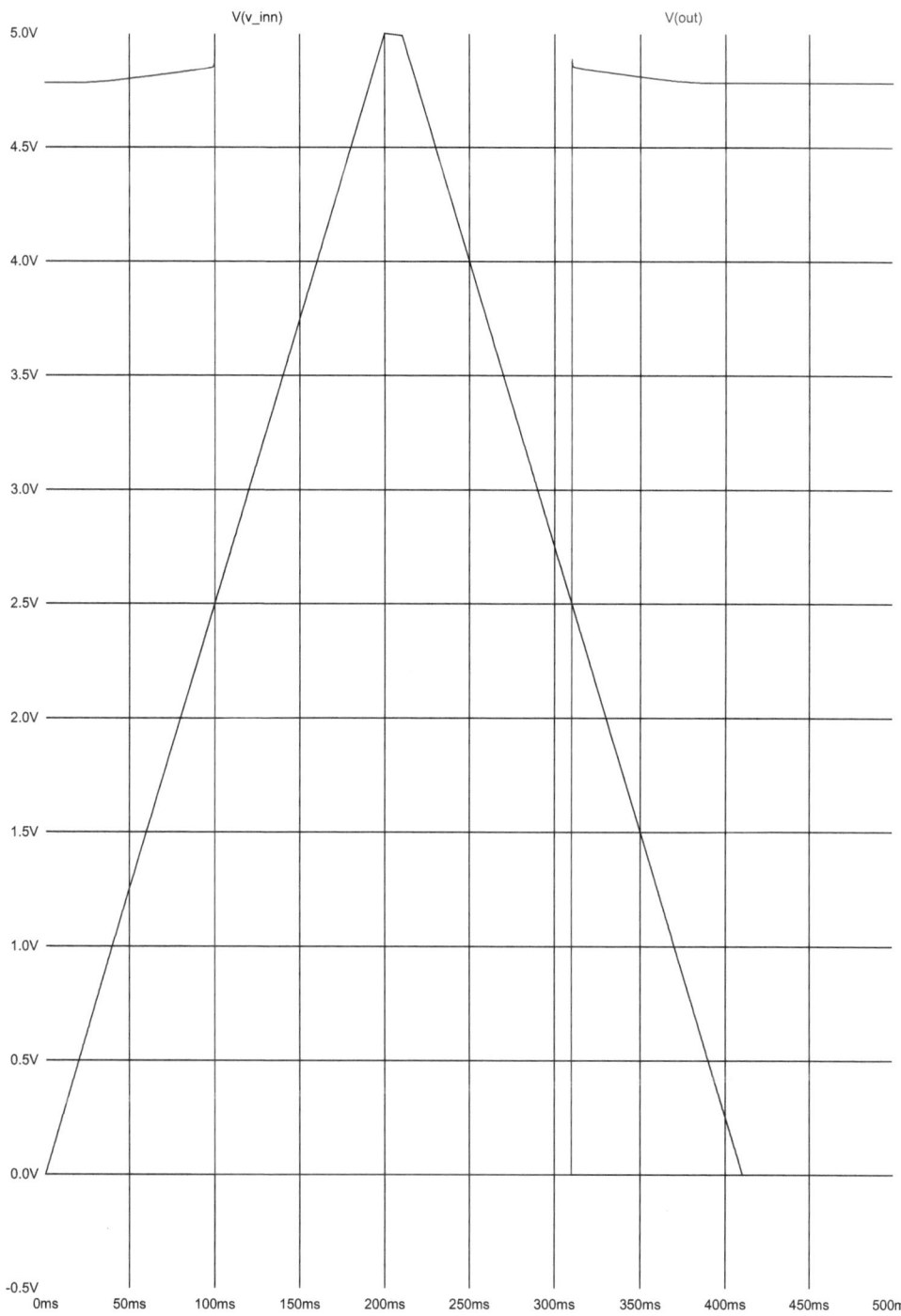

Abb. 3.1.31   Komparator-Testschaltung, Simulationsergebnis

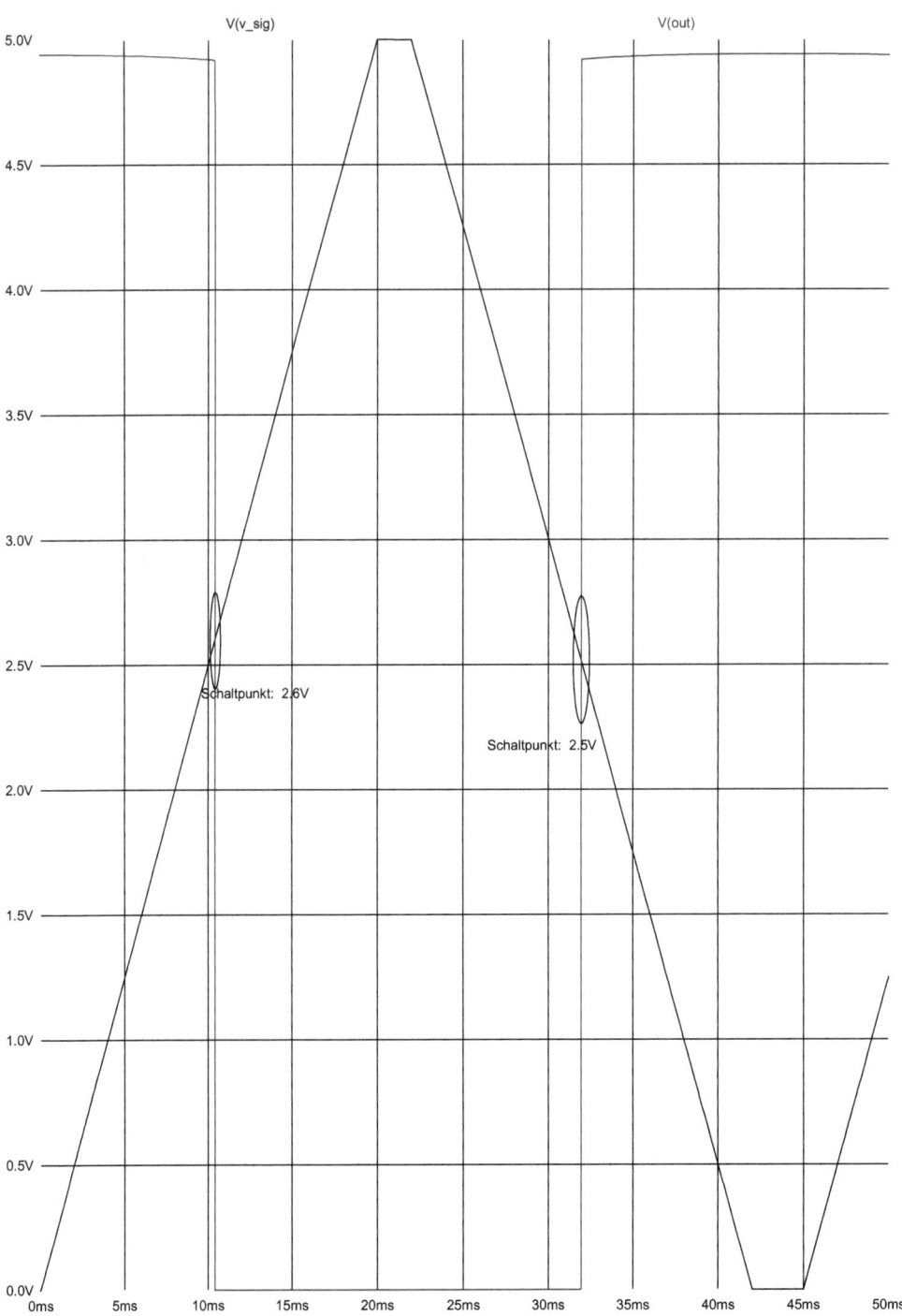

Abb. 3.1.32 Komparator mit 100mV Hysterese

Mit dem Testsignal einer Dreieckspannung erkennt man sehr schön den Vergleich und auch das Problem:

Das Problem heißt: *gleicher Schaltpunkt bei steigender und fallender Flanke*

Damit wird der Komparator, wenn er gerade eben schaltet sehr sicher schwingen, es sei denn, die Schaltflanke ist enorm steil und geht deutlich über die Schaltgrenze hinaus. Ist die Schaltflanke aber „schlapp", heißt die Schaltflanke besitzt eine geringe Steigung, so wird der Komparator nur auf Grund von ein wenig Rauschen sofort anfangen zu schwingen. Die hier angewandten Ausdrücke „enorm steil" bzw. „schlapp" stehen stellvertretend für nicht erfassbare Werte. Abhilfe schafft in diesem Fall eine Hysterese.

Abb. 3.1.32 zeigt, dass eine Hysterese unterschiedliche Schaltpunkte erzwingt und damit den Komparator einsatzfähig gestaltet. Jetzt wird der Komparator sauber schalten, ohne dass er bei Eingangsflanken geringer Steigung zum Hin- und Herschalten neigt.

3.1.11 Der CU-Wandler

Kapazitiv arbeitende Sensoren werden über ihren Ladungsinhalt ausgewertet. Solche Sensoren sind häufig Beschleunigungsmesser, welche seitens ihrer Technologie so aufgebaut sind, dass sie aus zwei festen Platten und einer beweglichen Platte dazwischen aufgebaut sind. Diese bewegliche Platte kann je nach Aufbau entweder durch eine Art Gelenk innerhalb der begrenzenden beiden äußeren Platten pendelartig (*Pendelpaddel-Sensor*) schwingen (das Paddel bewegt sich um einen keinen Winkel bezüglich seiner Ruhelage so, dass sich bei Auslenkung der Abstand zur einen äußeren Platte hin vergrößert und zur anderen Platte hin verringert) oder durch eine lineare Verschiebung hin- und her schwingen (*Linearweg-Sensor*). Beide Sensorarten zeichnen sich dadurch aus, dass bei Mittenlage die beiden Kapazitäten, gebildet von der bewegenden (Seismischen) Masse zu den äußeren feststehenden Elektroden, gleich groß sind (C_0). Sind die Platten ausgelenkt, ist die Änderung der Kapazitäten symmetrisch zur Ruhekapazität, so dass sich diese Kapazitätsänderung als positiver $+\Delta C$ bzw. negativer Wert $-\Delta C$ bezüglich der Ruhekapazität C_0 bemerkbar macht.

Bei beiden Sensorarten bestimmt die Ladung bzw. die Differenz der Ladungen die Auswertung. Zur Ladungsauswertung wird ein Zeitmass benötigt, welches das Ladungspaket der zugehörigen Kapazität in eine Spannung umwandelt. Daher heißen solche Auswerteschaltungen CU-Wandler.

Sensorauswertung mit Pendelpaddel-Sensor

Die Auswerteschaltung besteht aus einem Regelkreis, mit Integrator zur Aufnahme des Sensorsignals und anschließendem Komparator mit zwei antisymmetrischen Ausgängen Q und QN. Die beiden Komparatorsignale werden den Top-Platten des Sensors so zugeführt, dass das Paddel stets wieder (durch die so eingebrachte elektromotorische Kraft) in die Mittenlage zurückversetzt wird. Dadurch wird eine Ladung verschoben und so wird dieser Sensor auswertbar. Der Integrator ist notwendig, damit eine abrupte Beschleunigung nicht zu einem ungewollten Systemschwingen ausartet. Der Integrator verzögert die Reaktionsgeschwindigkeit des Reglers und sorgt darüber hinaus für einen sauber erreichbaren Regler-Nullpunkt (I-Anteil im Regler). Für den Entwurf ist es sinnvoll zwischen dem Integrator und dem Komparator eine Halteschaltung einzufügen, damit das Signal für die Entscheidung stabil ansteht. Ferner ist es wichtig, dass die an den äußeren Sensorplatten angelegte Spannung einen stabilen Wert besitzt. Diese Spannung entspricht einem Wert U_D, der symmetrisch zum Mittenwert (meist Mittenspannung) vom Komparator angesteuert und der oberen bzw. der unteren Kondensatorplatte, je nach Komparatorentscheidung, zugeführt wird. Mit diesem so erzeugten Ladungsfeld der Kondensatoren entsteht eine elektrostatische Kraft auf das bewegliche Paddel und diese sorgt dafür, dass das Paddel wieder in seine neutrale Mittenposition zurückgeregelt wird. Die Regelspannung im eingeschwungenem Zustand entspricht der gemessenen Beschleunigung und wird ausgewertet. Die Regelkreisgleichung sieht dafür so aus:

$$G(j\omega) = \frac{1}{m(j \cdot \omega)^2 + D \cdot j \cdot \omega + K}$$

Formel 3.1.23

Die Formel 3.1.23 verwendet m für die seismische Masse (das ist das Gewicht des Paddels), D für den Dämpfungsfaktor und K für die Federkonstante des Sensorsystems. Da wie oben erwähnt das Paddel regeltechnisch immer auf die Mittenposition gelenkt wird, ist das Gleichungssystem nur für die Frequenz

$$\omega = \frac{\omega_S}{2 \cdot n}$$

Formel 3.1.24

zu lösen, wobei n die Anzahl der Halbzyklen des abgetasteten (Halteschaltung) sinusförmigen Sensorsignals darstellt. Dieses so aufgebaute System ist nahezu unempfindlich bezüglich der nicht linear zu- bzw. abnehmenden Paddelkapazitäten.

Linearweg-Beschleunigungssensor

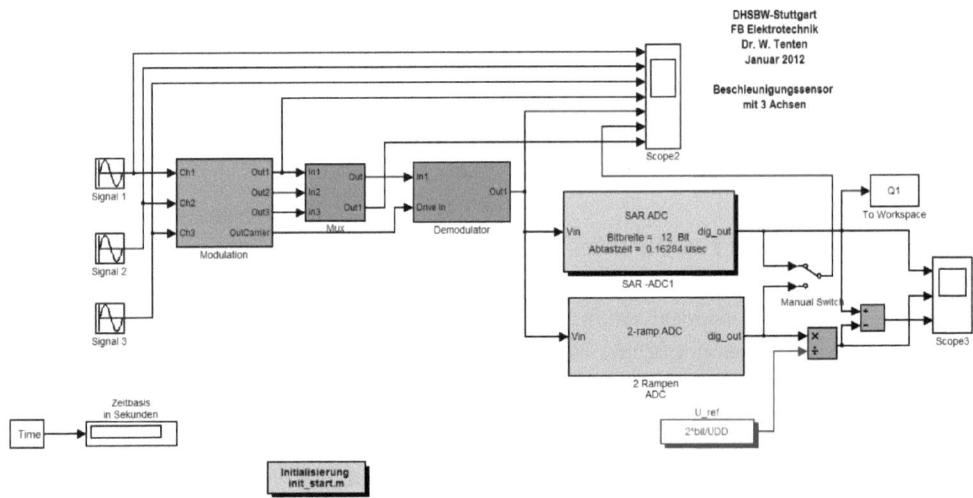

Abb. 3.1.33   Der CU-Wandler, MATLAB-/SIMULINK-Modell

Abb. 3.1.33 zeigt das MATLAB-Modell eines modernen drei-Achsen-Linearweg-Beschleunigungssensors, der beispielsweise in Mobiltelefonen eingesetzt wird. Diese Sensoren sind

3.1 Operationsverstärker-Grundschaltungstechniken

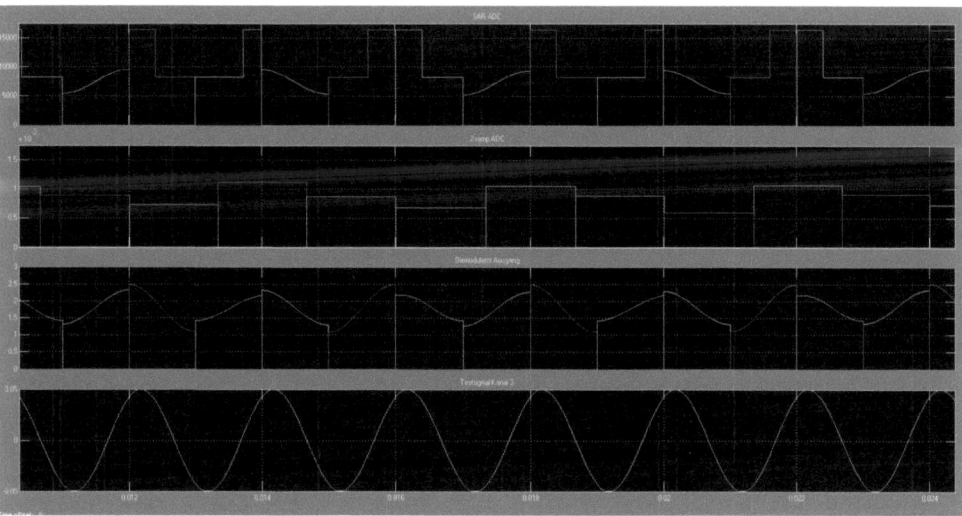

Abb. 3.1.34   Der CU-Wandler, Simulationsergebnis

mikromechanische Sensorsysteme (Sensor und Auswerteschaltung bilden eine Aufbaueinheit) und die Auslenkung des Linearwegs ist sehr gering. Bereits ein geringer Beschleunigungsstoss kann die mittlere Platte auf Extremanschlag und sogar zur Berührung der außen liegenden, fest fixierten Platten bringen. Das wird verhütet, indem die mittlere Platte aktiv durch eine eingebrachte Frequenz, der Trägerfrequenz, moduliert wird. Eine jetzt eingebrachte Beschleunigung wird als amplitudenmoduliertes (AM) Signal festgestellt. Im MATLAB-Modell ist die AM im Block „Modulation" eingebaut. Die Auswerteschaltung tastet die Achsen mit Hilfe eines Multiplexers (Mux) jeden Kanal ab und führt diesen zum Demodulator. Das demodulierte Signal wird mit einem ADC in ein digitales Signal überführt und der digitalen Signalverarbeitung zur Darstellung bzw. zur entsprechenden Aufgabe (z.B. Bild drehen) zur Verfügung gestellt. Das hier gezeigte Beispiel zeigt das System in der Entwicklung. Die Parameter sind noch nicht festgelegt und müssen noch besser angepasst werden. In diesem Fall ist die Simulation und Auswertung mit MATLAB/SIMULINK das bessere Werkzeug als LTspice.

3.1.12   Die Bandgap

Die Bandgap oder Bandabstandsreferenz [2.6, 3.10, 3.11] stellt eine temperaturstabile Referenz dar. Der Name Bandgap leitet sich von der Transistoreigenschaft ab, dass der Bandabstand zwischen Valenz und Leitungsband eine Rolle spielt. Die Temperaturabhängigkeit der Basis-Emitter-Diode wird gegenüber dem Temperaturgang der Temperaturspannung abgeglichen. Das geht, da beide einen gegensätzlichen Temperaturgang besitzen.

$$I_E = I_S \cdot e^{\frac{q \cdot V_{BE}}{kT}} = I_S \cdot e^{\frac{V_{BE}}{u_T}}$$

Formel 3.1.25

Formel 3.1.25 zeigt die erwähnte Temperaturabhängigkeit. Interessant darin ist, dass die beiden Temperaturabhängigkeiten in einer Gleichung vorkommen und dass die Temperaturspannung im Exponent steht. Sollen diese Temperaturabhängigkeiten isoliert werden, ist der Logarithmus dieser Gleichung zu bilden. Folgende Überlegung hilft jetzt weiter:

Die Basis-Emitterspannung ist schaltungstechnisch handhabbar und wenn man es schafft, eine Differenz von zwei Basis-Emitterspannungen zu erhalten, dann benötigt man zwei Zweige mit je ihrem Zweigstrom. Somit erhält man eine Gleichung, welche in ihrem Logarithmus die Stromdifferenz als Quotient aufweist und in welcher sich die Temperaturspannung ausklammern lässt. Das Ziel, welches es zu erreichen gilt, kann so formuliert werden:

$$V_{BE} + \alpha \cdot u_T = V_{tempstabil}$$

Formel 3.1.26

Diese Gleichung sagt aus, dass der Temperaturgang der Temperaturspannung multipliziert mit einem Koeffizienten, den Temperaturgang der Basis-Emitterspannung kompensieren kann. Mit Hilfe der oben stehenden Überlegung kann dazu ein Schaltungskonzept gefunden werden. Dieses Schaltungskonzept muss sowohl die Basis-Emitterspannung isoliert als auch die Temperaturspannung mit einem Koeffizienten behaftet isoliert aufweisen. Die Schaltung im linken Bild der Abb. 3.1.35 stellt dies zur Verfügung. Die erwähnte Differenz der Basis-Emitterspannung fällt über dem Widerstand R1 ab. Dazu ist aber wichtig, dass die Spannung der beiden Kollektoren gleich groß ist. Dann kann über unterschiedliche Widerstände ein unterschiedlicher Zweigstrom erzeugt werden. Diese Vorgabe ist nur über eine Regelung erreichbar. Daher ist die Schaltung zu erweitern, um mit Hilfe eines Stromspiegels (Wilson-Spiegel) diese Spannungsgleichheit herzustellen. Diese Konfiguration entspricht der Schaltung in Abb. 3.1.35.

Die Berechnung dieser Schaltung zeigt Formel 3.1.27. Die Spannungsgleichheit an den beiden Emittern Q_1 und Q_2 wird hierbei vorausgesetzt. Damit lassen sich die Zweigströme nur durch die Widerstände R_3 und R_4 bestimmen. Die Emitterströme ergeben sich auf Grund des Wilson-Spiegels. Dieser Spiegel produziert einen kleinen Fehler, der in Kapitel 1.7 diskutiert wurde

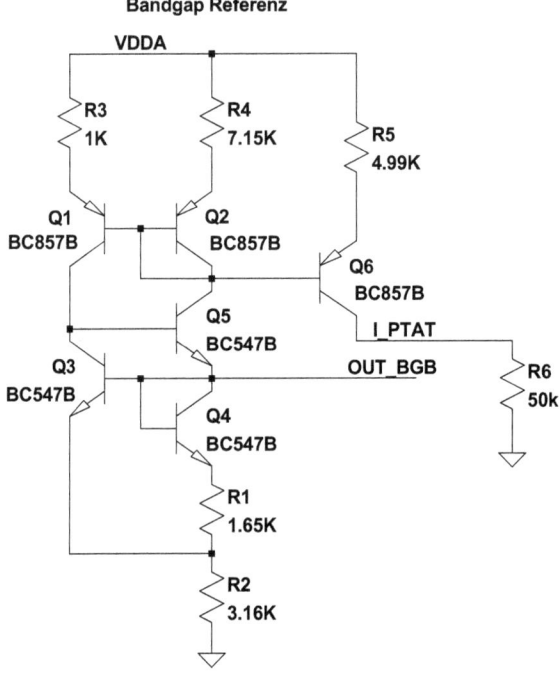

Abb. 3.1.35 Bandgap-Referenz

3.1 Operationsverstärker-Grundschaltungstechniken

und vernachlässigbar gering ist. Auf Grund der Voraussetzung (virtuelle Spannungsgleichheit an den Emittern Q_1 und Q_2) können die Zweigströme durch die Widerstände R_4 und R_3 ersetzt werden. Für den Spannungsabfall über R_2 kann dann gezeigt werden, dass dieser sich aus der Temperaturspannung und einem aus Widerstandsverhältnissen bestehenden Koeffizienten darstellt. Damit ist das Ziel erreicht. Die Basis-Emitterspannung des Transistors Q_3 in Serie mit dem Spannungsabfall über R_2 ergibt die gewünschte Beziehung der Formel 3.1.26.

$$I_E = I_S \cdot e^{\frac{q \cdot V_{BE}}{kT}} = I_S \cdot e^{\frac{V_{BE}}{u_T}}$$

$$u_T = \frac{k_B \cdot T}{e} = \frac{1.38 \cdot 10^{-23} VAs \cdot 300K}{1.9 \cdot 10^{-19} AsK} = 21.79 mV$$

$$\frac{I_{C,Q1}}{I_{C,Q2}} = \frac{R_4}{R_3} = \frac{I_{C,Q3}}{I_{C,Q4}} \quad \text{mit (Vernachlässigung Basisstrom):} \quad I_C = I_E$$

$$U_{R1} = V_{BE,Q3} - V_{BE,Q4} = u_T \cdot \ln\left(\frac{I_{C,Q3} \cdot I_{S,Q4}}{I_{C,Q4} \cdot I_{S,Q3}}\right) = u_T \cdot \ln\left(\frac{R_4 \cdot I_{S,Q4}}{R_3 \cdot I_{S,Q3}}\right)$$

$$I_{E,Q4} = \frac{u_T}{R_1} \cdot \ln\left(\frac{R_4 \cdot I_{S,Q4}}{R_3 \cdot I_{S,Q3}}\right)$$

$$I_{R2} = I_{E,Q3} + I_{E,Q4} = I_{E,Q4} \cdot \left(1 + \frac{R_4}{R_3}\right)$$

$$V_{R2} = u_T \cdot \left(\frac{R_2}{R_1} \cdot \left(1 + \frac{R_4}{R_3}\right) \cdot \ln\left(\frac{R_4}{R_3}\right)\right) = u_T \cdot A$$

$$V_{BG} = V_{BE,Q3} + V_{R2} = V_{BE,Q3} + u_T \cdot \left(\frac{R_2}{R_1} \cdot \left(1 + \frac{R_4}{R_3}\right) \cdot \ln\left(\frac{R_4}{R_3}\right)\right)$$

Formel 3.1.27

Je nach Wahl des Temperaturgangs kann ein negativer, neutraler oder positiver Temperaturgang eingestellt werden. Diese Schaltungen nennt man dann entsprechend:

NTAT (**N**egativ **T**o **A**bsolute **T**emperature)

Bandgap

PTAT (**P**ositiv **T**o **A**bsolute **T**emperature).

Der Wert des Temperaturkoeffizienten α für die Bandgap-Bedingung ist:

α* 86 µV/K = –2 mV/K Daraus folgt: α ~ 23.

$$V_{BG} = V_{BE,Q3} + V_{R2} = V_{BE,Q3} + u_T \cdot \left(\frac{R_2}{R_1} \cdot \left(1 + \frac{R_4}{R_3}\right) \cdot \ln\left(\frac{R_4}{R_3}\right)\right)$$

$$V_{ref} = V_{BE,Q3} + \alpha \cdot u_T$$

$$\alpha = \frac{R_2}{R_1} \cdot \left(1 + \frac{R_4}{R_3}\right) \cdot \ln\left(\frac{R_4}{R_3}\right)$$

Formel 3.1.28

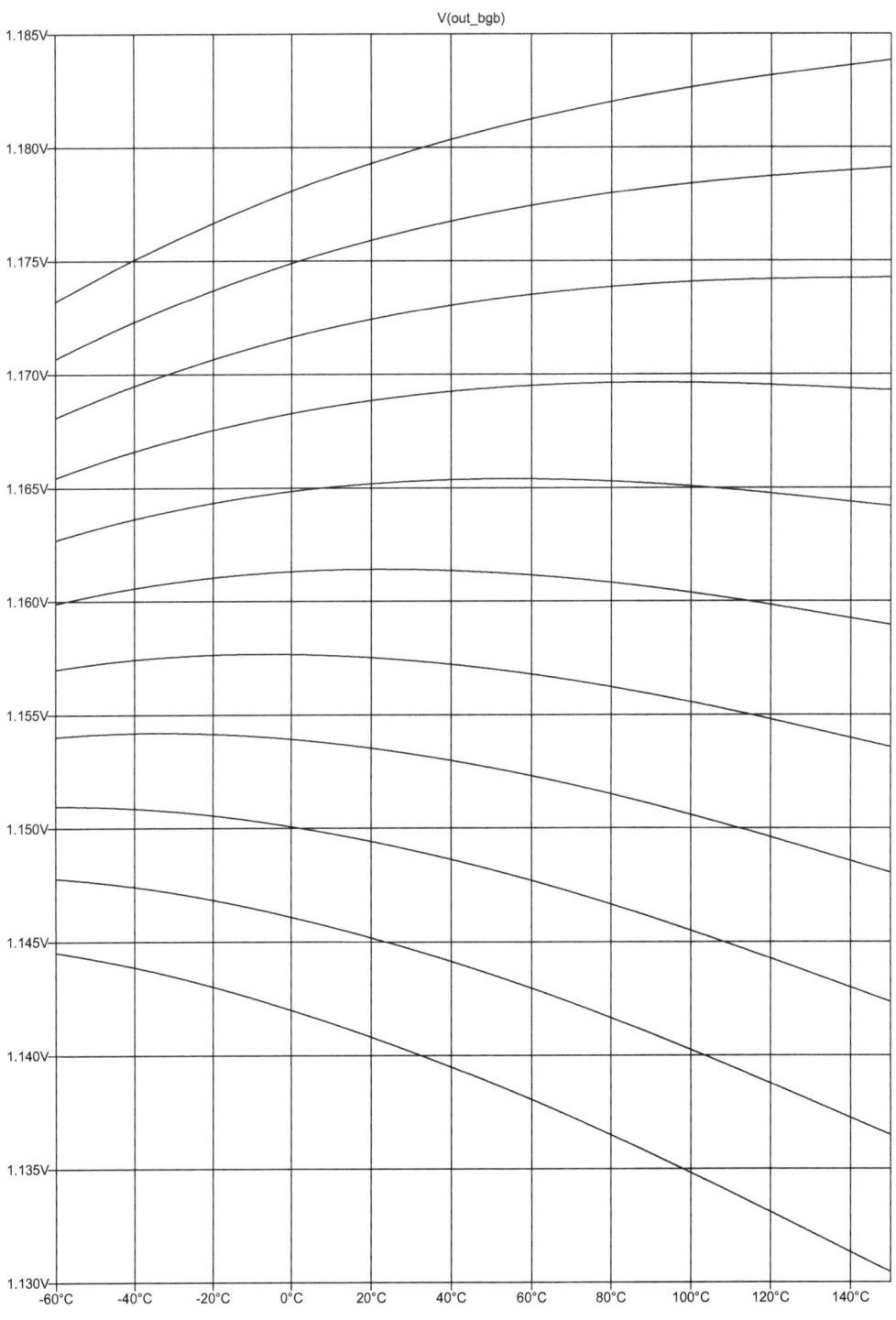

Abb. 3.1.36   Bandgap, Simulationsergebnis

3.1 Operationsverstärker-Grundschaltungstechniken

Dieser Wert wird mit den Widerständen eingestellt. In aller Regel wird eine Bandgap integriert aufgebaut, so dass der Flächenfaktor und damit die Stromdichte vorgegeben ist. Ein vernünftiger Wert ist 8–10. Baut man jedoch eine Bandgap aus Einzeltransistoren, so wird diese niemals präzise dieser Gleichung folgen, da die Transistoren ebenfalls Innenwiderstände besitzen und diese meist nicht bekannt sind. Das ist aber nicht weiter schlimm, da die oben gezeigte Berechnung nach wie vor ihre Gültigkeit hat und sich diese Transistorwiderstände durch eine kleine iterative Simulationsrunde ausmerzen lassen. Zur Simulation ist der Stromausgang I_PTAT mit 50 kΩ zu belasten. Das Ergebnis zeigt Abb. 3.1.36.

In dieser Simulation wurde auch die Versorgungsspannung von 5 V (untere Kennlinie) bis 15 V (obere Kennlinie) in 2V Schritten variiert. Das Ergebnis besagt, dass einerseits in der Berechnung der Bandgap in Formel 3.1.28 die Versorgungsspannung nicht vorkommt, andererseits jedoch muss bei jedem Transistor der Arbeitspunkt stets mit bedacht werden. Der Transistorarbeitspunkt ist natürlich vom Early-Effekt abhängig und damit ist auch in der Bandgap eine gewisse Abhängigkeit von der Versorgungsspannung quasi „eingebaut". Zusätzlich ist auch zu bedenken, dass in den meisten Fällen die Schwankung der Versorgungsspannung mit etwa 5% angegeben wird, so dass der Early-Effekt dabei eine tatsächlich untergeordnete Rolle spielt und durch die iterative Simulationsanpassung auch kompensiert wird. Die Kennlinie von 11 V (dritte von oben) zeigt den abgeglichenen Arbeitspunkt. Die quadratische Form der Kennlinie ist zu erklären, da in „Wirklichkeit" der Temperaturgang der Basis-Emitterspannung auch nichtlinear ist. Bei manchen Prozessen ist sogar eine kubische Kennlinie zu entdecken.

Auch in CMOS-Prozessen können Bandgap-Schaltungen eingebracht werden. Dabei werden die parasitären Bipolartransistoren (siehe Kapitel 2.1.1) verwendet. Die Zielgleichung Formel 3.1.26 bleibt ebenso wie die Leitidee der Isolation von U_{BE} und u_T dieselbe. Diese Isolation erreicht man wieder durch virtuelles Gleichsetzen der Spannungen über den Widerständen, welche die Zweigströme damit festlegen. Diese virtuelle Spannungsgleichheit wird mit Hilfe eines OPAs erreicht. Das ist der entscheidende Unterschied zur bipolaren Bandgap-Referenz. Hier sorgt der OPA für diese virtuelle Spannungsgleichheit. Der OPA ist im Regelkreis und damit werden diese virtuellen Spannungsknoten hochstabil bleiben. Die Abb. 3.1.37 zeigt die zugehörige Schaltung.

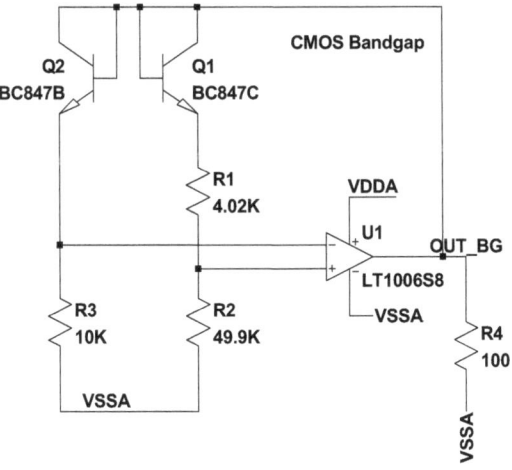

Abb. 3.1.37 CMOS-Bandgap

$$V_{R3} = V_{R2}$$

$$\frac{I_1}{I_2} = \frac{R_2}{R_3}$$

$$V_{BE,Q2} = V_{BE,Q1} + V_{R1}$$

$$V_{R1} = V_{BE,Q2} - V_{BE,Q1} = u_T \cdot \ln\left(\frac{I_1}{I_2}\right) = u_T \cdot \ln\left(\frac{R_3}{R_2}\right) = I_2 \cdot R_1$$

$$I_2 = u_T \frac{1}{R_1} \cdot \ln\left(\frac{R_2}{R_3}\right)$$

$$V_{Ref} = V_{BE,Q1} + u_T \cdot \left(1 + \frac{R_2}{R_1}\right) \cdot \ln\left(\frac{R_2}{R_3}\right)$$

Formel 3.1.29

Die Spannungsvariation dieser Simulation beträgt ebenso wie bei der Simulation der bipolaren Bandgap 5 V bis 15 V in 2 V Schritten. Hier liegen aber die Kurven nahezu perfekt zusammen. Das begründet sich auf den Regeleigenschaften des Operationsverstärkers. Damit lässt sich im Zuge des Vergleichs mit der bipolaren Schaltung sagen, dass die Nutzung eines OPAs auch hier einen großen Vorteil liefert.

Der Nachteil aller Bandgaps darf aber nicht unbenannt bleiben. Dieser Nachteil betrifft das Anlaufverhalten. Da im ausgeschalteten Zustand alle Knoten entladen sind, kommt es häufig vor, dass eine Bandgap nicht alleine in den richtigen Arbeitspunkt findet. Es kann passieren, dass die Schaltung einen völlig anderen Arbeitspunkt findet und dort stabil bleibt. Aus diesem Grunde sollten bei Bandgaps stets Anlaufschaltungen eingebaut werden. Das kann mit einer kleiner RC-Schaltung passieren, welche eine Ladung in den oder die Zwischenknoten befördert. Diese Ladung reicht aus, um den Anlauf einer Bandgap stets sicher zu stellen. Bessere Schaltungstechniken bedienen sich des sogenannten power-on-reset (POR). Das ist eine kleine digitale Schaltung, die mit Schaltern eine Quelle in die Bandgap-Zwischenknoten speist, um diese Knoten auf Potential zu bringen. Ist das erreicht, wird nach kurzer Zeit der POR wieder zurückgenommen und die Bandgap zeigt den erwarteten Arbeitspunkt. Sollte die Genauigkeit einer Bandgap-Referenz nicht ausreichen, so kann nur die Präzision der Versorgungsspannung (Memo: Abhängigkeit des Transistorarbeitspunkts von der Early-Spannung) verbessert werden. Dies erfordert eine zusätzliche Stabilisierung der Versorgungsspannung der Bandgap, welche mit Hilfe eines Reglers erreichbar ist. Der Aufwand ist jedoch hoch. Derartig aufwendige Schaltungstechniken sind jedoch für die Lehre und damit für dieses Buch nicht zielführend und werden daher lediglich erwähnt.

3.1 Operationsverstärker-Grundschaltungstechniken

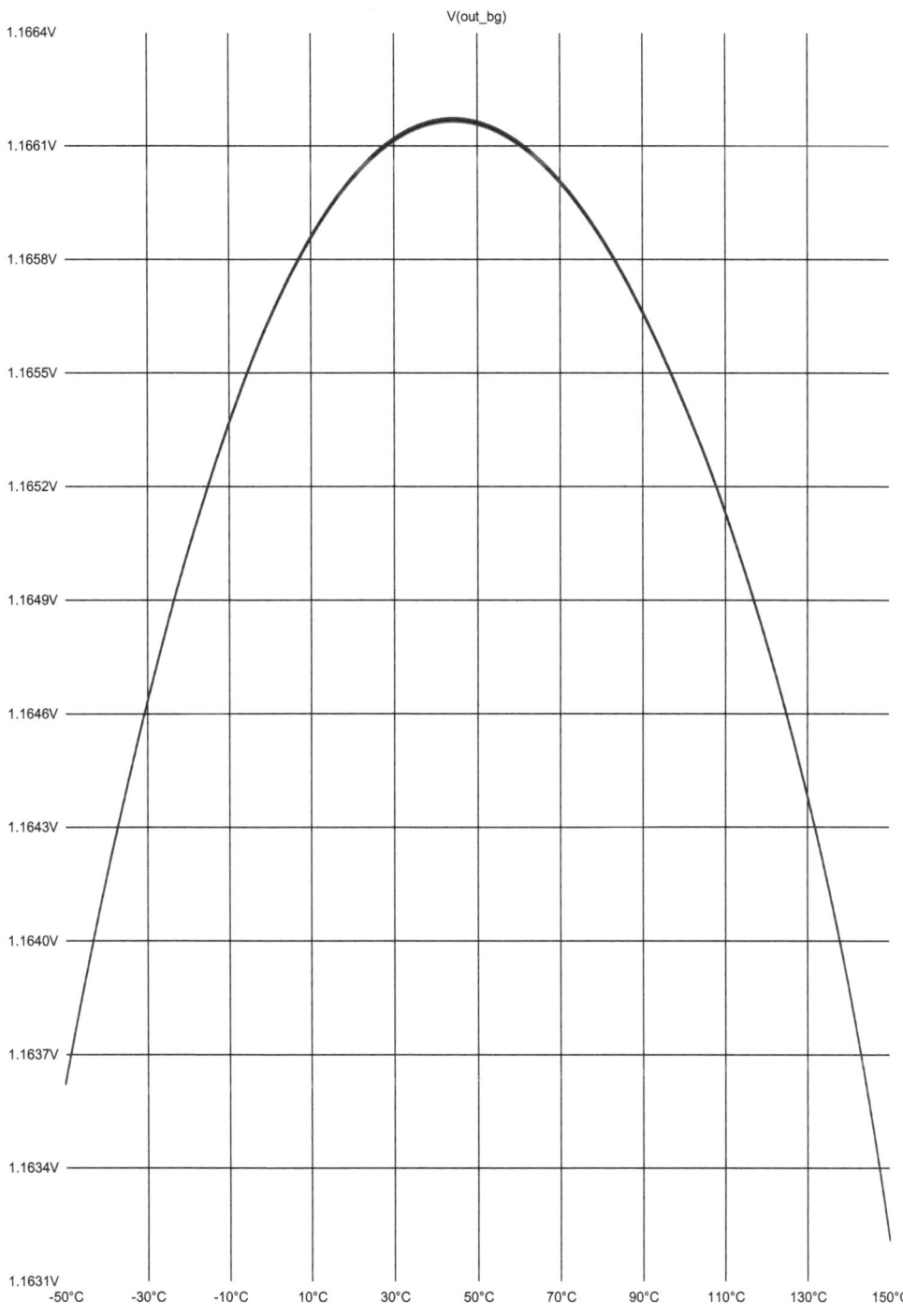

Abb. 3.1.38 CMOS-Bandgap, Simulationsergebnis

3.1.13 Die Bandgap-gesteuerte Stromquelle und Spannungsquelle

Basierend auf der Ansteuerung durch eine Bandgap ist es mit Hilfe eines OPAs möglich, eine präzise und temperaturstabile Stromquelle als Referenzstromquelle aufzubauen.

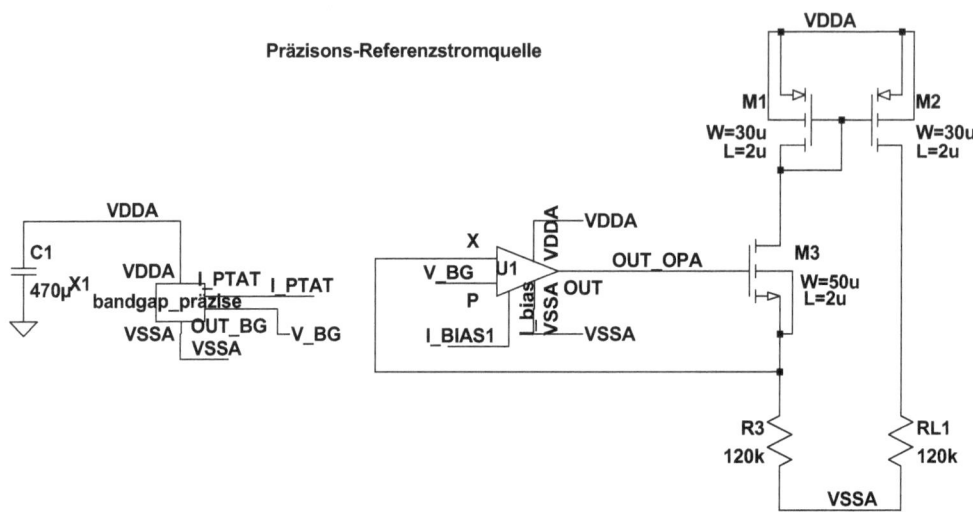

Abb. 3.1.39   Bandgap-gesteuerte Stromquelle

Die Abb. 3.1.39 zeigt, dass die Bandgap einen Regelkreis steuert. Der OPA-Ausgang steuert das Gate des MOS-Transistors M3 und bestimmt dadurch den Arbeitspunkt des Transistors, was gleichbedeutend mit dem Drainstrom durch diesen Transistor ist. Der positive Eingang des OPA ist direkt mit der Bandgapspannung verbunden, der negative Eingang erfasst den Spannungsabfall über R3. Da beide Eingänge auf Grund des rückgekoppelten Reglersystems sich auf gleiche Spannung einschwingen, ist die Spannung über R3 gleich der positiven Eingangsspannung des OP. Damit ist der Strom durch den Widerstand direkt abhängig von der Bandgapspannung. Aus diesem Grund ist diese Schaltung eine hochpräzise und temperaturstabile Referenzstromquelle, deren Fehler nur von der Genauigkeit der Bandgap abhängt.

Man erkennt die temperaturstabile Lage des Stroms, deren Abweichung in diesem Fall +/−0.0115 µA bei einem mittleren Strom von 9.666 µA beträgt, heißt ca. 0.12%. Stromreferenzen spielen in der Schaltungstechnik eine Rolle bei Signalwandlern. Höchstpräzisionsschaltungen können nur mit geregelten Bandgaps erreicht werden. Die Bandgapspannung und der gespiegelte Strom durch RL1 sind ebenfalls in das Ergebnis übernommen.

3.1 Operationsverstärker-Grundschaltungstechniken

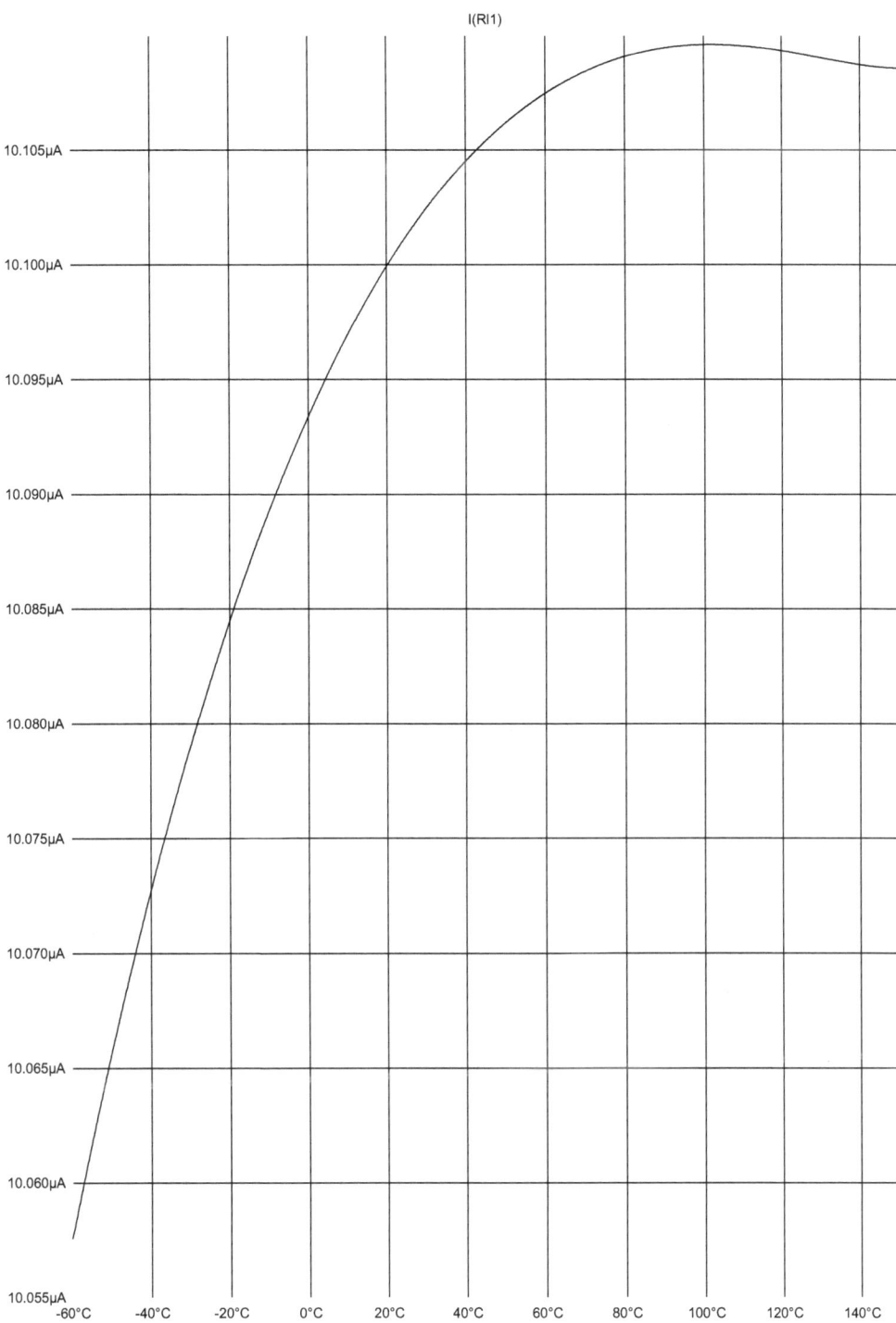

Abb. 3.1.40 Bandgap-gesteuerte Stromquelle, Simulationsergebnis

Abb. 3.1.41 zeigt die Schaltungstechnik für Bandgap-gesteuerte Spannungsquellen. Dabei folgt dieses Prinzip ähnlich dem der Stromquelle. Auch hier wird mit einem OPA ein Regelkreis aufgebaut, der die Spannung über einem Widerstand – im Fall der oben gezeigten Schaltung ist das die Reihenschaltung von R_4, R_5 und R_6 – so einregelt, dass diese der Bandgap-Spannung entspricht. Das ist in Abb. 3.1.41 der Knoten OUT2. Damit sind alle anderen Spannungen definiert und da die anderen Spannungen aus den Widerstandsverhältnissen ermittelt werden, folgen diese einerseits dem Temperaturgang der Bandgap und sind andererseits mit ihrem ratiometrischen Fehler behaftet, der aber sehr klein gehalten werden kann. Bei Platinenschaltungen werden ausgemessene ratiometrische Widerstände verwendet und bei integrierten Schaltkreisen sind die Widerstände im Layout sowohl räumlich sehr eng beieinander als auch punktsymmetrisch und mit Einheitswiderständen versehen angeordnet. Damit ist der Gesamtfehler dieser Spannungsquelle sehr gering. Bei Höchstpräzisionsanwendungen können solche Schaltungen durch eine geregelte Bandgap mit deutlich geringerem Temperaturgang und damit Spannungsschwankung aufgebaut werden.

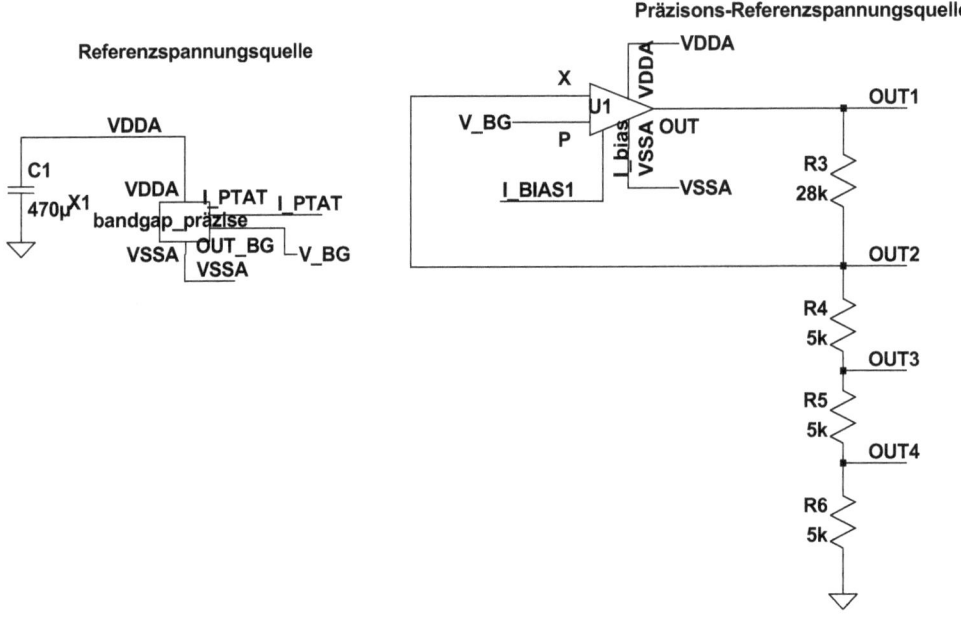

Abb. 3.1.41   Bandgap-gesteuerte Spannungsquelle

Abb. 3.1.42 zeigt das zugehörige Simulationsergebnis, aus dem erkannt werden kann, dass die einzelnen Spannungen sowohl in ihrer Schwankungsbreite sehr gering sind als auch dem Bandgap-Temperaturgang folgen.

3.1 Operationsverstärker-Grundschaltungstechniken

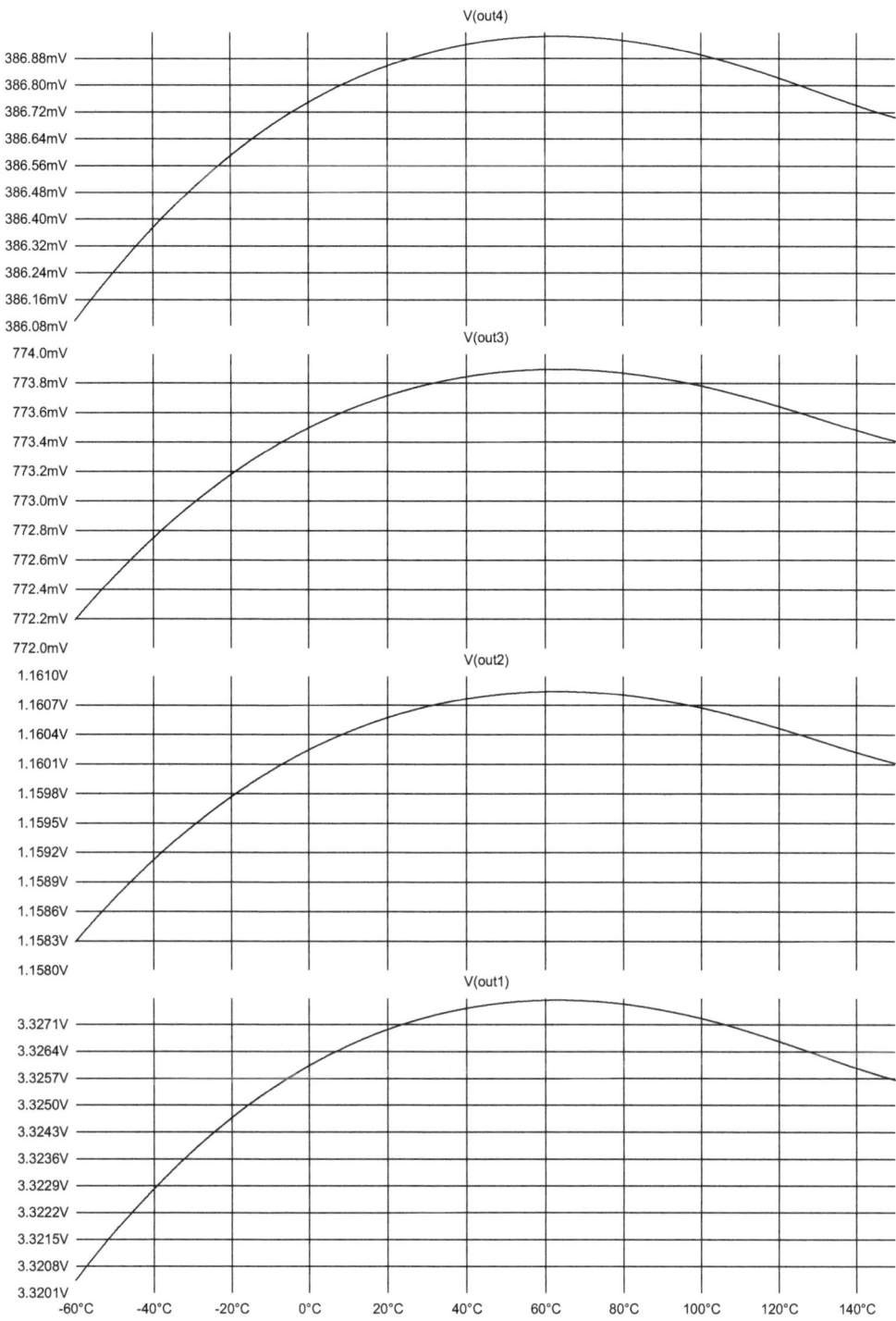

Abb. 3.1.42 Bandgap-gesteuerte Spannungsquelle, Simulationsergebnis

3.1.14 Präzisionsstromspiegel

Präzisons-Referenzstromquelle

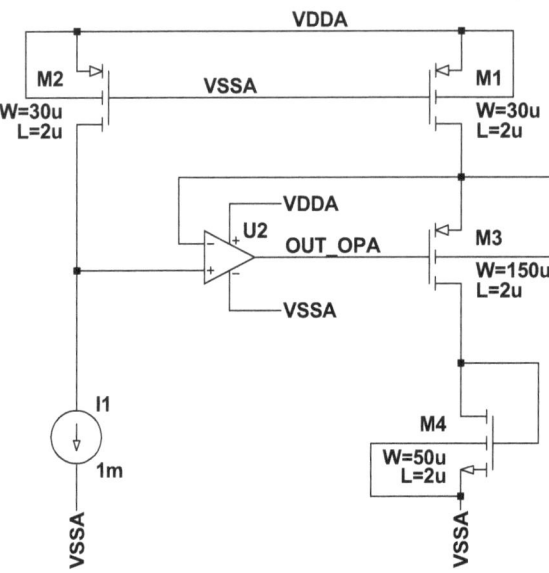

Abb. 3.1.43 Präzisionsstromspiegel

Die Abb. 3.1.43 zeigt einen anderen Weg einer Stromspiegelschaltung. Hier wird ein Operationsverstärker als Spannungsregler verwendet. Die Source-Drainspannung im Referenzzweig wird gemessen und die Sourcespannung wird im gespiegelten Zweig auf denselben Wert geregelt. Das ist gleichbedeutend der Aussage, dass der links- und rechtsseitige Leitwert zwischen den Messpunkten und der Masse identisch ist und damit ist auch der Strom im Referenz- als auch im gespiegelten Zweig identisch. Natürlich ist in der Schaltung in Abb. 3.1.43 der Verstärkeroffset enthalten und daher wird diese Spannung auch um diesen Offsetwert fehlerhaft sein, jedoch kann für höchst präzise Anwendungen entweder ein Operationsverstärker mit extrem niedrigem Offset, wie beispielsweise ein Chopper-Verstärker, verwendet werden oder es wird eine Offset-Kalibrierung durchgeführt. Der MOS-Transistor stellt sich auf einen Arbeitspunkt so ein, dass der Strom durch diesen Transistor die Drain-Source-Spannung bestimmt. Da die beiden MOS-Transistoren M3 und M2 dieselbe Gatevorspannung haben und auch deren Drain-Sourcespannung durch die Regelung des Operationsverstärkers dieselbe ist, wird auch der Strom durch diesen Transistor derselbe sein. Damit wird der Effekt der Kanallängenmodulation ebenfalls ausgeregelt.

Eine Simulation, ausgeführt als DC-Transfer mit Variation des Temperaturbereichs von −60 bis 150 °C, sowie einer Versorgungsspannungsvariation zwischen 4 V bis 6 V, zeigt die extrem gute Stabilität und Genauigkeit dieser Schaltungstechnik. Höchstpräzisionsanforderungen, das bedeutet Exaktheit und Stabilität des Ergebnisses über den gesamten Streubereich der Bauteile sowie dem gesamten spezifizierten Temperaturbereich hinweg, können nur mit einer geregelten Schaltungstechnik wie dieser hier vorgestellten erfüllt werden. Der dazu notwendige Aufwand steckt im Operationsverstärker und darf nicht unterschätzt werden.

3.1 Operationsverstärker-Grundschaltungstechniken

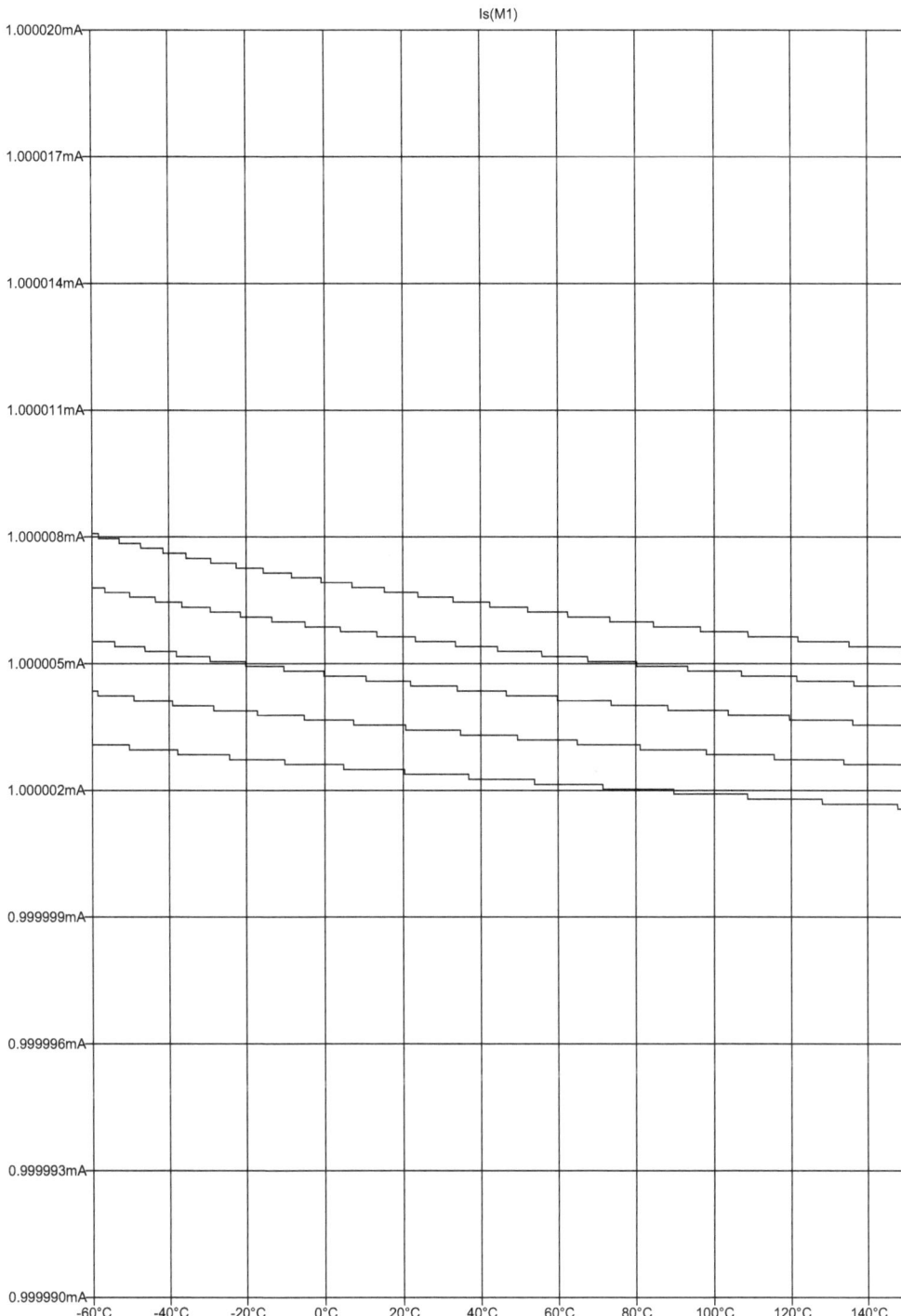

Abb. 3.1.44 Präzisionsstromspiegel, Simulationsergebnis

Einerseits ist zu beachten, dass die Eingangsspannungen bei solchen Anwendungen meist sehr nahe einer der beiden Versorgungsspannungen sind und andererseits ist zu beachten, dass die Offsetanforderung sowie die Offsetstabilität sehr hoch sind. Die Signalspannung, welche wie erwähnt recht nahe bei einer der Versorgungsspannungen liegt, erzwingt den Typus des Eingangstransistorpaares. Bei höchster Präzision ist ein Strom in den Verstärkereingang nicht gestattet. Dieser Punkt erzwingt einen MOS FET als Eingangstransistor. Darüber hinaus muss der Eingangstransistor über den vollen Signalbereich leitfähig bleiben sowie der Verstärker voll im linearen Arbeitsbereich zur Verfügung stehen. Dies erzwingt die Wahl eines P-Kanal-Eingangstransistorpärchens, wenn die Signalspannung in der Nähe der negativen Versorgungsspannung liegt und ein N-Kanal-Eingangstransistorpärchen, wenn die Signalspannung in der Nähe der positiven Versorgungsspannung liegt. Dies alles stellt einen enorm hohen Auftrag an die Entwicklung solch eines Stromspiegels dar und treibt natürlich auch die Kosten für solch eine Anwendung deutlich nach oben. Wenn demgegenüber aber eine sehr hohe Kundenanforderung steht, dann ist diese Schaltungstechnik die Beste, welche zur Auswahl steht.

3.2 SC-Schaltungstechnik

Als James T. Clerk Maxwell 1892 [3.12] seine berühmte *treatise of electricity and magnetism* schrieb, dachte er nicht im Traum daran, dass dies in den 80er Jahren des letzten Jahrhunderts zu einer Sensation werden sollte: die switched-capacitor (SC) Technologie begann ihren Siegeszug in der analogen Designwelt. Prädestiniert für *CMOS-* (*Complementary MOS*) Technologie vervollkommnet diese Schaltungstechnik alles, was im analogen Design so wesentlich ist:

- Leistungsarmut
- Präzision

Basierend auf folgendem Zusammenhang baut diese Schaltungstechnik auf:

Maxwell erkannte, dass ein periodisch geladener und entladener Kondensator die Charakteristik eines Ohm'schen Widerstandes (U/I = const) besitzt.

Maxwell's Erkenntnisse müssen dazu aber ein wenig präzisiert werden. Es sind zwei Felder relevant: das elektrische und das magnetische Feld, welche beide mit ihren Feldladungen beschrieben werden können:

Physikalisch ist die elektrische Ladung Q und die magnetische Ladung M definiert als:

$$dQ = i(t)dt$$
$$dM = u(t)dt$$

Formel 3.2.1

Es ist nicht das Ziel des Buchs in die theoretische Physik einzusteigen, aber an dieser exponierten Stelle ist es doch angebracht einige wenige Worte über die Grundlagen Maxwell's zu schreiben, die zielführend zur SC-Schaltungstechnik sind. Wir verlassen dazu die klassische Darstellung der Magnetflussdichte mit div B = 0 und schreiben, Dirac's Gedankengängen von 1931 [3.13] folgend, dafür:

$$\operatorname{div}\vec{B} = \vec{\nabla} \cdot \vec{B} = \rho_m$$
$$\vec{\nabla} \times \vec{E} = -\vec{j}_m - \frac{\partial \vec{B}}{\partial t}$$

Formel 3.2.2

3.2 SC-Schaltungstechnik

Mit diesen beiden Formeln konnte Dirac dann das magnetische Äquivalent für das Coulomb'sche Gesetz schreiben:

$$E = \frac{1}{4\pi\varepsilon} \cdot \frac{q_e}{r^2}$$

$$H = \frac{1}{4\pi\mu} \cdot \frac{q_m}{r^2}$$

Formel 3.2.3

Ohne weitere Ausführungen, die zum Buchthema auch fachlich nichts mehr beitragen, können wir aber die Äquivalenzen ausnutzen, indem wir das Ohm'sche Gesetz aus der Feldtheorie dafür verwenden. Dieser Ansatz führt zum Dualitätsprinzip [3.14] des elektrischen und des magnetischen Felds. Für die Darstellung in Schaltungstechnik wird dies umgesetzt mit der Dualität, die zwischen Kondensatoren und Induktivitäten vorhanden ist.

$$
\begin{array}{lcl}
C & \leftrightarrow & L \\
u(t) & \leftrightarrow & i(t) \\
i(t) = C\dfrac{du(t)}{dt} & \leftrightarrow & u(t) = -L\dfrac{di(t)}{dt} \\
u(t) = \dfrac{1}{C}\int_0^T i(t)dt + u(0) & \leftrightarrow & i(t) = \dfrac{1}{L}\int_0^T u(t)dt + i(0)
\end{array}
$$

Formel 3.2.4

Soll demnach ein Kondensator die Funktion eines Widerstands erfüllen, dann kann er sicherlich auch die Funktion einer Spule übernehmen. Maxwell [3.12] formulierte für eine zeitlich periodisch geschaltete Kapazität:

$$i(t)dt = \varepsilon dQ = CdV$$
$$i(t)dt = CdV$$
$$\frac{dV}{i(t)} = \frac{dt}{C} = r(t)$$

Formel 3.2.5

Die Formel 3.2.5 zeigt, dass ein Widerstand dann und nur dann als konstante Größe eingeht, wenn die Zeit periodisch ist und der Kondensator seinen Wert nicht ändert. Das letztere wird vorausgesetzt und die zeitliche Periodizität über einen Takt zur Verfügung gestellt. Damit kann die Differentialgleichung in eine Differenzengleichung überführt werden. Des Weiteren wird vorausgesetzt, dass die Ladung einer Kapazität so vollzogen ist, dass die geforderte Genauigkeit der Ladungsabbildung erhalten bleibt. Dann sagt man: das System befindet sich im eingeschwungenen Zustand. Da ein Schalter einen Widerstand R_S (Index S für switch) besitzt, kann für die geschaltete Kapazität C_S ein RC-Verhalten angenommen werden und es ergibt sich gemäß Kapitel 2.3.1 zu den bekannten Exponentialfunktionen für das Einschwing- und Abklingverhalten. Mit diesen so festgelegten Randbedingungen folgt dann für die geschaltete Kapazität:

$$R_S = \frac{1}{C_S \cdot f_S}$$

mit: $f_S \rightarrow \frac{2}{T}$

$$R_S = \frac{T}{2 \cdot C_S}$$

Formel 3.2.6

In Formel 3.2.6 steht, dass die Abtastfrequenz f_s dem halben Takt entspricht. Das erscheint auf den ersten Blick seltsam und verwirrt. Dahinter jedoch steht ein wichtiger Aspekt:

In der einen Hälfte des Taktes wird die Kapazität kurzgeschlossen und somit entladen, während in der anderen Takthälfte die Kapazität mit dem angelegten Signal geladen wird. Nutzbringend für den Signaltransport ist folglich nur die Takthälfte, in der das Signal transportiert wird. Deshalb wird der Widerstand bzw. die dafür geschaltete Kapazität über den halben Takt beschrieben. Mathematisch darf das nicht gleichgesetzt werden, daher ist der Korrespondenzpfeil in der Formel 3.2.6 stellvertretend eingeführt. Geschaltete Kapazitäten bedingen demzufolge immer ein abgetastetes System, in dem zwei oder sogar mehrere Taktphasen innerhalb einer Periode vorkommen. Eine der Taktphasen ist stets die signalverarbeitende Taktphase. Damit ist das System nicht mehr ohne weiteres beschreibbar. Damit das System signalmäßig beschrieben werden kann, ist eine zusätzliche Transformation notwendig: die z-Transformation [3.15].

$$s \rightarrow z = e^{sT} \Leftrightarrow s = \frac{1}{T} \cdot \ln(z)$$

$$\ln(z) = 2 \cdot \sum_{k=0}^{n} \frac{1}{2k+1} \cdot \left(\frac{z-1}{z+1}\right)^{2k+1} + R_{n+1}(z), z > 0$$

$$z^{-1} = 1 - sT$$

Gültigkeitsbedingung:

$$T \gg \frac{1}{s} \quad \Rightarrow \quad \frac{1}{\omega} \ll T$$

Formel 3.2.7

Die Aussagen (Herleitungen siehe Literatur [3.15]) aus Formel 3.2.7 sind:
- Je größer ω, desto schlechter die Tiefpasseigenschaften
- Die Signale liegen periodisch in k*sT vor mit k als ganze Zahl.

Die letzte Aussage ist, welche bereits oben in den Überlegungen vorgestellt wurde. SC-Schaltungen zeigen Signale innerhalb eines Zeitfensters pro Periode auf und daher können auf den kontinuierlichen Datenstrom auch keine Frequenzanalysen durchgeführt werden.

3.2 SC-Schaltungstechnik

Das gesamte System ist auf eine völlig neue Art zu beschreiben: als Folge von Signalen. Damit ist auch die Analytik mit Hilfe von Netzwerksimulatoren nur schwer zu bewerkstelligen, denn Netzwerkanalysatoren lassen eine Ausblendung von Taktphasen nicht zu. Jedoch kann sich der Entwickler eines Tricks bedienen: er kann an die Knoten, die er beobachten möchte jeweils ein S&H hinhängen. Das ist später in der Schaltung nicht vorhanden, dient aber der Beobachtbarkeit. Aber Vorsicht, denn die Fourier-Analyse zeigt dann ein Spektrum, dessen Frequenzanteile nicht stimmen! Die Analyse kann sich nur auf den Rauschuntergrund oder die Signalstärke beziehen. Jedoch kann die Frequenzachse nachgeeicht werden, wenn vorher mit bekannten Frequenzen das System stimuliert wird und diese dann quasi die Frequenzachse „transformieren". Das Analysewerkzeug, welches sich hier hervorragend eignet ist MATLAB mit SIMULINK [3.1] bzw. SCILAB mit XCOS [3.2].

Was haben wir erreicht?

- eine zeitliche Diskretisierung mit T als Periode und T/2 als Zeitfenster zur Signalverarbeitung
- eine erreichte Genauigkeit, die dem Ladungszustand am Ende der Periode entspricht
- $e^{-t/\tau}$
- einen Ersatz für einen Ohm'schen Widerstand – C für R mit R = T/C
- die Möglichkeit analoge Schaltungen als zeitdiskretes Pendant in integrierte (C)MOS-Schaltungen zu realisieren (Widerstände sind in Integrationstechnologien stets markant ungenauer als Kondensatoren. Grund ist die Präzison des Oxids in Dickenkonstanz).
- das Nyquist-Kriterium oder Shannon-Kriterium ist stets zu beachten!
- für die Signalgenauigkeit ist, bezogen auf den mindestens geforderten – durch Quantisierung verursachten – Rauschuntergrund SQR (siehe Kapitel 3.2.6) die Mindestanzahl an geforderten, abgetasteten Signalatomen einzuhalten.
- sehr wichtig: Taktschemata mit zeitlichen Austastlücken, d.h. nicht überlappende Takte
- beim Offsetkompensierten Verstärker ist auch der Fehler der endlichen OPA-Verstärkung ausgemerzt.

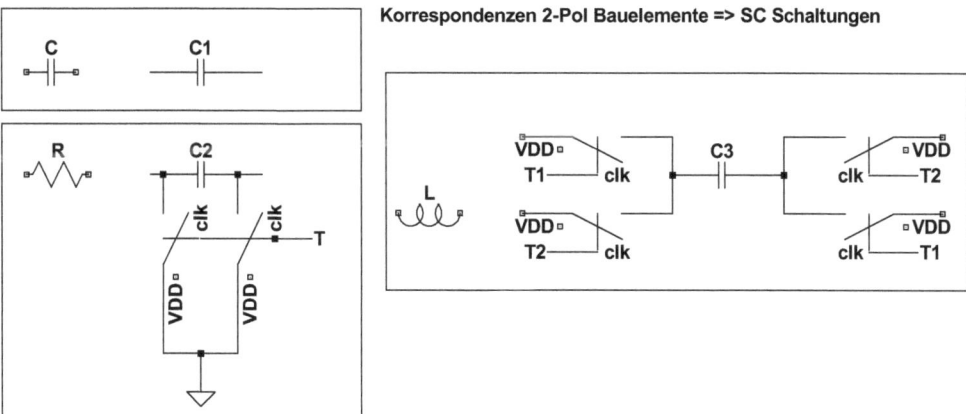

Abb. 3.2.1   Zwei-Pol Bauelemente – SC-Korrespondenzen

Für jedes der drei Zweipolelemente Kondensator C, Widerstand R und Spule L findet sich eine reine Kondensatorkorrespondenz. Diese Korrespondenzen lassen sich mathematisch über die bilineare z-Transformation [3.15], siehe Formel 3.2.7, formulieren:

$$z = e^{pT} \quad p = j\omega$$

$$\Psi = 2 \cdot \frac{z-1}{z+1} = 2 \cdot \tanh\left(\frac{s \cdot T}{2}\right)$$

$$V_R = R \cdot I$$

$$V_C = \frac{R}{\Psi} \cdot I$$

$$V_L = \Psi \cdot R \cdot I$$

Formel 3.2.8

In Formel 3.2.8 sind die Quellen nicht enthalten, die in der gleichen Art ebenfalls als SC-Korrespondenzen darstellbar sind. Diese Quellen werden erst bei SC-Filtern [3.16–3.20] und auch dort nur bei bestimmten Filterformen benötigt. Daher sind diese Korrespondenzen in diesem Kapitel unwichtig.

3.2.1 Der SC-Verstärker oder SC-AMP

Basierend auf dem besprochenen zeitkontinuierlichen Verstärker werden dessen Widerstände durch geschaltete Kapazitäten ersetzt und ergeben so den SC-Verstärker [3.21–3.23] in seiner Grundschaltungstechnik, siehe Abb. 3.2.1. Damit erhalten wir eine neue Art von Verstärkern: die ladungsgesteuerten Verstärker, in der Literatur meist als SC-Verstärker benannt. Die beiden Schalter werden synchron bedient: Während S1 und S2 offen sind, sind S3, S4 und S5 geschlossen. Wichtig bei Ladungsverstärkern ist, dass die Takte stets eine Austastlücke haben, damit keine Ladungsüberlappung und damit Ladungsverluste vorkommen. Anders gesagt: die Takte müssen nicht überlappend angeordnet werden. Nach der Austastlücke, innerhalb der alle Schalter geöffnet sind, werden die Schalter S1 und S2 geschlossen, während alle anderen Schalter offen bleiben. Die Schalter können mit unterschiedlichen Taktschemata bedient werden, so dass dieser OP einmal als invertierender Verstärker oder auch als invertierender Integrator bedient werden kann. Die Berechnung erfolgt nach demselben Schema wie

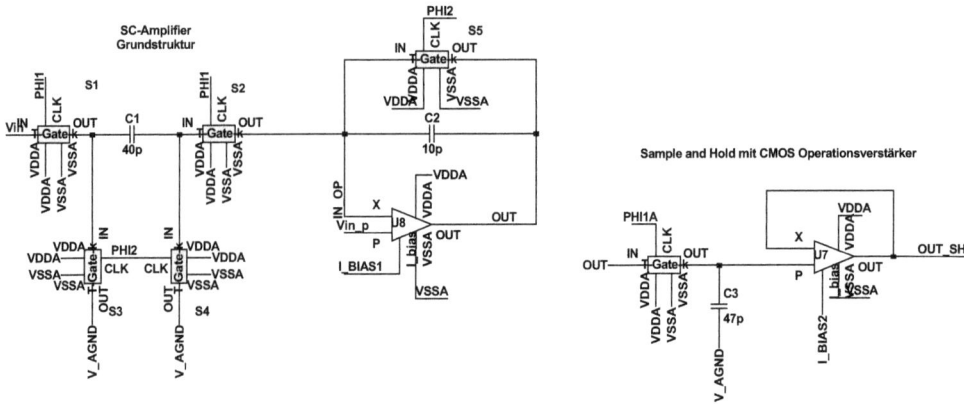

Abb. 3.2.2 SC-Verstärker, Grundschaltung

3.2 SC-Schaltungstechnik

bei der Widerstandsbeschaltung mit dem einzigen Unterschied, dass bei ladungsgesteuerten Verstärkern (SC) die Ladungsbilanzen anstelle der Strombilanzen berechnet werden.

SC_AMP: Berechnung der Übertragungscharakteristik, invertierender / nicht invertierender Verstärker

Wir folgen dem Berechnungsschema, welches beim OP ab Kapitel 3.1 als Berechnungsstandard angewandt wird, fügen jetzt aber den OPA-Offset hinzu. Der OP wird als VCVS mit einer intrinsischen Verstärkung G angegeben. Analog Ground V_AGND wird ab jetzt stillschweigend zu Null gesetzt. Die Takte sind nichtüberlappend angeordnet. Diese Gleichungen können vereinfacht werden, indem die Referenzspannung V_{AGND} als auch der Offset zu Null gesetzt werden. Diese Schaltung kann auch als nicht-invertierender Verstärker verwendet werden. Dazu wird das Taktschema leicht modifiziert.

Änderungen des Taktschemas:

Schalter S1 von PHI1 auf PHI2 und Schalter S3 von PHI2 auf PHI1

Phase 1 (PHI2):   Phase 2 (PHI1):

$$q_{1,C1} = (V_{sgn\,d} - V_{sgn\,d})C = 0_1 \qquad q_{2,C1} = (V_{in} - V_X)C_1$$

$$q_{1,C2} = 0 \qquad q_{2,C2} = (V_X - V_{OUT})C_2$$

$$q_{2,C1} = q_{2,C2}$$

$$V_X = -\frac{V_{OUT}}{G} - V_{\textit{Off}}$$

$$V_{OUT} = -V_{IN}\frac{C_1}{C_2 + \dfrac{C_1 + C_2}{G}} - V_{\textit{Off}} \cdot \frac{C_1 + C_2}{C_2 + \dfrac{C_1 + C_2}{G}}$$

Formel 3.2.9   Berechnung des invertierenden SC-Verstärkers

Phase 1 (PHI2):   Phase 2 (PHI1):

$$q_{1,C1} = (V_{IN} - V_X)C_1 \qquad q_{2,C1} = -q_{1,C1}$$

$$q_{1,C2} = 0 \qquad q_{2,C2} = (V_X - V_{OUT})C_2$$

$$q_{2,C1} = q_{2,C2}$$

$$V_X = -\frac{V_{OUT}}{G} - V_{\textit{Off}}$$

$$V_{OUT} = V_{IN}\frac{C_1}{C_2 - \dfrac{C_1 - C_2}{G}} + V_{\textit{Off}} \cdot \frac{C_1 - C_2}{C_2 + \dfrac{C_1 - C_2}{G}}$$

Formel 3.2.10   Berechnung des nicht invertierenden SC-Verstärkers

Auffällig: Im Gegensatz zur zeitkontinuierlichen Schaltung ist der Term (1 + V) (V steht für Verstärkung) weggefallen! Auch ein Vorteil der SC-Technik!

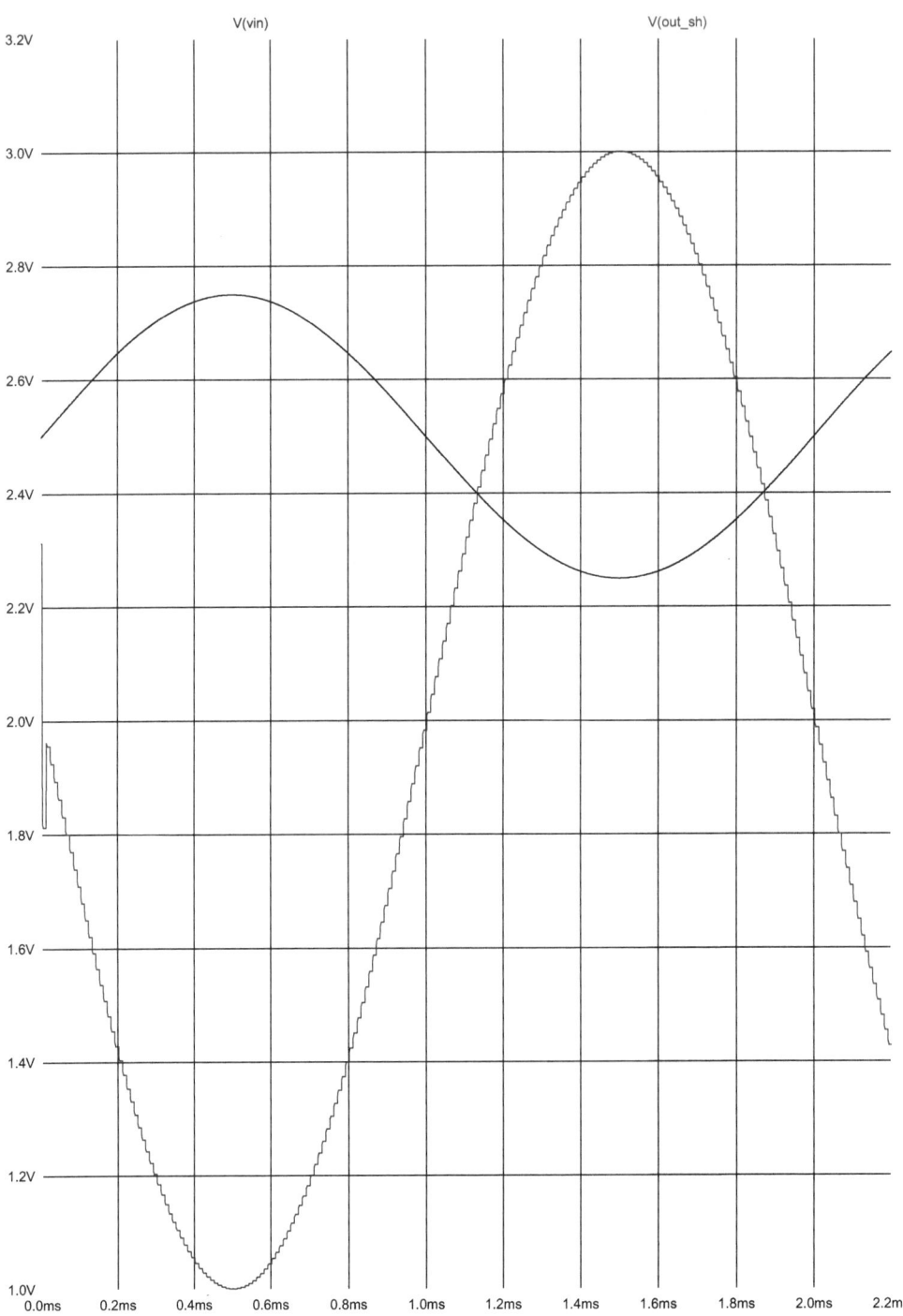

Abb. 3.2.3 SC-Verstärker, Grundschaltung, Simulationsergebnis

3.2 SC-Schaltungstechnik

In den Ergebnissen der Formel 3.2.9 und Formel 3.2.10 erkennen wir die Verwandtschaft zum zeitkontinuierlichen Verstärker. Die Abb. 3.2.3 zeigt das simulierte Ergebnis am Ausgang des SC-Verstärkers als auch am Ausgang eines hier nicht gezeigten S&H-Verstärkers. Diese Simulation zeigt ganz offensichtlich ein unsymmetrisches Verhalten bzgl. der Mittenspannung. Dieses Verhalten entspricht exakt dem Verhalten des in der Formel 3.2.9 dargestellten Offsets. Den Offsetterm können wir mit SC-Schaltungen elegant eliminieren. Bei zeitkontinuierlichen OPA-Verstärkern ist eine Offsetelimination nur möglich über einen besonderen Eingriff in die Differenzstufe, bei dem einseitig ein Teil des Stroms entweder weggenommen oder hinzugefügt wird, solange bis der Offset ausgeglichen ist. Das führt temporär zu offsetabgeglichenen Verstärkern, aber dieses Verfahren ist nicht temperatur- und driftstabil. Die SC-Technik kommt uns in diesem Fall sehr entgegen, da in jeder Taktperiode der Offset gemessen und als Offsetladung gespeichert werden kann. Diese Ladung kann dann als Korrekturladung der Ladungsbilanz zugeführt werden und somit wird der Offset eliminiert. Dazu ist eine modifizierte Schaltungstechnik notwendig, so wie es Abb. 3.2.1 zeigt. SC-Schaltungen sind darüber hinaus sehr leistungssparend orientiert. Diese Leistungsersparnis kann sogar noch weiter gesteigert werden durch Einsatz dynamisch gesteuerter Biasströme für die OPAs [3.24–3.25]. Damit werden die OPAs nur in einem kurzen, aber genügend langen Zeitfenster aktiviert. Danach wird der Bias-Strom über dessen kapazitive Steuerung exponentiell erniedrigt, so dass der OPA im Schwachinversions-Gebiet arbeitet. Dann können keine Ladungen mehr schnell umgeladen werden, so dass ein sehr stabiler Ruhezustand erreicht wird.

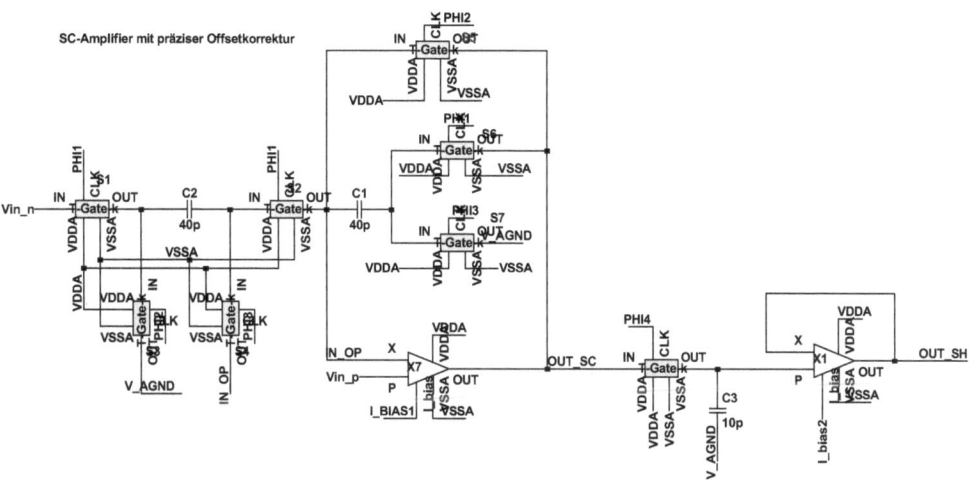

Abb. 3.2.4 SC-Verstärker, invertierend mit Offsetkompensation

286 3 Schaltungstechniken mit Operationsverstärkern

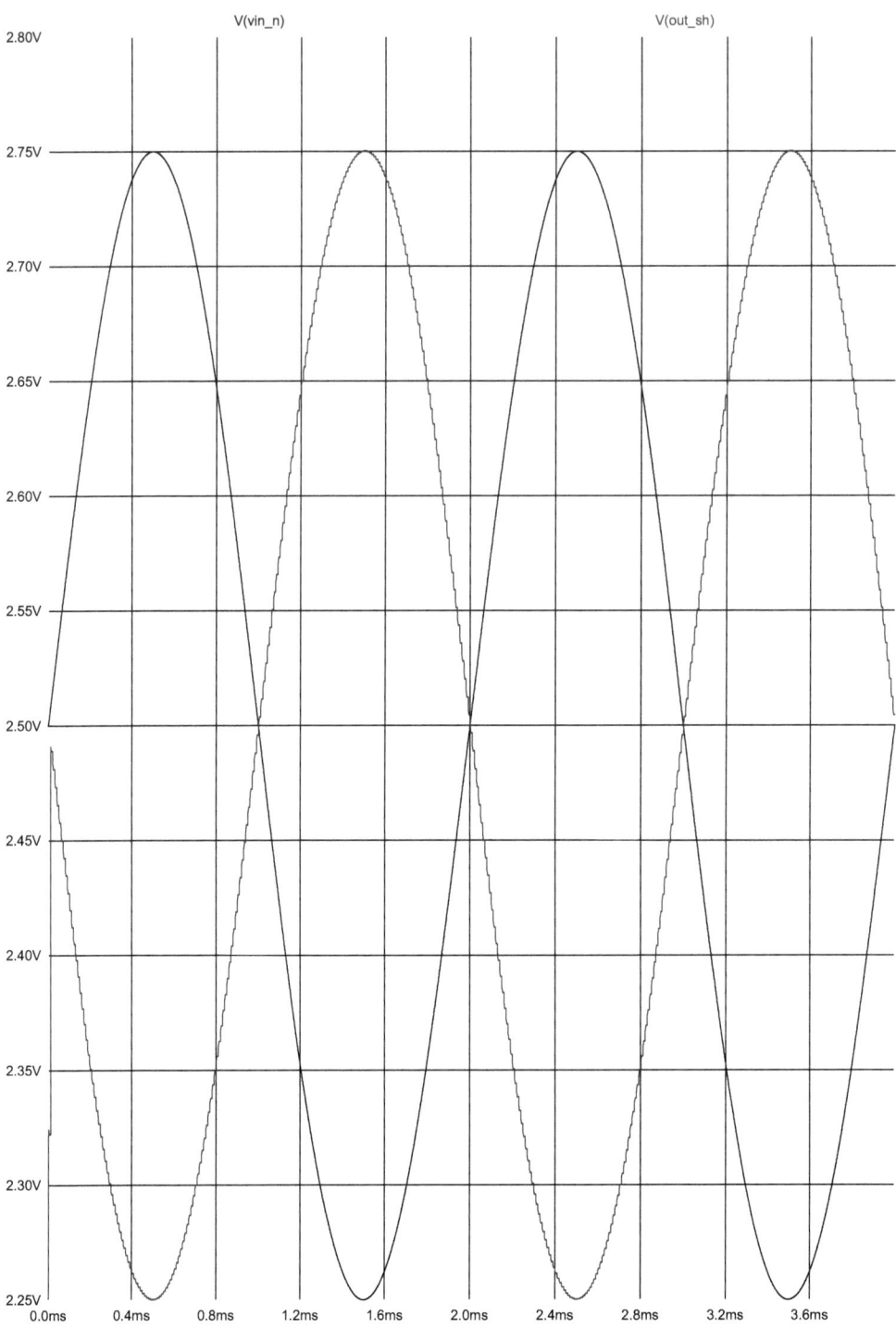

Abb. 3.2.5 SC-Verstärker, invertierend mit Offsetkompensation, Simulationsergebnis

3.2 SC-Schaltungstechnik

Phase 1 (PHI2): Phase 2 (PHI1):

$$q_{1,C1} = -V_X C_1$$
$$q_{1,C2} = V_X C_2$$

$$q_{2,C1} = (V_{in} - V_X)C_1 - q_{1,C1}$$
$$q_{2,C2} = (V_X - V_{OUT})C_2 - q_{1,C2}$$

$$q_{2,C1} = q_{2,C2}$$

$$V_X = -\frac{V_{OUT}}{G} + V_{off}$$

$$V_{OUT} = -V_{in}\frac{C_1}{C_2} + V_{off}\frac{C_1 + C_2}{C_2}$$

Formel 3.2.11

Die Gleichungen in Formel 3.2.11 zeigen, dass der Offsetterm als Ladung in Phase 1 in die Phase 2 übernommen wird. Das sind die Terme, die mit q_1 indiziert sind.

Das Simulationsergebnis zeigt Abb. 3.2.5. Man erkennt sehr gut das Einschwingen bei Simulationsbeginn und dass, trotz eines angenommenen und mitsimulierten Verstärkeroffsets von −100 mV, das Signal perfekt symmetrisch zur Mittenspannung liegt. Durch eine kleine Modifikation der Taktung am Eingang ist aus dem invertierenden Verstärker ein nicht invertierender Verstärker gemacht.

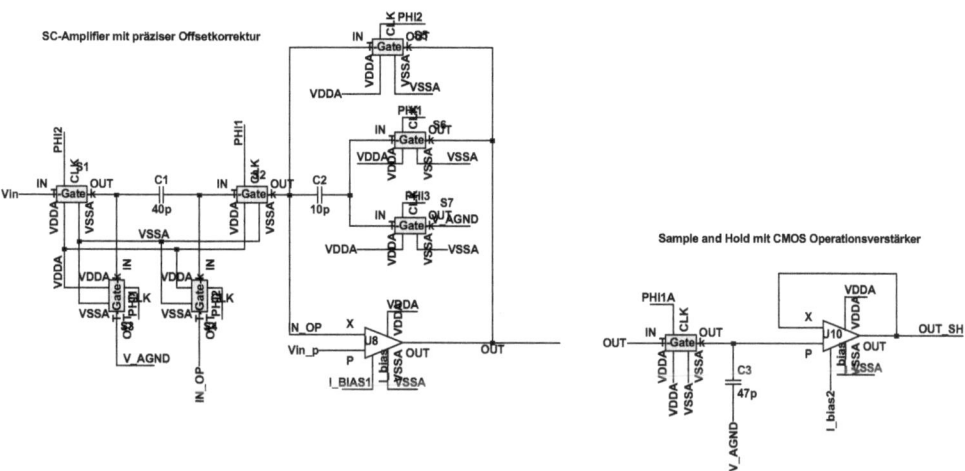

Abb. 3.2.6   SC-Verstärker, nicht invertierend mit Offsetkompensation

Das einzige, was sich hier ändert ist, dass die Eingangssektion kreuzweise getaktet wird. Dadurch wird der Vektor des Eingangssignals umgedreht. Abb. 3.2.6 zeigt dies und zeigt das zugehörige Simulationsergebnis, das wiederum perfekt offsetkompensiert ist. Die Berechnung zeigt Formel 3.2.12.

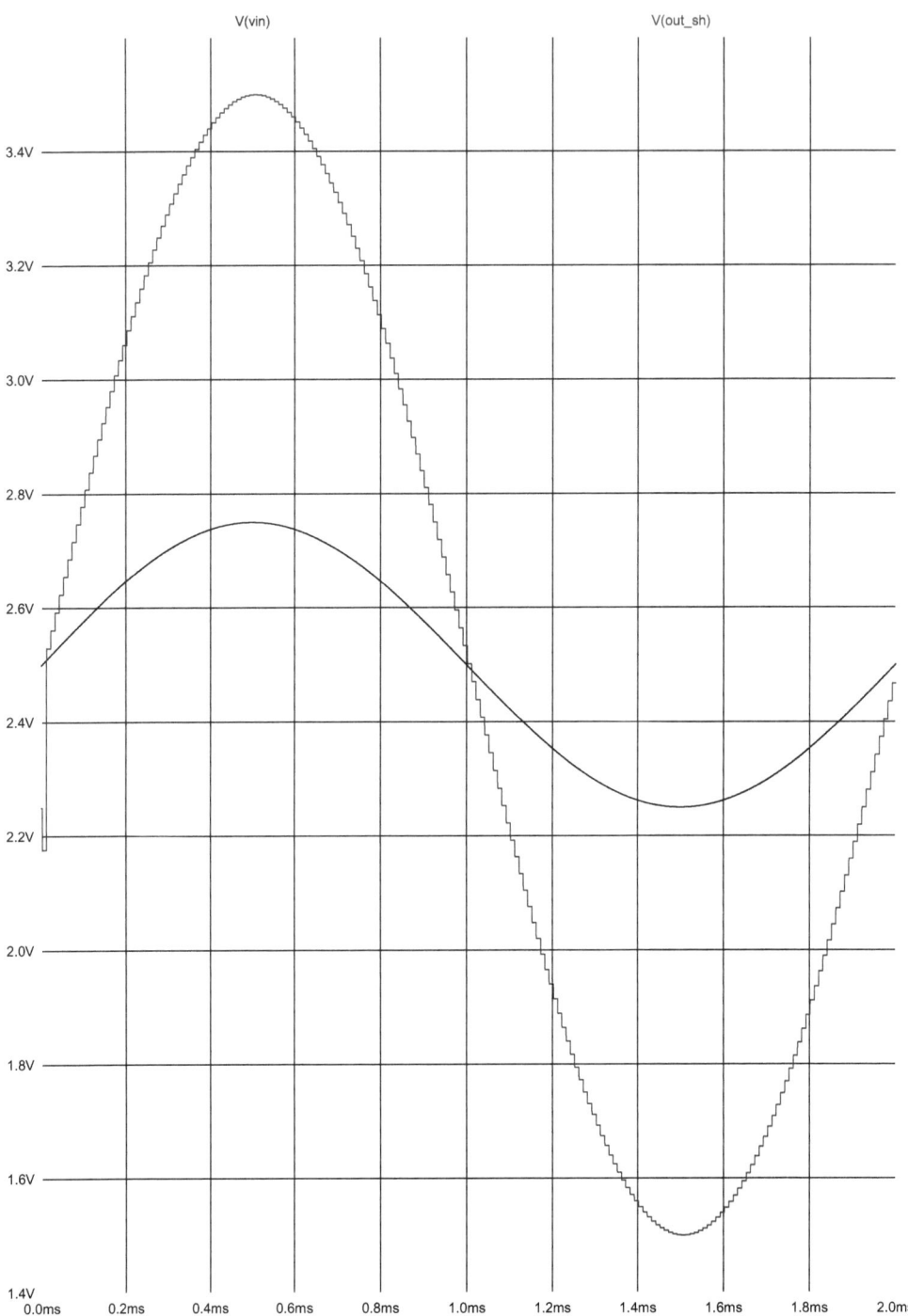

Abb. 3.2.7 SC-Verstärker, nicht invertierend mit Offsetkompensation, Simulationsergebnis

3.2 SC-Schaltungstechnik

Phase 1 (PHI2):

$$q_{1,C1} = (V_{IN} - V_X) C_1$$
$$q_{1,C2} = V_X C_2$$

Phase 2 (PHI1):

$$q_{2,C1} = -V_X C_1 - q_{1,C1}$$
$$q_{2,C2} = (V_X - V_{OUT})C_2 - q_{1,C2}$$

$$q_{2,C1} = q_{2,C2}$$

$$V_X = -\frac{V_{OUT}}{G} + V_{Off}$$

$$V_{OUT} = V_{in}\frac{C_1}{C_2} - V_{Off}\frac{C_1 - C_2}{C_2}$$

Formel 3.2.12

In den Formeln zur Berechnung der offsetkompensierten Verstärker ist die Eleganz der SC-Schaltungstechnik erkennbar. Leicht und vor allen Dingen systematisch können so zwei Verstärker invertierend und nicht invertierend bis auf das Taktschema der Eingangssektion identisch aufgebaut werden.

3.2.2 Der SC-Differenzverstärker

Wie beim zeitkontinuierlichen Differenzverstärker (siehe Kapitel 3.1.3) wird auch in der SC-Technik diese Verstärkerart oft eingesetzt. Aber im Gegensatz zur zeitkontinuierlichen Schaltungstechnik kann die Differenz zweier Signale direkt aus der Ladungsdifferenz gewonnen werden, wie es Abb. 3.2.8 zeigt. Dabei sind die Eingänge an den unteren Transfergates des Eingangsnetzwerks zu finden.

Natürlich sind ähnliche Schaltungstechniken für Addierer und Subtrahierer bezüglich der zeitkontinuierlichen Technik der aktuelle Stand. Da sich bei diesen Standardschaltungen außer der SC-Repräsentation nichts Neues ergibt und damit kein neuer Erkenntnisgewinn vorhanden ist, als bereits Kapitel 3.1.3 erläutert, wird an der Stelle darauf auch nicht mehr näher eingegangen.

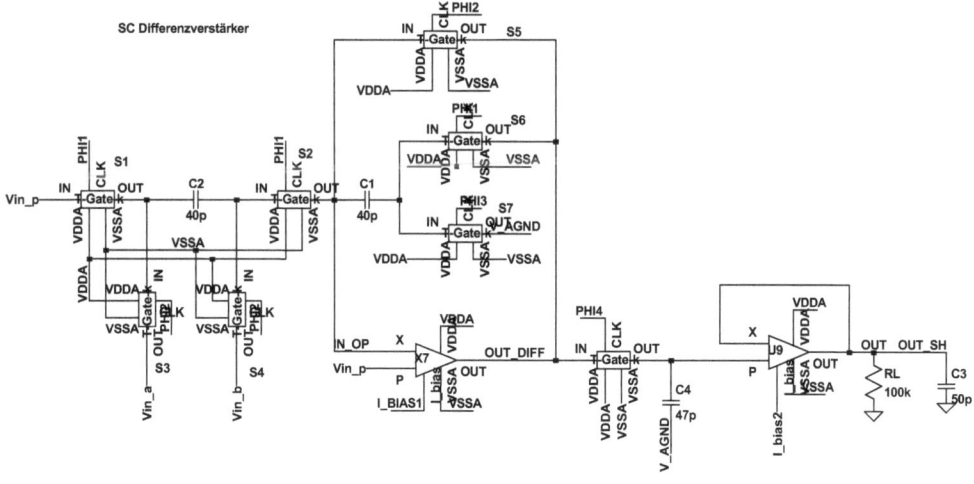

Abb. 3.2.8 SC-Differenzverstärker

290 3 Schaltungstechniken mit Operationsverstärkern

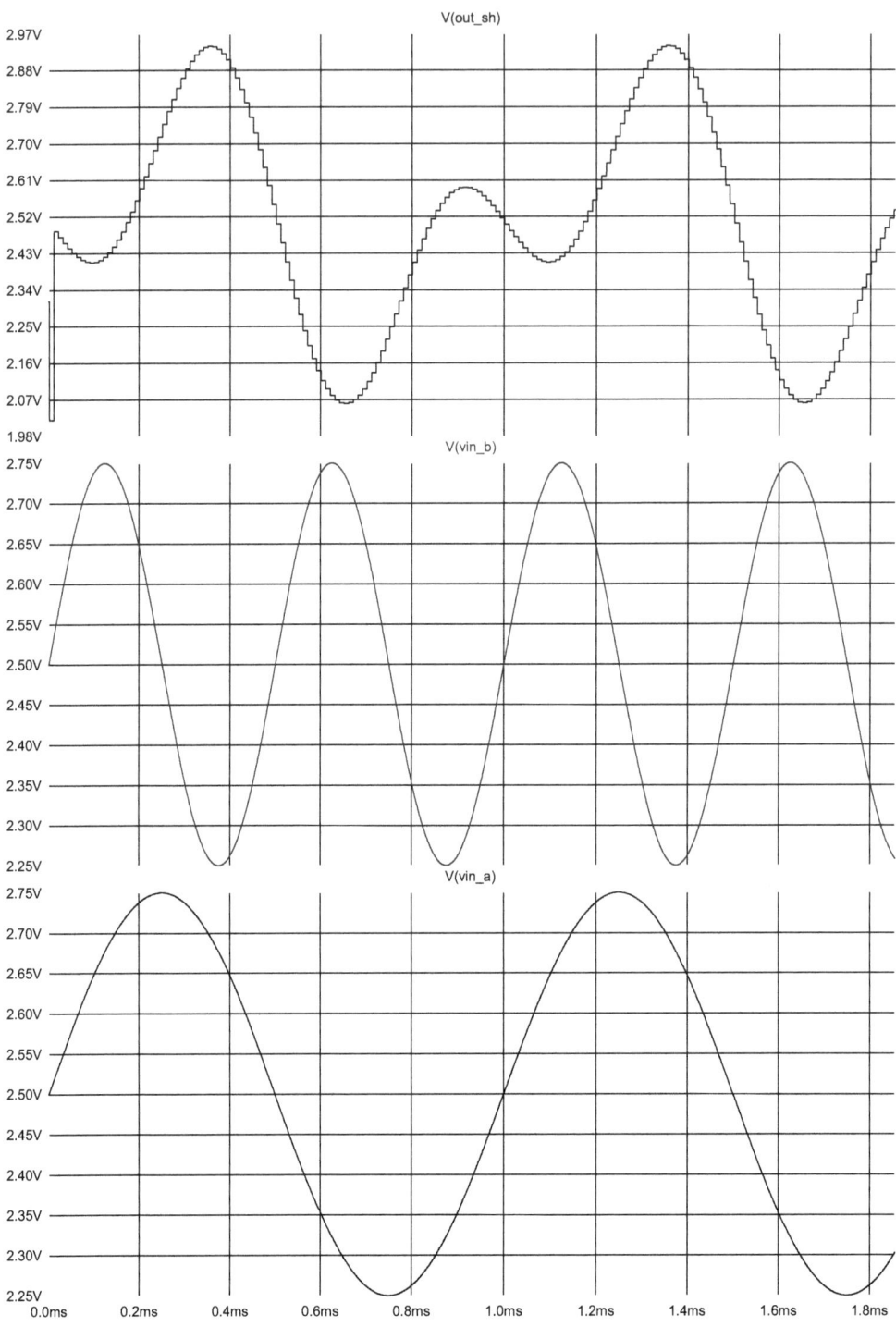

Abb. 3.2.9   SC-Differenzverstärker: Simulationsergebnis

3.2 SC-Schaltungstechnik

Die Abb. 3.2.9 zeigt das Simulationsergebnis des Differenzverstärkers. Die Simulation zeigt zwei Sinussignale unterschiedlicher Frequenz in den beiden oberen Fenstern und die Differenz dieser Signale zeigt das untere Fenster.

3.2.3 Der SC-Integrator

Ein Integrator wird wie bereits in Kapitel 3.1.8 besprochen aufgebaut. Dabei wird beim SC-Integrator der Widerstand durch eine geschaltete Kapazität ersetzt. Damit leitet sich die Schaltungstechnik des Integrators unmittelbar von der Schaltungstechnik der SC-Verstärker ab. Der Unterschied zum SC-Verstärker ist, dass beim Integrator der Schalter S5 bis auf die RESET-Phase (in Abb. 3.2.10 der Takt PHI0) immer offen ist. Beim SC-Integrator wird auch eine positive bzw. negative Ladung bezogen auf das Eingangssignal durch Modifikation der Takte in der Eingangssektion ermöglicht. Die Berechnung folgt der gleichen Methodik, wie bei den zeitkontinuierlichen OP-Verstärkern. Im Unterschied zu zeitkontinuierlichen Schaltungen, bei denen die Strombilanz (Summenstrom = 0) am X-Eingang berechnet wird, wird bei zeitdiskreten SC-Schaltungen die Ladungsbilanz (Ladungssumme = 0) berechnet. Der Ladungseintrag von q_{2C2} wird nur in der ersten Phase, im Takt PHI0, zu Null gesetzt. Danach wird diese Ladung als $q_{2C2,vorher}$ zur Ladung q_{2C2} des aktuellen Signals addiert. Eine Offsetkompensation kann ebenfalls eingebaut werden, nur ist diese lediglich während der RESET-Phase möglich und damit nicht driftstabil. Daher wird in aller Regel bei Integratoren auf eine Offsetkompensation verzichtet.

Viel interessanter ist aber die Darstellung der Integration im z-Bereich, die in folgendem Gleichungssystem vorgestellt wird.

$$s \rightarrow z = e^{sT}$$

$$z \rightarrow y = \frac{1}{1-z^{-1}}$$

$$z^{-1} = 1 - sT + \frac{(sT)^2}{2}$$

$$\frac{V_{OUT}}{V_{in}} = -\frac{C_1}{C_2} \cdot \frac{1}{sT} = -\frac{C_1}{C_2} \cdot \frac{\frac{1}{T}}{s}$$

Formel 3.2.13

Die Formel 3.2.13 besagt, dass sich die Integration aus den Signalphasen zusammensetzt und somit eine Signalfolge bildet. Die Berücksichtigung von Formel 3.2.6 verlangt, dass der Entwickler die Signaltaktphase benannt hat. Im Fall unseres Beispiels ist es die Phase PHI2. Die Integration erfolgt durch die Ladungssumme der bereits gespeicherten Ladung des vorangegangenen Schrittes mit dem aktuellen Schritt. Damit liegt die Verzögerung des Systems nur in der Rückführung. Dieses wird mit Formel 3.2.14 beschrieben. Die Integration selber zeigt sich als Untersumme mit ihrem Takt als Summenfortschritt. Damit ist auch der Fehler dieser Integration erkannt.

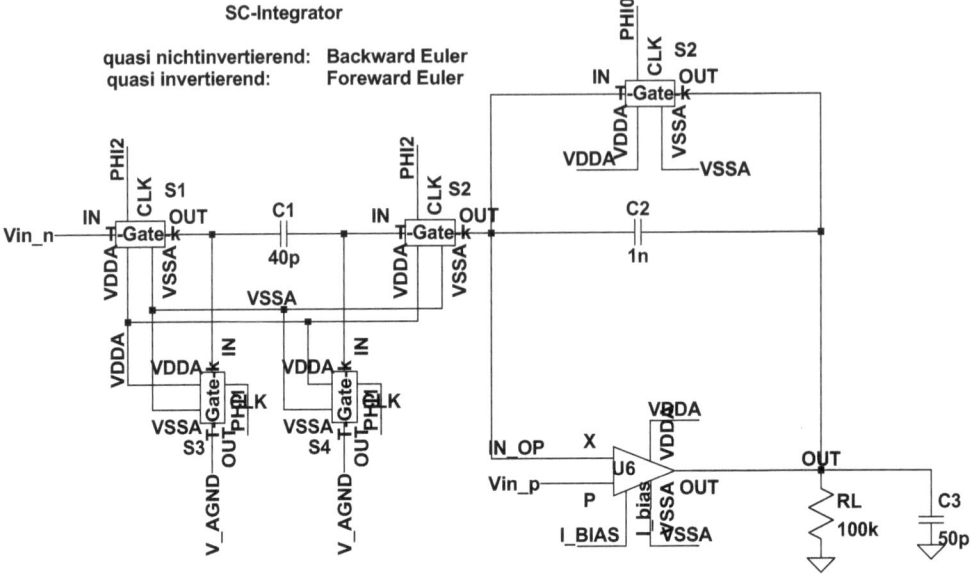

Abb. 3.2.10 SC-Integrator

Gespeicherte Ladung aus dem vorherigen Zeitschritt

$$q_{C2,before} = C_2 \cdot (Vx - V_{OUT})_{(t_n-1)}$$

Ladungsbilanz

$$C_1 \cdot (V_{in} - V_X)_{(t_n)} = C_2 \cdot (V_X - V_{OUT})_{(t_n)} + q_{C2,before}$$

$$V_{OUT} = -V_{in} \cdot \frac{C_1}{C_2}_{(t_n)} + V_{OUT\ (t_n-1)}$$

$$V_{OUT\ (t_n)} - V_{OUT\ (t_n-1)} = -V_{in} \cdot \frac{C_1}{C_2}_{(t_n)}$$

$$V_{OUT}(1 - z^{-1}) = -V_{in} \cdot \frac{C_1}{C_2}$$

$$H(z) = -\frac{C_1}{C_2} \frac{1}{1 - z^{-1}}$$

Formel 3.2.14 Die forward Euler-Integration

Wird die Integration um einen Takt verzögert, so erhält man die backward Euler-Integration. Dabei wird das Eingangssignal zunächst gegenüber AGND zwischengespeichert und im folgenden Takt zur Integration freigeschaltet. Die SC-Technik lässt auch hier vorzeichenrichtiges Integrieren durch dementsprechende Schalterstellungen zu. Die backward Euler-Integration kennzeichnet sich als Obersumme. Damit ist auch für diese Integration der Fehler bekannt. Formel 3.2.15 zeigt die Berechnung.

Gespeicherte Ladung aus dem vorherigen Zeitschritt

$$q_{C2,before} = C_2 \cdot (V_X - V_{OUT})_{(t_n-1)}$$

Ladungsbilanz mit verzögerter Eingangsladung

$$C_1 \cdot (V_{in} - V_X)_{(t_{n-1})} = C_2 \cdot (V_x - V_{OUT})_{(t_n)} + q_{C2,before}$$

$$V_{OUT} = -V_{in} \cdot \frac{C_1}{C_2}_{(t_{n-1})} + V_{OUT\ (t_n-1)}$$

$$V_{OUT\ (t_n)} - V_{OUT\ (t_n-1)} = -V_{in} \cdot \frac{C_1}{C_2}_{(t_{n-1})}$$

$$V_{OUT}\left(1 - z^{-1}\right) = -V_{in} \cdot \frac{C_1}{C_2} \cdot z^{-1}$$

$$H(z) = -\frac{C_1}{C_2} \frac{z^{-1}}{1 - z^{-1}}$$

Formel 3.2.15   Die backward Euler-Integration

3.2.4   Der Komparator in SC-Technik

Der Komparator arbeitet im Prinzip genauso, wie der Komparator, der in Kapitel 3.1.10 vorgestellt wurde. Jedoch sind zwei wesentliche Unterschiede vorhanden:
- Der Komparatorverstärker ist in diesem Fall kein spezieller OPA, sondern ein einfacher Inverter. Denn: ein kurzgeschlossener OPA-basierter Komparator schwingt.
- Der SC-Komparator nutzt einen Takt und kann damit den Offset des Komparators abgleichen.

Was passiert dabei? Der Komparator wird mittels eines Kurzschlusses zwischen seinem Eingang und dem invertierenden Ausgang in einen stabilen Arbeitspunkt gebracht. Arbeitet der Komparator ideal, so ist dieser stabile Arbeitspunkt exakt die Mittenspannung, sind jedoch Abweichungen vorhanden – was natürlich stets eintrifft – dann ergibt sich eine Abweichung von der idealen Mittenspannung. Diese Abweichung wird wie beim Operationsverstärker Offset genannt. Mit Hilfe der SC-Schaltungstechnik kann dieser Offset gemessen und damit auch deutlich vermindert werden. Da aber auf Grund der Offsetkompensation die Notwendigkeit des Kurzschlussbügels zwischen Eingang und Ausgang des Komparators besteht, kann ein klassischer, auf OPA-Technik beruhender Komparator nicht eingesetzt werden. Solch ein Komparator würde sehr sicher im voll rückgekoppelten Zustand (Kurzschluss aktiv) schwingen. Die SC-Technik ermöglicht jedoch den einfachsten aller Komparatoren: den analogen Inverter zu verwenden. Dieser ist inhärent stabil. Die Abb. 3.2.11 zeigt eine mögliche Schaltungstechnik.

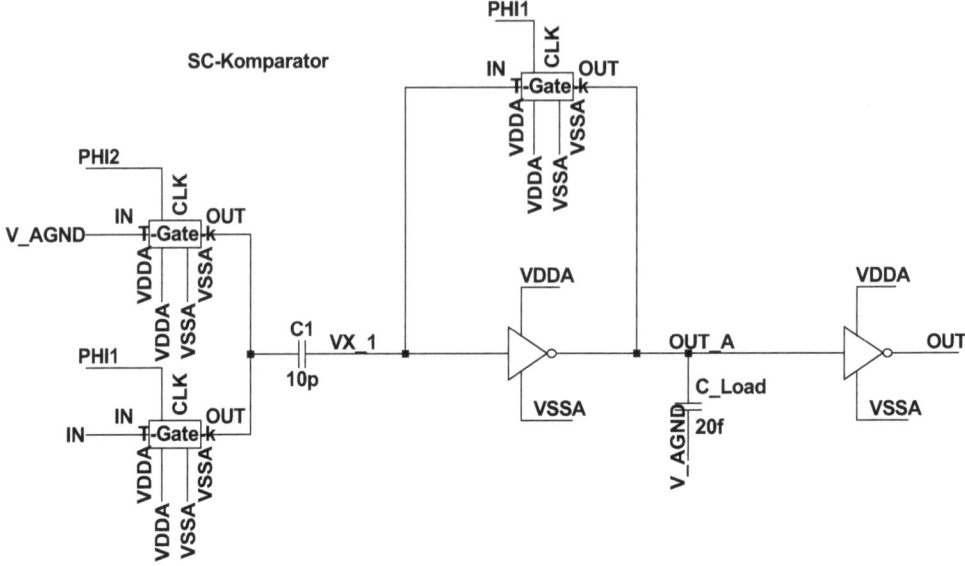

Abb. 3.2.11   SC-Komparator

Das Taktschema dazu zeigt Abb. 3.2.12. In Phase 1 wird das Eingangssignal IN an den Kondensator C1 gelegt, während die gegenüberliegende Kondensatorplatte auf Offset behaftetem Mittenpotential liegt. Nach einer kurzen Taktpause folgt Takt 2, der Mittenspannung auf die eingangseitige Kondensatorplatte legt.

$$q_{PHI1} = (V_{IN} - V_x) \cdot C_1$$
$$q_{PHI2} = -V_x \cdot C_1 - q_{PHI1} = -V_x \cdot C_1 - (V_{IN} - V_x) \cdot C_1 = V_{IN} \cdot C_1$$
$$V_x = -\frac{V_{OUT}}{G} + V_{Off}$$

Formel 3.2.16

Der Takt PHI1 wird Vorbereitungstakt oder Kompensationstakt genannt. Der Takt PHI2 wird Signaltakt oder Arbeitstakt genannt. Diese Art des Taktschemas wird als Standard auch in den folgenden Komparator-Konzepten beibehalten, obwohl die Takte ein wenig erweitert werden.

Aus Formel 3.2.16 erkennt man, dass das Signal auf Grund dieses Taktschemas den Offset kompensiert. Man weiß aber auch, dass die Verstärkung eines einfachen Inverters recht gering ist. Aus dem Grund ist keine allzu große Auflösung des Signals zu erwarten. Das so erwartete Ergebnis zeigt Abb. 3.2.13. Man erkennt auch gut, dass die Verstärkung des Komparatorverstärkers nicht besonders hoch ist und dieser Komparator daher keine gute Genauigkeit erreicht. Das kann ein bisschen verbessert werden, indem am Ausgang noch einmal ein Inverter als Verstärker hinzugeschaltet wird. Dieser Ausgangsinverter hat auch einen weiteren Vorteil, weshalb er stets mit verwendet werden sollte: er verhindert Beeinflussungen des Komparators, der ja aus schwachen Invertern besteht, durch die anhängende Last. Damit arbeitet der Komparator rückwirkungsfrei.

3.2 SC-Schaltungstechnik

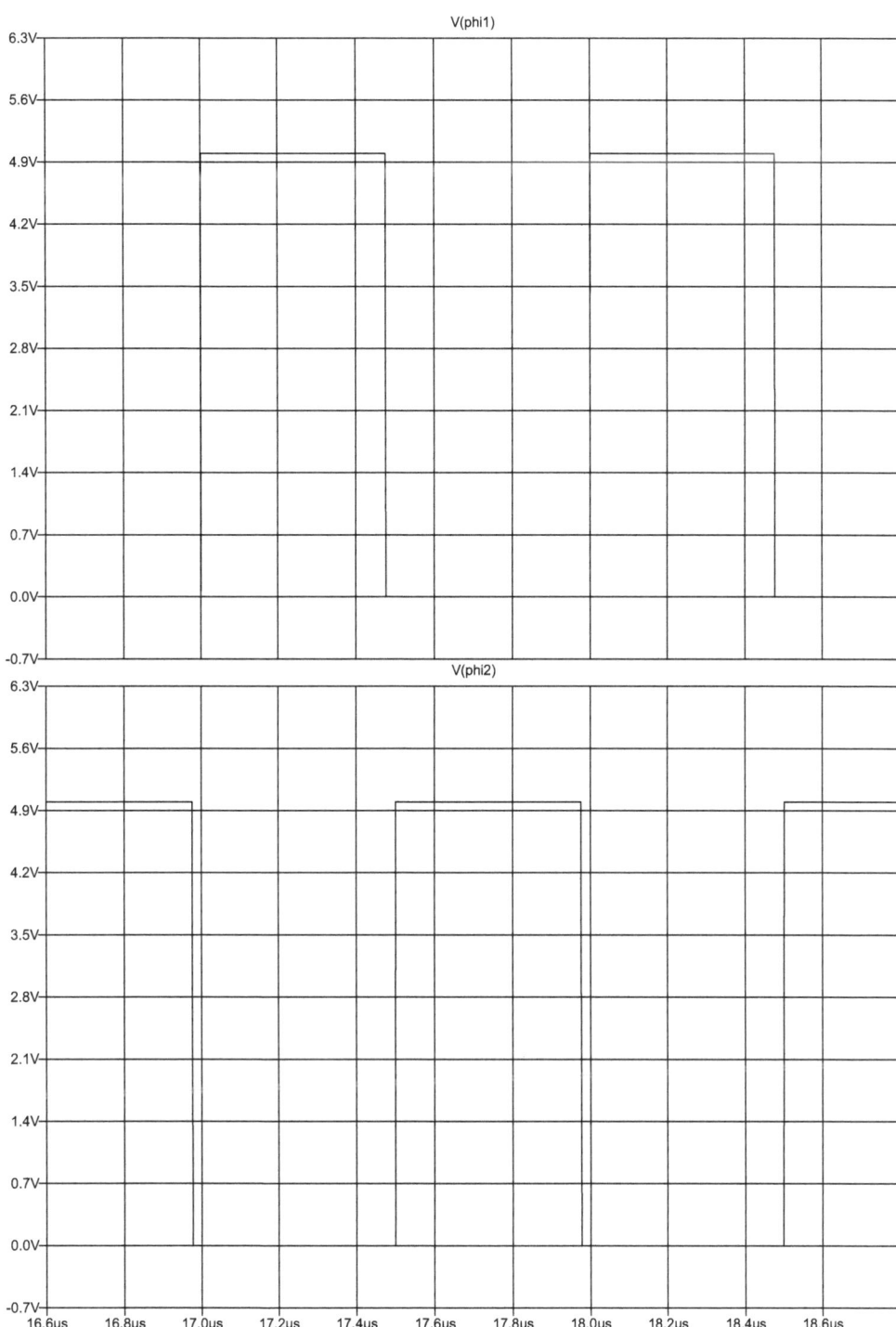

Abb. 3.2.12   SC-Komparator – Taktschema

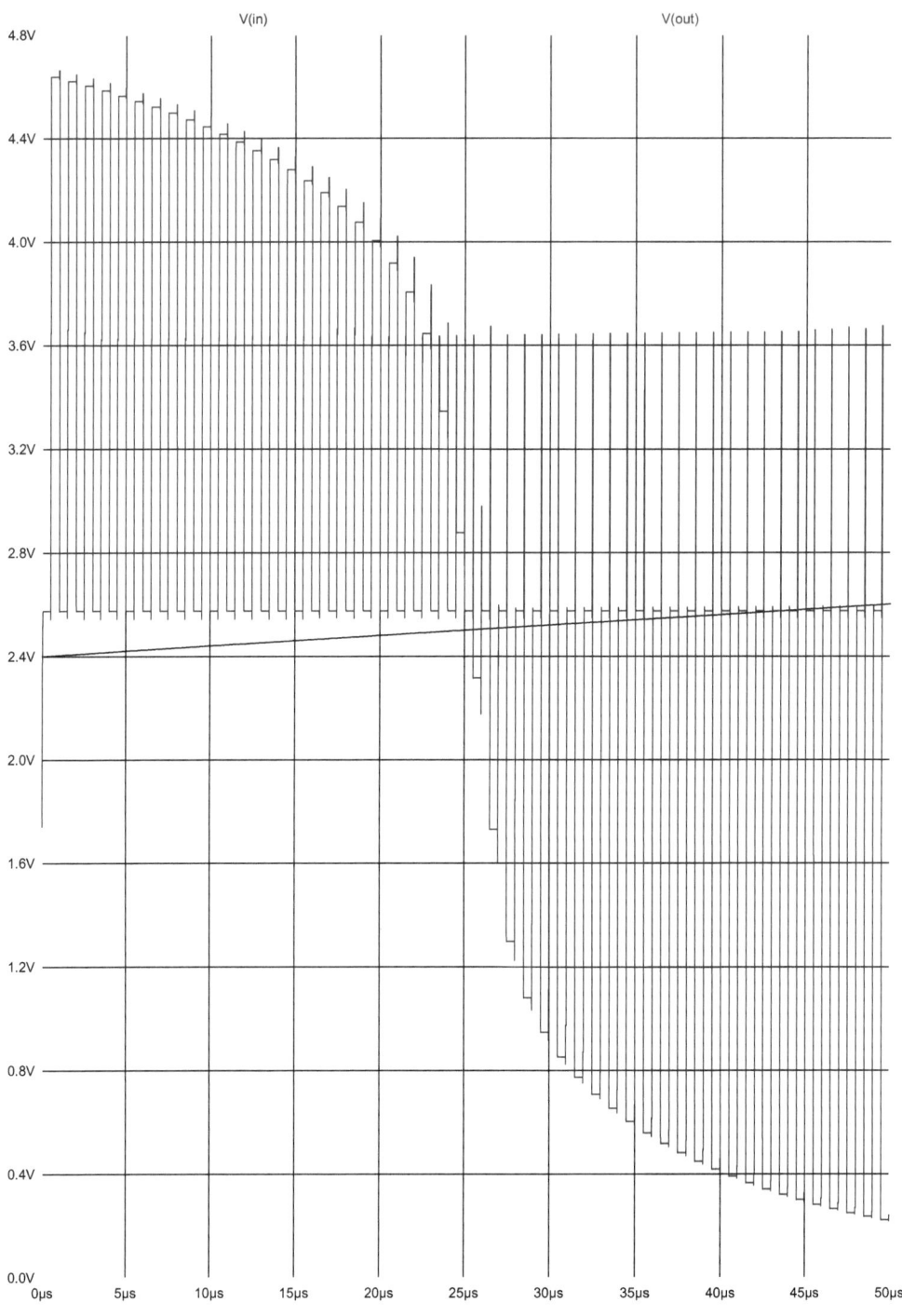

Abb. 3.2.13   SC-Komparator – Simulationsergebnis

3.2 SC-Schaltungstechnik

Verbesserter SC-Komparator

Wenn die Verstärkung zu gering ist, dann ist die erste Überlegung, die Verstärkung zu vergrößern, so wie oben erwähnt mit dem Zuschalten eines Inverters. Eine echte Verbesserung ist, die Anzahl der Komparatorstufen zu vergrößern und dabei pro Stufe den Offset zu kompensieren (im Kompensationstakt). Das kann beispielsweise mit drei Invertern erreicht werden. Jeder für sich besitzt einen Kurzschlussbügel und der zugehörige Offset eines jeden Komparatorinverters soll durch sequentielles Öffnen eliminiert werden. Dazu ist ein besonderes Taktschema notwendig, so dass nach dem Öffnen des Mittenpotentialeingangs (V_AGND) zunächst das Eingangssignal angelegt wird. Nach kurzen Pausen öffnen dann sequentiell die Schaltertakte PHI3 bis PHI4. Dieses Taktschema wird synchron in einer digitalen Taktaufbereitung zur Verfügung gestellt. Abb. 3.2.14 zeigt die Schaltungsanordnung und Abb. 3.2.15 zeigt das zugehörige Taktschema. Ist die Taktspannung auf 5 V, so ist der Schalter geöffnet. Dies ist eine CMOS-Standardschaltung. Im Gegensatz zum Ein-Inverter SC-Komparator wird hier kein weiterer Inverter eingesetzt, denn der letzte Inverter entkoppelt den Komparator bereits perfekt.

Die Simulation, gezeigt in Abb. 3.2.16 bestätigt die oben ausgesprochene Vermutung.

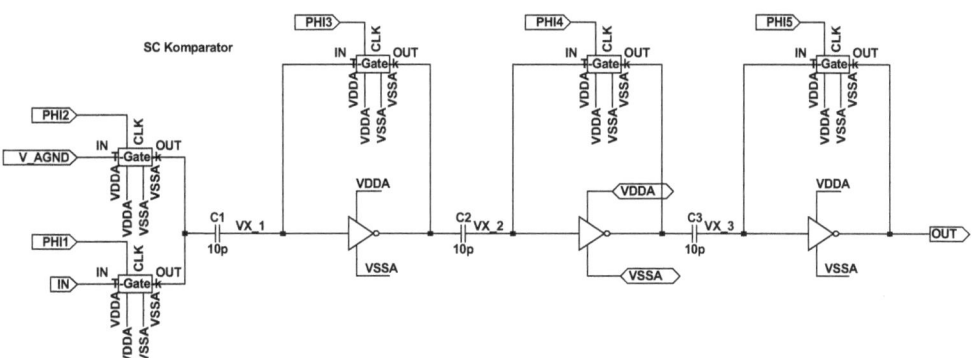

Abb. 3.2.14   SC-Komparator mit Inverterkette

Der kreuzgekoppelte SC-Komparator

Auf Grund der Erfahrung mit dem Komparator mit Inverterkette, kann auch eine Verstärkungsvergrößerung durch Kreuzkopplung [3.27] erfolgen. Diese Schaltungstechnik zeigt Abb. 3.2.17. Dabei ist allerdings das Taktschema enorm wichtig, denn die Kreuzkopplung ist eine hochsensible Schaltung, aber sehr wirksam! In dem Moment, wo ein sehr geringes Signal anliegt, schaltet die Kreuzkopplung sofort durch. Der Grund ist, dass die Verstärkung quasi mehrfach im Kreis sich aufbaut. Heißt: eine sehr geringe Signaländerung am Eingangskomparator (unterer Komparator in Abb. 3.2.17) bewirkt eine größere Änderung am Koppelkomparator (oberer Komparator in Abb. 3.2.17). Diese koppelt über den Kondensator C3 auf den Komparator-Eingang VX_1 zurück und somit vergrößert sich wiederum dessen Signal, was wiederum den oberen Inverter ansteuert. Der Kondensator C3 speichert in der Phase PHI3 den Differenzoffset beider Komparatoren.

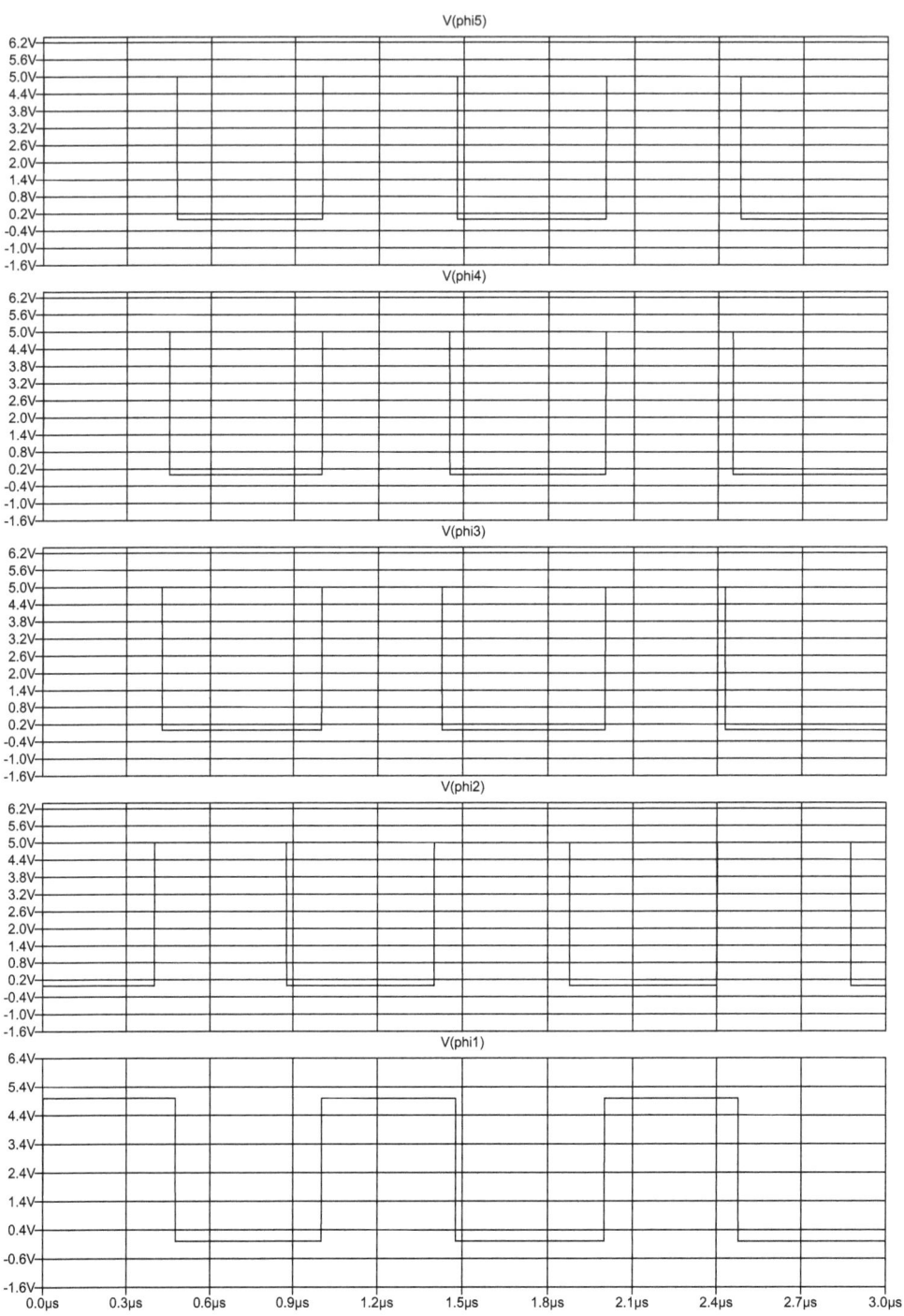

Abb. 3.2.15   SC-Komparator mit Inverterkette, Taktschema

3.2 SC-Schaltungstechnik

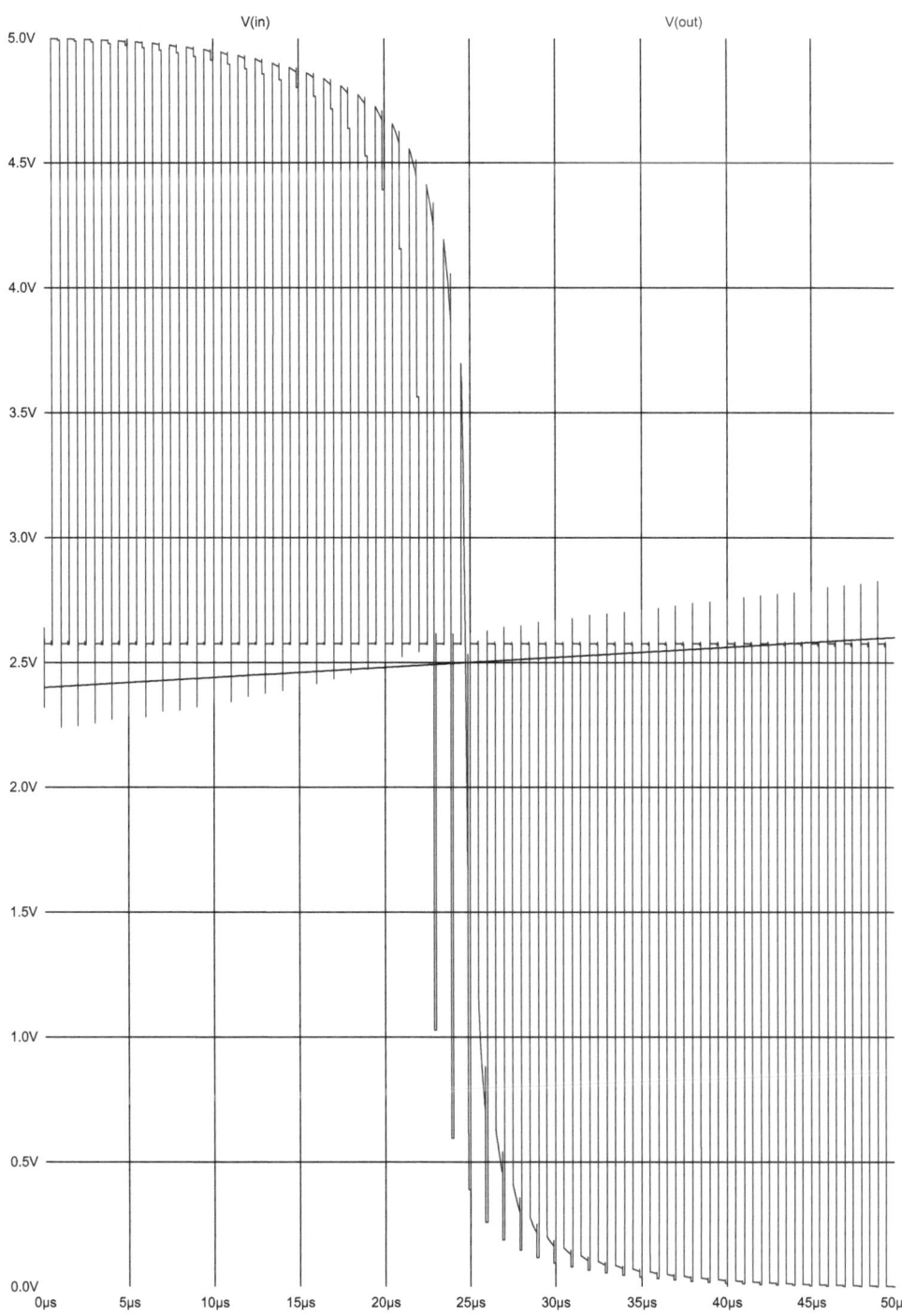

Abb. 3.2.16 SC-Komparator mit Inverterkette, Simulationsergebnis

Dieser Verstärkungskreis endet mit dem stabilen Zustand des maximal/minimal Ausgangssignals. Das ist meist die positive/negative Versorgungsspannung bzw. eine Digitalspannungsversorgung. Ist aber dieser Kreis einmal angestoßen, ist dessen Kreisverstärkung so enorm groß, dass es dann kein zurück mehr gibt! Daher ist die Einhaltung der Sequenz des Taktschemas so wichtig. Auch dieses Taktschema< wird synchron aus einer Taktaufbereitung zur Verfügung gestellt. Ferner ist zu beachten, dass auf Grund der hohen Verstärkung bei Eingreifen der Kreuzkopplung eine Schwingneigung vorhanden ist. Diese muss gedämpft werden. Dazu wird der Eingangsinverter ein wenig leistungsstärker als der Kreuzkoppelinverter ausgelegt und der Kreuzkoppelinverter wird mit Hilfe des Kondensators C5 nochmals ein wenig bedämpft. Ein Überschwingen des Signal-Auskoppelinverters kann ebenfalls mit einer Kapazität (in der Schaltung ist das C6) bedämpft werden. So wird ein akzeptabler Kompromiss zwischen sehr hoher Verstärkung und Schwingungsarmut erreicht. Die in Abb. 3.2.19 zu erkennende Restschwingung ergibt sich nur durch den Ausgangsinverter.

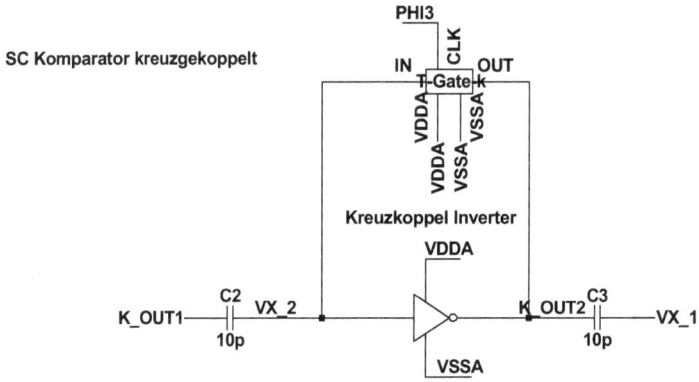

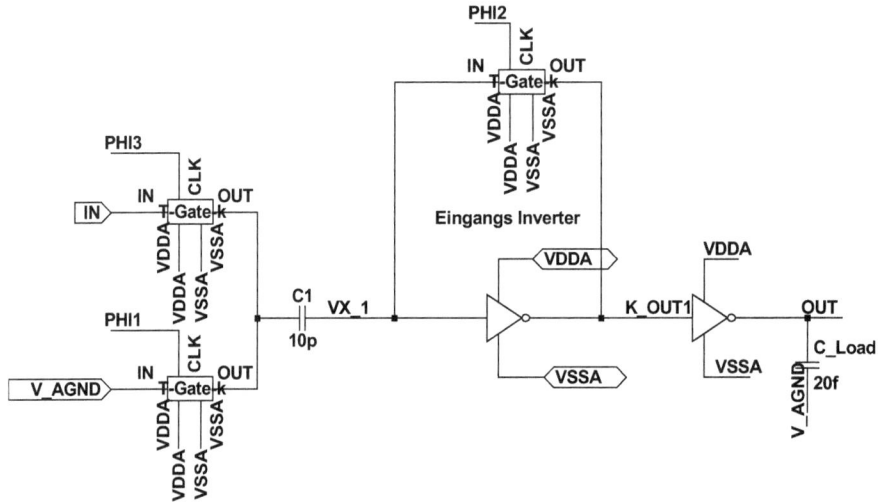

Abb. 3.2.17   SC-Komparator mit Kreuzkopplung

3.2 SC-Schaltungstechnik

Taktschema

Zuerst wird in PHI3 der Kurzschlussschalter des Eingangs-Inverters geschlossen, danach erst wird in PHI2 das Eingangssignal an den Kondensator angelegt. In Phase PHI3 ist aber auch der Rückkoppelinverter kurzgeschlossen. Am Ende der Phase PHI2 bleibt PHI3 noch eine kurze Weile geschlossen. Damit wird der Eingangsinverter als „normaler" Komparator angesteuert und auf Grund seiner geringen Verstärkung wird das Signal nur ein wenig in die richtige Richtung ausgelenkt. Der Kreuzkoppelinverter bleibt ebenfalls im Zustand des Kurzschlusses und daher sammelt sich auf dem Kondensator C2 die Ladungsdifferenz, welche durch die Ausgangsspannung des Eingangsverstärkers gegenüber der Kurzschlussspannung des Kreuzkoppelverstärkers gebildet wird. Am Ende der Phase PHI3 ist das Signal groß genug und die Kreuzkopplung wird durch Öffnen der beiden Schalter aktiviert. Gleichzeitig mit Ende PHI3 wird PHI1 aktiviert und der Eingangsschalter schaltet somit auf Mittenpotential um. Ist das passiert, dann wird die Kreuzkopplung geschlossen und die enorm hohe Verstärkung „zieht" die Ausgänge nahezu sofort auf volle Spannungen. Abb. 3.2.18 zeigt das Taktschema des kreuzgekoppelten Komparators.

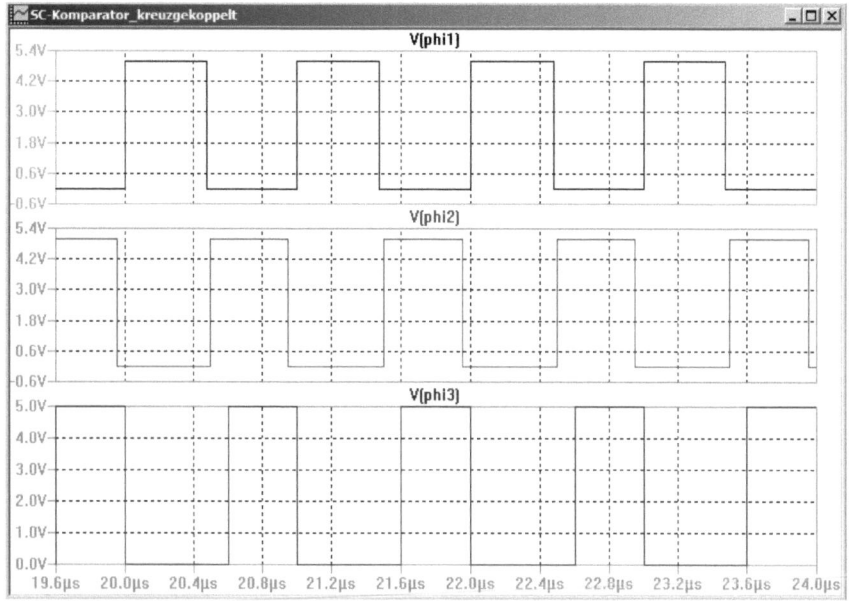

Abb. 3.2.18   SC-Komparator mit Kreuzkopplung, Taktschema

Mit kreuzgekoppelten Invertern lässt sich die Komparatorgenauigkeit auf Grund der Kreuzkoppelverstärkung steigern, da bereits sehr kleine Signale zu einer schwachen Komparatorauslenkung führen, welche dann im Zuge der Kreisverstärkung enorm beschleunigt wird. Da aber die Kreuzkoppelverstärkung nur dynamisch wirksam ist und am Ende des Prozesses ein stabiles digitales System, ähnlich einem Flip-Flop-Ausgang vorliegt, kann dieser Komparator sogar beide Ausgangslogiken zur Verfügung stellen. Abb. 3.2.19 zeigt dieses Ergebnis.

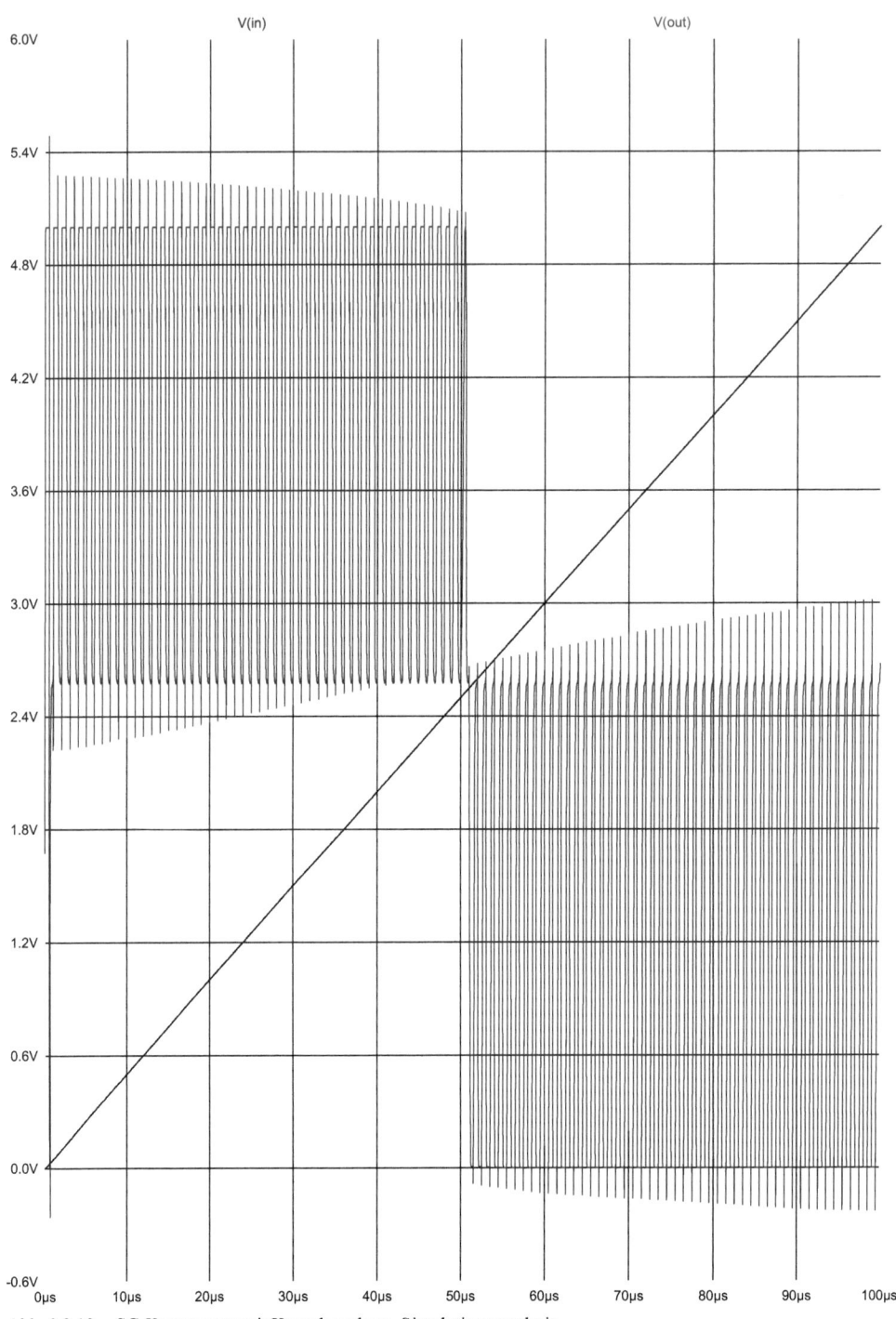

Abb. 3.2.19 SC-Komparator mit Kreuzkopplung, Simulationsergebnis

3.2 SC-Schaltungstechnik

Auch hier wird der Offset beider Verstärker durch dieses Taktschema kompensiert. Wichtig für das korrekte Taktschema ist die Taktaufbereitung. Diese muss synchron zu einem Mastertakt erfolgen, so dass alle Pausenzeiten bzw. Wartezeiten (PHI2, PHI3) mit synchroner Verzögerung sichergestellt sind. Wenn dies so gemacht wird, dann spricht nichts gegen den Einsatz kreuzgekoppelter Komparatoren. Wenn aber eine asynchrone Logik die Takte erstellt, dann sind kreuzgekoppelte Komparatoren völlig ungeeignet, da deren Genauigkeit streng vom zeitlich korrekten Ablauf abhängt. Asynchrone Logik ist aber niemals zeitlich streng geordnet, da sich z.B. Driften unmittelbar bemerkbar machen oder auch digitale Störungen, sogenannte Glitches oder Spikes, das digitale Schema sehr sicher stören.

3.2.5 Rauschen von Operationsverstärkern

Rauschen [2.17–2.31, 3.29] kann, wie bereits erwähnt, als eine statistische Verteilung nicht erwarteter Signale beschrieben werden. Das über dem Frequenzbereich darzustellende Rauschverhalten wird Rauschspektrum genannt. Die Rauschleistung P_N (Index N für Noise = Rauschen) oder auch gesamt Rauschleistung ist die Leistungssumme über einen festgelegten oder dem ganzen analysierten Frequenzbereich Δf. Die Rauschleistungsdichte ND (Noise Density) ist die über eine gewisse Bandbreite verteilte Rauschleistung. Die Rauschspannung u_N (N) ist der Spannungsabfall über einen Widerstand R. Dieser Widerstand kann der Ausgangswiderstand der Baugruppe sein oder ein normierter 1Ω Widerstand. Im Falle des normierten Widerstands muss für den jeweilig vorhandenen Widerstand die darüber abfallende Rauschspannung berechnet werden. Die Rauschspannungsdichte ist der auf einen Frequenzbereich bezogene Effektivwert der Rauschspannung. Oft wird als Dichteeinheit des Frequenzbereichs 1Hz angegeben. Das erscheint zunächst seltsam, aber dieser Bereich ist ebenso wie der Widerstand 1 Ω als Normwert oder Einheitswert zu sehen.

$$P_N = \frac{\tilde{u}_N^2}{R} = \tilde{i}_N^2 \cdot R$$

$$ND = \frac{P_N}{\Delta f} = \frac{\tilde{u}_N^2}{R \cdot \Delta f} = \frac{\tilde{i}_N^2}{R \cdot \Delta f}$$

Formel 3.2.17

Im Allgemeinen wird die Rauschspannung als Rauschspannungsdichte in nv pro Wurzelherz angegeben. Seitens der spektralen Rauschereignisse sind die des im Kapitel 2.2.10 vorgestellten Rauschereignisses gültig. Darüber hinaus sind folgende Begriffe messtechnischer Standard:

Das Signal-Rausch-Verhältnis SNR

Das Signal Rausch Verhältnis SNR (Signal Noise Ratio) ist festgelegt als der Quotient der Signalleistung am Eingang zur Gesamtleistung des Signalbands W_{SB} abzüglich der Signalleistung. Im Falle der Rauschanalyse ist das SNR_N der Quotient der Signalleistung am Eingang zur Rauschleistung der Eingangsquelle W_{NB} (Generator), wobei darin die Signalleistung bereits inhärent enthalten ist.

$$SNR = \frac{P_S}{P_{SB} - P_S}$$

$$SNR_N = \frac{P_S}{P_{NB}}$$

$$SNR_{IN} = \frac{P_{S,IN}}{P_{N,IN}}$$

$$SNR_{OUT} = \frac{P_{S,OUT}}{P_{N,OUT}}$$

Formel 3.2.18

Die Rauschzahl F

Die Rauschzahl ist definiert als Quotient zwischen Signalrauschverhältnis am Verstärkereingang SNR_{IN} zu Signalrauschverhältnis am Verstärkerausgang SNR_{OUT}.

$$F = \frac{SNR_{IN}}{SNR_{OUT}}$$

Formel 3.2.19

Das Rauschmaß F_{dB}

Das Rauschmaß ist das in dB ausgedrückte Maß der Rauschzahl F.

$$F_{dB} = 10 \cdot \log_{10}(F)$$

Formel 3.2.20

Da messtechnisch gesehen das Rauschen als parasitäre Quelle angesehen werden kann, so ist der Verstärker selber als rauschfrei anzunehmen und das Verstärkerrauschen quasi als Rauschursache einer künstlichen Eingangsrauschquelle zuzuordnen. Das wird als äquivalentes (bezogen auf das Rauschen des Verstärkers) Eingangsrauschen oder äquivalente Eingangsrauschquelle $P_{N,equi}$ bezeichnet. Mathematisch ist damit die Rauschzahl F ein wenig weiterzufassen:

$$P_{S,OUT} = P_{S,IN} \cdot G$$

$$F = \frac{SNR_{IN}}{\frac{P_{S,OUT}}{P_{N,OUT}}} = \frac{SNR_{IN}}{\frac{P_{S,IN} \cdot G}{P_{N,OUT}}} = \frac{P_{N,OUT}}{P_{N,equi} \cdot G} = \frac{(P_{N,equi} + P_{S,OUT}) \cdot G}{P_{S,OUT} \cdot G}$$

$$F = 1 + \frac{P_{N,equi}}{P_{S,OUT}} = 1 + F_Z$$

Formel 3.2.21

Die Rauschzahlen F und F_Z (F_Z wird zusätzliche Rauschzahl genannt) sind vom Eingangsrauschen abhängige Verstärkereigenschaften. Damit ist das Verstärkerrauschen als eine Weiterführung der in Kapitel 2.2.10 dargelegten Rauschbehandlung zu verstehen.

3.2.6 Der Diskretisierungsfehler

Die SC-Schaltungstechnik vermittelt einen völlig neuen Aspekt des Rauschverhaltens in der Elektronik, nämlich den der diskretisierten Signale [3.28]. Einerseits wird der zeitliche Signalablauf auf Grund des synchronen Taktschemas diskretisiert und in Folge davon hat die z-Transformation die Laplace-Transformation abgelöst. Der Grund dafür ist, dass es im Taktschema einen Signaltakt gibt, welcher das Signal weitertransportiert und alle anderen Takte notwendig sind, damit das Signal korrekt bearbeitet wird. Neben der Diskretisierung in Zeit wird aber auch eine Diskretisierung in Wert auf Grund der diskreten zeitlichen Abläufe erkannt. Ein Signal bleibt somit bis zum periodisch nächstfolgenden Takt quasi unberührt. Dieser folgende Takt verändert das Signal wieder. Damit wird sich das Signal von Takt zu Takt in gewisser Weise sprunghaft ändern. Daher müssen wir uns um diese sprunghafte Signaländerung kümmern und diese zu beschreiben lernen. Die Abb. 3.2.20 hilft uns dabei. Wichtige Vorüberlegung ist, dass wir das Bezugssystem unserer Schaltung nicht verletzen. Das bedeutet, wir müssen in der Domäne rechnen, wie wir das System beschreiben. In unserem Fall wird ein solches System in Spannung beschrieben, denn die Schaltung wird mit Spannung angesteuert und produziert auch eine Spannung am Ausgang. Das sei deshalb erwähnt, weil in vielen Büchern immer wieder eine Beschreibung zu sehen ist, so dass eine Eingangsspannung eine Ausgangslogik mit HIGH oder LOW erzeugt. Das ist nicht der Fall! Selbst ein Komparator erzeugt am Ausgang eine Spannung: VDD oder VSS. Erst eine binäre Transformation kann daraus ein logisches Signal herleiten. Die Abb. 3.2.20 zeigt folgende Situation: Eine Schaltung hat einen Spannungssprung trotz linear steigender Eingangsspannung produziert. Die Aufgabe ist es, den Fehler zu bestimmen, den diese Schaltung damit provoziert hat.

Zur bequemeren mathematischen Formulierung des Problems bedienen wir uns einer kleinen Umorganisation der Werte. In Abb. 3.2.20 schauen wir zuerst auf die rote Kurve: die des quantisierten Ausgangs. Die y-Achse repräsentiert die Ausgangsspannung, die untere Achse repräsentiert die Eingangsspannung. Anmerkung: in LTspice kann die Achsenbezeichnung nicht geändert werden!

- Die Bezeichnung des unteren Spannungswerts lautet: –US
- Die Bezeichnung des oberen Spannungswerts lautet: +US
- Jetzt schauen wir auf die linear ansteigende Kurve: die des kontinuierlichen Eingangssignals.
- Die Bezeichnung des linken Spannungswerts, der den Ausgang (Stufenkurve) links im Bild schneidet, lautet: –qUS
- Die Bezeichnung des rechten Spannungswerts, der den Ausgang (Stufenkurve) rechts im Bild schneidet, lautet: +qUS
- Der Spannungswert 2.5 V auf der y-Achse transformiert sich damit zu 0 V.
- Der Spannungswert, an welchem die linear ansteigende Kurve den steil ansteigenden Ausgang schneidet, transformiert sich ebenfalls zu 0 V.

306 3 Schaltungstechniken mit Operationsverstärkern

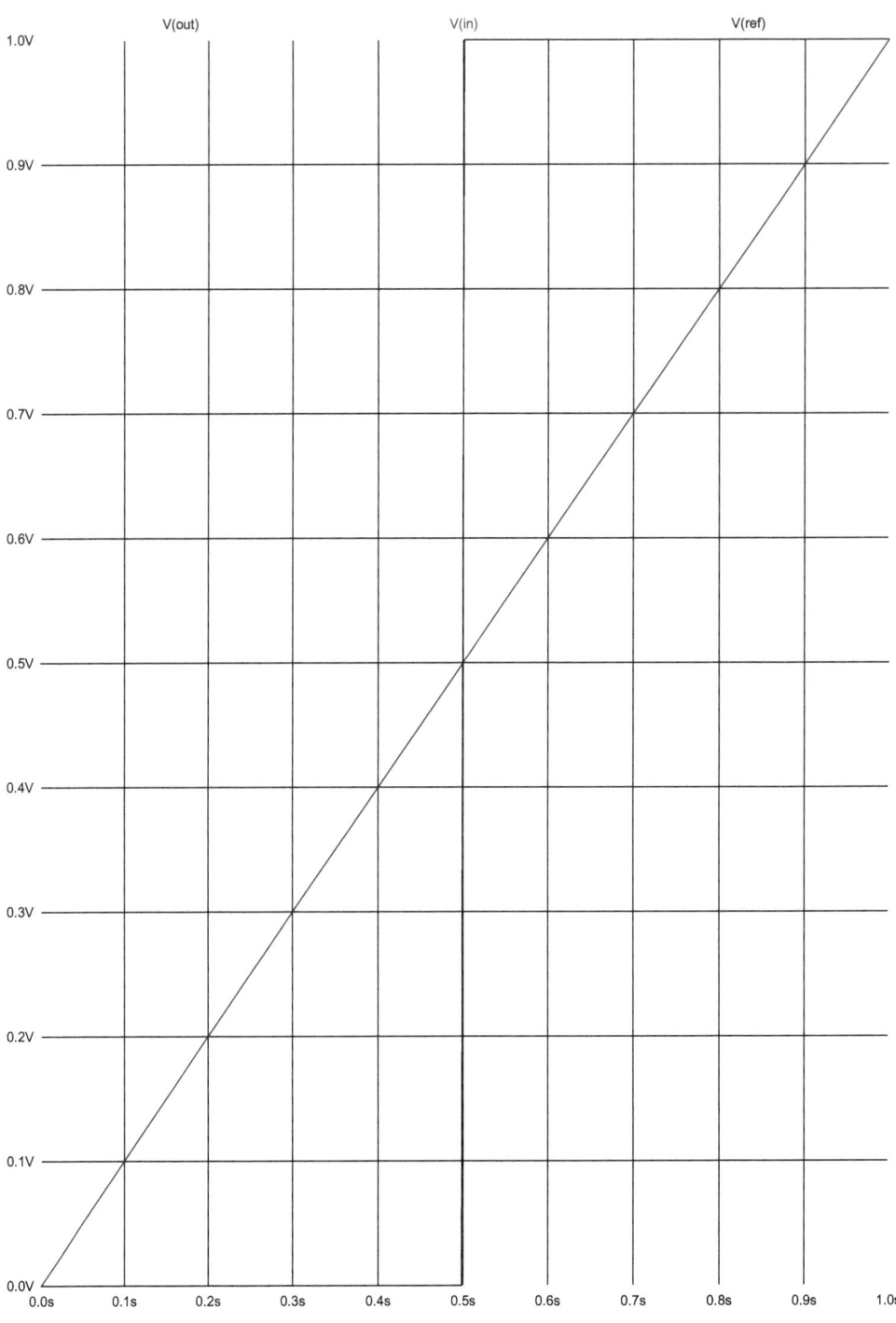

Abb. 3.2.20   Die Wertdiskretisierung

3.2 SC-Schaltungstechnik

Die Ausgangsspannung wird der Einfachheit halber als digitalisierte Ausgangsspannung bezeichnet. Damit ergibt sich folgende Hilfszeichung:

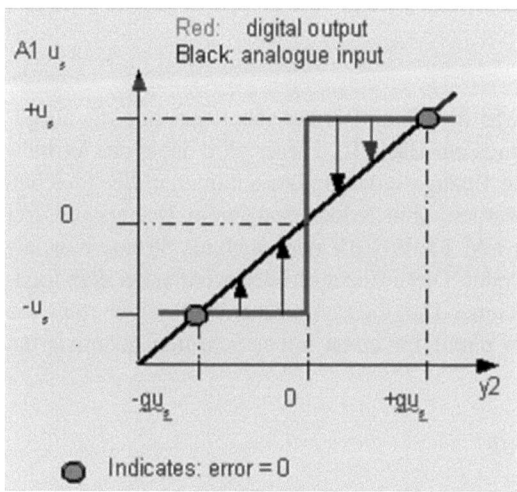

Abb. 3.2.21   Fehler der Diskretisierung

Das analoge Signal (linear ansteigende Kurve) und das digitalisierte Signal (Stufenkurve) in Abb. 3.2.21 entsprechen damit den Vorgaben aus Abb. 3.2.20.

Berechnung des Diskretisierungsfehler, das Signal-Quantisier-Verhältnis (Signal Quantization Ratio) SQR

Das Eingangssignal wird symmetrisch bezüglich des Ausgangssignalwechsels von einer zur folgenden Quantisierstufe bewertet. Dabei ist der Signalfehler bei Wertidentität Eingangswert (analog) – Ausgangswert (digital) Null. Die Fehlerberechnung erfolgt nach dem Prinzip der Varianz (Standardabweichung) σ oder auch in der Schaltungstechnik häufig als e gekennzeichnet. Der untere Fehler sei –q/2, der obere Fehler +q/2 und q die Fehlerhöhe einer Quantisierstufe. Dann berechnet sich der Fehler wie folgt (erste Zeile in Formel 3.2.22):

$$\sigma_Q^2 = e_S^2 = \frac{1}{q}\left(\int_{-\frac{q}{2}}^{0}-\left(\frac{q}{2}+y\right)^2 dy + \int_0^{\frac{q}{2}}\left(\frac{q}{2}-y\right)^2 dy\right) = \frac{q^2}{24}+\frac{q^2}{24}=\frac{q^2}{12}$$

$$\sigma_Q^2 = \int_{-\frac{q}{2}}^{\frac{q}{2}} e^2 \cdot f_q(e)\,de = \int_{e=-\frac{q}{2}}^{\frac{q}{2}} e^2 \cdot \frac{1}{q}\,de = \frac{e^3}{3\cdot q}\bigg|_{-\frac{q}{2}}^{\frac{q}{2}} = \frac{1}{3\cdot q}\cdot\left(\frac{q^3}{8}-\left(-\frac{q^3}{8}\right)\right)=\frac{q^2}{12}$$

Formel 3.2.22

Eine weitere Berechnungsmöglichkeit, welche die Nullstelle des Signals unberücksichtigt lässt, zeigt die zweite Zeile in Formel 3.2.22. Dies Integral ist mathematisch korrekt, denn die Nullstelle kann durch eine lineare Transformation um q/2 nach oben in die positive Halbebene verschoben werden. Damit wird die Nullstelle zur Symmetrieachse des Signals und die Integration darf über den gesamten Bereich durchgeführt werden.

Wird ein Signalbereich (Wertebereich) mit vielen Stufen n quantisiert, so entsteht eine Binärtreppe mit einer Quantisiermächtigkeit oder auch einem Quantisierbereich von:

$$E = q \cdot 2^n$$

Formel 3.2.23

Meist werden der Quantisierungsfehler sowie der Quantisierbereich logarithmisch ausgedrückt. Man bedient sich dabei des Logarithmus zur Basis 10. Ferner wird dabei das Verhältnis zu einem Bezugssignal verwendet. Diese Bezugssignale müssen immer in der gleichen Domäne wie das Eingangssignal gewählt werden, sind jedoch von ihrem Bezugswert frei wählbar. Es werden meist Grundgrößen wie 1 V, 1 mV, 1 µV oder auch als Ströme bzw. als Leistungen wie 1 W, 1 mW, 1 µW etc. verwendet. Diese Bezugsgrößen werden bei dem logarithmischen Verhältnis als Index gekennzeichnet. Der logarithmische Wert selber trägt die Bezeichnung dB für deziBel. Wir schreiben damit für einen mit n Schritten quantisierten Bereich (das sind 2^n Quantisierstufen):

$$SQR = 10 \cdot \lg \frac{E^2}{\sigma_Q^2} = 6.02\ dB \cdot n + 10.79\ dB$$

Formel 3.2.24

Das SQR beschreibt den durch die Wertquantisierung gemachten Abschneidefehler. Das SQR gibt das Verhältnis der Signalleistung aller Quantisierungsintervalle in Abhängigkeit des Eingangssignals bezogen auf die in einem Intervall gemachte Fehlerleistung an. Bei Mehrbit Quantisierung wird pro Bit ein um 6 dB größeres SQR erreicht.

Dabei fällt auf, dass es zwei Terme gibt:
- Term 1: Quantenfehler der Binärstufe selber
- Term 2: Signalrauschleistungsdichte des anliegenden Prüfsignals

Für diesen Fall liegt ein Sägezahn mit einer Periode vor, so dass jede Quantisierstufe gleichmäßig besetzt wird. Allgemein (erste Zeile) und im Falle eines sinusförmigen Signals (zweite Zeile) der Formel 3.2.25 muss die Rauschleistungsdichte dieses Prüfsignals berechnet werden:

$$e^2 = 10 \cdot \lg \frac{1}{T} \int_0^T f(t)^2 dt$$

$$P_S = e_{\sin}^2 = 10 \cdot \lg \frac{1}{T} \int_0^T a^2 \cdot \sin^2\left(\frac{2\pi t}{T}\right) dt = \frac{\hat{a}^2}{2}$$

$$SQR_{\sin} = 10 \cdot \lg\left(\frac{6 \cdot \hat{a}^2}{q^2}\right) = 1.76\ dB$$

Formel 3.2.25

P_S bezeichnet die Leistung des Eingangssignals, in diesem Falle die eines Sinussignals. Damit wird der konstante Term des sägezahnförmigen Prüfsignals (10.79 dB) zum additiven konstanten Term im Falle eines Sinus-Prüfsignals von 1.76 dB. Für Leistungspegel ist der

3.2 SC-Schaltungstechnik

multiplikative Faktor des Logarithmus 10! Die Abtastfrequenz ergibt sich zu: maximale SQR-Forderung bei Frequenz f:

$$f_s = f_{Signal\_max} \cdot 2^{n+1}$$

Formel 3.2.26

Begründung der multiplikativen Faktoren

Die Grundeinheit ist Bel. Gemäß einer internationalen Vereinbarung wird in der Technik das Grundmaß deziBel dB angewandt: 1 dB = 0.1 B. Da sich Leistungen gemäß der Quadrate ihrer Effektivwerte (Spannungen, Ströme) verhalten [3.28], wird:

$$P = 10 \cdot \log_{10} \frac{P}{P_{Ref}} [dB] = 10 \cdot \log_{10} \frac{\hat{x}^2}{\hat{x}_{Ref}^2} [dB] = 10 \cdot \log_{10} \frac{\frac{u_1^2}{R_1}}{\frac{u_2^2}{R_2}} [dB]$$

Ist $R_1 = R_2$ folgt:

$$P = 10 \cdot \log_{10} \frac{V_1^2}{V_2^2} = 20 \cdot \log_{10} \frac{V_1}{V_2} = 20 \cdot \log_{10} \frac{\hat{x}}{\hat{x}_{Ref}}$$

Formel 3.2.27

Gerade bei SC-Schaltungen entspricht die Abtastfrequenz häufig nicht der Nyquist-Frequenz, sondern liegt bei weitaus höheren Frequenzen. Damit wird von überabgetasteten Systemen gesprochen. Das Überabtastverhältnis (oversampling ratio) erklärt sich zu:

$$OSR = \frac{f_{Signal}}{2 \cdot f_{Eck}}$$

Formel 3.2.28

Die Rauschreduktion kann verstanden werden als Rauschinhalt, der sich über den symmetrischen Nyquist-Bereich erstreckt und auf Grund des Überabtastens auf den symmetrischen Überabtastbereich ausgedehnt wird.

$$\int_{-\frac{f_s}{2}}^{+\frac{f_s}{2}} |E(f)|^2 \, df = e_{rms}^2$$

Formel 3.2.29

Formel 3.2.25 besagt, dass das Integral über das (normierte) Rauschleistungs-Dichtespektrum den Quantisierfehler ergibt. Damit beschreibt Formel 3.2.25 die Fehlerleistung als Funktion des Rauschleistungsdichtespektrums des Quantisierfehlers E(f). Die quantisierte Rauschleistungsdichte im Nyquist-Bereich zeigt Abb. 3.2.22 [3.28].

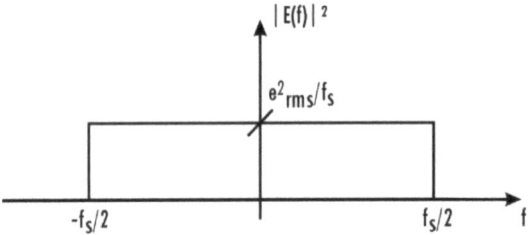

Abb. 3.2.22   Quantisierte Rauschleistungsdichte im Nyquist-Bereich

Wird das Signal oberhalb des Nyquist-Bereichs abgetastet, spricht man von Überabtastung. Die Rauschleistungsdichte reduziert sich. Die folgende Bildsequenz, Abb. 3.2.23 und Abb. 3.2.24, verdeutlicht diese Situation.

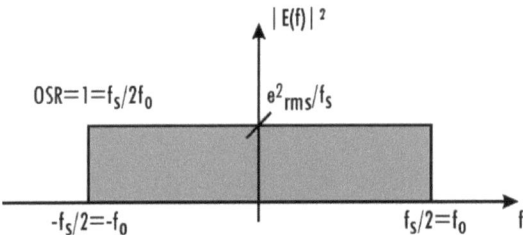

Abb. 3.2.23   Quantisierte Rauschleistungsdichte bei OSR = 1

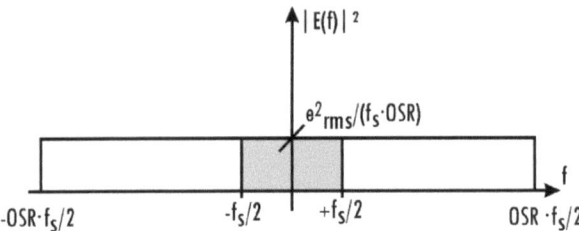

Abb. 3.2.24   Quantisierte Rauschleistungsdichte bei OSR >> 1

Mathematisch lässt sich diese Verringerung der Rauschleistungsdichte beschreiben mit folgender Gleichung:

$$P_N = \int_{-\frac{f_s}{2OSR}}^{\frac{f_s}{2OSR}} E^2(f)df = 2 \cdot \int_0^{\frac{f_s}{2OSR}} \frac{e_{rms}^2}{OSR \cdot f_s} df = \frac{e_{rms}^2}{OSR}$$

Formel 3.2.30

Auf Grund dieser Überabtastung wird eine signifikante Verbesserung des SQR erreicht, wie die Formel 3.2.31 zeigt.

$$SQR = 10 \cdot \log(\frac{p_S}{\sigma_Q^2} \cdot OSR) = 6,02 \cdot n + 1.76 + 10 \cdot \log(OSR) [dB]$$

Formel 3.2.31

Zusammenfassend kann damit ausgesagt werden:
- Je höher die Überabtastrate, umso geringer die Rausleistungsdichte im Vergleich zum Nyquist-Bereich. Signal ist dabei periodisch in 2π und die Auflösung steigert sich bzgl. zu 2π.
- Verdopplung der Abtastfrequenz => SQR-Gewinn in dB: 3
- Verdopplung der Abtastfrequenz => Gewinn in Bit: 0.5

3.3 Verständnisfragen

1. Berechnen Sie die Großsignal-Übertragungsfunktion einer invertierenden Operationsverstärkerschaltung. Berücksichtigen Sie dabei sowohl den Offset als auch die endliche Verstärkung im offenen Kreis (openloop gain) des Verstärkers.
2. Wiederholen Sie Aufgabe 1 für einen nicht invertierenden Verstärker.
3. Erstellen Sie für die Aufgaben 1 und 2 eine Simulationsumgebung in LTspice und simulieren Sie Ihre Schaltung. Vergleichen Sie das Ergebnis mit dem berechneten Ergebnis. Was stellen Sie fest?
4. Skizzieren, berechnen und simulieren Sie einen Addierer, der mit einem Operationsverstärker arbeitet. Berücksichtigen Sie die endliche Verstärkung des OP und setzen Sie diese auch einmal auf Unendlich. Erklären Sie Ihre Ergebnisse.
5. Skizzieren, berechnen und simulieren Sie einen Differenzverstärker, der mit einem Operationsverstärker arbeitet. Berücksichtigen Sie die endliche Verstärkung des OP und setzten Sie diese auch einmal auf Unendlich. Erklären Sie Ihre Ergebnisse.
6. Erklären Sie, was unter einem vollsymmetrischen Operationsverstärker verstanden wird und skizzieren Sie einen vollsymmetrischen Verstärker.
7. Was ist eine Halte-Schaltung, wie wird diese mit ihrem Englischen Fachausdruck genannt. Skizzieren Sie dazu mindestens zwei Schaltungsarten und erklären Sie deren Arbeitsweise und Einsatzgebiete.
8. Erstellen Sie MATLAB-/SIMULINK-Modelle für eine invertierende OP-Verstärkerschaltung, eine nichtinvertierende OP-Verstärkerschaltung sowie einen Halte-OP-Verstärker. Simulieren sie diese Modelle, vergleichen und erläutern Sie ihre Ergebnisse mit den LTspice-Simulationen der vorangegangenen Aufgaben.
9. Erklären Sie den Begriff ZOH und erklären Sie die zugehörige Stabilitätsbedingung.
10. Skizzieren und erläutern Sie das Schaltbild eines aktiven Tiefpassfilters.
11. Berechnen Sie das Großsignal-Verhalten sowie die Laplace-Transformierte eines aktiven Tiefpassfilters. Simulieren Sie mit LTspice Ihr Filter und zeigen das zugehörige Bodeplot. Was können Sie über Ihr Ergebnis aussagen?
12. Entwickeln Sie für Ihr Filter aus Aufgabe 11 ein MATLAB-/SIMULINK-Modell und simulieren Sie dieses Modell im Frequenzbereich. Stimmen Ihre Ergebnisse mit denen der Aufgabe 11 überein? Beschreiben Sie die Unterschiede, wenn sie welche aufzeigen können. Was können Sie über die Signalphase aussagen?
13. Erklären Sie den Unterschied zwischen einem Integrator und einem Tiefpass. Wie gestaltet sich die Integration in der Laplace-Ebene?
14. Entwerfen Sie eine aktive Integratorschaltung, dimensionieren Sie diese, so dass die Integrationszeitkonstante 250 µsec beträgt. Entwerfen Sie ein MATLAB-/SIMULINK-Modell für Ihren Integrator und simulieren Sie Ihre Schaltung mit MATLAB und LTspice und erläutern Sie Ihre Ergebnisse.

15. Führen Sie die Aufgabe 15 für einen Differenzierer aus.
16. Was wird unter einem Domänentrenner verstanden? Zeigen Sie Anwendungsbeispiele für Domänentrenner auf.
17. Was ist ein Komparator, wie arbeitet dieser? Warum ist eine Hysterese bei einem Komparator wichtig?
18. Skizzieren sie einen CU-Wandler und entwickeln Sie eine LTspice-Simulation dazu. Wie arbeitet dieser Wandler und wo werden CU-Wandler angewandt?
19. Was ist eine Bandgap-Schaltung? Entwickeln Sie eine Beispielschaltung dazu, berechnen Sie diese so, dass ein positiver, negativer und auch ein kompensierter Temperaturgang erreicht wird. Simulieren Sie mit LTspice Ihre Schaltungsvarianten und erklären Sie Ihre Ergebnisse.
20. Welcher besondere Nachteil von Bandgap-Schaltungen ist Ihnen bekannt und wie wird diesem Nachteil entgegengewirkt?
21. Skizzieren Sie eine bandgapgesteuerte Spannungs- und Stromquelle. Simulieren Sie mit LTspice Ihre Schaltungen und erklären Sie Ihre Ergebnisse.
22. Was verstehen Sie unter SC-Schaltungstechnik?
23. Erläutern Sie die Grundidee von Maxwell, welche erst gegen Ende des 19. Jahrhunderts in die Schaltungstechnik überführt werden konnte.
24. Unter welchen Bedingungen entspricht eine geschaltete Kapazität einem elektrischen Widerstand und welche Widerstandscharakteristik weist die geschaltete Kapazität auf? Zeigen Sie Ihre Antwort auch mathematisch und erklären Sie die Gleichungen.
25. Was ist die z-Transformation und wie können Sie diese aus der Laplace-Transformation entwickeln? Was ist für die elektrische Schaltungstechnik die Kernaussage der z-Transformation? Zeigen Sie auch den Gültigkeitsbereich der z-Transformation auf.
26. Was ist die bilineare z-Transformation?
27. Entwerfen und berechnen Sie einen invertierenden SC Verstärker. Simulieren Sie mit LTspice Ihr Ergebnis und erläutern Sie dieses. Wie verhält sich der Offset des Verstärkers?
28. Führen Sie Aufgabe 27 für einen nicht invertierenden Verstärker aus.
29. Entwerfen und berechnen Sie einen offsetkompensierten SC-Verstärker, den Sie für invertierenden als auch nicht invertierenden Betrieb umschalten können. Simulieren Sie Ihr Ergebnis und verdeutlichen Sie, dass der Verstärker auch tatsächlich offsetkompensiert arbeitet.
30. Entwerfen und simulieren Sie einen SC-Differenzverstärker. Erläutern Sie Ihr Ergebnis.
31. Entwerfen, berechnen und simulieren Sie einen SC-Integratorverstärker. Erläutern Sie Ihr Ergebnis.
32. Entwerfen und simulieren Sie einen SC-Komparator. Erläutern Sie Ihr Ergebnis.
33. Welche Schaltungen für SC-Komparatoren kennen Sie? Skizieren Sie diese Schaltungen und erläutern Sie deren Arbeitsweise und deren Anwendungen.
34. Erklären Sie wie das Rauschen von Operationsverstärkern modellhaft betrachtet werden kann.
35. Was ist unter den Begriffen SQR und SNR zu verstehen? Zeigen Sie für beide Begriffe die mathematischen Gleichungen und erklären Sie diese. Was verstehen Sie unter dem Fachausdruck Rauschzahl?
36. Was verstehen Sie unter dem Fachbegriff Diskretisierungsfehler? Formulieren Sie Ihre Antwort auch mathematisch und erklären Sie diese Vorgehensweise.
37. Was verstehen Sie unter dem Fachbegriff Überabtastung? Formulieren Sie Ihre Antwort auch mathematisch, zeigen Sie dazu auch Skizzen und erklären Sie diese Vorgehensweise.

4 Signalwandler

Das Buch beschränkt sich auf die wichtigsten Wandlerverfahren 2-Rampen-Wandler und sukzessive Approximationswandler, welche mit heutigen Technologien als Standardverfahren zur Verfügung stehen. Weitere Wandlerverfahren sind der Literatur zu entnehmen. Auch will dieses Kapitel keine langen Abhandlungen über Grundlagen der Wandler und deren Fehlermechanismen zitieren, sondern zur Vollständigkeit des Kapitels diese klassischen Wandler mit ihren wichtigsten Entwurfskriterien sowie Simulationstechniken vorstellen. Die Literatur zu den Wandlern ist sehr umfangreich und es kann nur eine sehr beschränkte Literaturauswahl angegebene werden, das Buch würde sich sonst viele Seiten nur mit Literaturreferenzen beschäftigen. Gerade in diesem Gebiet ist in den letzten zwanzig Jahren sehr viel veröffentlicht worden. Die angegebenen Werke gehören alle zu den Erstveröffentlichungen und dürfen zu Recht als Leitliteratur angesehen werden [1.4, 1.19, 1.29, 2.16, 2.17, 2.42, 4.4–4.11].

In diesem Buch wird zwischen klassischen und nicht klassischen Signalwandlern unterschieden. Klassisch werden hier alle Wandler genannt, welche die angebotene Information Zeitschritt für Zeitschritt direkt und mit vorgegebener Genauigkeit umsetzen. Nicht klassisch werden diejenigen Verfahren benannt, welche die angebotenen Informationen mit Hilfe von besonderen Verfahren wie beispielsweise gleitender Mittelwertbildung aufbereiten. Diese besonderen Formen der Signalaufbereitung bedingen sich meist durch ein nicht lineares Rauschverhalten in Verbindung mit einer Über- oder Unterabtastung und wirken sich positiv auf den Signalgewinn im Durchlassband aus.

Ein Signalwandler setzt Signale in eine andere Beschreibungsdomäne um. Beschreibungsdomänen sind Spannung, Strom, digitaler Datenstrom, digitaler Wortstrom usw. Mit der heutigen Technologie werden sehr hohe Packungsdichten erreicht und damit lassen sich auf kleinem Raum große digitale Signalverarbeitungs-Maschinen unterbringen. Der unschlagbare Vorteil der digitalen Signalverarbeitung ist, dass hier Störungen so gut wie gar nicht relevant sind, da der Störabstand (Abstand in Spannung des logischen Werts für LOW zum Wert des logischen HIGH) durch eine logische Entscheidung für jedes Bit sehr groß ist und dass die digitale Signalverarbeitung auch fehlerhafte Signale erkennen und sogar ausheilen kann. Ziel moderner Signalverarbeitung ist es, analoge Signale möglichst schnell in die digitale Signalverarbeitung zu überführen und digitale Signale erst sehr spät wieder zurück in die analoge Schaltungstechnik zu bringen. Dazu werden diese Signalwandler eingesetzt. Diese Wandler wurden insbesondere in den 70er bis 90er Jahre des letzten Jahrhunderts entwickelt und perfektioniert. Sie sind seitdem Standardschaltungen geworden.

4.1 Klassische Signalwandler

Die wesentlichen klassischen Wandlertypen sind:
- Zähl-Verfahren
- 2-Rampen-Verfahren (bevorzugter Fall des Zählverfahrens)

- Algorithmische Wandler
- Verfahren der sukzessiven Approximation

Nichtklassisch werden in diesem Buch Wandler genannt, welche sich besonderer mathematischer Wege bedienen. So beispielsweise gehören die Wandler, welche gleitende Mittelwertbildung oder besondere Anordnungen von Ringoszillatoren nutzen, zu den nichtklassischen Wandlern.

4.1.1 Verständnis-Aufbau des Signalwandlungsprozesses

Wir unterscheiden die angewandten Zahlensysteme von zeitkontinuierlich bis zeitdiskret und wertkontinuierlich bis wertdiskret. Dabei setzen wir voraus, dass ein rein analoges System zeitkontinuierlich und wertkontinuierlich ist und ein reines getaktetes Digitalsystem zeitdiskret und wertdiskret ist. Eine SC-Analog-Schaltung ist ebenfalls zeitdiskret und wertdiskret. Damit ist es notwendig, ein Zahlensystem festzuschreiben. Das Taktschema bestimmt dabei „nur" die Diskretisierung in Zeit und ist kein Merkmal der Unterscheidung eines analogen von einem digitalen System. Ein Zahlensystem kennzeichnet sich durch seinen Bezug auf die benutzte Basis. Diese Basis ist innerhalb eines Zahlensystems eine feste Größe, in der Digitalelektronik meistens 2. Es gibt aber auch Zahlensysteme der Basen 3, 4 oder 5 etc., die als „digitale Basis" Verwendung finden, wenn „weak logic" berücksichtigt wird. Soll heißen, dass die 0 und die größte Zahl der Basis dem Digitalbegriff LOW bzw. HIGH entsprechen, derweil die anderen Zahlen eine meist lineare Abstufung auf dem Weg von LOW nach HIGH darstellen. Daraus folgt: *Die digitale Welt wird immer analoger!*

Jeder Wandler führt eine Signaldiskretisierung durch und damit wird ein Fehler gemacht. Dieser Fehler ist dadurch bedingt, dass ein zeitkontinuierliches Signal (analoges Signal) in ein zeit- und wertdiskretes Digitalsignal überführt wird bzw. umgekehrt. Diesen Fehler nennt man Diskretisierungsfehler, welcher aus Kapitel 3.2.6 bekannt ist.

Tabelle 4.1 Analoge und digitale Repräsentation

Analoge Welt	Digitale Welt
zeitkontinuierlich und zeitdiskret	zeitdiskret
wertkontinuierlich und wertdiskret	wertdiskret … aber mit immer feineren Stufen!

4.1.2 Zählverfahren: Das 2-Rampen-Verfahren

Dieses Verfahren beruht auf der Auszählung des Ladungszustands. Die Ladungsgleichung wird nach der Spannung aufgelöst. Diese Spannung wird als Vorgabe in die Schaltungstechnik eingebaut. Damit wird gemäß diesen Zeitpunkten der Ladungszustand des Kondensators bewertet. Diese Bewertung führt der Komparator durch, sodass nach Überschreitung eines vorgegebenen Referenzmaßes (in Spannung) ein Puls ausgelöst wird. Gleichzeitig läuft ein Zähler mit, der zu jedem Start wieder auf Null (reset) gesetzt wird. Die Ladungsgleichung $Q = C\,dU = i(t)\,dt$ erfüllt diese Arbeitsweise. Da ein Kondensator ein lineares Bauteil ist, wird der Spannungsanstieg bzw. -abfall eine lineare Charakteristik aufweisen. Die Arbeitsweise wird sinnvollerweise so gewählt, dass der Kondensator stets in zeitgleich langen Einheiten geladen als auch anschließend entladen wird. Innerhalb dieser Zeitintervalle folgt einerseits für eine bekannte Referenzspannung (das ist in der Regel die Bandgapspannung)

4.1 Klassische Signalwandler

und andererseits für die zu messende Eingangsspannung ein Puls zu den Zeitpunkten t1 bzw. t2. Da die Referenzspannung bekannt ist, kann auf Grund der konstanten Steigung die Spannung am Triggerzeitpunkt t2 leicht ermittelt werden.

Zählverfahren: MATLAB-/SIMULINK-Modell

Das Bild zeigt das MATLAB-/SIMULINK-Modell eines 2-Rampen-Wandlers.

Abb. 4.1.1 zeigt den 2-Rampen-Wandler. Der Zähler steuert eine stetig steigende Rampe in der zugehörigen Domäne „Strom" oder „Spannung". Im vorliegenden Fall sei die Domäne „Spannung". Dazu wird ein Kondensator bei jedem steigenden Zählschritt mit einem positiven Stromquant geladen und dieser wird im Kondensator aufsummiert. Dadurch erhält man eine ansteigende Spannungstreppe über diesen Kondensator. Wird rückwärts gezählt, dann erhält man eine abfallende Spannungstreppe. Der pro Zählschritt erreichte Spannungswert wird mit dem anliegenden Eingangssignal verglichen. Wird dieser Wert erreicht oder besser gesagt je nach Richtung betragsmäßig überschritten, dann wird ein Triggersignal, mittleres Bild in Abb. 4.1.1 erzeugt. Damit kann innerhalb des Zeitrahmens steigender als auch fallender Treppenspannung jeweils ein anderer Spannungswert anliegen. Ist einer dieser Werte bekannt, beispielsweise dann, wenn eine Referenzspannung bandgapgesteuert anliegt, dann kann die unbekannte Spannung über die Zeitspanne bis zum Trigger, bezogen auf die Zeitspanne bis zum Triggerereignis der bekannten Spannung, über einen Dreisatz berechnet werden. Das Zeitverhältnis, im Sinne der Auswertung besser das Zählverhältnis ergibt im Vergleich zur Referenzspannung den gesuchten Spannungswert in digitalen Einheiten.

Beispielhaft veranschaulicht dies Abb. 4.1.2. In dem Beispiel wird eine Spannung von 3.0 V angelegt. Die Spannungsrampe zeigt das obere Bild, die Triggerpunkte sind im mittleren Bild erkennbar, wobei der Trigger während der steigenden Rampe die zu wandelnde Eingangsspannung darstellt und der Trigger der fallenden Rampe ist der Referenzwert 2.5 V. Der Auswerteeinheit muss bekannt gemacht werden, ob sich der Zeitpunkt innerhalb der steigenden oder der fallenden Flanke befindet. Das untere Bild identifiziert „steigend" mit LOW und „fallend" mit HIGH. Im Wandler befindet sich die Auswerteeinheit, welche das oben besprochene Verhältnis bildet. Der digital ausgegebene Wert dieses Verhältnisses ist das Ergebnis der Wandlung. Im MATLAB-/SIMULINK-Modell ist das eine reelle Zahl, in Wirklichkeit ein digitales Wort. Das Ergebnis in dem Fall ist 1.201. Mit der Referenzspannung – in diesem

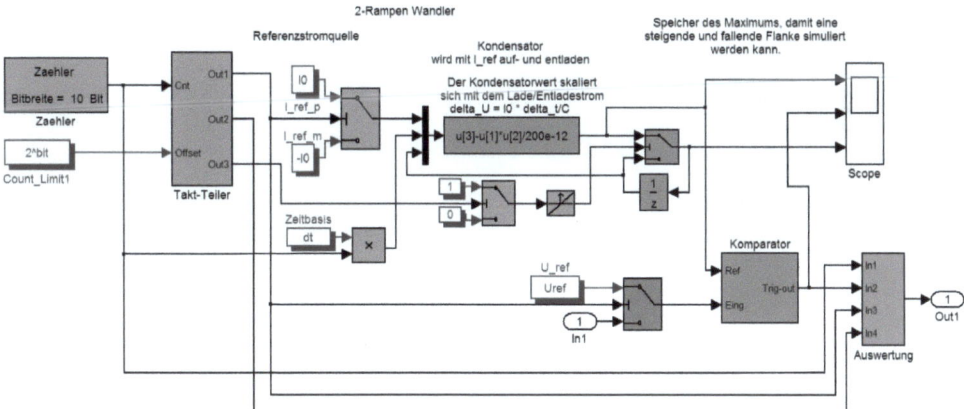

Abb. 4.1.1 MATLAB-/SIMULINK-Modell: ADC 2-Rampen-Verfahren

Fall Mittenspannung $V_{AGND} = 2.5$ V – multipliziert erhält man den digitalisierten Wert 3.006 V. Der Fehler ist auf die Digitalisierung mit 10 Bit bezogen. Die Formel 4.1.1 zeigt den Berechnungsweg, der im MATLAB-/SIMULINK-Modell Abb. 4.1.1 im rechten, unteren Kasten *Auswertung* enthalten ist. Dieser Berechnungsweg ist bitgetreu nachgebildet. Das gleiche gilt auch für die anderen Baugruppen. So ist es mit MATLAB möglich, ein Modell so nahe der Wirklich zu erstellen, dass mit Hilfe einer Sonderbibliothek daraus ein VHDL-Modell erstellt werden kann und dieses ist sogar synthesefähig.

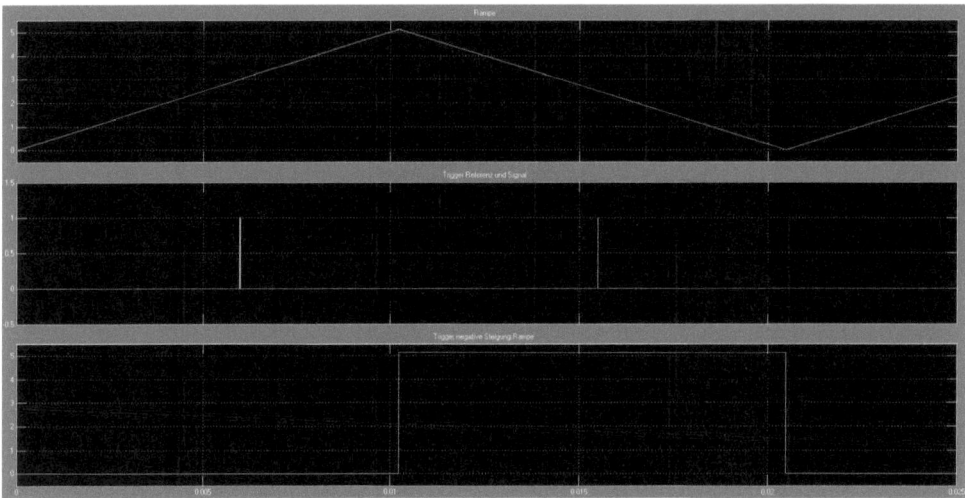

Abb. 4.1.2   MATLAB-/SIMULINK-Modell: ADC 2-Rampen Verfahren: Simulationsergebnis

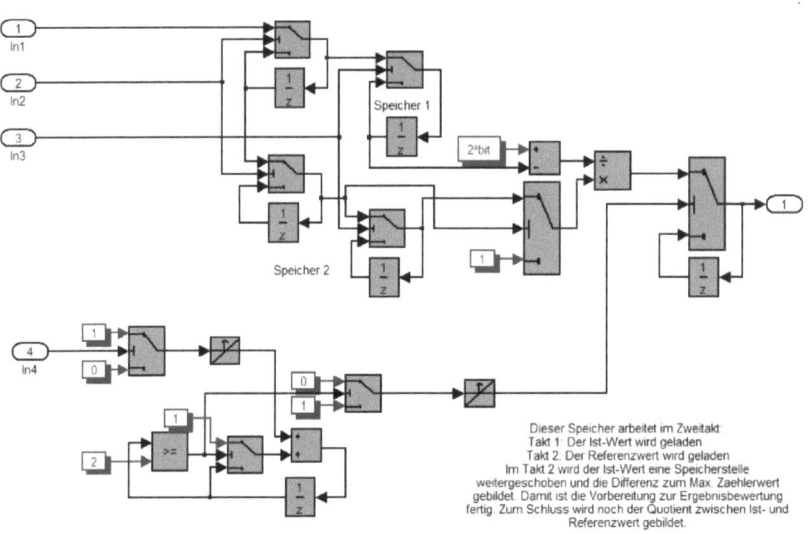

Abb. 4.1.3   ADC 2-Rampen-Verfahren, Auswerteeinheit: bitgetreu nachgebildet

Das 2-Rampen-Verfahren lässt viele Modifikationen zu, die aber alle auf das hier vorgestellte Grundprinzip zurückzuführen sind. Vorteil und Nutzen dieses Verfahrens ist es, einen langsamen, einfachen und dafür aber sehr genauen Wandlungsprozess zu erreichen.

$$dQ = CdU = i(t)dt$$

$$t_1 = \frac{C}{\Delta U_{ref} \cdot I_0} \qquad t_2 = \frac{C}{\Delta U_{in} \cdot I_0}$$

$$\frac{t_1}{t_2} = \frac{\frac{C}{\Delta U_{ref} \cdot I_0}}{\frac{C}{\Delta U_{in} \cdot I_0}} = \frac{\Delta U_{in}}{\Delta U_{ref}}$$

$$\Delta U_{in} = \Delta U_{ref} \frac{t_1}{t_2}$$

Formel 4.1.1

4.1.3 Sukzessiver Approximationswandler – SAR ADC

Dies ist der wohl bekannteste Wandlertyp. Er wandelt Daten mit einer Folge von logischen Entscheidungen. Das Wort ist dem Lateinischen entlehnt: succedere heißt nachfolgen. Diese logischen Entscheidungen folgen dem Prinzip des Kartoffelwiegens auf dem Markt. Dabei wird ein Sack Kartoffeln auf eine Waage gestellt und mit Hilfe von Gewichtsteinen, deren Gewichtfolge vom größten zum kleinsten Gewichtsstein hin binär aufgeteilt ist und in dieser Folge wird jedes Gewicht stets um die Hälfte des Vorgängers verringert. Der Messvorgang fängt mit dem größten Gewicht an. Ist der Sack schwerer oder leichter? Je nach Antwort wird das nachfolgende Gewicht (halb so schwer wie das Gewicht vorher) mit auf die Waage gestellt oder das vorherige Gewicht wird weggenommen und das nachfolgende Gewicht verbleibt erst einmal auf der Waage. Dann kommt die gleiche Frage noch einmal und dieser Prozess mit den Gewichten beginnt von vorne. Schlussendlich verbleibt am Ende des Wägeprozesses eine Anzahl von Gewichten auf der Waage, welche bis auf den Schlussfehler das exakte Gewicht des Kartoffelsacks aufzeigen. Dieser Schlussfehler kommt dadurch zustande, dass die Summe aller Gewichte normiert zu 1 gesehen, nicht exakt 1 ergibt, sondern stets 1-Gewicht des letzten Gewichtssteins. Durch Hinzufügen eines letzten Gewichts mit der gleichen Masse seines Vorgängers kann dieser Fehler kompensiert werden. Dieses Verfahren nähert sich damit schrittweise (sukzessiv) dem wirklichen Wert. Daher auch der Name sukzessive Approximation (Approximation = Näherung). Der normierte Gewichtsmaßstab sieht so aus:

$$1 \quad \frac{1}{2} \quad \frac{1}{4} \quad \frac{1}{8} \quad \frac{1}{16} \quad \frac{1}{32} ...$$

Formel 4.1.2

Schaut man sich diese Reihe genauer an, so stellt man fest, dass ausgehend von einer beliebigen Position die Summe der Restterme nahezu dem Wert der Position entspricht. Nahezu deshalb, weil an einer endlichen Stelle abgebrochen wird. Dieser Abbruch bedeutet, dass der verbleibende Fehler exakt dem der letzten Stelle entspricht. Formel 4.1.3 zeigt als Beispiel, dass 1/2 durch die Summe von 4 Binärzahlen gewonnen wird und der verbleibende Restfehler damit dem Wert des letzten Terms entspricht.

$$\frac{1}{2} = \frac{1}{4} + \frac{1}{8} + \frac{1}{16} + \frac{1}{32} = \frac{1}{2} - \frac{1}{32}$$

Formel 4.1.3

Nachdem die Grundzüge der Fehlerbetrachtung und der Quantisierung bekannt sind, wenden wir uns der Signaltransformation oder wie dies genannt wird: der Signalwandlung zu. Für das SAR-Verfahren benötigen wir ein Werk, das den „Marktfrau-Mechanismus" bedient. Dieses Werk wird mit Hilfe der Digitaltechnik zur Verfügung gestellt und wird SAR – *S*uccessive *A*pproximation *R*egister – genannt. Dieser Algorithmus wird heutzutage mit der Hochsprache VHDL [4.1, 4.2, 4.3] beschrieben und auch auf Leiterkarten bei Verwendung digitaler Steuerbausteine, FPGA oder CLPD genannt, automatisch in Schaltungen innerhalb dieser frei programmierbaren Digitalbausteine umgesetzt. Wichtig dabei ist stets, dass der SAR-Mechanismus taktsynchron abläuft und dabei die SAR-Folge exakt einhält. Diesen Automat nennt

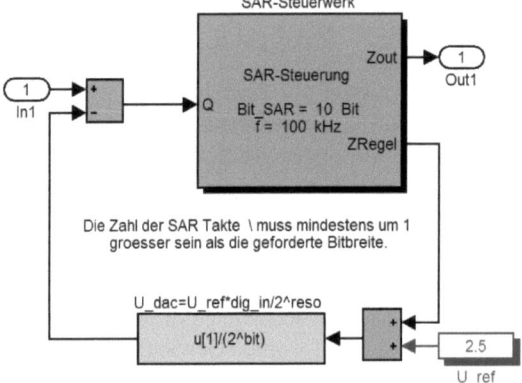

Abb. 4.1.4   MATLAB-/SIMULINK-Modell: SAR ADC

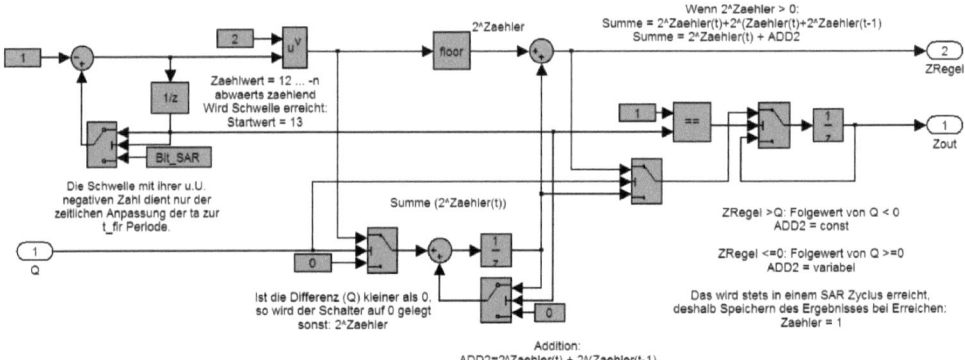

Abb. 4.1.5   MATLAB-/SIMULINK-Modell: SAR-Steuerwerk

4.1 Klassische Signalwandler

man *state maschine* oder Zustandssteuerung. Korrekt angewandt entsteht so eine Logik, die meist direkt synthesefähig ist [4.2, 4.3]. Synthese bedeutet, dass ein Entwurfsautomatismus greift, der ein automatisches Darstellen der digitalen Einheit ermöglicht und diese auch als Layout bzw. im FPGA als Logikaufteilung wirksam wird. Synthesewerkzeuge werden beispielsweise von Synopsys oder auch FPGA bzw. CLPD Herstellern mitgeliefert. Sehen wir uns das SAR-Modell an. Dieses zeigt das abgebildete MATLAB-/SIMULINK-Modell in den beiden Hierarchien SAR ADC und SAR-Steuerwerk der Abb. 4.1.4 und Abb. 4.1.5.

Der Wandler benötigt zum SAR nur noch die analoge Aufbereitung. Erinnern wir uns an das Wiegen des Kartoffelsacks mit den binär organisierten Wägegewichten und assoziieren diese in unsere Elektronik, dann bieten sich hierzu Kondensatoren als Ladungsspeicher an. Dieses Verfahren der stetigen 2^n-Sequenz kann über ein binär gewichtetes Kondensatorarray abgewickelt werden. Jedes Arraysegment hat dann bezüglich einer normierten Kondensatorgröße C (stellvertretend für den maximalen Wert) ebenfalls pro Bit eine 2^n Verringerung des Werts C auf beispielsweise für 5 Bit folgende Kondensatorwerte, deren Summe den Wert C ergibt:

$$\frac{C}{2}, \frac{C}{4}, \frac{C}{8}, \frac{C}{16}, \frac{C}{31}, \frac{C}{32}$$

$$\sum_{i=1}^{n} C_i = C - \frac{C}{2^n} \Rightarrow \sum_{i=1}^{n} C_i = C - \frac{C}{2^n} + \frac{C}{2^n}$$

Formel 4.1.4

Diese Summe zeigt, dass der Restfehler des letzten Quantums übrig bleibt. Deshalb verlangt das Verfahren, dass das letzte Quantum doppelt vorhanden sein muss und das letzte BIT (LSB) wird ohne Schalter gebaut. Die Abb. 4.1.7 zeigt diesen Wandlertyp. Hier ist das Kapazitätsarray in seiner Binäranordnung parametriert dargestellt, so dass der Entwickler noch die Wahl der Einheitskapazität offen hat. Das Array muss sehr symmetrisch aufgebaut sein und auch seitens der topologisch bedingten Layoutanordnung ist eine Punktsymmetrie anzustreben. Das kann nur mit Hilfe von Einheitskapazitäten erreicht werden. Werden die binär gewichteten Kapazitäten eines Arrays beispielsweise von 1 bis 5 in aufsteigender Folge benannt, so werden die beiden LSB-Kapazitäten ins Zentrum gestellt und die anderen Kapazitäten möglichst symmetrisch in konzentrischen Rechtecken um dieses Zentrum angeordnet. Die Abb. 4.1.6 zeigt exemplarisch solch eine Anordnung. Die zugehörigen Verbindungsleitungen können bei dieser Anordnung sehr gut verlegt werden, einerseits deshalb, weil moderne Technologien mehr Lagen Verdrahtungen anbieten und andererseits weil sich diese Symmetrie ebenfalls in einer Verdrahtungssymmetrie fortpflanzt.

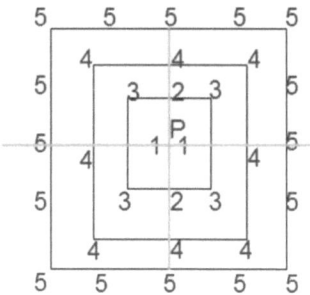

Abb. 4.1.6   SAR-Kapazitätsarray, Layout-Anordnung

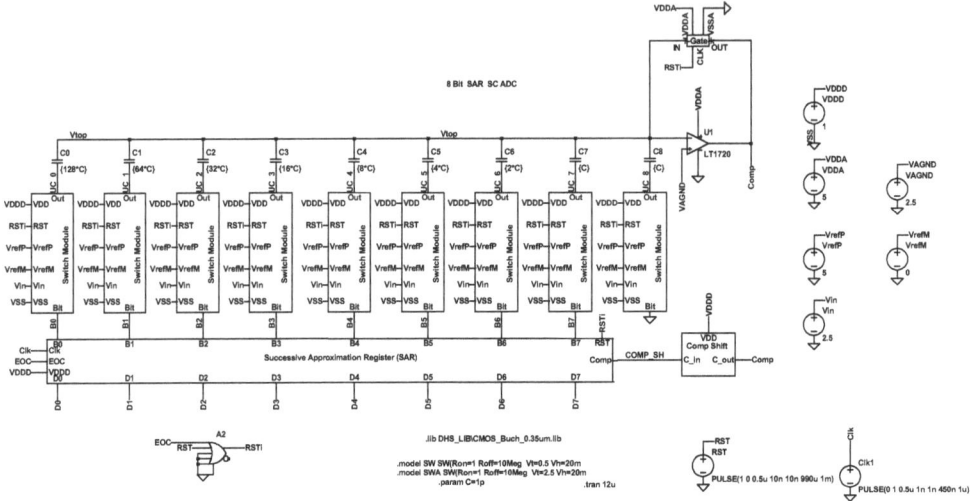

Abb. 4.1.7   SAR 8-BIT ADC

Die Arbeitsweise folgt der Sequenz:

Phase 1: Abtast-Modus (Sample Mode)

Das analoge Eingangssignal wird als Ladung im gesamten Kondensatorarray geladen. Dabei sind alle Kondensatoren parallel geschaltet und der gemeinsame Fußpunkt wird auf Mittenspannung (Signalbezug) gelegt, während die oberen Platten mit dem Signal verbunden werden.

Phase 2: Halte-Modus (Hold Mode)

Die Ladung wird intern auf die Arbeit mit dem SA-Register vorbereitet. Dazu wird der in Phase 1 geschaltete gemeinschaftliche Anschluss auf Versorgungsspannung gelegt. Damit ist eine Signaltransformation auf einen neuen Fußpunkt (VSSA) durchgeführt worden. Mit anderen Worten: Die Ladungen arbeiten jetzt symmetrisch zur Mittenspannung, jedoch mit Potentialbezug zu Masse VSSA. Die Signalsymmetrie bleibt dabei erhalten.

Phase 3: Ladungs-Umverteilung (Charge Redistribution)

Diese Phase ist die Arbeitsphase. Gegenüber dem Komparator mit Arbeitspunkt = Mittenspannung, wird das in Phase 2 auf VSSA bezogene Array bewertet. Diese Bewertung beginnt beim höchsten Bit (MSB = Major Significant Bit) und endet beim geringstwertigen Bit (LSB = Least Significant Bit), eventuell auch LSB/2, wenn die Genauigkeit es erfordert. Diese Umbewertung folgt dem Mechanismus der Ladungsumverteilung, sodass die über dem Array abfallende Spannung auf den Komparatorarbeitspunkt bezogen bewertet wird. Liegt diese Spannung oberhalb der Mittenspannung, so bewertet der Komparator HIGH (logisches Signal), exakt auf bzw. unterhalb Mittenspannung bewertet er LOW. Diese Komparatorbewertung wird in einem eigenen Registerwerk als Ergebnis abgespeichert.

4.1 Klassische Signalwandler

Die Ladungsumverteilung im Array kann folgendermaßen beschrieben werden:

$$q_{ges} = C_{ges} \cdot (V_{IN} - V_{AGND})$$

$$q_{Bitn} = \frac{C_o \cdot C_u}{C_o + C_u} \cdot Vref$$

$$V_{Top,Bitn} = \frac{q_{Bitn}}{C_U} = \frac{C_O}{C_O + C_U} \cdot Vref$$

$$C_O = C_E \cdot 2^a \qquad C_U = C_E \cdot 2^b \qquad n = a + b$$

$$V_{Top,Bitn} = \frac{C_E \cdot 2^a}{C_E \cdot 2^a + C_E \cdot 2^b} \cdot Vref = \frac{2^a}{2^a + 2^{n-a}} \cdot Vref$$

Formel 4.1.5

Die Formel 4.1.5 zeigt, dass die Ladung pro Bit nur abhängig ist von der Kapazitätsgewichtsverteilung. Die Kapazitäten sind binär gewichtet und werden zwischen den beiden Spannungen VDDA und VSSA gewichtsmäßig Schritt um Schritt verteilt. Diese pro Bit vollzogene Ladungsneuverteilung wird im Fachbegriff „charge redistribution" genannt. Die Gesamtladung bleibt erhalten, nur die pro Bit vorhandene Ladungsverteilung bestimmt den Spannungsabfall der Kapazitätsarray-TOP-Platte nach Masse. Die Referenzspannung V_{ref} ist eine beliebige, aber stabile Spannung. Im Regelfall wird dafür die Versorgungsspannung oder bei Hochpräzisionswandlern eine mit der Bandgap-Spannung aufgebaute Spannungsquelle verwendet.

Dabei ist die Notation pro Bit:
C_O sind alle Kapazitäten, welche an VDD angeschlossen sind.
C_U sind alle Kapazitäten, welche an VSS angeschlossen sind.

Die Gewichtskoeffizienten a und b ergänzen sich stets zur Gesamtbitanzahl n. Jede Neuverteilung entspricht dem Ladungswert eines Bits und wird gegenüber der Referenzspannung, die im Allgemeinen die Mittenspannung V_{AGND} ist, verglichen. Diese so zu erfolgende logische Entscheidung muss noch definiert werden:

$$V_{Top,Bit} \leq V_{AGND} \quad \Rightarrow \quad LOW$$
$$V_{Top,Bit} > V_{AGND} \quad \Rightarrow \quad HIGH$$

Formel 4.1.6

Diese Logik ist ausschlaggebend für den Wandlungsprozess. Das Logikergebnis pro Bit wird gespeichert, die Sortierung der Kapazitäten des folgenden Bits entsprechen dieser Entscheidung.

Phase 4: Digitale Daten freigeben
Der Wert des SAR-Registers wird jetzt auf dem digitalen Bus freigegeben.

Arbeitsschema
Der Eingangswert bleibt erhalten und die Referenzspannung wird sukzessive mit ihrem Gewicht Schritt um Schritt zum vorherigen Wert addiert oder subtrahiert.

Beispiel mit Arbeitsschema: V_{IN} sei 3V, der ADC hat ein 8 Bit SAR-Register. Das Kondensatorarray wird mit $V_{Array} = V_{IN} - V_{AGND}$, in diesem Fall: 3 V – 2.5 V = 0.5 V aufgeladen.

Tabelle 4.2 SAR Verfahren, Beispiel einer SAR Sequenz

Bit	Array Topspannung [V]	Komparatorentscheidung
0	$V_{Top} = V_{Ref} + V_{Array} = 2.5 + 0.5 = 3$	HIGH
1	$V_{Top} = V_{Top} - V_{Ref}/2 = 3 - 1.25 = 1.75$	LOW
2	$V_{Top} = V_{Top} + V_{Ref}/4 = 1.75 + 0.625 = 2.375$	LOW
3	$V_{Top} = V_{Top} + V_{Ref}/8 = 2.6875$	HIGH
4	$V_{Top} = V_{Top} - V_{Ref}/16 = 2.53125$	HIGH
5	$V_{Top} = V_{Top} - V_{Ref}/32 = 2.453125$	LOW
6	$V_{Top} = V_{Top} + V_{Ref}/64 = 2.4921875$	LOW
7	$V_{Top} = V_{Top} + V_{Ref}/128 = 2.51171875$	HIGH

Das Ende der Wandlung wird mit einem EOC (End Of Conversion) „Flag" angezeigt. Unter einem Flag wird ein Anzeigebit verstanden. Dieses Anzeigebit ist LOW, wenn der Prozess in Arbeit ist und wird HIGH, wenn der Prozess beendet ist. Sinnvoll ist es, dieses Anzeigebit erst zu löschen, wenn das Ergebnis abgeholt wurde. Eine Überprüfung der Korrektheit der Datenübergabe kann auch noch erfolgen und gibt zusätzliche Sicherheit. Diese Abholung wird quittiert und nach erhaltener Quittung wird das Anzeigebit EOC (end of conversion) gelöscht.

Das SAR-Verfahren kann auch als Grafik [4.12] aufgezeigt werden. Diese Grafik verdeutlicht den symmetrisch binären Entscheidungsweg für eine bestimmte Eingangsspannung V_{IN}.

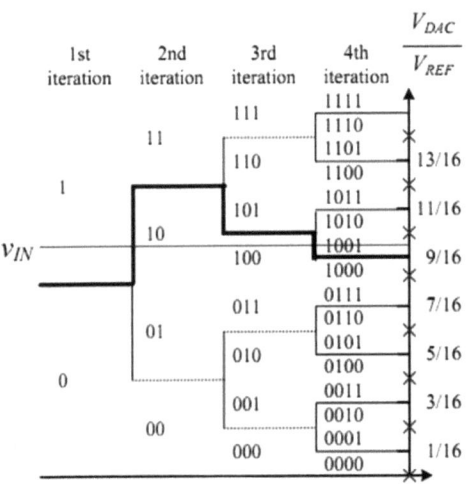

Abb. 4.1.8 SAR-Verfahren, graphische Darstellung der Entscheidungsfindung

4.1 Klassische Signalwandler 323

Das MATLAB-Modell zeigt dies Ergebnis:

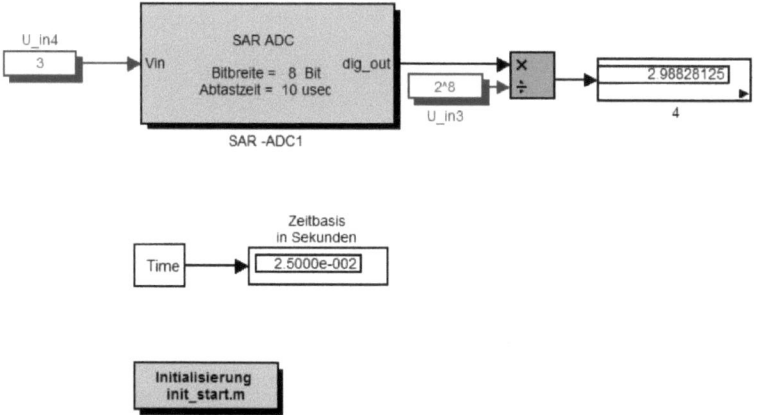

Abb. 4.1.9 MATLAB-/SIMULINK-Modell: SAR-Wandler, Simulationsergebnis

Das Signal muss für den Wandlungsprozess mit einem S&H festgehalten werden, da der Komparator gegenüber dem Eingangssignal entscheidet. Damit das LTspice-Modell auch vernünftig schnell rechnet, wird für solche Wandler ein analytisches Modell bevorzugt. Im Vergleich zum analytischen Modell kann dann während der Entwicklung die zugehörige SC-Schaltung Zug um Zug entwickelt und mit diesem analytischen Modell Baugruppe für Baugruppe gegen geprüft werden. Die Simulation eines SAR-Wandlers mit kompletter SC-Schaltung und Logik führt in aller Regel zu nicht überschaubaren Schaltungsblöcken und die digitale Welt muss in einer solchen Simulation mit eingebunden werden. Mit klassischen Simulatoren wie LTspice und anderen SPICE-Derivaten ist eine solche Co-Simulation auf Netzwerkebene – unter Co-Simulation wird eine analoge, verbunden mit einer digitalen Simulation verstanden – nicht durchführbar. Es gibt Spezialsimulatoren, welche das auf Netzwerkebene können. Heute wird vor allem der Logikteil mit VHDL entworfen. Eine noch modernere Erweiterung dieser Sprache ist VHDL_AMS. Die Buchstaben AMS stehen für Analog Mixed-Signal und weisen auf die Fähigkeit der Co-Simulation hin. Diese Simulatoren stehen außerhalb des Fokus dieses Buches und es wird auf die spezielle Literatur für diesen Themenkreis verwiesen.

Einen 8-BIT-SAR-Wandler als LTspice-Modell zeigt Abb. 4.1.10. In diesem Modell wird auf die Logikschaltung zu Gunsten eines einfachen Schaltermodells verzichtet. Dadurch wird die Simulation signifikant beschleunigt.

Die Simulation mit LTspice einer Rampe von VSS bis VDD zeigt Abb. 4.1.13. Diese Simulation dauert nur wenige Augenblicke. Den ADC-Aufbau zeigt die Sequenz der Abbildungen Abb. 4.1.11 und Abb. 4.1.12.

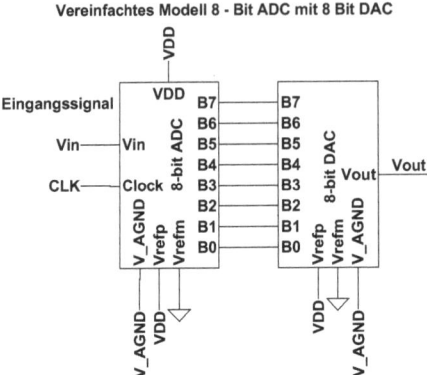

Abb. 4.1.10   Analytisches LTspice-Modell eines 8-BIT-SAR-Wandlers

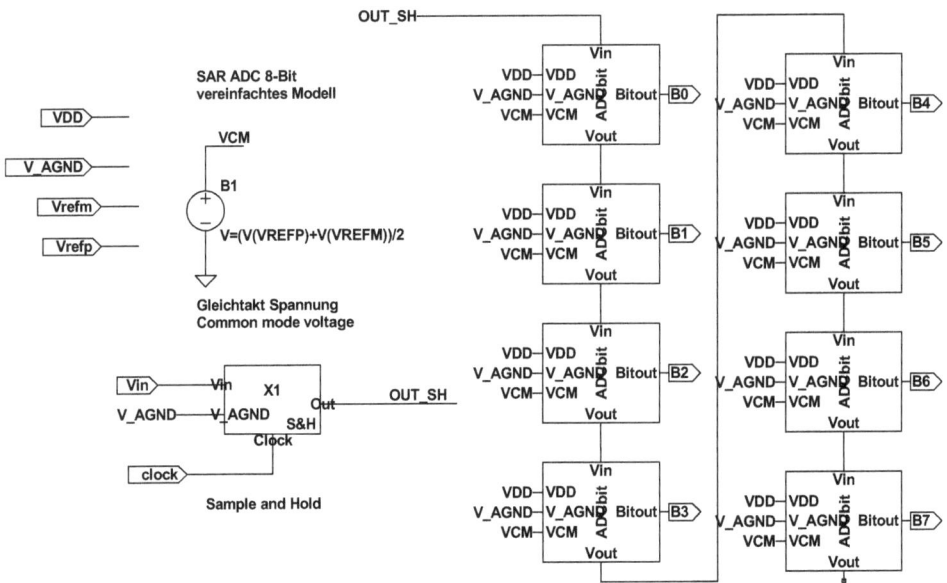

Abb. 4.1.11   SAR ADC, vereinfachtes Modell, ADC Ebene

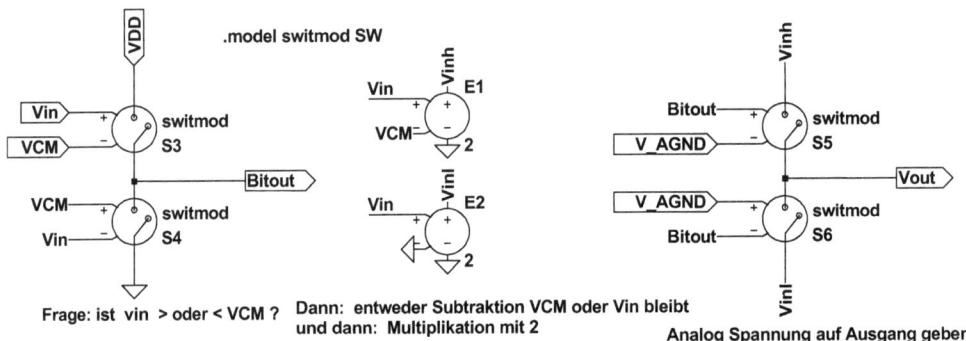

Abb. 4.1.12   SAR ADC, vereinfachtes Modell, BIT und Logikentscheidungsebene

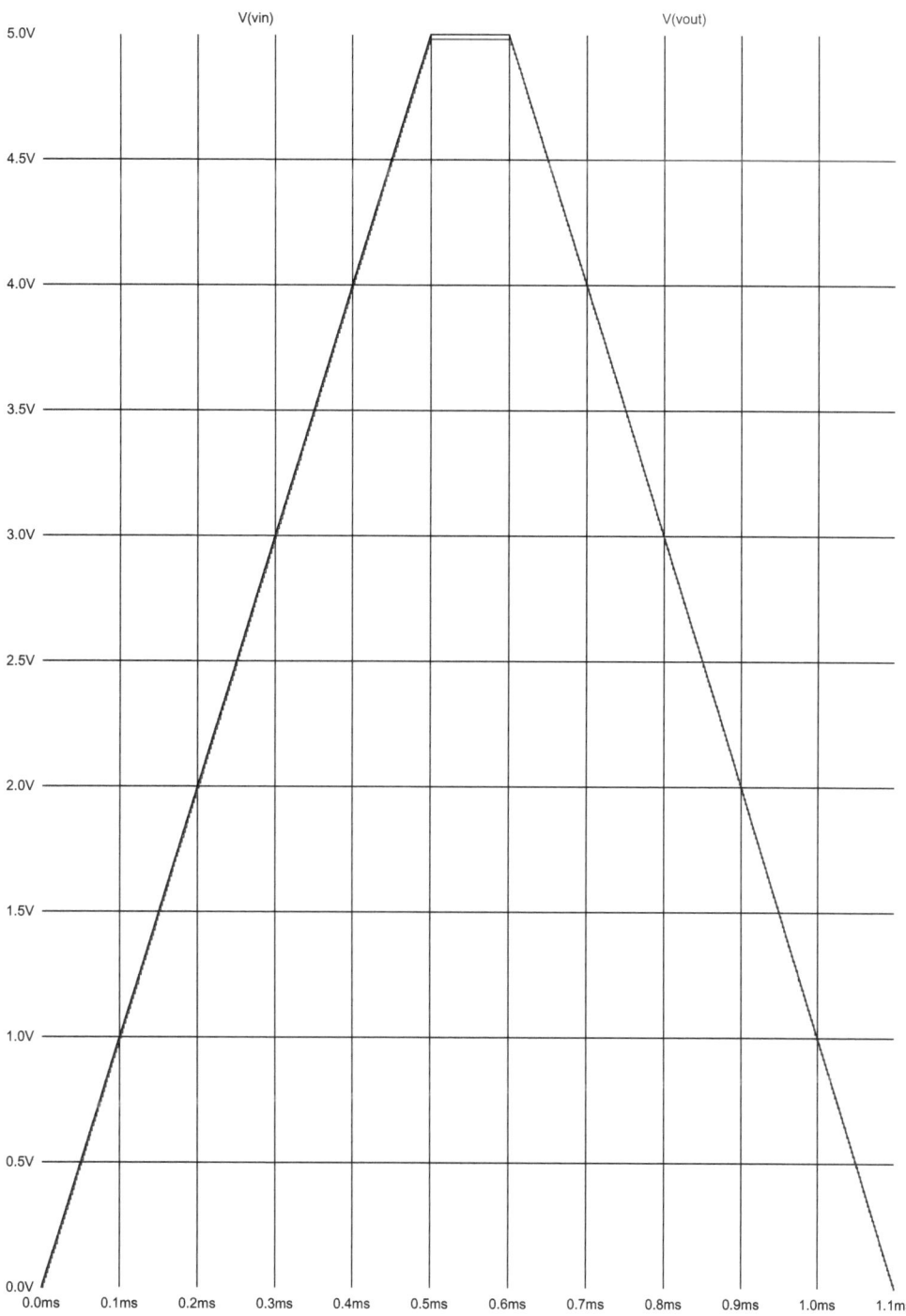

Abb. 4.1.13 Analytisches LTspice-Modell eines 8-BIT-SAR-Wandlers: Simulation einer Rampe

Simuliert man das oben angeführte Beispiel mit 3 V-Eingangsspannung, so erhält man die erwarteten digitalen Signale auf B0 bis B7 wie in Tabelle 4.2 vorgestellt. Eine Rampe als Testsignal zeigt deutlich die Linearität des Wandlers. In Abb. 4.1.13 ist dies simulatorisch gezeigt.

4.1.4 Der Digital-Analog-Wandler – DAC

Der DAC ist die Umkehrung des ADC. Dieser Prozess wird über einen digitalen BUS signalmäßig angesteuert. Dabei ist der BUS von LSB nach MSB mit binär steigenden Gewichten anzuschauen. Die Abb. 4.1.14 zeigt ein Beispiel eines solchen DAC-Wandlers.

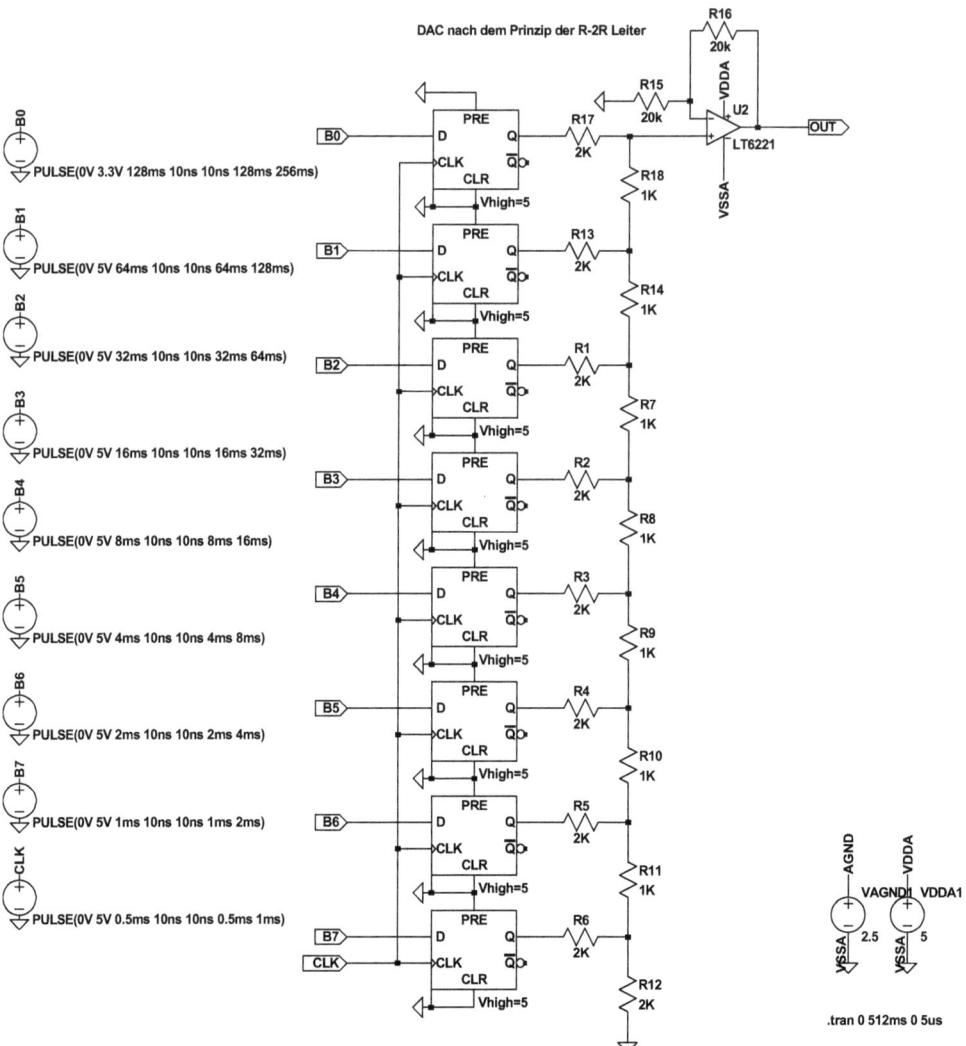

Abb. 4.1.14 DAC mit R-2R-Leiter

4.1 Klassische Signalwandler

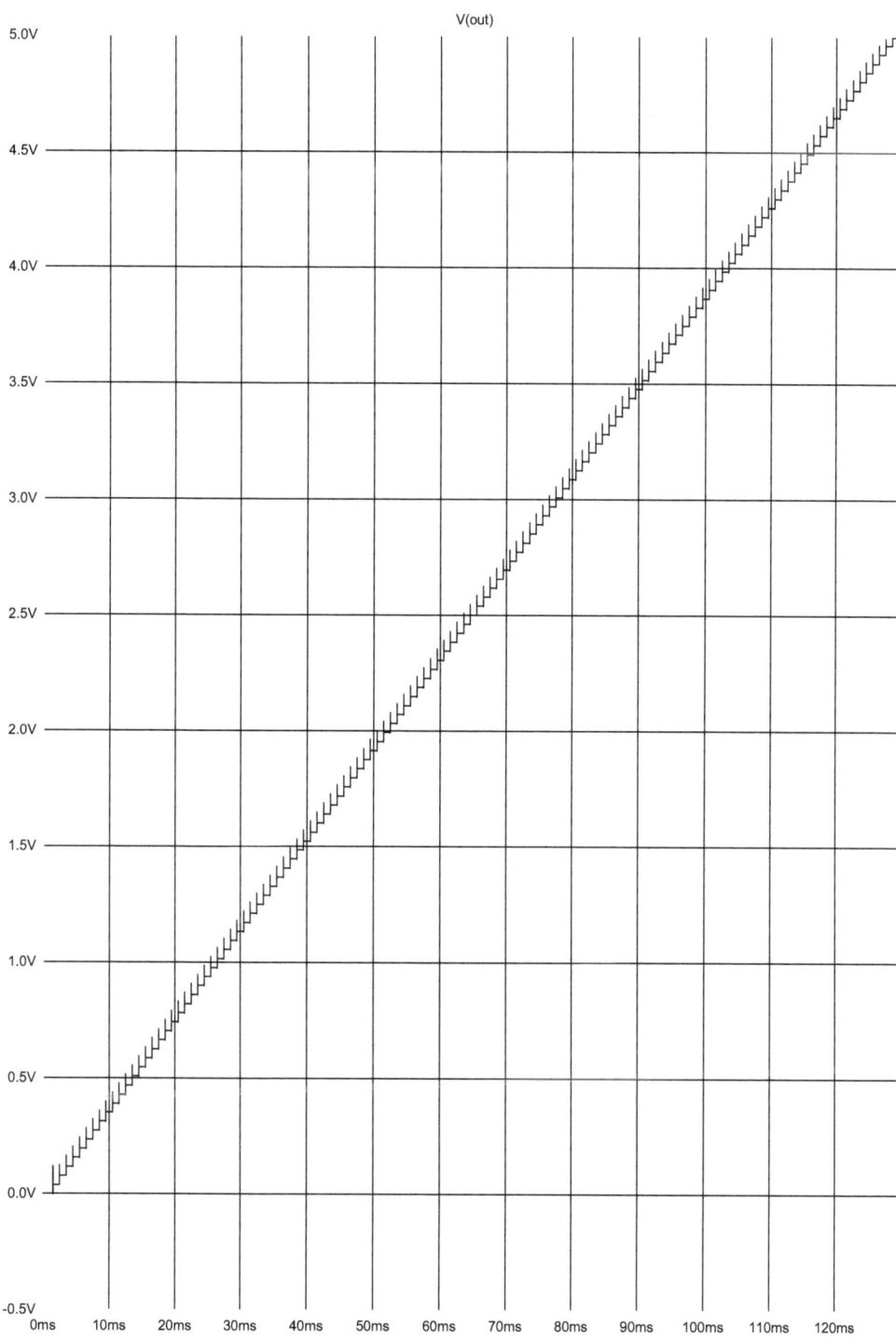

Abb. 4.1.15 DAC mit R-2R-Leiter, Simulationsergebnis

Da die digitale Signalansteuerung aus einem binär gewichteten Wort besteht, das gleichzeitig in seiner Wortbreite am Wandlereingang anliegt, muss die Transformation in ein analoges Signal ebenso der binären Wichtung folgen. Dazu bedient man sich eines Operationsverstärkers und schaltet diesen als Summenverstärker. Die Summe wird Schritt für Schritt aus den binären Gewichten durch die zuständigen digitalen Bits des anliegenden Wortes angesteuert. Ist ein Bit HIGH, so wird dies zur Summenbildung zugelassen, ist es LOW, dann wird es nicht zur Summenbildung zugelassen. Die Binärgewichte werden über eine R-2R-Leiter gebildet und damit ist diese spezielle Summenbildung als Kettenparallelschaltung von R-2R-Gliedern anzuschauen. Diese sehr einfache Struktur hat den Vorteil, dass sie ratiometrisch arbeitet, so dass die Widerstände aus Einheitswiderständen aufgebaut werden und auch, ähnlich wie beim Kapazitätsarray des SAR ADCs so gut als machbar punktsymmetrisch angeordnet werden. Dadurch ist der relative Fehler des Widerstandsarrays sehr klein und auf den absoluten Fehler kommt es nicht an. Der OP ist als Folgeverstärker aufgebaut. Die Simulation dieses ADCs zeigt Abb. 4.1.15, wobei zu beachten ist, dass die Simulation in groben Schritten dargestellt ist.

LTspice-Modelle für DACs können, ebenso wie die ADC-Modelle, vereinfacht aufgebaut und so effizient genutzt werden. Die Abb. 4.1.16 zeigt den vereinfachten Simulationsaufbau für einen 8-BIT DAC.

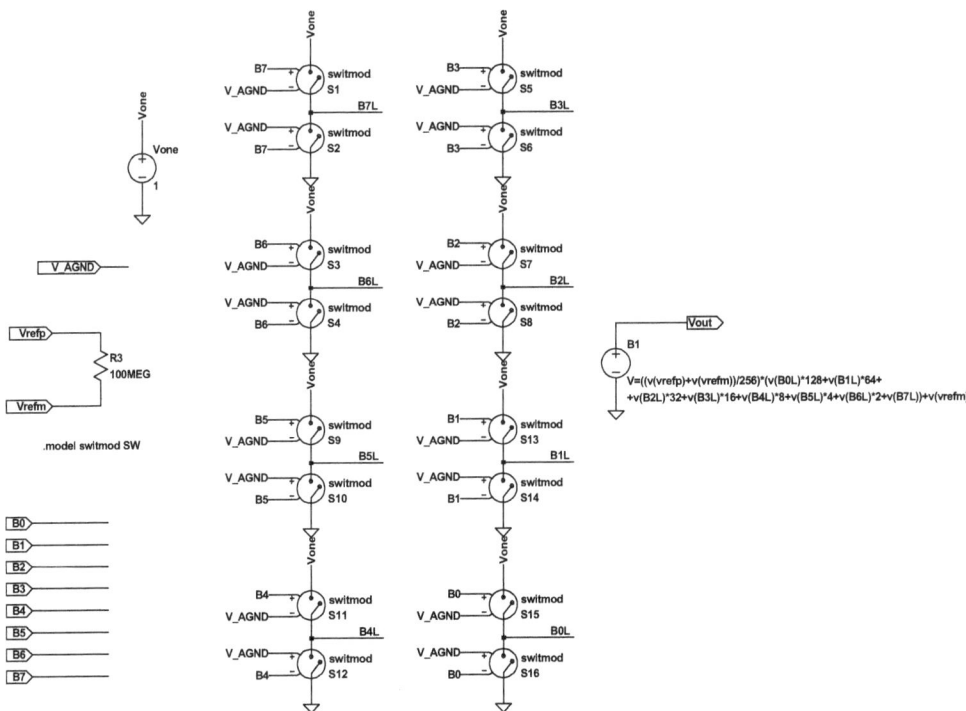

Abb. 4.1.16   DAC 8-Bit, vereinfachtes Modell

An dieser Stelle stellt sich die Frage nach einem MATLAB-Modell. Da MATLAB ein auf Mathematik basierendes Programm ist und zum Lösen von Gleichungen verwendet wird, „kennt" Matlab kein digitales Wort. Natürlich könnte eine ADC- oder auch DAC-Simulation mit digitalen Wörtern arbeiten, aber das wäre an der Idee, MATLAB für Systemsimulationen zu verwenden „vorbeigedacht". Bereits das in Abb. 4.1.9 gezeigte Modell ist im Grunde untypisch für die Philosophie von MATLAB. In MATLAB werden Modelle in der Ebene der reellen bzw. komplexen Zahlen gerechnet und somit ist ein ADC oder auch DAC nur sinnvoll, wenn die jeweilige „digitale Seite" des Modells mit einem Quantisierer ausgerüstet wäre. Dieser quantisiert die reelle Ebene in n-Bit und stellt somit das digitale Signal dar.

Ein wichtiges Wort zur erreichbaren Genauigkeit mit diesen Wandlertypen:

Diese klassischen Wandler lassen Genauigkeit bis 12 Bit zu, bei sehr modernen Prozessen (mit mehrfachen Schutzringen „guard ring") lassen sich eventuell bis zu 14 Bit Genauigkeit erreichen. Darüber hinaus ist es nur unter sehr eingeschränkten Bedingungen, wie einem äußerst engen Betriebstemperaturbereich, sehr exakter und rauschfreier Versorgungsspannung als auch Referenzspannung (geregelte Bandgaps dienen dazu als Schaltungsgrundeinheiten) möglich, möglicherweise Genauigkeiten bis 16 Bit zu erreichen. Die Auflösungen jedoch sind in den Anwendungen meist um 2 bis 4 Bit höher, um weichere Übergänge von einem zum nächsten Signal zu erreichen.

4.2 Nichtklassische Wandler

Zu den nichtklassischen Wandlerverfahren gehören:
- Sigma-Delta-Wandler mit ihrem Prinzip des gleitenden Mittelwerts
- Zeit-Digital-Wandler mit ihrem Prinzip des Ringoszillators
- Spannung-Frequenz-Wandler mit ihrem Prinzip des VCO

Alle diese Wandler sind nur mit CMOS-Prozessen machbar und werden im Wesentlichen in der Audiosignalverarbeitung und der Sensorik angewandt. Wie bei den klassischen Wandlern lässt sich die Richtung des Prozesses auch umdrehen, so dass es auch hier Analog- nach Digital-Wandler und Digital – nach Analog – Wandler gibt.

4.2.1 Der Sigma-Delta-Wandler – einführende Bemerkungen

Auf der Idee des Sigma-Delta-Modulators, der von H. Inose mit Team bereits 1962 veröffentlicht wurde [4.13], ist der Sigma-Delta-Wandler entwickelt worden. Diesem Evolutionsschritt folgt auch die Literatur insofern, als dass der Sigma-Delta-Prozess als reiner Signalkorrekturprozess mit seiner Korrektur des Eingangssignals in Richtung Mittenpotential angesehen wird und damit im Grunde eher einem Modulator als einem Wandler gleicht. Der Name Sigma-Delta bezeichnet die Besonderheit, dass eine Summenbildung = Sigma (Signal mit Rückführung) zu einer Differenz = Delta (Mittenspannung korrigiertes Eingangssignals des Integrators) den Kern des Prozesses beschreibt. Das Wort *Modulation*, ist dem Lateinischen entlehnt (modulare: Takt, Rhythmus) und weist auf ein getaktetes System hin, bei dem das Nutzsignal (Eingangssignal) durch ein anderes Signal überlagert oder moduliert wird. Das Ziel dieser Modulation ist, einen Prozess so zu beeinflussen, dass einerseits dieser Korrekturprozess das Eingangssignal stets gegen Mittenspannung korrigiert und andererseits dabei keine Signalinformation verloren geht. Zusätzlich soll dieser Prozess im Signalband sehr rauscharm sein. Für die ersten beiden Forderungen eignen sich der Integrator, siehe Kapitel 3.1.8 und 3.2.3, da dieser einerseits als Operationsverstärker ein Summensignal (Eingangssignal und Korrektursignal) verarbeiten und den mathematischen Prozess der Integration zeitgleich bedienen kann. Die letzte Forderung, die der Rauscharmut, kann durch Kombination eines Digitalisierungsprozesses mit einem Integrator auf Grund des speziellen Rauschverhaltens des Digitalisierungsprozesses, siehe Kapitel 3.1.10 und 3.2.4 (Summe aus rauschfreiem Eingangssignal und Quantisierfehler = Rauschen, beschrieben in Kapitel 3.2.6), mit der nichtlinearen ÜTF des Integratorprozesses erreicht werden. Das hat Inose bereits 1962 erkannt und dieses Verfahren wurde dann im Laufe der 80er Jahre des letzten Jahrhunderts, als die CMOS-Technologie preisgünstig anwendbar wurde, mit der SC-Schaltungstechnik kombiniert und vervollkommnet.

Die Literatur um die Sigma-Delta-Wandler hat seit Ende der 90er Jahre sprunghaft zugenommen. Rudi Plassche veröffentlichte 1978 einen integrationsfähigen Modulator [4.14] und erst 1991 kamen Candy und Themes mit ihrem berühmten Grundlagenwerk der überabgetasteten Sigma-Delta-Wandler heraus [4.17]. Die Sigma-Delta-Wandler haben seit etwa Mitte der 90er Jahre des letzten Jahrhunderts angefangen ihren Platz in der Elektronik zu festigen. Mit diesen Wandlern konnte die Hürde der 12–14 Bit Genauigkeit genommen werden. Erreicht wird dies über ein nicht lineares Rauschverhalten, welches das Rauschen aus dem niederfrequenten Signalbereich in den höherfrequenten Überabtastbereich „schiebt". Details dazu folgen in den kommenden Sektionen. So sind die Sigma-Delta-Wandler ein Gemisch mehrerer Ideen:

- Summenbildung zum Zwecke der Signalkorrektur zur Mittenspannung hin
- Integration dieser Summenbildung zum Zwecke einer Signal-Dichte-Modulation
- Komparator zum Zwecke der Signaldiskretisierung und damit bewusster „Einbau" eines möglichst weißen Rauschverhaltens
- Überabtastung zum Zwecke einer nochmaligen Rauschverminderung durch Verbreitung des Frequenzbereichs.

Sigma-Delta-Wandler lassen sich zeitkontinuierlich und auch zeitdiskret aufbauen, wobei die letztere Familie die bekanntere und meist angewandte Schaltungstechnik ist. In diesem Kapitel wird weitestgehend die Primärliteratur berücksichtigt, denn aus dieser hat sich durch eigene bzw. vom Autor betreute Arbeiten [1.29, 3.28, 4.15] eine Methodik der Beschreibung und Dimensionierung für diese Wandler inklusive des MASH-Konzepts entwickelt, die in diesem Buch weitergeführt wird. Aus [4.15] und weiterverbessert in der Diplomarbeit von Herrn Demke [3.28] ist dazu ein MAPLE-Programm entstanden, welches die einzelnen Gleichungen in korrekter und sehr umfassender Art beinhaltet, jedoch diese Gleichungen als Grundlagen abgespeichert, dem Benutzer eine sehr einfache Dimensionierung seines Wandlers ermöglicht. Die Anwendungsgebiete für diese Wandler sind in der Audiosignaltechnik, der Sensorik und auch der Messtechnik zu finden.

4.2.2 Das Sigma-Delta-Verfahren

Die im Einführungsteil angesprochene Signalrückführung und Mittenspannungskorrektur mit dem Integrator führte dazu, dass die ÜTF eine nahezu beliebige Funktion in der Laplace- oder z-Ebene sein kann. Diese Technologie ermöglicht auch Filterfunktionen (Tiefpass, Bandpass) innerhalb des Wandlungsprozesses. Auf Grund dieser sehr speziellen Charakteristik wird diese Vorwärtsübertragungsfunktion auch Schleifenfilter, eben wegen der Rückführung (Schleife), genannt.

Ein bisschen Systemtheorie

Sigma-Delta-Wandler können ohne systemtheoretische Grundlagen nicht verstanden werden. Unter Grundlagen ist eine Ausgangslage zu verstehen, auf der man aufbauen kann. Die hier notwendigen zusätzlichen Grundlagenkenntnisse wie die Transformationen Fourier, Laplace

4.2 Nichtklassische Wandler

und z, als auch die zugehörigen Konvergenzbereiche dieser Transformationen sind der einschlägigen mathematischen Literatur zu entnehmen. Es wäre seitenfüllend diese Grundlagen hier aufzunehmen und es geht am Sinn und Zweck des Buchs vorbei und bringt auch keinen neuen Erkenntnisgewinn. Die systemtheoretischen Grundlagen werden hier nur in soweit Anwendung und damit Erklärung finden, wie sie für das Verständnis und die Dimensionierung unbedingt notwendig sind. Da diese Wandler das Frequenzverhalten des Eingangssignals verändern, sind im Vergleich zu klassischen Wandlern, die stets eine zeitlich verzögerte, aber direkte Korrespondenz des Eingangssignals zum umgewandelten Signal aufweisen, notwendig. Das wichtigste Analysewerkzeug sowohl für MAPLE-/SIMULINK-Modelle als auch für LTspice, besser für alle Netzwerkanalyse-Programme ist die Fourier-Analyse. Ohne eine Fourier-Analyse ist der Entwurf und die Begutachtung von Sigma-Delta-Wandlern nicht möglich.

Details zur z-Transformation

In Kapitel 3.1.5 wurde die Signalabtastung mit einer Sample&Hold-Schaltung vorgestellt, ferner ist im Kapitel 3.1.8 die z-Transformation als Folge von abgetasteten Signalen angesprochen worden. Die abgetasteten Systeme führten zur Einführung der SC-Schaltungstechnik in Kapitel 3.2, welche ohne z-Transformation nicht beschrieben werden kann. Abgetastete Wandler werden in aller Regel mit der z-Transformation beschrieben. Auf Grund der erweiterten Stabilitätskriterien sind folgende Details der z-Transformation nicht nachzutragen:

$$Z\{W(n)\} = \sum_{n=0}^{\infty} W(n) \cdot z^{-n}$$

$$z = e^{j \cdot 2 \cdot \pi \cdot \frac{f}{f_S}} = e^{j \cdot 2 \cdot \pi \cdot \frac{T}{t}}$$

$$xx = 2 \cdot \pi \cdot \frac{f}{f_S}$$

$$z = e^{j \cdot xx} = \cos(xx) + j \cdot \sin(xx)$$

Transformiert wird: $f(n) \rightarrow F(z)$

und $f(n-1) \rightarrow z^{-1} \cdot F(z)$

Formel 4.2.1

F(z) ist eine Laurentreihe, damit herrscht außerhalb eines Kreises mit $|z| = |z_0|$ absolute Konvergenz. Ist f(z) in einem Kreisringgebiet von $0 < r1 <= |z - a| <= r2$ (Gebiet mit zwei konzentrischen Kreisen um einen Punkt a#0) analytisch, so gestattet sie innerhalb von $r1 < |z - | < r2$ die eindeutige Potenzreihenentwicklung (Bronstein). Ein Beispiel dazu:

$$L(1) = \sum_{n=0}^{\infty} z^{-n} = \frac{z}{z-1}$$

Teilen von Zähler und Nenner durch z ergibt:

$$L(1) = \frac{1}{1-z^{-1}}$$

Formel 4.2.2

Die Formel 4.2.2 gestattet damit die graphenmäßige Darstellung dieses Prozesses. Diese Graphendarstellung entspricht der Notation der z-Transformierten Schaltungen in MATLAB/ SIMULINK wie in Abb. 4.2.1 angewandt wird. Diese Darstellung wird auch als Signalflussgraph bezeichnet und ist dem Schaltungsentwurf sehr nahe, was die Nutzung für die Systemanalyse sinnvoll macht.

Rauschen im Sigma-Delta-Prozess

Es ist wichtig, die für das Rauschen so wichtigen Erkenntnisse der Überabtastung zu kennen, namentlich die dadurch signifikante Absenkung des Rauschuntergrunds. Das Rauschverhalten des Komparators kann aus seiner Charakteristik entwickelt werden, indem der Komparator als Summenbildner des Signalanteils mit dem Rauschanteil angesehen wird. Dieses Rauschverhalten ist eine der wesentlichen Vereinfachungen im Zuge der Herleitung der ÜTF des Sigma-Delta-Wandlers. Der Diskretisierungsfehler, in Kapitel 3.2.6 besprochen, stellt die Leitidee dazu, denn dieser kann auch so interpretiert werden:

$$U_{OUT,Comp} = U_{Signal} + U_{RC}$$

Formel 4.2.3

U_{RC} ist das Fehlersignal des Komparators, das als Komparator-Rauschen bezeichnet werden darf. Das Rauschen des gesamten Systems „Sigma-Delta-Wandler" wird meist über das Signalrauschverhältnis, SNR (siehe Kapitel 3.2.5), angegeben und mit dem Signalquantisierverhältnis SQR (Kapitel 3.2.6) in Bezug auf ein n-bit breites digitales Wort verglichen. Dieser Vergleich ist die noch fehlende Korrespondenz vom Sigma-Delta-Wandler zum daraus folgenden digitalen Wort, welches für die digitale Signalverarbeitung wichtig ist. Das heißt aber auch, dass der Weg vom Wandlerausgang hin zu diesem Wort noch ein paar Zusatzbauelemente benötigt. Das sind:

- Dezimierfilter
- Der hochfrequente digitale Datenstrom hinter dem Komparator besitzt nur ein bis „wenige" Bits und muss auf das niederfrequente Signalband herunter transformiert werden. Dazu dient dieser Filter. Da es ein wesentlicher Bestandteil des Sigma-Delta-Konzepts ist, wird am Ende dieses Kapitels das Dezimierfilter extra erwähnt.
- Digitaler IIR-Filter
- Der IIR-Filter oder „infinite impulse response" ist ein Filter, dessen Impuls durch Integratoren stets aufsummiert und daraus das Signalband, meist mit einem Tiefpassfilter, isoliert und weitergegeben wird. Das ist eine standardisierte Schaltungstechnik, auf die in diesem Buch nicht eingegangen wird.

Erst wenn diese Nachfilterung erfolgt ist, dann zeigen auch diese Wandler die direkte Korrespondenz des Eingangssignals mit dem gewandelten Ausgangssignal. So ist der Sigma-Delta-Wandler nur mit digitaler Filterung zusammen als vollständiger Signalwandler aufzufassen und zu verstehen.

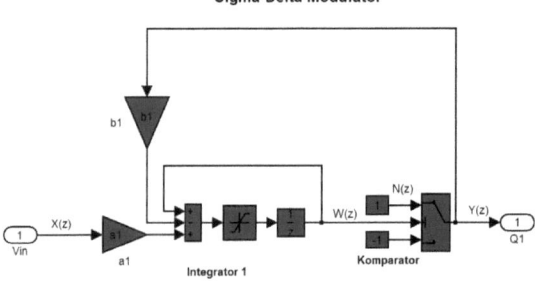

Abb. 4.2.1   Der Sigma-Delta-Modulator

4.2 Nichtklassische Wandler

Der in Abb. 4.2.1 gezeigte Modulator berechnet sich wie folgt:

$$W(z) = -Y(z) \cdot z^{-1} + X(z) \cdot z^{-1} + W(z) z^{-1}$$
$$Y(z) = N(z) + W(z)$$

Formel 4.2.4

N(z) steht für Rauschen (englisch noise) und bezeichnet die Rauschleistungsdichte des Komparators, folgend aus Formel 4.2.3. W(z) ist der Ausgang der Rekursion (des Komparators), X(z) ist das analoge Eingangssignal, Y(z) der Ausgang des Komparators. Die in Formel 4.2.4 aufgeführte Rauschleistungsdichte beschreibt die wesentliche Eigenschaft des Sigma-Delta-Prozesses: mit Hilfe eines Integrators und eines folgenden Komparators wird die Rausch-Übertragung mit zusätzlicher Hilfe der Signaleingangskorrektur (gleitender Mittelwert) als Hochpass transformiert. Aus Formel 4.2.4 wird vermutet, dass die Signalübertragung eines Sigma-Delta-Wandlers aus der Summe eines vom Eingangssignal abhängigen und eines vom digitalen Datenstrom des Komparatorsignals abhängigen Terms geschrieben wird und sich damit in einen Signalanteil und einen Rauschanteil aufteilen lässt. Zur Bestätigung dieser Vermutung wird diese Gleichung durch Einsetzen der beiden Teilgleichungen weiter behandelt.

$$X(z) = 0$$
$$Y(z) - N(z) = -Y(z) \cdot z^{-1} + Y(z) \cdot z^{-1} - N(z) \cdot z^{-1}$$
$$Y(z) = N(z) \cdot (1 - z^{-1})$$
$$H_N(z) = \frac{Y(z)}{N(z)} = 1 - z^{-1} \quad \text{Hochpass-Übertragung}$$

Formel 4.2.5

$H_N(z)$ ist die Rausch-ÜTF des Sigma-Delta-Modulators und erweist sich als Differentiation des Rauschsignals N(z) vom Komparator oder des Quantisierrauschens, was faktisch dasselbe ist. Eine Differentiation eines Signals ist nichts anderes als die Übertragungscharakteristik eines Hochpasses. Somit wird zu niedrigen Frequenzen hin das Quantisierrauschen deutlich gedämpft, während es zu höheren Frequenzen hin deutlich angehoben wird. Damit ist das Rauschen eine isolierte, nicht lineare Funktion und wird im Fachbegriff Rauschverformung „noise shaping" genannt. Das Frequenzverhalten wird zurückgewonnen über die z-Transformation:

$$N(z) = (1 - z^{-1}) \Leftrightarrow N(s) = k_0 (1 - e^{-s \cdot T}) \big|_{z = e^{sT}}$$
$$|N(\Omega)|^2 = N(\Omega) \cdot N^*(\Omega) = k_0 \cdot (1 - e^{-j\Omega}) \cdot (1 - e^{j\Omega})$$
$$|N(\Omega)|^2 = k_0 \cdot 2 \cdot (1 - \cos(\Omega)) = 2 \cdot k_0 \cdot (1 - \cos(\frac{2 \cdot \pi \cdot f}{f_s}))$$

$$\text{mit:} \quad \sin^2(x) = \frac{1 - \cos(2x)}{2} \quad \text{folgt:}$$

$$|N(f)|^2 = 4 \cdot k_0 \cdot \sin^2(\pi \cdot \frac{f}{f_s}) \Leftrightarrow |N(\Omega)|^2 = 4 \cdot \sin^2(\frac{\Omega}{2}) \big|_{k_0 = 1}$$

Formel 4.2.6

Die im obigen Gleichungssystem benutze Konstante k_0 versteht sich als Rauschkoeffizient, der die Rauschleistung über der Frequenz R (Ω) (Leistungsdichtespektrum LDS) ungleich eins darstellt.

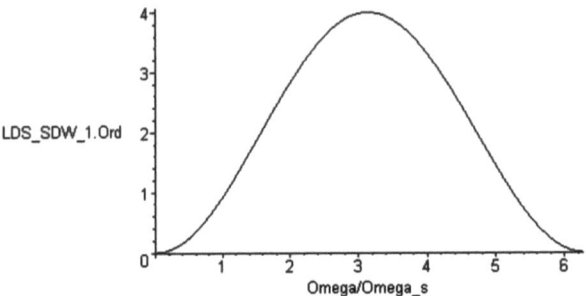

Abb. 4.2.2 Rauschübertragung des Sigma-Delta-Wandlers

Die Abkürzung LDS bezeichnet das Leistungsdichtespektrum des Sigma-Delta-Wandlers (SDW). Dieses in Abb. 4.2.2 bildlich dargestellte, nichtlineare Rauschverhalten kann damit in Bit-Gewinn übertragen werden. Die Konstante k_0 muss zur Bestimmung des Bit-Gewinns ersetzt werden. Die Rauschleistung ist gemäß Kapitel 3.2.5:

$$P_N = \int_{-\frac{f_s}{2}}^{\frac{f_s}{2}} |N^2(f)| df = 4 \cdot \frac{e_{rms}^2}{f_s} \cdot 2 \cdot \int_0^{\frac{f_s}{2}} \sin^2(\frac{\pi f}{f_s})$$

$$P_N \approx e_{rms}^2 \cdot \frac{8}{4} \cdot \pi^2 \cdot (\frac{f_0}{f_s})^3 \approx e_{rms}^2 \cdot \frac{\pi^2}{4} \cdot \frac{1}{OSR^3}$$

Formel 4.2.7

Aus Formel 4.2.7 erkennt man, dass die Rauschleistung umgekehrt proportional der dritten Potenz des Überabtastfaktors ist, was sich durch eine Verdopplung der Abtastfrequenz in Verbindung mit der Proportionalität der Verminderung der Rauschleistung um jeweils 1/8 positiv bemerkbar macht.

$$SQR = 10 \cdot \log(\frac{p_{\sin}}{\sigma_Q^2} \cdot OSR^3) = 6,02 \cdot n + 1,76 + 3 \cdot 10 \cdot \log(OSR) [dB]$$

Formel 4.2.8

Dieser proportionale Zusammenhang bedeutet damit für den Bit-Gewinn pro Verdopplung der Abtastfrequenz, dass ein einstufiger Sigma-Delta-Wandler einen Bit-Gewinn von 9 dB beansprucht, was 1.5 Bit in Wortbreite entspricht.

4.2 Nichtklassische Wandler

Das Signal-Rauschverhältnis SNR

Folgend den Ausführungen in Kapitel 3.2.5 und weiterentwickelt auf die Anwendung des Sigma-Delta-Prozesses zeigt sich das SNR für diese Wandlerfamilie als:

$$SNR = 10 \cdot \log(\frac{P_S}{P_N})\bigg|_{\Omega_{BW}}$$

$$P_S = \frac{1}{\pi} \cdot \int_{\Omega_{GU}}^{\Omega_{GO}} H_S(\Omega) \cdot H_S(-\Omega) d\Omega$$

$$P_N = \frac{1}{\pi} \cdot \int_{\Omega_{GU}}^{\Omega_{GO}} H_N(\Omega) \cdot H_N(-\Omega) d\Omega$$

Formel 4.2.9

P_S steht für die Signalleistung
P_N steht für die Rauschleistung
$H_S(\Omega)$ steht für das Signalspektrum
$H_N(\Omega)$ steht für das Rauschspektrum
Ω_{GU} steht für die untere Grenzfrequenz des Nutzbandes
Ω_{GO} steht für die obere Grenzfrequenz des Nutzbandes

Bei Überabtastung ändern sich damit „nur" die Integrationsgrenzen und aus dem Gleichungssystem der Formel 4.2.9 wird dann:

$$P_S = \frac{1}{\pi} \cdot \int_{0}^{\frac{\pi}{OSR}} H_S(\Omega) \cdot H_S(-\Omega) d\Omega$$

$$P_N = \frac{1}{\pi} \cdot \int_{0}^{\frac{\pi}{OSR}} H_N(\Omega) \cdot H_N(-\Omega) d\Omega$$

Formel 4.2.10

Dabei bezeichnet die Abkürzung OSR das Überabtastverhältnis (OSR steht für Over Sampling Ratio). Damit sind die grundlegenden Dinge eines Sigma-Delta-Wandlers gelegt. Jedoch müssen noch zwei weitere Aspekte berücksichtigt werden, die sich aus den vorgestellten systemtheoretischen Betrachtungen ergeben:

- Die Signaldichtefolge des Integrationsprozesses soll ein möglichst weißes Rauschen nach sich ziehen. Nur wenn das Rauschen weiß ist, kann eine Rauschverformung in der dargelegten Art durchgeführt werden. Ein einstufiger Prozess jedoch zeigt das nicht, da die Integration unvollkommen ist. Entweder folgt die Integration einem forward Euler- oder einem backward Euler-Prozess, was entweder der Untersumme bzw. der Obersumme der Integration entspricht. Dadurch ist das Rauschen nicht stochastisch weiß, sondern „eingefärbt". Verhindern lässt sich das nur, indem die Integration möglichst perfekt durchgeführt wird. Daher ist ein zweistufiges Wandlerkonzept mit forward und backward Euler-Integration vorzuziehen. Diese doppelte Integration entspricht einer Trapezintegration und ist bis auf deutlich kleinere Fehler damit als geeignet anzusehen.

- Das Einbringen der Koeffizienten für die Vorwärts- und die Rückwärtskorrekturen. In den grundlegenden Darstellungen sind diese Koeffizienten zunächst durch jeweils EINS aus den Gleichungen herausgenommen worden. Das konnte gemacht werden um einerseits die Übersichtlichkeit hinsichtlich der zu erarbeitenden Charaktere dieses Wandlers hervorzuheben und andererseits wegen der zunächst unwichtigen Eigenschaften des Stabilitätsbereichs des Entwurfs.

Der erste Punkt zeigt deutlich, dass die einstufigen Sigma-Delta-Wandler nur zur vereinfachten Systemerklärung dienlich sind und für einen Entwurf stets zweistufige Konzepte vorzuziehen sind. Der zweite Punkt wird bei den folgenden Schaltungen berücksichtigt.

4.2.3 Der zeitkontinuierliche Sigma-Delta-Wandler

Mit den oben angesprochenen Entwurfideen wird ein Regler so aufgebaut, dass er in der Vorwärtsübertragung eine Integration mit einstellbarer Verstärkung und in der Rückwärtsübertragung eine Korrektur am Signaleingang durchführt. Dieses regeltechnische Schaltverhalten wird in MATLAB/SIMULINK eingebaut, Abb. 4.2.3 zeigt das Schaltbild.

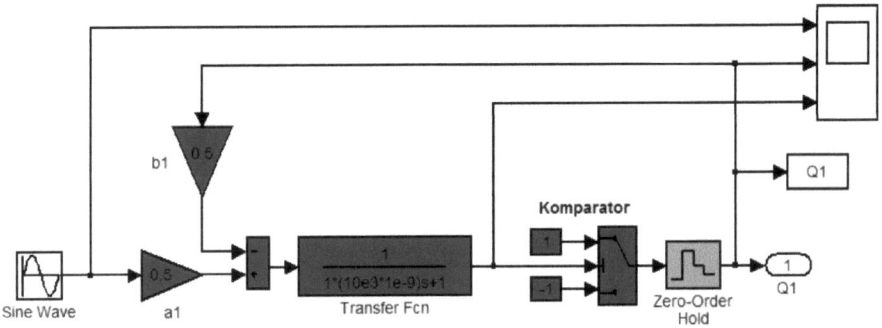

Abb. 4.2.3 Zeitkontinuierlicher einstufiger Sigma-Delta-Wandler, MATLAB-/SIMULINK-Modell

Der Komparator wird zur Ermittlung der Übertragungsfunktion als Summe von Signal- und Rauschanteil verstanden.

Teil 1: Die Rauschübertragung. Hierbei wird der Signaleingang zu Null und der Rauscheingang zu Eins gesetzt.

Teil 2: Die Signalübertragung. Hierbei wird der Signaleingang zu Eins und der Rauscheingang zu Null gesetzt.

Die Komparatorspannung als Rückführung ist schaltungstechnisch nicht empfehlenswert, da der Komparatorausgang nicht hochpräzise ist. Empfehlenswert ist es, mit dem Komparatorausgang stabile Referenzspannungen als Rückführspannung zu verwenden, so wie in Abb. 4.2.3 zu sehen ist. Das notwendige Transfergate wird in dieser Simulation der Ein-

4.2 Nichtklassische Wandler

fachheit halber durch Schalter ersetzt. Diese Schaltung kann damit wie folgt angeschrieben werden:

$$y(n) = sign(u(n)) = sign(\hat{u}(n \cdot T))$$

$$u(n+1) = \hat{u}((n+1) \cdot T) = \hat{u}(n \cdot T) + \frac{1}{\tau} \cdot \int_{nT}^{(n+1)T} (\hat{x}(t) - y(n)) \, dt$$

$$u(n+1) = u(n) - \frac{T}{\tau} \cdot y(n) + \frac{1}{\tau} \cdot \int_{nT}^{(n+1)T} \hat{x}(t) \, dt$$

Formel 4.2.11

Diese Formeln wurden in MATLAB-Notation mit Eingangssignal u (t) und Ausgangssignal y(n) niedergeschrieben. Der Index n bezeichnet die n-te Entscheidung des Komparators. Die Formel 4.2.11 beschreibt die ÜTF des SD-Wandlers der Abb. 4.2.3 korrekt. Der zweite und dritte Term zeigt mit $1/\tau$ den Koeffizienten des Integrationsprozesses auf. τ bezeichnet die Zeitkonstante des Systems. Somit ändert sich der Integrator in einen Tiefpass mit einer Zeitkonstanten τ. Regeltechnisch gesehen ist dieser Tiefpass ein rückgekoppelter Integrator mit zeitlicher Verzögerung, oder ein IT1 Term. Die Differentialgleichung dieses System mit integrierter Lösung lautet:

$$\frac{dy}{dt} + a_0 y = b_0 \cdot u(t)$$

$$\frac{1}{a_0} \cdot \frac{dy}{dt} + y = \frac{b_0}{a_0} \cdot u(t)$$

$$\tau \cdot \frac{dy}{dt} + y = V \cdot u(t)$$

$$G(s) = \frac{Y(s)}{U(s)} = \frac{b_0}{s + a_0} = \frac{\frac{b_0}{a_0}}{\frac{1}{a_0} \cdot s + 1} = \frac{V}{\tau \cdot s + 1}$$

Formel 4.2.12

Das MATLAB-/SIMULINK-Modell eines einstufigen Sigma-Delta-Wandlers zeigt Abb. 4.2.3. Die Berechnung des digitalen Ausgangs W berechnet gemäß der oben erwähnten Grundlagen sowie unter der Annahme, dass die Zeitverzögerung einen halben pseudo-Systemtakt beträgt zu:

$$Y_{Int} = \frac{1}{\tau \cdot s + 1} \qquad W = Y + Q$$

$$Y_1 = (X \cdot a_1 - W \cdot b_1) \cdot Y_{Int} = \frac{X \cdot a_1 + W \cdot b_1}{1 + \tau \cdot s}$$

$$W_1 = X \cdot \frac{a_1}{1 + b_1 + \tau \cdot s} + Q \cdot \frac{1 + \tau \cdot s}{1 + b_1 + \tau \cdot s}$$

Formel 4.2.13

Der Index bezeichnet die Anzahl der Systemstufen. Die Systemstabilität ergibt sich durch den Pol. Die Nullstelle N und der Pol P sind:

$$N: \quad -\left(\frac{2}{T} + \frac{X}{Q} \cdot \frac{4 \cdot a_1}{T}\right)$$

$$P: \quad -\frac{1 + 4 \cdot b_1}{T}$$

Formel 4.2.14

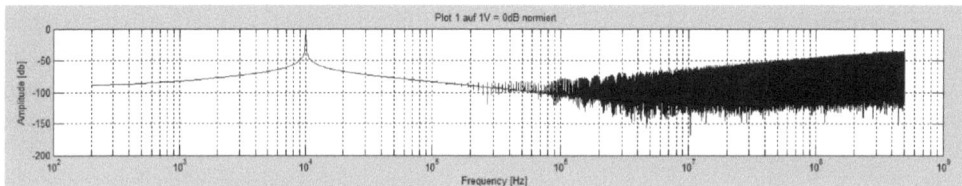

Abb. 4.2.4 Einstufiger, zeitkontinuierlicher Sigma-Delta-Wandler, Simulationsergebnis, MATLAB-/SIMULINK-Simulation (Simulationszeit: 5msec)

Die MATLAB-/SIMULINK-Simulation in Abb. 4.2.4 zeigt das ideale Übertragungsverhalten ohne die Einflüsse der realen Komponenten. Sie zeigt, dass die Koeffizienten offensichtlich zufriedenstellend gewählt sind. Damit kann diese Konfiguration in LTspice eingebaut und unter realen Bedingungen getestet und eventuell nachkorrigiert werden. Die Skalierungskoeffizienten ergeben die Widerstandsverhältnisse für den verstärkenden Teil der OPA-Beschaltung und der Tiefpass mit seiner Zeitkonstanten τ wird durch R1 und C1 gebildet. Die Simulationszeit wird auf 50 msec beschränkt, was einer realen Simulationszeit mit einem modernen Laptop von etwa einer halben Stunde entspricht.

Der zweistufige zeitkontinuierliche Sigma-Delta-Wandler zeigt Abb. 4.2.5.

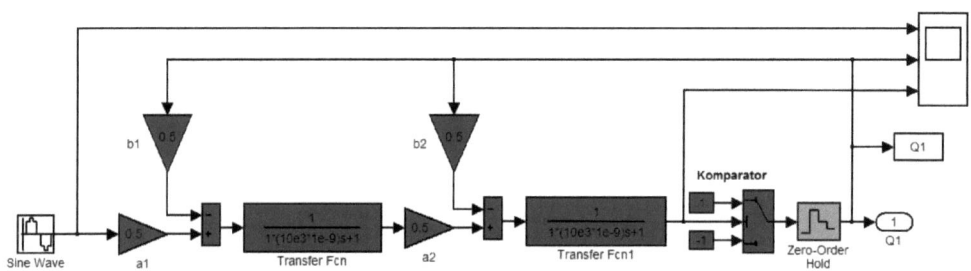

Abb. 4.2.5 Zweistufiger, zeitkontinuierlicher Sigma-Delta-Wandler, MATLAB-/SIMULINK-Modell

4.2 Nichtklassische Wandler

Die Berechnung des digitalen Ausgangs W zeigt die Formel 4.2.15:

$$Y_2 = (Y_1 \cdot a_2 - W \cdot b_2) \cdot Y_{Int} = 2 \cdot \left(\frac{a_2 \cdot \left(X \cdot \frac{a_1}{1+s \cdot \tau} - W \cdot \frac{b_1}{1+s \cdot \tau} \right)}{1+s \cdot \tau} - W \cdot \frac{b_2}{1+s \cdot \tau} \right)$$

$$W = X \cdot \frac{a_1 \cdot a_2}{\tau^2 \cdot s^2 + \tau \cdot (b_2 + 2) \cdot s + a_2 \cdot b_1 + b_2 + 1} +$$

$$Q \cdot \frac{(\tau \cdot s + 1)^2}{\tau^2 \cdot s^2 + \tau \cdot (b_2 + 2) \cdot s + a_2 \cdot b_1 + b_2 + 1}$$

Nenner: $\quad \tau \cdot s = -\dfrac{Q \pm \sqrt{-Q \cdot X \cdot a_1 \cdot a_2}}{Q}$

Pole: $\quad \tau \cdot s = -\dfrac{2 + b_2 \pm \sqrt{b_2^2 - 4 \cdot a_2 \cdot b_1}}{2}$

Nenner Umformung für Stabilitätsbetrachtung:

$$H(s) = 1 + A_1 \cdot s + A_2 \cdot s^2 \qquad A_1 = \frac{\tau \cdot (b_2 + 2)}{a_2 \cdot b_1 + b_2 + 1} \qquad A_2 = \frac{\tau^2}{a_2 \cdot b_1 + b_2 + 1}$$

Pole: $P_{1,2} = -\dfrac{A_1}{2} \pm \sqrt{\dfrac{A_1^2}{4} - A_2}$ $\qquad$ reele Pole: $A_2 < \dfrac{A_1^2}{4} \Rightarrow a_2 < \dfrac{b_2^2}{4 \cdot b_1}$

Formel 4.2.15

Mit den Betrachtungen der Formel 4.2.15 kann der Stabilitätsbereich (Pol-Lagen) gezeichnet werden. Im ausgefüllten Bereich des Stabilitätsdreiecks liegen die Reellen, im nicht ausgefüllten Bereich liegen die komplexen Pole.

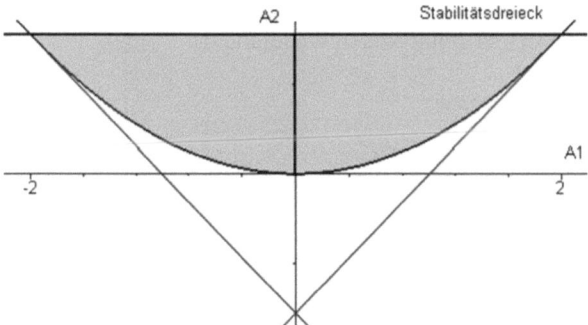

Abb. 4.2.6 Zweistufiger Sigma-Delta-Wandler, Stabilitätsdreieck

Zeitkontinuierliche Sigma-Delta-Wandler sind kritisch hinsichtlich ihrer Zuverlässigkeit. Die aufgezeigten Gleichungen lassen bereits auf Grund der Zeitkonstanten τ vermuten, das diese Schwankungen durch Bauteiletoleranzen vorkommen. Ferner ist die Komparatorentscheidung nicht synchron zu irgendeinem Takt, sondern reagiert stets auf den Signaldurchgang „Referenzspannung". Darüber hinaus ist die Verzögerung des Komparators auch von den Bauteilschwankungen abhängig. Wird das Ergebnis in einen Digitalteil übernommen, so kann hier mit Recht von einem Taktschwingen (englisch: clock jitter) gesprochen werden. Damit sind Signalaustastungen nicht auszuschließen. Im Grunde weist das bereits auf die Situation hin, dass derartige Wandler mit synchroner Abtastung aufgebaut werden müssen. Synchrone Abtastung heißt, dass der analoge Teil des Sigma-Delta-Wandlers durch die z-Transformation bestimmt wird, damit sind die Integratoren und auch der Komparator abgetastete Systeme und werden aufgebaut, wie in Kapitel 3.2.3 sowie 3.2.4 gezeigt wurde.

4.2.4 Der zeitdiskrete Sigma-Delta-Wandler

Zeitdiskrete Sigma-Delta-Wandler sind seit etwa Mitte der 90er Jahre des vergangenen Jahrhunderts langsam zu Standardschaltungen geworden. Einige der interessanten Veröffentlichungen zu diesem Thema sind [4.18–4.23]. Die in [4.21, 4.22] vorgestellten Verfahren mit Spannungs-Umkehrschaltern (voltage inversion switch) [4.24] führten gegen Ende der 90er Jahre des letzten Jahrhunderts zum Verfahren des correlated double sampling (CDS) [4.25, 4.26]. Das CDS-Verfahren wird in diesem Buch nicht weiter ausgeführt, ist aber für die Signalverarbeitung ein wichtiges Abtastverfahren geworden.

Das MATLAB-/SIMULINK-Modell ändert sich gegenüber den zeitkontinuierlichen Wandlern deutlich. Die Abb. 4.2.7 und Abb. 4.2.8 zeigen die Modelle für den einstufigen und den zweistufigen, zeitdiskreten Sigma-Delta-Wandler. Neben dem Vorteil der synchronen Abtastung besteht bei den zeitdiskreten SD-Wandlern der Vorteil, dass die Integration quasi numerisch durchgeführt wird und somit ist in der ersten Stufe die backward Euler und in der zweiten Stufe die forward Euler-Integration bevorzugt, so dass am Ende die Gesamtintegration nahezu trapezförmig durchgeführt wurde. Damit wird die bestmögliche Rauschverteilung erreicht, da hierbei die Integration das Rauschen nahezu gleichförmig (weiß) verteilt. Der Sigma-Delta-Prozess ist damit der einzige Prozess, der das Systemrauschen verformt. Das ist ebenfalls ein entscheidender Qualitätsvorteil der zeitdiskreten Wandlung.

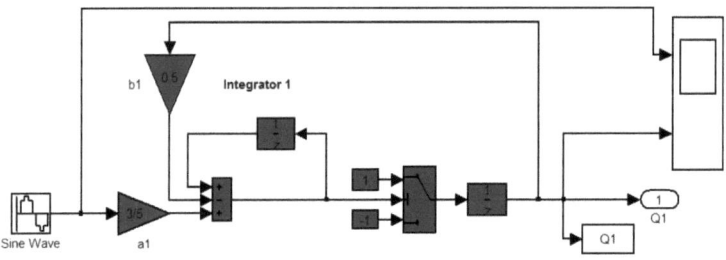

Abb. 4.2.7 Einstufiger, zeitdiskreter Sigma-Delta-Wandler, MATLAB-/SIMULINK-Modell

4.2 Nichtklassische Wandler

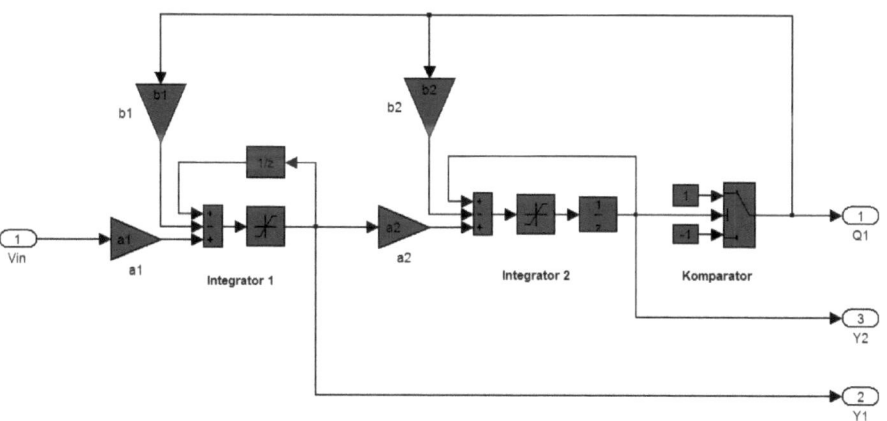

Abb. 4.2.8   Zweistufiger zeitdiskreter Sigma-Delta-Wandler, MATLAB-/SIMULINK-Modell

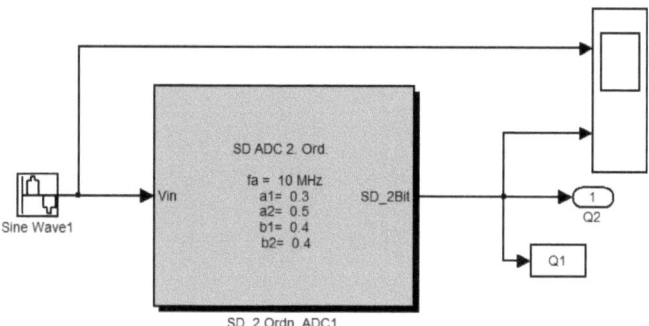

Abb. 4.2.9   Zweistufiger zeitdiskreter Sigma-Delta-Wandler, maskiertes MATLAB-/SIMULINK-Modell

Die Berechnungen des ein- und zweistufigen Wandlers folgen denselben Schemata wie denen der zeitkontinuierlichen Wandler, jedoch mit einem Unterschied: anstelle des ZOH wird ein synchrones zeitliches Verzögerungsglied beim einstufigen SD-Wandler eingesetzt. Ohne dieses Verzögerungsglied wäre die Rückführung eine sogenannte mathematische Schleife. Mathematische Schleifen werden zeitgleiche Rückführungen genannt. Das sind nicht bestimmbare Systeme, da eine Korrektur nicht zeitgleich mit einem sich gerade auf Grund der Korrektur ändernden Signals erfolgen kann. Daher ist bei einstufigen SD-Wandlern dieser Kunstgriff notwendig. Das z^{-1} Glied nach dem Komparator muss jedoch eine wesentlich höhere Abtastzeit als das z^{-1} Glied des Integrators haben. Das z^{-1} Glied des Integrators besitzt als Abtastzeit den Kehrwert der Abtastfrequenz. Beim zweistufigen Sigma-Delta-Wandler ist dieser Kunstgriff nicht erforderlich, da der forward Euler-Integrator diese zeitliche Verzögerung beinhaltet. Da bei steigender Komplexität der Baugruppen auch die Modellkomplexität steigt, stellt MATLAB/SIMULINK eine Baugruppen-Maskierung zur Verfügung. Eine vollständige Baugruppe wird damit als Unterbaugruppe oder datentechnisch als Unterroutine abgearbeitet, deren Parameter über diese Maske programmiert und damit als lokale Makros in das Modell hineingegeben werden können. Diese Maskierung zeichnet sich im Modell als eigener Modellrahmen ab, dessen Oberfläche farblich gestaltbar ist und sogar beschriftet und mit einem Funktionsgraf versehen werden kann. Das erleichtert einerseits die Übersicht von großen Modellen und erleichtert andererseits eine Bibliotheksführung. Der zweistufige Sigma-Delta-Wandler wird in die analoge MATLAB-/SIMULINK-Bibliothek übernommen, nachdem diese Baugruppe maskiert wurde.

$$Int\_bw\_E = \frac{1}{1-z^{-1}} \qquad Int\_fw\_E = \frac{z^{-1}}{1-z^{-1}}$$

$$Y_1 = (X \cdot a_1 - W \cdot b_1) \cdot Int\_bw\_E = \frac{1}{1-z^{-1}}$$

$$W_{1-stufig} = X \cdot \frac{a_1}{1+b_1-z^{-1}} + Q \frac{1-z^{-1}}{1+b_1-z^{-1}}$$

$$Y_2 = (Y_1 \cdot a_2 - W \cdot b_2) \cdot Int\_fw\_E$$

$$W_{2-stufig} = X \cdot \frac{a_1 \cdot a_2 \cdot z^{-1}}{1+(a_2 \cdot b_1 + b_2 - 2) \cdot z^{-1} + (1-b_2) \cdot z^{-2}} +$$

$$Q \cdot \frac{(1-z^{-1})^2}{1+(a_2 \cdot b_1 + b_2 - 2) \cdot z^{-1} + (1-b_2) \cdot z^{-2}}$$

Stabilitätsbetrachtungen:

Polstellen (Nenner)

$$N(z) = 1 + (a_2 \cdot b_1 + b_2 - 2) \cdot z^{-1} + (1-b_2) \cdot z^{-2} = 0$$

$$N(z) = 1 + A1 \cdot z^{-1} + A2 \cdot z^{-2}$$

$$A1 - A2 - 1 \leq 0 \qquad -A1 - A2 - 1 \leq 0 \qquad A2 - 1 \leq 0$$

$$P_{1,2} = -\frac{A1}{2} \pm \sqrt{\left(\frac{A1}{2}\right)^2 - A2}$$

$$A_2 = 1 - b_2 \qquad A_1 = a_2 \cdot b_1 + b_2 - 2$$

reele Pole: $A_2 < \frac{A_1^2}{4} \Rightarrow a_2 < \frac{b_2^2}{4 \cdot b_1}$

Formel 4.2.16

Die Formel 4.2.16 zeigt dieselbe Charakteristik wie Formel 4.2.15. Somit ist das Stabilitätsdreieck Abb. 4.2.6 auch hier gültig. Man kann für beide Wandlertypen zeigen, dass die oben angesprochene nichtlineare Rauschverformung einen Hochpasscharakter hat und daher für niedrige Frequenzen, in diesem Fall das Signalband, den Rauschuntergrund unterhalb des erwarteten linearen SQR-Wertes drückt. Diese Rauschverminderung im Signalband wird physikalisch beschrieben als eine Resonanzüberhöhung der Nennerfunktion [3.28, 4.15]. Dazu sind konjugiert komplexe Nullstellen verantwortlich. Damit muss für A_1 gelten:

$$A_2 \in [0,1] \quad \Leftrightarrow \quad b_2 \in [0,1]$$
$$A_1 \in [-1,1] \quad \Leftrightarrow \quad a_2 \cdot b_1 + b_2 - 2 \in [-1...1]$$

Formel 4.2.17

4.2 Nichtklassische Wandler

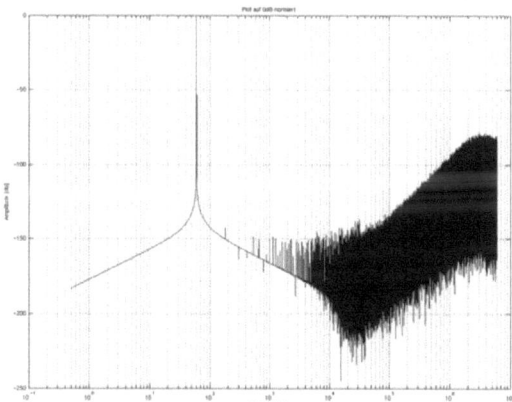

Abb. 4.2.10 Zweistufiger zeitdiskreter Sigma-Delta-Wandler, MATLAB-/SIMULINK-Modell, Simulationsergebnis

A1 hängt von allen Koeffizienten ab. Deshalb kann nach Festlegung von b2 die Lage von A1 durch Variation von a_2 verändert werden. So kann beispielsweise auch folgende Koeffizientenwahl getroffen werden:

$$b_1 = b_2 = 0.75 = 0.5 + 0.25 = \frac{1}{2^1} + \frac{1}{2^2}$$

Formel 4.2.18

Diese binäre Wahl der Koeffizienten wirkt sich bei Erweiterung des zweistufigen Sigma-Delta-Wandlers zu einem MASH-Wandler [4.16, 3.28, 4.15] besonders positiv aus. Der MASH-Wandler wird in der nachfolgenden Sektion dieses Kapitels vorgestellt. Dagegen steigt das Rauschen im höherfrequenten Bereich stark an und muss deshalb vor der Signalweiterverarbeitung durch Filter unterdrückt werden. Da Sigma-Delta-Wandler überabgetastete Systeme sind, ist vor Signalfilterung noch eine Dezimierung des Frequenzbereichs notwendig. Das dazu benötigte Filter heißt Dezimierfilter. Beide Filtertechniken werden in einem späteren Kapitel vorgestellt.

Die Abb. 4.2.10 zeigt sehr deutlich die Rauschverformung. Das Leistungsminimum bestimmt sich durch die Abtastfrequenz, die in diesem Fall bei 10 MHz liegt. Dabei spannt sich der Signalfrequenzbereich von DC bis ca. 100 kHz, was für viele Signalverarbeitungen oder für Audioverarbeitung schon recht brauchbar ist.

Werden die Leistungsspektren betrachtet, so ist dabei zu unterscheiden zwischen dem Signal- und dem Rauschanteil. Beide Anteile setzten sich, wie in diesem Abschnitt verdeutlicht wurde additiv zur Gesamtsignalübertragung zusammen. Für den einstufigen und den zweistufigen Sigma-Delta-Wandler berechnen sich die Rauschanteile wie folgt:

1-stufiger Sigma-Delta-Wandler

$$1 - z^{-1} \Leftrightarrow N(s) = k_0 \cdot \left(1 - e^{-sT}\right) \bigg|_{z = e^{sT}}$$

$$|N(s)|^2 = N(\Omega) \cdot N^*(\Omega) = 2 \cdot k_0 \cdot \left(1 - e^{-j\Omega}\right) \cdot \left(1 - e^{j\Omega}\right)$$

$$|N(s)|^2 = 2 \cdot k_0 \cdot \left(1 - \cos(\Omega)\right) = 2 \cdot k_0 \cdot \left(1 - \cos\left(\frac{2 \cdot \pi \cdot f}{f_s}\right)\right)$$

Formel 4.2.19

Wird in Formel 4.2.19 das Additionstheorem auf den ein- sowie zweistufigen Sigma-Delta-Wandler angewandt, ändert sich das System in:

1-stufiger Sigma-Delta-Wandler

$$\sin^2(x) = \frac{1-\cos(2\cdot x)}{2}$$

$$|N(s)|^2 = LDS_{SDW\_1.Ord} = 4\cdot k_0 \cdot \sin^2\left(\pi \cdot \frac{f}{f_S}\right) \quad \Leftrightarrow \quad |N(\Omega)|^2 = 4\cdot \sin^2\left(\frac{\Omega}{2}\right)\bigg|_{k_0=1}$$

2-stufiger Sigma-Delta-Wandler

$$(1-z^{-1})^2 \quad \Leftrightarrow \quad |N(s)|^2 = 6 + 2\cdot \cos(2\cdot \Omega) + 8\cdot \cos(\Omega)$$

$$LDS_S = \Re\left(X\cdot \frac{a_1 \cdot a_2}{(\cos(\Omega)+j\cdot \sin(\Omega))\cdot\left(1+\frac{a_2\cdot b_1 + b_2 - 2}{\cos(\Omega)+j\cdot \sin(\Omega)}\right) + \frac{1-b_2}{(\cos(\Omega)+j\cdot \sin(\Omega))^2}}\right)^2 +$$

$$\Im\left(X\cdot \frac{a_1 \cdot a_2}{(\cos(\Omega)+j\cdot \sin(\Omega))\cdot\left(1+\frac{a_2\cdot b_1 + b_2 - 2}{\cos(\Omega)+j\cdot \sin(\Omega)}\right) + \frac{1-b_2}{(\cos(\Omega)+j\cdot \sin(\Omega))^2}}\right)^2$$

$$LDS_N = \Re\left(\frac{1}{(\cos(\Omega)+j\cdot \sin(\Omega))^2 + (a_2\cdot b_1 + b_2 - 2)\cdot(\cos(\Omega)+j\cdot \sin(\Omega)) + 1 - b_2}\right)^2 +$$

$$\Im\left(Q\cdot\left(\frac{1}{(\cos(\Omega)+j\cdot \sin(\Omega))^2 + (a_2\cdot b_1 + b_2 - 2)\cdot(\cos(\Omega)+j\cdot \sin(\Omega)) + 1 - b_2}\right)^2 \cdot \right.$$

$$\left.\begin{pmatrix}1-\Re\left((-\cos(2\cdot\Omega)-j\cdot\sin(2\cdot\Omega)+2\cdot\cos(\Omega)+2\cdot j\cdot\sin(\Omega))\right)^2 + \\ \Im\left((-\cos(2\cdot\Omega)-j\cdot\sin(2\cdot\Omega)+2\cdot\cos(\Omega)+2\cdot j\cdot\sin(\Omega))\right)^2\end{pmatrix}\right)$$

Formel 4.2.20

Die Rauschleistungsdichten des zweistufigen SD-Wandlers innerhalb des Bereichs von 0 bis 2 2π sowie der Koeffizienten $a_1 = 1$ $a_2 = 0.75$, $b_1 = b_2 = 0.75$ und des Rauschterms von $Q_2 = 1$ zeigen die Abb. 4.2.11.

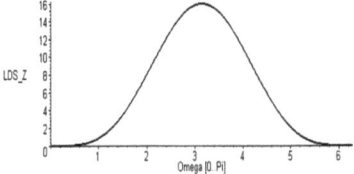

Abb. 4.2.11   Rauschleistungsdichtespektrum SD-Wandler 2. Ordnung

4.2 Nichtklassische Wandler

Die Rauschleistung wird ebenso im Frequenzbereich diskutiert und damit wird die Aussage des Ergebnisgewinns bezüglich des Überabtastfaktors OSR sowie des dazu gehörenden Bit-Gewinns erreicht.

$$P_N = \int_{f=-\frac{f_S}{2}}^{\frac{f_S}{2}} |N^2(f)| df = 4 \cdot \frac{q_{rms}^2}{f_S} \cdot 2 \cdot \int_{f=0}^{\frac{f_S}{2}} \sin^2\left(\frac{\pi \cdot f}{f_S}\right)$$

$$P_N \approx q_{rms}^2 \cdot \frac{8}{4} \cdot \pi^2 \cdot \left(\frac{f_o}{f_S}\right)^3 \approx q_{rms}^2 \cdot \frac{\pi^2}{4} \cdot \frac{1}{OSR^3}$$

Formel 4.2.21

Das äquivalente Signalquantisierverhältnis SQR wird mit diesen Erkenntnissen zu:

$$SQR = 10 \cdot \log_{10}\left(\frac{P_S}{\sigma_S^2} \cdot OSR^3\right) = 6.02 \cdot n + 1.76 + 3 \cdot 10 \cdot \log_{10}(OSR) \quad [dB]$$

Formel 4.2.22

Die Formel 4.2.22 zeigt auf, dass der Überabtastfaktor OSR einem Verdoppeln der Abtastfrequenz und damit einer Minderung der Rauschleistung um 1/8 entspricht. Die Quantisierrauschleistung als auch die Leistung des Eingangssignals ist dem Kapitel 3.2.6 entnommen. Darüber hinaus zeigt Formel 4.2.22 einen Bit-Gewinn im Vergleich zu einem klassischen Wandler von 9 dB bzw. 1.5 Bit in Auflösung auf. Da einstufige Konzepte keine Rolle spielen, zeigt das Bild den Vergleich von Leistungsspektren des SD-Wandlers 2. Ordnung [3.28].

Vergleich von Leistungsdichtespektren 2.Ordnung

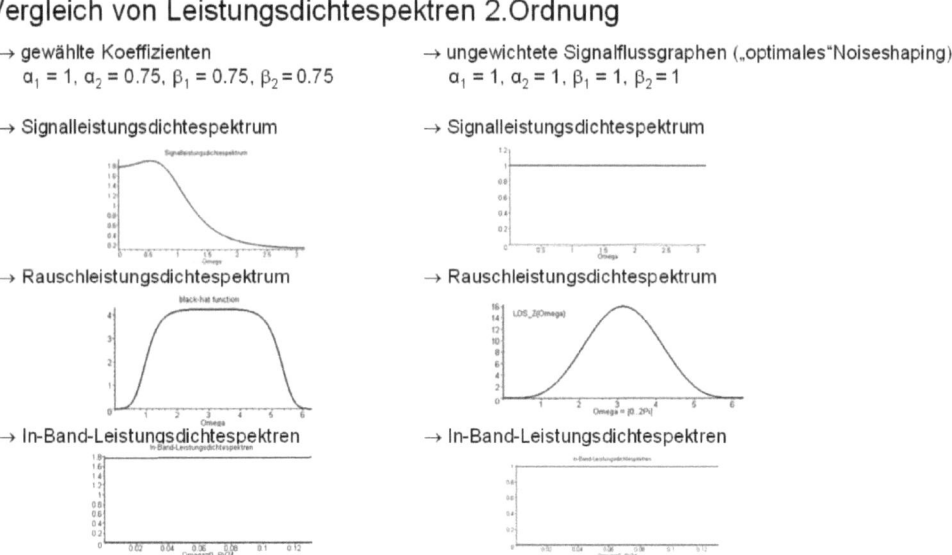

Abb. 4.2.12   Leistungsdichtespektrenvergleich SD-Wandler 2. Ordnung

Diese Gegenüberstellung zeigt, dass die Spektren stark von den Koeffizienten abhängen. Die „Hutbildung" des Rauschleistungsspektrums zeigt auf, dass der Signalfrequenzbereich scharfkantiger wird und somit höhere Anforderungen an die Filter stellt. Andererseits zeigt das Signalleistungsdichtespektrum, dass die aufgebrachte Energie im Signalbereich besser genutzt wird. Im Grunde ist damit der Entwurf eines Sigma-Delta-Wandlers sehr einfach, da nur die Koeffizienten an diesen Leistungsdichteverteilungen verantwortlich sind und die Koeffizienten in einem engen sinnvollen Bereich liegen. Ferner ist der für die Signalverstärkung verantwortliche Eingangskoeffizient a_1 an diesen Verformungen nicht beteiligt, was der Signalqualität wiederum zu Gute kommt. Das Signal-Rauschverhältnis im Signalband des zweistufigen SD ergibt sich aus der Signal- als auch der Rauschleistung zu:

$$P_S = \frac{1}{\pi} \cdot \int_{\Omega=0}^{\frac{\pi}{OSR}} H_S(\Omega) \cdot H_S(-\Omega) d\Omega$$

$$P_S = \int_{\Omega=0}^{\frac{\pi}{OSR}} LDS_S \, d\Omega$$

$$P_N = \frac{1}{\pi} \cdot \int_{\Omega=0}^{\frac{\pi}{OSR}} H_N(\Omega) \cdot H_N(-\Omega) d\Omega$$

$$P_N = \int_{\Omega=0}^{\frac{\pi}{OSR}} LDS_N \, d\Omega$$

$$SNR_{Signalband} = 10 \cdot \log_{10}\left(\frac{P_S}{P_N}\right) = 10 \cdot \log_{10}\left(\frac{P_S}{\sigma_Q^2} \cdot 5 \cdot \frac{OSR^5}{\pi^4} \cdot (a_1 \cdot a_2)^2\right) [dB]$$

Formel 4.2.23

4.2.5 MASH-Sigma-Delta-Wandler

Das MASH-Konzept wurde bereits von Matsuya mit Team 1987 vorgestellt. Das MASH-Prinzip fußt auf einer sehr einfachen Überlegung:

Der Komparatoreingang ist die analoge Signalfolge und der Komparator ist die digitalisierte Signalfolge. Die Differenz ist das Rauschen des Komparators, jedoch ist dieses Rauschen signalabhängig und kann demzufolge in einer gleich aufgebauten zweiten SD-Wandler-Stufe (ebenso mit Ordnung 2), jedoch mit Differenzeingang als Signal fungieren. Damit ist die Signalwandlung zweistufig aufgebaut:
1. Stufe: Signalwandler
2. Stufe: Rauschwandler

Damit ist der Aufbau dieses Wandlers definiert:

Es werden zwei zweistufig aufgebaute, zeitdiskret arbeitende Sigma-Delta-Wandler entsprechend verschaltet. Die Übertragung des Signals wird für beide Wandler mit dem Gleichungssystem der Formel 4.2.16 beschrieben. Damit ist deutlich geworden, dass der Rauschterm Q_1 des ersten Wandlers zunächst erhalten bleibt. Es lohnt sich, diese Gleichung für

4.2 Nichtklassische Wandler

beide zunächst getrennten Wandlerzweige hinzuschreiben. Diese Formeln sind W_{SD1} und W_{SD2} in Formel 4.2.24 und zeigen, dass in den Termen des ersten und des zweiten Wandlers das Rauschen des ersten Wandlers enthalten ist. Damit liegt es nahe zu prüfen, ob durch eine einfache Gleichungserweiterung der Rauschterm des ersten Wandlers Q_{SD1} eliminiert werden kann.

$$W_{SD1} = X \cdot \frac{a_{11} \cdot a_{12} \cdot z^{-1}}{1+(a_{12} \cdot b_{11}+b_{12}-2) \cdot z^{-1}+(1-b_{12}) \cdot z^{-2}} +$$

$$Q_1 \cdot \frac{(1-z^{-1})^2}{1+(a_{12} \cdot b_{11}+b_{12}-2) \cdot z^{-1}+(1-b_{12}) \cdot z^{-2}}$$

$$W_{SD2} = Q_1 \cdot \frac{a_{21} \cdot a_{22} \cdot z^{-1}}{1+(a_{22} \cdot b_{21}+b_{22}-2) \cdot z^{-1}+(1-b_{22}) \cdot z^{-2}} +$$

$$Q_2 \cdot \frac{(1-z^{-1})^2}{1+(a_{22} \cdot b_{21}+b_{22}-2) \cdot z^{-1}+(1-b_{22}) \cdot z^{-2}}$$

$$\overline{W_{SD1} = X \cdot \frac{a_{11} \cdot a_{12} \cdot z^{-1}}{N_1} + Q_1 \cdot \frac{1-2 \cdot z^{-1}+z^{-2}}{N_1}}$$

$$W_{SD2} = \qquad\qquad Q_1 \cdot \frac{a_{11} \cdot a_{12} \cdot z^{-1}}{N_2} + Q_2 \cdot \frac{(1-z^{-1})^2}{N_2}$$

Formel 4.2.24

In Formel 4.2.24 erkennt man, dass die Eliminierung von Q_1 prinzipiell möglich ist, aber dazu müssen die Nennerterme N_1 und N_2 gleich sein. Bei Nennergleichheit muss gelten:

$$N_1 = 1+(a_{12} \cdot b_{11}+b_{12}-2) \cdot z^{-1}+(1-b_{12}) \cdot z^{-2}$$
$$N_2 = 1+(a_{22} \cdot b_{21}+b_{22}-2) \cdot z^{-1}+(1-b_{22}) \cdot z^{-2}$$
$$a_{12} \cdot b_{11} = a_{22} \cdot b_{21} \quad \Rightarrow \quad a_{22} = a_{12} \cdot \frac{b_{11}}{b_{21}}$$
$$b_{12} = b_{22}$$
$$N = 1+(a_{12} \cdot b_{11}+b_{12}-2) \cdot z^{-1}+(1-b_{12}) \cdot z^{-2}$$
$$N = 1+(a_2 \cdot b_1+b_2-2) \cdot z^{-1}+(1-b_2) \cdot z^{-2}$$

Formel 4.2.25

Damit wird Formel 4.2.24 neu angeschrieben:

$$W_{SD1} = X \cdot \frac{a_{11} \cdot a_{12} \cdot z^{-1}}{1+(a_{12} \cdot b_{11}+b_{12}-2) \cdot z^{-1}+(1-b_{12}) \cdot z^{-2}} +$$

$$Q_1 \cdot \frac{(1-z^{-1})^2}{1+(a_{12} \cdot b_{11}+b_{12}-2) \cdot z^{-1}+(1-b_{12}) \cdot z^{-2}}$$

$$W_{SD2} = Q_1 \cdot \frac{a_{21} \cdot a_{22} \cdot z^{-1}}{1+(a_{22} \cdot b_{21}+b_{22}-2) \cdot z^{-1}+(1-b_{22}) \cdot z^{-2}} +$$

$$Q_2 \cdot \frac{(1-z^{-1})^2}{1+\left(a_{12} \cdot \frac{b_{11}}{b_{21}} \cdot b_{21}+b_{21}-2\right) \cdot z^{-1}+(1-b_{12}) \cdot z^{-2}}$$

$$\overline{W_{SD1}} = X \cdot \frac{a_{11} \cdot a_{12} \cdot z^{-1}}{N} + Q_1 \cdot \frac{1-2 \cdot z^{-1}+z^{-2}}{N} \qquad \Big| \quad \cdot N \cdot a_{11} \cdot a_{12} \cdot z^{-1}$$

$$W_{SD2} = \qquad Q_1 \cdot \frac{a_{11} \cdot a_{12} \cdot z^{-1}}{N} + Q_2 \cdot \frac{1-2 \cdot z^{-1}+z^{-2}}{N} \qquad \Big| \quad \cdot N \cdot (1-z^{-1})^2$$

$$W_{MASH} = W_{SD1} - W_{SD2} = X \cdot \frac{a_{11} \cdot a_{12} \cdot a_{21} \cdot a_{22} \cdot z^{-2}}{N} + Q_2 \cdot \frac{(1-z^{-1})^4}{N}$$

Formel 4.2.26

Die Rauschleistung (NP) wird korrekt über die Beziehungen der Rauschleistungsdichte und der Pol-Berechnung mit Hilfe der Residuensätze gewonnen:

$$NP_{SD,M} = \frac{\sigma_S^2}{f_S} \cdot \int_{f=-\frac{f_S}{2}}^{\frac{f_S}{2}} \frac{(1-z^{-1})^4 \cdot (1-z)^4 \cdot G^2}{N(z) \cdot N(z^{-1})} df$$

$$NP_{SD,M} = \frac{\sigma_S^2 \cdot G^2}{j \cdot 2 \cdot \pi} \cdot \oint_{n=e^{-j+\pi}..e^{j\pi}} H_n(z) \cdot H_n(z^{-1}) \frac{dz}{z} = \sigma_S^2 \cdot G^2 \cdot pg_4$$

4.2 Nichtklassische Wandler

Ein weiterer und etwas einfacherer Weg die Rauschleistung des MASH-Sigma-Delta-Wandlers zu ermitteln ergibt sich durch Isolation und Zerlegung der Rauschübertragungsfunktion (Eingang X = 0) zu:

$$Q_2 \cdot \frac{(1-z^{-1})^4}{N}$$

$$z = e^{J\cdot\Omega} \quad Q_2 = 1$$

$$NP_{SD,M} = \frac{\left(1-\frac{1}{e^{J\cdot\Omega}}\right)^4}{1+\frac{a_{22}\cdot b_{21}+b_{22}-2}{e^{J\cdot\Omega}}+\frac{1-b_{22}}{\left(e^{J\cdot\Omega}\right)^2}} \quad e^{J\cdot\Omega} = \cos(\Omega)+j\cdot\sin(\Omega)$$

$$N_{Real,SD,M} = \Re\left\{\frac{\left(1-\frac{1}{\cos(\Omega)+j\cdot\sin(\Omega)}\right)^4}{1+\frac{a_{22}\cdot b_{21}+b_{22}-2}{\cos(\Omega)+j\cdot\sin(\Omega)}+\frac{1-b_{22}}{(\cos(\Omega)+j\cdot\sin(\Omega))^2}}\right\}$$

$$N_{Real,SD,M} = \Re\{Term\}$$

$$N_{Imag,SD,M} = \Im\left\{\frac{\left(1-\frac{1}{\cos(\Omega)+j\cdot\sin(\Omega)}\right)^4}{1+\frac{a_{22}\cdot b_{21}+b_{22}-2}{\cos(\Omega)+j\cdot\sin(\Omega)}+\frac{1-b_{22}}{(\cos(\Omega)+j\cdot\sin(\Omega))^2}}\right\}$$

$$N_{Imag,SD,M} = \Im\{Term\}$$

$$RLDS = \left((\Re\{Term\})^2 + (\Im\{Term\})^2\right)\cdot Q_2$$

Formel 4.2.27

RLDS steht für Rauschleistungsdichtespektrum. Auf Grund der 4-fachen Nullstellen des Rauschleistungsspektrums ist bei der halben Abtastfrequenz kein Signalminimum gegen Null mehr, sondern nur noch ein merklicher Signaleinbruch zu sehen. Werden in Formel 4.2.27 folgende Werte eingesetzt:

Bereich Ω: 1 ... 2π

$a_1 = 1$ $a_2 = 0.75$, $b_1 = b_2 = 0.75$, $Q_2 = 1$

dann zeigt das normierte Rauschleistungsdichtespektrum über die Abtastfrequenz:

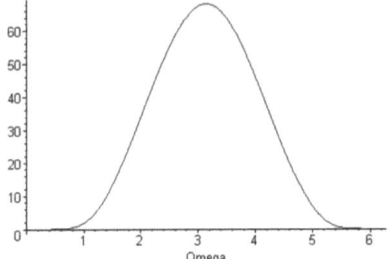

Abb. 4.2.13 MASH-Sigma-Delta-Wandler, normiertes Rauschleistungsdichtespektrum

Für das Signalleistungsspektrum wird dieselbe Betrachtung durchgeführt:

$$S_{SDM} = X \cdot \frac{a_{11} \cdot a_{12} \cdot a_{21} \cdot a_{22}}{\left(e^{j\Omega}\right)^2 \cdot \left(1 + \frac{a_{22} \cdot b_{21} + b_{22} - 2}{e^{j\Omega}} + \frac{1 - b_{22}}{\left(e^{j\Omega}\right)^2}\right)}$$

$$S_{real,SDM} = \Re\left(X \cdot \frac{a_{11} \cdot a_{12} \cdot a_{21} \cdot a_{22}}{\left(\cos(\Omega) + j \cdot \sin(\Omega)\right)^2 \cdot \left(\frac{a_{22} \cdot b_{21} + b_{22} - 2}{\cos(\Omega) + j \cdot \sin(\Omega)} + \frac{1 - b_{22}}{\left(\cos(\Omega) + j \cdot \sin(\Omega)\right)^2}\right)}\right)$$

$$S_{imag,SDM} = \Im\left(X \cdot \frac{a_{11} \cdot a_{12} \cdot a_{21} \cdot a_{22}}{\left(\cos(\Omega) + j \cdot \sin(\Omega)\right)^2 \cdot \left(\frac{a_{22} \cdot b_{21} + b_{22} - 2}{\cos(\Omega) + j \cdot \sin(\Omega)} + \frac{1 - b_{22}}{\left(\cos(\Omega) + j \cdot \sin(\Omega)\right)^2}\right)}\right)$$

$$S_{SDM} = S_{real,SDM} + S_{imag,SDM}$$

Formel 4.2.28

Werden in Formel 4.2.28 die Koeffizienten $a_1 = 1$ $a_2 = 0.75$, $b_1 = b_2 = 0.75$, $Q_2 = 1$ eingesetzt und das Signalleistungsspektrum über dem Bereich $\Omega: 1 \ldots 2$ aufgezeichnet, so erhält man den Verlauf in Abb. 4.2.14.

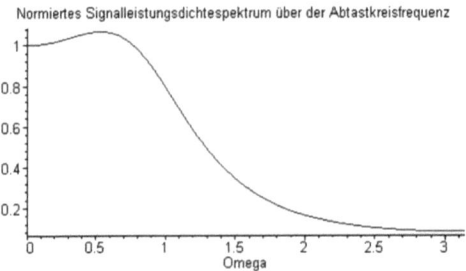

Abb. 4.2.14 MASH-Sigma-Delta-Wandler, normiertes Signalleistungsdichtespektrum

4.2 Nichtklassische Wandler 351

Die Abb. 4.2.14 zeigt, dass im zunehmenden Signalbereich eine Verstärkung des SLD-Spektrums auftritt, und das SLD im Sperrbereich des Signals bereits deutlich abnimmt. Damit wird dieser Wandler energiemäßig betrachtet optimal betrieben, was den nachfolgenden Filtern wieder zugute kommt.

Der Vergleich der Leistungsspektren zeigt folgendes Bild.

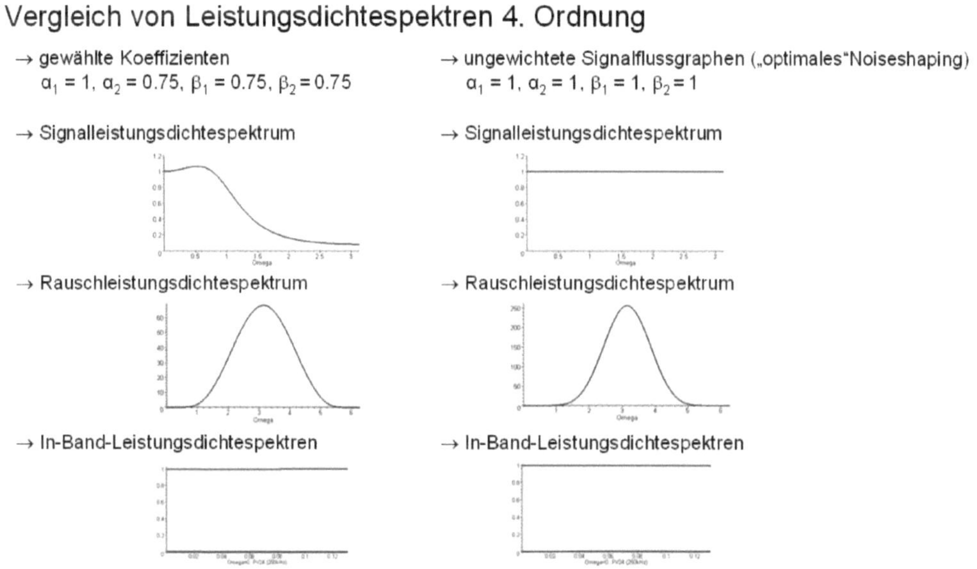

Vergleich von Leistungsdichtespektren 4. Ordnung

→ gewählte Koeffizienten
$a_1 = 1, a_2 = 0.75, \beta_1 = 0.75, \beta_2 = 0.75$

→ ungewichtete Signalflussgraphen („optimales"Noiseshaping)
$a_1 = 1, a_2 = 1, \beta_1 = 1, \beta_2 = 1$

→ Signalleistungsdichtespektrum

→ Signalleistungsdichtespektrum

→ Rauschleistungsdichtespektrum

→ Rauschleistungsdichtespektrum

→ In-Band-Leistungsdichtespektren

→ In-Band-Leistungsdichtespektren

Abb. 4.2.15   Leistungsdichtespektrenvergleich MASH-SD-Wandler 4. Ordnung

Der Signalrauschabstand SNR des MASH-SD-Wandlers berechnet sich nach Formel 4.2.29, nur müssen in dieser Formel die Rauschleistungsdichten des MASH-Wandlers aus Formel 4.2.27 sowie Formel 4.2.28 eingesetzt werden.

$$SNR_{MASH} = 10 \cdot \log_{10}\left(\frac{P_S}{P_N}\right) = 10 \cdot \log_{10}\left(\frac{P_S}{\sigma_S^2} \cdot 9 \cdot \frac{OSR^9}{\pi^8} \cdot (a_1 \cdot a_2 \cdot a_{11} \cdot a_2)^2\right)$$

Formel 4.2.29

Die Koeffizienten sind der Einfachheit halber, wie es sich auch beim Entwurf bewährt, in beiden Stufen des MASH-Wandlers gleich groß. Die Berechnungen zeigen, dass die wissenschaftliche Handhabung der Sigma-Delta-Wandler nicht ganz einfach ist. Da diese Wandler zum Standardrepertoir der analogen Schaltungstechniken gehören war es aber wichtig, zumindest die in diesem Buch gezeigten Grundprinzipien deutlich darzustellen. In [3.28] sind zu diesen Berechnungen noch mehr Details zu erfahren. Diese Gleichungssysteme wurden in ein MAPLE-Programm zur Berechung und Dimensionierung von Sigma-Delta-Wandlern für 2-stufige und das 4-stufige MASH-Verfahren eingebaut [4.27]. Dieses Programm ermöglich die Berechnung aller in diesem Kapitel aufgeführten Sigma-Delta-Merkmale. Der MASH-Wandler kann jetzt als MATLAB-/SIMULINK-Modell erstellt werden. Die Abb. 4.2.16 zeigt dieses Modell.

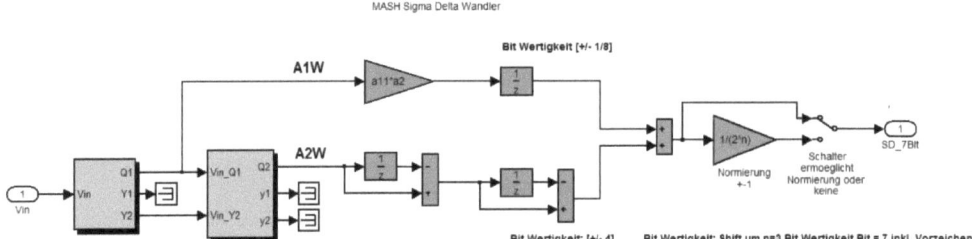

Abb. 4.2.16 MASH-Sigma-Delta-Wandler

Bei den Sigma-Delta-Wandler-Modellen wird der digitale Bit-Strom gleich im Zweierkomplement dargestellt. Das wird durch die Entscheidung des als gesteuerter Schalter dargestellten Komparators erreicht, dessen Schaltschwelle 0 beträgt. Damit ist die positive Mantisse um einen Wert niedriger als die negative Mantisse. Das Zweierkomplement entspricht am Komparatorausgang:

1 (HIGH) = 01

−1 (LOW) = 11

Alle ein- und zweistufigen SD-Wandler mit ein-Bit-Komparator weisen einen digitalen Zweibit-Datenstrom am Ausgang auf. Das MSB (major signifikant Bit) ist dabei das Vorzeichenbit, während das andere Bit als Mantissenbit den digitalen Datenstrom mit der Abtastfrequenz f_S überträgt. Bei SD-Wandlern mit Multibit-Komparator besitzt die Mantisse soviel Bits, wie der Komparator (in dem Fall ist das ein Flash-ADC) vorgibt. MASH-SD-Wandler haben ebenfalls eine Multibitmantisse, die sich aus der Addition der beiden Komparatorausgänge mit ihren Erweiterungstermen zusammensetzt. Auch hier ist das MSB stets das Vorzeichen. Im oben dargestellten Beispiel addiert sich das digitale Ausgangswort aus den beiden seriell angeordneten, digitalen Differenzenbildern und dem Koeffizientenmultiplikator. Damit besitzt dieser MASH-SD-Wandler ein 7-Bit-Wort, dass sich aus dem MSB-Vorzeichen und der 6-Bit-Mantisse zusammensetzt.

Diese Art der digitalen Darstellung im MATLAB-/SIMULINK-Modell ist zu bevorzugen, da der SD-Wandler seinen digitalen Datenstrom an digitale Filter und anschließend an eine digitale Signalverarbeitung weitergibt, welche beide mit dem Zweierkomplement arbeiten.

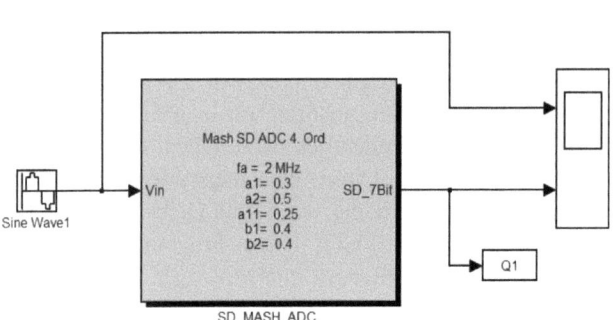

Abb. 4.2.17 MASH-Sigma-Delta-Wandler, maskiertes MATLAB-/SIMULINK-Modell

4.2 Nichtklassische Wandler

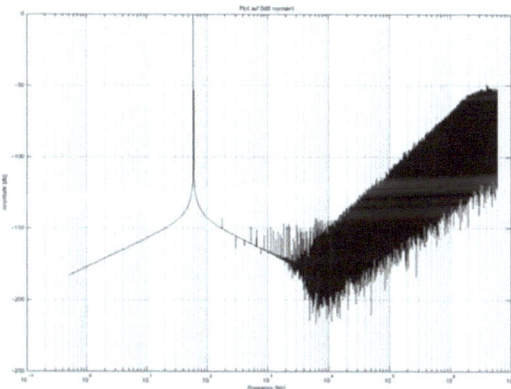

Abb. 4.2.18 MASH-Sigma-Delta-Wandler, MATLAB-/SIMULINK-Simulationsergebnis

Das zugehörige MATLAB-/SIMULINK-Modell zeigt Abb. 4.2.16. In den beiden rechteckigen Kästen befinden sich die Modelle des zweistufigen SD-Wandlers. Die digitalen Erweiterungen sowie die Zusammenführung des Signals werden durch die daran angeschlossenen Baugruppen dargestellt.

Die Abb. 4.2.18 zeigt das Ergebnis der MATLAB-/SIMULINK-Simulation mit einer Eingangsfrequenz von 10 kHz und einer Abtastfrequenz von 2 MHz. Die simulierte Zeit beträgt etwa 6 msec.

Deutlich ist in diesem Bild der „MASH Krater" bei 2 MHz zu sehen, das ist der im Theorieteil erwähnte Leistungseinbruch auf Grund der 4-fachen Zähler-Nullstelle.

4.2.6 Schaltungsbeispiele von Sigma-Delta-Wandlern

Zeitkontinuierliche Sigma-Delta-Wandler

Die quasi Abtastung wird durch die Zeitkonstante des Tiefpasses eingestellt. Sie soll einerseits so groß sein, dass der Wandler damit wie ein synchron getaktetes System arbeitet und andererseits so groß sein, dass die Bandbreite des Tiefpasses genügend groß ist. Das kann mit einem MATLAB/SIMULINK-Modell optimiert werden. In diesem Beispiel wurde der Tiefpass mit einer Zeitkonstanten von 10 µsec gewählt. Abb. 4.2.20 zeigt das zugehörige Simulationsergebnis.

Wie erklärt kann diese Schaltung zu einem zweistufigen Entwurf erweitert werden. Da die Berechnung eines zeitkontinuierlichen Wandlers gemäß der oben angegebenen Gleichungen recht einfach ist, wird zum Zweck der Entwurfsführung zuerst ein MATLAB-/SIMULINK-Modell erstellt. An diesem Modell orientiert sich der Schaltungsentwurf in LTspice. Die Abb. 4.2.5 zeigt dieses Modell. Die Koeffizienten können simulatorisch optimiert werden, sodass deren Übergabe nach LTspice direkt erfolgen kann. Das Modell ist, da alle Komponenten – wie in den Gleichungssystemen gezeigt – berücksichtigt sind, sehr entwurfsnahe. Das Simulationsergebnis zeigt eine genügende Rauschabsenkung von besser als −45 dB und eine Bandbreite von 10 kHz und liegt damit im Bereich des Erwarteten. Bei zeitlich längeren Simulationen wird die Rauschgrenze noch nach unten sinken.

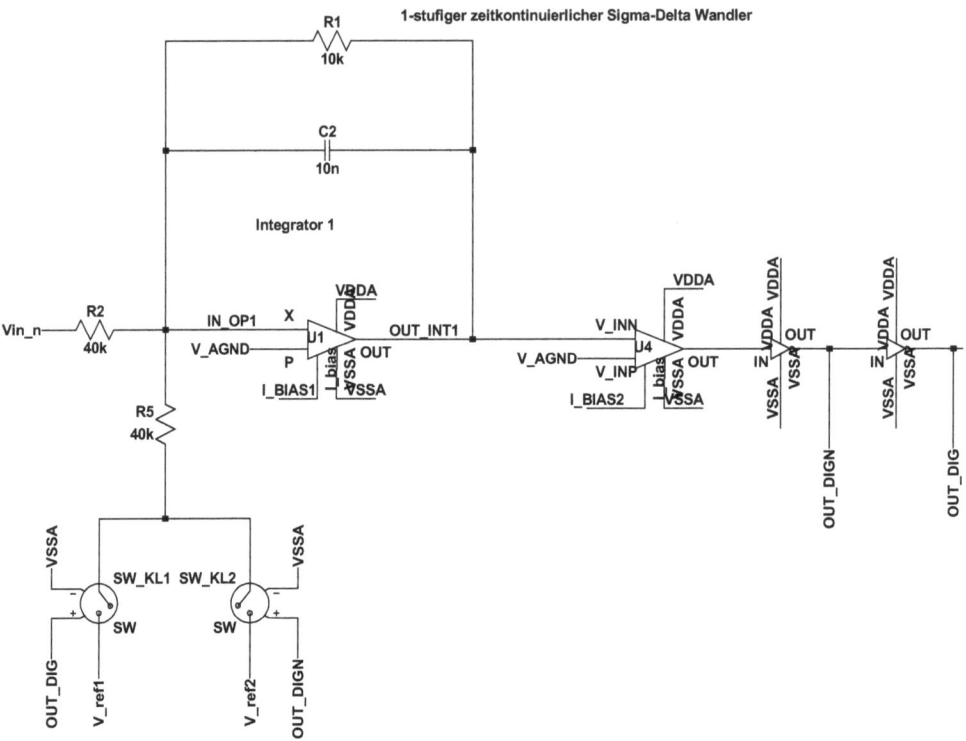

Abb. 4.2.19　Der zeitkontinuierliche Sigma-Delta- Wandler, einstufig

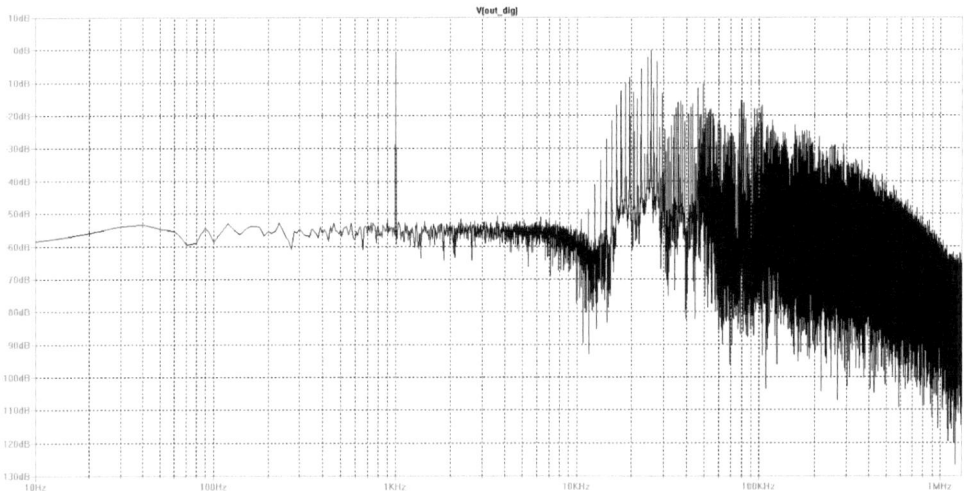

Abb. 4.2.20　Der zeitkontinuierliche Sigma-Delta-Wandler, einstufig, Simulationsergebnis

4.2 Nichtklassische Wandler

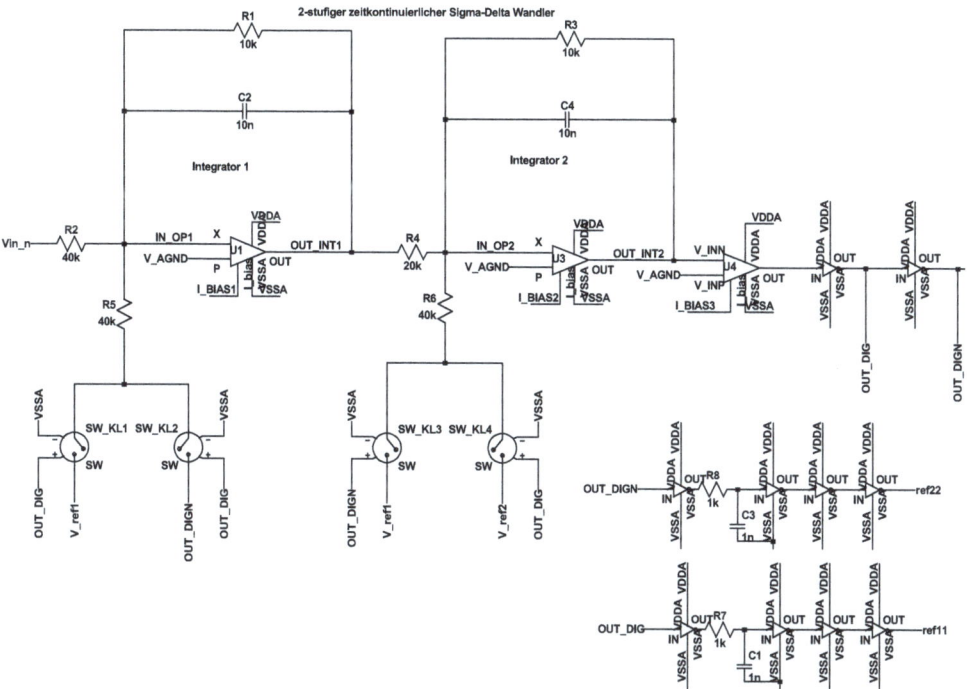

Abb. 4.2.21   Der zeitkontinuierliche Sigma-Delta-Wandler, zweistufig

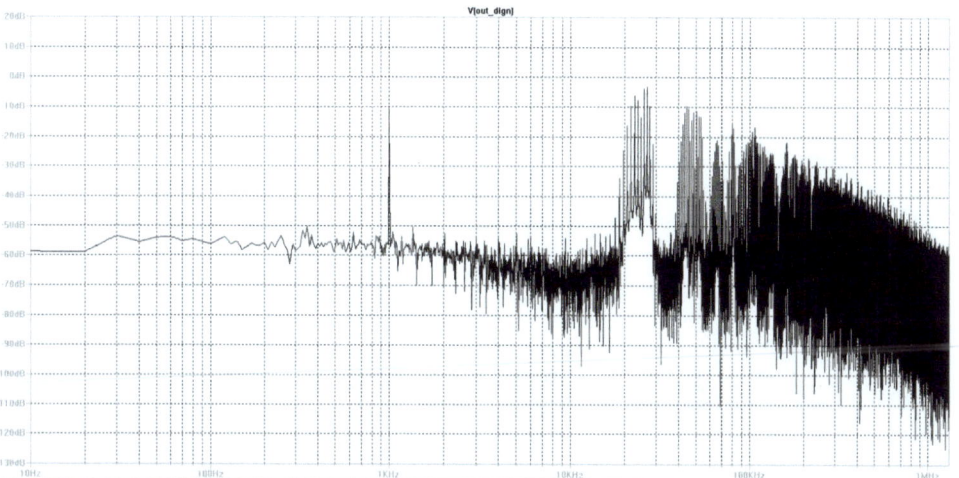

Abb. 4.2.22   Der zeitkontinuierliche Sigma-Delta-Wandler, zweistufig, Simulationsergebnis

Das Problem, welches noch bewältigt werden muss ist die Signalsättigung im ersten Integrator. Dazu muss der Eingangskoeffizient a_1 entsprechend angepasst werden.

Das Simulationsergebnis zeigt im Vergleich zum einstufigen Konzept einen etwas besseren Rauschuntergrund und einen Anstieg der Bandbreite.

Oberhalb von ca. 15 kHz steigt das Rauschen deutlich. Dieses Frequenzband ist der Bereich der Komparatorentscheidungen. Davor ist der Rauschuntergrund in Richtung niedrigen Frequenzen gering und im höheren Passbandbereich deutlich abfallend. Es ist zu erwarten, dass sich der Rauschuntergrund bei etwa 70–80 dB herum einregeln wird. Das hier zu sehende Rauschverhalten begründet sich in der noch nicht genügenden Anzahl an Daten und zeigt damit auch eine der Simulationsschwierigkeiten auf: die RAM-Speicherresourcen eines PC-Rechners. Daher ist es sinnvoll, solche Simulationen unter UNIX auf Rechnern mit sehr viel RAM Speicher durchzuführen. Interessant ist die Oberwellenverteilung, die sich durch die Komparatorentscheidungen und auch durch eventuell auftretende Integrator-Sättigung erklären lässt. Die Integrator-Sättigung kann durch Optimierung der Koeffizienten vermieden werden. Die Komparatorentscheidung ist verantwortlich für das rekursiv korrigierende Verhalten. Jeder Jitter des Komparators wird sich dadurch negativ auf die Signalkorrektur auswirken. Zeitkontinuierliche Sigma-Delta-Wandler sind daher selten in Anwendungen zu finden.

Zeitdiskrete Sigma-Delta-Wandler

Die Abb. 4.2.23 zeigt den einstufigen zeitdiskreten SD-Wandler als LTspice-Entwurf. Dabei ist die im Theorieteil besprochene ZOH des Komparators im Taktaufbau des Korrekturwerks zu erkennen.

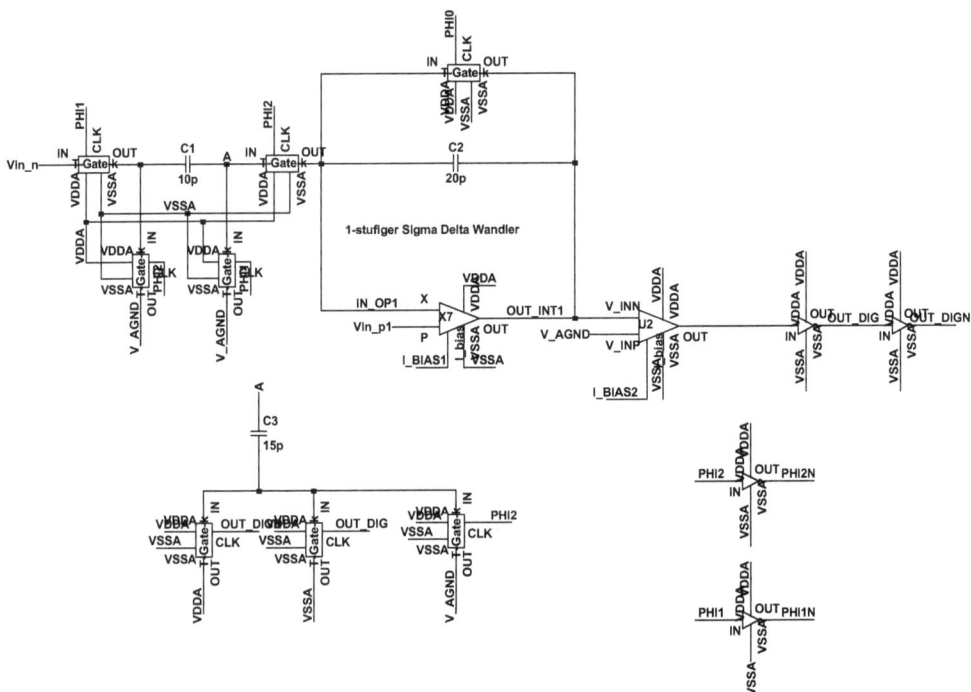

Abb. 4.2.23 Der einstufige, zeitdiskrete Sigma-Delta-Wandler, LTspice Entwurf

Bereits beim einstufigen SD-Wandler werden die Netzwerksimulationen sehr datenintensiv. Das Ergebnis nach einer halben Stunde Simulation (Signalfrequenz: 2 kHz) zeigt Abb. 4.2.24.

4.2 Nichtklassische Wandler

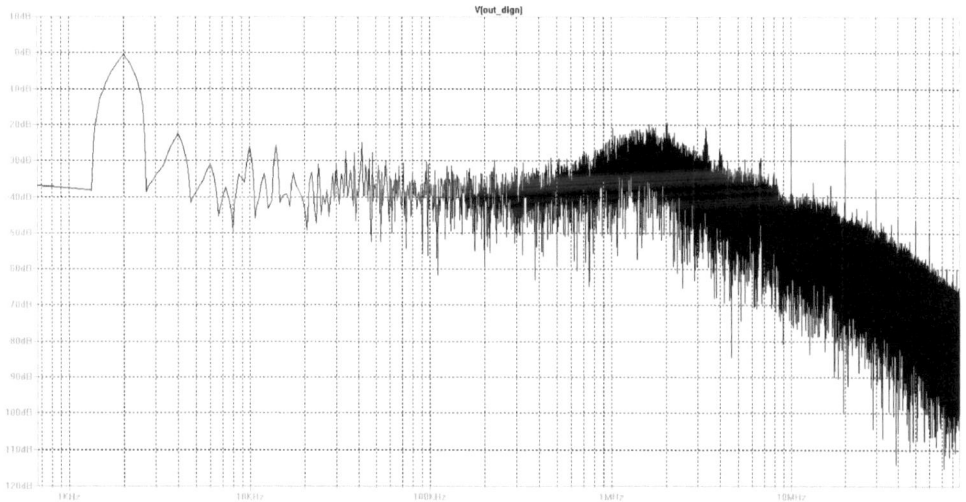

Abb. 4.2.24 Der einstufige, zeitdiskrete Sigma-Delta-Wandler, LTspice Entwurf, Simulationsergebnis

Dabei sind lediglich zwei Sinusdurchläufe simuliert worden. Für die Begutachtung auf Implementierungsfehler ist das aber ausreichend. Die Begutachtungskriterien sind:

- Mindestens zwei Signalperioden am Stück simulieren um unerwartete Integrator-Überläufe festzustellen.
- Die Integrator-Ausgänge dürfen nicht in die Sättigung gehen.
- Die Korrektur muss stets in der richtigen Richtung erfolgen.
- Der digitale Datenstrom am Komparatorausgang muss mehr oder weniger breite Signale, korrespondierend zum Eingangssignal, aufweisen.
- Die Fourier-Transformation muss auch bei einer kurzzeitigen Simulation (trotzdem muss diese länger als zwei Signalperioden sein) das Spektrum des Eingangssignals und das des nichtlinearen Rauschverhaltens aufweisen.

Natürlich ist die Simulation, wie sie in Abb. 4.2.24 gezeigt wird nicht perfekt. Der erwartete Rauschuntergrund von ca. 40 dB wird kaum erreicht, das Signal zeigt sich als sehr breite Sprektralhülle. Der Grund dazu ist die geringe Anzahl an simulierten Daten. In diesem Beispiel sind nur 3 Wellenzüge des Eingangssignals (1.5 msec) simuliert worden. Wie bereits erwähnt, dauern solche Simulationen sehr lange und sind kaum zielführend zur Verifikation des Signal-Rausch-Verhaltes, diese Simulationen verifizieren die Richtigkeit der Umsetzung. Würde ein Fehler in der Entwurfsumsetzung vorliegen, so wäre das Ergebnis völlig anders und eine Fourier-Transformation würde kein vernünftig interpretierbares Ergebnis aufweisen.

Der zweistufige, zeitdiskrete SD-Wandler ist in Abb. 4.2.25 dargestellt. Auch hier folgt die Netzwerkimplementation konsequent den Vorgaben aus der MATLAB-/SIMULINK-Umgebung.

Eine Simulation von zwei Sinusschwingungen ist notwendig, um die Fehlerfreiheit der Implementation des Wandlers sicherzustellen. Je aufwendiger diese Wandler werden, desto länger dauern die Simulationen und auch der im Rechner zur Verfügung stehende RAM-Speicherbereich wird an sein Limit kommen. Trotzdem bleibt simulatorisch ein Restrisiko übrig, auch wenn die oben genannten Punkte alle eingehalten wurden. Daher ist bei diesen Entwürfen mehr als doppelte Sorgfaltspflicht erforderlich und nur die Durchführung mehrerer unterschiedlicher Stimuli (verschiedene Signalfrequenzen, verschiedene Amplituden, verschiedene Signale) und deren Analysen im Zeit- und Frequenzbereich kann die Entwurfssicherheit hoch halten. Daher ist es sinnvoll, die dem Buch beiliegende MAPLE-Sequenz des Ordners „SDADC_Berechnungshilfen" mit Startfile „Dim&Berech.mws" zur Berechnung von zeitdiskreten zweistufigen und vierstufigen MASH-SD-Wandlern zu nutzen. Darin sind alle hier aufgeführten Gleichungen technisch und mathematisch korrekt enthalten. Die Systemparameter (Koeffizienten, Abtastfrequenz, obere Signalgrenze, Dezimierfaktor) werden vom Benutzer festgelegt und können iterativ verändert werden, bis die Spezifikationsdaten eingehalten werden. Berechnet werden mit den vorgegebenen Koeffizienten die Parameter Signal- und Rausch-Leistungen, SNR, Auflösung in Bit.

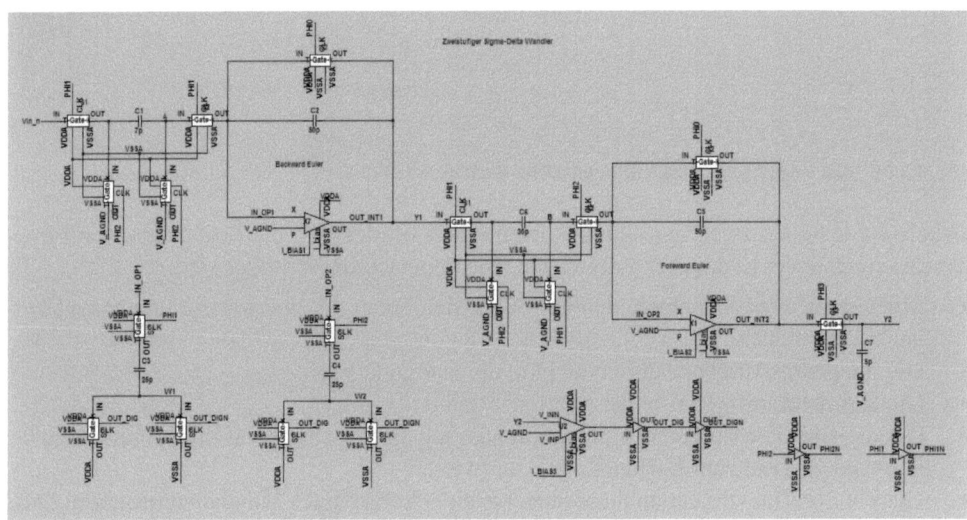

Abb. 4.2.25 Der zweistufige, zeitdiskrete Sigma-Delta-Wandler, LTspice-Entwurf

Ein Beispiel dazu:

Eingabe der Systemparameter
a1 = 0.3
a2 = 0.5
b1 = 0.75
b1 = 0.75
Signalamplitude = 1
Bitbreite = 7
Abtastfrequenz = 6 MHz
Dezimierfaktor = 16

Ergebnisse der Berechnung der Leistungen, SNR und Bitbreiten
OSR = 8
Abtastzeit T = 166.67 nsec
Rauschen des Wandlers 2. Ordnung Q = 1/3072
Polstellen: $0.4375 +/- j*0.242$

4.2 Nichtklassische Wandler

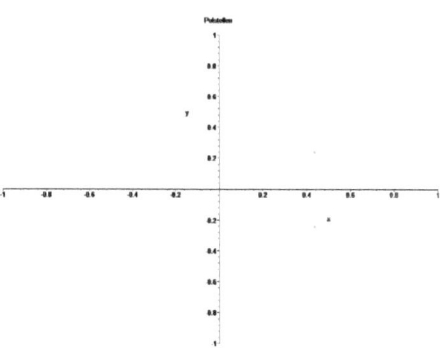

Abb. 4.2.26 Beispiel: Berechnung eines SD-Wandlers, Polstellendiagramm

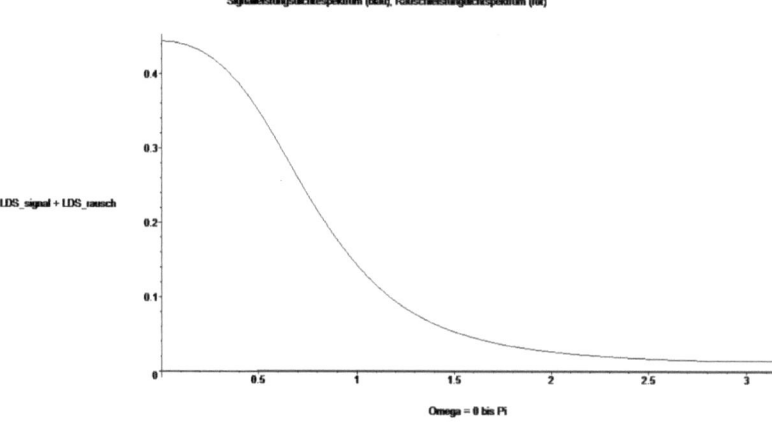

Abb. 4.2.27 Beispiel: Berechnung eines SD-Wandlers, Signal- und Rauschleistungsspektrum

Meist ist das Rauschleistungsspektrum wertemässig deutlich geringer als das Signalleistungsspektrum und ist daher in der Grafik Abb. 4.2.27.

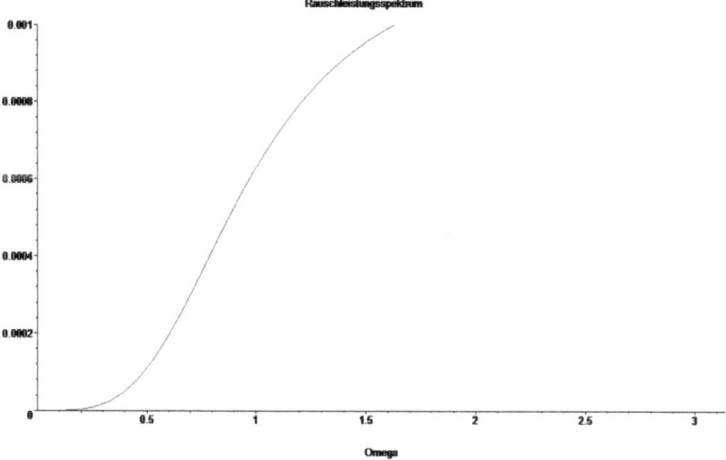

Abb. 4.2.28 Berechnung eines SD-Wandlers, Rauschleistungsspektrum

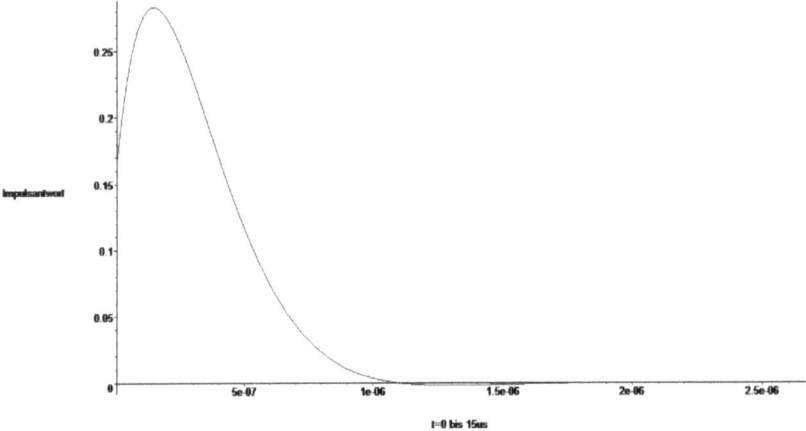

Abb. 4.2.29   Berechnung eines SD-Wandlers, Impulsantwort

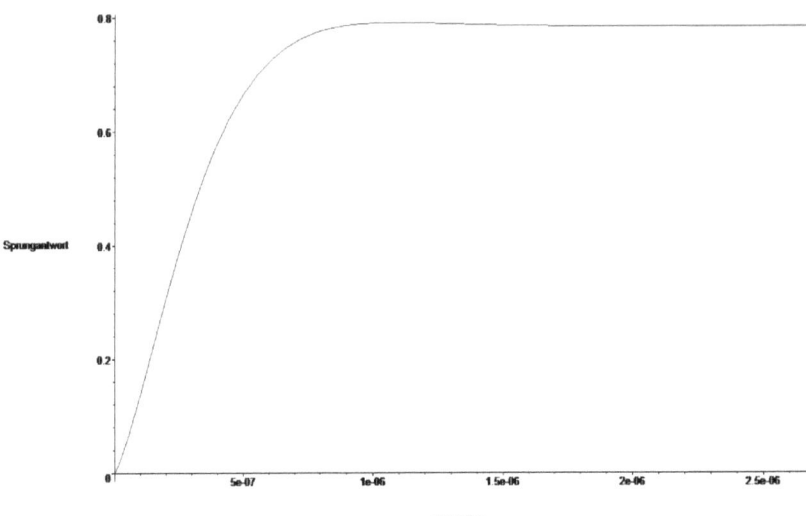

Abb. 4.2. 30   Berechnung eines SD-Wandlers, Sprungantwort

Signal- und Rauschleistung des Signalbands (inband power)

$P_{S,inband} = 0.0534$ W

$P_{N,inband} = 1.23$ μW

Signalrauschverhältnis SNR

SNR = 46.36 dB
Auflösung in Bit:
Bit_Wandler = 7.4 Bit

Der MASH-SD-Wandler, in Abb. 4.2.31 als LTspice-Netzwerk gezeigt, ist auf Netzwerkebene nicht simulationsfähig, da für digitale Baugruppen keine Netzwerkbibliothek besteht.

4.2 Nichtklassische Wandler

Der Grund für die Nichtexistenz digitaler Baugruppen in einem Netzwerksimulator ist, dass digitale Sektionen nur noch mit VHDL beschrieben werden.

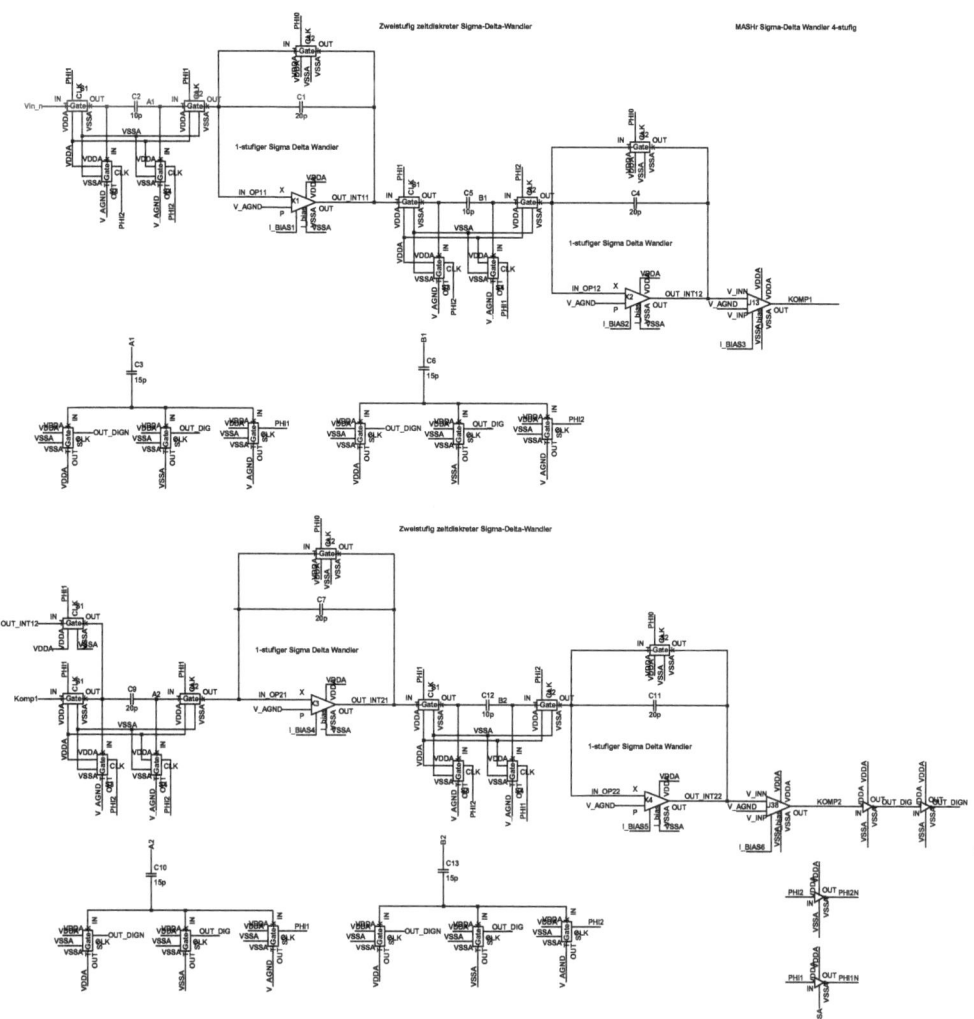

Abb. 4.2.31   MASH-Sigma-Delta-Wandler 4-stufig

Der in diesem Buch verwendete Netzwerksimulator LTspice ist (wie viele andere SPICE Derivate) nicht VHDL fähig. Ein Sigma-Delta-Wandler gehört zur Gruppe der gemischten Technologien und diese Gruppe kann nur mit VHDL oder besser noch mit VHDL/AMS-Simulatoren simuliert werden. Dazu ist zu sagen, dass der analoge Teil zumindest mit seinen Grundbaugruppen auf Netzwerkebene simuliert werden muss, um die Grundfunktionsfähigkeit nachzuweisen. Das ist auch im vorliegen Beispiel des MASH-Wandlers passiert, denn der zweistufige Wandler ist auf Netzwerkebene simuliert worden. Die simulatorische Sicherstellung der richtigen Implementation des Netzwerks und der Takte kann hier nur noch in kleinen Zeitbereichen durchgeführt werden. Eine gute Überprüfung ist, wenn die

Sinuswelle um die π/4 Teile herum ansimuliert wird. Damit ist zumindest der kritische Signalbereich simulatorisch überprüft. Eine ganze Sinuswelle ist in diesem Fall nahezu illusorisch, da dieses Netzwerk derartig viele Knoten besitzt, dass der RAM-Speicher (4 GB) eines gut ausgestatteten PCs nicht mehr ausreicht und der Rechner nach einiger Zeit nur noch Daten zwischen Platte und RAM hin- und herschaufelt („swap") und somit die Simulationszeit deutlich lang wird. Dazu kommt noch die abschließende Fourier-Analyse, worin ebenso eine sehr große Datenmenge bewältigt werden muss. Spätestens dann ist ein normaler Rechner (LAPTOP) völlig überfordert. Daher ist sorgfältige Vorarbeit mit MATLAB/SIMULINK und zunehmend auch mit VHDL bzw. VHDL/AMS sehr wichtig. Die Hochspachen VHDL und VHDL/AMS sind bei richtiger Anwendung synthesefähig (zumindest für den Digitalteil), die Synthese des Analogteils ist zurzeit nur bedingt möglich. Diese Werkzeuge sind noch in der Entwicklungsstufe und zurzeit noch nicht serienreif.

4.2.7 Das Dezimierfilter

Überabgetastete Systeme müssen vor Ihrer Signalverarbeitung wieder ins Basisband zurück transformiert (dezimiert) werden. Das passiert mit Dezimierfiltern. Das Ausgangssignal eines SD-ADCs ist ein digitaler Datenstrom. Damit ein digital auswertbares Signal (Nyquist-Bereich) daraus wird, muss das Signal von der hohen Bandbreite (Überabtastung) auf Signal Bandbreit (Nyquist-Bereich) skaliert werden. Das nennt man Dezimieren. Dazu ist ein Dezimationsfilter notwendig. Die Arbeitsweise dieses Filters kann so beschrieben werden:

$$f_{Sig} = \frac{f_{sa}}{dec}$$

Formel 4.2.30

„dec" steht für den Dezimierfaktor. Das Signal am Dezimierfiltereingang ist hochfrequent und das Signal am Ausgang des Dezimierfilters ist niederfrequent. Damit „fehlen" Stützstellen am Ausgang bezogen auf den Eingang. Deshalb ist (formal gesehen) eine z-Transformierte eines Dezimierfilters nicht bestimmbar. Jedoch hilft ein Trick weiter: Die fehlenden Stützstellen des niederfrequenten Signals werden mit den zum hochfrequenten Abtastsignal zugeordneten Stützstellen n als „0" aufgefüllt. Die folgende Tabelle (Zeile W(n)) zeigt das.

Tabelle 4.3 Dezimierfilter Abarbeitungsschritte

Schritte	Inhalte der Abarbeitungsschritte										
n	x(−7)	x(−5)	x(−4)	x(−3)	x(−2)	x(−1)	x(0)	x(1)	x(2)	x(3)	x(4)
W(n)	0	1	0	0	1	0	0	1	0	0	1
X(n)+W(n)	x(−6)	0	0	x(−3)	0	0	x(−0)	0	0	x(3)	0
Y(k)		y(−2)			y(−1)			y(0)			y(1)

Mit der in Tabelle 4.3 gezeigten Auffüllung von Nullen kann auch bei einem Dezimierfilter eine z-Transformierte ermittelt werden. Die Ermittlung der z-Transformierten folgt diesen Schritten so, dass für die niederfrequente Abtastung W(n), der dezimierte Wert der Stelle (n)

4.2 Nichtklassische Wandler

angegeben und schließlich die Folge der Ausgangssignale des Filters y(k) angeschrieben werden kann.

$$y(k) \cdot x \cdot (dec \otimes k) = x \cdot (dec \otimes k) \cdot \frac{W}{dec \otimes k}$$

$\otimes$: Das Zeichen bedeutet "Auffüllen mit"

$$Y(z) = \sum_{k=-\infty}^{\infty} y(k) z^{-k} = \sum_{k=-\infty}^{\infty} x \cdot (dec \otimes k) \cdot W \cdot (dec \otimes k) \cdot z^{-k}$$

$$Y(z) = \sum_{k=-\infty}^{\infty} x(n) \cdot W(n) \cdot z^{-\frac{n}{dec}}$$

$$W(n) = \sum_{D=0}^{dec-1} X_D \cdot e^{2\pi \frac{nD}{dec}} = \frac{1}{dec} \cdot \sum_{D=0}^{dec-1} e^{2\pi \frac{nD}{dec}} = \frac{1}{dec} \cdot \sum_{D=0}^{dec-1} W_D(j)_{dec}^{-nD}$$

mit: $\frac{1}{dec}$ für: $0 \leq D \leq dec-1$ und dem sogenannten twiddle factor oder Drehfaktor

$$Y(z) = \sum_{n=-\infty}^{\infty} x(n) \cdot W(n) \cdot z^{-\frac{n}{dec}} = \sum_{n=-\infty}^{\infty} x(n) \cdot \frac{1}{dec} \cdot W_{dec}^{-Dn} \cdot z^{-\frac{n}{dec}} = \sum_{D=0}^{dec-1} \sum_{n=-\infty}^{\infty} x(n) \left\langle w_{dec}^n \, z^{\frac{1}{dec}} \right\rangle^{-n}$$

$$X(z) = \sum_{n=-\infty}^{\infty} x(n) z^{-n} = \sum_{n=-\infty}^{\infty} x(n) \left\langle w_{dec}^n \, z^{\frac{1}{dec}} \right\rangle^{-n} = X \left\langle w_{dec}^n \, z^{\frac{1}{dec}} \right\rangle^{-n}$$

$$Y(z) = \frac{1}{dec} \cdot \sum_{D=0}^{dec-1} X \left\langle w_{dec}^n \, z^{\frac{1}{dec}} \right\rangle^{-n}$$

Formel 4.2.31

Dieses Gleichungssystem zeigt, dass ein anti-alias Filter mit einer Grenzfrequenz von

$$f_g = \frac{f_{sa}}{2 \cdot dec}$$

Formel 4.2.32

notwendig ist und zeigt auch, dass der Dezimierfilter aus 2 Sektionen besteht:
- der hochfrequenten Sektion mit der Abtastfrequenz f_{sa}
- der niederfrequenten Sektion mit der dezimierten Abtastfrequenz $2f_g$

Ebenso ist zu erkennen, dass die letzte Integratorstufe der hochfrequenten Sektion eine „Dump" Integrator Stufe sein muss. Das Wort „Dump" heißt wegwerfen und meint ein Rücksetzen zu Null des Integratorwertes sofort nach erfolgter Signalweitergabe in die niederfrequente Sektion. Die zeigt das MATLAB-/SIMULINK-Modell dieses Filters.

Das Zusammenspiel des Dezimationsfilters mit dem anschließenden FIR-Filter ist so zu gestalten, dass einerseits die Nullstellen des Dezimierfilters mit denen des FIR-Filters (REMEZ Filter) übereinstimmen und andererseits darf das Niederfrequenzband (passband) nicht durch den Dezimierfilter gedämpft werden. Das dem Buch beiliegende MATLAB m-Skript „dec_fir.m" beinhaltet die Übertragungsfunktionen beider Filter und damit kann diese Abstimmung durchgeführt werden.

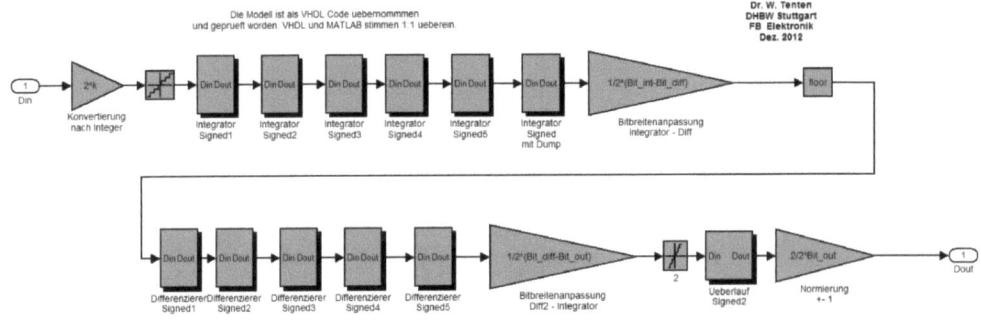

Abb. 4.2.32 Dezimierfilter

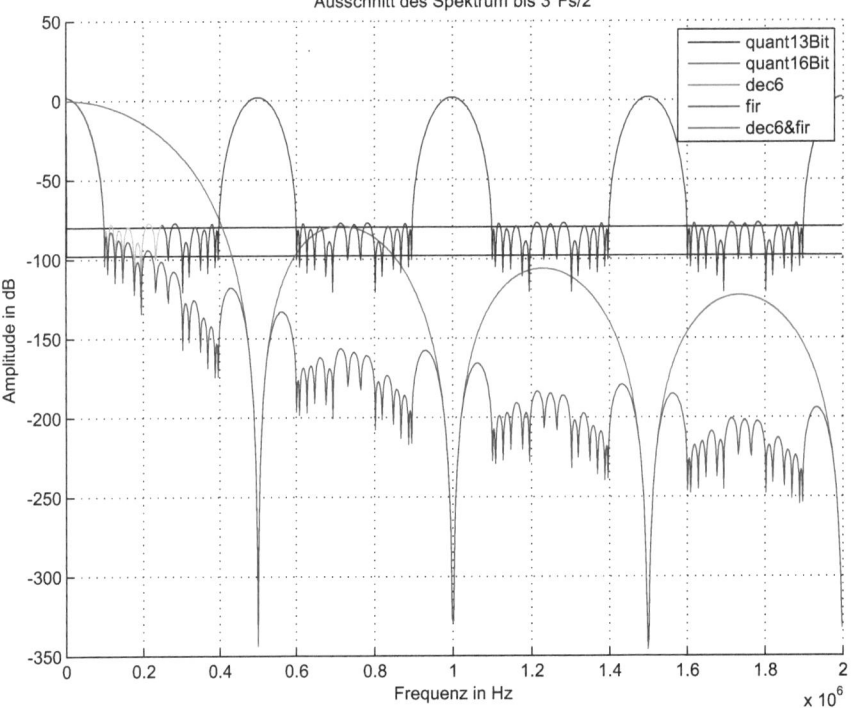

Abb. 4.2.33 Dezimier-FIR-Filterbank für den Sigma-Delta-Wandler

Die Filteroptimierung ist hier nicht weiter durchgeführt und wird dem geneigten Leser überlassen. Das ist keine schwierige Aufgabe, sondern durch dieses MATLAB-Skript eine iterative Optimierung. Auf Grund der besonderen Form des Dezimierfilters im Frequenzbereich sagt man dazu auch Kammfilter.

4.3 Zeit-Digital-Wandler (Time to Digital Converter)

4.3.1 Die Digitale Verzögerungskette – Digital Delay Line

Neben dem Digitalisieren analoger Audio- oder Messsignale ist auch die digitale Erfassung und Bearbeitung von Zeit- oder Frequenzmessungen ein wichtiges Gebiet der Wandler. Radar- und Lidarsysteme senden und empfangen ihre elektromagnetischen Wellen (EMW) einerseits im Radioband und andererseits im Lichtband um Entfernungen, Bewegungen und auch Änderung von Bewegungen festzustellen [4.30, 4.31]. Die digitale Signalbearbeitung hilft hier, diese Daten vielfältig auszuwerten, sogar „kaputte" Daten zu erkennen, diese eventuell zu „heilen" oder zumindest nicht für die Signalverarbeitung zuzulassen. Dazu ist aber zunächst die Erfassung dieser Daten notwendig. Die Ausbreitungsgeschwindigkeit der EMW ist bekanntlich enorm hoch, im Vakuum ca. 10^8 m/sec und in den elektronischen Geräten ist diese auch nicht viel geringer. Wichtig bei der Erfassung dieser Daten ist die Flugzeit der EMW, welche sich aus dem Hin- und dem Rückweg zusammensetzt. Bereits 1904 wurde dieses Messverfahren patentiert! [4.32] Bei kurzen Entfernungen, wie beispielsweise bei Anwendungen im KFZ oder im Schiffradar bzw. Abstandsradar, bemessen sich diese Flugzeiten bei einer vorgegebenen Detektionsstrecke zu:

$$\Delta t = \frac{Gesamtweg}{c} = \frac{2 \cdot 10^3 \, m}{3 \cdot 10^8 \, \frac{m}{s}} = 6.67 \, \mu s$$

$$\frac{\Delta t}{2} = d = 3.33 \, \mu s$$

Formel 4.3.1

d ist die Objektentfernung, z.B. ein im Abstand von 1 km fahrendes Auto. Die Genauigkeit der Abstandsermittlung bestimmt sich aus den Forderungen der Verkehrssicherheit. Der Sicherheitsabstand soll etwa 2 Sekunden zum Vorderfahrzeug betragen. Bei 100 km/h Fahrgeschwindigkeit entspricht dies einem Sicherheitsabstand von ca. 55 m, bei 30 km/h sind das gerade eben ca. 16 m. Die Messzeiten für diese Bedingungen zeigt folgende Tabelle:

Tabelle 4.4   Flugzeiten einer EMW bei verschiednen Objektabständen

Messweg (range) [m]	Messgenauigkeit [m]	Messzeit [μsec] Gesamtweg	Teilweg [m] (Genauigkeit)	Messzeit Teilweg [[μsec]
1000	1m	6.67	1m	3.33
55		0.367		0.1835
16		0.1067		0.0534

Damit ist ein Messgerät zu bauen, das eine zeitliche Messgenauigkeit von 3.33 nsec besitzt. Schaut man auf Flankensteilheiten von Gattern, so sind mit modernen, schnellen Prozessen Flankensteilheiten von etwa 0.5 nsec zu erreichen. Ringoszillatoren in CMOS-Technologie erreichen etwa 5–10 MHz. 10 MHz sind gerade 100 nsec und damit weit weg vom geforderten Ziel. Damit unser Ziel erreichbar bleibt, bedienen wir uns eines Tricks, der aus alten

Schultagen bekannt ist: der Differenz großer Zahlen, um kleine Zahlen darstellen zu können. Wie kommen wir zu einer solchen Differenz?
- Es wird ein Messzeitraum T mit interner gleicher Zeitaufteilung T1 festgelegt
- Derselbe Messzeitraum T wird mit interner gleicher Zeitaufteilung T2 festgelegt

Damit besitzen beide Messfenster dieselbe Öffnungszeit, jedoch unterschiedliche Zeitquanten. Unter dem Zeitquant wird der zeitliche Fortschritt des Signals für eine Stufe innerhalb einer Zeitkette gesehen. Beide Zeitketten werden mit n bzw. n+1 Stufen ausgelegt und sind demzufolge um jeweils eine Zeitstufe unterschiedlich. Der Entwurf einer solchen Zeitkette stellt einen Kette von D-Flipflops dar, die mit dem Takt des Ringoszillators so durchlaufen werden, dass die Periode der HIGH-Zeit der Rechteckschwingung der Durchlaufzeit T durch jede Kette entspricht. Regeltechnisch ist das auch formulierbar: die steigende Flanke der Oszillatorfrequenz am Ausgang muss zeitgleich zur fallenden Flanke der Oszillatorfrequenz am Eingang der Kette sein. Damit ist eine Phasenregelung zwingend notwendig. Diese Phasenregelung wird mit einer Phase-Locked-Loop (PLL) Schaltung zur Verfügung gestellt. Eine solche Zeitkette wird auch *Digital Delay Line DLL* [4.28, 4.29] genannt, da diese quasi die zeitlich mit einer PLL synchronisierte Taktphase T(s) pro Kettenglied zeitlich konstant verzögert. Solche eine Detektionsstrecke (Entfernungsmassstab) mit ihren durch die DLL festgelegten Teilstrecken (Wegquanten) nennt sich in der Fachwelt „range-gate". Durch Änderung der Oszillatorfrequenz der PLL kann die Detektionsstrecke geändert werden. Natürlich werden die Teilstrecken dabei ebenso linear geändert. Dieses Verfahren lässt es zu, dass eine Anlage mit mehreren range-gates eingestellt werden kann. So ist beispielsweise im Schiffverkehr ein Radargerät anwendbar zwischen 50 sm Distanz (sm = Seemeile, 1 sm = 1.857 km) und 0.5 sm Distanz mit etwa 8 Entfernungsmassstäben (range-gates), welche vom Skipper entsprechend der jeweiligen Anforderung eingestellt werden können. Beim Umschalten auf ein anderes range-gate muss ein wenig gewartet werden, bis die PLL wieder ihren eingeschwungenen Zustand erreicht hat. Bei modernen Geräten, die eine digitale PLL, ähnlich der in diesem Kapitel vorgestellten PLL besitzen, liegt die Wartezeit im mittleren msec Bereich. Die Durchlaufzeiten T1 und T2 eines jeden Glieds der beiden DLLs betragen somit:

$$T1 = \frac{T}{n}$$

$$T2 = \frac{T}{n+1}$$

Formel 4.3.2

Die Systemgleichung für diese Zeitmesseinrichtung lautet:

$$T(s) = k \cdot T1 + l \cdot T2$$

Formel 4.3.3

Die Formel 4.3.3 zeigt die Grundgleichung der DLL. Damit ist die Messung aber noch nicht möglich, denn zuerst muss die EMW weggeschickt werden. Da der Oszillator stets eine gewisse Zeit zum Einschwingen benötigt, kann er nicht zeitgleich mit dem Absenden der EMW gestartet werden, sondern läuft kontinuierlich durch. Das heißt, der Startzeitpunkt t_T (der Index T steht für Transmitter) der EMW muss mit dem Oszillator synchronisiert und mit einer DLL gespeichert werden. Das empfangene Signal wird genauso behandelt. Die ein-

4.3 Zeit-Digital-Wandler (Time to Digital Converter)

gehende Welle wird detektiert, indem ein Schmitttrigger das Steuersignal dazu erzeugt. Die dazu gehörige Position t_R (der Index R steht für receiver) der Taktwelle innerhalb der DLL wird daraufhin ebenfalls festgehalten. Das Gleichungssystem zeigt uns wie die Messung ausgewertet wird:

$$t_T = 1 \cdot T1 + l \cdot T2$$
$$t_R = k \cdot T1 + l \cdot T1$$

k: COURSE Parameter (course (engl.): grob)
l: FINE Parameter (fine (engl.): fein)

$$t_R - t_T = (k-1) \cdot T1 + l \cdot (T1 - T2) = (k-1) \cdot T1 + l \cdot \Delta T$$

Formel 4.3.4

In Formel 4.3.4 fällt für den Sendeteil der Zeiterfassung auf, dass der Kettenteil mit Zeitquant T1 nur ein Kettenglied besitzt, während die Teilkette für die Empfangseinrichtung beide Glieder voll besetzt hat. Da solche DLL-Messeinrichtungen nur auf einem anwenderspezifischen Schaltkreis, einem ASIC, untergebracht werden können (Genauigkeitsgründe), sind auf Grund parasitärer Störeffekte trotzdem beide Ketten mit jeweils voller Teilkettenlänge aufzubauen. Die sendeseitige Kette hat eben für k nur den Ausgang des ersten Kettenglieds fest verdrahtet zur Verfügung.

Die Teilbaugruppen der DLL

I Der Ringoszillator und der spannungsgesteuerte Ringoszillator (VCO)

Die Abb. 4.3.1 zeigt das Schaltbild eines Ringoszillators. Dieser Ringoszillator schwingt mit einer Frequenz von etwa 12 MHz. Über die aus Kapitel 2 bekannten Gleichungen des MOS-Transistors kann die Oszillatorfrequenz in etwa ermittelt werden. Das „in etwa" muss deshalb hier stehen, weil die parasitären Effekte rechentechnisch nicht oder nur unzureichend erfassbar sind.

$$t_d = \frac{C_n}{k} \cdot \left(\frac{\frac{8}{6 \cdot VDDA} \cdot \frac{VDDA + 2 \cdot V_{th}}{3 \cdot VDDA - 4 \cdot V_{th}} + \frac{1}{VDDA - V_{th}}}{\left(\frac{2 \cdot V_{th}}{VDDA - V_{th}} + \ln\left(\frac{3 \cdot VDDA - 4 \cdot V_{th}}{VDDA}\right) \right)} \right)$$

Formel 4.3.5

In Formel 4.3.5 bezeichnet das k die Leitfähigkeit der CMOS-Transistoren, welche in dieser Schaltung so gewählt sein sollte, dass beide Transistoren dieselbe Leitfähigkeit k besitzen. C_n bezeichnet die an jedem Inverter hängende Lastkapazität. Ermittelt wurde diese Gleichung aus den MOS-Teilgleichungen für das Trioden- und das Sättigungsgebiet sowie den für einen solchen Inverter angenommenen Schaltpunkten für Ausgangs-LOW- bzw. HIGH-Zustand. Damit lässt sich der Ersatzwiderstand der Inverterstufe näherungsweise angeben (cfp. Kapitel 2.3.1 und 2.6.1). Da jedoch eine Phasenregelung notwendig ist und diese Regelung die Durchlaufzeit einer Oszillatorhalbphase durch jeweils eine DLL nachzuregeln hat, ist dieser Oszillator in einen spannungsgesteuerten Oszillator (VCO Voltage-Controlled-Oscillator) [1.19, 4.33] umzusetzen. Folgend dem MOS-Transistor als spannungsgesteuerte Stromquelle kann somit das Zeitverhalten RC_n der Oszillatorstufen spannungsmäßig eingestellt werden.

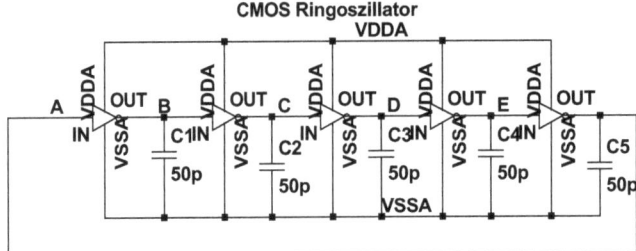

Abb. 4.3.1   Ringoszillator

Die Abb. 4.3.2 zeigt den Entwurf eines solchen Oszillators. Damit die Welle stets gut durchgesteuert wird, sind die Invertertransistoren direkt an VDDA angeschlossen, während die Spannungssteuerung mit dem mittleren Transistor erfolgt. Dieser hat in aller Regel eine auf Grund des backbias Effekts höhere Spannung, aber das ist akzeptabel.

Die simulierten Werte zeigen folgendes Frequenzverhalten des VCO:

Tabelle 4.5   VCO, Frequenzverhalten

Steuerspannung [V]	Frequenz [MHz]
4.0	1.8
3.5	3.8
3.0	5.5
2.5	7.2
2.0	8.5
1.5	9.5
1.0	10.2
0.5	10.75
0	11.0

Damit beträgt der Verstärkungsfaktor im Bereich zwischen 1 V und 4 V des VCO: KVCO = 2.8 MHz/V

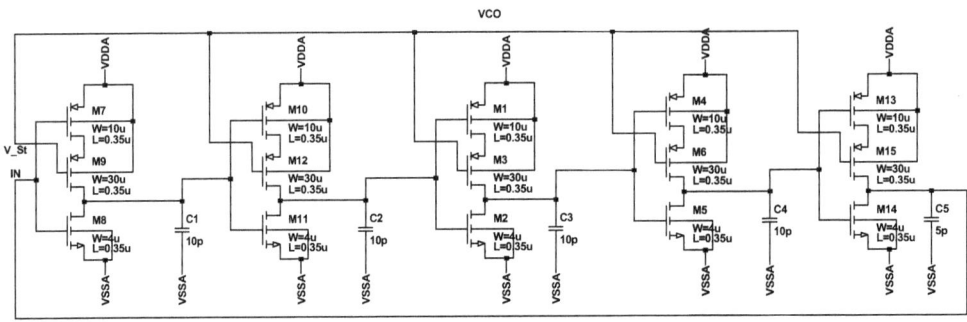

Abb. 4.3.2   Spannungsgesteuerter Oszillator – VCO

4.3 Zeit-Digital-Wandler (Time to Digital Converter)

II Die PLL

Eine PLL, phase-locked-loop (Phasen gekoppelte Schleife oder Phasenregelkreis), [1.19, 4.34] ist ein Phasenregelkreis bestehend aus Phasendetektor (PD), Stromquelle (IQ), Schleifenfilter (SF), VCO und in der Rückführung einem Frequenzteiler (FT). Die Aufgabe einer PLL ist die Kopplung eines ankommenden Signals, meist ist dies ein Oszillatorsignal, bezüglich seiner Phase. Damit wird eine Phasengleichheit des internen Takts auf einen externen Takt erreicht. Notwendig ist, dass der interne Oszillator in genügend weitem Frequenzbereich einstellbar ist, was in aller Regel durch einen spannungsgesteuerten Oszillator (eng. Voltage-controlled-oscillator VCO) erreicht wird. Dieses Einstellen des Oszillators übernimmt die PLL so, dass der interne Oszillator solange von der PLL nachgestellt wird, bis er phasensynchron zum externen Taktsignal arbeitet. Die Frequenzmitte des VCO bestimmt den Regelbereich der PLL als auch die zu erreichende Frequenz. Mathematisch werden die Baugruppen bis hin zur Übertragungsfunktion der PLL regeltechnisch bestimmt, wie Formel 4.3.6 zeigt. Das Verhalten wird auf mathematischer Abstraktionsebene mit dem MATLAB-/SIMULINK-Modell „pll_wt.m" ermittelt. Das zugehörige Simulationsergebnis zeigt Abb. 4.3.3. Wenn diese Werte der gewünschten PLL-Charakteristik entsprechen, dann kann das PLL-Modell in SIMULINK aufgebaut werden (siehe Abb. 4.3.5). Das SIMULINK-Modell zeigt das Einschwingen der Regelspannung und der PLL-Frequenz. Auf Grund der simulierten PLL-Werte wird die Arbeitsfrequenz der PLL (Referenztakt) mit 6 MHz festgelegt und die PLL-Frequenz um Faktor 4 auf 24 MHz angehoben.

Phasendetektor
$$U_{PD}(s) = k_{PD} \cdot (\varphi_1(s) - \varphi_2(s))$$

Stromquelle
$$I(t) = I_0 \cdot \text{sgn}(U_{PD})$$

Schleifenfilter
$$V_{cntrl}(s) = I(t) \cdot \frac{1+\alpha \cdot s}{\beta \cdot s + \gamma \cdot s^2} = I(t) \cdot \frac{1+\tau_1 \cdot s}{\tau_2 \cdot s + \tau_3^2 \cdot s^2}$$

$$F(s) = \frac{1+\tau_1 \cdot s}{\tau_2 \cdot s + \tau_3^2 \cdot s^2}$$

VCO
$$V(VCO) = \frac{k_0}{s} = \frac{\varphi_2(s)}{V_{cntrl}(s)}$$

ÜTF Phasendetektor
$$H_{PD}(s) = \frac{k_0 \cdot k_{PD} \cdot F(s)}{s + k_0 \cdot k_{PD} \cdot F(s)}$$

Regelabweichung
$$\varphi_3 = \varphi_1 + \varphi_2$$

$$\frac{\varphi_3}{\varphi_1} = \frac{s}{s + k_0 \cdot k_{PD} \cdot F(s)}$$

Zeitkonstanten
$$\tau_1 = R_2 \cdot C_2 \quad \tau_2 = C_1 \cdot C_2 \cdot R_2^2 \quad \tau_3 = (C_1 + C_2) \cdot R_2$$

Formel 4.3.6

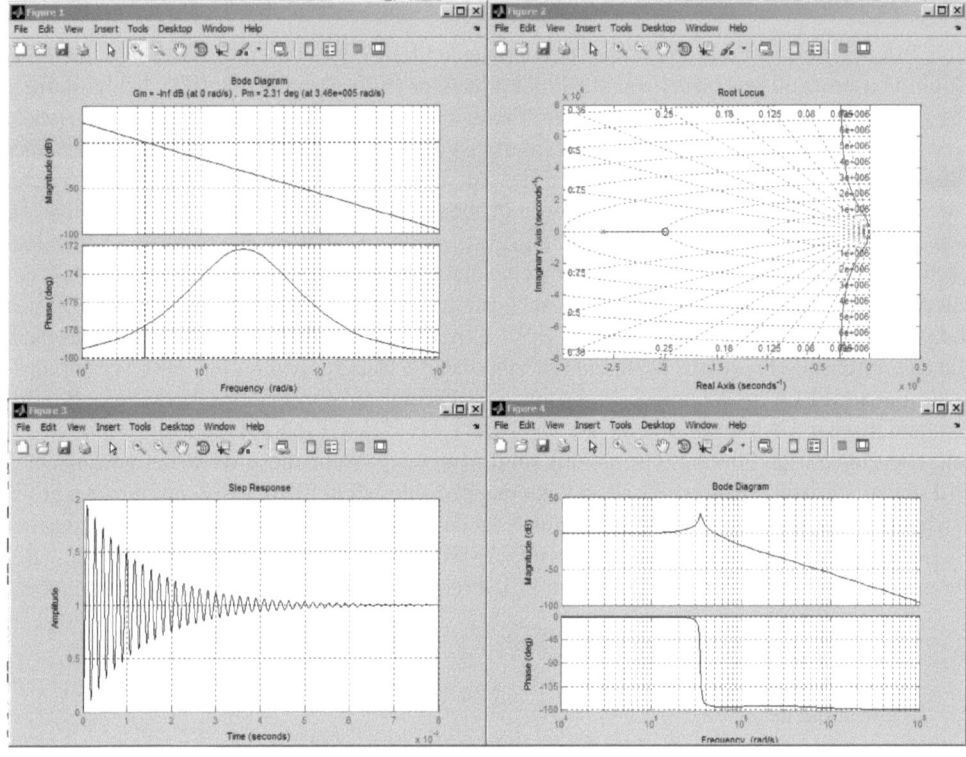

Abb. 4.3.3   PLL MATLAB-Systemberechnung, Ergebnisse

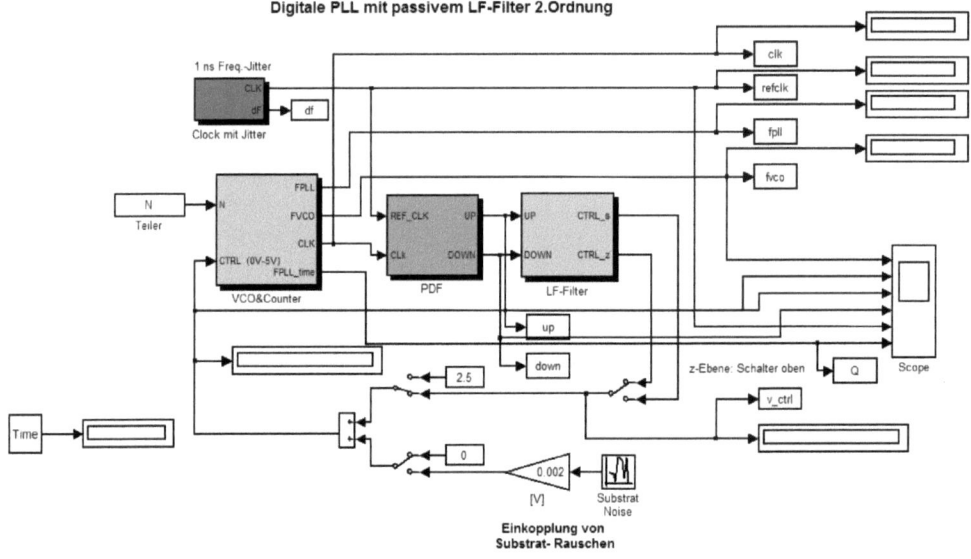

Abb. 4.3.4   PLL MATLAB-/SIMULINK-Modell

4.3 Zeit-Digital-Wandler (Time to Digital Converter)

Die Ergebnisse der damit durchgeführten Simulation zeigt Abb. 4.3.5. Diese Ergebnisse entsprechen den Erwartungen, sodass mit diesem MATLAB-/SIMULINK-Modell die Simulation bezüglich Einschwingverhalten, Jitter-Verhalten und auch der Rauschempfindlichkeit durchgeführt werden kann. Die analogen Baugruppen VCO und Schleifenfilter werden nach erfolgreicher Simulation gemäß den Vorgaben der MATLAB-Ergebnisse mit einem Netzwerksimulator (beispielsweise mit LTspice) geprüft bzw. im Labor aufgebaut. Den Aufbau des Schleifenfilters zeigt Abb. 4.3.6 und das zugehörige Frequenzverhalten zeigt Abb. 4.3.7.

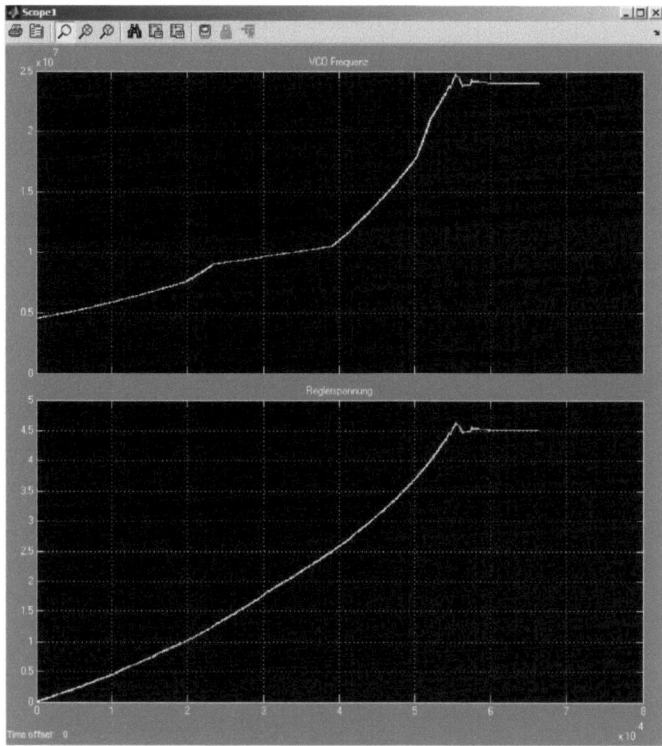

Abb. 4.3.5   Einschwingverhalten der PLL

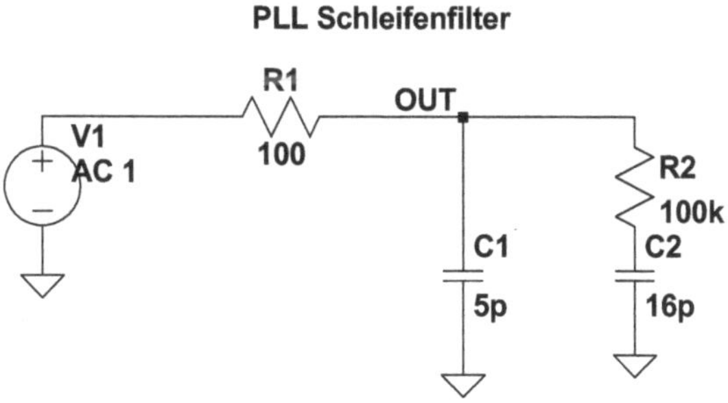

Abb. 4.3.6   PLL-Schleifenfilter

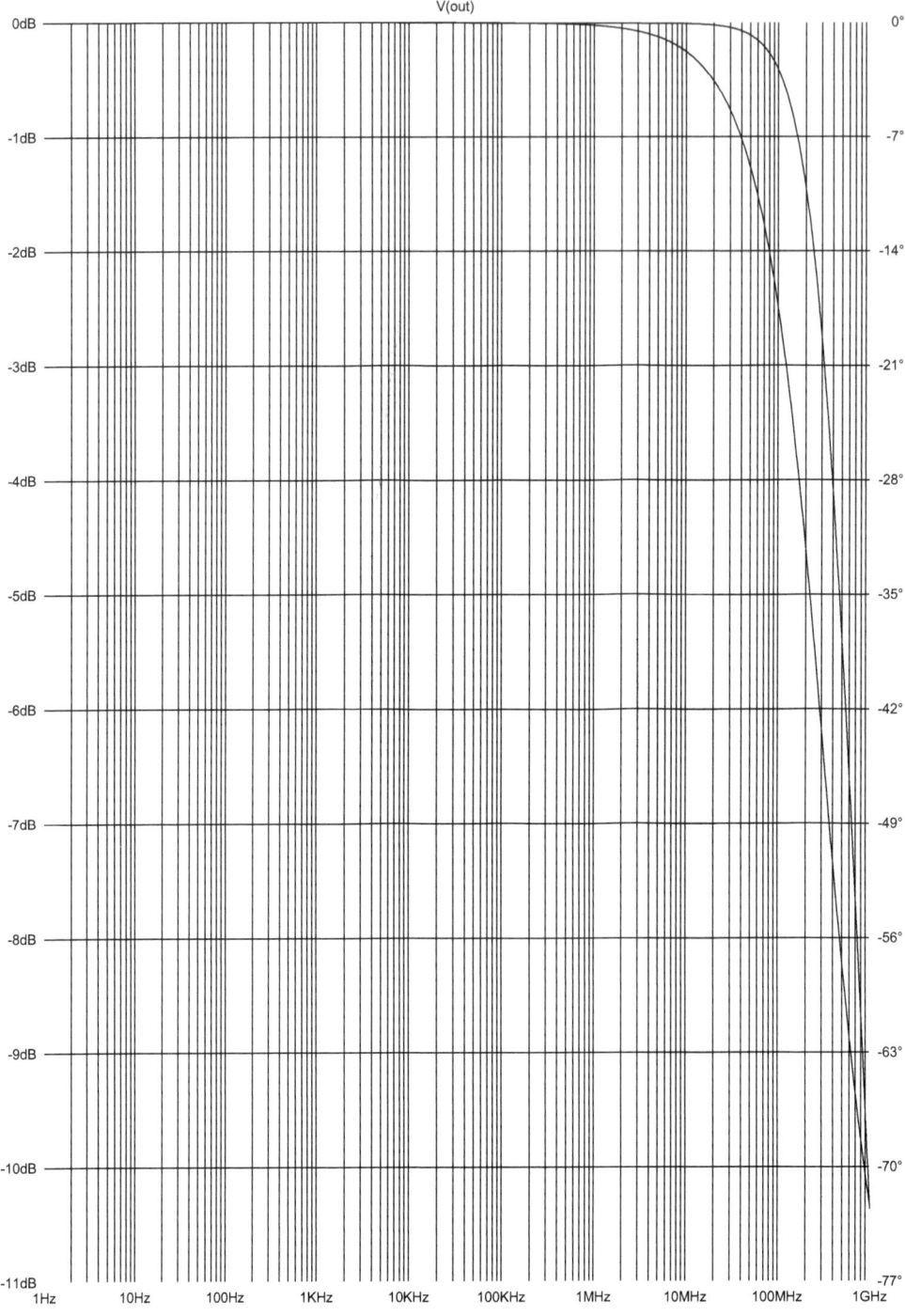

Abb. 4.3.7 PLL-Schleifenfilter, Frequenzverhalten

Damit ist die PLL entwickelt. Alle anderen Teile sind digitale Standard-Baugruppen.

4.3 Zeit-Digital-Wandler (Time to Digital Converter)

Die DLL

Das Ziel für die DLL ist mit dieser PLL erreichbar. Die Pulsdauer beträgt T/2 bezüglich der Periodenzeit für 6 MHz von T = 167 nsec. Das ist für die oben genannte Vorgabe einer Entfernung bis zu 55 m etwa das Doppelte zu kurz. Das Herunterskalieren der Frequenz stellt kein Problem dar, lediglich sind die frequenzbestimmenden Kondensatoren etwa um den doppelten Wert zu vergrößern. Anders geartet ist der Fall mit einer Frequenzkorrektur nach oben. Die maximal erreichbare Frequenz liegt mit dem Datensatz, der den Simulationen CMOS dieses Buches zu Grunde liegt bei maximal 15 MHz. Ein moderner CMOS-Prozess hat, wie oben bereits erwähnt, Flankensteilheiten digitaler Gatter von etwa 0.5 nsec. Damit ist ein maximales Takt-Teilverhältnis bis hinunter nach 2.5 nsec HIGH Bereichsdauer der zugehörigen Periode technisch erreichbar. Damit beträgt die Anzahl der Glieder der DLL laut Formel 4.3.2 maximal 33. Die Anzahl der Glieder der kürzeren Kette beträgt 32. Die Quantenzeiten der beiden DLL-Ketten sind dann:

$T1 = 2.525$ nsec

$T2 = 2.604$ nsec

Die somit messbare Zeitauflösung beträgt dann

$T2 - T1 = 78.9$ psec

Dieses Zeitauflösung entspricht einem Flugweg von

$\Delta = 23.67$ cm

Die Hälfte dieses Flugwegs entspricht der erreichbaren Messgenauigkeit. Abstandsmessungen mit Radarwellen beispielsweise besitzen sogenannte *range-gates* (Entfernungsbereiche). Die Länge der DLL, damit ist die Anzahl der DLL-Flip-Flops gemeint, bestimmt den nutzbaren Entfernungsbereich. Diese Entfernungsbereiche werden mit Hilfe von Frequenzteilern erreicht, so dass die DLL nicht direkt mit der Oszillatorfrequenz, sondern mit einer bezüglich dieses Entfernungsbereichs herunterskalierten Frequenz arbeitet. In jedem Fall muss das empfangene Signal innerhalb der Durchlaufzeit der DLL liegen, sonst ist eine Messung nicht durchführbar. Damit ist die zeitliche Organisation dieser range-gates festgelegt. Niederfrequente Oszillatoren, beispielsweise Ultraschallsender in Kraftfahrzeugparkassistenten nutzen das gleiche Prinzip. Die DLL arbeitet auch mit niederfrequenteren Signalen einwandfrei. Damit sind hochpräzise Zeitmessungen mit einem zwar modernen aber dennoch „normalen" CMOS-Prozess messbar. Abb. 4.3.8 zeigt den prinzipiellen Aufbau einer DLL in LTspice. Darin wird die Übersichtlichkeit mit Hilfe einer Busverdrahtung deutlich erhöht. Die Regelung, welche aus der PLL mit dem Schleifenfilter besteht, muss bei jeder der Teilketten *DLL-32 stufig* und *DLL-33 stufig* zwischen dem Ausgang COURSE[31] bzw. FINE[32] und dem Ketteneingang *IN* noch eingebaut werden.

Das Modell einer DLL kann in MATLAB/SIMULINK mit Hilfe von gesteuerten Verzögerungsgliedern simuliert werden. Dabei ist zu beachten, dass diese Simulation lediglich das Entwurfprinzip verifiziert. Die tatsächlichen Werte weichen in diesem Fall stark von den MATLAB-/SIMULINK-Werten ab. Das kann zwar mit Hilfe der Modell-Parameter eingeeicht werden, jedoch ist diese Mühe nicht notwendig.

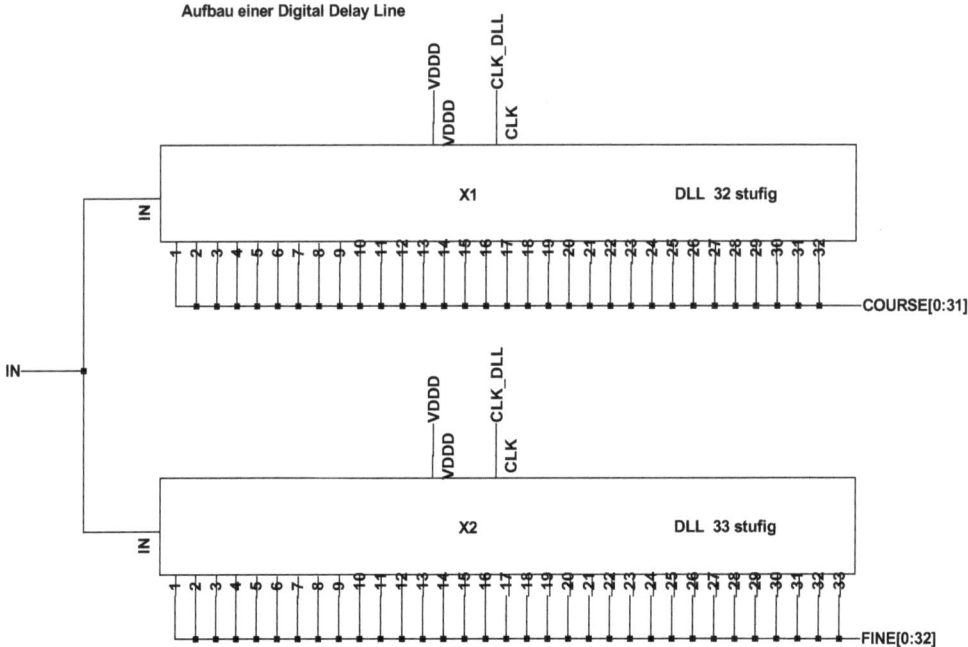

Abb. 4.3.8   Prinzipieller Aufbau einer Sende-DLL in LTspice (Die Empfangs-DLL besitzt beidseits 32-Kettenglieder)

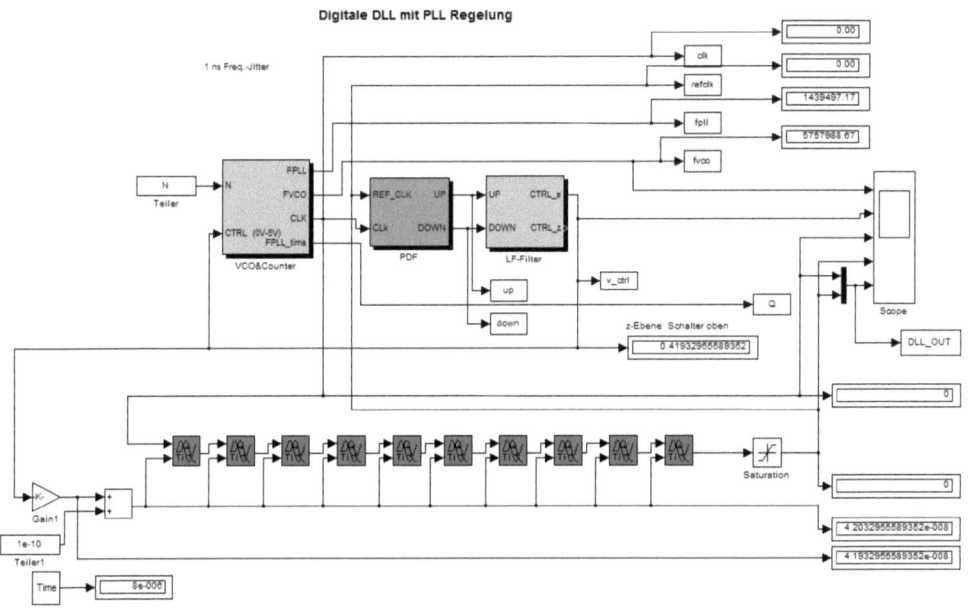

Abb. 4.3.9   DLL mit PLL-Regelung, MATLAB-/SIMULINK-Modell

4.3 Zeit-Digital-Wandler (Time to Digital Converter)

Die Abb. 4.3.9 zeigt das MATLAB-/SIMULINK-Modell als Prinzipentwurf. Im simulierten Fall liegt die VCO-Frequenz bei 6.6 MHz und die heruntergeteilte Frequenz bei 1.5 MHz. Für den berechneten Entwurf ist damit die Frequenz um den Faktor 4 zu klein. Der Grund liegt in der Anzahl der DLL-Kettenglieder. Im Modell sind das nur 10 Glieder, während es für den Entwurf 33 Glieder sein müssen.

Layoutproblem

Das Layout der DLL ist kritisch, denn die fortschreitende Welle erzeugt an jedem Gatter eine Störung durch Taktdurchgriff. Damit ist zwar diese Störung periodisch, jedoch kann der Störimpuls Ladungen in das Schleifenfilter injizieren. Daher ist es dringend notwendig, das Schleifenfilter sehr gut abzuschirmen, beispielsweise durch einen breiten Schutzring (guardring structure) und wenn möglich sind die Filterkapazitäten in eine eigene Wanne zu legen. Die Wanne selber muss sehr gut und völlig isoliert von anderen Leitungen an einen eigenen Massenknoten angehangen werden, Dann ist die DLL bestmöglich vor eigen-produzierten Störungen geschützt.

Aus den Abb. 4.3.11 und Abb. 4.3.12 ist die erfolgreiche Regelung sehr gut zu sehen. Man erkennt, dass die einkommende Flanke des Taktes mit der ausgehenden Flanke des Taktes übereinstimmt. Im eingeregelten Zustand ist gewährleistet, dass über beiden DLL-Ketten die gleiche Takt-HIGH-Zeit anliegt und damit kann jede Stufe mit ihrer Verzögerung exakt angegeben werden.

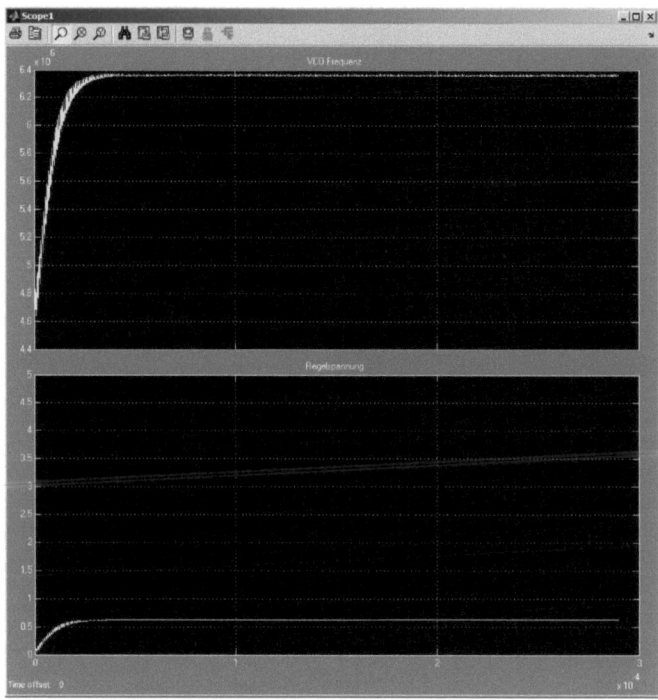

Abb. 4.3.10 DLL mit PLL-Regelung, MATLAB-/SIMULINK-Modell, Simulationsergebnis VCO-Frequenz und Steuerspannung

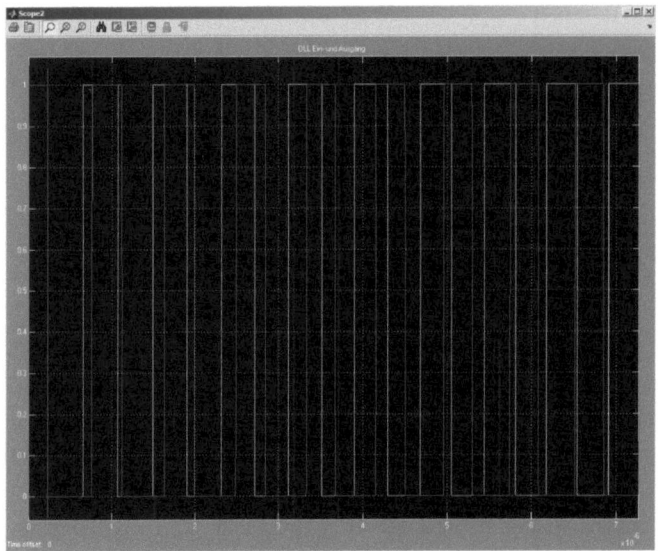

Abb. 4.3.11 DLL mit PLL-Regelung, MATLAB-/SIMULINK-Modell, Simulationsergebnis Regelung DLL-Kette bei Simulationsbeginn

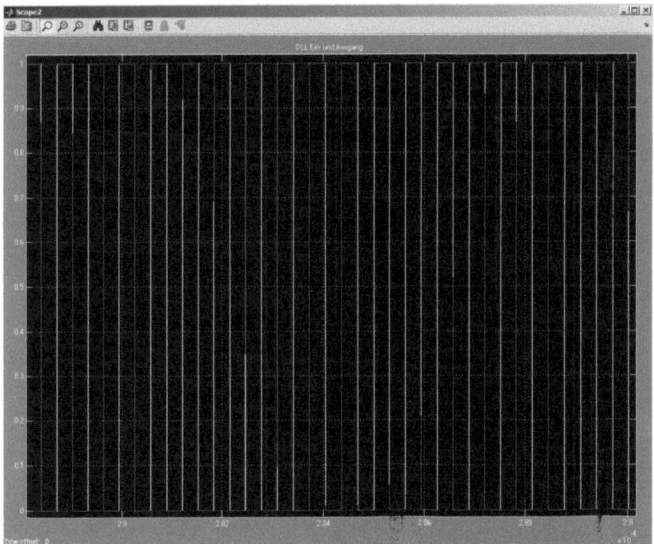

Abb. 4.3.12 DLL mit PLL-Regelung, MATLAB-/SIMULINK-Modell, Simulationsergebnis Regelung DLL-Kette im eingeregelten Zustand

Betriebsablauf einer DLL

Es wird vom eingeregelten Zustand der DLL-Ketten ausgegangen. Der Takt der DLL läuft kontinuierlich. Es sind zwei dieser DLL notwendig:

SENDE-DLL
EMPFANG-DLL

Die SENDE-DLL besitzt, wie in Formel 4.3.4 gefordert an ihrer COURSE-Kette nur einen Ausgang (COURSE[1]).

4.3 Zeit-Digital-Wandler (Time to Digital Converter)

Sendetrigger Dieser wird von der Systemsteuerung abgeschickt und an die HF-Sendediode gesandt. Nach der Sendediode befindet sich ein Komparator, der daraus einen digitalen Triggerimpuls macht. Eine Kette von ODER Gattern an jedem Ausgang der SENDE-DLL wird mit diesem Triggerimpuls belegt. Damit ist der „Abflug"-Zeitpunkt der Welle bekannt gemacht. Die Welle besteht aus wenigen Wellenzügen.

Empfangtrigger Bei Ankunft der Welle wird wiederum an der Empfangsdiode ein Triggerimpuls erzeugt, der der EMPFANG-DLL ODER-Gattern zugeführt wird. Es wird an der COURSE-DLL und an der FINE-DLL die Position festgestellt, an welcher sich der HIGH-Pegel gerade eben befindet. (Erinnerung: der HIGH-Pegel wird taktgesteuert von einem zum folgenden Kettenglied weitergegeben und bestimmt so die beiden Auswerteparameter k und l. Damit ist die Flugzeit gemessen und die Hälfte der Flugzeit bestimmt den Abstand. Tabellarisch kann dieser Betriebsablauf besser verständlich dargelegt werden:

Tabelle 4.6   DLL Auswertungsbeispiel

l	k	T [nsec]	t_T [nsec]	t_R [nsec]	Gemessener Weg [m]
1	0	100	100.0947		15.01
2	0		100.1894		15.03
32	0		103.0303		15.45
1	1		100.0947	3.125	15.48
2	1		100.1894	3.125	15.50
23	1		103.0303	3.125	15.92
1	2		100.0947	6.25	15.95
2	2		100.1894	6.25	16.00
32	2		103.0303	6.25	16.39

Das Problem der Abtastung

Das Messsystem der DLL arbeitet abgetastet. Damit kann keine Unterscheidung getroffen werden, ob das gemessene Objekt innerhalb des Entfernungsmassstabs oder ganzzahligen Vielfachen davon liegt. Damit ist eine entscheidende Messunsicherheit vorhanden, welche beseitigt werden muss. Schauen wir auf einen Pulszug mit einer Breite αT innerhalb der Periodenzeit T. Ist α gleich 50%, dann liegt folgendes Amplitudenspektrum vor:

$$S(Puls) = \frac{4}{\pi} \cdot \sin(\omega_1 \cdot t) + \frac{1}{3} \cdot \sin(3 \cdot \omega_1 \cdot t) + \frac{1}{5} \cdot \sin(5 \cdot \omega_1 \cdot t) + ...$$

Formel 4.3.7

Ist α beliebig, so ergibt sich dieses Spektrum:

$$S(Puls) = \alpha + \frac{2}{\pi} \cdot \sin(\alpha \cdot \pi) \cdot \cos(\omega_1 \cdot t) + \frac{1}{2} \cdot \sin(2 \cdot \alpha \cdot \pi) \cdot \cos(2 \cdot \omega_1 \cdot t) + \frac{1}{3} \cdot \sin(3 \cdot \alpha \cdot \pi) \cdot \cos(3 \cdot \omega_1 \cdot t) + ...$$

Formel 4.3.8

Dieser Puls moduliert die Trägerfrequenz. Diese Modulation kann folgendermaßen formuliert werden:

$$S_C(t) = S \cdot e^{j \cdot \Phi \cdot t} = s \cdot e^{j \cdot (\Omega_0 \cdot t) + \int_{t=0}^{T} \Delta\omega(t) dt}$$

Für eine Rechteckmodulation gilt:

$$S(t) = S_0 \cdot \sum_{n=0}^{\infty} \frac{\frac{\Delta\omega}{\omega_n} \cdot \frac{\pi}{2} \cdot \sin(\eta - n)}{\frac{\pi}{2} \cdot (\eta^2 - n^2)} \cdot \cos(\Omega_0 - n \cdot \omega)$$

Formel 4.3.9

Mit der Rechteckmodulation wird auch deutlich, dass diese stets konstant bleiben muss, denn sonst wird das Spektrum unregelmäßig moduliert. Aber die Formel 4.3.9 sagt nichts aus über einen zeitlichen Offset! Damit kann ein zeitlicher Offset so eingebaut werden, dass er primzahlmäßig dargestellt wird und die Welle von Periode zu Periode oder Periodengruppen über Primzahlen gesteuert bezüglich eines Zeitnullpunktes zu unterschiedlichen Zeiten abgesandt wird. Dieses nennt man Fern-Echo-Unterdrückung. Ein Objekt innerhalb des Entfernungsmassstabs bleibt so an Ort und Stelle, Objekte in ganzzahligen Vielfachen davon werden „hüpfen". Das heißt, ihre gemessene Entfernung wird von Primzahl zu Primzahl unterschiedlich sein. Damit ist ein Hindernis stets sicher zu erkennen, auch wenn das System abgetastet arbeitet.

4.3.2 Spannung/Strom – Frequenz-Wandler (Voltage to Frequency Converter VFC)

Aufbauend auf dem VCO sowie der PLL, besprochen in Kapitel 4.3.1, wird bei einem VFC die Spannung des VCO's als frequenzmodulierender Eingang gewählt [4.35, 4.37]. Die Anordnung ist abhängig von der Reaktionszeit der PLL. So kann ein niederfrequentes Signal im Spannungs- oder Strombereich eine kontinuierliche Änderung des hochfrequenten VCO so darstellen, dass innerhalb einer gewissen, aber stets konstanten Zeitspanne die Anzahl der hochfrequenten Pulse gezählt werden kann. Diese Zahl steht dann stellvertretend für die Signalspannung. Dieses Verfahren ist aufbaumäßig sehr einfach und von der Genauigkeit nur abhängig vom VCO-Verstärkungskoeffizient KVCO[V/Hz]. Im Grunde ist dieser Wandler ein Frequenzmodulator ohne Trägerfrequenz. Ein Sensorsignal kann hochohmig erfasst und sofort in eine hohe Frequenz umgesetzt und so übertragen werden. Die Abb. 4.3.13 zeigt das MATLAB-/SIMULINK-Modell solch eines Wandlers, Abb. 4.3.14 die daraus abgeleitete LTspice-Umgebung. Dabei wird am VCO-Kern möglichst unbelastet mit Hilfe eines kleinen Inverters, dem ein Treiber-Inverter folgt das Ausgangssignal an den folgenden Digitalteil übergeben. Der frequenzmodulierte HF-Bereich beträgt in diesem Fall etwa 3.5 MHz bis 9.5 MHz. Die Zeit, um ein Signal der HF-Bandbreite von Δf mit n-Bit Wortbreite zu übertragen und auch ein Beispiel mit 16 Bit digitaler Wortbreite bei einer HF-Bandbreite von 6 MHz zeigt Formel 4.3.10. Das erzeugte HF-Ausgangssignal VCO wird

4.3 Zeit-Digital-Wandler (Time to Digital Converter)

in ein Digitalteil zur Weiterverarbeitung übergeben. Abb. 4.3.15 zeigt die Spektralanalyse des Ausgangs VCO mit einem Eingangssignal von 1 V Amplitude bei 10 kHz. Dabei ist die FM deutlich zu erkennen und ebenso ist zu erkennen, dass das VCO-Signal korrekt dem Eingangssignal folgt. Aber es ist auf Grund der Formel 4.3.10 auch notwendig, mindestens 11 msec zu warten, bis das Signal mit dieser Genauigkeit auswertbar ist. Schnellere Signalwechsel in Amplitude als auch Frequenz sind zwar möglich und werden von diesem Wandler auch durchgeführt, aber nur mit deutlich reduzierter Genauigkeit. Damit reagiert dieser Wandler dynamisch: schnelle Wechsel werden mit geringer Genauigkeit und lange konstante Signale mit hoher Genauigkeit wiedergegeben. Dieser Wandler ist hervorragend für die Signalverarbeitung von Sensorsignalen aus beispielsweise Beschleunigungssensoren, Drucksensoren oder Temperatursensoren geeignet. Der Vorteil dieses Wandlers, rapide Änderungen sofort zu erkennen und bei langsamen Änderungen stets mit voller Genauigkeit zu folgen wird dabei ideal ausgenutzt.

$$\tau_{VCF} = \frac{2^n}{\Delta f_{HF}}$$

$$\tau_{VCF} = \frac{2^{16}}{6 MHz} = 0.01092267 \text{ sec} \approx 11 \, m\text{sec}$$

Formel 4.3.10

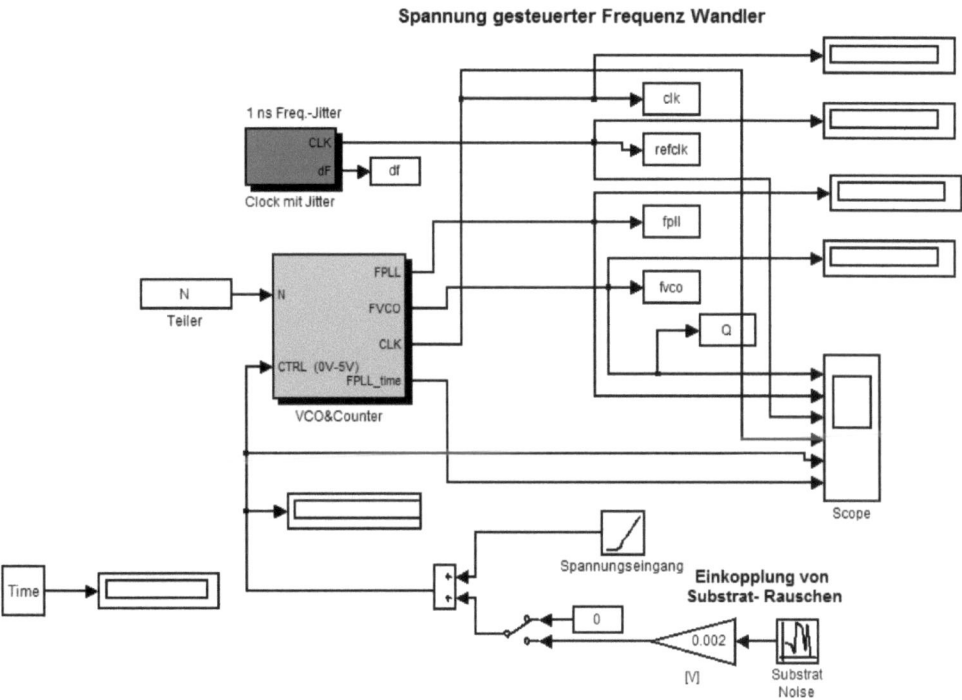

Abb. 4.3.13 VFC-MATLAB-/SIMULINK-Modell

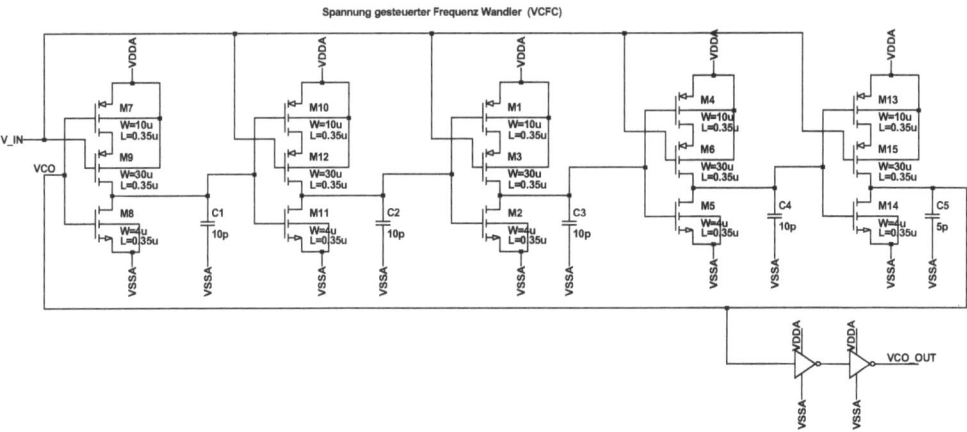

Abb. 4.3.14 Spannungsgesteuerter Frequenzwandler (VCFC)

Die Eingangsspannung verändert den Leitwert des Kaskodetransistors jeder Inverterstufe des Oszillators. Da der Kaskodetransistor ein P-Kanal-Transistor ist, wird demzufolge der Leitwert geringer und folglich die Oszillatorfrequenz niedriger. Die Abb. 4.3.15 zeigt dies für drei verschiedene Eingangsspannungen, welche zu unterschiedlichen Zeiten angelegt werden:

1 V	500 µsec	10.2 MHz
2 V	500 µsec	8.54 MHz
3 V	500 µsec	5.56 MHz

Die Auswertung erfolgt in einem Digitalteil, der hier nicht dargestellt ist. Das Spektrum ist schwerer auszuwerten, da hier die Oberwellen sichtbar sind. Liegt die Eingangsspannung lange genug an (in der Regel einige 100 µsec, dann ist die der Eingangsspannung zugehörige Frequenz sicherlich deutlich oberhalb der Oberwellen zu erkennen.

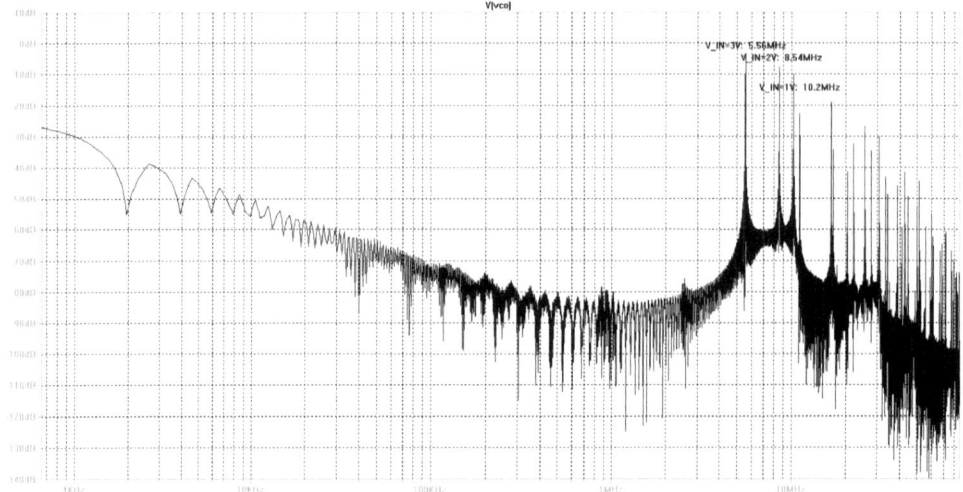

Abb. 4.3.15   VFC LTspice Simulation, FFT, Spannungsamplitude 1V bei 10 kHz

4.4 Verständnisfragen

1. Beschreiben Sie für einen Analog-Digital-Wandler das Zählverfahren. Erklären Sie warum zwei Rampen sinnvoll sind und welche speziellen Eigenschaften dieser Wandlertyp hat.
2. Welche Bedeutung hat die Referenzspannung bei Signalwandlern?
3. Was wird unter einem klassischen Wandlerverfahren verstanden und welche dieser Verfahren können Sie aufzählen?
4. Stellen Sie die mathematische Beschreibung für einen ADC nach dem Zwei-Rampen-Verfahren auf und erstellen Sie ein MATLAB-/SIMULINK-Modell. Simulieren Sie Ihr Modell und erläutern Ihr Ergebnis in Zusammenhang mit Ihrem Gleichungssystem.
5. Was wird unter einem sukzessiv approximativen Prozess verstanden?
6. Beschreiben Sie einen Wandler nach dem SAR-Verfahren und erstellen Sie das zugehörige Gleichungssystem. Beschreiben Sie den Fehler des Systems.
7. Simulieren Sie das Ergebnis der Aufgabe 6 mit Hilfe von MATLAB/SIMULINK. Lässt sich solch ein Wandler auch mit LTspice simulieren? Begründen Sie Ihre Antwort.
8. Welche Bauelemente können für ein SAR-Wandler-Array Anwendung finden? Begründen Sie Ihre Antwort.
9. Welche Grenzen erwarten Sie bei einem SAR-Wandler, wie drücken sich diese Grenzen in Genauigkeit aus und welche Maßnahmen können die Genauigkeit des Wandlungsprozesses steigern?
10. Kann ein SAR-ADC auch als SAR-DAC verwendet werden? Begründen Sie Ihre Antwort.
11. Welche Simulationen sind für die Charakterisierung eines SAR-Wandlers sinnvoll?
12. Was wird unter nicht klassischen Signal-Wandlern verstanden?
13. Erklären Sie die Arbeitsweise des Sigma-Delta-Verfahrens.
14. Aus welchen Gründen empfiehlt sich die Darstellung eines Sigma-Delta-Prozesses mit Hilfe der z-Transformation?
15. Beschreiben Sie einen zeitkontinuierlichen Sigma-Delta-Wandler erster und zweiter Ordnung.
16. Welchen Vorteil bietet ein Sigma-Delta-Wandler zweiter Ordnung und ist es sinnvoll, die Ordnung eines solchen Wandlers weiter zu erhöhen? Begründen Sie Ihre Antworten.
17. Welche Bedeutung kommt dem Rauschen eines Sigma-Delta-Wandlers zu und welches Rauschen wird vorzugsweise zur Darstellung der Übertragungsfunktion angewandt?
18. Leiten Sie die Übertragungsfunktion eines zeitdiskreten Sigma-Delta-ADCs her.
19. Welche Filter sind nach erfolgter Sigma-Delta-Wandlung notwendig? Beschreiben Sie diese Filter.
20. Erstellen Sie die z-Transformierte eines Dezimierfilters und begründen Sie, warum Ihre Lösung mathematisch korrekt ist.
21. Warum wird ein Sigma-Delta-Prozess häufig auf Sigma-Delta-Modulator genannt?
22. Beschreiben Sie die Rauschübertragungsfunktion und was ändert sich an der Rauschübertragung, wenn ein überabgetastetes System vorliegt?
23. Leiten Sie die Bestimmungsgleichung für das Signal-Rauschverhältnis SNR her und erläutern Sie Ihr Vorgehen.
24. Erklären sie, was unter einem forward-Euler und einem backward-Euler-Prozess verstanden wird und zeigen Sie für beide Prozesse die mathematischen Beschreibungen.

25. Welche Besonderheiten treten bei zeitkontinuierlichen Sigma-Delta-Wandlern auf?
26. Erstellen Sie ein MATLAB-/SIMULINK-Modell eines zeitkontinuierlichen einstufigen Sigma-Delta-ADC (Die Signalparameter können Sie frei wählen). Erläutern Sie Ihr Modell und Ihr Simulationsergebnis. Wie können Sie bestimmen, welche Genauigkeit Ihr Wandler erreicht?
27. Warum ändert sich bei einem zeitkontinuierlichen Sigma-Delta-Wandler der Integrator in einen Tiefpass? Stellen Sie die zugehörige Differentialgleichung auf.
28. Berechnen Sie für ein MATLAB-/SIMULINK-Modell eines einstufigen, zeitkontinuierlichen Sigma-Delta-Wandlers die Übertragungsfunktion und erstellen daraus das SIMULINK-Modell. Welche Pole und Nullstellen erhalten Sie und was sagen diese aus?
29. Erweitern Sie das Modell aus Aufgabe 28 in einen zweistufigen Wandler und überführen Sie diesen ebenfalls in SIMULINK. Simulieren Sie Ihren Wandler und zeigen Sie, was sich gegenüber Aufgabe 28 geändert hat.
30. Was besagt das Stabilitätsdreieck?
31. Erstellen und simulieren Sie mit MATLAB/SIMULINK einen Sigma-Delta-ADC, zeitdiskret und einstufig. Erweitern Sie Ihren Entwurf in ein zweistufiges System. Erläutern Sie Ihr Vorgehen, die Komponenten und erklären Sie Ihr Ergebnis.
32. Leiten Sie die Gleichungen für die Pole und Nullstellen eines zeitdiskreten, zweistufigen Sigma-Delta-Wandlers her und stellen Sie Ihr Ergebnis grafisch dar.
33. Was können Sie über das Rauschverhalten eines zeitdiskreten Sigma-Delta-Wandlers sagen? Welche physikalische Begründung können Sie für die Rauschminderung nennen?
34. Erläutern Sie, welche sinnvolle Wahl Sie für die Koeffizienten eines zeitdiskreten Sigma-Delta-Wandlers treffen?
35. Aus welchen Komponenten setzt sich das äquivalente Signal-Quantisier-Verhältnis SQR eines zeitdiskreten Sigma-Delta-Wandlers zusammen?
36. Was wird unter dem Begriff Bitgewinn verstanden?
37. Worin unterscheiden sich die Leistungsspektren eines zweistufigen, zeitdiskreten Sigma-Delta-Wandlers mit ungewichteten und gewichteten Koeffizienten? Skizzieren Sie die Rauschleistungsdichte-Verläufe.
38. Was wird unter einem MASH-Sigma-Delta-Wandler verstanden?
39. Leiten Sie die Überragungsfunktion eines vierstufigen, zeitdiskreten MASH-Sigma-Delta-Wandlers her und erläutern Sie Ihre Rechenschritte. Was können Sie als Besonderheit aus Ihrem Ergebnis erkennen?
40. Überführen Sie Ihr Ergebnis aus Aufgabe 39 in ein MATLAB-/SIMULINK-Modell und simulieren Sie Ihr Ergebnis. Begründen Sie, warum Ihr Wandler stabil arbeitet. Wie breit in BIT ist Ihr digitaler Ausgang? Welche mathematisch binäre Darstellungsform hat Ihr Ergebnis?
41. Überführen Sie Ihre SIMULINK-Modelle der Aufgaben 28 und 29 in eine LTspice-Simulationsumgebung und zeigen Sie, wie Sie Ihre Wandler mit LTspice simulieren können. Wie sinnvoll sind in diesem Fall LTspice-Simulationen und mit welchem Ziel wenden Sie hier Simulationen auf Netzwerkebene an? Welche Simulationsumgebung außer MATLAB/SIMULINK ist für Sigma-Delta-Wandler auch sehr gut geeignet? Begründen sie Ihre Antwort.
42. Wie ist eine digitale Verzögerungsleitung (DDL) aufgebaut?
43. Erklären Sie die Arbeitsweise einer DLL und entwickeln Sie ein Modell zu deren Berechnung.

4.4 Verständnisfragen

44. Was wird unter einem VCO verstanden? Skizzieren Sie einen Entwurf für einen VCO in CMOS-Technologie, bringen Sie Ihren Entwurf in die LTspice-Umgebung, dimensionieren Sie Ihren VCO und zeigen anhand von Simulationen die Funktionsfähigkeit Ihres Entwurfs. Wie groß (in Frequenz) ist der Fangbereich Ihres Entwurfs?
45. Was wird unter einer PLL verstanden, was sind ihre wesentlichen Bauteile und wie arbeitet eine PLL?
46. Stellen Sie Modellgleichungen für die benutzen Baugruppen der PLL aus Aufgabe 45 auf und entwickeln Sie daraus eine MATLAB-/SIMULINK-Simulation. Stellen Sie die Funktion Ihres Entwurfs mit dieser Simulation vor.
47. Was wird unter dem Schleifenfilter einer PLL verstanden und wo in der PLL wird dieses eingesetzt?
48. Sie messen mit einer PLL eine Entfernung aus. Wie kann eine Fehlmessung zustande kommen und was kann man gegen diese Art der Fehlmessung unternehmen?
49. Erklären Sie die Arbeitsweise eines Spannung-/Strom-Frequenz-Wandlers. Zeigen Sie mehrere Anwendungsgebiete für diesen Wandlertyp auf.

5 Analoge Filter

Filter unterteilen sich in viele Untergruppen. Dieses Buch erhebt nicht den Anspruch, Filtertheorie oder Filter in allen Varianten vorzustellen. Dazu sind genügend sehr gute Fachbücher auf dem Markt. In diesem Buch soll das analoge Filter mit Schwerpunkt des aktiven analogen Filters mit Entwurfskriterien und Simulationsunterstützung vorgestellt werden. In den folgenden Kapiteln werden zeitkontinuierliche und zeitdiskrete Filter mit einer sinnvollen Berechnungsmethodik, mit Vorstellung von rechnergestützten Hilfsmitteln wie MATLAB/SIMULINK, LTspice und dem Filter-CAD-Werkzeug aufgebaut.

5.1 Grundüberlegungen, Filterschablonen, mathematische Besonderheiten

Filter lassen sich katalogisieren nach:
- Frequenzbereich, Tiefpass, Hochpass, Bandpass, Bandsperre, Allpaß
- Analoge Filter
- Reaktanz-, mechanische, Quarz-, Oberflächenwellen-, Wellenfilter
- Digitale Filter
- finite impulse response FIR, infinite response Filter IIR, digitale Wellenfilter

In diesem Kapitel werden aus dem Katalog der Filter im Wesentlichen die aktiven Filter behandelt. Von den passive Filterstrukturen werden nur einige wenige, dafür aber wichtige Filter besprochen. Aus dem großen Feld der digitalen Filter wurde im Kapitel 4. bereits der Dezimierfilter besprochen. Der IIR-Filter ist jedoch für Sigma-Delta Wandler interessant und wichtig und daher wird auch diesem digitalen Filter ein Bereich innerhalb des Kapitels eingeräumt.

Was ist schlecht bei passiven Filtern?

Passive Filter sind nur sehr bedingt rückwirkungsfrei. Das heißt, die Stufen passiver Filter sind bei Erweiterungen meist nicht entkoppelt, so dass die Impedanzen bzw. Reaktanzen des Filters sich gegenseitig beeinflussen. Damit sind die berechneten Koeffizienten falsch oder zumindest „ungenau".

Notwendige Verbesserung:

Wir brauchen rückwirkungsfreie Filter. Das wird erreicht, indem der Filter impedanzunabhängig mit einem OPA-Verstärker, das bedeutet aktiv, aufgebaut wird. Daher werden diese Filter auch *aktive Filter* genannt. Die Grundlagen der Theorie der elektrischen Filter wurden schon 1915 von dem Deutschen Karl Willy Wagner und dem Amerikaner George Ashley Campbell entwickelt [5.1–5.3].

Filteranwendungen

- Unterdrückung unerwünschter Frequenzen
- Ausfilterung erwünschter Frequenzen
- Trennung oder Summierung verschiedener Frequenzen
- Impulsformung
- Impedanzanpassung

Die Arbeitsweise von Filtern ist die Energieaufteilung in Durchlassbereich und Sperrbereich. Im Grunde wird ein Teil der Energie im Sperrbereich als Wärme vernichtet. Damit ist eine weitere Aufgabe definiert, nämlich Filter so effizient als möglich aufzubauen, um unerwünschte Verluste zu minimieren.

5.1.1 Klasseneinteilung und Typenzuordnung von Filtern

Es werden drei Klassen von Signal-Filtern unterschieden:

1. Passiver Filter
2. Aktiver Filter zeitkontinuierlich
3. Aktiver Filter zeitdiskret

Passive Filter bestehen aus einer Kombination von Widerstand, Kondensator, Induktivität und sind nicht rückwirkungsfrei.

Aktive Filter verwenden daneben noch einen Verstärker – meist einen Operationsverstärker – zur Verbesserung der Treiberfähigkeit und zur Gewährleistung der Rückwirkungsfreiheit.

Zeitkontinuierliche Filter verwenden analoge Komponenten und besitzen keinen Takt.

Zeitdiskrete Filter verwenden analoge und/oder digitale Komponenten und sind getaktet.

Eine weitere Unterscheidung der Filter ist typbezogen:

Tabelle 5.1 Typenzuordnung von Filtern

Beschreibung	description	Abkürzung
Tiefpass- / Hochpassfilter	low- / highpass	TP (LP) HP
Bandpass / Bandsperre	bandpass / bandstop	BP BS
Allpass	allpass	AP

Die Filtertypen [5.4] geben Auskunft über die Charakteristik des Filters.

Die nächste Sortierebene ist die Ordnung des Filters. Unter Ordnung des Filters versteht man die Anzahl der Filterstufen, welche verantwortlich sind für die Steilheit des Filters. Unter Steilheit versteht man die Dämpfungszunahme im Frequenzband zwischen Durchlass- und Sperrbereich. In aller Regel wird die Steilheit angegeben in dB pro (Frequenz) Dekade. Die letzte Einteilung betrifft die Art, wie der Filter „antwortet". Unter der Filterantwort ist die Übertragungscharakteristik im Frequenzbereich gemeint, welche je nach Ordnung des Gleichungssystem im Amplitudenverlauf des Durchlass- bzw. Sperrbereichs oder in beiden Bereichen als auch nach ihrer Phasen- bzw. Laufzeitcharakteristik führen kann. Diese Filterantworten werden nach den Erstveröffentlichern der zugehörigen Filter benannt:

Amplitudenverlauf: Butterworth, Tschebyscheff, Cauer
Phasenverlauf und Laufzeit: Bessel, Gauß

5.1.2 Filterschablonen

Filter werden grafisch mit ihrer Charakteristik dargestellt, so dass die Filtereigenschaften visualisiert dargestellt dem Benutzer bereits intuitive Hilfestellungen anbieten. So können darin der Bereich der zulässigen Welligkeit im Durchlass- und Sperrbereich, die Breite des Übergangs zwischen Durchlass und Sperrbereich und die zugehörigen Dämpfungsverläufe in einem sehr frühen Entwurfsstadium begutachtet werden. Diese Art der grafischen Darstellung, in welcher der Benutzer seine gewünschten Werte einträgt werden Filterschablonen, siehe Abb. 5.1.1, genannt und werden mit leicht unterschiedlicher Grafik von allen rechnergestützten Filter-Entwurfswerkzeugen zur Verfügung gestellt.

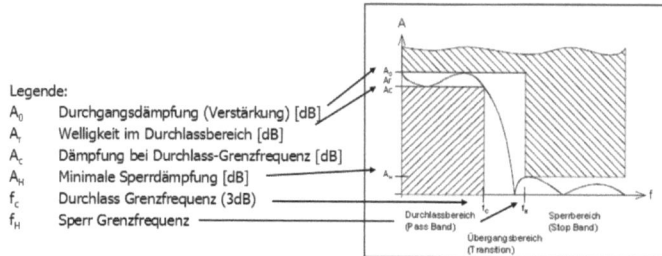

Legende:
A_0 Durchgangsdämpfung (Verstärkung) [dB]
A_r Welligkeit im Durchlassbereich [dB]
A_c Dämpfung bei Durchlass-Grenzfrequenz [dB]
A_H Minimale Sperrdämpfung [dB]
f_c Durchlass Grenzfrequenz (3dB)
f_H Sperr Grenzfrequenz

Abb. 5.1.1   Filterentwurf Schablone

MATLAB hat das fdatool zum Filterentwurf. Die zugehörige Schablone zeigt Abb. 5.1.2, die Filterschablone des Werkzeugs FilterCAD [5.5] zeigt Abb. 5.1.3.

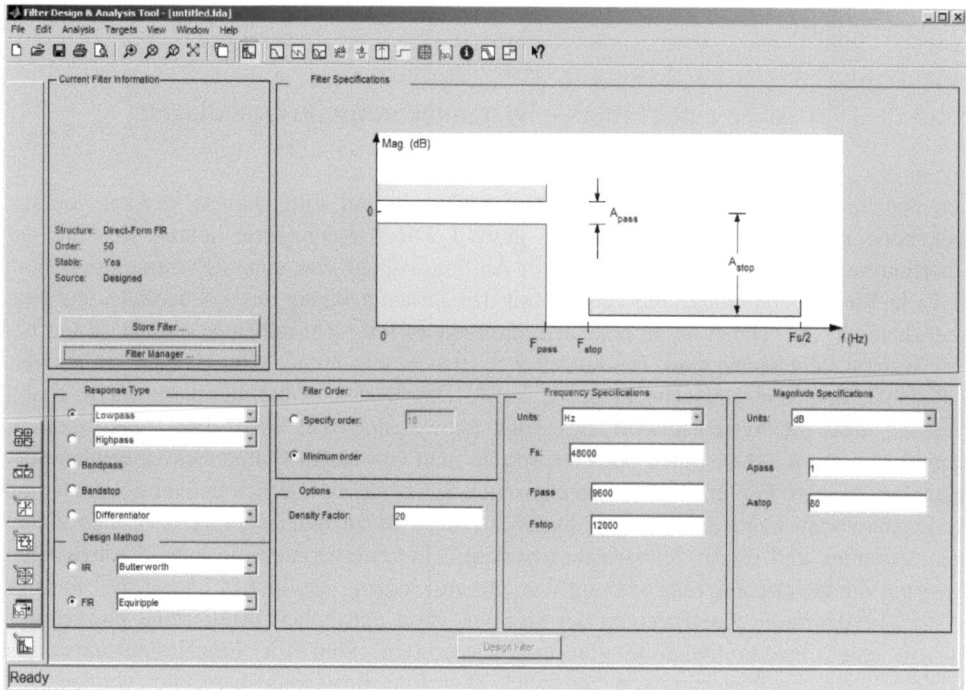

Abb. 5.1.2   MATLAB, fdatool Filterschablone

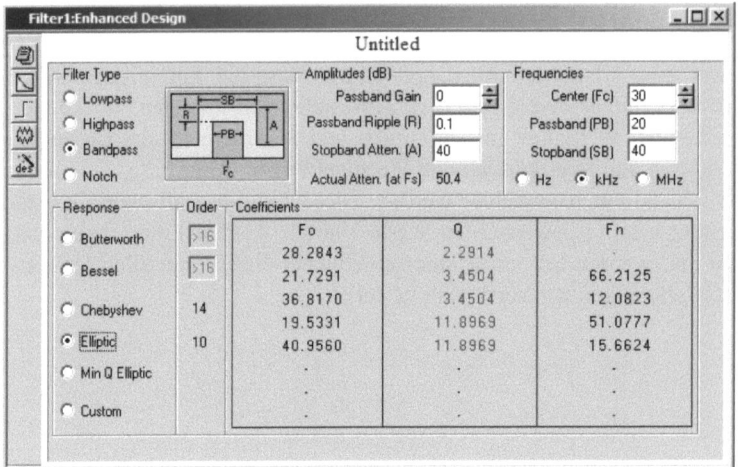

Abb. 5.1.3   FilterCAD Filterschablone

Kennwerte von Filtern

Zusammenfassend wird die Filtercharakterisierung gemäß dieser Reihenfolge durchgeführt:
- Filter-Klasse
- Filter-Typ
- Filterantwort (Amplitudencharakteristik)
- Amplitudenverlauf (Welligkeiten im Durchlassbereich und Sperrbereich)
- Phasenverlauf und Laufzeitcharakteristik
- Filterordnung

5.1.3   Analyse eines Filters – Systemtheoretische Grundlagen und Begriffe

Die mathematischen Hilfsmittel der Filterberechnung und Filteranalyse werden von der Systemtheorie [5.6–5.15] zur Verfügung gestellt. Die Systemtheorie befasst sich mit der Überführung eines Eingangssignals in ein Ausgangssignal von einer Übertragungseinheit, meist in Vierpoldarstellung, und zeigt damit den Zusammenhang des Zeitbereichs und Frequenzbereichs auf. Dabei ist zu beachten, dass wir es mit technischen Systemen zu tun haben, welche stets kausal sind. Ein kausales System besitzt immer eine Ursache in der Vergangenheit und keine Ursache in der Zukunft. Das System sollte stabil reagieren. Stabil bedeutet, dass die Systemantwort zwar eine Schwingung sein kann, diese aber stets gedämpft sein muss. Ist das nicht der Fall, spricht man von einem sich aufschwingenden oder instabilen System. Ferner können in technischen Systemen nur zeitlich endliche Signale und Systemantworten behandelt werden. Darüber hinaus ist zu unterscheiden zwischen einem zeitinvarianten und einem zeitvarianten System. Ein zeitvariantes System produziert am Ausgang die gleiche Zeitverschiebung wie ein am Eingang verzögertes Signal. Ein lineares System besitzt keine Koeffizienten der Ordnung zwei und höher. Damit zeigt ein lineares System eine Linearkombination von Impulsantworten. Sind alle Einzelimpulsantworten bekannt, kann die Systemantwort bezüglich aller Eingangssignale berechnet werden. Ein lineares und zeitlich invariantes System wird LTI (linear time invariant) [5.13–5.15] ge-

5.1 Grundüberlegungen, Filterschablonen, mathematische Besonderheiten

nannt. Bei einem LTI-System ist die Impulsantwort stets zeitlich verschoben bzgl. der Impulsantwort zum Referenzzeitpunkt t_0. Unter Referenzzeitpunkt wird der Zeitpunkt verstanden, welcher bezüglich des Eingangssignals bei Referenzzeit $t = 0$ eines idealen Systems produzieren würde.

Filter können sowohl im Frequenzbereich als auch im Zeitbereich beschrieben werden, jedoch erweist es sich als sinnvoll und auch mehr intuitiv, dass Filter im Wesentlichen im Frequenzbereich dargestellt werden. Die Filterantworten jedoch sind sinnvoller im Zeitbereich zu analysieren. Auch die Simulationstechniken sind in beiden Bereichen sinnvoll. Einerseits wird mit Hilfe von Frequenzanalysen das Frequenzverhalten simuliert, andererseits darf niemals die Simulation im Zeitbereich vergessen werden, da in Realität nur die Zeit das Geschehen bestimmt und eine Simulation auch die Realität abprüfen soll. Im Grunde folgt eine systemtheoretische Beschreibung folgendem Schema:

Zeitfunktion – > *Differentialgleichung* – > *Zeitfunktion*
Spektrum   – > *algebraische Gleichung* – > *Spektrum*

Eine weitere hilfreiche Visualisierung ist die Nutzung eines Zeigerdiagramms. Signale im Zeitbereich werden mit Hilfe der Fourier-Transformation als Kosinus- und komplexe Sinusfunktionen dargestellt. Trägt man in einem othogonalen Koordinatensystem die Kosinusfunktion auf der x-Achse auf, so ist diese Achse die reelle Achse und trägt man die komplexe Sinusfunktion auf der y-Achse auf, so ist diese Achse die komplexe Achse. Somit ist jedem Punkt innerhalb dieses Koordinatensystems zeitlich jeder Filterfunktion eine eindeutige Abbildung der Systemantwort des Filters zugeordnet. Diese Darstellung (siehe Abb. 5.1.4) wird Zeigerdiagramm genannt. Dieses Diagramm zeigt sowohl den momentanen Ort (zeitlich) innerhalb einer Periode als auch den zugehörigen Phasenwinkel, das ist der Winkel zwischen dem Zeiger und der reellen Achse, Phasenwinkel oder auch manchmal kurz Phase genannt.

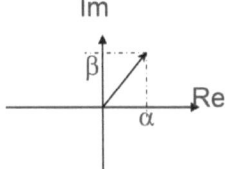

Abb. 5.1.4   Komplexe Zahlenebene, Zeigerdiagramm

Im Frequenzbereich wird vom Spektrum des Signals bzw. der Signalantwort des Filters geredet. Das Spektrum zeigt die Aufteilung der Kosinus- und komplexen Sinusanteile als Koeffizienten derselben. Zu jedem Zeitpunkt ergibt die Summation dieser Anteile die spektrale Antwort des Systems in Amplitude und Phase über der Frequenz. Ein Filter arbeitet im Frequenzbereich selektiv. Damit sein Frequenzverhalten untersucht werden kann, muss dieser Baugruppe ein Testsignal als Stimulus angeboten werden, welches die Eigenschaft besitzt, möglichst viele Frequenzanteile (Breitbandigkeit) mit möglichst gleicher Amplitude zu beinhalten. Die triviale Lösung dieses Problems ist das Durchwobbeln des gewünschten Frequenzbereichs. Unter Wobbeln versteht man die zeitkontinuierliche Änderung der Frequenz eines Signals bei gleichbleibender Amplitude. Dieses Verfahren hat aber den Nachteil, dass keine Frequenz periodisch ist, da sich jede Frequenz zu jedem Zeitpunkt ändert. Der ideale Stimulus für ein Filter kann nur mathematisch gebildet werden. Dazu suchen wir als erstes ein Signal der Auslenkung 1/ε mit folgenden zeitlichen Eigenschaften eines Pulses der zeitlichen Dauer ε, wobei ε gegen Null strebt:

$$x(t) = \begin{cases} 0 & t < 0 \\ \dfrac{1}{\varepsilon} & 0 \leq t < \varepsilon \\ 0 & t > 0 \end{cases}$$

Formel 5.1.1

Dieses so erzeugte Signal hat einen unendlich steilen Anstieg und Abfall. Sein Spektrum bestimmt sich zu:

$$F(s) = \int_{t=0}^{\varepsilon} \frac{1}{\varepsilon} \cdot e^{-st} \, dt = -\frac{1}{\varepsilon \cdot s} \cdot e^{-st} \Big|_0^{\varepsilon} = \frac{1}{\varepsilon \cdot s} \cdot \left(1 - e^{-s\varepsilon}\right)$$

Formel 5.1.2

Die Lösung der beiden Formeln Formel 5.1.1 und Formel 5.1.2 wird formalisiert wie folgt hingeschrieben:

$$x(t) = \begin{cases} 0 & t < 0 \\ \dfrac{1}{\varepsilon} & 0 \leq t < \varepsilon \\ 0 & t > 0 \end{cases} \quad \circ\!\!-\!\!\bullet \quad \frac{1}{\varepsilon \cdot s} \cdot \left(1 - e^{-s\varepsilon}\right)$$

$$\frac{1}{\varepsilon} \cdot \left(\sigma(t) - \sigma(t - \varepsilon)\right) \quad \circ\!\!-\!\!\bullet \quad \frac{1}{\varepsilon \cdot s} \cdot \left(1 - e^{-s\varepsilon}\right)$$

Formel 5.1.3

Lassen wir die Weite des Pulses σ(t) – σ(t-ε) gegen Null gehen, dann folgt (mit Hilfe der Regel von de L'Hospital gerechnet):

$$\lim_{\varepsilon \to 0} \left(\frac{1}{\varepsilon \cdot s} \cdot \left(1 - e^{-s\varepsilon}\right)\right) = \lim_{\varepsilon \to 0} \left(\frac{\dfrac{d\left(1 - e^{-s\varepsilon}\right)}{d\varepsilon}}{\dfrac{d(\varepsilon \cdot s)}{d\varepsilon}}\right) = \lim_{\varepsilon \to 0} \left(\frac{s \cdot e^{-s\varepsilon}}{s}\right) = 1$$

$$\delta(t) \quad \circ\!\!-\!\!\bullet \quad 1$$

Formel 5.1.4

Das Ergebnis aus Formel 5.1.4 heißt Einheitsimpuls, Dirac-Stoß, Pulsfunktion oder δ-Funktion. Die Fläche dieses Impulses ist 1, der Puls selber ist unendlich schmal und besitzt eine unendliche große Auslenkung. Der Dirac-Stoß ist eine Idealfunktion, die technisch nicht realisierbar ist. Interessant daran ist die Systemantwort, welche für den Dirac-Stoß in der Laplace-Ebene 1 ist. Das bedeutet, dass dieser spezielle Stimulus eine Systemantwort im Frequenzbereich beinhaltet, bei der alle Frequenzen vorkommen und jede Frequenz identi-

5.1 Grundüberlegungen, Filterschablonen, mathematische Besonderheiten

sche Amplituden besitzt. Damit ist der Dirac-Stoß das ideale Testsignal für frequenzselektive Systeme. Die Abb. 5.1.5 zeigt den Einheits-Dirac-Stoß.

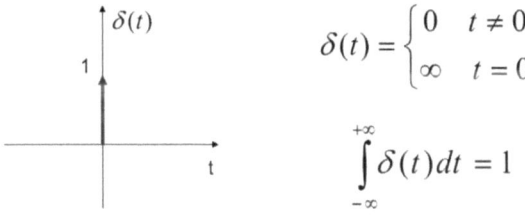

Abb. 5.1.5 Der Dirac-Stoß

Die bereits genannte Kritik an diesem speziellen Testsignal ist die, dass der Dirac-Stoß nicht realisierbar ist, also ein rein mathematisches Werkzeug bleibt. Damit muss für die technische Analytik ein Testsignal gefunden werden, welches dem Dirac-Stoß nahe kommt, aber technisch leicht machbar ist. Technisch realisierbar sind alle endlichen Signale. Damit kommen beispielsweise Sinussignale, Pulse oder Sprungsignale in Frage.

Die Anregung eines Systems mit einem Sprung oder auch mit einem Puls zeigen Abb. 5.1.6 und Abb. 5.1.5. Die Sprungfunktion wird im englischen Heaviside function genannt.

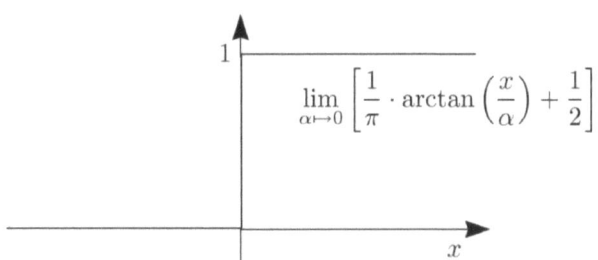

Abb. 5.1.6 Sprungfunktion – Heaviside function

Der *Sprung* σ(t) wird normiert von 0 nach 1 oder auch von Wert 1 auf Wert 2 geschrieben.
Der *Impuls* δ(t) wird als unendlich scharfe Nadel, als Dirac-Impuls, dargestellt.
Der *Impuls* h(t) oder *Rechteckimpuls* hat eine endliche Pulsweite.

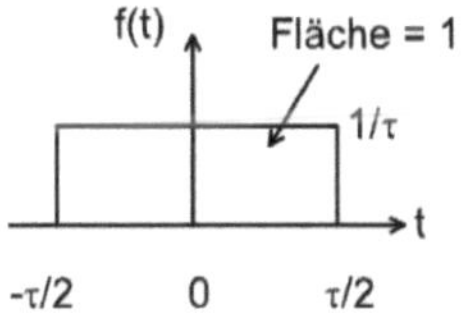

$$f(t) = \begin{cases} 1/\tau & ; \ -\tau/2 < t < +\tau/2 \\ 0 & ; \ sonst \end{cases}$$

Abb. 5.1.7 Rechteck-Impuls

$$s(t) = rect\left(\frac{t}{T}\right) = \begin{cases} 1 & \left|\frac{t}{T}\right| \leq \frac{1}{2} \\ 0 & \end{cases}$$

Formel 5.1.5

In Formel 5.1.5 bezeichnet T die Pulsweite, welche symmetrisch zum zeitlichen Nullpunkt dargestellt wird. Der Funktionswert innerhalb des Pulsintervalls beträgt normiert 1. Diese Funktionswertnormierung wird auch Operatorfunktion O genannt. Setzt man den Operator zu 1, erhält man als Operatorfunktion ein Rechteck. Das Spektrum des Rechteckoperators berechnet sich zu:

$$F(\omega) = \int_{-\infty}^{\infty} f(t) e^{-j\omega t} dt$$

Mit dem Operator O wird daraus:

$$H(\omega) = \begin{cases} O \cdot e^{-j\omega t} & \text{für } |\omega| < \omega_g \\ 0 & \text{für } |\omega| > \omega_g \end{cases}$$

$$h(t) = k \cdot \frac{\sin(\omega_g (t-t_0))}{\omega_g (t-t_0)} = k \cdot si(\omega_g (t-t_0))$$

$|t| \leq T = 1$ sonst: $|t| > T = 0$ damit folgt:

$$F(\omega) = \int_{-T}^{T} e^{-j\omega t} dt = \int_{-T}^{T} e^{-j\omega t} dt = \frac{-j}{\omega}\left(e^{j\omega T} - e^{-j\omega T}\right) = \frac{-j \cdot 2 \cdot j}{\omega} \cdot (\sin(\omega T)) \quad \Big|_{-T}^{T}$$

$$F(\omega) = 2 \cdot T \cdot \frac{\sin(\omega T)}{(\omega T)} = 2 \cdot T \cdot si(\omega T)$$

Formel 5.1.6

Das in Formel 5.1.6 berechnete Spektrum zeigt, dass
- reale Systeme aus plus-minus-unendlich ausgedehnten, idealen System als zeitlicher Pulsauszug zu erhalten sind. Außerhalb der Pulsweite T, die auch als Analysefenster bezeichnet wird, ist der Funktionswert stets Null
- in realen Systemen stets eine Grund- oder Restwelligkeit zurückbleibt: die „sinus x durch x"-Schwingung oder si-Schwingung.

Der $e^{-j\omega t}$ Ansatz

Die Entwicklung dieser komplexen Funktion erfolgt sowohl links als auch rechtsseitig. Die Reihe ist eine *Potenzreihe* im Wertebereich der reellen Zahlen. Diese Reihe wird *Laurentreihe* genannt. Im Zeitbereich sind bei idealem Filterverhalten Impulsantwort und Sprungantwort unendlich ausgedehnt.

$$\cos(\omega t) = \frac{1}{2} \cdot \left(e^{j \cdot \omega \cdot t} + e^{-j \cdot \omega \cdot t}\right)$$

Formel 5.1.7

Formal gesehen ist in Formel 5.1.7 das Minuszeichen im zweiten Exponentialterm richtig, technisch betrachtet jedoch unwirklich, da es, wie bereits mehrfach erwähnt bei technischen

5.1 Grundüberlegungen, Filterschablonen, mathematische Besonderheiten

Systemen nur reale Zeitspannen gibt. Die mathematische Anschrift wird auch zweiseitige Fourier-Transformation genannt. Periodische Signale werden als Reihe f (t) dargestellt. Die zugehörigen Koeffizienten a_n und b_n ergeben sich aus den Euler-Relationen. Ferner können die periodischen Signale f (t) damit auch in der komplexen Ebene mit einer komplexen Exponentialfunktion angeschrieben werden und deren Koeffizienten c_n werden mittels der in Formel 5.1.8 aufgeführten Integrale berechnet.

$$f(t) = \frac{a_0}{2} + \sum_{n=1}^{\infty} \left(a_n \cos(n\omega_0 t) + b_n \sin(n\omega_0 t) \right)$$

$$a_n = \frac{2}{T} \int_{t_0}^{t_0+T} f(t) \cos(n\omega_0 t) dt$$

$$b_n = \frac{2}{T} \int_{t_0}^{t_0+T} f(t) \sin(n\omega_0 t) dt$$

$$f(t) = \frac{1}{2} \sum_{n=-\infty}^{+\infty} c_n e^{jn\omega_0 t}$$

$$c_n = \frac{2}{T} \int_{t_0}^{t_0+T} f(t) e^{-jn\omega_0 t} = \begin{cases} \frac{1}{2}(a_n - jb_n) & \text{für } n > 0 \\ \frac{1}{2}(a_{-n} + jb_{-n}) & \text{für } n < 0 \end{cases}$$

Formel 5.1.8

Die Fourierkoeffizienten sind quasi das Amplitudenspektrum der Funktion. Da die Frequenz ω als Sinus- und komplexe Kosinusschwingung (Euler-Relation) angeschrieben werden kann, bildet diese trigonometrische Zerlegung ein orthogonales System. Jede periodische Funktion kann darin dargestellt werden, da sich alle periodischen Funktionen in einen Sinus- als auch einen komplexen Kosinusteil zerlegen lassen. Leistungsspektren lassen sich über die Autokorrelation darstellen. Dieses Verfahren ist bekannt unter dem Namen *Wiener–Khintchine-Relationen* [5.20].

Eigenschaften:
- Große n (Koeffizienten) ergeben hohe Frequenzanteile
- Zerlegung einer Funktion in eine trigonometrische Reihe durchführbar

$$s_m(t) = \frac{\alpha_0}{2} + \sum_{n=1}^{m} \alpha_n \cos(n\omega_0 t) + \sum_{n=1}^{m} \beta_n \cos(n\omega_0 t)$$

Formel 5.1.9

Für die Analytik ist wichtig, dass der zugehörige quadratischer Fehler minimal gehalten wird, wenn die Koeffizienten Fourierkoeffizienten sind.

Die Konsequenzen daraus sind:
- stets genügend viele Daten für die FFT verwenden
- stets mit Rechteckfenster anfangen und erst danach eventuell eine Analysefensterfunktion (windowing) anwenden

Das Fensterverfahren – Windowing

Da, wie gesagt, reale Signale einen zeitlich begrenzten Ausschnitt aus der ideal gesehen unendlichen Ausdehnung aufweisen, muss die Fourier-Transformation erst dafür sorgen. Daher wird außerhalb dieses zeitlichen Fensters das Eingangssignal immer genullt. Dieses „Zwangsnullen" nennt man Fensterung (englisch: windowing) [5.16–5.18]. Oben wurde der Rechteckoperator eingeführt. Jedoch ist die Analyse eines so gefensterten Signals nur aussagekräftig, wenn das Eingangssignal innerhalb des Operatorfensters periodisch ist. Ist das nicht der Fall, dann führt die „Zwangsnullung" zu völlig falschen Transformationsergebnissen. In der technischen Analytik sind die Signale aber nur sehr selten periodisch, so dass stets falsche Spektren erhalten werden. Diese Fehler können minimiert werden, wenn wie oben bereits erwähnt tatsächlich genügend viele Signale und (!!) genügend viele Perioden der Signale analysiert werden. Auch damit ist nur ein geringer Teil an tatsächlichen Signalen einigermaßen fehlerfrei zu analysieren. Daraus ergibt sich, dass eine Zwangsnullung nicht ausreicht. Neben der „Zwangsnullung" muss auch eine Amplitudendämpfung eingepflegt werden, so dass an den beiden zeitlichen Signalrändern die Gesamtamplitude stets exakt Null ist. Das wird erreicht, indem die Operatorfunktion keine Rechteckfunktion mehr ist, sondern eine zunächst beliebige, aber zum Fenstermittelpunkt symmetrische Operatorfunktion mit Randwerten Null, in der Mitte des Fensters ist der Operatorwert dann 1. Darüber hinaus sind Signalsprünge durch die Operatorfunktion zu vermeiden, daher ist eine solche Funktion stets eine glatte Funktion. Als einfachste Operatorfunktion dient ein Dreieck. Weitere sehr gut verwendbare Funktionen sind glatte Funktionen mit exponentiellem Charakter. Auf Grund der Eigenschaft, dass diese Operatorfunktion ein Signal „fenstert", nennt man dies auch *Fensterfunktion* oder *windowing function*. Jede dieser Fensterfunktionen beeinflusst oder besser gesagt verfälscht, wie in Formel 5.1.6 am Beispiel des Rechteckfensters gezeigt, das Spektrum. Diese Verfälschung des Spektrums ist jedoch bekannt und kann damit berücksichtigt werden.

Empfohlene Vorgehensweise bei Fensterung

- Durchführen der Spektralanalyse mit Rechteckfenster
- Möglichst die Stimulisignale innerhalb des Rechteckfensters periodisch gestalten
- Ist die Signalperiodizität nicht möglich, dann ein Fenster wählen mit möglichst geringem Einfluss auf das Spektrum. Die technische Realisierung ist zu diesem Zeitpunkt noch belanglos
- Das System optimieren (Filterkoeffizienten anpassen, Testsignale verbessern etc.)
- Nochmalige Rechteckfensteranalyse
- Verbleiben immer noch nichtperiodische Signalanteile, dann ist eine Fensterfunktion gemäß der technischen Realisierbarkeit, also nach Aufwand durchzuführen
- Dann die Spektralanalyse mit dem technisch realisierbarem Fenster (das ist dann eine Zusatzschaltung) analysieren

Das Spektrum soll sich dann als vertrauenswürdig erweisen und die Fehleranteile darin sollen einerseits bekannt und andererseits minimal sein.

Die Zustandvariablentechnik – LTI-Systeme

Ausgangspunkt des Filterentwurfs ist die *Zustandsraumdarstellung* [2.33] für lineare Systeme. Diese Systeme nennt man auch LTI-Systeme. LTI: Lossless Time Invariant. Die Herleitung der LTI Systeme erfolgt aus gewöhnlichen linearen DGLs heraus. Unter Zustandsraum

5.1 Grundüberlegungen, Filterschablonen, mathematische Besonderheiten

wird die Beobachtung aller für das System relevanter Parameter (Variablen) verstanden, sofern die Parameter innerhalb einer gewissen zeitlichen Periode einen konstanten Wert = Zustand haben. Ist das erfüllt, dann sind auch die Antworten für jede Untermenge der beteiligten Parameter konstant. Ein solcher Prozess heißt Markow-Prozess. Das Zustandssystem wird mathematisch wie folgt angeschrieben:

$$\dot{x}(t) = A \cdot x(t) + B \cdot u(t) \quad \text{Zustandsgleichung}$$
$$y(t) = C' \cdot x(t) + D \cdot u(t) \quad \text{Ausgangsgleichung}$$
$$C' = C^T$$

Formel 5.1.10

In Formel 5.1.10 sind:

A, B, C, D Matrizen. *Achtung*: C´ ist die Transponierte der Matrix C

u (t)	Eingangsknoten	
x (t)	Zwischenknoten oder Zustandsvariablen	
y (t)	Ausgangsknoten	
A	Systemmatrix	n Zeilen, n Spalten
B	Eingangsmatrix	n Zeilen, p Spalten
C	Ausgangsmatrix	q Zeilen, n Spalten
D	Durchgangsmatrix	q Zeilen, p Spalten
u	Eingangsvektor	p Zeilen, 1 Spalte
x	Zustandsvektor	n Zeilen, 1 Spalte
y	Ausgangsvektor	q Zeilen, 1 Spalte

Das Füllen dieses Gleichungssystems erfolgt nach Kirchhoff:

- Zweigstrom-Gleichungen
- Knotenspannungs-Gleichungen
- Bauelemente-Gleichungen

Wie gelangen wir zum Ziel? Ein allgemeines, rückgekoppeltes System kann wie folgt als Funktionsgraf dargestellt werden:

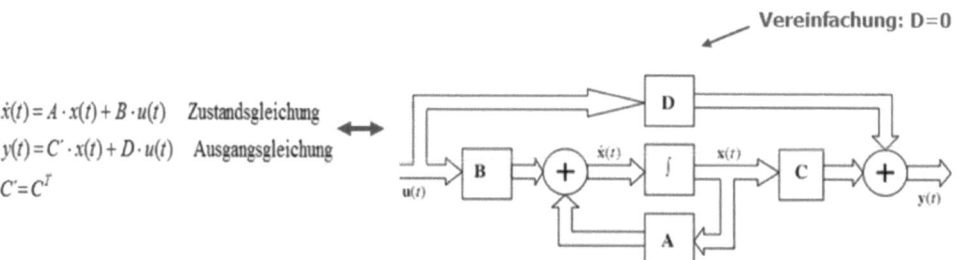

Abb. 5.1.8   Funktionsgraf eines beliebigen, rückgekoppelten Systems

Zur Berechnung dieses Zustandssystems gibt es zwei Varianten:

Variante 1

Matlab bzw. Simulink aufrufen und die Zustandsmatrizen A, B, C,D in die zugehörigen Macros der Filter eintragen.

Beispiel:

[A,B,C,D] = ellip (N, Apass, Astop, Fpass/(Fs/2));

Variante 2

Eingabe der Zustandsgleichungen auf graphischem Weg. Achtung, hier sind Spezialkenntnisse der Grafentheorie notwendig. Dabei werden alle zeitabhängigen Bauelemente stets über deren Integration angegeben (Lösung von DGLS mittels Integration). Alle Knoten, an denen mehrere Bauelemente angeschlossen sind, werden als Summe aufgefasst. Zum Schluss wird die Aufstellung der Zeit-Frequenzbeziehung durchgeführt.

Der RC-Tiefpass 3. Ordnung in LTI-Darstellung

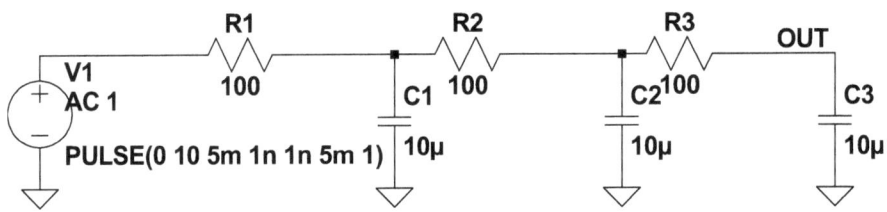

Abb. 5.1.9   Passives Tiefpassfilter 3. Ordnung

Die Abb. 5.1.9 zeigt ein passives Tiefpassfilter 3. Ordnung. Dieses Filter soll mit der LTI-Methode berechnet werden. Dazu sind die LTI-Eingaben vorzubereiten:

Eingangsknoten   Stimulusvektor u(t)
Zwischenknoten   X1, X2, X3
Ausgangsknoten   y(t)
Bauelemente   R1, R2, R3, C1, C2, C3
Zweigströme   i1(t) ... i6(t)

Nach Kirchhoff werden die Zweigströme sowie die Ladungen (Zustände) angeschrieben:

$$i_1(t) = \frac{V(R1)}{R1} = \frac{u(t) - X_1(t)}{R1} \qquad i_4(t) = i_1(t) - i_2(t)$$

$$i_2(t) = \frac{V(R2)}{R2} = \frac{X_1(t) - X_2(t)}{R2} \qquad i_5(t) = i_2(t) - i_3(t)$$

$$i_3(t) = \frac{V(R3)}{R3} = \frac{X_2(t) - X_3(t)}{R3} \qquad i_6(t) = i_3(t)$$

$$dQ = C \cdot dU(t) = i(t)\, dt$$
$$dU(t) = \frac{i(t)}{C}\, dt \qquad y(t) = X_3(t)$$

Formel 5.1.11

5.1 Grundüberlegungen, Filterschablonen, mathematische Besonderheiten

Das Gleichungssystem wird ausgerechnet. Dazu sind die Knoten entsprechend zu sortieren. Diese Vorgehensweise zeigt in detaillierten Schritten Formel 5.1.12.

$$X1(t) = \frac{i1-i2}{C1}dt = \frac{1}{C1}\left(\frac{u(t)-X1(t)}{R1} - \frac{X1(t)-X2(t)}{R2}\right)dt$$

$$X1(t) = \left(\frac{u(t)}{R1C1} + \frac{X2(t)}{R2C1} - X1(t)\left(\frac{1}{R1C1} + \frac{1}{R2C1}\right)\right)dt$$

$$X2(t) = \frac{i2-i3}{C2}dt = \frac{1}{C2}\left(\frac{X1(t)-X2(t)}{R2} - \frac{X2(t)-X3(t)}{R3}\right)dt$$

$$X2(t) = \left(\frac{X1(t)}{R2C2} + \frac{X3(t)}{R3C2} - X2(t)\left(\frac{1}{R2C2} + \frac{1}{R3C2}\right)\right)dt$$

$$X3(t) = \frac{i3}{C3}dt = \frac{X2(t)-X3(t)}{R3C3}dt = \left(\frac{X2(t)}{R3C3} - \frac{X3(t)}{R3C3}\right)dt$$

$$y(t) = X3(t)$$

Formel 5.1.12

Aus diesem sortierten Gleichungssystem heraus sind die Matrizeneinträge zu tätigen. Dabei ist die Transposition der C-Matrix zu berücksichtigen.

$$A = \begin{vmatrix} -\frac{1}{R1C1} + \frac{1}{R2C1} & \frac{1}{R2C1} & 0 \\ \frac{1}{R2C2} & -\frac{1}{R2C2} + \frac{1}{R3C2} & \frac{1}{R3C2} \\ 0 & \frac{1}{R3C3} & \frac{1}{R3C3} \end{vmatrix}$$

$$B = \begin{vmatrix} \frac{1}{R1C1} \\ 0 \\ 0 \end{vmatrix} \quad C' = \begin{vmatrix} 0 \\ 0 \\ 1 \end{vmatrix} \quad D = 0$$

Formel 5.1.13

LTI Dateneingabe in MATLAB bzw. SIMULINK

Das Werkzeug MATLAB besitzt für Filter vorbereitete Makrostrukturen, die nur noch mit den Systemwerten gefüllt werden müssen. Das LTI-System wird in Matlab mit zwei Makros vollständig beschrieben:

[num,den] = ss2tf (A,b,c,d);   Darstellung in Zähler – Nenner Form
[z,p,k] = ss2zp (A,b,c,d);   Darstellung in Nullstellen, Pole, Verstärkungsform

Diese Darstellung stellt für die Filterentwicklung die bevorzugte Form der Filterbeschreibung dar. Es macht wenig Sinn, Filter zu beschreiben, deren Größen sich kontinuierlich so ändern, dass die zu filternde Funktion nicht aus einer Zustandsraumdarstellung gewonnen werden kann.

Was soll dies heißen?

Annahme: Innerhalb der Bandbreite eines Signals ändert sich eine Größe. Dann kann diese Änderung der Größe nicht schneller von statten gehen, als die zugehörige Frequenz dieser Größe. Jede Änderung einer Größe muss demzufolge höherfrequenter sei, als die Größe selber. Demzufolge darf gesagt werden: Der zu filternde Frequenzbereich bleibt innerhalb seines Frequenzfensters für jeden Zeitschritt der Filterfunktion konstant. Damit kann das Filter als Zustandsfolge von Ereignissen dargestellt werden.

Das Hauptregelwerk für einen guten Filterentwurf

Tabelle 5.2   Hauptregelwerk für einen guten Filterentwurf

Regel	Situation	Abhilfe
1	Jede zusätzliche Impedanz in Reihe zum Filterelement – C oder L – layoutabhängig bzw. konstruktiv bedingt, setzt die Wirksamkeit herab	Vermeidung langer Leiterbahnen zwischen Widerstand (R), Kondensator (C) und Masse. Jedes Stück Leiterbahn enthält eine parasitäre Induktivität, die bei sehr hohen Frequenzen oder langen Leiterbahnen störend wirkt. (Überschlag: 1 cm entsprechen ca. 10 nH)
2	Jede Versorgungs- / Masseleitung hat von ihrer Quelle zu ihrer Senke einen nicht zu vernachlässigenden Innenwiderstand.	Notwendigkeit verteilter Schaltungsinseln (das sind Domänen mit eigener Spannungsversorgung)
3	Jede Schaltungsinsel ist ein eigener Stromkreis und erzeugt durch ihren Verbrauch Verluste auf den Versorgungszuleitungen	Jede Domäne gleicher Spannung ist direkt an die zugehörige Quelle zu schalten. Das nennt man auch Sternpunktverdrahtung

Die Filtergüte

Der Gütefaktor oder die Güte eines Filters ist unter mehreren Namen bekannt: Kreisgüte, Resonanzüberhöhung, Resonanzschärfe, Schwingkreisgüte, Q-Faktor. Die Güte Q bezeichnet ein Maß für die Bandbreite BW eines Filters. Die Bandbreite eines Filters ist aus Abb. 5.1.10 als Abstand der 3-dB-Durchgänge des Durchlassbereichs.

$$Q = \frac{f_0}{BW} \quad \text{mit: } BW = f_2 - f_1$$

Formel 5.1.14

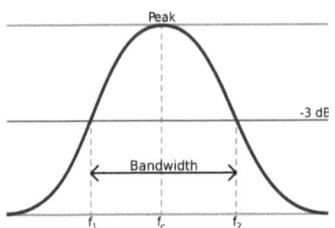

Abb. 5.1.10   Filtergüte

5.1 Grundüberlegungen, Filterschablonen, mathematische Besonderheiten

Es gibt noch eine weitere Definition:

$$Q = 2\pi \cdot \frac{\text{Gesamtenergie der Schwingung zur Zeit t}}{\text{Energieverlust pro Periode zur Zeit t}} = 2\pi \cdot \frac{1}{T} \cdot \frac{E(t)}{\left|\left(\frac{dE}{dt}\right)_t\right|}$$

Formel 5.1.15

Erst mit der Definition von Formel 5.1.15 wird die folgende Aussage klarer: Je höher die Güte, desto schwächer gedämpft das System.

Gruppenlaufzeit, Phasenlaufzeit, Bodediagramm

Die *Gruppenlaufzeit* (group delay) eines schmalbandigen Signals durch eine Baugruppe – beispielsweise einen Filter – bestimmt die Aussage über die zeitliche Verzögerung des Signals durch diese Baugruppe hindurch.
Der Begriff Gruppe bedeutet: eine Gruppe benachbarter Frequenzen. Dies ist gleichzusetzen mit einem schmalbandigen Bandpass-Signal.
Die *Phasenlaufzeit* eines Signals durch eine Baugruppe versteht sich als Verzögerung eines Signals der Frequenz f durch eine Baugruppe oder ein System: y(t) = x (t + tp) bezogen auf den (zeitlich) identischen Phasenwinkel.

$$t_g = -\frac{d\varphi}{d\omega} = -\frac{d \arg H(e^{i\Omega})}{d\Omega} \quad \text{mit} \quad \Omega = \frac{\omega}{f_a}$$

$$t_p = -\frac{\varphi(\omega)}{\omega} \quad \text{mit} \quad \varphi(\omega) = \arg H(j\omega)$$

Formel 5.1.16

Das Bode-Diagramm

In den Begriffen *Betrag* und *Phase* steckt die gesamte Information eines Filters. Hendrik Bode fasste diese Information 1938 zu seinem berühmten Bode-Diagramm zusammen. In MATLAB erfolgt die Bode-plot-Analyse mit der Befehlssequenz:

% Bode-Diagramm bode_rl_reihe.m
% Definition von s = (j omega) als Transferfunktionsvariable
s = tf('s');
% Eingabe von G(s) in Polynomform
G = 1 + s;
% Aufruf Bode-Darstellung
bode(G);

Das Bode Diagramm ist die meist genutzte Darstellung eines Systems im Frequenzbereich. Darin werden die Amplitude und die Phase des Systems zusammengefasst in einem einzigen Koordinatensystem dargestellt [2.33, 5.21, 5.22].

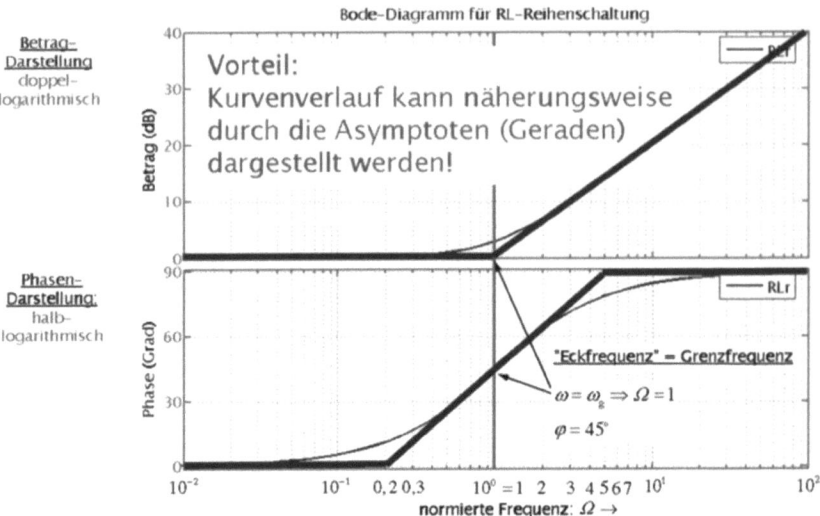

Abb. 5.1.11   Bode-Diagramm, Beispiel

Faltung

Die in Formel 5.1.6 beschriebene Abtastung eines Signals mit einem Rechtecksignal ist mathematisch gesehen die Multiplikation mit einem Operator O. Das kann einerseits der Operator des Rechteckimpulses mit seinen Operatorwerten 0 oder 1 sein oder auch ein „gefensterter" Operatorwert, dessen Werte im Bereich zwischen 0 und 1 auf einer Verteilungsfunktion, wie beispielsweise auf einem Gauß-Fenster, liegen. Damit gibt diese Multiplikation vor, wie „stark" der Wert des Signals an den Ausgang des Systems weitergegeben wird. Diese Art der Multiplikation nennt man Faltung. Faltung ist demzufolge eine Multiplikation mit einer Gewichtsfunktion, besser mit einer periodischen Gewichtsfunktion, einem Abtastkamm.

$$g(t) = f_{Sig}(t) \bullet f_{sa}(t) = \int_{\tau=-\infty}^{\infty} f_{Sig}(t-\tau) \cdot f_{sa}(\tau)$$

Faltung mit Dirac-Stoß

$$g(t) = f_{Sig}(t) \bullet \delta(t-\tau) = f_{Sig}(t-\tau)$$

Formel 5.1.17

Diese Art der Multiplikation heißt Faltung und wird mit dem dicken Multiplikationspunkt kenntlich gemacht.

Was passiert bei der Faltung?

Im Zeitbereich sind zwei Signaloperationen stets gegenwärtig:

- Faltung – engl. Convolution
- Korrelation – eng. Correlation

Beide Signaloperationen sind im Grunde verwandt. Die Unterscheidung beider ist die, dass bei der Faltung, bevor die Multiplikation durchgeführt wird, eine der beiden beteiligten Funktionen zeitlich invertiert wird. Diese zeitliche Invertierung ist ein Spiegelbild des Signals an der Ordinate (y-Achse). Für die Vorstellung, was dies bedeutet, kann helfen, dass diese Spiegelung einem Rückwärtslaufen des „Signalfilms" entspricht.

5.1 Grundüberlegungen, Filterschablonen, mathematische Besonderheiten

Zusammenfassend kann damit über die Faltungsfunktion gesagt werden, dass diese in der Systemtheorie eine Funktion der Zeit t und in der Signaltheorie eine Funktion der Verschiebungszeit τ ist.

Vorgehensweise:
- Spiegeln der Signalfunktion an der Ordinate
- Verschieben der gespiegelten Signalfunktion um einen zeitlichen Wert τ
- Multiplikation der gespiegelten und zeitlich verschobenen Funktion mit der Abtastfunktion (Operator O)
- Integration des Produkts über der Zeit

Bei einem Abtastkamm, darunter wird eine zeitlich periodische Rechteckfunktion verstanden, die das Signal abtastet, macht sich die Faltung mit einer Ausblende-Eigenschaft bemerkbar. Das Spektrum des Signals wird an allen (zeitlichen) Orten des Abtastoperators reproduziert. Damit ist der zeitliche Abstand der Abtastsignale von entscheidender Bedeutung für das weiterzuverarbeitende Signal. Denn wenn der zeitliche Abstand der Abtastsignale zu gering ist, wird im Frequenzbereich der Abstand zu den reproduzierten Spektren ebenfalls zu gering, so dass jedes Nachbarspektrum in das vorherige Spektrum Informationen ungewollt weitergibt. Dieses Phänomen wird mit dem englischen Fachbegriff alias oder aliasing genannt. Die Details dazu sind der einschlägigen Literatur zu entnehmen.

Der Alias-Effekt

Alias (Latein: unter anderem Namen) bedeutet in der Signalverarbeitung, dass ein Signal durch das Abtasten eine Veränderung erfährt. Diese Signalveränderung macht sich als „andere" Frequenz bemerkbar.

Was passiert hier?

In Abb. 5.1.12 stellt die Sinuskurve die Signalfrequenz im Zeitbereich dar. Dieses Signal wird jeweils an den mit einem schwarzen Punkt gekennzeichneten Orten abgetastet. Die abgetasteten Werte stellen das neue Signal dar. Dieses veränderte oder Alias-Signal zeigt Abb. 5.1.13. Es ist deutlich erkennbar, dass dieses Signal eine Verfälschung des Originalsignals darstellt.

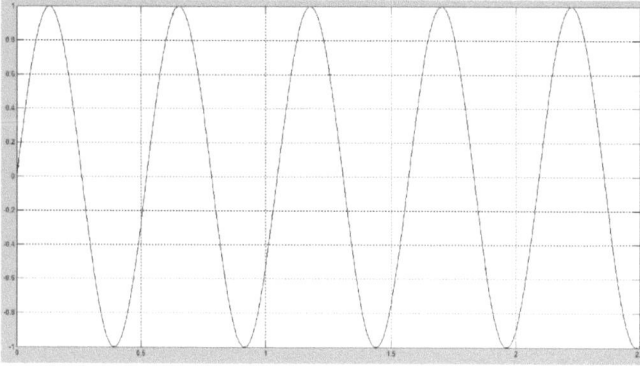

Abb. 5.1.12   Der Alias-Effekt: Abtastproblem

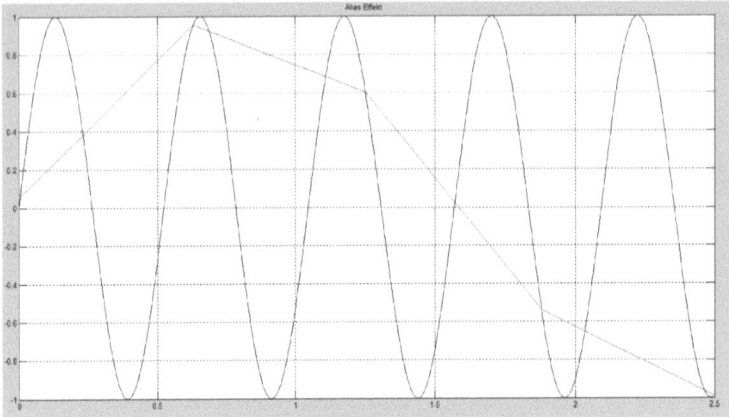

Abb. 5.1.13   Der Alias-Effekt: das abgetastete Signal

Diese einfachen Überlegungen helfen bereits, das Verständnis der abgetasteten Systeme zu verstehen. Selbst das berühmte Nyquistkriterium, nachdem ein Signal rekonstruktionsfähig wird, wenn die Abtastfrequenz mindestens das Doppelte der maximalen Signalfrequenz besitzt, erweist sich als sehr fragwürdig. Dieser Nyquist-Grenzfall ist nur in wenigen Fällen wirklich nutzbar. Beispiel: mit der doppelten Frequenz einer Sinuswelle wird diese abgetastet. Liegt der Abtastzeitpunkt gerade auf einer Nullstelle, werden andauernd Nullstellen abgetastet. Eine Signalrekonstruktion führt damit zu einem deutlichen Misserfolg. Das andere Extrem ist, wenn die Abtastung die 90°- und 270°-Werte abtastet. Dann erhält man eine Folge aus Maxima mit Minima. Damit ist zumindest eine sichere Erfassung der Frequenz möglich, jedoch kann keine Aussage darüber getroffen werden, welche Welle vorliegt. Das kann eine Dreiecksschwingung, eine Rechteckschwingung oder jede andere Schwingung sein, welche ihr Maximum bei 90° und ihr Minimum bei 270° hat und beide betragsmäßig gleich groß sind. Weiterführende Details sind in der einschlägigen Fachliteratur nachzulesen.

Mit der Faltung und dem alias sind zwei der wichtigsten Begriffe der Abtastung besprochen.

$$y(n) = x(t) \cdot h(t) \quad \bullet\!-\!\circ \quad Y(f) = X(f) \bullet H(f)$$

$$Y(f) = X(f) \bullet \delta(f - m \cdot F) = \int_{f^*=-\infty}^{\infty} X(f^*) \cdot \delta(f - m \cdot F - f^*) df^* \bigg|_{-\infty \leq m \leq \infty}$$

Formel 5.1.18

Schauen wir auf das Integral in Formel 5.1.18, dann kann dieses folgendermaßen gelöst werden:

$$\int_{x=-\infty}^{\infty} f(x) \cdot \delta(x - x_0) dx = f(x_0)$$

mit:

$$x_0 = m \div F + f^*$$

wird

$$Y(f) = X(f + m \cdot F) \bigg|\begin{matrix} = 0 & \text{für: } |f + m \cdot F| > f_{max} \\ = X(f) & \text{für: } |f + m \cdot F| \leq f_{max} \end{matrix}$$

Formel 5.1.19

Y(f)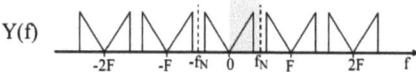

Abb. 5.1.14   Faltung eines Spektrums

Y(f)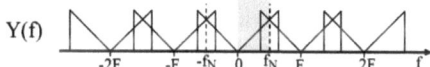

Abb. 5.1.15   Faltung eines Systems mit zu geringem Abtastintervall

Die Formel 5.1.19 zeigt, dass das Spektrum X (f) sich auf Grund der Faltung periodisch im jeweiligen Abstand von F wiederholt. Dieses zeigt die Abb. 5.1.14. Dabei ist am Punkt $-2F$, $-F$, 0, F und 2F jeweils der Dirac-Abtastimpuls zu finden. Die davon nach links und rechts ansteigenden Dreiecke symbolisieren den Nutzsignalbereich. Das Maximum wird bei der höchsten Nutzsignalfrequenz erreicht. Dann erfolgt bis zur Frequenz f_N ein nicht durch Signalfrequenz belegter Abschnitt. Dieser „nicht belegte" Abschnitt liegt technisch gesehen unterhalb der festgelegten Auflösungsgrenze (Rauschgrenze) für das Signal. Dadurch wird erreicht, dass sich die über jedem Vielfachen der Abtastfrequenz gespiegelten Signalbereiche nicht überlappen.

Stehen die Dirac-Abtastimpulse aber so eng, dass die oberen Frequenzbereiche gleichsam in den Frequenzbereich des kommenden bzw. vergangenen Abtastimpulses hineinreichen, dann wird ein alias-Signal als Mischsignal aus beiden Frequenzbereichen erzeugt. Dieses Szenario zeigt Abb. 5.1.15.

In Realität ist die Schärfe der Trennung der abgetasteten Bereiche nicht unendlich gut, so wie es Abb. 5.1.14 zeigt. Die Schärfe der Trennung muss definiert werden. Dazu wird die Systemforderung bezüglich der geforderten Bandbreite und des maximalem Signalrauschabstands angepasst. Die Abb. 5.1.16 zeigt ein Beispiel eines Entwurfs für ein Anti-Alias-Filter. Hier liegt

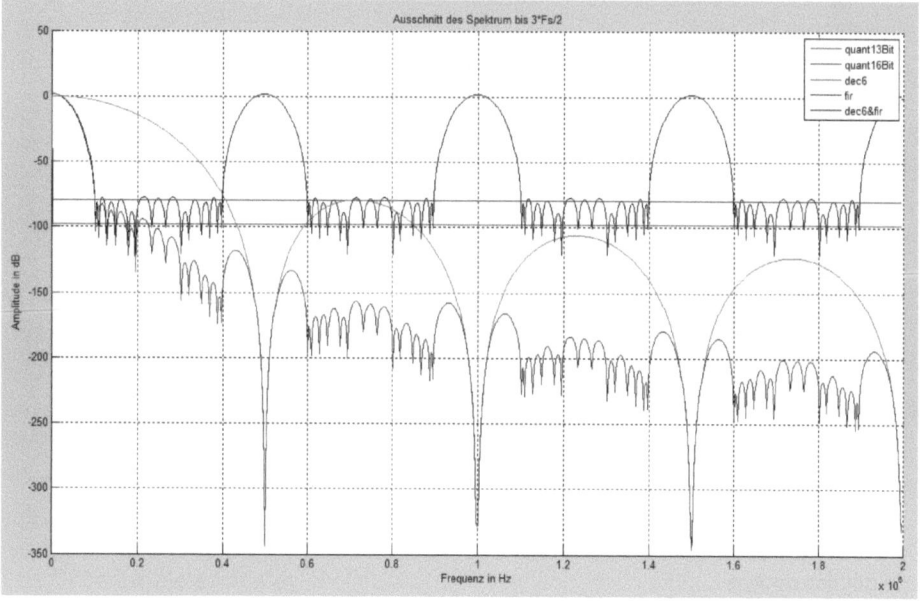

Abb. 5.1.16   Beispiel eines anti-alias Filters

die Rauschgrenze entweder bei 13 Bit oder bei 16 Bit. Die eigentliche Filterung wird mit Hilfe eines Kammfilters durchgeführt, dessen Nullstellen auf den ganzzahligen Vielfachen der Abtastfrequenz liegen. Danach wird noch ein IIR-Filter, das ist ein Filter mit unendlicher Impulsantwort (IIR=infinite Impulse Response), geschaltet, damit alle Frequenzanteile oberhalb der Signalbandbreite stets unterhalb des spezifizierten Rauschuntergrunds liegen. Wichtig ist auch, dass im Signalbereich, im Bild direkt neben der 0, möglichst geringe Dämpfung auftritt. Auch diese Dämpfung im Signalband muss spezifiziert werden. Sowohl der Dämpfungswert im Signalbereich als auch der Abstand der maximalen Signalfrequenz vom Beginn des Sperrbereichs und der spezifizierte Rauschabstand bedingen die Ordnungen dieser Filter. Doch dazu mehr in den kommenden Kapiteln.

5.1.4 Methodik der Knotenspannungsanalyse

Die Knotenspannungsanalyse wird in nahezu allen Simulatoren angewandt, da sie gerade für umfangreiche Schaltungen ein schnelles und sicheres Lösungsschema darstellt. Jedoch ist die Anwendung für eine Handrechnung bzw. Handeingabe in einen Gleichungslöser methodisch aufzubereiten, so dass ein gewisser Standard den Lösungsmechanismus leitet und somit sicher macht. Diesen Standard möchte dieses Kapitel vorstellen.

Für ein beliebiges Netzwerk sind gegeben:

Knotenspannungen U_{ki} durch:

$$\left|G_{ij}\right| \cdot \left(Uk_i\right) = \left(I_{q_i}\right)$$
$$\left(U_{ki}\right) = \left(I_{qi}\right) \cdot \left|G_{ij}\right|^{-1}$$

Formel 5.1.20

Zweigspannungen U_n durch:

$$\left(U_n\right) = \left|B_{nj}\right| \cdot \left(U_{Ki}\right)$$

Formel 5.1.21

Zweigströme I_n durch:

$$I_n = U_n \cdot G_n$$

Formel 5.1.22

Die verwendeten Variablen sind:

$\left|G_{ij}\right|$	Leitwertmatrix
(U_{ki})	Spaltenvektor der Knotenspannungen
(I_{qi})	Spaltenvektor der unabhängigen Quellenströme
(U_n)	Spaltenvektor der Zweigspannungen
(B_{nj})	Inzidenzmatrix
G_{ij}	Zweigleitwert

5.1 Grundüberlegungen, Filterschablonen, mathematische Besonderheiten

U_n Zweigspannung
I_n Zweigstrom
i Knotenindex Zeilen 1 ... i ... k
j Knotenindex Spalten 1 ... j ... k
n Zweigindex Zeilen 1 ... n ... z
k gesamte Knotenanzahl z gesamte Zweiganzahl

Schema zum Erstellen der Leitwertmatrix und zum Berechnen der Ströme/Spannungen

1. Nummerierung der Leitwerte G_n
2. Festlegen des Bezugsknotens (Masse) 0
3. Nummerierung aller k-Knoten
4. Nummerierung aller z-Zweige
5. Vektorisierung der Knotenspannungen U_{ki} (vorzugsweise mit Richtung zum Bezugsknoten)
6. Vektorisierung der Zweigspannungen U_n, die keine Knotenspannungen sind
7. Vektorisierung der Zweigströme i unter Berücksichtigung der Punkte 5 und 6
8. Erstellen der Matrizengleichungen für die Knotenspannungen
9. Berechnen der Knotenspannungen U_{ki}
10. Berechnen der Zweigspannungen U_n
11. Berechnung der Zweigströme I_n

Beispielnetzwerk

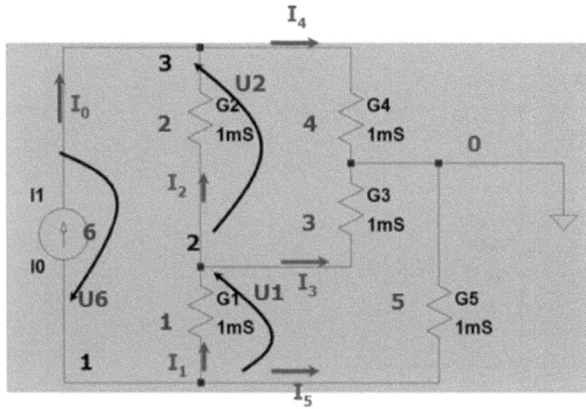

Abb. 5.1.17 Knotenspannungsanalyse: Beispielnetzwerk

Tätigkeiten:

1. Nummerierung der Leitwerte   Schwarz per Index von G
2. Festlegung Bezugspunkt   Rot
3. Nummerierung Knoten   Schwarz an Knoten
4. Nummerierung Zweige   Blau neben Zweigelement(en)
5. Vektorisierung Knotenspannungen
6. Vektorisierung Zweigspannungen
7. Festlegungen Zweigströme

Erstellung der Matrizengleichungen für die Knotenspannungen U_{ki}

Im Spaltenvektor (I_{qi}) steht an der Stelle i die Summe der am Knoten i wirksamen Quellenströme +: zufließend; –: abfließend

$$|G_{ij}| \cdot (U_{Ki}) = (I_{qi})$$

$$\begin{vmatrix} G1+G5 & -G1 & 0 \\ -G1 & G1+G2+G3 & -G2 \\ 0 & -G2 & G2+G4 \end{vmatrix} \cdot \begin{pmatrix} U_{K1} \\ U_{K2} \\ U_{K3} \end{pmatrix} = \begin{pmatrix} -I_0 \\ 0 \\ I_0 \end{pmatrix}$$

Formel 5.1.23

Erläuterungen:

Gii   Auf der Hauptdiagonalen steht stets die Summe der am Knoten i angeschlossenen Leitwerte.

Gij   Auf den Nebendiagonalplätzen j und j mit i#j stehen die zwischen den Knoten i und j befindlichen Leitwerte mit Minuszeichen.

Berechnung der Knotenspannungen

Dimensionierte Beispielschaltung

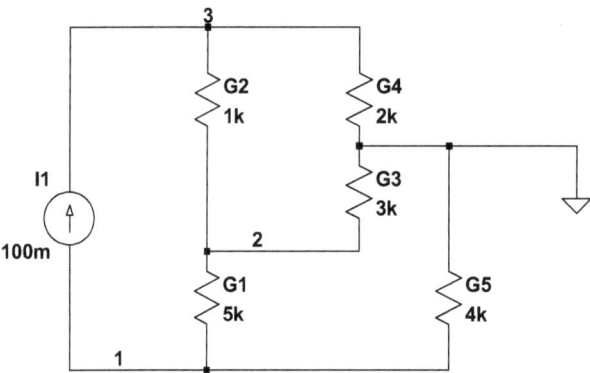

Abb. 5.1.18   Knotenspannungsanalyse: dimensionierte Beispielschaltung

Zuerst werden die Widerstände in Leitwerte umgerechnet.

$$|G_{ij}| \cdot (U_{Ki}) = (I_{qi})$$

$$\begin{pmatrix} U_{K1} \\ U_{K2} \\ U_{K3} \end{pmatrix} = \begin{vmatrix} G1+G5 & -G1 & 0 \\ -G1 & G1+G2+G3 & -G2 \\ 0 & -G2 & G2+G4 \end{vmatrix} \cdot \begin{pmatrix} -I_0 \\ 0 \\ I_0 \end{pmatrix} = \begin{vmatrix} \frac{1}{5e3}+\frac{1}{4e3} & -\frac{1}{5e3} & 0 \\ -\frac{1}{5e3} & \frac{1}{5e3}+\frac{1}{1e3}+\frac{1}{3e3} & -\frac{1}{1e3} \\ 0 & -\frac{1}{1e3} & \frac{1}{1e3}+\frac{1}{2e3} \end{vmatrix} \cdot \begin{pmatrix} -100e-3 \\ 0 \\ 100e-3 \end{pmatrix}$$

Formel 5.1.24

5.1 Grundüberlegungen, Filterschablonen, mathematische Besonderheiten

Lösen des Matrix-Systems mit MATLAB

Es wird ein Matlab-Steuerfile (m-file) erstellt: (Lösung im MATLAB workspace)

```
% DHS_BW FB Elektrotechnik
% Dr. W. Tenten 01.12.2010
% Lösung des Matrixsystems: Knotenspannungsanalyse
%
clear all:
G = [1/(5e3) + 1/(4e3)  - 1/5e3 0;
 - 1/(5e3) 1/(5e3) + 1/(1e3) + 1/(3e3) - 1/(1e3);
 0 - 1/(1e3) 1/(1e3) + 1/(2e3)]
i = [-0.1 0 0.1]'
U=G\i
Inz=[1 -1 0;
 0 1 -1;
 0 1 0;
 0 0 -1;
 1 0 0;
 -1 0 1]
Uki=Inz*U
Gn=[1/5e3 1/1e3 1/3e3 1/2e3 1/4e3]
In=Uki*Gn
```

Lösung der Knotenspannungen

```
G =

   0.0004   -0.0002        0
  -0.0002    0.0015   -0.0010
        0   -0.0010    0.0015


i =

  -0.1000
        0
   0.1000


U =

 -209.5238
   28.5714
   85.7143
```

Abb. 5.1.19 Knotenspannungsanalyse: Beispielschaltung, MATLAB Lösung Knotenspannungen

Beweisführung mittels LTspice

```
    --- Operating Point ---

V(2):        28.5714         voltage
V(1):        -209.524        voltage
V(3):        85.7143         voltage
I(I1):       0.1             device_current
I(G5):       0.052381        device_current
I(G4):       0.0428571       device_current
I(G3):       -0.00952381     device_current
I(G2):       0.0571429       device_current
I(G1):       0.047619        device_current
```

Abb. 5.1.20 Knotenspannungsanalyse: Beispielschaltung, Lösung mit LTspice

Berechnung der Zweigspannungen mit der Inzidenzmatrix

Die Inzidenzmatrix gibt an, in welcher Richtung der Spannungspfeil eingetragen wird:

+ wenn Spannungspfeilanfang am Knoten i liegt
− wenn Spannungspfeilende am Knoten i liegt

$$\begin{pmatrix} U1 \\ U2 \\ U3 \\ U4 \\ U5 \\ U6 \end{pmatrix} = \begin{vmatrix} 1 & -1 & 0 \\ 0 & 1 & -1 \\ 0 & 1 & 0 \\ 0 & 0 & -1 \\ 1 & 0 & 0 \\ -1 & 0 & 1 \end{vmatrix} \cdot \begin{pmatrix} U_{K1} \\ U_{K2} \\ U_{K3} \end{pmatrix}$$

Formel 5.1.25

Die Reihenfolge der Knoten $_{Ki}$ in der Inzidenzmatrix von Formel 5.1.25 ist: K1, K2, K3.

Der Knotenspannungsvektor ist wie folgt zu verstehen:

U1 = UK1 − UK2
U2 = UK2 − UK3
U3 = UK2
U4 = − UK3
U5 = UK1
U6 = UK3 − UK1

Das MATLAB-Ergebnis:

```
Inz =

     1    -1     0
     0     1    -1
     0     1     0
     0     0    -1
     1     0     0
    -1     0     1


Uki =

 -238.0952
  -57.1429
   28.5714
  -85.7143
 -209.5238
  295.2381


Gn =

  1.0e-003 *

    0.2000    1.0000    0.3333    0.5000    0.2500


In =

   -0.0476   -0.2381   -0.0794   -0.1190   -0.0595
   -0.0114   -0.0571   -0.0190   -0.0286   -0.0143
    0.0057    0.0286    0.0095    0.0143    0.0071
   -0.0171   -0.0857   -0.0286   -0.0429   -0.0214
   -0.0419   -0.2095   -0.0698   -0.1048   -0.0524
    0.0590    0.2952    0.0984    0.1476    0.0738
```

Abb. 5.1.21 Knotenspannungsanalyse: Beispielschaltung, Lösung MATLAB-Inzidenzmatrix

5.2 Die wichtigsten Filter, ihre Dimensionierung und Simulation

Die Berechnung der Zweigströme wird durch die letzte Zeile des MATLAB-Steuerfiles ermöglicht:

```
In=Uki*Gn
```

Die Ergebnismatrix „In" in Abb. 5.1.21 zeigt die Zweigströme auf der Hauptdiagonalen. Ein Vergleich dieses Ergebnisses mit LTspice weist einen wichtigen Unterschied auf:

In LTspice sind die Ströme mit umgekehrtem Vorzeichen identifiziert.

Der Grund ist, dass in einem Netzwerksimulator die Stromangabe in technischer Stromrichtung angegeben wird.

5.2 Die wichtigsten Filter, ihre Dimensionierung und Simulation

Die klassischen, passiven Filter sind nicht Bestandteil des Buchs und können in der einschlägigen Literatur nachgelesen werden. Das Buch beschränkt sich in diesem Kapitel auf die Methodik des Filterentwurfs, die sich eng an die Entwurfsmethoden in den vorangegangenen Kapiteln anlehnt. Dabei wird der Schwerpunkt auf einige wenige Filterbeispiele gelegt. Für tiefergehende Studien der Filtertheorie und des Filterentwurfs wird auf die vielfältige und sehr gute Fachliteratur verwiesen.

5.2.1 Das Allpassfilter (APF)

Eine manchmal notwendige Aufgabe in Schaltungstechniken stellt die Korrektur der Phasenablage eines Signals bezogen auf einen Signalursprung dar. Diese Phasenablage kommt durch Laufzeiten zustande. Diese Phase soll so korrigiert werden, dass das System eine korrekte Signalbearbeitung durchführen kann. Solch eine Situation kennen wir bei der Demodulation von amplitudenmodulierten Signalen. Meist durchläuft das modulierte Signal vor dem Demodulator mehrere signalaufbereitende Baugruppen und benötigt daher eine gewisse Laufzeit bis zum Demodulator. Damit die Demodulation phasenrichtig und signaltechnisch korrekt durchgeführt werden kann, ist die Laufzeit zu korrigieren. Die Laufzeit ist gleichbedeutend mit der Phasenablage des Systems. Das hierzu notwendige Filter heißt Allpass [5.23–5.25]. Das Bild zeigt die Grundschaltung eines Allpasses.

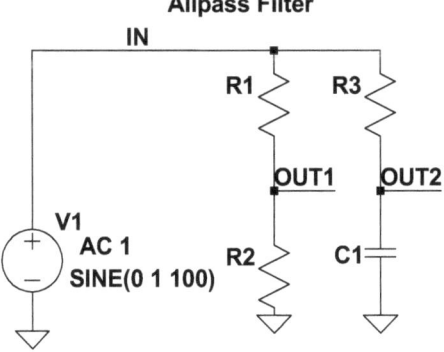

Abb. 5.2.1 Allpassfilter, passiv

Allpass: Berechnung

$$I_{IN} = I_{R3} + I_{R1}$$

$$Z_1 = R_3 + \frac{1}{j \cdot \omega \cdot C_1} \qquad Z_2 = R_1 + R_2$$

$$V_{IN} = I_{R3} \cdot Z_1 \qquad V_{IN} = I_{R1} \cdot Z_2$$

$$V_{OUT2} = \frac{I_{R3}}{j \cdot \omega \cdot C_1} \qquad V_{OUT1} = I_{R1} \cdot R_2$$

$$V_{AP} = V_{OUT2} - V_{OUT1}$$

$$V_{AP} = \frac{\frac{V_{IN}}{Z_1}}{j \cdot \omega \cdot C_1} - \frac{V_{IN} \cdot R_2}{Z_2} = V_{IN} \cdot \frac{\frac{1}{j \cdot \omega \cdot C_1}}{R_3 + \frac{1}{j \cdot \omega \cdot C_1}} - \frac{R_2}{R_1 + R_2}$$

$$H = \frac{V_{AP}}{V_{IN}} = \frac{\frac{R_1 + R_2}{j \cdot \omega \cdot C_1} - R_2 \cdot \left(R_3 + \frac{1}{j \cdot \omega \cdot C_1}\right)}{(R_1 + R_2) \cdot \left(R_3 + \frac{1}{j \cdot \omega \cdot C_1}\right)} \qquad [1]$$

$$H = \frac{R_1 - R_2 \cdot j \cdot \omega \cdot R_3 \cdot C_1}{R_1 + R_2 + (R_1 + R_2) \cdot j \cdot \omega \cdot R_3 \cdot C_1}$$

Trick: Komplexe Erweiterung, damit der Nenner reelwertig wird:

$$A = R_1 + R_2$$

$$H = \frac{(R_1 - R_2 \cdot j \cdot \omega \cdot R_3 \cdot C_1) \cdot (A - A \cdot j \cdot \omega \cdot R_3 \cdot C_1)}{(A + A \cdot j \cdot \omega \cdot R_3 \cdot C_1) \cdot (A - A \cdot j \cdot \omega \cdot R_3 \cdot C_1)}$$

$$H = \frac{R_1 - R_2 \cdot (\omega \cdot R_3 \cdot C_1)^2}{(R_1 + R_2) \cdot \left(1 + (\omega \cdot R_3 \cdot C_1)^2\right)} - \frac{j}{\omega \cdot R_3 \cdot C_1 + \frac{1}{\omega \cdot R_3 \cdot C_1}} \qquad [2]$$

Formel 5.2.1

Das Ergebnis der Formel 5.2.1 zeigt die allgemeine Darstellung des Filters. Damit die Forderung nach einem Allpass-Verhalten, nämlich der Konstanz der Amplitude und der Änderung der Phase vollzogen werden kann, ist diese Übertragungsfunktion hinsichtlich der Dimensionierung der Bauteile zu erweitern. Das Allpass-Verhalten wird erst erreicht, wenn die Widerstände gleich sind und die Zeitkonstante des Filters $\tau = R_3 C$ beträgt.

$$H = \frac{R - R \cdot (\omega \cdot \tau)^2 - R \cdot j \cdot \omega \cdot \tau}{2 \cdot R \cdot \left(1 + (\omega \cdot \tau)^2\right)} = \frac{1 - (\omega \cdot \tau)^2 - 2 \cdot j \cdot \omega \cdot \tau}{2 \cdot \left(1 + (\omega \cdot \tau)^2\right)}$$

$$H = \frac{\sqrt{\left(1 - (\omega \cdot \tau)^2\right)^2 + 4 \cdot (\omega \cdot \tau)^2}}{2 \cdot \left(1 + (\omega \cdot \tau)^2\right)} = \frac{\sqrt{1 - 2 \cdot (\omega \cdot \tau)^2 + \left((\omega \cdot \tau)^2\right)^2 + 4 \cdot (\omega \cdot \tau)^2}}{2 \cdot \left(1 + (\omega \cdot \tau)^2\right)}$$

$$H = \frac{\sqrt{1 + \left((\omega \cdot \tau)^2\right)^2 + 2 \cdot (\omega \cdot \tau)^2}}{2 \cdot \left(1 + (\omega \cdot \tau)^2\right)} = \frac{1}{2}$$

Formel 5.2.2

5.2 Die wichtigsten Filter, ihre Dimensionierung und Simulation

Die Formel 5.2.2 beweist, dass die Amplitude konstant bleibt. Dass diese um die Hälfte gedämpft wird, ist dabei unerheblich. Das folgende Bild erinnert an die komplexe Darstellung der Amplitude. Der rote Pfeil ist der Amplitudenpfeil und dieser muss konstant lang bleiben.

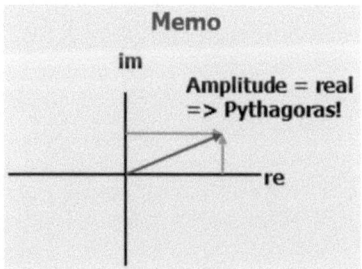

Abb. 5.2.2   Memo: komplexer Amplitudengang

Die Berechnung der Phasendrehung

$$\varphi(\omega) = a\tan\left(\frac{-\dfrac{2\cdot\omega\cdot\tau}{2\cdot\left(1+(\omega\cdot\tau)^2\right)}}{\dfrac{1-(\omega\cdot\tau)^2}{2\cdot\left(1+(\omega\cdot\tau)^2\right)}}\right) = a\tan\left(-\frac{2\cdot\omega\cdot\tau}{1-(\omega\cdot\tau)^2}\right) = a\tan\left(\frac{2\cdot\omega\cdot\tau}{(\omega\cdot\tau)^2-1}\right)$$

Formel 5.2.3

Die Diskussion der Formel 5.2.3 ergibt folgende Sachverhalte:
- $\omega \to 0$ heißt atan (–0) => $\varphi = 180°$
- $\omega \to$ unendlich heißt atan (+0) => $\varphi = 0°$
- $\varphi = 90°$ heißt atan(unendlich)

Für 90° strebt demnach der Klammerausdruck gegen Unendlich. Daraus folgt:

$$\frac{2\cdot\omega_g\cdot\tau}{(\omega_g\cdot\tau)^2-1} \to \infty$$

$$\frac{(\omega_g\cdot\tau)^2-1}{2\cdot\omega_g\cdot\tau} \to 0$$

$$(\omega_g\cdot\tau)^2-1=0 \quad (\omega_g\cdot\tau)^2=1 \quad \omega_g\cdot\tau$$

$$f_g = \frac{1}{2\cdot\pi\cdot\tau} = \frac{1}{2\cdot\pi\cdot R_3\cdot C}$$

Formel 5.2.4

In Formel 5.2.4 wurde (ein wenig inkonsequent zum vorangegangenen Text, aber aus Verständnisgründen besser) der Widerstand des zeitbestimmenden Terms mit seinem Index 3 (R_3) geschrieben. Die Phase des Allpassfilter ist somit im Bereich –90° bis +90° mit einem variablen Widerstand R_3 einstellbar.

Mit MATLAB kann das auch gerechnet werden. Dazu ist die Systemmatrix anzuschreiben. Dabei wird die Notation auf Grund des Ergebnisses ein wenig vereinfacht:

MATLAB-Allpass-Substitution:
LTSPICE-Knoten – MATLAB-Knoten
IN => 1
OUT1 => 2
OUT2 => 3
$R_1 = R_2 = R_3$ => R, C_1 => C und $j\omega$ => s
Der Matlab m-file Code lautet:

```
close all
clear all
clc
syms g y i
G = [2*g –g –g;
 –g 2*g 0;
 –g 0 g+y]
I = [i;0;0]
U = G\I
Ua = U(3) – U(2)
H = Ua/U(1)
H1 = simplify(H)
pretty(H1)
[z,n] = numden(H1)
H2 = subs(H1,{'y','g'},{'s*C','1/R'})
H3 = simplify(H2)
pretty(H3)
[z1,n1] = numden(H3)
```

Das MATLAB-Ergebnis sieht so aus:

```
H2 =

1/(R*(C*s + 1/R)) - 1/2


H3 =

1/(C*R*s + 1) - 1/2


       1
    --------- - 1/2
    C R s + 1

z1 =

1 - C*R*s


n1 =

2*C*R*s + 2
```

Abb. 5.2.3   Allpassfilter: MATLAB-Ergebnis

5.2 Die wichtigsten Filter, ihre Dimensionierung und Simulation

Das MATLAB-Ergebnis sieht im Vergleich zur Berechnung mit Hilfe von Kirchhoff ein wenig anders aus.

Was ist der Unterschied?

Aus Formel 5.2.1 [1] wird der MATLAB-Code gebildet. Dann wird die oben genannte MATLAB-Allpass-Substitution durchgeführt und das Ergebnis berechnet. Der folgende Code zeigt dieses Vorgehen:

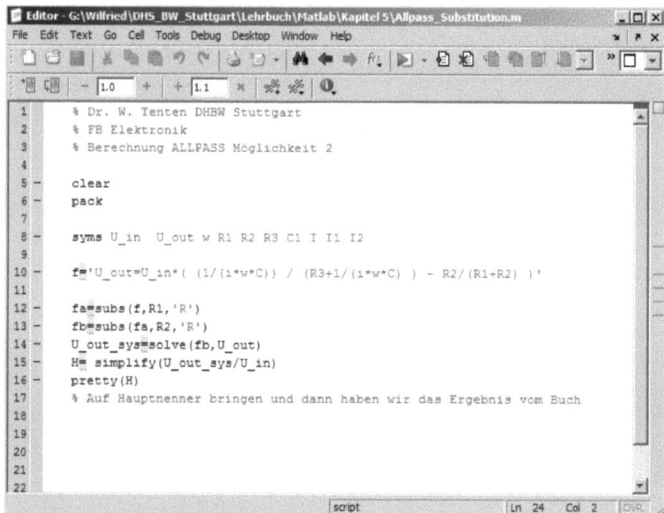

Abb. 5.2.4   MATLAB-Allpass-Substitution

```
f =

U_out=U_in*( (1/(i*w*C)) / (R3+1/(i*w*C) ) - R2/(R1+R2) )


fa =

U_out = -U_in*(R2/(R + R2) - 1/(C*i*w*(R3 + 1/(C*i*w))))


fb =

U_out = U_in*(1/(C*i*w*(R3 + 1/(C*i*w))) - 1/2)


U_out_sys =

(U_in - C*R3*U_in*i*w)/(2*C*R3*i*w + 2)


H =

1/(C*R3*i*w + 1) - 1/2


          1
       ------------ - 1/2
       C R3 i w + 1
```
Abb. 5.2.5   MATLAB-Allpass-Substitution: Ergebnis

Zeigerdiagramm des Allpasses

Wird die Phasenverschiebung des Allpasses in ein Zeigerdiagramm, Abb. 5.2.6, übertragen, dann ergibt sich auf Grund der Amplitudenkonstanz und der vorzeichensymmetrischen Phasenverschiebung von +/– 90° ein Halbkreis. Aus deer Mathematik ist Vergleichbares als *Satz des Thales* bekannt. Liegt der Punkt C eines Dreiecks ABC auf einem Halbkreis über dem Durchmesser AB, so zeigt das Dreieck in C immer einen rechten Winkel. Der Phasenwinkel der Ausgangsspannung in Bezug zur Eingangsspannung variiert dann zwischen 0° und 180°.

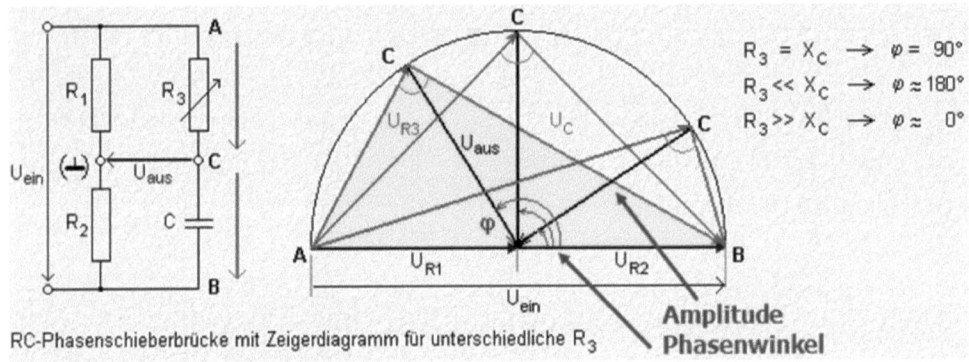

Abb. 5.2.6 Allpass: Zeigerdiagramm

Zeitliches Verhalten und Bodeplot des Allpasses

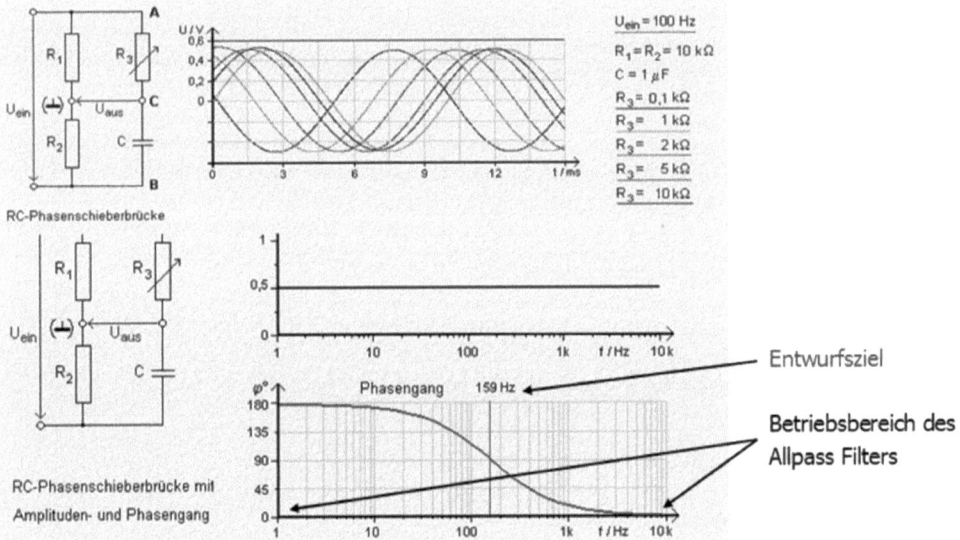

Abb. 5.2.7 Allpass: Zeit- und Frequenzverhalten

5.2.2 Das aktive Allpassfilter

Prinzipiell kann das passive Allpassfilter mit seinen beiden Teilzweigen a) Widerstandsteiler und b) Tiefpassfilter aufgetrennt werden und mit einem Operationsverstärker werden diese Zweige wieder zusammengesetzt. Abb. 5.2.8 zeigt diese Schaltungstechnik. Allpassfilter höherer Ordnung komprimieren den nutzbaren Phasenbereich.

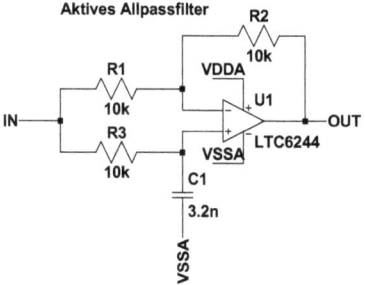

Abb. 5.2.8   Aktives Allpassfilter

Die beiden Teilzweige berechnen sich wie folgt:

$$U_M = \frac{U_{IN} + U_{OUT}}{2} \quad \bigg| R1 = R2$$

$$U_P = U_{IN} \cdot \frac{\frac{1}{j\omega C}}{R + \frac{1}{j\omega C}} = U_{IN} \cdot \frac{1}{1 + j\omega RC}$$

$$H(j\omega) = \frac{U_{OUT}}{U_{IN}} = \frac{1 - j\omega RC}{1 + j\omega RC} \qquad H(s) = \frac{1 - sRC}{1 + sRC} \qquad \varphi = -2 \cdot a\tan(2 \cdot \pi \cdot f \cdot R \cdot C)$$

mit: $a_1 = \omega_g RC$ folgt: $\qquad \varphi = -2 \cdot a\tan\left(a_1 \cdot \frac{f}{f_g}\right)$

$$t_{Gr0} = \frac{T_{gr0}}{f_g} = \frac{a_1}{\pi \cdot f_g} = 2 \cdot R \cdot C$$

Formel 5.2.5

Das aktive Allpassfilter zeigt einen Amplitudengang von 0 dB und den bereits bekannten Phasengang. Als aktives Filter hat es den Vorteil, rückwirkungsfrei zu sein. Aber man muss beim aktiven Filter auch aufpassen auf die bandbreite des Verstärkers. Innerhalb des Phasenverschiebungsbereichs muss die Amplitude des Verstärkers konstant bleiben. Das verlangt bereits bei Betriebsfrequenzen im mittleren 10 kHz Bereich eine Bandbreite von mehreren 10 MHz. Ist diese Bandbreite zu gering, dann wird die Dämpfung (siehe Bodeplot) den geforderten konstanten Amplitudengang bereits beeinträchtigen. Das hier gezeigte Beispiel nutzt einen CMOS-OP mit 50 MHZ Bandbreite und dieser kommt hier bereits an seine Grenze!

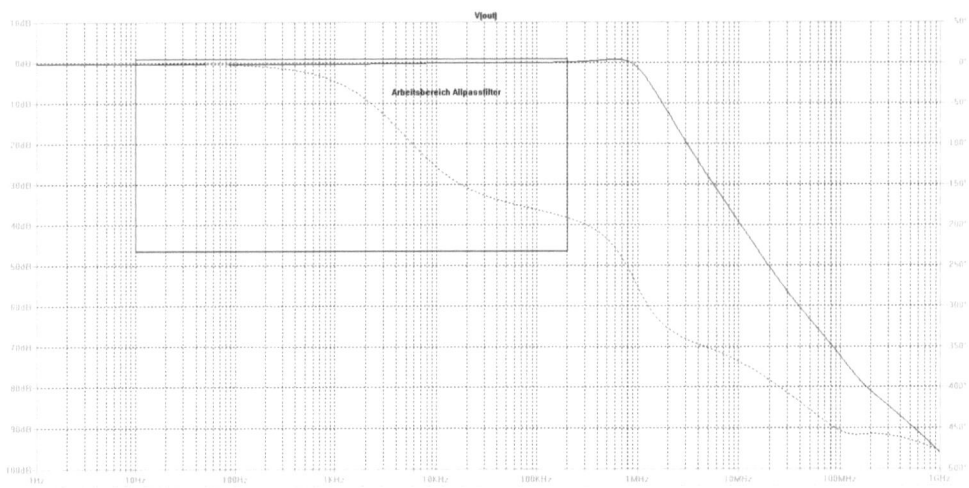

Abb. 5.2.9   Aktives Allpassfilter: Bodeplot mit Arbeitsbereich-Identifikation

Allpass – Beispielanwendung

Am Beispiel einer vereinfacht dargestellten amplitudenmodulierten (AM) Signalstrecke wird die Anwendung eines Allpasses demonstriert. Der Trägerfrequenzgenerator (TF-Generator) ist für die Demodulation die zeitliche Referenz. Er liefert das Signal beispielsweise an einen außen liegenden Sensor, der die Demodulation mit einem niederfrequenten Signal bewirkt. Das so AM-modulierte Signal kommt in die Schaltung, wird verstärkt und steht zeitlich verzögert (Bezug: TF-Generator) am Demodulator an. Aufgabe des Demodulators ist die phasenrichtige (und offsetkompensierte) Demodulation. Am Ausgang soll die Sensorschwingung phasenrichtig und mit sehr geringem Offset zu sehen sein. Im Beispiel wird auf die komplette Signalstrecke auf Grund der Übersichtlichkeit verzichtet. Die zeitliche Verzögerung der Signalstrecke wird einer extra TF-Quelle V2 zugeordnet. Das Allpassfilter wird mit Hilfe des Phasenpotentiometers so eingestellt, dass die Signalverzögerung ausgeglichen ist.

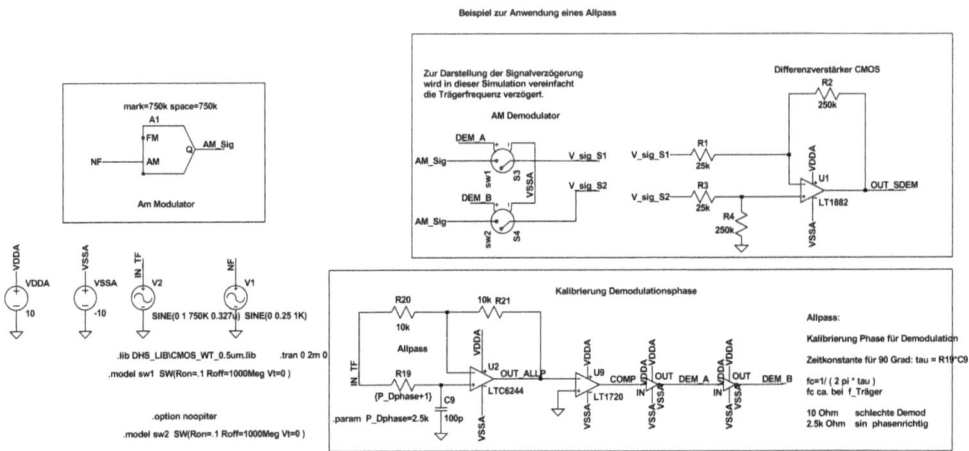

Abb. 5.2.10   Aktives Allpassfilter eingebettet in einen Amplitudendemodulator

Allpass – Beispielanwendung Simulationsergebnisse

Die Bilder in Abb. 5.2.11 und Abb. 5.2.12 zeigen jeweils oben das Eingangssignal, in der Mitte das mit der TF modulierte Signal (AM) und unten das demodulierte Signal mit noch vorhandener Restträgerablage. Unter Restträgerablage wird ein demoduliertes Signal mit einem Trägerfrequenzanteil verstanden. Der Vergleich der beiden Bilder zeigt, dass bei Fehlanpassung das demodulierte Signal eine sehr geringe Amplitude aufweist und die Störungen durch die Fehlanpassung deutlicher werden. Das Ergebnis der Demodulation kann verbessert werden durch einen noch feineren Abgleich als auch durch ein nachgeschaltetes Tiefpassfilter.

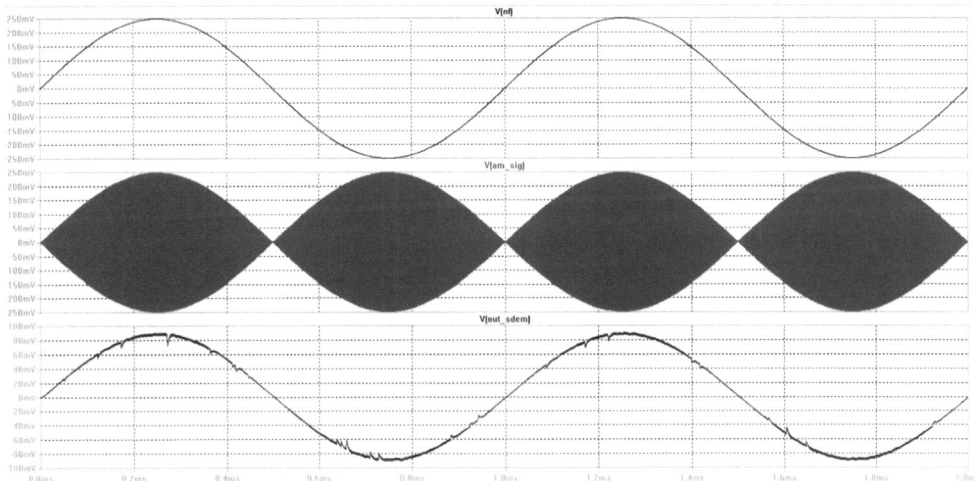

Abb. 5.2.11 Aktives Allpassfilter eingebettet in einen Amplituden-Demodulator: Simulationsergebnisse gute Anpassung

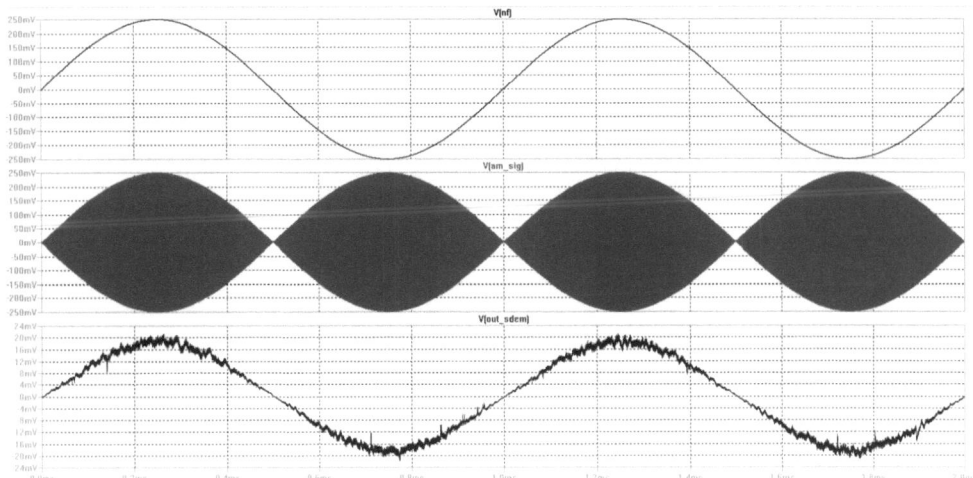

Abb. 5.2.12 Aktives Allpassfilter eingebettet in einen Amplituden-Demodulator: Simulationsergebnisse Fehlanpassung

Der vorgestellte Allpass 1. Ordnung zeigt, dass die Phasenverschiebung symmetrisch zur Grenzfrequenz ist. Bei einem Allpass zweiter Ordnung ist die Phasenverschiebung symmetrisch zur Resonanzfrequenz. Allpässe der zweiten Ordnung sind in der weiterführenden Literatur beschrieben. Allpässe höherer Ordnung als zwei sind nicht existent.

5.2.3 Das aktive Filter 1. Ordnung

Die Übertragungsfunktion eines passiven Tiefpassfilters 1. Ordnung lautet:

$$A(s_n) = \frac{A_0}{1 + a_1 s_n} = \frac{1}{1 + s \cdot RC} = \frac{1}{1 + \omega_g \cdot RC \cdot s_n}$$

a_1 ist frei wählbar. Damit lautet der Koeffizientenvergleich:

$$RC = \frac{a_1}{\omega_g} = \frac{a_1}{2\pi \cdot f_g}$$

Formel 5.2.6

Beim passiven Filter ist A0 stets 1. Was passiert, wenn A0 # 1 sein soll? Die abgeleitete Schaltungstechnik für A0 # 0 und das Ergebnis der AC-Analyse sieht dann so aus:

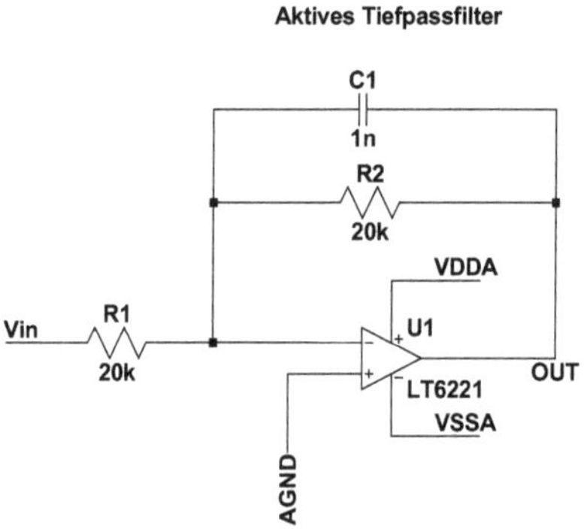

Abb. 5.2.13 Aktives Tiefpassfilter

Vorteilhaft bei dieser Schaltungstechnik ist die enorm hohe Impedanz am Eingang sowie die genügende Nieder- oder Quellimpedanz am Ausgang. Dadurch ist in jedem Fall die Rückwirkungsfreiheit sichergestellt.

$$I_1 = I_2 \Rightarrow \frac{V_{IN} - V_x}{G_1} = \frac{V_x - V_{OUT}}{G_p}$$

$$G_1 = R_1 \qquad G_p = \frac{R_2 \cdot X_C}{R_2 + X_C} = \frac{R_2 \cdot \frac{1}{j\omega C_1}}{R_2 + \frac{1}{j\omega C_1}}$$

$$A(j\omega)_{TP} = \frac{U_{OUT}}{U_{IN}} = -\frac{R_2}{R_1} \cdot \frac{1}{1 + j\omega \cdot R_2 C_1}$$

Formel 5.2.7

5.2 Die wichtigsten Filter, ihre Dimensionierung und Simulation

Das obige Gleichungssystem der Formel 5.2.7 setzt unser Wissen der Reziprozität um, so dass durch Austausch der zeitbestimmenden Terme aus dem Tiefpass ein Hochpass wird. Das folgende Schaltbild Abb. 5.2.14 zeigt dies für den angesprochenen Hochpass 1. Ordnung.

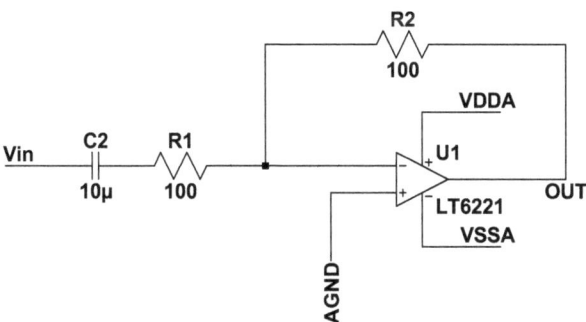

Abb. 5.2.14   Aktives Hochpassfilter

Die Berechnung erfolgt gemäß dem Standard: Stromsumme in Knoten ist Null.

$$I_1 = I_2 \quad \Rightarrow \quad \frac{V_{IN} - V_x}{G_1} = \frac{V_x - V_{OUT}}{G_2}$$

$$G_1 = X_C + R_1 = \frac{1}{j\omega C_1} + R_1 \qquad G_2 = R_2$$

$$A(j\omega)_{HP} = \frac{U_{OUT}}{U_{IN}} = -\frac{j\omega \cdot R_2 C_1}{1 + j\omega \cdot R_1 C_1} \quad \bigg| \frac{R_1}{R_1}$$

$$A(j\omega)_{HP} = -\frac{R_2}{R_1} \cdot \left(\frac{j\omega \cdot R_1 C_1}{1 + j\omega \cdot R_1 C_1} \right)$$

Formel 5.2.8

5.2.4   Das Audio-Klangfilter

Ein Audioverstärker, beispielsweise ein HIFI-Verstärker, so wie in Kapitel 1 baugruppenmäßig vorgestellt, bedarf auch eines Klangfilters. Dieser Klangfilter sollte folgende Eigenschaften aufweisen:
- Rückwirkungsfreiheit bzgl. der davor und dahinter liegenden Audiostufen
- Rückwirkungsarmut bzgl. der Klangbereiche (Tiefen, Mitte, Höhe)
- Gute Klangaussteuerung (selektive Verstärkung/Dämpfung)

Der Klangfilter der Abb. 5.2.15 lehnt sich an die klassischen Tonfilter nach Baxandall [5.26–5.28] bzw. James [5.29] an und ist in zwei Sektionen aufgeteilt:

Sektion 1   Vorverstärker mit aktivem Bandpass
Sektion 2   aktiver Dreibereichsklangfilter nach Baxandall für Bass, Mittelton- und Hochtonbereich

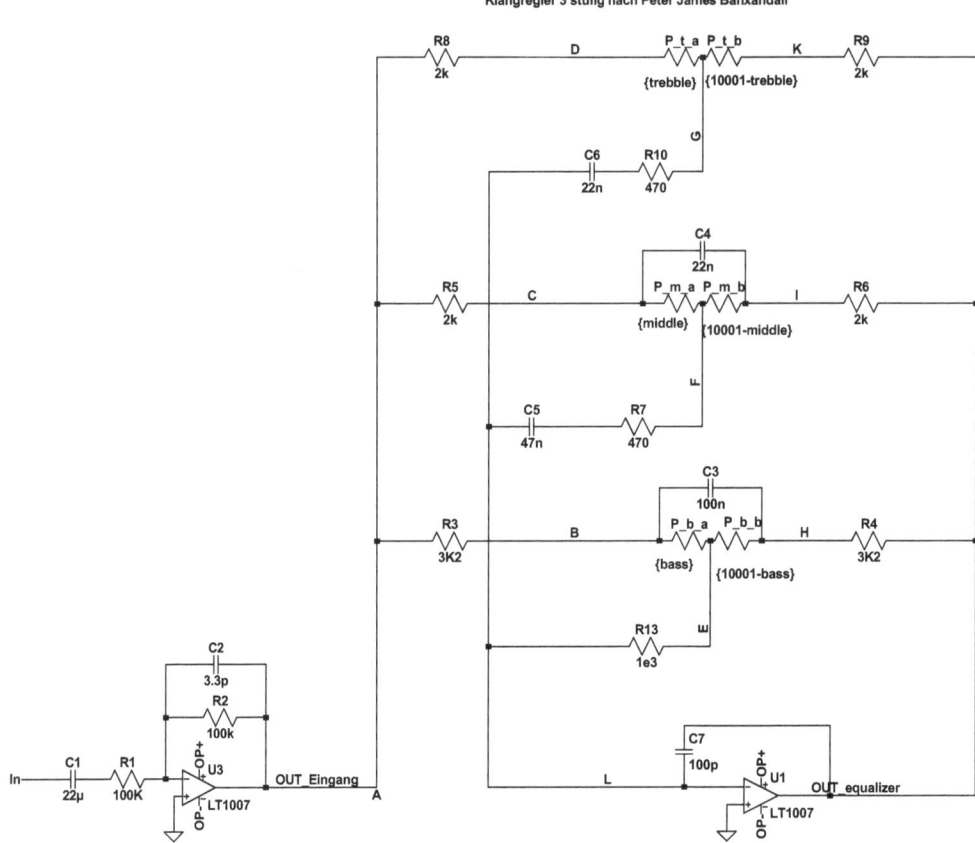

Abb. 5.2.15 Klangregelung 3-stufig nach Baxandall und James

Der Unterschied zum klassischen James- bzw. Baxandall-Tonfilter ist, dass die drei Bereichsfilter nahezu identischen Aufbau haben und getrennt bzgl. ihrer Systemverstärkung durch Widerstandsspannungsteiler (äußere Widerstände jeder Sektion) einstellbar sind. Wichtig bei diesen Filtern ist, dass die Filter für Bass-, Mittenton- und Hochtonbereich möglichst keine gegenseitige Beeinflussung zeigen. Diese Art von Filterung nennt man im englischen Sprachbegriff „equalizer". Die Schaltung zeigt, dass die drei frequenzbestimmenden Zweige auf Grund des Operationsverstärkers weitestgehend gemeinsam geregelt werden.

Entwurfsgrenzwerte

Die Entwurfsgrenzwerte sind Erfahrungswerte, die so gut als möglich eingehalten werden sollten. Ist der Entwurf fertig gestellt, können diese durch Audiomesstechnik und Hörgenuss nochmals nachoptimiert werden.

Frequenzbereiche

0.5 Hz–80 kHz	linearer Frequenzgang	
Grundverstärkung	0 dB	
Bass	Tiefpass	150 Hz bei 3 Hz +/− 12 dB
Mitte	Bandpass	450 Hz – 2 kHz bei 1 kHz +/− 6 dB
Höhen	Hochpass	2 kHz bei 10 kHz +/− 6 dB

5.2 Die wichtigsten Filter, ihre Dimensionierung und Simulation

Aus simulatorischen Gründen sind die Regelpotentiometer in zwei Teile a und b aufgeteilt. Die Regelpotentiometer sind für den Bassbereich P_b_a und P_b_b, für den Mittentonbereich P_m_a und P_m_b und den Hochtonbereich P_t_a und P_t_b

Das Eingangsfilter

Auf Grund des Filternetzwerks kommt es zu einer Resonanzüberhöhung, in diesem Fall bei ca. 2 MHz. Diese Resonanzüberhöhung würde sich störend auf den Frequenzverlauf auswirken. Das Tiefpassfilter verhindert auf Grund des niederimpedanten OP Verhaltens diese Resonanzstelle. Die Grenzfrequenz des Filters kann bei ca. 500 kHz angesiedelt werden, damit bei 2 MHz eine genügend hohe Systemdämpfung vorhanden ist. Bei der Festlegung der Grenzfrequenz muss die Dämpfung am Ende des Nutzfrequenzbereichs bzgl. des linearen Frequenzgangs berücksichtigt werden. Bei der Wahl der Grenzfrequenz bei ca. 500 kHz ist lediglich bei ca. 100 kHz eine geringe Nichtlinearität zu erkennen, welche sich auf die Nutzbandbreite von 50–60 kHz nicht auswirkt.

$$f_g = \frac{1}{2 \cdot \pi \cdot R_8 \cdot C_7} = 482.2 \; kHz$$

Formel 5.2.9

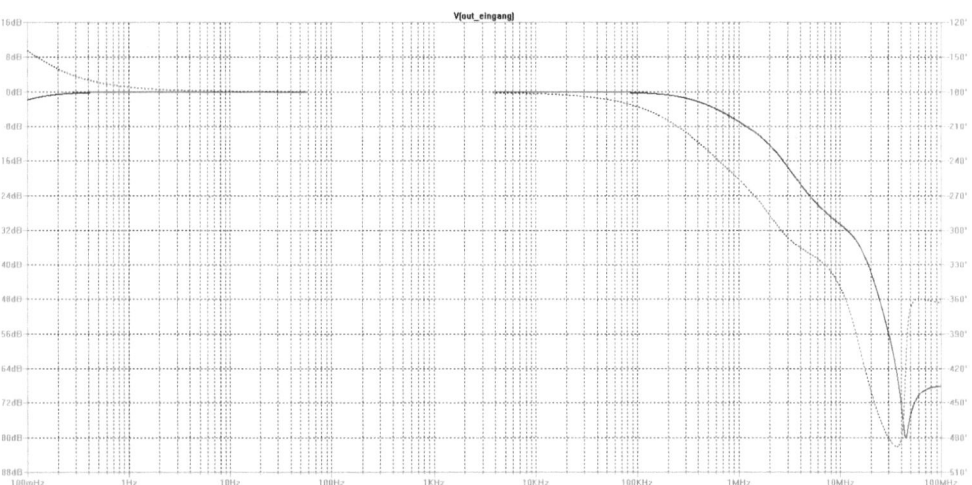

Abb. 5.2.16 Klangregler, Dämpfung Eingangs-OpAmp

Der Eingangskondensator sorgt für eine AC-Kopplung, so dass diese Stufe DC frei an jede Vorstufe angekoppelt werden kann. Dabei ist zu beachten, dass der Frequenzgang bei ca. 70 mHz liegt und damit der Eingangskondensator entsprechend groß sein muss.

$$f_g = \frac{1}{2 \cdot \pi \cdot R_9 \cdot C_5} = 70 \; mHz$$

Formel 5.2.10

Der Eingangswiderstand von 100 kΩ darf nicht geringer werden, da sonst die Vorstufe zu stark belastet wird.

Die Übertragungsfunktion

Die Übertragungsfunktion kann mit Hilfe der Knotenspannungsanalyse aufgestellt werden. Dazu ist die Leitwertmatrix als auch der Spannungsvektor des Eingangs aufzustellen. Mit MATLAB zeigt sich dieses System wie folgt:

```
Y =

[ G13 + G3 + Gb,           0,              0,        -Gb,      0,       0,      -G13,             0]
[         0,   G5 + G7 + Gm + C5*s,        0,         0,      0,     -Gm,       0,   - G7 - C5*s,  0]
[         0,           0,    G10 + G8 + Gt + C6*s,   0,       0,      -Gt,  - G10 - C6*s,          0]
[       -Gb,           0,              0,    G4 + Gb,  0,      0,        0,                     -G4]
[         0,         -Gm,              0,         0, G6 + Gm,   0,       0,                     -G6]
[         0,           0,            -Gt,         0,      0, G9 + Gt,    0,                     -G9]
[       -G13,      - G7 - C5*s,  - G10 - C6*s,    0,      0,       0,       0,                     0]
[         0,           0,              0,       -G4,   -G6,    -G9,        0,          G4 + G6 + G9]


I =

G3*Vin
G5*Vin
G8*Vin
  0
  0
  0
  0
  0
```

Abb. 5.2.17 Banxadall–James-Klangfilter, MATLAB-Knotenspannungsanalyse

Die Abb. 5.2.17 zeigt die Leitwertmatrix Y und den Eingangsstromvektor I. Gb, Gm und Gt bezeichnen die Leitwerte der Potentiometer für Bass (b), Mitte (m) und Höhe (t). Die Leitwertmatrix ist ein wenig vereinfacht, denn die Potentiometer für Bass, Mitte und Höhe sind auf Extremanschlag „voll ausgesteuert" in das Matrixsystem eingebaut. Damit wird auf die Zwischenknoten E, F und G (siehe Abb. 5.2.15) verzichtet. Die Berechnung mit MATLAB zeigt, dass zunächst die Berechnung sehr lange dauert und dass das Ergebnis auf Grund seiner enormen Größe nicht mehr vernünftig auswertbar ist. Damit ist klar, dass nur effektive Näherungen und Vereinfachungen das System analysefähig gestalten. Dieser Weg wird im Folgenden begangen. Die Literatur hält sich im Falle von analogen Klangreglern mit beschreibenden Gleichungen sehr zurück. Patron [5.30] zeigt mathematische Lösungen, diese sind aber auch nur Näherungen für diese eine spezielle Schaltungstechnik. Die Näherungen stammen aus der Zerlegung in Form von einzeln wirksamen Spannungsteilern und sind offensichtlich nicht aus einer geschlossenen Lösung abgeleitet.

Die DC-Verstärkung des Filters

Analysiert man die Schaltung, so erkennt man schnell, dass die Stellung der Klangpotentiometer bezogen auf den Mittenabgriff eine Änderung der Verstärkung bedingen. Das ist auch der Sinn dieser Potentiometer. Diese Verstärkungsänderung wird dabei im jeweilig gewollten Frequenzbereich über Bereichsfilter selektiert, so dass sie nur innerhalb der Filterbandbreite wirksam wird. Außerhalb der Filterbandbreite soll die Verstärkung zunächst 0 dB betragen. Die Widerstände vor und hinter den Klangpotentiometern verändern den Arbeitspunkt des zugehörigen Klangregelnetzwerk. Sind die Widerstände gleich groß, so ist der wirksame Spannungsbereich auf Grund des Spannungsabfalls über das Klangpotentiometer eingeschränkt, jedoch hat die Verstärkung darauf keinen Einfluss. Sind diese Widerstände jedoch unterschiedlich groß, so nehmen sie Einfluss auf die Verstärkung des zugehörigen Filter-

5.2 Die wichtigsten Filter, ihre Dimensionierung und Simulation

bereichs. Da der Filter über einen Operationsverstärker geregelt wird, ist vereinfachend die Betrachtung der einzelnen Klangzweige erlaubt. Es darf aber nicht erwartet werden, dass die so zustande kommenden Gleichungssysteme eine korrekte Dimensionierung ermöglichen, denn die Zweige sind als Stromsummen aufzufassen und beeinflussen sich. Diese Näherung ist aber trotzdem sinnvoll und kann als erste Dimensionierung für die Simulationsrunde genutzt werden. Die Simulation wird zeigen, wie groß die Fehler sind und die Dimensionierung kann mit Hilfe gezielter Simulationen optimiert werden.

Die Berechnung der Verstärkung der einzelnen Zweige des Netzwerks ergibt sich unter Berücksichtigung der Inversion des Eingangsverstärkers zu:

$$V_{OUT,Bass} := V_{IN} \cdot \frac{R_4}{R_3}$$

$$V_{OUT,Mitte} := V_{IN} \cdot \frac{R_6}{R_5}$$

$$V_{OUT,Hoch} := V_{IN} \cdot \frac{R_9}{R_8}$$

$$V = \frac{V_{OUT}}{V_{IN}} = \frac{R_4}{R_3} = \frac{R_6}{R_5} = \frac{R_9}{R_8} = 1 \qquad V[dB] = 0 \; dB$$

Formel 5.2.11

Vereinfachte Systembeschreibung

Das Klangreglersystem wird mit Hilfe der Stromsummen bestimmt. Die folgenden Näherungen sind der Vereinfachung des Netzwerks, wie oben bereits erwähnt, zu entnehmen. Unter der Voraussetzung Verstärkung 1 oder 0 dB sind die pro Zweig möglichen Verstärkungswiderstände beidseitig gleich. Damit können diese vereinfachend gesehen vernachlässigt werden und man erhält auf diesem Weg einen Summierverstärker mit den Teilsummen Bassweg, Mittentonweg und Hochtonweg.

Das Bassfilter

$$f_g = \frac{1}{2 \cdot \pi \cdot P_b \cdot C_3} = \frac{1}{2 \cdot \pi \cdot 13.2 \; k\Omega \cdot 100 \; nF} \approx 120 \; Hz$$

$$V_{Bass}(3Hz) = 20 \cdot \log_{10}\left(\frac{P_{tb} \parallel X_{C3} + R_4}{R_3}\right)$$

$$V_{Bass}(3Hz) = 20 \cdot \log_{10}\left(\frac{\frac{10 \; k\Omega \cdot 100 \; nF}{10 \; k\Omega + 100 \; nF} + 3.2 \; k\Omega}{3.2 \; k\Omega}\right) = 12.2 \; dB$$

Formel 5.2.12

Das Mittentonfilter

Das Filter besteht aus einem Tiefpass, bestimmt durch den Kondensator C_4 und einem Hochpass, bestimmt durch R_7 und C_5 und bildet so ein Bandpassfilter. Die Verstärkung bestimmt sich ähnlich der des DC-Pfads vom Bassteil, jedoch müssen die Parallelzweige Bass und Höhe mit berücksichtigt werden. Mit den anderen Zweigen gemeinsam muss der Parallelwiderstand im DC-Pfad berücksichtigt werden. Dadurch ergibt sich beispielsweise für den Mittentonpass bei Potentiometer-Stellungen: Bass und Höhe in Mittelstellung und Mitte voll aufgedreht ein DC-Eingangswiderstand von ca. 1.5 kΩ zwischen Signaleingang Filter A und Eingangsknoten X des OP.

$$R_{p,mid} = \frac{1}{\frac{1}{13.2\,k\Omega} + \frac{1}{12\,k\Omega} + \frac{1}{2\,k\Omega}} \approx 1.5\,k\Omega$$

$$X_{C4}(1\,kHz) \approx 7.2\,k\Omega \qquad X_{C5}(1\,kHz) \approx 3.4\,k\Omega$$

$$f_{g,TP} = \frac{1}{2\cdot\pi\cdot R_m \cdot C_4} = \frac{1}{2\cdot\pi\cdot 10\,k\Omega \cdot 22\,nF} \approx 723\,Hz$$

$$f_{g,HP} = \frac{1}{2\cdot\pi\cdot(R_p,mid + R_7)\cdot C_5} = \frac{1}{2\cdot\pi\cdot 1.5\,k\Omega \cdot 47\,nF} \approx 1.7\,kHz$$

Verstärkung:

$$V_{Mitte}(1kHz) = 20\cdot\log_{10}\left(\frac{\frac{X_{C4}\cdot 10\,k\Omega}{X_{C4}+10\,k\Omega} + 2\,k\Omega}{2\,k\Omega}\right) \approx 9.8\,dB$$

Formel 5.2.13

Der Hochtonfilter

Der Hochtonfilter besteht aus dem DC-Pfad, gebildet durch die Potentiometerzweige und dem Mittenabgriffpfad des Hochtonfilters, gebildet durch die Serienschaltung von R_{10} mit C_6. Nur der Mittenabgriff ist für die Hochpasseinstellung wichtig. Die DC-Verstärkung ergibt sich aus dem DC-Eingangswiderstand des Hochtonzweigs mit dem Serienwiderstand R_9.

$$R_{p,hoch} = \frac{1}{\frac{1}{13.2\,k\Omega} + \frac{1}{12\,k\Omega} + \frac{1}{2\,k\Omega}} \approx 1.5\,k\Omega$$

$$X_{C6}(3.5\,kHz) \approx 4.1\,k\Omega$$

$$f_{g,HP} = \frac{1}{2\cdot\pi\cdot(R_{p,hoch}+R_{10})\cdot C_6} \approx 3.6\,kHz$$

Verstärkung:

$$V_{Hoch}(3.5\,kHz) = 20\cdot\log_{10}\left(\frac{R_{p,hoch}+2\,k\Omega}{2\,k\Omega}\right) \approx 4.9\,dB$$

Formel 5.2.14

5.2 Die wichtigsten Filter, ihre Dimensionierung und Simulation

Diese Werte sind ein erster Entwurfseinstieg, wobei auf Grund der Komplexität der Schaltung einerseits und der für den Erstentwurf vorgenommenen deutlichen Vereinfachung durch Separation der Filterbereiche ein Fehler in den Frequenzgrenzen der beteiligten Filterbänke gemacht wird. Die Simulation wird das klären und bei der Optimierung helfen.

Simulationsergebnis und Messergebnisse

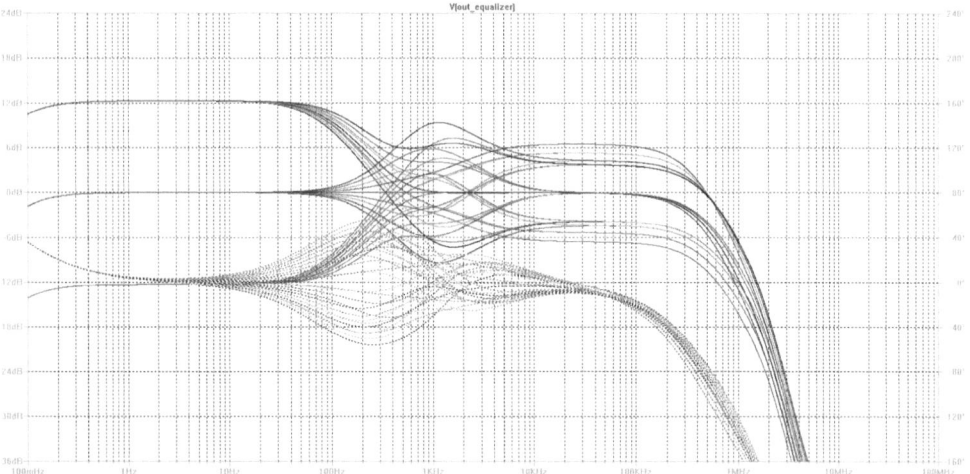

Abb. 5.2.18 Klangregler: Simulationsergebnis

Die Simulation wurde mit Hilfe eines „Parametersweeps" der Klangpotentiometer für jeden der drei Bereiche für 10 kΩ, 5 kΩ und 1 Ω durchgeführt. Die Abb. 5.2.18 zeigt dieses Simulationsergebnis. Eine Studienarbeit [5.31] beinhaltete den Entwurf und die Implementierung dieses Klangreglers auf einer Platine für einen HIFI-Stereoverstärker. Die Messergebnisse zeigten:

Slewrate pos / neg	10 V/µsec 9 V/µsec
Verstärkung Bass	$V_{Bass} = 12.25$ dB
Verstärkung Mitte	$V_{Mittes} = 2.35$ dB
Verstärkung Höhen	$V_{Höhe} = 4$ dB

Die Bassverstärkung stimmt sehr gut überein, die Mitten zeigen eine Abweichung von ca. −4 dB und die Höhen eine Abweichung von −0.9 dB. Diese Abweichungen sind auf den Aufbau zurückzuführen, der in diesem ersten Entwurf als handverdrahtete Schaltung gemessen wurde. Es geht in diesem Kapitel nicht darum zu beweisen, dass nach einigen Anstrengungen die Vorgaben eingehalten wurden, sondern diese Arbeit zeigte, dass die Methodik des Entwurfs passt und die Ergebnisse der Berechnung, der Simulation und der Praxis zu diskutierbaren und damit ingenieurmäßig handhabbaren Ergebnissen führt. Eine Weiterarbeit wird zunächst den Aufbau verbessern, damit parasitäre Effekte wie z.B. schlechte Lötstellen sowie lange Leitungen (parasitäre Induktivität) ausgemerzt werden. Dann werden diese Ergebnisse bestimmt näher bei denen der Simulation liegen und wenn dann noch notwendig, mag eine Optimierung eine nochmalige Verbesserung bringen.

5.2.5 Das Doppel-T-Filter

Doppel-T-Filter erhielten ihren Namen aus ihrer strukturellen Anordnung, denn es gibt zwei Zweige und in jedem Zweig ein Bauteil, welches zur Signalmasse (der T-Strich) angeordnet ist [5.32.]

Das aktive Doppel-T-Filter

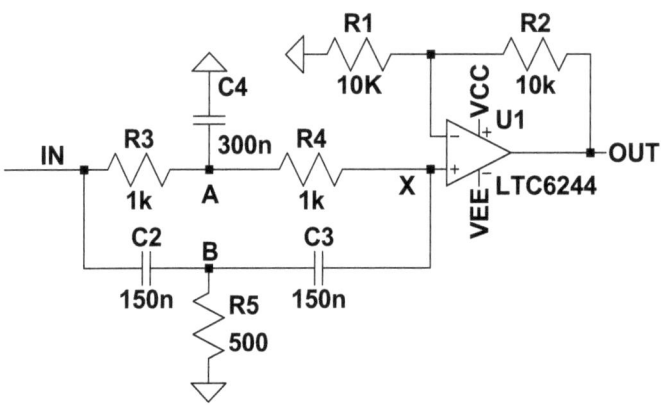

Abb. 5.2.19   Das aktive Doppel-T-Filter

Diese Filter sind parallele Filter mit einem Tiefpass und einem Hochpasszweig. Sie werden auf Grund ihrer besonderen Charakteristik meist als Bandsperren eingesetzt. In diesem Fall sind folgende Dimensionierungen vorzunehmen:

R = R3 = R4   G3 = G4 = G
R5 = R/2   G5 = 2G
C = C2 = C3
C4 = 2C

Der Filter wird mit Hilfe der Laplace-Gleichungen sowie der Knotenspannungsanalyse berechnet.

$$Z = \begin{vmatrix} 2 \cdot G + 2 \cdot C \cdot s & 0 & -G \\ 0 & 2 \cdot G + 2 \cdot C \cdot s & -C \cdot s \\ -G & -C \cdot s & G + C \cdot s \end{vmatrix} \cdot \begin{pmatrix} V_A \\ V_B \\ V_X \end{pmatrix} = \begin{pmatrix} V_{IN} \cdot G \\ V_{IN} \cdot C \cdot s \\ 0 \end{pmatrix}$$

$$H = \frac{V_X}{V_{IN}} = \frac{G^2 + C^2 \cdot s^2}{G^2 + 4 \cdot C \cdot G \cdot s + C^2 \cdot s^2}$$

Formel 5.2.15

5.2 Die wichtigsten Filter, ihre Dimensionierung und Simulation

Dieses Gleichungssystem wird mit Hilfe von MATLAB gelöst:

```
clear all
clc
% Dr. W. Tenten
% Doppel T Filter
% 24.06.2011

syms G C w s Vin R C

%       A           B           X
Y = [2*s*C+2*G      0           -G;       % Va
     0              2*G+2*s*C   -s*C;     % Vb
     -G             -C*s        G+s*C]    % Vx
I = [Vin*G;Vin*s*C;0]
V = Y\I
V_X = V(3)
H = V_X/Vin
simplify(H)
pretty(H)
H = subs(H,{'s' 'G'},{j*w 1/R})
[z,n] = numden(H)
H_jw = z/n
pretty(H_jw)

R=1e3; C=150e-9;
T=R*C
H = 2*tf([T^2 0 1], [T^2 4*T 1])
% Pol-Nullstellen
figure(1)
pzmap(H)
grid on
% Bodeplot
figure(2)
P = bodeoptions; % Phase wird dargestellt Frequenzeinheiten in Hz
P.FreqUnits = 'Hz'; %
bode(H,P)
grid on
```

Abb. 5.2.20   Doppel-T-Filter: MATLAB-Steuerfile

Das MATLAB-Ergebnis der Übertragungsfunktion H zeigt Abb. 5.2.21. Die Abb. 5.2.9 zeigt das MATLAB-Ergebnis nach der Dimensionierung mit Nullstellen, Polen und dem Bodediagramm. Dieser Filter stellt einen Kerbfilter für 1 kHz dar. Der Operationsverstärker sorgt für einen sehr hochohmigen Knoten X. Damit ist der Ausgang des passiven Filterteils unbelastet.

```
H_jw =

-(C^2*R^2*w^2 - 1)/(- C^2*R^2*w^2 + 4*C*R*w*i + 1)
```

$$-\frac{C^2 R^2 w^2 - 1}{-C^2 R^2 w^2 + 4CRwi + 1}$$

```
T =

    1.5000e-004


Transfer function:
     4.5e-008 s^2 + 2
  ---------------------------
  2.25e-008 s^2 + 0.0006 s + 1
```
Abb. 5.2.21   Doppel T-Filter: MATLAB-Ergebnis

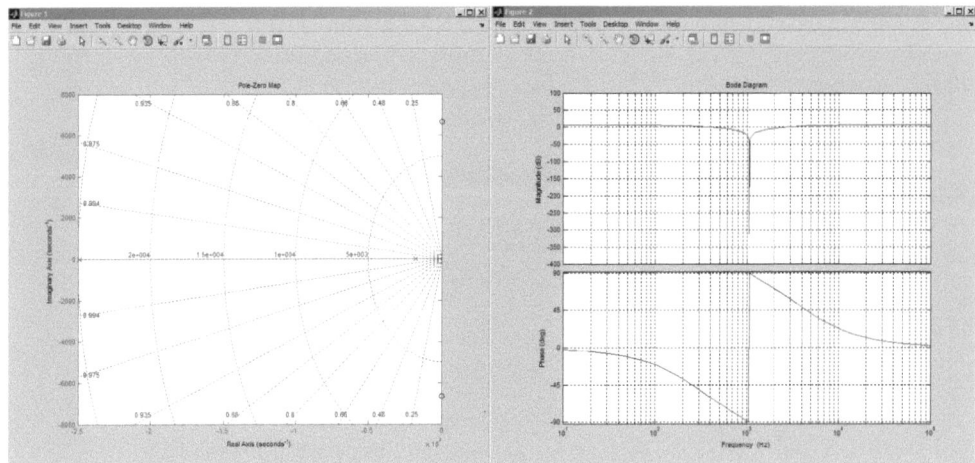

Abb. 5.2.22 Doppel-T-Filter: Matlab plots links: Nullstelle & Pole rechts: Frequenz & Phase

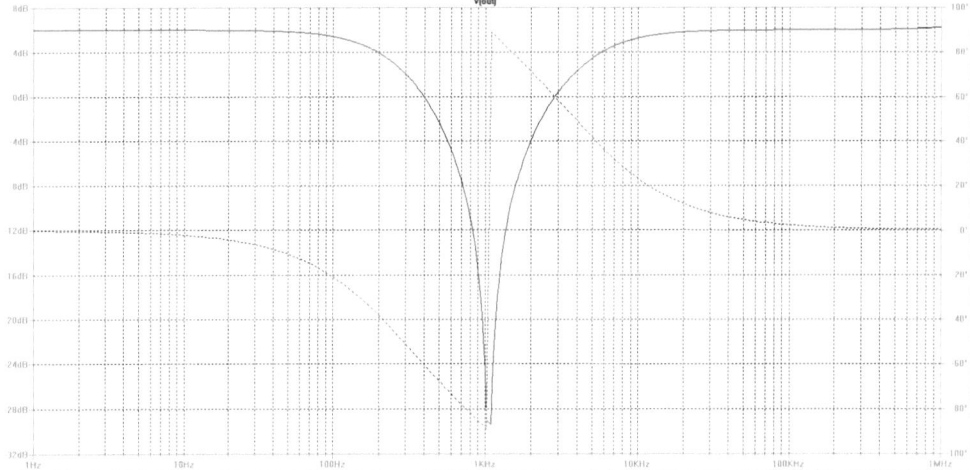

Abb. 5.2.23 Doppel-T-Filter: LTspice-Ergebnis

Die Abb. 5.2.23 bestätigt mit einer LTspice-Simulation das MATLAB-Ergebnis.

5.2.6 Das Sallen-Key-Filter

Das Problem bei aktiven Filtern ist, dass die Filter-Übertragungsfunktion nur solange Gültigkeit besitzt, wie die Differenzverstärkung des Operationsverstärkers groß ist, bezogen auf den Betrag der Filter-Übertragungsfunktion A. Schreiben wir die allgemeine ÜTF eines Tiefpasses hin:

$$A(s_n) = \frac{A_0}{1 + a_1 s_n + b_1 s_n^2} = \frac{A_0}{1 + s \cdot RC + s^2 \cdot LC} = \frac{A_0}{1 + \omega_g \cdot RC \cdot s_n + \omega_g^2 \cdot LC \cdot s_n^2}$$

Formel 5.2.16

5.2 Die wichtigsten Filter, ihre Dimensionierung und Simulation

Aus dem Tiefpass 1. Ordnung mit Impedanzwandler kann man durch Reihenschaltung der Induktivität L1 zum Widerstand R1 einen Tiefpass 2. Ordnung realisieren. Wir geben C1 vor und erhalten durch Koeffizientenvergleich die anderen Bauelementewerte.

$$A_0 = \frac{R_2 + R_3}{R_3} \qquad R_1 = \frac{a_1}{2\pi \cdot f_g \cdot C_1} \qquad L_1 = \frac{b_1}{4\pi^2 \cdot f_g^2 \cdot C_1}$$

Formel 5.2.17

Das Problem liegt an der Einfachmitkopplung des OP. Dadurch kann eine Induktivität bei niedrigen Frequenzen zunehmend schlechter realisiert werden. Das Problem kann jedoch behoben werden durch einen Kondensator an Stelle der Induktivität. Das führt zu den Sallen–Key-Filtern, eingeführt 1955 durch R. Sallen und P. Key [5.33, 5.34, 1.19]. Die folgende Abhandlung zeigt die Analyse dieser Schaltungstechnik Die Sallen–Key-Filter sind nicht invertierende Besselfilter und gehören zur Klasse der mehrfach rückgekoppelten Filter.

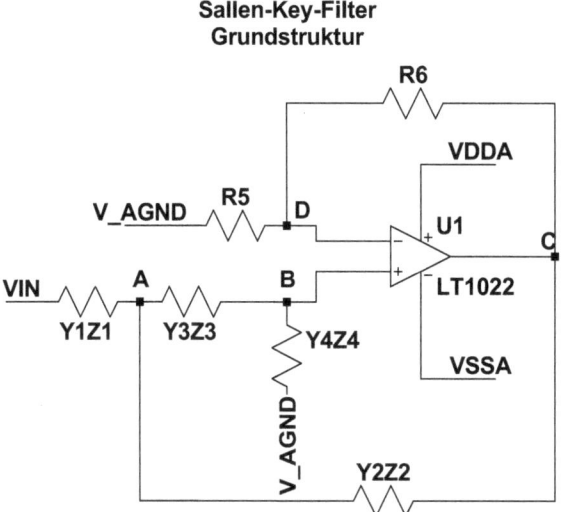

Abb. 5.2.24 Sallen-Key-Filter: Grundstruktur

Für die Knoten A, B und C gilt:

$$I_1 + I_2 = I_3 \qquad I_3 = I_4$$

$$A: \quad \frac{V_{IN} - V_A}{Z_1} + \frac{V_A - V_C}{Z_2} = \frac{V_A - V_B}{Z_3}$$

$$B: \quad \frac{V_A - V_B}{Z_3} = \frac{V_B}{Z_4}$$

$$C: \quad V_C = V \cdot V_B$$

$$V = 1 + \frac{R_6}{R_5}$$

Formel 5.2.18

Die Formel 5.2.18 stellt die allgemeine Form einer Netzwerkstruktur dar und besagt zunächst einmal gar nichts über deren Charakter. Der Charakter des Netzwerks wird erst durch Einsetzen der realen sowie komplexen Widerstände in die Reaktanzen Z_n erreicht. Das Gleichungssystem der Formel 5.2.18 wird mit Hilfe von MAPLE allgemein gelöst:

```
> restart:
```
Achtung: wegen OP Inversion ist in der folgenden Zeile der zweite Term invertiert!
```
> A:=(V_IN-VA)/Z1-(VA-VC)/Z2=(VA-VB)/Z3;
```

$$A := \frac{V\_IN - VA}{Z1} - \frac{VA - VC}{Z2} = \frac{VA - VB}{Z3}$$

```
> B:=(VA-VB)/Z3=VB/Z4;
```

$$B := \frac{VA - VB}{Z3} = \frac{VB}{Z4}$$

```
> C:=VC=V*VB;
```

$$C := VC = V\,VB$$

```
> loes:=solve({A,B,C},{VA,VB,VC});
```

$$loes := \{ VB = \frac{Z4\,Z2\,V\_IN}{Z2\,Z3 + Z1\,Z3 - Z4\,Z1\,V + Z2\,Z4 + Z1\,Z4 + Z1\,Z2},$$

$$VA = \frac{(Z4 + Z3)\,Z2\,V\_IN}{Z2\,Z3 + Z1\,Z3 - Z4\,Z1\,V + Z2\,Z4 + Z1\,Z4 + Z1\,Z2},$$

$$VC = \frac{V\,Z4\,Z2\,V\_IN}{Z2\,Z3 + Z1\,Z3 - Z4\,Z1\,V + Z2\,Z4 + Z1\,Z4 + Z1\,Z2} \}$$

```
> VC_erg:=subs(loes,VC);
```

$$VC\_erg := \frac{V\,Z4\,Z2\,V\_IN}{Z2\,Z3 + Z1\,Z3 - Z4\,Z1\,V + Z2\,Z4 + Z1\,Z4 + Z1\,Z2}$$

```
> H:=VC_erg/V_IN;
```

$$H := \frac{V\,Z4\,Z2}{Z2\,Z3 + Z1\,Z3 - Z4\,Z1\,V + Z2\,Z4 + Z1\,Z4 + Z1\,Z2}$$

```
> V:=1+R6/R5;
```

$$V := 1 + \frac{R6}{R5}$$

```
> H_sys:=H;
```

$$H\_sys := \frac{\left(1 + \dfrac{R6}{R5}\right) Z4\,Z2}{Z2\,Z3 + Z1\,Z3 - Z4\,Z1\left(1 + \dfrac{R6}{R5}\right) + Z2\,Z4 + Z1\,Z4 + Z1\,Z2}$$

Abb. 5.2.25 Sallen–Key-Grundform: MAPLE-Berechnung

5.2 Die wichtigsten Filter, ihre Dimensionierung und Simulation

Die ÜTF der Sallen–Key-Grundstruktur lautet mit Vereinfachung der Verstärkung durch V:

$$H = \frac{V \cdot Z_2 \cdot Z_4}{Z_2 \cdot Z_3 + Z_1 \cdot Z_3 + Z_1 \cdot Z_4 \cdot (1-V) + Z_2 \cdot Z_4 + Z_1 \cdot Z_2}$$

Formel 5.2.19

Die Formel 5.2.19 ist unabhängig vom Typ des Filters.

Der Sallen–Key-Tiefpass

Durch Ersatz in der allgemeinen Lösung H von:

$$Z_1 = R_1 \qquad Z_2 = \frac{1}{sC_3} \qquad Z_3 = R_3 \qquad Z_4 = \frac{1}{sC_4}$$

Formel 5.2.20

ergibt sich:

$$H(s) = \frac{\dfrac{A}{R_1 \cdot R_3}}{\dfrac{C_4}{R_1} \cdot s + C_2 \cdot C_4 \cdot s^2 + \dfrac{C_2}{R_3} \cdot (1-V) \cdot s + \dfrac{1}{R_1 \cdot R_3} + \dfrac{C_4}{R_3} \cdot s}$$

$$H(s) = \frac{A}{1 + (R_3 \cdot C_4 + R_1 \cdot C_4 + R_1 \cdot C_2 \cdot (1-V)) \cdot s + R_1 \cdot R_3 \cdot C_2 \cdot C_4 \cdot s^2}$$

Formel 5.2.21

Dimensionierung dieses Filters

Als Startbedingung für die Dimensionierungsrechnung müssen gewisse Vorgaben gemacht werden. Daher seien C2, C4 und R5 gegeben und die folgende Bedingung ist einzuhalten:

$$C_4 < C_2 \cdot \frac{1 + 4 \cdot Q_P^2 \cdot (A_0 - 1)}{4 \cdot Q_P^2}$$

$$C_4 \neq C_2 \cdot (A_0 - 1)$$

Formel 5.2.22

Damit kann die Dimensionierungsrechnung gestartet werden.

$$R_1 = \frac{1}{2 \cdot \omega_C \cdot \Omega_P \cdot Q_P} \cdot \frac{C_2 \pm \sqrt{C_2^2 - 4 \cdot Q_P^2 \cdot C_2 \cdot (C_4 + C_2 \cdot (1 - A_0))}}{C_2 \cdot (C_4 - C_2 \cdot (A_0 - 1))}$$

$$R_1 = \frac{1}{(\omega_C \cdot \Omega_P)^2 \cdot R_3 \cdot C_2 \cdot C_4}$$

$$R_3 = \frac{1}{2 \cdot \omega_C \cdot \Omega_P \cdot Q_P} \cdot \frac{C_2 \pm \sqrt{C_2^2 - 4 \cdot Q_P^2 \cdot C_2 \cdot (C_4 + C_2 \cdot (1 - A_0))}}{C_2 \cdot C_4}$$

$$R_3 = \frac{1}{(\omega_C \cdot \Omega_P)^2 \cdot R_1 \cdot C_2 \cdot C_4}$$

$$Q_P = \frac{\sqrt{R_1 \cdot R_3 \cdot C_2 \cdot C_4}}{C_4 \cdot (R_1 + R_3) + R_1 \cdot C_2 \cdot (1 - A_0)} \qquad R_6 = R_5 \cdot (A_0 - 1)$$

$$Q_P = \frac{1}{\omega_C \cdot \sqrt{R_1 \cdot R_3 \cdot C_2 \cdot C_4}}$$

Formel 5.2.23

Eine weitere Vereinfachung zeigt die Übertragungsfunktion, wie sie in den meisten Formelsammlungen zu finden ist, wenn A0 = 1 gesetzt wird.

Mit der Bedingung

$$C_4 < \frac{C_2}{4 \cdot Q_P^2}$$

Formel 5.2.24

folgt:

$$R_1 = \frac{C_2 \pm \sqrt{C_2^2 - 4 \cdot Q_P^2 \cdot C_2 \cdot C_4}}{2 \cdot C_2 \cdot C_4 \cdot Q_P \cdot \Omega_P \cdot \omega_C} = \frac{1}{R_3 \cdot C_2 \cdot C_4 \cdot Q_P^2 \cdot \omega_C^2}$$

$$R_3 = \frac{C_2 \pm \sqrt{C_2^2 - 4 \cdot Q_P^2 \cdot C_2 \cdot C_4}}{2 \cdot C_2 \cdot C_4 \cdot Q_P \cdot \Omega_P \cdot \omega_C} = \frac{1}{R_1 \cdot C_2 \cdot C_4 \cdot Q_P^2 \cdot \omega_C^2}$$

$$Q_P = \frac{\sqrt{R_1 \cdot R_3 \cdot C_2}}{C_4 \cdot (R_1 + R_3)^2} \qquad R_6 = 0$$

$$Q_P = \frac{1}{\omega_C \cdot \sqrt{R_1 \cdot R_3 \cdot C_2 \cdot C_4}}$$

Formel 5.2.25

Beispiel: Tiefpass-Butterworth-SK Ordnung 2

Grenzfrequenz   fc = 250 Hz
Durchlassverstärkung   14 dB
Kondensatorwert   100 nF

5.2 Die wichtigsten Filter, ihre Dimensionierung und Simulation

Damit ist gegeben:

$Q_p = 0.707$ $A_0[dB] = 14$ $f_c = 250$ Hz $\Omega_p = 1$
$C_2 = 100$ nF $R_5 = 10$ kΩ

Rechenweg

$\omega_C = 2\pi f c$ $A = 10^{0.05 \cdot A_0}$ [dB]

$$C_{4,max} = \frac{C_2 \cdot \left(1 + 4 \cdot Q_P^2 \cdot (A-1)\right)}{4 \cdot Q_P^2} \qquad C_{4,max} = 451.2 \; nF \quad C_{4,Wahl} = 100 \; nF$$

$$R_{11} = \frac{1}{2 \cdot \omega_C \cdot \Omega_P \cdot Q_P} \cdot \frac{C_2 + \sqrt{C_2^2 - 4 \cdot Q_P^2 \cdot C_2 \cdot (C_4 + C_2 \cdot (1-A))}}{C_2 \cdot (C_4 - C_2 \cdot (A-1))} \qquad R_{11} = 5.456 \; k\Omega$$

$$R_{12} = \frac{1}{2 \cdot \omega_C \cdot \Omega_P \cdot Q_P} \cdot \frac{C_2 - \sqrt{C_2^2 - 4 \cdot Q_P^2 \cdot C_2 \cdot (C_4 + C_2 \cdot (1-A))}}{C_2 \cdot (C_4 - C_2 \cdot (A-1))} \qquad R_{12} = 2.466 \; k\Omega$$

$$R_{31} = \frac{1}{2 \cdot \omega_C \cdot \Omega_P} \cdot \frac{C_2 - \sqrt{C_2^2 - 4 \cdot Q_P^2 \cdot C_2 \cdot (C_4 + C_2 \cdot (1-A))}}{Q_P \cdot C_2 \cdot C_4} \qquad R_{31} = -7.428 \; k\Omega$$

$$R_{32} = \frac{1}{2 \cdot \omega_C \cdot \Omega_P} \cdot \frac{C_2 + \sqrt{C_2^2 - 4 \cdot Q_P^2 \cdot C_2 \cdot (C_4 + C_2 \cdot (1-A))}}{Q_P \cdot C_2 \cdot C_4} \qquad R_{32} = 1.643 \; k\Omega$$

Formel 5.2.26

Wahl: $R_1 = R_{12}$ $R_3 = R_{32}$ $R_6 = (A-1)R_5 = 40.1$ kΩ
Ergebnis: $R_1 = 2.466$kΩ $R_3 = 16.43$kΩ $R_5 = 10$ kΩ $C_2 = C_4 = 100$ nF

Die dimensionierte Schaltung

Die Abb. 5.2.26 zeigt die dimensionierte Schaltung.

250 Hz, 2nd Order SK-Butterworth-Filter

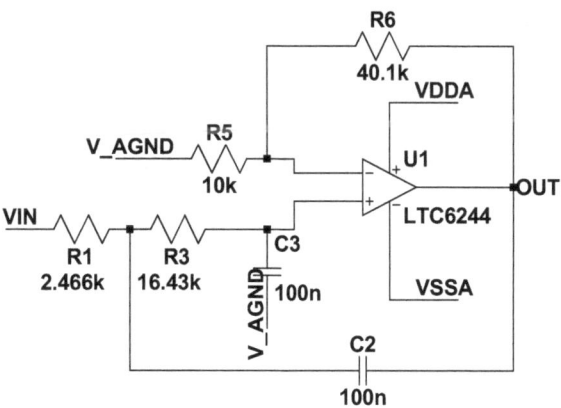

Abb. 5.2.26   Sallen–Key-Tiefpass-Filter dimensioniert

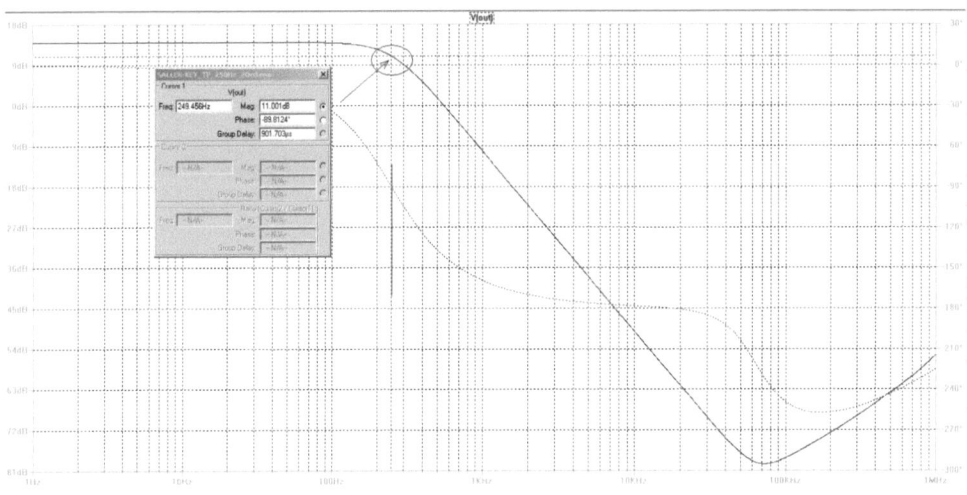

Abb. 5.2.27 Sallen–Key-Tiefpass-Filter: Simulationsergebnis

Die Abb. 5.2.27 zeigt die Übereinstimmung der Gleichungssysteme mit der Simulation.

5.2.7 Das Biquad-Filter

Die allgemeine mathematische Formulierung eines Filters ist die Funktion

$$H(s) = \frac{\alpha_0 + \alpha_1 \cdot s + \alpha_2 \cdot s^2 + \alpha_3 \cdot s^3 + ...}{\beta_0 + \beta_1 \cdot s + \beta_2 \cdot s^2 + \beta_3 \cdot s^3 + ...}$$

Formel 5.2.27

Die Übertragungsform der Formel 5.2.27 ist nicht realisierbar. Es ist notwendig, diese Filterfunktion auf eine vernünftig realisierbare Zahl an Koeffizienten herunterzubrechen. Die bereits vorgestellten Filtertechniken haben dies auf ihre Weise erledigt. Wenn man jedoch die ÜTF der Formel 5.2.27 nach dem ersten oder dem zweiten Term in s abbricht, dann erhält man die bilineare bzw. die biquadratische Form der Filterdarstellung [5.35–5.41]. Die bilinearen Filter werden in diesem Buch nicht besprochen, da diese im Wesentlichen in der Bildverarbeitung angewandt werden. Themenschwerpunkt dieses Kapitels ist die biquadratische Näherung, da diese stabile und kaskadierfähige Filterstrukturen ermöglicht. Die biquadratische Näherung bricht die oben gezeigte allgemeine Funktion im Zähler als auch im Nenner nach dem quadratischen Term ab. Die Umsetzung erfolgt mit operationsverstärkergestützten Filtern. Mathematisch gibt es zwei Wege:

Weg 1: Der Kettenbruch

Der Kettenbruch endet stets an der Abbruchstelle mit einem Restterm, der als Restimpedanz oder Restadmittanz eine reelle Größe darstellt: den Abschlusswiderstand. Diese Filter werden *Ladderfilter* oder *Leiterfilter* genannt. Im Buch wird auf diese Filter nicht eingegangen, da diese schlecht oder gar nicht kaskadierbar sind bzw. diese Filterstrukturen zu nicht vernünftig integrierfähigen Schaltungen führen.

5.2 Die wichtigsten Filter, ihre Dimensionierung und Simulation

Weg 2: Das Abschneiden der Filterfunktion

Dieser Weg ist der für die moderne integrationsfähige Schaltungstechnik bevorzugte Weg. Die Vorteile gegenüber dem Leiterfilter sind:
- kaskadierbar
- Einheitsfilterstruktur
- programmierfähig (wenn digital realisiert)
- stabil
- rückwirkungsfrei

Jeder biquadratische Filter besitzt einen niederimpedanten Ausgang, der einen rückwirkungsfreien Filterentwurf auch höherer Filterordnungen durch einfaches Hintereinanderschalten (Kaskadieren) zulässt. Derartige Filter sind katalogisierbar. Die Art der Näherung des Filters, damit ist die Bessel, Butterworth, Tchebyscheff I bzw. II gemeint, ist im Fall dieser Filter nur eine Koeffizientenfrage.

Die Modifikation der Filterfunktion Formel 5.2.27 zeigt den biquadratischen Charakter der Einzelsektion:

$$H(s) = \frac{(s+z_1) \cdot (s+z_2)}{(s+p_1) \cdot (s+p_2)}$$

Formel 5.2.28

In Formel 5.2.28 bezeichnen $z_{1,2}$ die Nullstellen (zero) und $p_{1,2}$ die Pole (pole) des Biquadfilters. Die Überführung der Formel 5.2.28 in den z-Bereich und die Zerlegung der Funktion in eine Differenzengleichung zeigt die folgende Gleichung:

$$H(z) = \frac{\alpha_0 + \alpha_1 \cdot z^{-1} + \alpha_2 \cdot z^{-2}}{\beta_0 + \beta_1 \cdot z^{-1} + \beta_2 \cdot z^{-2}}$$

$$y(n) = \alpha_0 \cdot x(n) + \alpha_1 \cdot x(n-1) + \alpha_2 \cdot x(n-2) - \beta_0 \cdot x(n) - \beta_1 \cdot x(n-1) - \beta_2 \cdot x(n-2)$$

Formel 5.2.29

Werden die Terme 2. Ordnung Null, liegt ein Filter 1. Ordnung vor.

Existiert ein Nennerterm 2. Ordnung Null, so liegt ein Filter 2. Ordnung vor.

Die Filtercharakteristika bezogen auf die Koeffizienten zeigt die nachfolgende Tabelle.

Tabelle 5.3   Filtercharakteristika

Filterkoeffizienten		Filtercharakteristik
$\alpha_1 = \alpha_2 = 0$	$\alpha_0 \neq 0$	Tiefpass
$\alpha_0 = \alpha_2 = 0$	$\alpha_1 \neq 0$	Bandpass
$\alpha_1 = 0$	$\alpha_2 \neq 0\ \alpha_0 \neq 0$	Bandsperre
$\alpha_1 = \alpha_0 = 0$	$\alpha_2 \neq 0$	Hochpass

Darin ist y(n) der Signalstrom und (n–1) bzw. (n–2) sind die Indizierungen der Signalinformation der ersten bzw. zweiten zurückliegenden Signalinformation. Damit ist die Grundstruktur des Filters festgelegt und gezeigt. Damit sind zwei Realisierungsmöglichkeiten offen:

Realisierung 1: Mehrfach rückgekoppelte aktive Filter [5.39–5.41]

Ein Beispiel dazu:

$$H(s) = \frac{-\dfrac{s}{R_1 \cdot C_1}}{\dfrac{\dfrac{1}{R_1}+\dfrac{1}{R_2}}{R_3 \cdot C_1 \cdot C_2} + s \cdot \left(\dfrac{1}{R_3 \cdot C_1} + \dfrac{1}{R_3 \cdot C_2}\right) + s^2}$$

Formel 5.2.30

Die Formel 5.2.30 zeigt ein Bandpassfilter mit mehrfacher Rückkopplung.

Mehrfach rückgekoppeltes Filter Bandpass

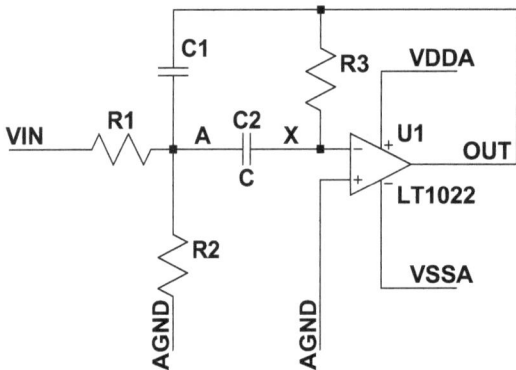

Abb. 5.2.28 Mehrfach rückgekoppeltes Filter: Bandpass

Die Abb. 5.2.28 zeigt die auf Formel 5.2.30 zurückgreifende Umsetzung in Schaltungstechnik. Da die Herleitung der Formel 5.2.30 den vorgestellten Prinzipien der Stromknotensummen entspricht und wirklich leicht selber nachgerechnet werden kann, wird auf die Herleitung verzichtet. Dem Leser jedoch sei empfohlen diese Formel selber herzuleiten. Setzt man diese Struktur in die Zustandsvariablentechnik um, dann erhält man die biquadratische Struktur, bestehend aus drei Operationsverstärkern.

5.2 Die wichtigsten Filter, ihre Dimensionierung und Simulation

Realisierung 2: Biquadratische Filter (Biquads)

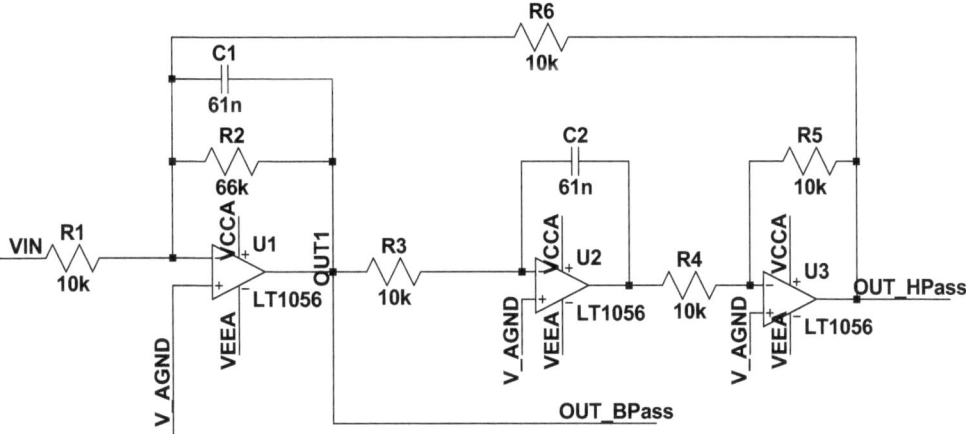

Abb. 5.2.29 Das biquadratische Filter

Die Abb. 5.2.29 zeigt ein solches biquadratisches Filter nach Tow-Thomas. Biquadratische Filter sind auch unter dem Namen SOS bekannt. SOS steht für Second Order Systems. Matlab benutzt diese Nomenklatur. Die Übertragungsfunktion entwickelt sich gemäß folgender Überlegungen:

- Der erste OP ist ein aktiver Tiefpassfilter
- Die mittlere Stufe ist ein Integrator
- Die letzte OP Stufe ist ein invertierender Verstärker

Damit folgt für die Teilfunktionen:

$$Z_f = \frac{R_2}{1 + sC_1 R_2}$$

$$\frac{V_3}{V_2} = -\frac{1}{sC_2 R_3}$$

$$\frac{V_4}{V_3} = -\frac{R_5}{R_4}$$

Formel 5.2.31

Wenn wir die erste Stufe nochmals ein wenig anders ansehen, ist diese ein verlustbehafteter Integrator mit R2 als verlustbringendem Widerstand. Der Ausgang der ersten Stufe ist die Summe des Eingangspfads mit dem Rückkopplungspfad.

$$V_2 = -\frac{Z_f}{R_6} \cdot V_4 - \frac{Z_f}{R_1} \cdot V_1$$

Formel 5.2.32

Damit ist das Gleichungssystem durch Substitution lösbar:

$$V_4 = -V_3 \cdot \frac{R_5}{R_4}$$

$$V_3 = -V_2 \cdot \frac{1}{sC_2R_3}$$

$$V_4 = V_2 \cdot \frac{R_5}{R_4} \cdot \frac{1}{sC_2R_3}$$

$$V_2 = -V_4 \cdot \frac{Z_f}{R_6} - V_1 \cdot \frac{Z_f}{R_1}$$

$$V_2 \cdot \left(1 + \frac{Z_f}{R_6} \cdot \frac{R_5}{R_4} \cdot \frac{1}{sC_2R_3}\right) = -\frac{Z_f}{R_1} \cdot V_1$$

$$H_1 = \frac{V_2}{V_1} = -\frac{\dfrac{R_2}{R_1}}{1 + s \cdot C_1 \cdot R_2 + \dfrac{R_2 \cdot R_5}{s \cdot C_2 \cdot R_3 \cdot R_4 \cdot R_6}}$$

Formel 5.2.33

Die Formel 5.2.33 kann nochmals vereinfacht werden:

mit $\dfrac{s}{C_1R_2}$ vereinfacht sich das Gleichungssystem zu:

$$H_1 = -\frac{s\dfrac{1}{C_1R_1}}{s^2 + s\dfrac{1}{C_1R_2} + \dfrac{R_5}{C_1C_2R_3R_4R_6}} \quad \text{mit: } R5 = R4 \Rightarrow H1 = -\frac{s\dfrac{1}{C_1R_1}}{s^2 + \dfrac{1}{sC_1R_2} + \dfrac{1}{C_1C_2R_3R_6}}$$

Für einen Bandpass 2. Ordnung gilt:

Übertragungsfunktion $\qquad$ Resonanz-Verstärkung $\qquad$ Resonanz-Frequenz

$$H_{BP} = \frac{V_2}{V_1} = -\frac{sK\dfrac{\omega_p}{Q}}{s^2 + s\dfrac{\omega_p}{Q} + \omega_p^2} \qquad H(0) = K = \frac{R_2}{R_1} \qquad \omega_0^2 = \frac{1}{C_1C_2R_3R_6}$$

Güte $\qquad\qquad\qquad\qquad\qquad$ Bandbreite

$$Q = \sqrt{\frac{C_1R_2^2}{C_2R_3R_6}} \qquad\qquad\qquad BW = \frac{1}{2\pi C_1R_2}$$

Formel 5.2.34

5.2 Die wichtigsten Filter, ihre Dimensionierung und Simulation

Der MATLAB-Code für die Berechnung des oben gezeigten Gleichungssystems lautet:

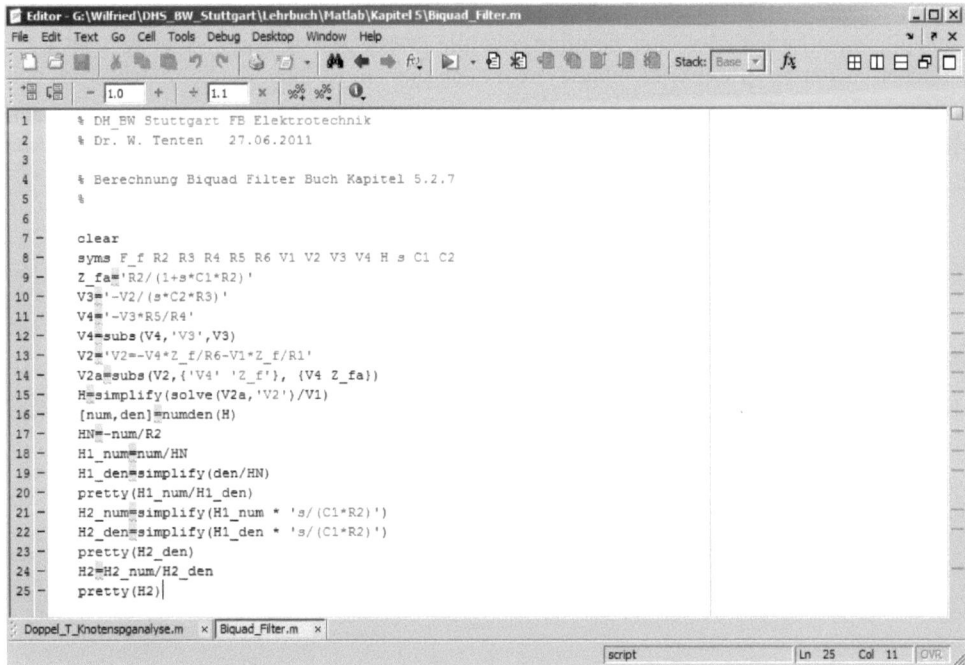

Abb. 5.2.30   MATLAB-Code: Biquad Bandpass Filter Berechnung

Für jedes andere Biquad-Filter kann dieser Code leicht geändert werden und das Gleichungssystem auf diese Weise sicher erstellt werden. MAPLE kann das ein wenig eleganter:

```
Berechnung BiQuad Filter Skript

Dr. W. Tenten
DH_BW Stuttgart FB Elektronik
27.06.2011
> restart:
> Z_f:=R2/(1+s*C1*R2):
> V4:=-V3*R5/R4:
> V3:=-V2/(s*C2*R3):
> V4:       MAPLE setzt in diesem Fall automatisch ein - anders als MATLAB
>
> eq:=V2=-V4*Z_f/R6 - V1*Z_f/R1:
> H:=solve(eq,V2)/V1:
> H_num:=numer(H)/(s*C2*R3*R4*R6):
> H_den:=denom(H)/(s*C2*R3*R4*R6):
> H1_den:=collect(collect(H_den,s),R1):
>
> H2:=H_num/H1_den:
> H2_num:=H_num*s/(C1*R2):   s aus dem Nenner 3. Term entfernen mit Ziel_s^2 isolieren
> H2_den:=H1_den*s/(C1*R2):  Veränderung nur durch Zusammenfassung!
> H2a_den:=collect(collect(H2_den,s),R1):
> H_ges:=H2_num/H2a_den;
MAPLE braucht die Rekursion mit den /R2 bei HN Bildung nicht, denn MAPLE kürzt selbstständig
```

$$H\_ges := -\frac{s}{C1\left(s^2 + \frac{s}{C1\,R2} + \frac{R5}{C2\,R3\,R4\,R6\,C1}\right)R1}$$

Abb. 5.2.31   MAPLE-Code: Biquad Bandpass Filter Berechnung

Die Lösung der 2. Vereinfachung kann jetzt dimensioniert werden und in LTspice eingegeben werden. Dazu sind die Größen C1, C2 und R5 frei zu wählen. Die Resonanzfrequenz wird mit R3 festgelegt. Die Systemverstärkung ist mit R1 festgelegt. Da die Güte auch von R2 abhängig ist, erfordert dies eine Iteration, bis alle Werte passend sind. Aber es geht auch einfacher. Schauen wir das Gleichungssystem noch mal an. Es kann durch Gleichsetzen von Bauelementen nochmals vereinfacht werden:

Mit C1 = C2 = C und R3 = R6 = R

und erhalten eine vereinfachte ÜTF:

$$H = \frac{V_2}{V_1} = -\frac{s\frac{1}{CR_1}}{s^2 + s\frac{1}{CR_2} + \frac{1}{C^2R^2}} \qquad H(0) = V = \frac{R_2}{R_1} \qquad \omega_0^2 = \frac{1}{C^2R^2} \qquad Q = \sqrt{\frac{R_2^2}{R^2}} = \frac{R_2}{R} \qquad BW = \frac{1}{2\pi CR_2}$$

Formel 5.2.35

Mit Hilfe der Formel 5.2.35 ist die Dimensionierung sehr einfach. Mit Hilfe von LTspice-Simulationen kann dies schnell nachgeprüft werden. Als Beispiel dient folgende Vorgabe:

Bandpass-Mittenfrequenz 15 kHz
Bandbreite 5 kHz
Verstärkung 6dBV oder Faktor 2
C = 100 nF
R = 10 kΩ

Daraus folgt:

$$H(0) = V = \frac{R_2}{R_1} = 2 \qquad (2\cdot\pi\cdot f)^2 = \frac{1}{C^2R^2} \qquad Q = \sqrt{\frac{R_2^2}{R^2}} = \frac{R_2}{R} \qquad BW = \frac{1}{2\pi CR_2}$$

$$R = \frac{1}{2\cdot\pi\cdot f\cdot C} = \frac{1}{2\cdot\pi\cdot 15\cdot 10^3\cdot 100\cdot 10^{-9}} \quad [\Omega] = 106\,\Omega$$

$$R_2 = \frac{1}{2\cdot\pi\cdot 100\cdot 10^{-9}\cdot BW}\,\Omega == \frac{1}{2\cdot\pi\cdot 100\cdot 10^{-9}\cdot 5\cdot 10^3}\,\Omega = 318\,\Omega$$

$$R_1 = \frac{R_2}{V} = \frac{318\,\Omega}{2} = 159\,\Omega$$

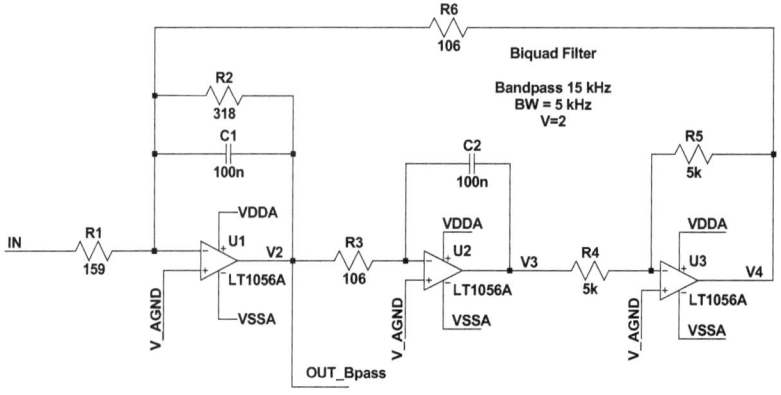

Abb. 5.2.32 Das biquadratische Filter, dimensioniert gemäß Beispiel

Die Simulation bestätigt die Vorgaben:

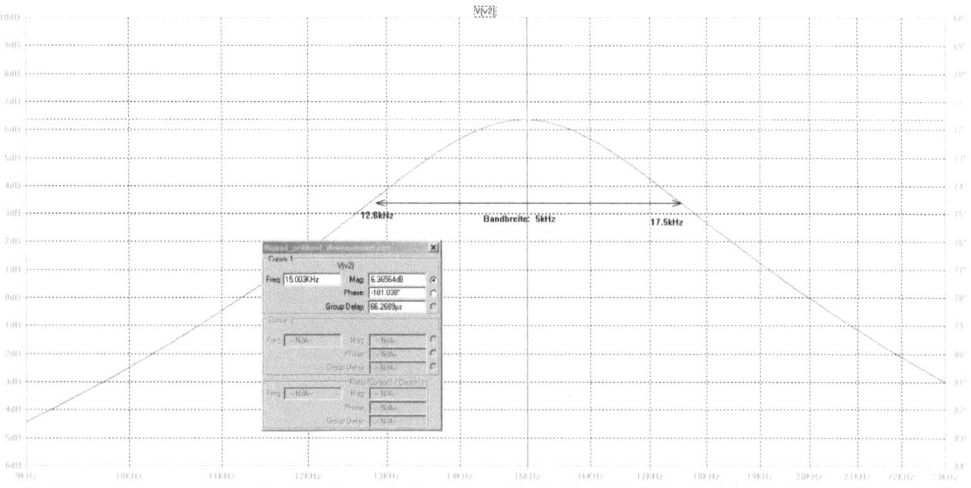

Abb. 5.2.33 Das biquadratische Filter, dimensioniert gemäß Beispiel, LTspice-Simulationsergebnis

5.3 SC-Filter

Die Umsetzung

Die zeitkontinuierlichen Filter in SC-Strukturen folgen der Methodik, die in Kapitel 3.2 vorgestellt wurde. *Vorsicht!! Nicht jede Struktur ist jedoch stabil oder streuinsensitiv!* Unter Streusensitivität wird eine Empfindlichkeit gegenüber parasitären Kapazitäten verstanden. Das sind Kapazitäten, welche auf Grund der Technologie meist an den Gates der MOS-Transistoren wirksam werden. Auch Drain-Gebiete können empfindlich werden, Source-Gebiete dagegen sind meist unempfindlich, da diese meist an Spannungsquellen angeschlossen sind. Im Falle der SC-Filter [5.42–5.46] liegen abgetastete Systeme vor, die oft einen *anti alias Filter* in Form eines zeitkontinuierlichen, passiven Tief/Bandpasses zur *Signalglättung* notwendig werden lassen. Da die Umsetzung in SC-Strukturen eine Standardprozedur ist, wird als Beispiel der Anwendung der wichtigste Filter, der biquadratische SC-Filter, vorgestellt.

Das zeitdiskrete SC-Biquad-Filter

Die unten stehende Abb. 5.3.1 zeigt eine mögliche Struktur eines solchen switched-capacitor- (SC) biquad-Filters. Diese Struktur wird bevorzugt verwendet, da sie nahezu unabhängig von parasitären Kapazitäten ist. Unter parasitären Kapazitäten werden alle Kapazitäten verstanden, welche nicht zur Übertragungsfunktion gehörig sind. In der Regel sind das alle Transistorkapazitäten sowie Leiterbahnkapazitäten.

Die Berechnung solch eines Filters folgt wie üblich den Kirchhoff Gesetzen und ist nach derselben Methodik abgeleitet, wie beim zeitkontinuierlichen Biquad-Filter. Aber hier kann auch eine andere, bereits im Kapitel 3.2 vorgestellte Methodik angewandt werden: die Ladungsbilanz.

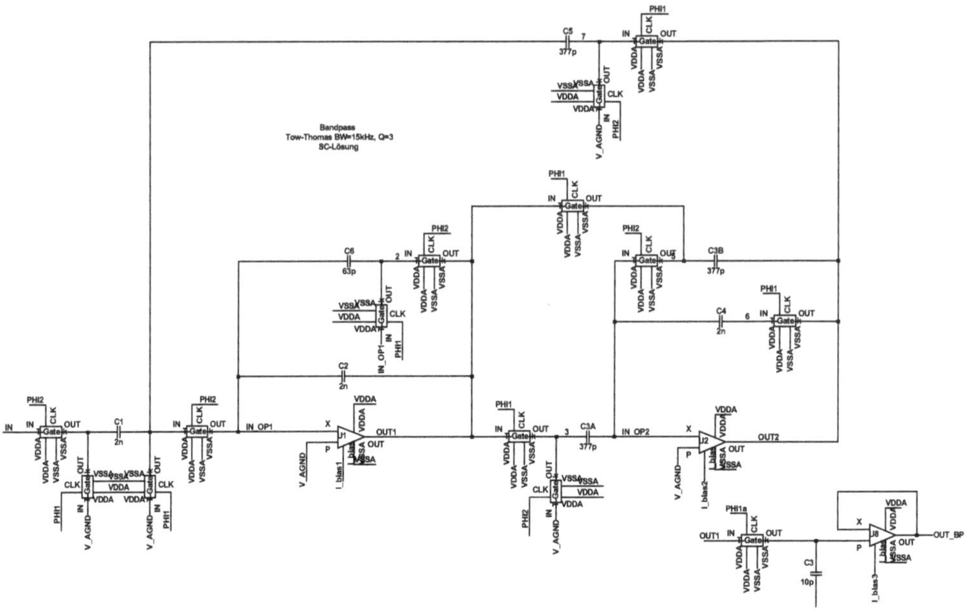

Abb. 5.3.1   Biquadratischer zeitdiskreter SC-Filter

1. Weg: Kirchhoff traditionell

$$V_{IN} = I_1 R_1 \qquad V_{OUT1} = I_3 R_3$$

$$V_{OUT1} = -I_2 \cdot \frac{R_6}{1 + sR_6 C_2} \qquad V_{OUT2} = -\frac{I_4}{sC_4}$$

$$V_{OUT1} = -I_5 R_5 \qquad I_1 + I_5 = I_2 \quad I_3 = I_4$$

Formel 5.3.1

Daraus ergeben sich:

$$V_{OUT1} = \frac{R_6}{R_1} \cdot \frac{sC_4 R_3 R_5}{-s^2 C_2 C_4 R_3 R_5 R_6 + sC_4 R_3 (-R_5) - R_6} V_{IN}$$

$$V_{OUT2} = \frac{R_6}{R_1} \cdot \frac{R_5}{-s^2 C_2 C_4 R_3 R_5 R_6 + sC_4 R_3 (-R_5) - R_6} V_{IN}$$

Formel 5.3.2

Die Polfrequenz ω_0 und die Polgüte Q werden durch folgende Gleichungen festgelegt:

$$\omega_0 = \sqrt{\frac{1}{C_2 C_4 R_3 R_5}} \qquad Q = \sqrt{\frac{R_6^2 C_2}{C_4 R_3 R_5}}$$

Formel 5.3.3

5.3 SC-Filter

Werden die Widerstände durch geschaltete Kondensatoren ersetzt, ändern sich die Ausdrücke der Formel 5.3.4 zu:

$$\frac{V_{OUT1}}{V_{IN}} = H_{BP} = -\frac{s \cdot \frac{1}{C_2 R_1}}{s^2 + s \cdot \frac{\omega_0}{Q} + \omega_0^2}$$

$$\frac{V_{OUT2}}{V_{IN}} = H_{TP} = \frac{\frac{1}{C_2 C_4 R_1 R_2}}{s^2 + s \cdot \frac{\omega_0}{Q} + \omega_0^2}$$

$$f_S = \frac{1}{T}$$

$$\omega_0 = 2 \cdot \pi \cdot f_S = \frac{1}{T}\sqrt{\frac{C_3 C_5}{C_2 C_4}} \qquad Q = \frac{1}{C_6}\sqrt{\frac{C_2}{C_4} \cdot C_3 C_5} = \sqrt{\frac{C_2}{C_4} \cdot \frac{C_3 C_5}{C_6 \cdot C_6}}$$

Formel 5.3.4

Die zusätzlichen Vorteile dieser Schaltungstechnik sind, dass nur Kondensatorverhältnisse in den Gleichungen vorkommen. Damit gehen alle Bauteiltoleranzen ratiometrisch ein, was die Toleranz der Schaltung deutlich verbessert.

2. Weg: mit Ladungsbilanz

$$V_{OUT1}(nT) \cdot (C_2 + C_6) = V((n-1)T) \cdot C_2 + (-V_{IN}(nT)) \cdot C_1 + V_5\left(\left(n - \frac{1}{2}\right)T\right) \cdot C_6$$

$$V_5\left(\left(n - \frac{1}{2}\right)T\right) = V_{OUT2}\left(\left(k - \frac{1}{2}\right)T\right)$$

$$V_{OUT2}\left(\left(k - \frac{1}{2}\right)T\right) \cdot C_4 = V_{OUT2}\left(\left(k - \frac{3}{2}\right)T\right) \cdot C_4 + (-V_{OUT1}((k-1)T)) \cdot C_3$$

unter Berücksichtigung von:

$$V_{OUT2}\left(\left(k - \frac{1}{2}\right)T\right) = -\frac{C_3}{C_4} \cdot \frac{z^{-1}}{1 - z^{-1}} \cdot V_{OUT1}(kT) = -\frac{C_3}{C_4} \cdot \frac{1}{z - 1} V_{OUT1}(kT)$$

sowie:

$$V_{OUT1}(C_6 + C_2) = z^{-1} \cdot V_{OUT2} \cdot C_2 - \frac{C_3}{C_4} \cdot \frac{C_5}{z - 1} \cdot V_{OUT1} - V_{IN} \cdot C_1$$

$$x = z - 1 \qquad z = x + 1$$

können wir schreiben:

$$\frac{V_{OUT1}}{V_{IN}} = H_1 = \frac{x \cdot (x+1) \cdot C_1 \cdot C_4}{x^2 \cdot C_2 \cdot C_4 + x \cdot (x+1) \cdot C_6 \cdot C_4 + (x+1) \cdot C_3 \cdot C_5}$$

$$\frac{V_{OUT2}}{V_{IN}} = H_2 = \frac{x \cdot (x+1) \cdot \frac{C_1}{C_2}}{x^2 + x \cdot (x+1) \cdot \frac{C_6}{C_2}(x+1) \cdot \frac{C_3 C_5}{C_2 C_4}}$$

$$\Omega^2 = T^2 \cdot \frac{C_3}{T} \cdot \frac{C_5}{T} \cdot \frac{1}{C_2 \cdot C_4} = T^2 \cdot \frac{1}{C_2 \cdot C_4 \cdot \frac{T}{C_3} \cdot \frac{T}{C_5}} = \omega_0^2 \cdot T^2$$

$$R_3 \to \frac{T}{C_3} \qquad R_5 \to \frac{T}{C_5}$$

Formel 5.3.5

Nach Normierung des Gleichungssystems folgt:

$$\Omega^2 = T^2 \cdot \frac{C_3}{T} \cdot \frac{C_5}{T} \cdot \frac{1}{C_2 C_4} = T^2 \cdot \frac{1}{C_2 C_4 \cdot \frac{T}{C_3} \cdot \frac{T}{C_5}} = \omega_0^2 \cdot T^2$$

$$Q_2^2 = \frac{C_2 C_3 C_5}{C_4 C_6^2}$$

Damit wird:

$$H_1(z) = \frac{V_{OUT1}}{V_{IN}} = -\frac{z \cdot (z-1) \cdot \frac{C_1}{C_2}}{(z-1)^2 + z \cdot (z-1) \cdot \frac{\Omega}{Q} + z \cdot \Omega^2}$$

$$H_2(z) = \frac{V_{OUT2}}{V_{IN}} = \frac{z \cdot \frac{C_1}{C_2} \cdot \frac{C_3}{C_4}}{(z-1)^2 + z \cdot (z-1) \cdot \frac{\Omega}{Q} + z \cdot \Omega^2}$$

Formel 5.3.6

Die bekannten Biquad-Gleichungen ergeben sich, wenn $z \sim 1$ und $z^{-1} \sim sT$ gesetzt wird. Dann erhält man für kleine Werte von z bzw. s die aus der RC-Lösung entwickelten Gleichungen. Das Verhältnis der Kondensatoren C_1 zu C_2 ist die Systemverstärkung. Diese kann dem Signalbedarf angepasst werden. Die Dimensionierung für folgende Bedingungen wird mit MAPLE durchgeführt.

Beispiel:

f_0 = 15 kHz, T = 1 MHz, Q = 6, C_2 = 2 nF

Daraus ergeben sich: C3 = C5 = 377 pF und C6 = 63pF.

Auf Grund parasitärer Kapazitäten (Transfergates, OPAs) liegt die Mittenfrequenz des berechneten Bandpasses bei ca. 17 kHz. Eine Skalierung der C3 und C5 Kapazitäten auf 300 pF ergibt

5.3 SC-Filter

eine Mittenfrequenz von ca. 15 kHz. Eine weitere Feinjustierung wäre noch notwendig. Auch die erreichte Bandbreite ist ein wenig zu hoch ausgefallen. Daher ist auch Kondensator C6 nochmals nachzujustieren, dieser wurde in vorliegender Simulation zunächst zu 50 pF gewählt. Diese Nachjustage ist ein übliches Verfahren und bedarf einiger Simulationsrunden, bis das Ergebnis korrekt ist. Abb. 5.3.3 zeigt das Ergebnis der Fourier-Transformierten der SC-Biquad-Filter-Simulation. Dabei wird der Eingang mit einem Pulsstoss von +/− 1 V bezogen auf Mittenspannung, sowie einer Pulsdauer von 2 µsec bedient und VOUT_BP wird ausgewertet.

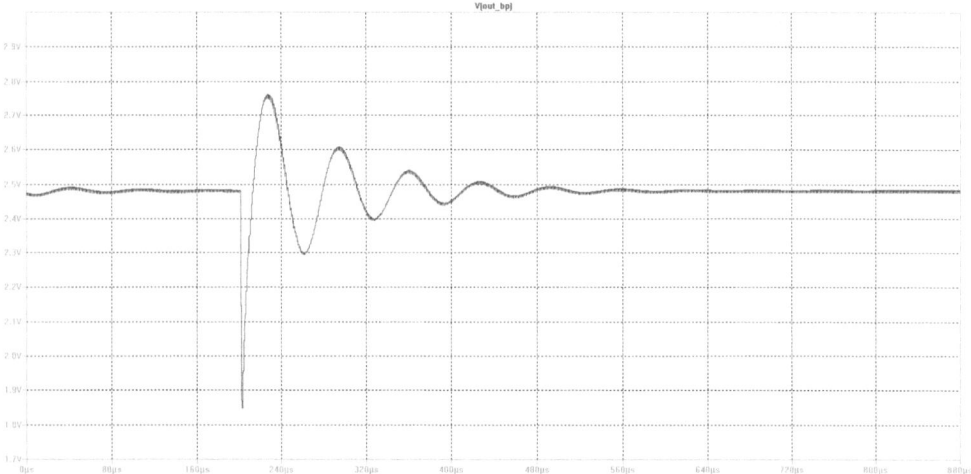

Abb. 5.3.2   Biquadratischer, zeitdiskreter SC-Filter: Simulationsergebnis transiente VOUT_bp

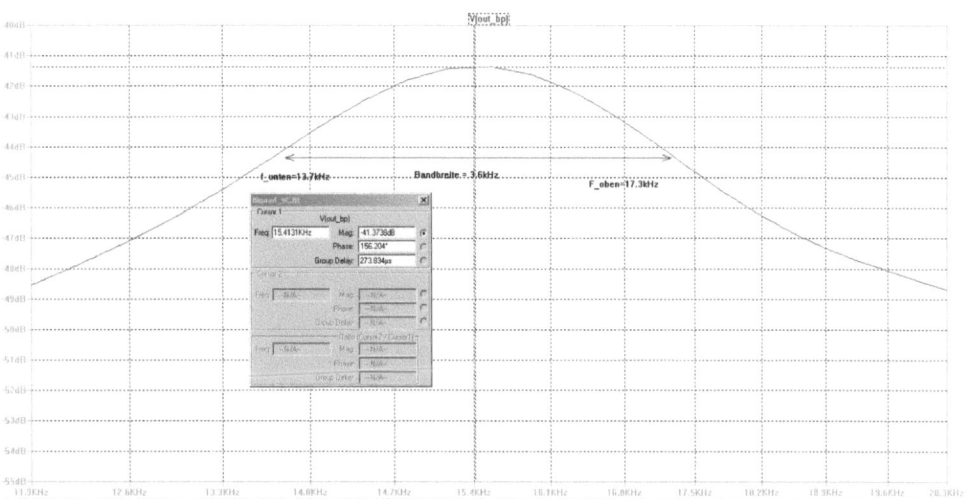

Abb. 5.3.3   Biquadratischer, zeitdiskreter SC-Filter: Simulationsergebnis FFT VOUT_bp

Die Wahl des Pulsstosses (Pseudo-Dirac) muss so bemessen sein, dass er einerseits kurz genug ist, um als Stoss zu wirken und andererseits lang genug, um in der Simulation eine Wirkung hervorzubringen. Im vorliegenden Beispiel wurde daher der Pulsstoss mit einer Pulslänge von 2 µsec als guter Kompromiss zum Diracstoss gewählt. Jedoch ist die Pulsenergie dadurch recht gering, was sich in der geringen Amplitude bemerkbar macht. Weitere transient-Simulationen sind noch notwendig um den Verstärkungsfaktor endgültig anzupassen.

5.3.1 Schlusswort zur Filtersimulation

Weil die Simulation von Filtern mit klassischen Netzwerksimulatoren nicht einfach ist und häufig zu Abweichungen führt, wurden für Filtersimulationen eigene Simulatoren entwickelt. Zu nennen ist hier der frei verfügbare Simulator *Filter CAD*, von Linear Technologies. Dieser Simulator ist für den Entwurf analoger, zeitkontinuierlicher Filter geeignet. Dabei werden die Filtercharakteristika als Filtermasken gezeigt. Die Wahl ob Tief-/Hochpass, Bandpass oder Bandsperre wird verlangt und als Filterantwort hat man die Wahl der klassischen Antworten „Butterworth, Bessel, Chebychev, Min Q Elliptic", aber auch der eigene Entwurf unter „Custom" ist möglich.

Für SC-Filter gibt es sehr wenige spezielle Simulatoren, jedoch keinen frei verfügbaren Simulator. Klassische SPICE-Simulatoren, wie LTspice lassen die SC-Simulation natürlich zu, jedoch muss, wie in diesem Buch gezeigt, der Schaltkreis entwurfsmässig vorbereitet sein. SC-Simulation auf abstrakter Ebene ist damit nicht möglich.

Die Filter-Simulation mit Hilfe von MATLAB ist ein sehr guter und sicherer Weg, aber auch hier ist Expertenwissen notwendig, denn die Umsetzung von den Filterkoeffizienten in eine entwurfsfähige Struktur kann MATLAB ohne ein entwurfsmässig vorbereitetes Modell nicht leisten.

5.4 Verständnisfragen

1. Was wird unter einem (elektronischen) Filter verstanden?
2. Welche Klasseneinteilung und Typenzuordnung wird bei Filtern getroffen?
3. Welche Werkzeuge sind Ihnen zur Filterberechnung, Filterdimensionierung und Filtersimulation bekannt?
4. Nach welcher Methode werden Filter charakterisiert und welches sind die wesentlichen Kennwerte von Filtern?
5. Welche Koordinaten werden bei der Darstellung eines komplexen Zeigers der x- und der y-Achse verwendet?
6. Wenn bei Filtern vom Frequenzbereich die Rede, auf welche Signaldarstellung wird dann geschaut?
7. Welche Informationen erhalten Sie aus dem Spektrum eines Signals?
8. Stellen Sie das Spektrum eines Puls der zeitlichen Dauer ε, wobei ε gegen Null strebt, dar. Welche Aussagen erhalten Sie von Ihrer Lösung? Zeigen Sie dazu auch die Korrespondenzen Zeitbereich – Laplace Bereich auf.
9. Was ändert sich am Ergebnis der Aufgabe 8, wenn die Weite des Pulses $\sigma(t) - \sigma(t-\varepsilon)$ gegen Null strebt?
10. Was wird unter einem Dirac-Stoß verstanden und welche Begriffe sind dafür auch gebräuchlich?
11. Was wird unter einer Sprungfunktion verstanden und wie heißt der Englische Fachausdruck dafür?
12. Berechnen Sie das Spektrum eines Rechteckimpulses. Was zeigt Ihr Ergebnis auf?

5.4 Verständnisfragen

13. Erläutern Sie, warum in der Signalverarbeitung meist der Exponentialansatz verwendet wird und wie wird dieser Ansatz mathematisch niedergeschrieben?
14. Was ist eine Laurentreihe?
15. Zeigen Sie die mathematische Anschrift der zweiseitigen Fourier-Transformation.
16. Welches Verfahren ist unter dem Namen Wiener-Khintchine_Relation bekannt und welche Eigenschaften werden diesem Verfahren zugeordnet?
17. Was wird unter dem Englischen Fachbegriff windowing in der Filtertechnik verstanden und welches ist dafür der Deutsche Begriff? Welches ist das empfohlene Vorgehen für dieses Verfahren? Wann kann das durch windowing erhaltene Spektrum als vertrauenswürdig angesehen werden?
18. Erläutern Sie die Vorgehensweise der Zustandsvariablen-Technik anhand eines passiven RLC-Filters 4. Ordnung. Welches ist der zugehörige Englische Fachbegriff?
19. Überführen Sie Ihr Ergebnis der Aufgabe 18 in MATLAB und zeigen Sie die Amplituden- und Phasenfunktion, das Spektrum, die Pole und Nullstellen.
20. Stellen Sie das Hauptregelwerk für einen guten Filterentwurf auf.
21. Was wird unter dem Begriff Filtergüte verstanden und wie ist dieser Begriff mathematisch formuliert?
22. Wie hängen die Begriffe Gruppenlaufzeit und Phasenlaufzeit zusammen?
23. Was wird unter dem Begriff Bode-Plot bzw. Bode-Diagramm verstanden? Zeigen Sie, wie Sie in MATLAB ein solches Bodediagramm erstellen.
24. Was wird unter dem Begriff der Faltung verstanden und wann wird solch eine Faltung angewandt? Zeigen und erläutern Sie das Faltungsintegral. Was können Sie über die Faltungsfunktion aussagen und welche Vorgehensweise ist zur Durchführung einer Faltung zu empfehlen?
25. Was wird unter dem alias Effekt verstanden, besitzt dieser Effekt negative Eigenschaften und wenn ja, welche und wie können diese verhindert werden?
26. Zeigen Sie die Methodik der Knotenspannungsanalyse. Erklären Sie die sich ergebenden Matrizen, zeigen Sie, wie diese Zug um Zug mit Informationen gefüllt und wie der Lösungsmechanismus aussieht. Wie können Sie nachweisen, dass diese Lösung stimmt?
27. Was wird unter einem Allpass verstanden? Skizzieren Sie einen passiven und einen aktiven Allpass-Filter, berechnen Sie diese Filter und zeigen Sie dabei eindrucksvoll an einem sehr bekannten mathematischen Lehrsatz das Allpass-Verhalten. Simulieren Sie Ihr Ergebnis.
28. Welche Anwendungen sind Ihnen für Allpass Filter bekannt?
29. Ein Amplitudendemodulator soll mit Hilfe eines Allpassfilters aufgebaut werden. Skizzieren und erläutern Sie das zugehörige Blockschaltbild. Worauf müssen Sie bei der Dimensionierung achten?
30. Berechnen Sie einen aktiven Tiefpassfilter 1. Ordnung. Überführen Sie diesen Filter in ein MATLAB-/SIMULINK-Modell und simulieren Sie dieses. Anschließend beweisen Sie die Richtigkeit Ihrer Ergebnisse mit einer LTspice-Simulation.
31. Was passiert, wenn in Aufgabe 30 der aktive Tiefpassfilter zusätzlich mit einer programmierbaren Verstärkung ausgerüstet werden soll? Skizzieren Sie die zugehörige Schaltung und modifizieren das SIMULIK-Modell sowie ihre LTspice-Simulation.
32. Die Aufgaben 30 und 31 sind mit einem aktiven Hochpassfilter durchzuführen.
33. Erklären Sie, wie Sie ein nahezu rückwirkungsfreies Audioklangfilter entwerfen können. Skizzieren Sie Ihren Schaltungsvorschlag, dimensionieren Sie Ihr Audiofilter, zeigen Sie dabei wie Sie Schritt für Schritt vorgehen und simulieren Sie diesen Filter anschließend mit LTspice. Erläutern Sie Ihre Ergebnisse.

34. Berechnen Sie für Ihr Audioklangfilter die einzelnen Verstärkungsfaktoren für Höhen, Mitten und Bass.
35. Skizzieren und berechnen Sie die Übertragungsfunktion in der Laplace-Ebene für einen Doppel-T-Filter. Zeigen Sie als Handberechnung und als MATLAB-Berechnung. Beweisen Sie Ihre Ergebnisse mit einer LTspice-Simulation.
36. Was wird unter einem Sallen-Key-Filter verstanden?
37. Ein Tiefpass 2. Ordnung mit Butterworth-Charakteristik soll als Sallen-Key-Filter aufgebaut werden. Zeigen Sie die Vorgehensweise, berechnen und dimensionieren Sie den Filter für eine Bandbreite von 10 kHz. Welche Dämpfung erwarten Sie bei 20 kHz, 50 kHz und 100 kHz?
38. Was wird unter einem biquadratischen Filter verstanden? Warum heißt das so? Gibt es auch einen bilinearen Filter? Begründen Sie Ihre Antwort.
39. Schreiben Sie die allgemeine mathematische Formulierung eines Filters beliebiger Ordnung an. Ist diese Form realisierbar? Begründen Sie Ihre Antwort. Unter welchen Voraussetzungen können Sie diese allgemeine Filterformulierung realisierbar gestalten?
40. Zeigen Sie verschiedene Wege, die biquadratische Filterform zu erhalten und erläutern Sie für jeden Weg die wesentlichen Kriterien. Welche Form ist kaskadierfähig?
41. Beschreiben Sie wie Sie biquadratische Filter kaskadieren können.
42. Schreiben Sie die biquadratische Filterübertragungsfunktion als Pol-Nullstellen-Darstellung. Überführen Sie diese Formel in den z-Bereich und zerlegen Sie diese dann in eine Differenzengleichung. Zeigen Sie in Tabellenform, wie die Koeffizienten und die Filtercharakteristika zusammenhängen.
43. Was wird unter mehrfach rückgekoppelten Filtern verstanden? Zeigen Sie dazu ein Beispiel und erklären Sie daran die Mehrfachrückkopplung. Wie kommen Sie von mehrfach rückgekoppelten Filtern zu Filtern mit biquadratischer Struktur?
44. Wie wird der negative Widerstand, der bei der Übertragungsfunktion eines biquadratischen Filters zu erkennen ist, realisiert?
45. Berechnen Sie diesen Filter von Hand.

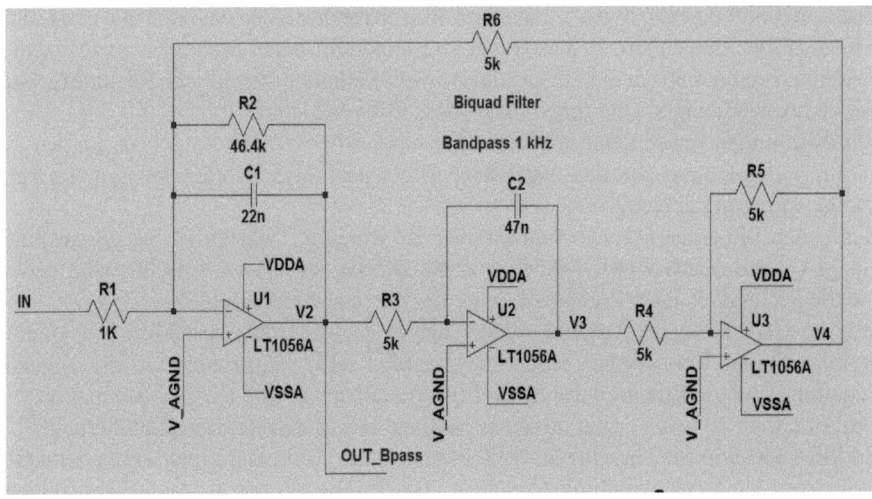

Was ist das für ein Filter? Erstellen Sie für die Berechnung dieses Filters ein MATLAB-m-file. Dimensionieren Sie Ihren Filter als Bandpass mit einer Mittenfrequenz von

5.4 Verständnisfragen

20 kHz, einer Bandbreite von 7.5 kHz. Der Verstärkungsfaktor soll programmierbar mit 3 dBV, 6dBV und 9 dbV gestaltet werden. Tipp: Vereinheitlichen Sie die Kondensatoren und Widerstände mit C = 47 nF und R = 22 kΩ. Sind diese Werte angemessen oder zeigt es sich, dass Sie andere Werte verwenden müssen. In diesem Fall modifizieren Sie Ihr Ergebnis und beweisen die Richtigkeit Ihres Ergebnisses mit einer LTspice-Simulation.

46. Skizzieren Sie einen aktiven Tiefpassfilter 1.Ordnung und setzen Sie diesen um als SC-Filter. Dimensionieren Sie Ihren Filter für eine Grenzfrequenz von 50 kHz. Berechnen Sie die SC-Filter-Übertragungsfunktion, dimensionieren Sie Ihren Filter und beweisen Sie Ihr Ergebnis mit einer LTspice-Simulation.
47. Setzen Sie den Filter aus Aufgabe 45 in einen SC-Filter um. Welche Methodik wird bei SC-Schaltungen für die Berechnung vorzugsweise angewandt? Führen Sie mit dieser Methodik die Berechnung und Dimensionierung dieses SC-Filters durch und beweisen Sie die Richtigkeit Ihres Ergebnisses mit einer LTspice-Simulation.

Literatur

WIKIPEDIA ist für alle Sachgebiete ein gern angeschauter und höchst empfohlener Wissensbereich. Es würde die Seitenzahl um ein zigfaches erhöhen, wenn für alle Suchbegriffe des Buches stets WIKIPEDIA Artikel zitiert würden, so belasse ich es bezüglich dieses allgemeinen Vermerks dem Leser sich bei WIKIPEDIA ausführlich zu informieren.

[1.1] http://www.halbleiter.org/

[1.2] Halbleiter-Bauelemente, Reihe: Springer Lehrbuch, Reisch, Michael, 2., bearb. Aufl., 2007, XXII, 368 S. 299 Abb., Softcover, ISBN: 978-3-540-73199-3

[1.3] http://de.wikipedia.org/wiki/Bipolartransistor

[1.4] http://www.elektronik-kompendium.de/sites/bau/0201291.htm

[1.5] http://de.wikipedia.org/wiki/Boltzmann-Konstante

[1.6] Annalen der Physik, Supplement: *Einstein's Annalen Papers*, Volume 14, Issue Supplement 1, pages 248–258, February 2005

[1.7] http://www.krucker.ch/Skripten-Uebungen/AnSys/ELA4-D.pdf

[1.8] http://de.wikipedia.org/wiki/Temperatur

[1.9] http://de.wikipedia.org/wiki/Poynting-Vektor

[1.10] http://de.wikipedia.org/wiki/Hermann_Haken_%28Physiker%29

[1.11] Haken, Hermann, *The physics of atoms and quanta,* Berlin, Springer, 2005, 7., rev. and enl. ed.

[1.12] H. K. Gummel and H. C. Poon, *An integral charge control model of bipolar transistors*, Bell Syst. Tech. J., Vol. 49, pp. 827–852, May–June 1970

[1.13] Ebers, J. J. Moll, J. L. Bell, *Large-Signal Behavior of Junction Transistors*, Telephone Labs. Inc., Murray Hill, N.J, Proceedings of the IRE, 1954

[1.14] Paul R. Gray, Paul J. Hurst, Stephen H. Lewis, Robert G. Meyer, *Analysis and Design of Analog Integrated Circuits*, Wiley 2001, ISBN 0-471-32168-0

[1.15] Simon M. Sze, *Physics of Semiconductor Devices*, Wiley 1981, ISBN 0-471-05661-8

[1.16] Wolfgang Steimle, *Der Bipolartransistor in linearen Schaltungen I. Grundlagen, Ersatzbilder, Programme*, München 1984, Oldenbourg-Verlag, ISBN 3-4862-5561-4

[1.17] S. M. Sze, *Physics of semiconductor devices, 2nd ed.*, Wiley-Interscience, New York, 1981.

[1.18] J. M. Early, *Effects of space-charge layer widening in junction transistors*, Proc. IRE, Vol. 40, pp. 1401–1406 (1952)

[1.19] Tietze, U., Schenk, Ch., Gamm, E., *Halbleiter-Schaltungstechnik*, 13. Auflage, 2010, 1744 Seiten, über1800 Abbildungen, mit CD-ROM ISBN: 978-3-642-01621-9

[1.20] Huning H., Tenten W., Duale Hochschule Stuttgart, Fachbereich Elektronik, *Entwicklung und Aufbau eines elektronischen Windmessers ohne bewegliche Teile*, 2011 mündliche Mitteilungen

[1.21] Edwin Henry Colpitts 1872–1949 Kanada, USA **Colpitts Oszi. Patent: 1920 US1624537**, Patentzeichnung CA 203986

[1.22] B. Wilson, **Current mirrors, amplifiers and dumpers**, Wireless World, December, 1981 p. 47, at p. 48. The author was, at the time of the article, a Ph.D. in the Department of Instrumentation and Analytical Science, University of Manchester Institute of Science and Technology

[1.23] Thuselt, Frank, **Physik der Halbleiterbauelemente**, 1. Aufl. 2005. Korr. Nachdruck, 2011, XV, 385 S. 181 Abb., Geb., ISBN: 978-3-540-22316-0

[1.24] Günther Koß, Wolfgang Reinhold, Friedrich Hoppe: **Lehr- und Übungsbuch Elektronik: Analog und Digitalelektronik**. Mit Beispielen und Aufgaben und Lösungen. 3. Auflage. Hanser Fachbuchverlag, 2005, ISBN 3-446-40016-8

[1.25] Manfred Seifart, **Analoge Schaltungen**, Verlag Technik Berlin, ISBN 3-341-01298-2

[1.26] Linear-IC Taschenbuch, **Operationsverstärker**, mitp-Verlag, Bonn 2004, ISBN 3-8266-1410-0

[1.27] R. Beckmann, **Handbuch der PA-Technik**, Elektor-Verlag, Aachen, 7. Auflage 1998, ISBN 3-921608-66-X

[1.28] Thomas Görne, **Tontechnik**, Carl Hanser Verlag GmbH & Co. KG, Leibzig 2006, ISBN 3-446-40198-9

[1.29] Tenten Wilfried, **Improved Analogue To Digital Converter Technologies Using CMOS Technology**, Dissertation, University of Bath, England, Dec.1989

[1.30] http://www.niklausburren.ch/wp-content/uploads/2006/09/elektronik.pdf

[1.31] Self Douglas, **Audio Power Amplifier Design Handbook**, Focal Press, 30 Corporate Drive, suitge 400, Burlington, MA 01803, USALinacre House, Jordan Hill, Oxford 8DP, UK

[1.32] Brenner M., **Weiterführung der Entwicklung eines mikrocontrollergesteuerten Audioverstärkers**, Studienarbeit Semester 6, Duale Hochschule, Stuttgart, 16.5.2011

[2.1] R. Troutman, **Latchup in CMOS Technology** the problem and its cure, 1986, Kluwer Academic Publishers in Boston,ISBN 10: 0898382157

[2.2] László Palotas: **Elektronik für Ingenieure,** Vieweg+Teubner Verlag, 2003, ISBN 3528039159

[2.3] **Latchup in CMOS technology: the problem and its cure**
http://portal.acm.org/citation.cfm?id=7928Kluwer Academic Publishers Nowell, MA, USA ©1986, ISBN:0-89838-215-7

[2.4] Wolfgang Reinhold, **Elektronische Schaltungstechnik – Grundlagen der Analogtechnik**, Carl Hanser Verlag, 2010, ISBN 978-3-446-42164-6

[2.5] Habiger, E.: **EMV-Lexikon 2011**, 4. Auflage, WEKA Media GmbH, Kissing 2010, ISBN 978-3-8111-7895-3

[2.6] Paese R., **Analog Circuits**, in *World Class Designs*, Newnes 2008. ISBN 0-750-68627-8

[2.7] Reinhold Paul, **MOS – Feldeffekttransistoren (Halbleiter-Elektronik)**, Springer, Berlin (April 1996), ISBN-10: 3540558675, ISBN-13: 978-3540558675

[2.8] Reinhold Paul, **Feldeffekttransistoren – physikalische Grundlagen und Eigenschaften**, 1972, Stuttgart, Verlag Berliner Union [u. a.], ISBN 3-408-53050-5

[2.9] Heinz Beneking: **Feldeffekttransistoren**, Springer Verlag, Berlin 1973, ISBN 3-540-06377-3

[2.10] S. M. Sze, **Physics of semiconductor devices**, 2nd ed., Wiley-Interscience, New York, 1981

[2.11] Marc Lundstrom, *Analytic Solution for the MOS Capacitor*, School of Electrical and Computer Engineering, Purdue, University, West Lafayette, IN 47907, Notes on the solution of the Poisson-Boltzmann Equation

[2.12] H. Shichman and D. A. Hodges, *Modeling and Simulation of Insulated-Gate Field-Effect Transistor Switching Circuits*, IEEE Journal of Solid-State Circuits, SC-3 1968

[2.13] Yannis Tsividis (1999), *Operation and Modeling of the MOS Transistor*, (Second Edition ed.). New York: McGraw-Hill. p. 99. ISBN 0-07-065523-5

[2.14] Eric A. Vittoz (1996), *The Fundamentals of Analog Micropower Design*, In Chris Toumazou, Nicholas C. Battersby, and Sonia Porta. Circuits and systems tutorials. John Wiley and Sons. p. 365–372. ISBN 9780780311701

[2.15] Dimitrios Soudris, Christian Piguet, and Costas Goutis (Editors) (2002), *Designing CMOS Circuits for Low Power*, Springer. ISBN 1402072341

[2.16] Geiger R. L.; Allen P. E.; Strader, *VLSI Design Techniques for Analog and Digital Circuits*, N. R. Verlag: McGraw-Hill, ISBN: 0-07-100728-8

[2.17] Paul R. Gray, Paul J. Hurst, Stephen H. Lewis, Robert G. Meyer (2001), *Analysis and Design of Analog Integrated Circuits* (Fourth Edition ed.), New York: Wiley. p. 308–309. ISBN 0471321680

[2.18] Leeuwenhoek Anton, *Opera omnia s. Arcana naturae ope exactissimorum microscopiorum detecta*, Leiden, Delft, Nederlande, 1715 und 1722

[2.19] Barnes, J. A. and Allan, D. W., *A statistical model of flicker* noise, Proceedings of the IEEE, Volume: 54 Issue: 2 Feb. 1966, Page(s): 176–178 and references therein

[2.20] *Brownian motion*, Encyclopædia Britannica. Encyclopædia Britannica Online, Encyclopædia Britannica, 2011. Web. 27 Feb. 2011

[2.21] Einstein A., Ph-D., *Investigations on the Theory of The Brownian Motion, Editied with Notes by R. Fürth*, Translated by A.D. Cowder, Cowder Edition, 1926 & 1956

[2.22] J. Johnson, *Thermal Agitation of Electricity in Conductors*, Phys. Rev. 32, 97 (1928) – the experiment

[2.23] H. Nyquist, *Thermal Agitation of Electric Charge in Conductors*, Phys. Rev. 32, 110 (1928) – the theory

[2.24] Walter Schottky, *Über spontane Stromschwankungen in verschiedenen Elektrizitätsleitern*, Annalen der Physik 362. 1918, 541–567

[2.25] Walter Schottky, *Small-Shot Effect And Flicker Effect*, Physical Review 28. 1926, 74–103

[2.26] Rudolf Müller, *Rauschen*, 2. Auflage. Springer, 1989, ISBN 3-540-51145-8 (Kapitel 4. und 5.)

[2.27] Grobe, E.; Seiler, K., *Stromrauschen in Silizium*, Annalen der Physik, Vol. 466, Issue 1, pp. 75–82

[2.28] *New 1/f noise model in MOS Model 9*, level 903, http://www.nxp.com/models/mos_models/model9/

[2.29] *PSPICE Schaltungssimulation mit Ltspive IV*, Tutorial-Version 1.51, http://denethor.wlu.ca/LTspice/

[2.30] http://ecee.colorado.edu/~ecen4827/spice/LTspice/5827_035.lib

[2.31] http://ecee.colorado.edu/~ecen4827/spice/LTspice/5827_simulation_intro_LTspice.pdf

[2.32] Jan Lutze, *Diagnose kontinuierlicher Systeme*, Automatisierungstechnik, 2. überarbeitete Auflage 2008, ISBN 978-3-486-58061-7, Oldenbourg Wissenschaftsverlag 2008

[2.33] *Systemdarstellung: Wurzelortskurve, Zustandsraumdarstellung, Einspurmodell, Z-Transformation, Bode-Diagramm, Übertragungsfunktion*, Books Llc, ISBN-10: 1158851383, ISBN-13: 978-1158851386

[2.34] Hurwitz, A. (1964), *On the conditions under which an equation has only roots with negative real parts*, Selected Papers on Mathematical Trends in Control Theory.

[2.35] Routh, E. J. (1877), *A Treatise on the Stability of a Given State of Motion: Particularly Steady Motion*, Macmillan and co.

[2.36] A. V. Mikhailov, *Avtomat. i Telemekh.*, 3 (1938) pp. 27–81

[2.37] Ian Oppermann, Matti Hämäläinen, Jari Iinatti, *UWB Theory and Applications*, Univerity of Oula, Finland, John Wiley & Sons, Ltd, The Atrium, Southern Gate Chichester, West Sussex PO 19 8SQ, England ISBN 0-470-86917-8

[2.38] John M. Miller, *Dependence of the input impedance of a three-electrode vacuum tube upon the load in the plate circuit*, In: Scientific Papers of the Bureau of Standards 15, Nr. 351, 1920, Seite 367 bis 385

[2.39] Veronika Eisele, Bernhard Hoppe, Oliver Kiehl, *Transmission gate delay models for circuit optimization*, March 1990 EURO-DAC '90: Proceedings of the conference on European design automation Publisher: IEEE Computer Society Press Los Alamos, CA USA 1990, ISBN:0-8186-2024-2

[2.40] Yuan F., Youssef M., Sun Y., *Efficient modeling and analysis of clock feed-through and charge injection of switched current circuits*, 2001, IEEE, ISBN 0-7803-6715-4

[2.41] Holger Göbel, *Einführung in die Halbleiter Schaltungstechnik*, Springer-Verlag, Berlin, ISBN: 978-3-540-69288-1

[2.42] Allen Holberg, *Analog Circuit Design High-Speed A-D converters, Automotive Electronics and Ultra-Low Power Wireless*, Springer-Verlag 2006, ISBN: 1402051859

[2.43] Kurt Hoffmann, *Systemintegration*, 2. korrigierte und erweiterte Auflage 2006, Oldenbourg Wissenschaftsverlag, ISBN 3-486-57894-4

[2.44] Dugge, Eißner, *Grundlagen der Elektronik*, Vogel Buchverlag, ISBN: 3-8023-1925-7

[2.45] Wolfgang Hellwig, R. BOSCH GmbH, Reutlingen AE/EIS, persönliche Informationen

[3.1] The MathWorks GmbH, Friedlandstr.18, 52064 Aachen, http://www.mathworks.de/

[3.2] The Scilab Consortium (Digiteo), Domaine de Voluceau, Rocquencourt – B.P. 105, 78153 Le Chesnay Cedex France, Tél.: 01.39.63.55.26, Fax: 01.39.63.55.94, http://www.scilab.org

[3.3] Texas Instruments, *Application Report*, SLOA064, July 2001, SLOA099, May 2002

[3.4] http://courses.engr.illinois.edu/ece581/sh.ppt

[3.5] George A. Baker, *Padé Approximants*, Second edition, Los Alamos National Laboratory, by Peter Graves-Morris, University of Bradford, Encyclopedia of Mathematics and its Applications, Print Publication Year: 1996, Online Publication Date: September 2009, Online ISBN: 9780511530074, Hardback ISBN: 9780521450072, Paperback ISBN: 9780521135092, Book DOI: 10.1017/CBO9780511530074

[3.6] Schwarz, Gottfried und Datcu, Mihai, *Chirp Signal Correlation in the Wavelet Domain*, (1998) Chirp Signal Correlation in the Wavelet Domain. In: Proceedings IGARSS, 1998. IGARSS; Seattle, USA, 1998

[3.7] Harry Nyquist, *Certain Topics in Telegraph Transmission Theory*, Trans. Amer. Inst. Elect. Eng. 47, Nachdruck in: *Proc. IEEE*, Vol. 90, No. 2, 1928, Nachdruck 2002, S. 617 bis 644

[3.8]	*CU Wandler*, GEMAC, Gesellschaft für Mikroelektronikanwendung Chemnitz GmbH, Kapsens CVC_2.0
[3.9]	*Capacity Converter HT133*, GEMAC Chemnitz
[3.10]	Rober Widlar, *IC Provides On-Card Regulation for Logic Circuits*, Februar 1971, National Semiconductor
[3.10]	Robert A. Pease, *The Design of Band-Gap Reference Circuits: Trials and Tribulations*, Mail Stop D2597A, National Semiconductor, P.O. Box 58090 Santa Clara, CA 95052-8090
[3.11]	Tenten, W., *Improvements of Analog Circuits in CMOS Technologies for a VIS A to D Converter*, Msc to PhD transfer work, University of Bath, England, 03.12.1987
[3.12]	Maxwell, James T. Clerk, *A Treatise on Electricity and Magnetism*, Oxford, the Clarendon Press, pp. 420–421, 1892
[3.13]	P. A. M. Dirac, *Quantized Singularities in the Electromagnetic Field*, Proc. Roy. Soc, A133, 60, May 29, 1931
[3.14]	Klingbeil, Harald, *Mathematische Grundlagen der elektromagnetischen Feldtheorie*, Teubner B.G. GmbH, März 2003, ISBN 3519004313
[3.15]	Föllinger Otto, **Laplace-, Fourier und z-Transformation**, VDE Verlag, 25. Oktober 2007, Best Nr. des Verlages 77854022, EAN: 9783778540220, Best.Nr.: 22903246, ISBN-10: 3800732572, ISBN-13: 9783800732579
[3.16]	Lutz v. Wangenheim, *Aktive Filter und Oszillatoren. Entwurf und Schaltungstechnik mit integrierten Bausteinen*, Springer berlin Heidelberg, new York, ISBN 78-3-540-71737-9
[3.17]	Neamen Donald A., *Microelectronics: Circuit Analysis and Design*, 3rd edition, Mc Graw Hill, 2007, ISBN 978-0-07-252362-1, ISBN 0-07-252362-X
[3.18]	Baker R. Jacob, *CMOS Circuit Design, Layout, and Simulation*, 3rd Edition, Wiley-IEEE 2010. ISBN 978-0470881323
[3.19]	Sedra Adel S., Smith Kenneth C., *Microelectronic Circuits*, in *The Oxford Series in Electrical and Computer Engineering 6th Edition*, Oxford University Press 2009. ISBN 978-0195323030
[3.20]	Baker R. J., *CMOS: Mixed-Signal Circuit Design*, 2nd Edition, Wiley-IEEE Press 2008.
[3.21]	Ping W., Franca J. E., *Multirate Switched-Capacitor Circuits for 2-D Signal Processing*, Springer Verlag 1997. ISBN 0-792-38051-7
[3.22]	Liu M., *Demystifying Switched Capacitor Circuits*, Newnes 2006. ISBN 0-750-67907-7
[3.23]	Cheung, Vincent S. L., *Design of Low-Voltage CMOS Switshced-Opamp Switched-Capacitor Systems*, The Springer International Series in Engineering and Computer Science, Vol 737, 2003, ISBN 978-1-4020-7466-0
[3.24]	W. J. Tenten, P. R. Shepherd, *Novel chopper OTA with dynamic bias control and current controlled cascoded output*, International Journal of Electronics, Vol. 65, Issue 1, 1988, pp. 19–26, DOI: 10.1080/00207218808945199
[3.25]	W. J. Tenten, P. R. Shepherd, *Novel fully differential chopper OTA with dynamic bias control and current controlled cascaded output*, International Journal of Electronics, Vol. 768, Issue 1, 1990, pp. 87–93, DOI: 10.1080/00207219008921150
[3.26]	Won Y. Yang, Wenwu Cao, Tae-Sang Chung, John Morris, *Applied Numerical Methods Using MATLAB*, ISBN: 978-0-471-70518-5, Adobe E-Book

[3.27]   W. J. Tenten, P. R. Shepherd, *New CMOS high-speed, high-accuracy auto-zero comparator based on symmetric cross-coupled concepts*, Journal of Electronics, Vol. 68, Issue 3, pp. 405–412, DOI: 10.1080/00207219008921183

[3.28]   Martin Demke, **Architekturuntersuchung und Simulation eines breitbandigen MASH-Sigma-Delta DAC**, Diplom Arbeit, Universitär Kaiserslautern, Lehrstuhl Integrierte Sensorsysteme, Fachbereich Elektrotechnik und Informationstechnik, Prof. König. Durchgeführt bei R. BOSCH GmbH, Reutlingen, Abt. AE/EIS, Betreuer Dr. W. Tenten

[3.29]   Huder, Bernhard, *Grundlagen der Hochfrequenz Schaltungstechnik*, 1999, Oldenbourg Verlag, ISBN 3-486-24913-4

[4.1]   Standard 1076, *IEEE Standard VHDL Language Reference Manual*, Institute of Electrical and Electronics Engineers Inc., 1988

[4.2]   Standard 1076.6-1999, *IEEE Standard for VHDL Register Transfer Level (RTL) Synthesis*, Institute of Electrical and Electronics Engineers Inc., 1999, ISBN 0-7381-1819-2

[4.3]   K. C. Chang, *Digital Systems Design With VHDL and Synthesis: An Integrated Approach*, IEEE Press, 1999, ISBN 0-76950023-4

[4.4]   Mc Creary J., Gray Paul R., *A High-Speed, All-MOS Successive Approximation Weighted Capacitor A/D Conversion Technique*, ISSCC Dig.Tech.Papers, pp. 38–39, Feb 1975

[4.5]   Mc Creary J., Gray Paul R., *All-MOS Charge Redistriubution Analog-to-Digital Conversion techniques-Part I*, IEEE, SC-10, pp. 371–379, Dec. 1979

[4.6]   Suarez R. E. Gray P. R., Hodges D. A., *An All-MOS Charge Redistribution A/D Conversion Technique, ISSCC Dig.Tech.Papers*, pp. 194–195, Feb. 1974,

[4.7]   Suarez R. E. Gray P. R., Hodges D. A., *An All-MOS Charge Redistribution A/D Conversion Technique-Part II*, IEEE, SC-10, pp. 379–385, Dec. 1975

[4.8]   Fotohui B., Hodges D.A., *A High-Resolution A/D Conversion in MOS/LSI*, IEEE, SC-14, pp. 92–96, Dec. 1979

[4.9]   Lee H. S., Hodges D. A., *Self Calibration Technique for A/D Converters*, IEEE, CAS-30, pp. 188–190, März 1983

[4.10]   Redfern T. P. Conolly J. I., Frederiksen T. M., *A Monolithic Charge-Balancing Successice Apprximation A/D Technique, IEEE*, SC-14, pp. 912–920, Dec, 1979

[4.11]   Shi C. C., Gray P. R., *Reference Refreshing Cyclic Analog-to-Digital and Digital-to Analog Converter*, IEEE, SC-21, pp. 544–554, Aug. 1986

[4.12]   Po-Chiun Huang, *SAR ADC Analog Part-II*, EE4292 Integrated Circuits Design Laboratory, Department of Electrical Engineering, National Tsing-Hua University, HsinChu, Taiwan

[4.13]   Inose H., Yasuda Y., Murakami J., *A Telemetrering System by Code Modulation-Δ–Σ-Modulation*, IRE Tran: on Space Electronics and Telemetry, Vol.set-8, pp. 204–209, Sept. 1962

[4.14]   Rudy J. van de Plassche, **CMOS integrated analog-to-digital and digital-to-analog converters. 2nd edition**, Kluwer Academic, Boston 2003, ISBN 1-4020-7500-6

[4.15]   Dres. Tenten & Kainer, *Sigma-Delta Verfahren – MASH Wandler*, R. BOSCH GmbH, Aufschriebe eigener Forschungsergebnisse, 2002

[4.16]   Matsuya Y., Uchimura K., Iwata A., Kobayashi T., Ishikawa M., Yoshitome T., *A 16-Bit Oversampling A-to-D Concerter Technology Using Triple-Integration Noise Shaping*, IEEE Journal of Solid State Circuits, Vol. SC-22, No.6, pp. 921–929

[4.17]   J. Candy, G. Temes, *Oversampling Delta-Sigma Data Converters,:* **Theory, Design, and Simulation**, August 1991, Wiley-IEEE Press, ISBN 0-87942-285-8

[4.18]	Plassche, R. J., *A Sigma-Delta Modulator as an A/D Converter*, IEEE, CAS-25,No.7 pp. 510–514, Juli 1978
[4.19]	Candy J. C., Benjamin, *The Structure of Quantization Noise from Sigma-Delta Modulation*, IEEE, COM-29, No.9, pp. 1316–1323, Sept. 1981
[4.20]	Matsuya Y., Uchimura K., Iwata A., Kobayashi T., Ishikawa M., Yoshitome T., *A 16-Bit Oversampling A-to-D Concerter Technology Using Triple-Integration Noise Shaping*, IEEE Journal of Solid State Circuits, Dec. 1987, Vol. SC-22, No.6, pp. 921–929
[4.20]	Eugenio Di Gioia, *An 11-bit, 12.5-MHz, Low-Power, Low-Voltage, Continous-Time Sigma-Delta Modulator in 0.3 mm CMOS Technology*, PHD thesys, Fakultät IV-Elektrotechnik und Informatik der Technischen Universität Berlin, 20.12.2010
[4.21]	W. J. Tenten, P. R. Shepherd, *Novel Analog to Digital Converters Using Voltage Inverter Switches – Part I: Reference Circuits*, IEEE Transactions on Circuits and Systems, Vol. 38, No. 6, June 1991, ISSN 0098-4094
[4.22]	W. J. Tenten, P. R. Shepherd, *Novel Analog to Digital Converters Using Voltage Inverter Switches – Part II: Applications Circuits*, IEEE Transactions on Circuits and Systems, Vol. 38, No. 7, June 1991, ISSN 0098-4094
[4.23]	Omid Shoaei, *Continous-time Delta_Sigma A/D Converters for High Speed Applications*, PhD Thesis, Carleton University, Ottawa, Canada, Nov. 29, 1995
[4.24]	Fettweis, A. Herbst, D. Hoefflinger, B. Pandel, J. Schweer, R., MOS switched-capacitor filters using voltage inverter switches, Circuits and Systems, 1996. ISCAS '96., ‚Connecting the World'., 1996 IEEE International Symposium on Circuits and Systems, Vol 27., Iss.6, pp. 527–538, ISSN 0098-4094, 06.01.2003
[4.25]	Yunteng Huang; Temes, G. C.; Ferguson, P. F.; Dept. of Electr. & Comput. Eng., Oregon State Univ., Corvallis, OR, *Reduced nonlinear distortion in circuits with correlated double sampling*, Circuits and Systems, 1996. ISCAS '96., ‚Connecting the World'., 1996 IEEE International Symposium on Circuits and Systems, 12 Mai 1996–15 Mai 1996, Atlanta, Print ISBN: 0-7803-3073-0
[4.26]	Lu T. C., Huang Y. J., Chou H. P., *A Novel Interface Circuit for Capacitive Sensors Using Correlated Double Sampling Demodulation Technique*, SENSORCOMM '08 Proceedings of the 2008 Second International Conference on Sensor Technologies and Applications IEEE Computer Society Washington, DC, USA ©2008, ISBN: 978-0-7695-3330-8
[4.27]	*MAPLE Programm zur Dimensionierung von Sigma-Delta Wandlern*, Martin Demke, 26.03.2006
[4.28]	Petre, O.; Kerkhoff, H.G.,*On-chip tap-delay measurements for a digital delay-line used in high-speed inter-chip data communications*, Test Symposium, 2002. (ATS '02). Proceedings of the 11th Asian, pp. 122–127, ISSN: 1081-7735, Print ISBN: 0-7695-1825-7
[4.29]	William J. Dally, John W. Poulton, *Digital systems engineering*, Cambridge University Press, 1998 - 663 Seiten, ISBN 0-521-59293-5(hb)
[4.30]	Kapp Andreas MSc, *Ein Beitrag zur Verbesserung und Erweiterung der Lidar-Signalverarbeitung für Fahrzeuge, Institut für Mess- und Regeltechnik*, Universität Karlsruhe (TH), Nr. 009, Universitätsverlag Karlsruhe, ISSN 1613-4214, ISBN 978-3-86644-174-3
[4.31]	*BOSCH ACC Adaptive Cruise Crontrol*, Robert BOSCH GmbH, 1st Edition, Open library OL8221579M, ISBN 10: 083761046X, ISBN 13: 9780837610467
[4.32]	Hülsmeyer, Christian*, Verfahren zur Bestimmung der Entfernung von metallischen Gegenständen (Schiffen o. Dgl.), deren Gegenwart durch das verfahren nach Patent 165546*

festgestellt wird, Zusatz zum Patente 165546 vom 30. April 1904, Patentiert im Deutschen Reiche vom 11. November 1904 ab, Patenschrift Nr. 169154 Klasse 74 d., Kaiserliches Patentamt

[4.33] S. Heinen, S. Beyer and J. Fenk, *A 3.0 V 2 GHz transmitter IC for digital radio communication with integrated VCOs,* IEEE International Solid-State Circuits Conference. Digest of Technical Papers. 42nd ISSCC, 15–17 Feb. 1995, 146–147, 1995

[4.34] Roland E. Best, *Phase-Locked Loops*, 6. Auflage. Mcgraw-Hill, 2007, ISBN 978-0-071-49375-8

[4.35] Lenk John D., *Simplified Design of Voltage/Frequency Converters (repost)*, ebook, ISBN: 0750696540

[4.36] Stork Milan, *New Σ–Δ Voltage to Frequency Converter*, Analog Integrated Circuits And Signal Processing, Vol 47, No. 1, pp. 65–71, DOI: 10.1007/s10470-006-222-4

[4.37] Julsereewong Amphawan, *Differential Voltage-to-Frequency Converter for Telemetry*, Proceedings of the International MultiConference of Engineers and Computer Scientist 2009 Vol II, IMECS 2009, March 18–20, Hong-Kong, ISBN: 978-988-17012-7-5

[5.1] *History of Filter Theory*, http://www.quadrivium.nl/history/history.html

[5.2] G. A. Campbell, *Physical theory of the electric wave-filter*, Bell Syst. Tech. J., 1, pp. 1–32, Nov. 1922.

[5.3] Campbell, G. A., *Collected papers of George A. Campbell*, New York, AT&T Co., 1937, Introduction by E.H. Colpitts, pp. 1–9, Loaded lines: pp. 2–5 and 10–39, *4-Ports of Ideal Transfomers*: pp. 119–168

[5.4] Buttkus Burhard, *Spektralanalyse und Filtertheorie*, angewandte Geophysik, XVI, 650 S. 154 Abb., 19 Tab. Springer-Verlag Berlin Heidelberg New York, ISBN 3-540-54498-4 & 0-387-54498-4

[5.5] Linear Technology, *FilterCAD*, Rechnergetütztes Filter Entwurfswerkzeug

[5.6] Girod Bernd, Rabenstein Rudolf, *Einführung in die Systemtheorie*, Teubner Verlag 2005, ISBN 3-519-26194-5

[5.7] Unbehauen H, *Systemtheorie*, München, Wien, Oldenbourg, 2002, ISBN 978-3-486-25999-5

[5.8] Föllinger O., Franke D., *Einführung in die Zustandsbeschreibung dynamischer Systeme mit einer Anleitung zur Matrizenrechnung*, Oldenbourg.Verlag, München, 1982

[5.9] Freund E., *Regelungssysteme im Zustandsraum I*; Oldenbourg.Verlag, München, 1987

[5.10] Freund E., *Regelungssysteme im Zustandsraum II*; Oldenbourg.Verlag, München, 1987

[5.11] Küpfmüller K., *Die Systemtheorie der elektrischen Nachrichtenübertragung*, S.Hirzel Verlag, Stuttgart, 1949, 1974, München 2005, ISBN 3-437-41317-1

[5.12] Wunsch G., Schreiber H., *Analoge Systeme*, Berlin, Heidelberg [u.a.], Springer Verlag, 1993, ISBN 3-540-56299-0 & 0-387-56299-0

[5.13] Werner Martin, *Signale und Systeme*, Lehr- und Arbeitsbuch mit MATLAB®-Übungen 3. Aufl., 2008, ISBN 978-3-8348-0233-0

[5.14] Bode Helmut, Analyse *und Simulation dynamischer Systeme. Mit 108 Beispielen*, Teubner Verlag, 2. Auflage, **ISBN**-13: 9783835100503, **ISBN**-10: 3835100505

[5.15] Stiller Christoph, *Grundlagen der Mess- und Regelungstechnik*, Shaker Verlag, Aachen, 2006, ISBN-10 3-8322-5582-6, ISBN-13 978-3-8322-5582-4, ISSN 0945-1005

[5.16]	Harris, Fredric j. (January 1978), *On the use of Windows for Harmonic Analysis with the Discrete Fourier Transform*, proceedings of the IEEE 66 (1), doi: 10, 1109/PROC 1978.10837
[5.17]	Broughton, Allen S., Bryan Kurt M., *Discrete Fourier Analysis and Wavelets, Applications to Signal ans Image Processing*, Wiley New York, 1. Auflage 2008, ISBN-10 0-470-29466-3, ISBN-13 978-0-470-29466-6
[5.18]	McClellan James H., Schafer Ronald W., Yoder Mark A., *Signal Processing First*, Prentice Hall, 26.2.2003, ISBN-10 0130909998, ISBN-13 9780130909992
[5.19]	Thompson Richard A., Moran James M., Swenson Jr. George W. *Interferometry and Synthesis in Radio Astronomy*, Second Edition, Wiley online library, Wiley-VCH Verlag GmbH&CoKGaA, 30.Dec.2007, DOI: 10.1002/9783527617845.ch3
[5.20]	Proakis J. G., Manolakis D. G., *Digital Signal Processing Principles, Algorithms and Aplications*, 3rd Edition, New Jersey, Prentice Hall 1996, ISBN 0-13-373762-4
[5.21]	Hendrick Bode, *Relations Between Attenuation and Phase In Feedback Amplifier Design*, Bell System Technical Journal, Vol. 19, No. 3, July, 1940. See also: „Amplifier," US Patent2,123,178, filed June 22, 1937, issued July 12, 1938.
[5.22]	Hendrick Bode, *Feedback— the History of an Idea*, Proceedings of the Symposium on ActiveNetworks and Feedback Systems, Polytechnic Press, 1960. Reprinted within Selected Papers onMathematical Trends in Control Theory, Dover Books, 1964.
[5.23]	T. Deliyannis, Yichuang Sun, J. K. Fidler, *Continuous-Time Active Filter Design*, 1. Auflage. CRC Press, 1999, ISBN 0-84932573-0
[5.24]	Schaumann R., Ghausi M. S., Laker K. R., *Design of Analog Filters, Passive, Active RC and Switched Capacitor Filter*, Prentice Hall 1990, ISBN 0132002884
[5.25]	Sontheimer Robert, *Audio-Schaltungstechnik, Verstehen – Entwerfen – Bauen*, Elektor Verlag GmbH, Dez. 2004, ISBN 38955751540
[5.26]	*Baxandall Klangregler*, http://de.wikipedia.org/wiki/Klangregler
[5.27]	*The James-Baxandall Passive Tone-Control Network*, http://www.schmarder.com/radios/tech/tone.htm
[5.28]	Baxandall Peter James, *Negative-Feedback Tone Control-independent variation of bass and treble without switches*, Wireless World, 58.10 October 1952, 402. Correction 58.11 Nov. 1952, 444
[5.29]	James E. J., *Simple Tone Control Circuit*, Wirless World, Feb. 1949
[5.30]	Patron Ramon Vargas, The James-Baxandall Passive Tone-Control Network, INICTEL, LIMA Peru, July 23rd, 2004
[5.31]	Kern Markus, *Weiterführung des mikrocontrollergesteuerten Audioverstäkers, Studienarbeit II*, Duale Hochschule Stuttgart, FB Elektronik, 16.05.2011
[5.32]	http://tonecirc.de/
[5.33]	R. P. Sallen und E. L. Key, *A Practical Method of Designing RC Active Filters*, IRE Transactions on Circuit Theory, Ausgabe 1, Seite 74 bis 85, 1955
[5.34]	Robens, M. Wunderlich, R. Heinen, S., *Sallen-Key polyphase filter design*, Electronics, Circuits and Systems, 2008. ICECS 2008. 15th IEEE International Conference on Circuits and Systems, Aug. 31 2008–Sept. 3 2008, pp. 271–274, Print ISBN: 978-1-4244-2181-7
[5.35]	Don Meador, *Analog Signal Processing with Laplace Transforms and Active Filter Design*, ISBN10: 0766828182, ISBN13: 9780766828186, Delmar Publications, 2002

[5.36] Rolf Schaumann; Mac E. Van Valkenburg, *Design of Analog* Filters, ISBN-10: 0195118774, ISBN-13: 9780195118773, Oxford University Press, March 2001

[5.37] Thomas, L. C., *The Biquad: Part II – A Multipurpose Active Filtering System. IEEE Trans. Circuits and Systems*, 1971. Vol. CAS-18. pp. 358–361

[5.38] Thomas, L. C., *The Biquad: Part I – Some Practical Design Considerations, IEEE Trans. Circuits and Systems*. 1971. Vol. CAS-18. pp. 350–357

[5.39] Tow, J., *Active RC Filters – A State-Space Realization*, Proc. IEEE. 1968. Vol. 56. pp. 1137–1139

[5.40] Van Valkenburg, M. E., *Analog Filter Design*, Holt, Rinehart & Winston. 1982

[5.41] Zumbahlen, H.; *Analog Filters*, Chapter 5, in Jung, W., *Op Amp Applications Handbook*. Newnes-Elsevier (2006)

[5.42] Patrick J. Quinn, Arthur H.M. van Roermund, *Switched-Capacitor Techniques for High-Accuracy Filter and ADC Design*, Springer Verlag, 2007. ISBN: 1402062575

[5.43] Bader, Hussein, Microelectronic Switched-Capacitor Filters: With ISICAP: A Computer-Aided-Design Package, John Wiley & Sons; Har/Dis edition (May 21, 1996), ISBN-10: 0471954047, ISBN-13: 978-0471954040

[5.44] Wong, K. Y.; Abed, K. H.; Nerurkar, S. B., *VLSI implementations of switched-capacitor filter*, SoutheastCon, 2005. Proceedings, pp. 29–33, IEEE, Print ISBN: 0-7803-8865-8

[5.45] Cheung, Vincent S. L., Luong, Howard Cam H, *Design of Low-Voltage CMOS Switched-Opamp Switched-Capacitor Systems*, The Springer International Series in Engineering and Computer Science, Vol. 737, ISBN 978-1-4020-7466-0

[5.46] Arthur B. Williams, *Electronic Filter Design Handbook*, Fourth Edition, Access Engineering, McGraw Hill, ISBN: 0071490140

Index

1/f Rauschen 148, 221
2-Rampen Wandler 313, 315
AB Endstufe 205
abgetastetes System 280
Abschlusswiderstand 150, 153
Abschnürlänge 129
Abschnürparabel 171, 199
Abschnürung 139
Abstandsermittlung 365
Abstandsradar 365
Abtastfrequenz 280, 309, 311, 402, 404
Abtastkamm 400, 401
Abtastung 340, 353, 362
Abtastzeitpunkt 402
AC Analyse 201, 205, 207, 212
AC Kopplung 421
AC-Analyse 418
ADC 317, 319, 322, 323, 326, 328
Addierer 232, 289
Additionstheorem 344
AGND 166
Akkumulation 136, 137, 138
Akkumulationsgebiet 162
alias 401, 402, 403, 441
Allpass 409, 410, 412, 413, 414, 415, 416, 417, 418
Allpassfilter 411, 415, 416, 417
Amplitude 239, 249, 250, 389, 391, 399, 410, 411
Amplitudencharakteristik 388
Amplitudendämpfung 394
Amplitudenfunktion 158
Amplitudengang 415
Amplitudenspektrum 377
Amplitudenverlauf 386, 388
Analyse 248, 249
Anlaufschaltungen 270
Anlaufverhalten 67, 270
Anode 8
Anpassungsdämpfung 116
Ansteuerspannung 11
Ansteuerspannungen 169
Arbeitsgebiet 165, 207
Arbeitskennlinie 40, 171, 179, 205
Arbeitspunkt 10, 11, 27, 29, 31, 40, 44, 46, 47, 49, 51, 55, 142, 143, 157, 169, 171, 176, 178, 193, 200, 204, 205, 212, 239, 269, 270, 272
Arbeitspunktbestimmung 27
Arbeitspunktermittlung 46
asynchrone Logik 303
Audioverstärker 85, 112, 419
Audioverstärkers 94
Ausgang 237, 240, 250, 254
Ausgangsimpedanz 116, 197
Ausgangssignal 168, 182
Ausgangsspannung 301, 305, 307
Ausgangsstufe 237
Ausgangswiderstand 65, 72, 99, 100, 114, 116, 176, 195, 207
Austastlücke 282
Avalanche 44
backbias 128, 131, 139, 142, 162
Bandabstandsreferenz 265
Bandbreite 198, 200, 201, 212, 398, 403, 440
Bändermodell 2, 3, 9, 130
Bändermodells 2
Bandgap 265, 267, 269, 270
Bandgapspannung 272
Bandpass 419, 420, 435, 436, 439, 440, 446
Bandpassfilter 424, 436
Basis 1, 2, 3, 25, 32, 33, 35, 40, 47, 55
Basis Schaltung 64, 65
Basisvorspannung 47, 55
Basisvorwiderstand 47
Bassfilter 423
Baugruppe 160, 161, 176
Bauteiltoleranzen 443
Baxandall 419, 420
Berechnungsmethodik 233
Berechnungsschema 283
Berechnungsverfahren 248
Bezugssignale 308
Biasstrom 197, 198, 200, 204, 212
Biasversorgung 198, 200
Binärtreppe 308
bipolar 3, 8
Bipolartransistor 1, 2, 32, 123
Biquad 434, 439, 441, 444, 445
biquadratische Näherung 434
Bit 308, 311
Bit-Gewinn 334
Bode 158, 209, 454

Bode Diagramm 399, 400
Boltzmann 4, 9, 147, 451, 453
Bootstrap 94, 96, 196
Brown 145
Brückengleichrichtung 18
bulk 162
BUS 326
CDS Verfahren 340
Charge Redistribution 320
clock feed through 164, 165
CLPD 318
CMOS 121, 122, 123, 124, 125, 127, 157, 160, 161, 162, 168, 169, 174, 178, 179, 197, 204, 205, 278, 297, 452, 453
CMOS Schalter 161
CMRR 215, 217
Colpitts 66, 452
Colpitts-Oszillator 67, 68, 69, 70, 71
Coulomb'sche Gesetz 279
COURSE-DLL 377
CU 263
CV 133, 134, 137, 144
CV Charakteristik 133, 144
DAC 326, 328
Dämpfung 419, 421
Dämpfungsfaktor 100, 116, 264
dB 149, 151, 156, 193, 207, 215, 308, 309, 311
DC Arbeitspunkt 49
DC OP 157
DC Operating point 157
DC Transfer 157
DCOP 188, 199, 200, 204, 212
Debey 9
Demodulation 409, 416
Demodulator 409, 416, 417
depletion 121
Detektionsstrecke 365, 366
deziBel 308, 309
Dezimierfilter 332, 343, 362, 363
DIAC 20, 24
Differentialgleichung 279
Differenzausgangsstrom 105
Differenzbildung 256
Differenzeingangssignale 237
Differenzeingangsstufe 106, 197, 198, 200, 201, 207, 211, 220
Differenzengleichung 435
Differenziation 256
Differenzierer 256
Differenzspannungsverstärker 110
Differenzstufe 104, 105, 110, 285
Differenzverstärker 104, 106, 110, 229, 232, 289
Differenzverstärkerschaltung 237
Differenzverstärkerstufe 105, 106

Diffusionsdioden 162
Diffusionslängen 9
Diffusionsschichten 126
Diffusionsspannung 4, 5
Diffusionszone 1
Diffusionszonen 1
Dimensionierung 34, 35, 49, 51, 129, 165, 171, 198, 199, 200, 201, 204, 212, 409, 410, 423, 427, 431, 440, 444
Diode 1, 2, 7, 8, 9, 10, 11, 13, 14, 20, 24, 27, 29, 31, 32, 33, 35, 178, 179, 265
Dioden Kennlinie 11
Diodenarbeitspunkt 16
Diodengleichung 4
Diodenkennlinie 4, 27, 29, 179
Diodenlast 174, 178, 179, 182
Diodenspannung 32, 130
Diodenverlust 16
Dirac 278, 279, 390, 391, 403
Diskretisierung 281, 305
Diskretisierungsfehler 305, 307, 314
DLL 366, 367, 373, 375, 376, 377
Domäne 305, 308
Doppel T 426, 427
Dotierung 121, 127, 130
Drain 121, 127, 128, 129, 131, 136, 137, 138, 139, 142, 145, 147, 160, 164, 169, 177, 195, 199
Drainschaltung 195
Drainspannung 171
Drainstrom 168
Dreieckspannung 263
Dreischichtdiode 24
Drift 285, 291
Driftstrom 137
Dualitätsprinzip 279
Durchbruchspannung 7, 11, 13
Durchlassbereich 8, 9, 10, 11, 386, 388
Durchlassspannung 7
Durchlassstrom 7, 8
Early 36, 40, 75, 76, 77, 78, 79, 137, 140, 269, 270, 451
Ebers 33, 34, 35
Effektivwert 14, 16, 18
Eingangs Kennlinien 37
Eingangsimpedanz 116
Eingangsinverter 301
Eingangskapazität 185
Eingangskorrektur 333
Eingangssektion 287, 289, 291
Eingangssignal 176, 185, 193, 220, 287, 291, 301, 307, 308
Eingangsspannungsvariation 201
Eingangsstromvektor 422
Eingangsterminal 232

Eingangswiderstand 37, 65, 72, 96, 116, 195, 196
Einheitsgeometrie 172
Einheitsimpuls 390
Einheitskapazität 319
Einheitssprungs 111
Einschaltkurven 60
Einschwingverhalten 68, 106, 176, 177, 200, 211, 218, 220
Einstein 4, 145, 453
Einströmknoten 232
Ein-stufiger OP 197
Einweggleichrichtung 14
elektrische Ladung 278
Elektronen 6, 9, 44
Emissionskoeffizient 9
Emitter 1, 2, 3, 32, 33, 35, 40, 49, 51
Emitterdegradation 79
Emitterfolger 71
Emitterschaltung 65, 72, 73, 80, 113, 186
Emitterspannung 266, 267, 269
Emitterstrom 65, 76, 88, 105, 113
Emitterwiderstand 56, 189
Empfangtrigger 377
Endstufe 92, 106, 107, 110, 112, 114, 115, 204, 205, 212, 218
Endstufenansteuerung 92
Endstufentransistoren 205
Endstufentreiber 112
enhancement 121, 140
Entfernungsmassstab 366
EOC 322
Erholzeit 59
Ersatzschaltbild 176, 177, 183
ESD 124, 125
Euler 335, 340, 341
Exponent 265
Exponentialfunktion 155
Faltung 400, 401, 402, 403
Faltungsfunktion 401
fdatool 387
Federkonstante 264
Fehler 155, 228, 229, 233, 240, 266, 281, 305, 307
Fehlerbetrachtung 155
Fehlergrenze 155, 157
Fehlerleistung 308, 309
Fehlerterm 76, 77
Feldeffekttransistor 138
Fensterverfahren 394
FFT 393
Filter 248, 249, 250, 385, 386, 387, 388, 389, 395, 396, 397, 398, 399, 403, 409, 412, 415, 418, 420, 423, 424, 426, 427, 428, 429, 433, 434, 435, 436, 437, 439, 440, 441, 442, 445, 446

Filteranalyse 388
Filterantwort 386, 388, 446
Filterantworten 386, 389
Filterbandbreite 422
Filtercharakterisierung 388
Filterentwurf 435
Filterfunktion 434, 435
Filtergüte 398
Filtermasken 446
Filterordnung 388
Filterschablone 387, 388
Filterschablonen 385, 387
Filterstruktur 248
Filterstrukturen 385
Filtertheorie 249, 409
FINE-DLL 377
Flicker 146, 148, 453
Flugzeiten 365
Flussspannung 4, 5, 13
Folge 281, 291, 305
Folgerverstärker 195
Fourier 189, 193, 330, 445
Fourier-Analyse 71, 92, 101, 157, 158, 249
Fourier-Transformation 158, 393, 394
FPGA 318
Frequency-to-Digital Wandler 329
Frequenz 250, 264
Frequenzanalyse 149, 157
Frequenzanalysen 280
Frequenzanteile 281
Frequenzband 386
Frequenzbereich 96, 106, 111, 137, 145, 147, 157, 158, 385, 386, 389, 390, 398, 399, 401, 403
Frequenzgang 420, 421
Frequenzgrenzen 425
Frequenzmodulator 378
Frequenzunabhängigkeit 161
Frequenzverhalten 157, 177, 248, 331, 333, 368, 371
Frequenzverlauf 421
Gate 124, 127, 128, 129, 130, 131, 136, 137, 138, 139, 142, 144, 145, 162, 164, 169, 171, 177, 196, 199, 200, 212, 453
Gatestrom 189
Gauß Fenster 400
Gegenkopplung 55
Gewichtskoeffizienten 321
Gleichstromverstärkung 65, 74
Gleichtakt 217
Gleichtaktunterdrückung 218
Gleichungssystem 229, 256, 264
Glitches 303
Graetzgleichrichter 18
Grenzfrequenz 248, 250, 335, 418, 421, 432
Großsignalverhalten 100

Grundinverter 174
Gruppenlaufzeit 399
Gummel 33
Güte 220, 398, 399, 440
Gütefaktor 398
Halte Schaltung 239
Halteeigenschaft 240
Halteglied 249
Halteschaltung 240, 263, 264
Heaviside 391
Hochpass 209, 256, 419, 420, 424, 435, 446
Hochtonfilter 424
Hold Mode 320
Hurtwitz 158
Hysterese 263
IIR Filter 332
Impedanz 256
Impedanzanpassung 114, 116
Impedanzwandler 232, 237, 429
Impuls 391
Impulsantwort 389, 392, 404
Injektion 123
Integral 252
Integralbildung 252
Integration 252, 254
Integrationskonstanten 252
Integrationszeit 155
Integrator 240, 252, 253, 254, 282, 291
Integratoren 254
Inversion 133, 136, 137, 138, 140
Inverter 164, 174, 176, 178, 182, 185, 293, 297, 301
Inzidenzmatrix 404, 408
IT1 Term 337
James 419, 420, 422
Johnson 145, 453
K_1 131, 139
Kanal 123, 125, 127, 128, 133, 136, 137, 138, 139, 140, 147, 162, 164, 166, 169, 174, 179, 199, 200, 204, 205, 211, 212, 215
Kanalinversion 138
Kanallänge 137, 139
Kanallängen Modulation 137, 139
Kanalwiderstand 136, 143, 148
Kapazität 162, 164, 168, 177, 182, 185, 196, 279, 280, 291
Kapazitäts Dioden 13
Kaskode 174, 182, 185
Kaskodetransistor 182, 185
Kathode 8
Kennlinie 10, 11, 13, 20, 24, 25, 29, 40, 49, 171, 174, 179, 186
Kennlinien 165, 178, 200, 201
Kennlinienfeld 26, 38, 39, 40, 51, 171, 179, 205, 212
Kennlinienverfahren 199

Kettenbruch 434
Kettenglied 366, 367, 377
Kirchhoff 395, 396, 413, 441, 442
Klangbereiche 419
Klangfilter 419, 422
Klangpotentiometer 422, 425
Klasse A Verstärker 80
Klasse B Verstärker 83, 112
Klasseneinteilung 386
Kleinsignal 100, 142, 143, 144, 176, 177, 178, 182, 205, 215
Kleinsignalanalyse 142, 143
Kleinsignalparameter 129
Knoten 201, 207, 215, 220
Knotenspannungen 404, 405, 406, 407
Knotenspannungsanalyse 404, 406, 407, 408
Koeffizienten 266, 267
Kollektor 1, 2, 3, 33, 35, 36, 40, 44, 49, 51, 55, 160
Kollektor Schaltung 64, 71, 72
Kollektorschaltung 195
Kollektorstrom 33, 34, 40, 46, 49, 56
Kollektorwiderstand 47, 51, 55
Komparator 260, 263, 293, 297, 301, 305
Komparatorarbeitspunkt 320
Komparatorauflösung 301
Kompensation 210
Kompensationstransistor 78
Kondensator 137, 240, 248, 253, 254, 278, 279, 282, 294, 301
Kondensatorplatte 264, 294
Korrekturladung 285
Korrekturprozess 329
Korrelation 400
Korrespondenzen 282
Kreisgüte 398
Kreuzkoppelverstärkung 301
Kreuzkopplung 297, 301
Kühlung 6
Kurzschluss 293
Kurzschlussschalter 253, 301
Ladung 279, 283, 285, 287, 291
Ladungsbilanz 441, 443
Ladungsbilanzen 283
Ladungsdichte 130, 136
Ladungsdifferenz 289
Ladungsgleichung 314
Ladungsträger 1, 2, 6, 20, 44
Ladungstransport 1, 6
Ladungsumverteilung 320, 321
Ladungsverluste 282
Ladungszustand 281
Länge 129, 139
Längsfeld 129
Lapace Ebene 252
Laplace 110, 111, 248, 252, 330

Laserdioden 23
Lastkapazität 164, 212, 215
Lastwiderstand 162
Laufzeit 386
Laurentreihe 331, 392
Lautstärkepotentiometer 193
Lawineneffekt 44
LDS 334
Leckstrom 11
LED 20, 21
Leerlaufspannung 22
Leeuwenhoek 145, 453
Leistungsdichte Spektrum 334, 349
Leistungsdichteverteilungen 346
Leistungselektronik 24, 25
Leistungsendstufen 107
Leistungspegel 149, 156, 158
Leistungsspektren 343, 345, 351
Leistungsspektrum 147
Leistungsverstärkung 65
Leitfähigkeit 121, 123, 127, 128, 129, 139, 162, 174
Leitwertmatrix 422
Leucht Dioden 13
Löcher 9
Logarithmus 265, 266
Lorentzisches Rauschen 221
LRD 20, 21, 23
LTI 388, 394, 396, 397
LTspice 11, 29, 34, 122, 126, 131, 140, 149, 150, 153, 157, 158, 239, 248, 249, 250, 252, 453
LTSpice 305
Magnetflussdichte 278
magnetische Ladung 278
Majoritäten 128, 136, 137
Majoritätsladung 10
MAPLE 430, 439, 444
Markov Prozess 395
MASH 330, 343, 346, 349, 351, 352, 353, 358, 360, 361
Masse 264
matching 168
MATLAB 4, 5, 21, 31, 36, 106, 248, 249, 250, 252, 281, 385, 387, 397, 399, 407, 408, 409, 412, 413, 422, 427, 428, 439
MATLAB Modell 328
Matrix 395, 397, 407
Maxwell 278, 279
McCreary 148
Michailov 158
Miller 166, 177, 182, 185, 454
Minoritäten 128, 136
Minoritätsladungen 9
Minoritätsladungsträger 9
Minoritätsschicht 137

Mitkopplung 68
Mittenfrequenz 440
Mittenposition 264
Mittenpotential 294, 301
Mittenspannung 204, 228, 231, 287, 293, 294
Mittenspannungskorrektur 330
Mittentonfilter 424
Modell 4, 33, 34, 36
Modellgleichungen 33, 34
Modulation 169, 216, 378
Moll 33, 34, 35
MOS 121, 122, 123, 125, 126, 127, 128, 130, 133, 136, 137, 139, 140, 142, 143, 147, 148, 157, 168, 188, 189, 196, 452, 453
MOSIS 126
Multiplikation 252
Nachbarschaftsverhalten 168
Namenskonvention 160
Netzliste 160
Nichtlinearität 188, 193, 205, 421
Niederfrequenzbereich 216, 218
N-Leitfähigkeit 121
noise 145, 146, 453
noise shaping 333
NTAT 267
Nullstelle 209, 338, 353
Nutzbandbreite 421
Nutzsignalbereich 403
Nutzsignalfrequenz 403
Nyquist 145, 147, 281, 309, 402, 453
Nyquist Kriterium 281
Nyquistkriterium 402
Oberflächenladungen 146
Oberwelle 193
Oberwellen 92, 100, 193
Objektentfernung 365
Offset 100, 106, 176, 193, 205, 237, 240, 281, 283, 285, 287, 289, 293, 294, 303
Offsetabgleich 176
Offsetkompensation 106, 291, 293
Ohm'sche Gesetz 279
OPA 197, 205, 212, 215, 228, 229, 248, 281, 283, 285, 293
openloop 200, 211, 212, 215
Operationsverstärker 104, 110, 197, 204, 211, 214, 218, 227, 231, 237, 260, 293, 452
Operationsverstärkern 107
Operator 392, 400, 401
Ordnung 386, 388, 396
OSR 335, 345, 358
Oszillator 366, 367
Oszillatorfrequenz 366, 367
OTA 197, 211, 212, 215
Oxidkapazität 133
Paddel 264
Pegel 149, 151, 156, 260

Periode 280, 281, 308
Phase 240, 250, 389, 399
Phasenablage 210, 409
Phasenanhebung 209
Phasenbereich 415
Phasenbeziehung 250
Phasendrehung 158, 205, 209, 256
Phasengang 415
Phasenkompensation 94, 207
Phasenlaufzeit 399
Phasenregelkreis 369
Phasenregelung 366, 367
Phasenreserve 158, 207, 209, 210, 212, 215
Phasenumkehr 237
Phasenumkehrstufe 204
Phasenverlauf 386, 388
Phasenverschiebung 209, 414, 418
Phasenwinkel 148, 209, 220, 389, 399
Photoemission 21
pinch off 140
Planck 147
P-Leitfähigkeit 121, 128
PLL 366, 369, 372, 373, 378
Pol 143, 182, 207, 209, 210, 215, 338, 339, 348
Polfrequenz 209
Polposition 209
Polynom 154, 155, 158
Poon 33
POR 270
Potenzreihe 392
power-on-reset 270
Poynting 6
PSRR 215
PTAT 267
Pulsansteuerung 220
Pulsfunktion 390
Punktsymmetrie 319
punktsymmetrisch 172, 328
Q-Faktor 398
Quadrant 11, 36, 37, 38
Quantisierbereich 308
Quantisierrauschens 333
Quantisierstufen 308
Quantisierung 281, 308
Quantisierungsfehler 308
Quantisierungsintervalle 308
Quellen 282
quellimpedant 197, 232
Quellimpedanz 197
Querfeld 129, 131, 136
R-2R 328
Rampe 315, 323, 326
Randwertbedingung 157
Randwertbedingungen 253
Raumladung 133

Raumladungszone 129, 133, 138, 144, 147
Rauschanteil 332, 333, 336, 343
Rauscharmut 161
Rauschen 145, 146, 147, 148, 149, 150, 220, 221, 222, 263, 330, 332, 333, 335, 340, 343, 346, 347, 358, 453
Rauschfaktor 157
Rauschkoeffizient 334
Rauschleistung 334, 335, 345, 346, 348, 349
Rauschleistungsdichte 149, 308, 309, 310, 333, 344, 348, 349
Rauschleistungs-Dichtespektrum 309
Rauschleistungsverhalten 221
Rauschmessung 157
Rauschpegel 149
Rauschquelle 145, 220, 221
Rauschreduktion 309
Rauschspannung 147, 149, 150
Rauschterm 346
Rauschübertragung 336
Rauschuntergrund 281
Rauschverformung 333, 335, 342, 343
Rauschverhalten 161, 220, 313, 330, 332, 334, 357
Rauschverminderung 342
Rauschverteilung 340
RC Filter 153
RC Verhalten 279
Realanteil 256
Rechteckfenster 393, 394
Rechteckimpuls 391
Rechteckmodulation 378
Rechteckoperator 394
Referenz 260, 265, 270
Referenzknoten 228
Referenzspannung 264, 283, 314, 315, 321, 329, 340
Referenzstromquelle 272
Referenzzeitpunkt 389
Regelung 266
Rekombinationsstrom 11
relaxation time 59
RESET 291
Residuensätze 348
resistive Last 232
Resonanzschärfe 398
Resonanzüberhöhung 398, 421
Restfehler 155
Reziprozität 419
Ringoszillators 366, 367
RLDS 349
Rückkoppelinverter 301
Rückkopplung 196, 209
Rückkopplungswiderstand 209
Rückkopplungszweig 248
Rückwirkungs Kennlinien 38

Rückwirkungsarmut 419
Rückwirkungsfaktor 39
Rückwirkungsfreiheit 418, 419
Ruhestrom 46
Ruhestromeinstellung 46, 47
S&H 281, 285
SA Register 320
Sallen Key 428, 429, 431
Sample & Hold 239
Sample Mode 320
SAR 317, 319, 321, 322, 323, 328
Sättigung 123, 134, 138, 139, 171, 176, 212
Sättigungsbereich 40
Sättigungsfeldstärke 138
Sättigungsgebiet 137, 139, 143, 185, 216
Sättigungsverhalten 200
Satz des Thales 414
SC 441, 442, 445
SC Filtern 282
SC Komparator 293
SC Schaltungen 280, 285, 309
SC Schaltungstechnik 278, 289, 293, 305
SC Technik 283, 285, 289, 293
SC Verstärker 282, 291
Schaltflanke 263
Schaltgeschwindigkeit 57
Schaltpunkt 185, 263
Schaltungskonzept 252, 266
Schaltungstechnik 160, 161, 174, 179, 186, 189, 239, 240, 252, 256, 278, 285, 289, 291, 293, 297, 454
Schaltvorgang 57
Schiffradar 365
Schleifenfilter 369, 371, 373
Schleusenspannung 7
Schnelles Schalten 56, See
Schottky 13
Schrot 145
Schutzdioden 125
Schwellspannung 4, 7, 8, 13, 130, 131, 137, 139, 140, 166, 168, 176
Schwingkreisgüte 398
Scilab 248
SCILAB 281
Selbstentladezeit 240
Sendetrigger 377
Sensor 237
Sensorsignalverarbeitung 112
SGND 166
Shannon Kriterium 281
Shockley 4, 10
Sicherheitsabstand 365
Sigma Delta Wandler 330
Sigma-Delta 254

Sigma-Delta Wandler 329, 330, 332, 334, 336, 337, 338, 340, 341, 343, 344, 346, 353, 356, 361
Signal 161, 162, 164, 165, 166, 178, 204, 218, 220, 231, 232, 237, 239, 240, 249, 250, 254, 263
Signalansteuerung 328
Signalanteil 333
Signalantwort 389
Signalausgang 71
Signalband 329, 332, 342, 346
Signalbereich 201, 308, 330, 346, 351, 362
Signaldichtefolge 335
Signalfrequenzbereich 343, 346
Signalfunktion 401
Signalgenauigkeit 281
Signalhub 239
Signalkurzschluss 176
Signalleistungsdichte Spektrum 346
Signalleistungsspektrum 350, 359
Signalmittenspannung 166
Signalrückführung 330
Signalsättigung 83, 100, 355
Signalstärke 281
Signalsynchronisation 240
Signaltransport 280
Signaltreue 161
Signalübertragung 333, 336, 343
Signalverarbeitung 239, 260, 281
Signalverstärkung 188, 215, 346
Silizium 121, 123, 453
Simulation 160, 171, 174, 179, 200, 211, 233, 269, 270
SIMULINK 106, 248, 249, 250, 252, 281
Skalierungskoeffizienten 338
Small signal 157
Smoluchowski 4
SNR 332, 335, 351, 358, 360
Solarzelle 21, 23
SOS 437
Source 121, 127, 128, 129, 130, 131, 136, 137, 138, 139, 142, 144, 147, 160, 164, 171, 174, 179, 186, 188, 189, 196, 199
Spannung 227, 228, 256, 260, 266, 270
Spannungsabfall 267
Spannungsänderung 233
Spannungsanpassung 116
Spannungsbereich 252
Spannungsgegenkopplung 55
Spannungsgleichheit 266, 269
Spannungspegel 158
Spannungsquelle 228, 272, 274
Spannungsschwankung 274
Spannungssprung 200, 205, 212
Spannungssteuerung 368
Spannungsvariation 270

Spannungsvektor 422
Spannungsverstärkung 65, 72, 73, 142, 188, 189, 195, 215
Speicherschaltung 239
Spektralanalyse 92, 100, 394
Spektrum 85, 100, 250, 281, 389, 390, 392, 394, 401, 403
Sperrbereich 386, 387, 388
Sperrfähigkeit 161
Sperrrichtung 13, 24, 126
Sperrsättigungsstrom 4, 9, 10
Sperrspannung 7, 8, 9, 20
Sperrstrom 7, 8, 10, 13, 23
Sperrverhalten 164
Spiegel 266
Spikes 303
Sprung 391
Sprungantwort 392
Sprungfunktion 249, 391
SQR 281, 307, 308, 309, 310, 311, 332, 342, 345, 382
Stabilität 158
Stabilitätsbereich 339
Stabilitätskriterien 331
stacked mirror 169
Stammfunktion 252
Standardabweichung 14
state maschine 319
Steilheit 188, 386
Steuerkennlinie 188, 193
Steuerkennlinienfeld 142
Steuerspannung 130, 165, 168
Störfestigkeit 161
Störverhalten 161
Stoss Ionisation 36, 44
Strombilanzen 283
Stromgegenkopplung 55, 56, 64, 65, 67, 72, 73, 189
Stromknotensummen 436
Stromquelle 272, 274
Stromrückkopplung 80, 88
Stromspiegel 74, 75, 76, 77, 78, 79, 105, 168, 169, 171, 172, 178, 198, 201, 215
Stromsteuer Kennlinien 37
Stromsteuerung 32
Stromsteuerungen 38
Stromsummen 423
Stromvariation 201
Stromversorgung 198
Stromverstärkungsfaktor 51
Substrat 123, 127, 130, 131, 139, 142, 143, 144
Substratvorspannung 142
Subtrahierer 232, 289
sukzessive Approximation 317
Sukzessiver Approximations Wandler 317

Summenknoten 232
Summierverstärker 237
Symbol 160
Symmetrie 172
System 231, 240, 279, 280, 281, 301, 305, 309, 409, 422, 423
Systemantwort 388, 389, 390
Systemdämpfung 421
Systemmatrix 412
Systemoffset 253
Systemrauschen 340
Systemstabilität 338
Systemtheorie 330, 388, 401
Takt 164, 168, 279, 280, 291, 293, 294, 305
Taktaufbereitung 303
Taktdurchgriff 164, 165
Takte 281, 282, 283, 291, 303, 305
Taktpause 294
Taktphase 240, 280
Taktschema 283, 289, 294, 297, 301, 303, 305
T-Bone 166
Temperatur 4, 7, 9, 55, 285
Temperaturabhängigkeit 265
Temperaturbereich 5
Temperatureffekt 27
Temperaturgang 5, 10, 47, 265, 266, 267, 269, 274
Temperaturkoeffizienten 267
Temperaturspannung 4, 9, 265, 266, 267
Testsignal 263
thermal noise 145
Thermischer Widerstand 4
threshold 128, 131
Thyristor 20, 25, 26
Tiefpass 96, 147, 153, 158, 418, 419, 420, 424, 426, 429, 431, 432, 433, 434, 435
Tiefpassfilter 111, 247, 248, 249, 415, 418, 421, 437
Time-to-Digital Wandler 329
Tonfilter 419, 420
Trägerfrequenz 378
Trägerfrequenzgenerator 416
Trägermaterial 121
Transconductance 197
Transfergate 161, 162, 164, 165, 166
Transformation 248, 260, 280, 282, 305
Transient 157
Transistor 1, 2, 3, 13, 25, 32, 38, 44, 55, 121, 123, 125, 126, 127, 128, 129, 131, 133, 136, 137, 139, 140, 142, 143, 147, 148, 162, 164, 166, 168, 169, 171, 174, 176, 178, 179, 197, 199, 204, 205, 211, 212, 453
Transistorkanal 138, 147
Transistorkapazitäten 144
Transistorkennlinienfeld 49

Transistors 2, 36, 40, 44, 49, 55, 162, 164, 168, 171, 172, 174, 182, 185, 186, 188, 200, 205
Transistorvierpols 33
Trapezintegration 335
Treiberstufe 104, 107, 108, 110, 112, 113, 114
Treiberverstärker 83
TRIAC 20, 24, 25
Triode 138
Triodengebiet 134, 137, 138, 143, 165, 176, 185
Überabtastbereich 309
Überabtastrate 311
Überabtastung 332, 335, 362
Überabtastverhältnis 309, 335
Übernahmeverzerrung 85, 92
Übernahmeverzerrungen 92, 113
Übertragungscharakteristik 174, 386
Übertragungsfunktion 110, 111, 143, 158, 228, 248, 250, 253, 254, 256, 257, 292, 410, 418, 422, 427, 428, 432, 437, 441
Übertragungsverhalten 338
unity gain 106
unity-gain 239
Varaktor 13, 133, 134
Varianz 14, 16, 307
VCO 369
VCVS 228, 283
Verdrahtungssymmetrie 319
Vergleichswert 260
Versorgungsspannung 160, 161, 162, 164, 166, 179, 185, 200, 260, 269, 270
Verstärker 73, 80, 83, 88, 92, 94, 99, 106, 110, 112, 116, 227, 229, 231, 232, 239, 281, 282, 283, 285, 287, 289, 291, 303
Verstärkerschaltung 47, 227
Verstärkung 139, 142, 143, 158, 176, 185, 189, 197, 215, 217, 227, 228, 229, 233, 248
Verteilungsfunktion 400
Verzerrung 188, 193
VFC 378
VHDL 168
Vierschichtdiode 20, 25
virtuelle Spannungsgleichheit 267
Vorspannungsdioden 107
Vorverstärkerstufe 92
Vorwärtsverstärkung 123, 125

Wandler 239, 264
Wanne 121, 123, 127, 162
weak Inversion 162
Weite 129, 139, 165, 200, 201, 204, 205, 212
Welle 240
Welligkeit 387
wertdiskret 314
wertkontinuierlich 314
Wertquantisierung 308
white noise 145
Widerstand 165, 166, 176, 189, 196, 218, 232, 248, 256, 266, 279, 281, 282, 291
Widerstandsanpassung 149, 153
Widerstandsrauschen 146
Wiener-Khintchine-Relationen 393
Wilson 78, 79, 452
windowing 393, 394
Wurzelortskurve 158
XCOS 248, 249, 281
Zahlensystem 314
Zählverfahren 313, 314, 315
z-Bereich 291
Zeigerdiagramm 414
Zeitbereich 389, 392, 400, 401
zeitdiskret 314, 330, 346
Zeitfenster 281
Zeitkonstante 146, 148, 153, 155, 410
zeitkontinuierlich 314, 330
Zeitquant 366, 367
Zeitverhalten 209
Zeitverzögerung 337
Zener 13, 20, 24
ZOH 341, 356
z-Transformation 280, 331, 333, 340
z-Transformierte 252
Zustandsfolge 398
Zustandsraum 394, 397
Zustandsraumdarstellung 394
Zustandsvariablen 436
Zustandvariablen 394
Zweierkomplement 352
Zweigstrom 56, 266
Zweigströme 198
Zweirampenverfahren 317
Zweischichtdiode 24
Zwei-stufiger OP 197
Zweiwege Gleichrichtung 16
δ-Funktion 390

Bei Fragen zur Produktsicherheit wenden Sie sich bitte an:
If you have any questions regarding product safety,
please contact:

Walter de Gruyter GmbH
Genthiner Straße 13
10785 Berlin
productsafety@degruyterbrill.com